이 교재의 표지는 생성형 AI와 함께 만들었습니다

#Solid metal #Opalescence #High resolution #3D rendered

#견고한 쇠질감 #유백광 #높은 해상도 #3D 렌더링

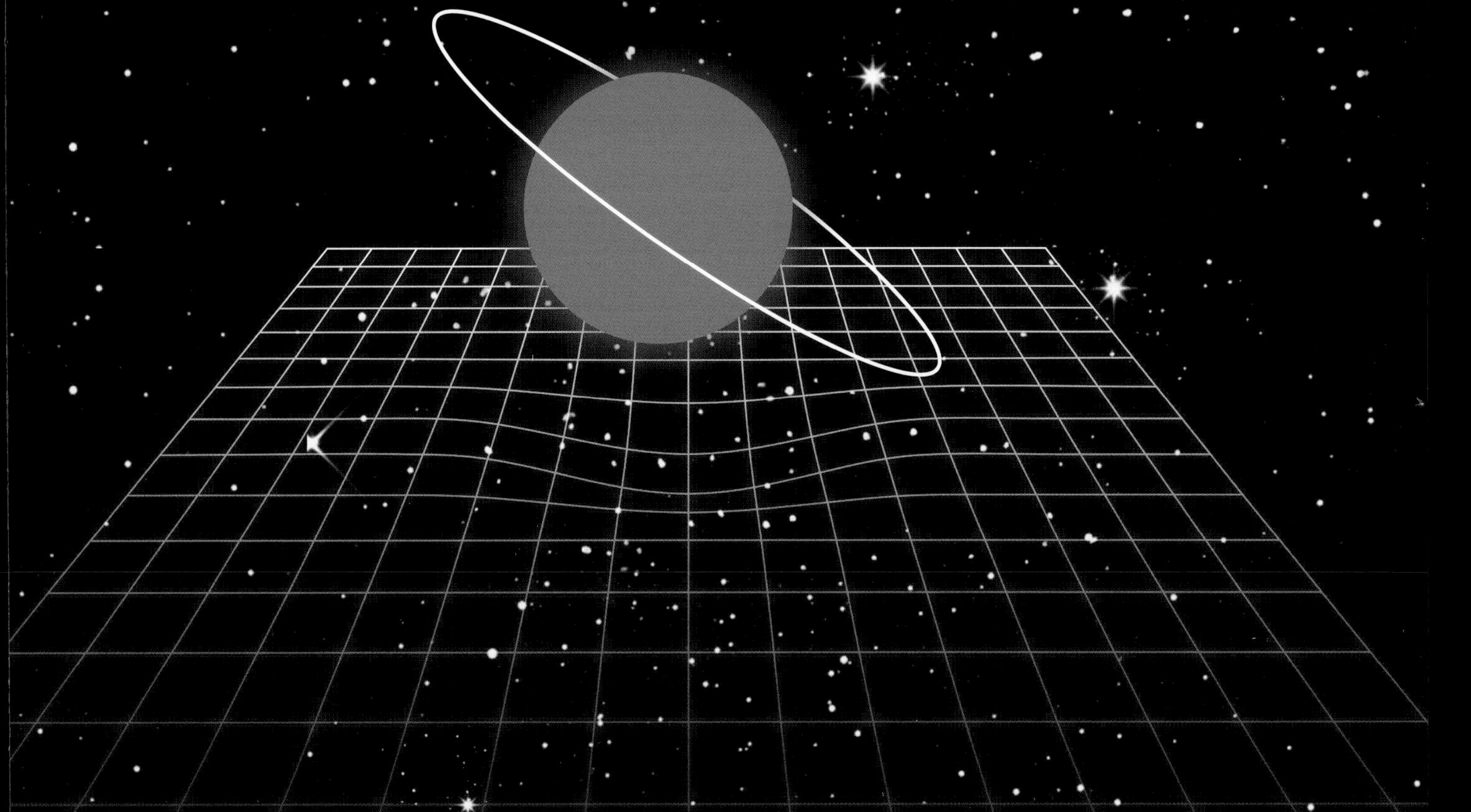

오투 통합과학 1

통합과학 1의 구성과 특징

완벽한 개념 정리

22개정 교과서를 완벽하게 분석하여 중요한 개념들을 이해하기 쉽게 정리해 놓았습니다.

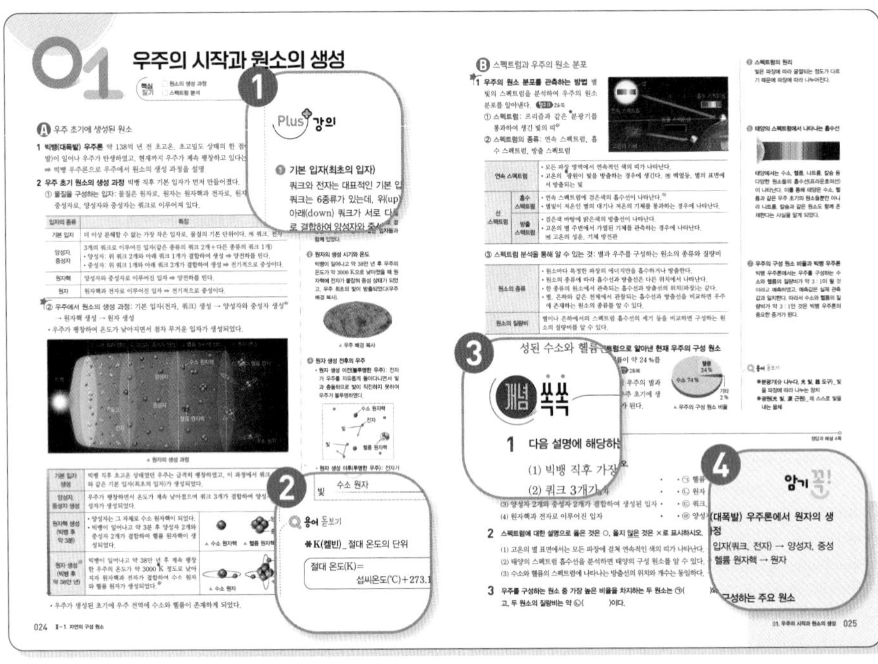

❶ **Plus 강의** 내용과 관련된 보충 자료나 그림 자료를 함께 학습할 수 있습니다.

❷ **용어 돋보기** 어려운 용어는 한자 풀이, 영어 풀이로 제시하여 용어의 의미를 쉽게 이해할 수 있도록 하였습니다.

❸ **개념 쏙쏙** 개념 정리에서 학습한 기본 개념을 점검하여 완벽한 학습이 가능하도록 하였습니다.

❹ **암기 꼭** 꼭 암기해야 하는 개념 또는 암기 팁을 제시하여 학습의 이해를 도왔습니다.

탐구

실험 과정과 결과를 생생하게 수록

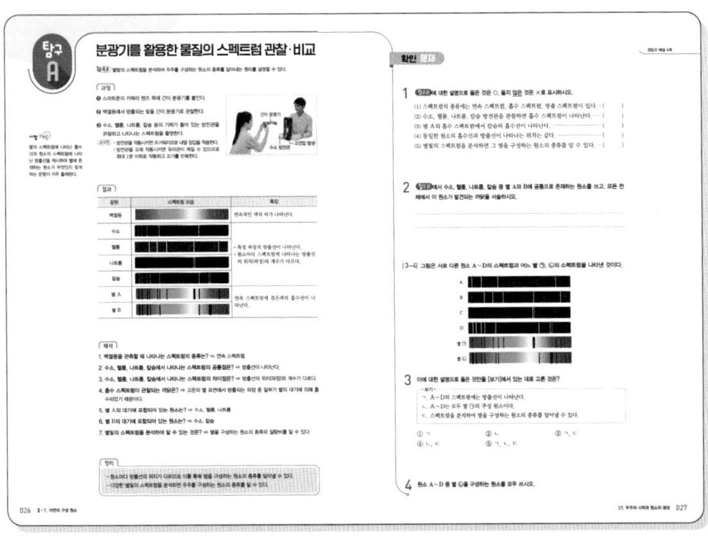

중요 탐구만을 선별하여 과정과 결과를 생생한 사진 자료와 함께 제시하였습니다. 또한 탐구를 확실하게 이해했는지 확인 문제를 통해 점검할 수 있습니다.

여기서 잠깐

개념 이해를 위한 보너스

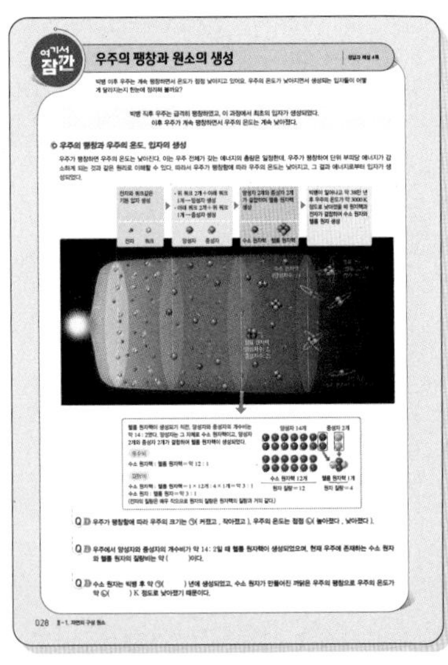

개념 정리만으로 이해하기 어려운 내용을 쉽고 자세하게 풀어 설명하였습니다.

단계적 문제 구성

내신 탄탄 ▶ 1등급 도전 ▶ 중단원 정복 ▶ 수능 맛보기

중단원을 마무리하면서 꼭 알아야 하는 개념들을 문제로 확인할 수 있습니다. 또한 서술형 문제들만 따로 모아놓아 학교 서술형 시험에 대비할 수 있습니다.

기출 문제를 분석하여 학교 시험에 출제율이 높은 문제로 구성하였습니다.

내신 1등급 도전을 위한 난이도 中上의 문제와 신유형 문제로 구성하였습니다.

수능 기출 문제를 활용하여 해당 단원과 관련된 문제를 제시하여 수능 문제에 미리 도전해 볼 수 있습니다.

학교 시험 3일 전에는 시험대비교재 4단 코스

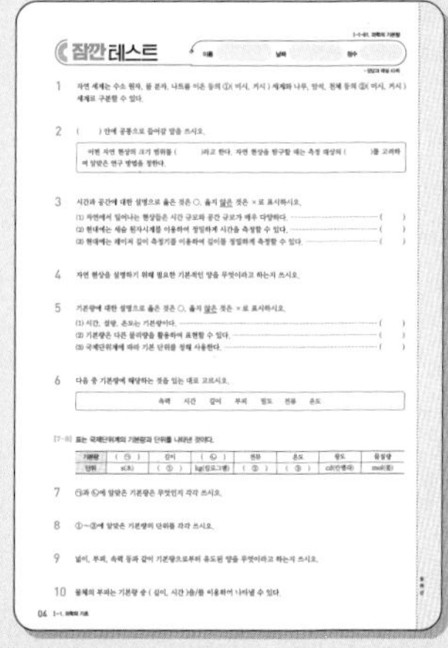

잠깐 테스트로 개념을 확실하게 기억하고, 쪽지 시험까지 대비할 수 있습니다.

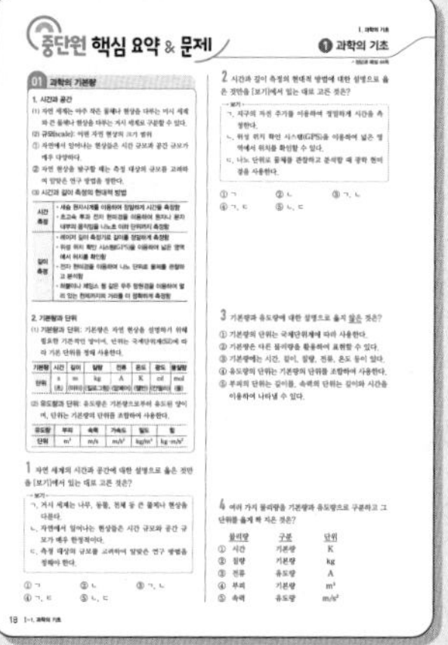

필요한 개념만 알아보기 쉽게 표로 정리한 후 문제를 통해 기본적인 개념을 확인할 수 있습니다.

대단원별로 난이도 上의 고난도 문제를 모아 1등급 문제에 대비할 수 있습니다.

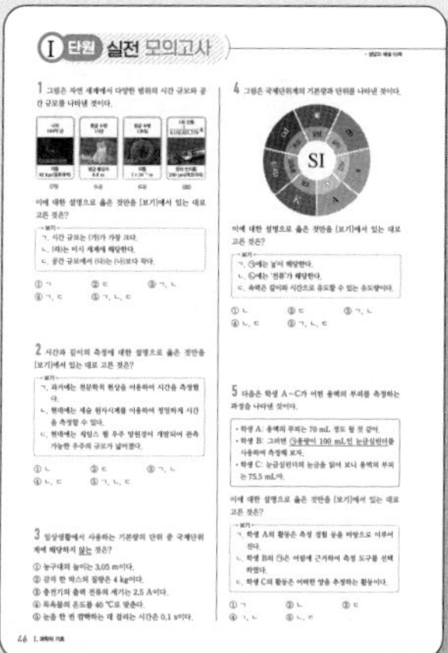

대단원별로 학교 시험 문제와 매우 유사한 형태의 예상 문제를 제시하여 완벽하게 시험을 대비할 수 있습니다.

통합과학 1의 차례

I 과학의 기초

II 물질과 규칙성

III
시스템과 상호작용

Preview

통합과학2 미리보기

오투와 내 교과서 비교하기

큐알을 찍으면 내 교과서의 내용이
오투의 어느 부분인지 알 수 있어요.

I 과학의 기초

01 과학의 기본량

A 시간과 공간 — B 기본량과 단위

02 측정 표준과 정보

A 측정과 측정 표준 — B 신호와 정보

과학의 기본량

핵심 짚기
- ☐ 시간 규모와 공간 규모
- ☐ 시간과 길이 측정의 현대적 방법
- ☐ 기본량과 단위
- ☐ 유도량과 단위

A 시간과 공간

1 자연 세계 크게 *미시 세계와 *거시 세계로 구분할 수 있다.

구분	미시 세계	거시 세계
의미	아주 작은 물체나 현상을 다루는 세계	큰 물체나 현상을 다루는 세계
예	원자, 분자, 이온 등	나무, 동물, 천체 등

2 규모(scale) 어떤 자연 현상의 크기 범위

① 자연에서 일어나는 현상들은 시간 규모와 공간 규모가 매우 다양하다.

② 자연 현상을 탐구할 때는 측정 대상의 규모를 고려하여 알맞은 연구 방법을 정한다.

▲ 다양한 시간 규모와 공간 규모

3 시간과 길이의 측정

① 과거: 천문학적 현상을 이용하여 주로 거시 세계의 시간을 측정하고, 눈으로 보이는 움직임이나 물체의 크기를 측정했다.

② 현대: 시간과 길이의 측정 기술이 발전하여 다양한 규모의 측정이 이루어진다.

구분	내용
시간 측정	• 세슘 원자시계를 이용하여 정밀하게 시간을 측정할 수 있다.❶ • 초고속 투과 전자 현미경을 이용하여 원자나 분자 내부의 움직임을 나노초 이하 단위까지 측정할 수 있다.❷
길이 측정	• 레이저 길이 측정기를 이용하여 길이를 정밀하게 측정할 수 있다.❸ • 위성 위치 확인 시스템(GPS)을 이용하여 넓은 영역에서 위치를 확인할 수 있고 미세한 이동 거리도 측정할 수 있다.❹ • 전자 현미경을 이용하여 나노 단위로 물체를 관찰하고 분석할 수 있다. • 허블이나 제임스 웹 같은 우주 망원경을 이용하여 멀리 있는 천체까지의 거리를 더 정확하게 측정할 수 있다.

③ 측정 범위의 확장: 과학 기술의 발전으로 측정할 수 있는 시간과 공간의 규모가 다양해지면서 인간이 경험할 수 있는 자연 세계는 크게 확장되었다.

B 기본량과 단위

1 기본량과 단위❺

① 기본량: 자연 현상을 설명하기 위해 필요한 기본적인 양

• 시간, 길이, 질량, 전류, 온도, 광도, 물질량으로, 총 7개가 있다.

• 기본량은 다른 *물리량을 활용하여 표현할 수 없다.

Plus 강의

❶ **세슘 원자시계**
세슘 원자에서 나오는 빛의 진동수를 이용하여 시간을 측정한다. 외부 영향을 거의 받지 않으며, 매우 정확하고 정밀하게 시간을 측정할 수 있다.

❷ **초고속 투과 전자 현미경**
초고속 레이저 분광 기술과 전자 현미경을 결합한 것으로, 펨토초(10^{-15}초) 단위로 전자빔을 쏠 수 있다.

❸ **레이저 길이 측정기의 원리**
물체에 빛을 쏘아 반사할 때 빛이 왕복하는 데 걸리는 시간과 속력을 이용하여 길이를 알아낸다.

❹ **GPS(Global Positioning System)**
전 지구 위치 파악 시스템으로, 인공위성을 통하여 위치, 시각 등의 정보를 알 수 있다.

❺ **단위의 접두어 기호**
크거나 작은 값을 간단하게 나타내기 위해 단위 앞에 접두어 기호를 붙여 km(킬로미터), mm(밀리미터) 등을 사용한다.

명칭	기호	크기
나노	n	10^{-9}
마이크로	μ	10^{-6}
밀리	m	10^{-3}
킬로	k	10^{3}
메가	M	10^{6}
기가	G	10^{9}

용어 돋보기

* 미시(微 작다, 視 보다) 세계_매우 작은 규모의 세계
* 거시(巨 크다, 視 보다) 세계_큰 규모의 세계
* 물리량_시간, 길이, 질량 등과 같이 측정하여 대상을 숫자로 나타낼 수 있는 양

② 기본량의 단위: 국제단위계(SI)에 따라 기본 단위를 정해 사용한다.

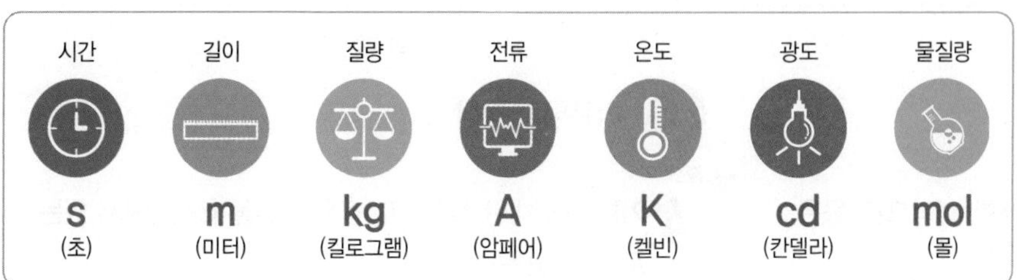

▲ 국제단위계(SI)의 기본량과 단위

2 유도량과 단위⑥⑦

① 유도량: 기본량으로부터*유도된 양

② 유도량의 단위: 기본량의 단위를 조합하여 사용한다.

유도량	단위
부피	가로, 세로, 높이의 길이를 곱하여 m^3 단위로 나타낸다.
속력	이동 거리를 시간으로 나누어 m/s 단위로 나타낸다.
밀도	질량을 부피로 나누어 kg/m^3 단위로 나타낸다.

⑥ 다양한 유도량과 단위

유도량	단위	유도량	단위
넓이	m^2	힘	$kg \cdot m/s^2$
부피	m^3	밀도	kg/m^3
속력	m/s	압력	$kg/m \cdot s^2$
가속도	m/s^2	농도	mol/m^3

⑦ 단위가 없는 물리량

질량 퍼센트 농도는 용액의 질량에 대한 용질의 질량비이다. 질량 퍼센트 농도를 표시할 때는 농도에 100을 곱해 단위 없이 %(퍼센트)로 나타내며, %는 $\frac{1}{100}$을 뜻한다.

용어 돋보기

* 유도(誘 불러내다, 導 인도하다)_목적한 방향으로 이끌어 냄

정답과 해설 1쪽

1 자연 세계에 대한 설명으로 옳은 것은 ○, 옳지 않은 것은 ×로 표시하시오.

(1) 미시 세계는 큰 물체나 현상을 다루는 세계이다. ( )

(2) 자연에서 일어나는 현상들은 시간과 공간의 규모가 매우 다양하다. ( )

(3) 시간과 길이를 측정할 때는 규모와 관계없이 같은 방법을 사용한다. ( )

(4) 현대에는 세슘 원자시계를 이용하여 정밀하게 시간을 측정할 수 있다. ( )

2 다음은 기본량에 대한 설명이다. ( ) 안에 알맞은 말을 쓰시오.

(1) 시간, 길이, 질량, 전류, 온도 등과 같은 ( )은 자연 현상을 설명하기 위해 필요한 기본적인 양이다.

(2) 기본량의 단위는 ( )에 따라 기본 단위를 정해 사용한다.

(3) ㉠( )의 단위는 m(미터)이고, ㉡( )의 단위는 K(켈빈)이다.

3 유도량에 대한 설명으로 옳은 것은 ○, 옳지 않은 것은 ×로 표시하시오.

(1) 유도량은 기본량으로부터 유도된 양이다. ( )

(2) 유도량의 단위는 기본량의 단위를 조합하여 사용한다. ( )

(3) 길이, 넓이, 부피는 모두 유도량이다. ( )

(4) 물체의 부피는 기본량 중 길이를 이용하여 설명할 수 있다. ( )

암기 꼭!

기본량과 단위

기본량	단위
시간	s(초)
길이	m(미터)
질량	kg(킬로그램)
전류	A(암페어)
온도	K(켈빈)
광도	cd(칸델라)
물질량	mol(몰)

중간·기말 고사에 출제될 확률이 높은 문항들로 구성하여, 내신에 완벽 대비할 수 있도록 하였습니다.

정답과 해설 1쪽

A 시간과 공간

중요

01 자연 세계의 시간과 공간의 크기에 대한 설명으로 옳은 것만을 [보기]에서 있는 대로 고른 것은?

보기
ㄱ. 자연 세계는 크게 미시 세계와 거시 세계로 구분할 수 있다.
ㄴ. 자연 현상을 탐구할 때는 측정 대상의 규모를 고려해야 한다.
ㄷ. 자연 현상들은 시간 규모과 공간 규모가 특정한 범위로 한정되어 있다.

① ㄱ ② ㄱ, ㄴ ③ ㄱ, ㄷ
④ ㄴ, ㄷ ⑤ ㄱ, ㄴ, ㄷ

중요

02 시간과 길이 측정의 현대적 방법에 대한 설명으로 옳지 않은 것은?

① 세슘 원자시계로 시간을 정밀하게 측정한다.
② 레이저 길이 측정기로 길이를 정밀하게 측정한다.
③ 광학 현미경을 이용하여 나노 단위로 물체를 관찰할 수 있다.
④ 위성 위치 확인 시스템(GPS)을 이용하여 넓은 영역에서 위치를 확인한다.
⑤ 과학 기술의 발전으로 측정할 수 있는 시간과 공간의 규모가 다양해졌다.

03 그림은 자연 세계의 다양한 공간 규모를 나타낸 것이다.

(가) 세슘	(나) 적혈구	(다) 고양이	(라) 은하
원자 반지름 260 pm	지름 7×10^{-6} m	평균 몸길이 0.6 m	지름 62 kpc

이에 대한 설명으로 옳은 것만을 [보기]에서 있는 대로 고른 것은?

보기
ㄱ. 공간 규모에서 (라)는 (가)보다 크다.
ㄴ. 측정 기술의 수준은 (나)가 (다)보다 높다.
ㄷ. (라)의 측정은 인간의 경험 범위가 축소된 것을 나타낸다.

① ㄱ ② ㄷ ③ ㄱ, ㄴ
④ ㄴ, ㄷ ⑤ ㄱ, ㄴ, ㄷ

B 기본량과 단위

중요

04 기본량에 대한 설명으로 옳은 것만을 [보기]에서 있는 대로 고른 것은?

보기
ㄱ. 기본량은 측정할 수 없는 양이다.
ㄴ. 국제단위계에 따라 기본 단위를 정해 사용한다.
ㄷ. 기본량을 이용하여 부피, 속력, 밀도 등과 같은 과학 개념을 설명할 수 있다.

① ㄱ ② ㄴ ③ ㄱ, ㄴ
④ ㄱ, ㄷ ⑤ ㄴ, ㄷ

05 다음 중 기본량에 해당하지 않는 것은?

① 길이 ② 시간 ③ 질량
④ 속력 ⑤ 온도

중요

06 국제단위계의 기본량과 그 단위를 옳게 짝 지은 것은?

① 시간 – m ② 온도 – °C
③ 길이 – s ④ 전류 – A
⑤ 질량 – K

07 다음은 기본량과 유도량에 대한 학생 A~C의 대화이다.

- 학생 A: 기본량의 단위는 유도량의 단위를 조합하여 사용해.
- 학생 B: 유도량에는 넓이, 부피, 속력 등이 있어.
- 학생 C: 밀도는 기본량 중 질량과 길이를 이용하여 나타낼 수 있어.

옳게 설명한 학생만을 있는 대로 고른 것은?

① A ② B ③ A, C
④ B, C ⑤ A, B, C

1등급 도전

내신 탄탄보다는 조금 수준이 높은 유형의 문제들로 구성하였습니다. 자신의 실력을 한 단계 높여 보세요.

정답과 해설 1쪽

01 그림 (가)와 (나)는 수소 원자와 태양 주위를 공전하는 지구를 각각 시간과 공간의 차원에서 비교한 것이다.

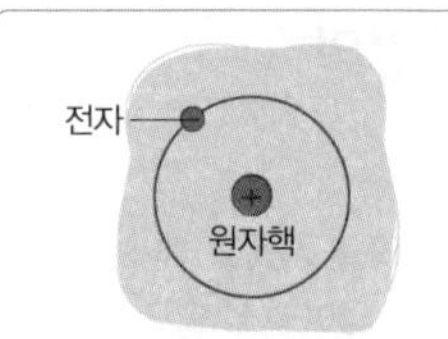

- 수소 원자의 지름: 0.1 nm (나노미터)
- 전자가 원자핵 주위를 도는 데 걸리는 시간: 약 150 as (아토초)

(가) 수소 원자

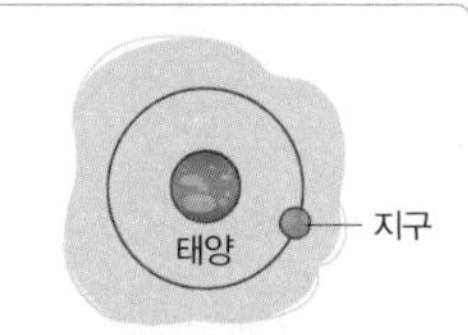

- 지구와 태양 사이의 거리: 1 AU(천문단위)
- 지구가 공전하는 데 걸리는 시간: 365 일

(나) 태양과 지구

이에 대한 설명으로 옳은 것만을 [보기]에서 있는 대로 고른 것은?

보기
ㄱ. (가)에서 0.1 nm는 10^{-10} m와 같다.
ㄴ. (가)는 거시 세계, (나)는 미시 세계에 해당한다.
ㄷ. 공간 규모에서 (나)는 (가)보다 크다.

① ㄷ ② ㄱ, ㄴ ③ ㄱ, ㄷ
④ ㄴ, ㄷ ⑤ ㄱ, ㄴ, ㄷ

02 그림 (가)와 (나)는 지구의 크기를 측정하는 방법을 나타낸 것이다.

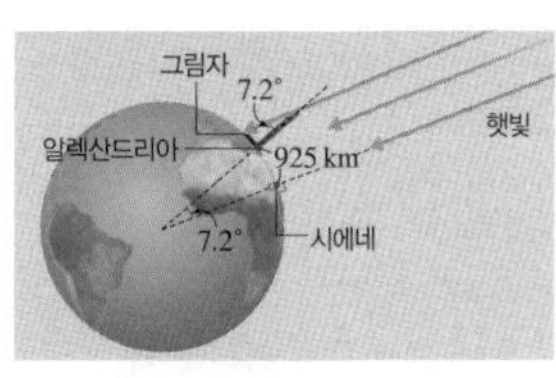

(가) 원의 성질을 이용하는 방법

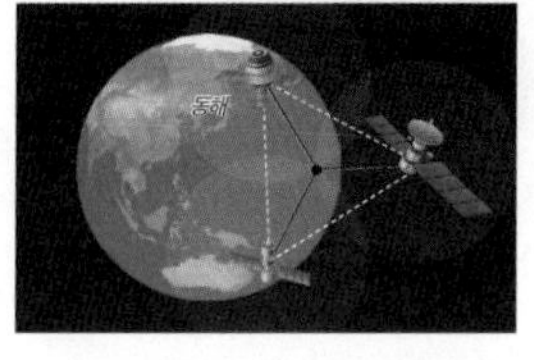

(나) 인공위성을 이용하는 방법

이에 대한 설명으로 옳은 것만을 [보기]에서 있는 대로 고른 것은?

보기
ㄱ. (가)는 과거의 측정 방법이다.
ㄴ. (나)는 현대의 측정 방법이다.
ㄷ. 과학 기술의 발전으로 길이의 측정 기술이 발전하였다.

① ㄱ ② ㄷ ③ ㄱ, ㄴ
④ ㄴ, ㄷ ⑤ ㄱ, ㄴ, ㄷ

03 그림은 어떤 단위 체계를 나타낸 것이다.

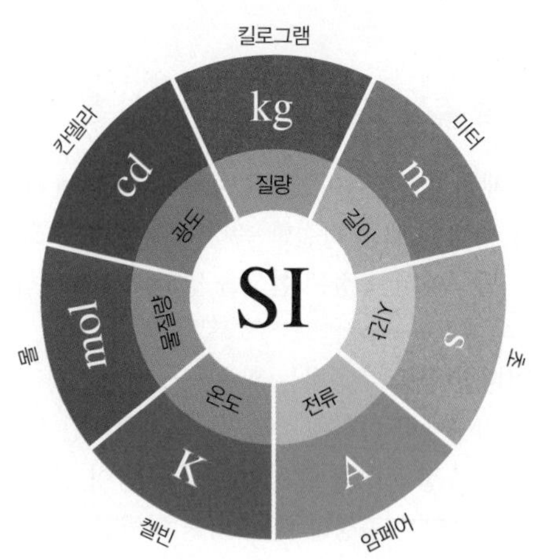

이에 대한 설명으로 옳은 것만을 [보기]에서 있는 대로 고른 것은?

보기
ㄱ. 국제단위계의 기본량과 단위이다.
ㄴ. 이 7개의 기본량은 다른 물리량을 활용하여 표현할 수 있다.
ㄷ. 크거나 작은 값을 간단하게 나타내기 위해 단위 앞에 접두어 기호를 함께 사용하기도 한다.

① ㄱ ② ㄴ ③ ㄷ
④ ㄱ, ㄷ ⑤ ㄴ, ㄷ

04 표는 여러 가지 유도량과 그 단위를 나타낸 것이다.

유도량	속력	힘	압력	㉡
단위	m/s	kg·m/s^2	㉠	mol/m^3

이에 대한 설명으로 옳은 것만을 [보기]에서 있는 대로 고른 것은?

보기
ㄱ. 속력의 단위는 길이 단위와 시간 단위의 조합으로 나타낸다.
ㄴ. ㉠에는 'kg/m·s^2'가 해당한다.
ㄷ. ㉡에는 '농도'가 해당한다.

① ㄱ ② ㄷ ③ ㄱ, ㄴ
④ ㄴ, ㄷ ⑤ ㄱ, ㄴ, ㄷ

측정 표준과 정보

핵심 짚기
- □ 측정과 어림의 의미
- □ 측정 표준의 활용 사례
- □ 신호와 정보의 의미
- □ 센서와 디지털 정보의 활용

A 측정과 측정 표준

1 측정 물체의 질량, 길이, 부피 등의 양을 재는 활동

① 양을 측정할 때는 적절한 측정 단위와 측정 도구를 사용해야 한다.❶

② 과학 탐구에서 측정은 현상을 명확하게 설명하고 정확한 의사소통을 가능하게 한다.

2 어림 어떠한 양을 추정하는 활동

① 과학 탐구에서 어림은 측정 경험, 과학적인 사고 과정, 자료 등을 바탕으로 수행한다.

② 어림은 측정 도구를 결정하는 데 도움이 된다.

예 액체의 부피를 측정할 때 부피를 어림한 뒤 적절한 용량의 측정 도구를 선택한다.

3 측정 표준❷

① 측정 표준: 어떠한 양을 측정할 때 공통으로 사용할 수 있는 단위에 대한 기준

예 길이의 기본 단위인 1 m를 정의하고, 이를 기준으로 물체의 길이를 측정하여 나타낸다.

| 정확한 길이 측정을 위한 노력 |

18세기 말 지구의 북극에서 적도까지 길이의 천만 분의 1을 1 m라고 정의하고, 이를 활용하여 미터원기*를 만들었다. ▶ 시간이 지남에 따라 미터원기가 손상되어 변하지 않는 다른 기준이 필요해졌다. ▶ 1983년에 빛이 진공에서 $\frac{1}{299,792,458}$초 동안 이동한 거리를 1 m라고 새롭게 정의하였다.

② 일상생활에서 측정 표준의 활용❸

폭염주의보 안내	과속 단속 카메라	미세 먼지 농도 안내

기온을 ℃ 단위로 측정하고 기준에 따라 폭염주의보를 발령한다.	자동차의 속도를 km/h 단위로 측정하고 과속 차량을 단속한다.	미세 먼지의 농도를 μg/m³ 단위로 측정하고 행동 요령을 안내한다.
공사장 소음 측정	**식품의 성분 표시**	**자동차 부품 생산**
		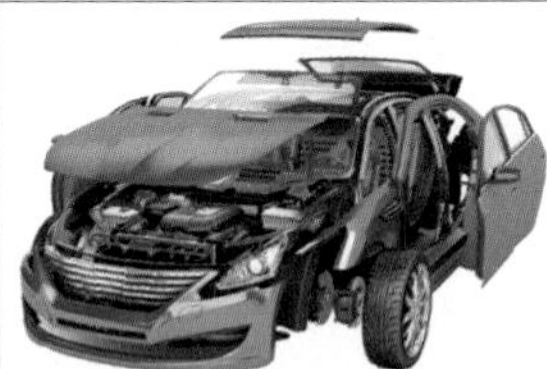
소리의 세기를 dB(데시벨) 단위로 측정하고 공사장의 소음 등을 규제한다.	식품 포장지에 영양 성분의 양, 식품 첨가물의 양 등을 표시한다.	길이, 질량, 부피 등의 측정 표준을 활용하여 자동차의 부품을 정교하게 만든다.

③ 측정 표준의 유용성: 측정 표준을 이용하여 제공되는 정보는 신뢰할 수 있으며, 원활한 의사소통을 가능하게 하고 우리 생활을 안전하고 편리하게 만든다.

Plus 강의

❶ **측정 도구를 사용할 때 눈금 읽기**
측정하는 양이 측정 도구의 눈금과 정확하게 일치하지 않는 경우 측정 도구의 눈금 사이를 10 등분하여 읽는다.

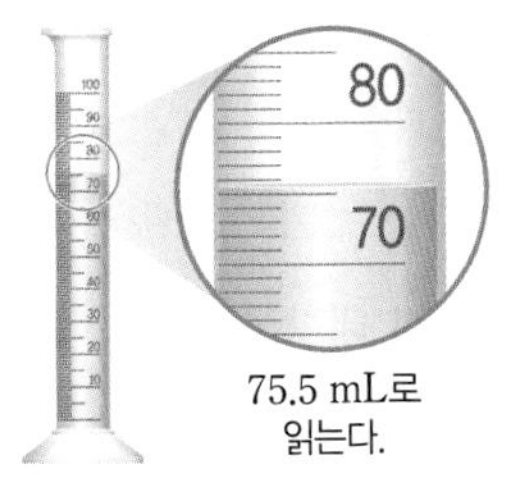

75.5 mL로 읽는다.

❷ **측정 표준**
측정 표준에는 표준화된 측정 단위 외에도 측정 방법, 측정 도구, 표준 물질 등이 있다. 예를 들어 층간 소음 차단 성능 검사를 할 때는 소음을 발생시키는 방법, 측정 기기의 종류, 소리를 측정하는 위치 등 자세한 측정 방법을 측정 표준으로 정하여 활용한다.

❸ **일상생활에서 측정 표준이 활용되는 다른 예**
- 의료 분야에서 체온, 혈압, 혈당, 혈중 산소 농도 등을 측정할 때
- 스포츠 분야에서 정확한 기록을 재거나 약물 검사를 할 때
- 새로 지은 건물에서 발생하는 화학 물질의 농도를 측정하고 관리할 때

용어 돋보기

*미터원기(原 근원, 器 그릇)_1 m에 해당하는 길이를 금속으로 만든 기구

B 신호와 정보

1 신호와 정보

① 자연에서 변화가 생길 때 신호가 발생한다. ➡ 빛, 소리, 열, 힘, 압력 등 자연에서 발생하는 대부분의 신호는 연속적으로 변하는 아날로그 신호이다.[4]

② 신호를 측정하고 분석하여 유용한 정보를 얻을 수 있다.

예 • 체온을 측정하여 건강 상태를 알 수 있다.

• 우주에서 온 빛을 연구하여 우주의 생성 과정을 알 수 있다.

• 지진파를 측정하고 분석하여 지구 내부 구조에 대한 정보를 얻을 수 있다.

2 센서 아날로그 신호를 감지하여 전기 신호로 바꾸는 장치

① 신호의 종류에 따라 다양한 센서가 사용된다.[5]

예 광센서, 온도 센서, 습도 센서, 압력 센서, 화학 센서 등

② 센서를 이용하여 자연의 변화를 측정하고 분석하여 디지털 정보를 얻을 수 있다.

3 디지털 정보의 활용

① 디지털 정보는 전송 과정에서 거의 손상되지 않으며 저장과 분석이 쉽다.

② 정보 통신 기술이 크게 발전하면서 현대 사회의 여러 분야에서 디지털 정보가 유용하게 이용된다.[6]

은행 및 금융	교육	운송 및 교통	의료
디지털 금융이나 상품 구매 서비스를 이용한다.	전자책, 교육 앱 등으로 시간과 장소에 상관없이 교육을 받는다.	무인 드론, 자율 주행 기술 등으로 운전자 없이 상품을 운송한다.	원격 진료로 환자에게 실시간으로 맞춤형 처방을 한다.

④ 아날로그 신호와 디지털 신호
- 아날로그 신호: 시간에 따라 연속적으로 변하는 신호이다. 아날로그 신호는 현상을 더 정확하게 표현하지만, 저장이나 전송할 때 손상되기 쉽다.
- 디지털 신호: 시간에 따라 불연속적으로 변하는 신호이다. 점과 선으로 신호를 보내는 모스 부호나 시계에서 숫자로 시각을 표시한 것 등이 디지털 신호이다. 스마트폰을 비롯한 대부분의 전자 기기는 디지털 신호를 사용하여 정보를 처리한다.

⑤ 센서의 이용 예
- 비접촉형 온도계에는 적외선을 감지하는 광센서가 있다.
- 가스 누설 경보기에는 가스를 감지하는 화학 센서가 있다.

⑥ 디지털 정보의 활용 예
- 인터넷으로 물건을 구입한다.
- 로봇으로 다양한 작업을 수행한다.
- 사회 관계망 서비스를 통해 사진과 영상 등을 공유한다.
- 환자의 신체 조직을 검사할 때 디지털 기술을 이용하면 정확도가 높아진다.
- 사물에 대한 정보를 디지털로 저장한 뒤 3D 프린터를 이용하여 필요한 물품을 출력한다.
- 재생 에너지 기술, 스마트 그리드 기술로 기후 변화 및 에너지 고갈 문제에 대처한다.

개념 쏙쏙

정답과 해설 2쪽

1 어떠한 양을 재는 활동을 ㉠(   )이라 하고, 어떠한 양을 추정하는 활동을 ㉡(   )이라고 한다.

2 측정 표준에 대한 설명으로 옳은 것은 ○, 옳지 않은 것은 ×로 표시하시오.

(1) 어떠한 양을 측정할 때 공통으로 사용할 수 있는 단위에 대한 기준이다. ………… (   )

(2) 측정 표준을 이용하여 제공되는 정보는 신뢰하기 어렵다. ………… (   )

(3) 일상생활에서부터 과학 기술, 산업 분야에서 유용하게 활용된다. ………… (   )

3 신호와 정보에 대한 설명으로 옳은 것은 ○, 옳지 않은 것은 ×로 표시하시오.

(1) 자연에서 발생하는 대부분의 신호는 디지털 신호이다. ………… (   )

(2) 자연의 신호를 측정하여 분석하면 유용한 정보를 얻을 수 있다. ………… (   )

(3) 센서는 전기 신호를 감지하여 아날로그 신호로 바꾸는 장치이다. ………… (   )

(4) 디지털 정보는 전송 과정에서 거의 손상되지 않으며 저장과 분석이 쉽다. ………… (   )

암기 꼭!

신호와 정보
- 자연에서 변화가 생길 때 아날로그 신호가 발생한다.
- 신호를 측정하고 분석하여 정보를 얻을 수 있다.
- 센서는 아날로그 신호를 감지하여 전기 신호로 바꾸며, 이를 활용하여 디지털 정보를 얻을 수 있다.

중간·기말 고사에 출제될 확률이 높은 문항들로 구성하여, 내신에 완벽 대비할 수 있도록 하였습니다.

정답과 해설 2쪽

A 측정과 측정 표준

중요

01 측정과 어림에 대한 설명으로 옳지 않은 것은?

① 측정은 물체의 질량, 길이, 부피 등의 양을 재는 활동이다.
② 양을 측정할 때는 적절한 측정 단위와 측정 도구를 사용해야 한다.
③ 어림은 근거 없이 막연하게 양을 추정하는 활동이다.
④ 어림은 측정 도구를 결정하는 데 도움이 된다.
⑤ 과학에서 측정은 현상을 명확하게 설명하고 정확한 의사소통을 가능하게 한다.

중요

02 측정 표준에 대한 설명으로 옳은 것만을 [보기]에서 있는 대로 고른 것은?

보기
ㄱ. 신뢰할 수 있는 측정 결과를 얻기 위해 측정 표준을 활용한다.
ㄴ. 과학에서 사용하는 단위에 대한 기준이며 일상생활과는 관련이 없다.
ㄷ. 소리의 세기를 dB 단위로 측정하고 소음을 규제하는 것은 측정 표준을 활용하는 예이다.

① ㄱ ② ㄷ ③ ㄱ, ㄴ
④ ㄱ, ㄷ ⑤ ㄴ, ㄷ

03 일상생활의 여러 가지 상황에서 측정 표준을 활용할 때의 좋은 점에 대한 설명으로 옳은 것만을 [보기]에서 있는 대로 고른 것은?

보기
ㄱ. 단위에 대한 다양한 기준을 사용하므로 일상생활에서 다양한 해석을 할 수 있다.
ㄴ. 측정 표준을 활용하여 얻은 정보는 신뢰할 수 있다.
ㄷ. 측정 표준을 이용하여 제공되는 정보는 일상생활을 안전하고 편리하게 한다.

① ㄱ ② ㄴ ③ ㄷ
④ ㄱ, ㄴ ⑤ ㄴ, ㄷ

B 신호와 정보

중요

04 다음은 자연에서 발생하는 신호의 측정에 대한 설명이다.

> 자연에서 변화가 생길 때 다양한 신호가 발생한다. ㉠(　　　)를 이용하여 자연의 신호를 측정하고 분석하여 디지털 ㉡(　　　)를 얻을 수 있다.

이에 대한 설명으로 옳은 것만을 [보기]에서 있는 대로 고른 것은?

보기
ㄱ. ㉠에는 '센서'가 해당한다.
ㄴ. ㉠은 전기 신호를 아날로그 신호로 바꾼다.
ㄷ. ㉡에는 '정보'가 해당한다.

① ㄱ ② ㄱ, ㄴ ③ ㄱ, ㄷ
④ ㄴ, ㄷ ⑤ ㄱ, ㄴ, ㄷ

05 디지털 정보와 현대 문명에 대한 설명으로 옳은 것만을 [보기]에서 있는 대로 고른 것은?

보기
ㄱ. 디지털 정보는 전송 과정에서 거의 손상되지 않으며 저장과 분석이 쉽다.
ㄴ. 디지털 정보는 컴퓨터 및 다양한 통신 수단을 통해 일상생활에 유용하게 이용된다.
ㄷ. 빅데이터, 사물 인터넷(IoT), 인공지능(AI) 등의 기술은 디지털 정보를 다룬다.

① ㄱ ② ㄴ ③ ㄱ, ㄴ
④ ㄴ, ㄷ ⑤ ㄱ, ㄴ, ㄷ

중요

06 현대 사회의 여러 분야에서 디지털 정보를 활용하는 사례로 옳지 않은 것은?

① 무인 드론으로 상품을 배달한다.
② 인터넷 뱅킹, 전자 화폐 등의 서비스를 이용한다.
③ 학교에서 교과서를 이용하여 대면 수업을 한다.
④ 사회 관계망 서비스를 통해 사진과 영상을 공유한다.
⑤ 멀리 떨어져 있는 환자에게 실시간으로 원격 진료를 실시한다.

1등급 도전

내신 탄탄보다는 조금 수준이 높은 유형의 문제들로 구성하였습니다. 자신의 실력을 한 단계 높여 보세요.

정답과 해설 2쪽

01 그림은 자를 이용하여 나무막대의 길이를 측정하는 활동에 대한 학생 A~C의 대화이다.

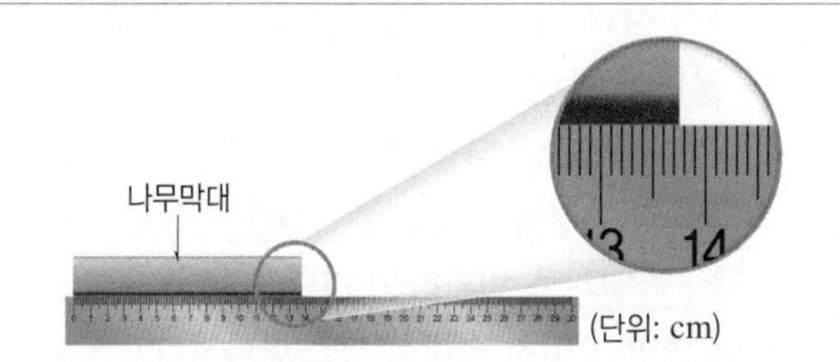

- 학생 A: 자의 눈금과 정확하게 일치하지 않는 경우 가장 가까운 눈금을 읽어.
- 학생 B: 자의 눈금 사이를 10 등분해서 읽어야 해.
- 학생 C: 나무막대의 길이는 13.7 cm야.

옳게 설명한 학생만을 있는 대로 고른 것은?

① A ② B ③ A, C
④ B, C ⑤ A, B, C

02 그림은 일상생활에서 측정 표준이 활용되는 사례를 나타낸 것이다.

(가)

(나)

이에 대한 설명으로 옳은 것만을 [보기]에서 있는 대로 고른 것은?

보기
ㄱ. (가)의 정보는 사람들이 폭염에 대한 대책을 마련하는 데 도움을 준다.
ㄴ. (나)에서 사용하는 속도의 단위는 m/s이다.
ㄷ. (나)는 운전자에게 최고 속도의 제한 값을 알려준다.

① ㄱ ② ㄴ ③ ㄱ, ㄷ
④ ㄴ, ㄷ ⑤ ㄱ, ㄴ, ㄷ

03 그림은 온도 센서와 스마트 기기를 활용하여 교실 내 위치별 온도 변화를 측정하는 모습을 나타낸 것이다.

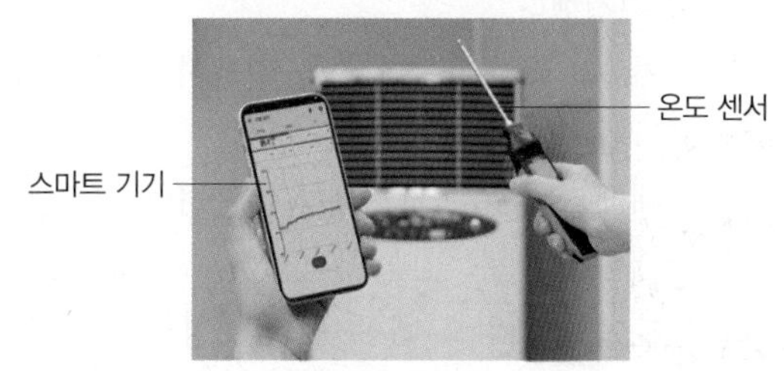

이에 대한 설명으로 옳은 것만을 [보기]에서 있는 대로 고른 것은?

보기
ㄱ. 온도 센서는 디지털 신호를 측정한다.
ㄴ. 온도 센서는 스마트 기기에 전기 신호를 전달한다.
ㄷ. 온도 센서에 연결된 스마트 기기는 신호를 분석하여 정보를 산출한다.

① ㄱ ② ㄴ ③ ㄷ
④ ㄱ, ㄴ ⑤ ㄴ, ㄷ

04 다음은 대기 환경 정보가 일상생활에 이용되는 과정을 나타낸 것이다.

(가) 대기 환경 정보 측정망에서 대기 오염 농도를 측정한다.
(나) 국가 관리 시스템을 활용하여 대기 환경 정보를 수집하고 관리한다.
(다) 정보 통신을 활용하여 대기 환경 정보를 실시간으로 제공한다.
(라) 외출 전 대기 환경 정보를 확인한다.

이에 대한 설명으로 옳은 것만을 [보기]에서 있는 대로 고른 것은?

보기
ㄱ. (가)에서 센서를 이용한다.
ㄴ. (나)에서 대기 환경 정보를 디지털 정보로 수집 및 관리한다.
ㄷ. (다)에서 정보 통신 수단은 컴퓨터, 스마트폰, 전광판 등이 있다.

① ㄱ ② ㄴ ③ ㄱ, ㄷ
④ ㄴ, ㄷ ⑤ ㄱ, ㄴ, ㄷ

중단원 정복

정답과 해설 3쪽

지금까지 학습한 내용을 마무리하여 자신의 실력을 평가할 수 있도록 구성하였습니다. | 난이도 ●●●

●○○
01 시간과 길이의 측정에 대한 설명으로 옳지 않은 것은?

① 과거에는 눈으로 보이는 움직임이나 물체의 크기를 측정했다.
② 과거에는 천문학적 현상을 이용하여 미시 세계의 시간을 측정했다.
③ 현대에는 세슘 원자시계를 이용하여 시간을 정밀하게 측정할 수 있다.
④ 현대에는 제임스 웹 우주 망원경을 이용하여 천체까지의 거리를 더 정확하게 측정할 수 있다.
⑤ 현대에는 시간과 길이의 측정 기술이 발전하여 다양한 규모의 측정이 이루어진다.

●●○
02 표는 몇 가지 기본량과 단위를 나타낸 것이다.

기본량	길이	질량	시간	㉠	온도
단위	m (미터)	kg (킬로그램)	s (초)	A (암페어)	K (켈빈)

이에 대한 설명으로 옳은 것만을 [보기]에서 있는 대로 고른 것은?

보기
ㄱ. 기본량의 단위는 국제단위계에 따라 사용한다.
ㄴ. ㉠에는 '전압'이 해당한다.
ㄷ. 속력의 단위는 질량과 길이의 단위를 조합하여 나타낸다.

① ㄱ ② ㄴ ③ ㄷ
④ ㄱ, ㄴ ⑤ ㄴ, ㄷ

●○○
03 측정과 어림에 대한 설명으로 옳은 것만을 [보기]에서 있는 대로 고른 것은?

보기
ㄱ. 측정은 어떠한 양을 추정하는 활동이다.
ㄴ. 양을 측정할 때는 적절한 측정 단위와 측정 도구를 사용해야 한다.
ㄷ. 어림은 측정 도구를 결정하는 데 도움이 된다.

① ㄱ ② ㄷ ③ ㄱ, ㄴ
④ ㄱ, ㄷ ⑤ ㄴ, ㄷ

●●○
04 다음은 현대 문명의 한 특징에 대한 설명이다.

> 인류는 자연에서 발생하는 다양한 변화를 측정·분석하여 여러 가지 정보를 산출하여 이용해 왔다. 인류 문명이 발달함에 따라 처리해야 할 정보의 양이 점차 많아져 컴퓨터를 이용하게 되었다. 컴퓨터에서 처리하고 저장하는 신호는 (가) 신호이므로, 정보를 (가) 로 변환하는 기술은 ㉠사회의 여러 분야에 영향을 미쳐 현대 문명을 변화시키고 있다.

(가)에 들어갈 알맞은 말과 ㉠의 사례를 옳게 나열한 것은?

	(가)	㉠의 사례
①	아날로그	인터넷 뱅킹
②	아날로그	사물 인터넷
③	아날로그	무인 드론
④	디지털	필름 카메라
⑤	디지털	인공지능

서술형 문제

●●○
05 기본량의 의미를 서술하고, 기본량의 예를 세 가지 쓰시오.

●●○
06 그림은 어떤 날의 미세 먼지 농도를 나타낸 안내 표지판이다. 미세 먼지 농도 단위를 측정 표준으로 나타냈을 때의 유용성을 한 가지 서술하시오.

수능 기출 문제 또는 변형된 문제로 수능을 미리 경험해 볼 수 있도록 구성하였습니다. 정답과 해설 3쪽

01 다음은 어떤 금속의 밀도를 측정하여 국제단위계의 단위로 나타내는 실험이다.

개념 Link 10쪽~11쪽

[과정]
(가) 추의 질량을 전자저울로 측정한다.
(나) 눈금실린더에 물을 넣은 후 금속 조각을 넣기 전과 후의 부피를 각각 측정하여 금속 조각의 부피를 구한다.
(다) 금속 조각의 밀도를 구한다.

[결과]

질량	부피	밀도
14.2 g	2.0 mL	7.1 g/mL

[결론]
금속 조각의 질량은 14.2×10^{-3} [㉠], 부피는 2.0×10^{-6} m^3이므로 금속 조각의 밀도는 7.1×10^{3} kg/m^3이다.

이에 대한 설명으로 옳은 것만을 [보기]에서 있는 대로 고른 것은?

보기
ㄱ. ㉠에 알맞은 국제단위계의 단위는 kg이다.
ㄴ. 부피는 기본량에 해당한다.
ㄷ. 밀도는 질량과 길이로부터 유도되는 유도량이다.

① ㄱ ② ㄴ ③ ㄱ, ㄷ
④ ㄴ, ㄷ ⑤ ㄱ, ㄴ, ㄷ

02 다음은 현대 사회에서 지진 발생 정보가 제공되는 과정에 대한 설명이다.

개념 Link 14쪽~15쪽

기상청에서는 ㉠국가 지진 관측망을 통해 감지된 지진파(P파, S파)를 분석하여 발생 위치와 규모 등을 산출한 후 지진 정보를 발표한다. 이때 더 많은 국민에게 직접적으로 신속하게 정보를 전달하기 위해 아래와 같은 다양한 매체를 활용한다. 현재 ㉡리히터 규모 5.0 이상의 지진에 대해서는 관측 후 5초~10초 이내로 정보를 제공하는 ㉢지진 조기 경보 시스템을 실시하고 있다.

개인용 컴퓨터	스마트폰	전화	TV
기상청 홈페이지, 포털 사이트	긴급 재난 문자, 날씨 알리미 앱	131 기상 콜센터	TV 자막 방송

이에 대한 설명으로 옳은 것만을 [보기]에서 있는 대로 고른 것은?

보기
ㄱ. ㉠에서는 자연의 신호를 측정하고 분석하여 디지털 정보를 얻는 기술이 활용된다.
ㄴ. ㉡은 지진의 세기에 대한 측정 표준으로 사용되는 단위이다.
ㄷ. ㉢은 지진에 대한 피해를 줄일 수 있도록 도움을 준다.

① ㄱ ② ㄴ ③ ㄱ, ㄷ
④ ㄴ, ㄷ ⑤ ㄱ, ㄴ, ㄷ

단어 찾기 놀이

놀이 규칙 가로, 세로, 대각선으로 글자를 연결하여 단어를 찾는다.

슈	아	이	저	실	관	이	비	이	부	로	항	페
학	색	보	기	사	토	신	스	하	피	임	크	리
역	증	데	명	맥	전	루	라	플	패	톰	스	속
색	어	상	법	종	오	호	밀	도	생	콜	료	력
학	부	관	규	모	임	크	형	항	밍	킨	코	타
인	지	증	엘	기	우	골	연	전	나	기	퇴	정
면	리	노	원	혁	러	한	바	양	사	조	경	남
둘	령	터	문	밥	심	학	규	송	응	칙	잠	초
소	미	레	파	곰	논	제	약	통	투	고	연	등
오	협	학	과	비	슈	우	란	센	속	강	전	산
귀	규	미	혜	은	영	서	경	서	흐	련	희	순
향	결	작	어	림	체	변	물	원	소	름	중	력
당	험	부	록	타	류	세	톰	피	맥	보	색	형

1 어떤 자연 현상의 크기 범위를 의미하는 말을 찾아보자.

2 기본량으로부터 유도된 유도량을 세 가지 찾아보자.

3 둘 사이의 다툼에서 제 3자가 이득을 본다는 뜻의 사자성어를 찾아보자.

4 어떠한 양을 추정하는 활동을 가리키는 말을 찾아보자.

5 아날로그 신호를 감지하여 전기 신호로 바꾸는 장치를 가리키는 말을 찾아보자.

6 1 m에 해당하는 길이를 금속으로 만든 기구를 가리키는 말을 찾아보자.

7 덧셈, 뺄셈, 곱셈, 나눗셈의 네 종류의 계산법을 의미하는 말을 찾아보자.

8 색상 대비를 이루는 한 쌍의 색상, 즉 반대되는 색상을 의미하는 말을 찾아보자.

9 심청전에 나오는 심청이의 아버지 이름을 찾아보자.

Ⅱ 물질과 규칙성

1 자연의 구성 원소

이 단원과 관련된 중학교에서 배운 내용을 확인해 보자.

배운 내용

◎ 지구형 행성과 목성형 행성

(1) **지구형 행성**: 질량과 반지름이 작고 밀도가 큰 행성으로, ① ______ 으로 이루어진 단단한 표면이 있다. ➡ 수성, 금성, 지구, 화성

(2) **목성형 행성**: 질량과 반지름이 크고 밀도가 작은 행성으로, 기체로 이루어져 있어 단단한 표면이 없고 ② ______ 가 있으며, 위성 수가 많다. ➡ 목성, 토성, 천왕성, 해왕성

◎ 성간 물질과 성운

(1) **성간 물질**: 별과 별 사이에 퍼져 있는 가스와 티끌

(2) **성운**: ③ ______ 이 모여 구름처럼 보이는 천체

◎ 우주의 팽창

(1) **외부 은하의 관측 결과**: 대부분의 외부 은하는 우리은하에서 멀어지고 있으며, 멀리 있는 은하일수록 멀어지는 속도가 빠르다. ➡ 우주는 팽창한다.

(2) ④ ______ : 매우 뜨겁고 밀도가 큰 한 점에서 폭발이 일어나 팽창하여 현재의 우주가 되었다는 이론

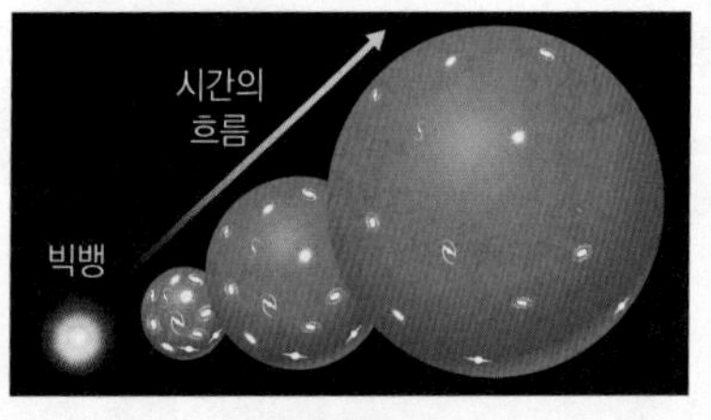

▲ 팽창하는 우주

◎ 원소와 스펙트럼

(1) **원소**: 더 이상 분해되지 않는, 물질을 이루는 기본 성분 예 수소, 산소, 탄소 등

(2) **스펙트럼**: 빛을 분광기로 관찰할 때 볼 수 있는 여러 가지 색의 띠 ➡ 물질에 포함된 원소의 종류를 구별할 수 있다.

구분	연속 스펙트럼	⑤ ______
특징	햇빛을 분광기로 관찰할 때 나타나는 연속적인 색의 띠	금속 원소의 불꽃색을 분광기로 관찰할 때 스펙트럼에서 특정 부분에만 나타나는 밝은색 선 ➡ ⑥ ______ 의 종류에 따라 선의 색, 위치, 굵기, 개수 등이 다르게 나타난다.
모습		

[정답]

① 암석 ② 고리 ③ 성간 물질
④ 빅뱅(대폭발) 우주론
⑤ 선 스펙트럼 ⑥ 원소

우주의 시작과 원소의 생성

핵심 짚기	
□ 원소의 생성 과정	□ 스펙트럼의 종류
□ 스펙트럼 분석	□ 우주의 주요 구성 원소

A 우주 초기에 생성된 원소

1 빅뱅(대폭발) 우주론 약 138억 년 전 초고온, 초고밀도 상태의 한 점에서 빅뱅(대폭발)이 일어나 우주가 탄생하였고, 현재까지 우주가 계속 팽창하고 있다는 이론

➡ 빅뱅 우주론으로 우주에서 원소의 생성 과정을 설명

2 우주 초기 원소의 생성 과정 빅뱅 직후 기본 입자가 먼저 만들어졌다.

① **물질을 구성하는 입자**: 물질은 원자로, 원자는 원자핵과 전자로, 원자핵은 양성자와 중성자로, 양성자와 중성자는 쿼크로 이루어져 있다.

입자의 종류	특징
기본 입자	더 이상 분해할 수 없는 가장 작은 입자로, 물질의 기본 단위이다. 예 쿼크, 전자[1]
양성자, 중성자	3개의 쿼크로 이루어진 입자(같은 종류의 쿼크 2개+다른 종류의 쿼크 1개) • 양성자: 위 쿼크 2개와 아래 쿼크 1개가 결합하여 생성 ➡ 양전하를 띤다. • 중성자: 위 쿼크 1개와 아래 쿼크 2개가 결합하여 생성 ➡ 전기적으로 중성이다.
원자핵	양성자와 중성자로 이루어진 입자 ➡ 양전하를 띤다.
원자	원자핵과 전자로 이루어진 입자 ➡ 전기적으로 중성이다.

② **우주에서 원소의 생성 과정**: 기본 입자(전자, 쿼크) 생성 → 양성자와 중성자 생성[2] → 원자핵 생성 → 원자 생성

• 우주가 팽창하여 온도가 낮아지면서 점차 무거운 입자가 생성되었다.

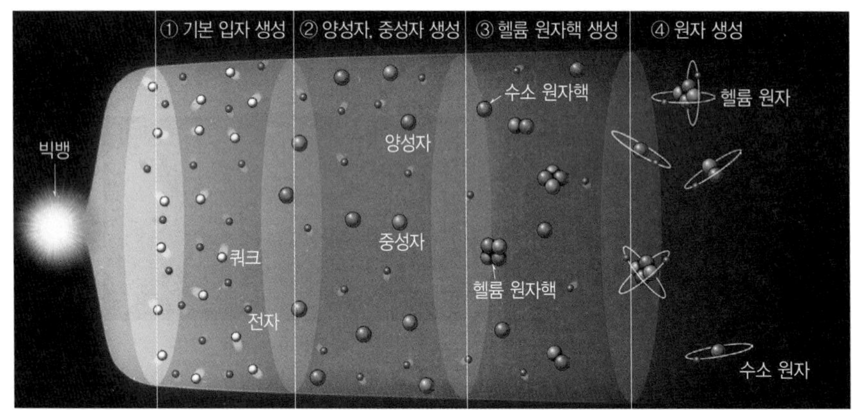

▲ 원자의 생성 과정

기본 입자 생성	빅뱅 직후 초고온 상태였던 우주는 급격히 팽창하였고, 이 과정에서 쿼크, 전자와 같은 기본 입자(최초의 입자)가 생성되었다.	
양성자, 중성자 생성	우주가 팽창하면서 온도가 계속 낮아졌으며 쿼크 3개가 결합하여 양성자와 중성자가 생성되었다.	
원자핵 생성 (빅뱅 후 약 3분)	• 양성자는 그 자체로 수소 원자핵이 되었다. • 빅뱅이 일어나고 약 3분 후 양성자 2개와 중성자 2개가 결합하여 헬륨 원자핵이 생성되었다.	양성자 중성자 ▲ 수소 원자핵 ▲ 헬륨 원자핵
원자 생성[3] (빅뱅 후 약 38만 년)	빅뱅이 일어나고 약 38만 년 후 계속 팽창한 우주의 온도가 약 3000 *K 정도로 낮아지자 원자핵과 전자가 결합하여 수소 원자와 헬륨 원자가 생성되었다.[4]	전자 ▲ 수소 원자 ◀ 헬륨 원자

• 우주가 생성된 초기에 우주 전역에 수소와 헬륨이 존재하게 되었다.

Plus 강의

❶ 기본 입자(최초의 입자)
쿼크와 전자는 대표적인 기본 입자이다. 쿼크는 6종류가 있는데, 위(up) 쿼크와 아래(down) 쿼크가 서로 다른 숫자비로 결합하여 양성자와 중성자가 되었다.

❷ 양성자와 중성자
양성자와 중성자가 처음 생성되었을 때는 우주의 온도가 너무 높아서 서로 결합할 수 없었고, 전자와 같은 입자들과 함께 있었다.

❸ 원자의 생성 시기와 온도
빅뱅이 일어나고 약 38만 년 후 우주의 온도가 약 3000 K으로 낮아졌을 때 원자핵에 전자가 붙잡혀 중성 상태가 되었고, 우주 최초의 빛이 방출되었다(우주 배경 복사).

▲ 우주 배경 복사

❹ 원자 생성 전후의 우주

• **원자 생성 이전(불투명한 우주)**: 전자가 우주를 자유롭게 돌아다니면서 빛과 충돌하므로 빛이 직진하지 못하여 우주가 불투명하였다.

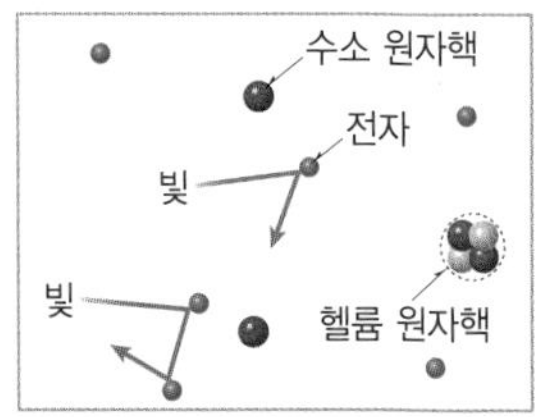

• **원자 생성 이후(투명한 우주)**: 전자가 원자핵에 붙잡히면서 빛이 직진할 수 있게 되어 우주가 투명해졌다.

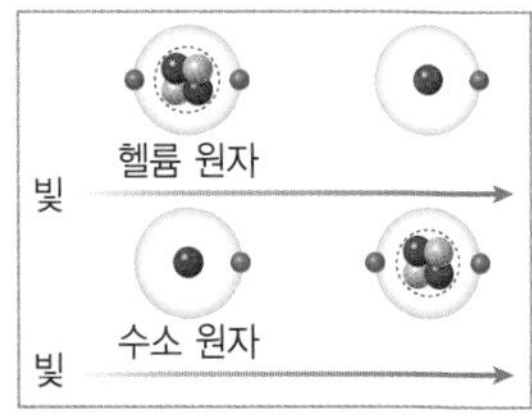

용어 돋보기

*** K(켈빈)**_ 절대 온도의 단위

절대 온도(K)= 섭씨온도(℃)+273.15

B 스펙트럼과 우주의 원소 분포

1 우주의 원소 분포를 관측하는 방법 별빛의 스펙트럼을 분석하여 우주의 원소 분포를 알아낸다. 탐구 A 26쪽

① 스펙트럼: 프리즘과 같은 *분광기를 통과하여 생긴 빛의 띠[5]

② 스펙트럼의 종류: 연속 스펙트럼, 흡수 스펙트럼, 방출 스펙트럼

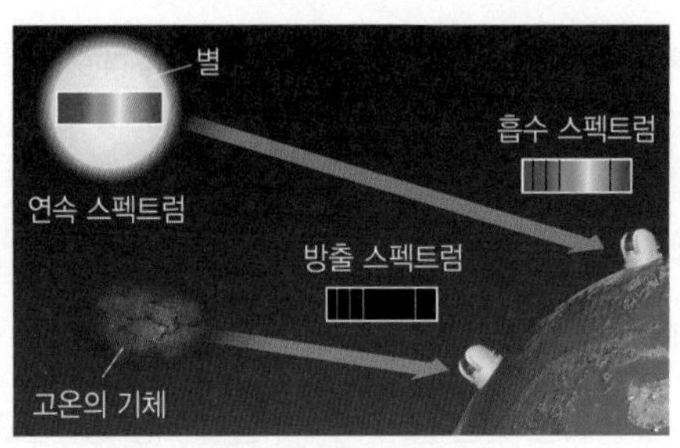

연속 스펙트럼		• 모든 파장 영역에서 연속적인 색의 띠가 나타난다. • 고온의 *광원이 빛을 방출하는 경우에 생긴다. 예 백열등, 별의 표면에서 방출되는 빛
선 스펙트럼	흡수 스펙트럼	• 연속 스펙트럼에 검은색의 흡수선이 나타난다.[6] • 별빛이 저온인 별의 대기나 저온의 기체를 통과하는 경우에 나타난다.
	방출 스펙트럼	• 검은색 바탕에 밝은색의 방출선이 나타난다. • 고온의 별 주변에서 가열된 기체를 관측하는 경우에 나타난다. 예 고온의 성운, 기체 방전관

③ 스펙트럼 분석을 통해 알 수 있는 것: 별과 우주를 구성하는 원소의 종류와 질량비

원소의 종류	• 원소마다 특정한 파장의 에너지만을 흡수하거나 방출한다. • 원소의 종류에 따라 흡수선과 방출선은 다른 위치에서 나타난다. • 한 종류의 원소에서 관측되는 흡수선과 방출선의 위치(파장)는 같다. • 별, 은하와 같은 천체에서 관찰되는 흡수선과 방출선을 비교하면 우주에 존재하는 원소의 종류를 알 수 있다.
원소의 질량비	별이나 은하에서의 스펙트럼 흡수선의 세기 등을 비교하면 구성하는 원소의 질량비를 알 수 있다.

2 우주 전역의 천체에서 방출되는 빛의 스펙트럼으로 알아낸 현재 우주의 구성 원소

① 우주의 구성 원소 비율: 수소가 약 74 %, 헬륨이 약 24 %를 차지한다.[7] ➡ 수소 : 헬륨 = 약 3 : 1 여기서 잠깐 28쪽

② 빅뱅 이후 우주 초기에 생성된 수소와 헬륨이 우주의 별과 은하를 이루는 가장 주된 원소가 되었다. ➡ 우주 초기에 생성된 수소와 헬륨은 새로운 별을 만드는 재료가 된다.

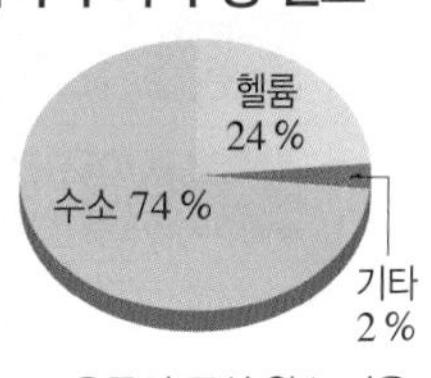

▲ 우주의 구성 원소 비율

❺ **스펙트럼의 원리**
빛은 파장에 따라 굴절되는 정도가 다르기 때문에 파장에 따라 나누어진다.

❻ **태양의 스펙트럼에서 나타나는 흡수선**

태양에서는 수소, 헬륨, 나트륨, 칼슘 등 다양한 원소들의 흡수선(프라운호퍼선)이 나타난다. 이를 통해 태양은 수소, 헬륨과 같은 우주 초기의 원소들뿐만 아니라 나트륨, 칼슘과 같은 원소도 함께 존재한다는 사실을 알게 되었다.

❼ **우주의 구성 원소 비율과 빅뱅 우주론**
빅뱅 우주론에서는 우주를 구성하는 수소와 헬륨의 질량비가 약 3 : 1이 될 것이라고 예측하였고, 예측값은 실제 관측값과 일치한다. 따라서 수소와 헬륨의 질량비가 약 3 : 1인 것은 빅뱅 우주론의 중요한 증거가 된다.

용어 돋보기
* **분광기(分 나누다, 光 빛, 器 도구)**_ 빛을 파장에 따라 나누는 장치
* **광원(光 빛, 源 근원)**_ 제 스스로 빛을 내는 물체

개념 쏙쏙

정답과 해설 4쪽

1 다음 설명에 해당하는 입자를 옳게 연결하시오.

(1) 빅뱅 직후 가장 먼저 생성된 입자 • • ㉠ 헬륨 원자핵
(2) 쿼크 3개가 결합하여 생성된 입자 • • ㉡ 원자
(3) 양성자 2개와 중성자 2개가 결합하여 생성된 입자 • • ㉢ 쿼크, 전자
(4) 원자핵과 전자로 이루어진 입자 • • ㉣ 양성자, 중성자

2 스펙트럼에 대한 설명으로 옳은 것은 ○, 옳지 않은 것은 ×로 표시하시오.

(1) 고온의 별 표면에서는 모든 파장에 걸쳐 연속적인 색의 띠가 나타난다. … ( )
(2) 태양의 스펙트럼 흡수선을 분석하면 태양의 구성 원소를 알 수 있다. … ( )
(3) 수소와 헬륨의 스펙트럼에 나타나는 방출선의 위치와 개수는 동일하다. … ( )

3 우주를 구성하는 원소 중 가장 높은 비율을 차지하는 두 원소는 ㉠( )와 헬륨이고, 두 원소의 질량비는 약 ㉡( )이다.

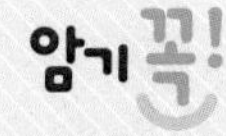
암기 꼭!

빅뱅(대폭발) 우주론에서 원자의 생성 과정
기본 입자(쿼크, 전자) → 양성자, 중성자 → 헬륨 원자핵 → 원자

우주를 구성하는 주요 원소
수소, 헬륨 ➡ 빅뱅 이후 우주 초기에 생성

분광기를 활용한 물질의 스펙트럼 관찰·비교

목표 별빛의 스펙트럼을 분석하여 우주를 구성하는 원소의 종류를 알아내는 원리를 설명할 수 있다.

시험 Tip!

별의 스펙트럼에 나타난 흡수선과 원소의 스펙트럼에 나타난 방출선을 제시하여 별에 존재하는 원소가 무엇인지 찾게 하는 문항이 자주 출제된다.

과정

❶ 스마트폰의 카메라 렌즈 쪽에 간이 분광기를 붙인다.

❷ 백열등에서 방출되는 빛을 간이 분광기로 관찰한다.

❸ 수소, 헬륨, 나트륨, 칼슘 등의 기체가 들어 있는 방전관을 관찰하고 나타나는 스펙트럼을 촬영한다.

유의점
- 방전관을 작동시키면 뜨거워지므로 내열 장갑을 착용한다.
- 방전관을 오래 작동시키면 유리관이 깨질 수 있으므로 최대 1분 이하로 작동하고 끄기를 반복한다.

결과

광원	스펙트럼 모습	특징
백열등		연속적인 색의 띠가 나타난다.
수소		• 특정 파장의 방출선이 나타난다. • 원소마다 스펙트럼에 나타나는 방출선의 위치(파장)와 개수가 다르다.
헬륨		
나트륨		
칼슘		
별 A		연속 스펙트럼에 검은색의 흡수선이 나타난다.
별 B		

해석

1. **백열등을 관측할 때 나타나는 스펙트럼의 종류는?** ➡ 연속 스펙트럼
2. **수소, 헬륨, 나트륨, 칼슘에서 나타나는 스펙트럼의 공통점은?** ➡ 방출선이 나타난다.
3. **수소, 헬륨, 나트륨, 칼슘에서 나타나는 스펙트럼의 차이점은?** ➡ 방출선의 위치(파장)와 개수가 다르다.
4. **흡수 스펙트럼이 관찰되는 까닭은?** ➡ 고온의 별 표면에서 방출되는 파장 중 일부가 별의 대기에 의해 흡수되었기 때문이다.
5. **별 A의 대기에 포함되어 있는 원소는?** ➡ 수소, 헬륨, 나트륨
6. **별 B의 대기에 포함되어 있는 원소는?** ➡ 수소, 칼슘
7. **별빛의 스펙트럼을 분석하여 알 수 있는 것은?** ➡ 별을 구성하는 원소의 종류와 질량비를 알 수 있다.

정리

- 원소마다 방출선의 위치가 다르므로 이를 통해 별을 구성하는 원소의 종류를 알아낼 수 있다.
- 다양한 별빛의 스펙트럼을 분석하면 우주를 구성하는 원소의 종류를 알 수 있다.

확인 문제

1 **탐구 A 에 대한 설명으로 옳은 것은 ○, 옳지 않은 것은 ×로 표시하시오.**

(1) 스펙트럼의 종류에는 연속 스펙트럼, 흡수 스펙트럼, 방출 스펙트럼이 있다. ··· (　　)
(2) 수소, 헬륨, 나트륨, 칼슘 방전관을 관찰하면 흡수 스펙트럼이 나타난다. ······ (　　)
(3) 별 A의 흡수 스펙트럼에서 칼슘의 흡수선이 나타난다. ······ (　　)
(4) 동일한 원소의 흡수선과 방출선이 나타나는 위치는 같다. ······ (　　)
(5) 별빛의 스펙트럼을 분석하면 그 별을 구성하는 원소의 종류를 알 수 있다. ···· (　　)

2 **탐구 A 에서 수소, 헬륨, 나트륨, 칼슘 중 별 A와 B에 공통으로 존재하는 원소를 쓰고, 모든 천체에서 이 원소가 발견되는 까닭을 서술하시오.**

[3~4] 그림은 서로 다른 원소 A~D의 스펙트럼과 어느 별 ㉠, ㉡의 스펙트럼을 나타낸 것이다.

3 **이에 대한 설명으로 옳은 것만을 [보기]에서 있는 대로 고른 것은?**

보기
ㄱ. A~D의 스펙트럼에는 방출선이 나타난다.
ㄴ. A~D는 모두 별 ㉠의 구성 원소이다.
ㄷ. 스펙트럼을 분석하여 별을 구성하는 원소의 종류를 알아낼 수 있다.

① ㄱ　② ㄴ　③ ㄱ, ㄷ　④ ㄴ, ㄷ　⑤ ㄱ, ㄴ, ㄷ

4 **원소 A~D 중 별 ㉡을 구성하는 원소를 모두 쓰시오.**

우주의 팽창과 원소의 생성

정답과 해설 4쪽

빅뱅 이후 우주는 계속 팽창하면서 온도가 점점 낮아지고 있어요. 우주의 온도가 낮아지면서 생성되는 입자들이 어떻게 달라지는지 한눈에 정리해 볼까요?

빅뱅 직후 우주는 급격히 팽창하였고, 이 과정에서 최초의 입자가 생성되었다.
이후 우주가 계속 팽창하면서 우주의 온도는 계속 낮아졌다.

우주의 팽창과 우주의 온도, 입자의 생성

우주가 팽창하면 우주의 온도는 낮아진다. 이는 우주 전체가 갖는 에너지의 총량은 일정한데, 우주가 팽창하여 단위 부피당 에너지가 감소하게 되는 것과 같은 원리로 이해할 수 있다. 따라서 우주가 팽창함에 따라 우주의 온도는 낮아지고, 그 결과 에너지로부터 입자가 생성되었다.

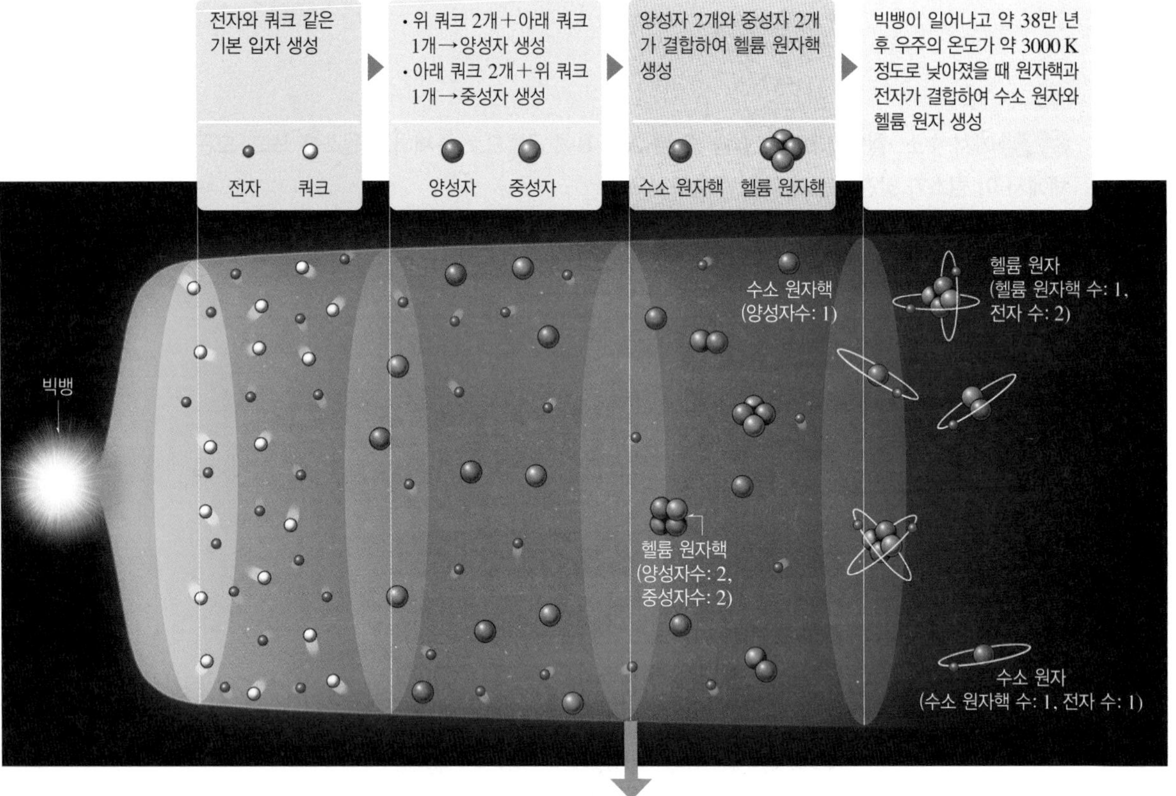

헬륨 원자핵이 생성되기 직전, 양성자와 중성자의 개수비는 약 14 : 2였다. 양성자는 그 자체로 수소 원자핵이고, 양성자 2개와 중성자 2개가 결합하여 헬륨 원자핵이 생성되었다.

개수비

수소 원자핵 : 헬륨 원자핵 = 약 12 : 1

질량비

수소 원자핵 : 헬륨 원자핵 = 1 × 12개 : 4 × 1개 = 약 3 : 1
수소 원자 : 헬륨 원자 = 약 3 : 1
(전자의 질량은 매우 작으므로 원자의 질량은 원자핵의 질량과 거의 같다.)

양성자 14개 | 중성자 2개
수소 원자핵 12개 — 원자 질량 = 12
헬륨 원자핵 1개 — 원자 질량 = 4

Q1 우주가 팽창함에 따라 우주의 크기는 ㉠(커졌고 , 작아졌고), 우주의 온도는 점점 ㉡(높아졌다 , 낮아졌다).

Q2 우주에서 양성자와 중성자의 개수비가 약 14 : 2일 때 헬륨 원자핵이 생성되었으며, 현재 우주에 존재하는 수소 원자와 헬륨 원자의 질량비는 약 (   )이다.

Q3 수소 원자는 빅뱅 후 약 ㉠(   ) 년에 생성되었고, 수소 원자가 만들어진 까닭은 우주의 팽창으로 우주의 온도가 약 ㉡(   ) K 정도로 낮아졌기 때문이다.

중간·기말 고사에 출제될 확률이 높은 문항들로 구성하여, 내신에 완벽 대비할 수 있도록 하였습니다.

정답과 해설 4쪽

A 우주 초기에 생성된 원소

01 그림은 우주의 탄생과 진화를 설명하는 빅뱅 우주론을 나타낸 것이다.

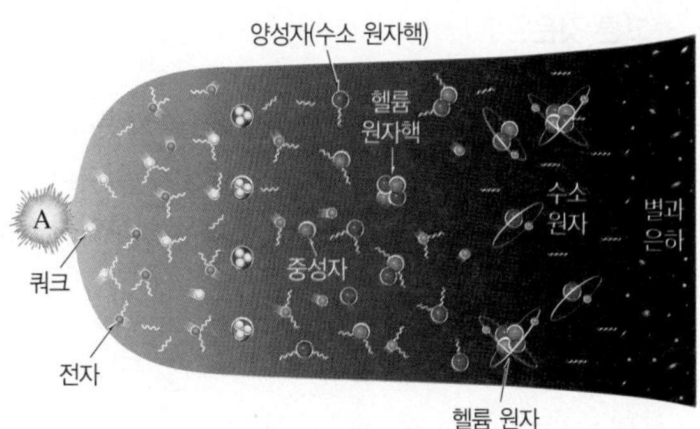

이에 대한 설명으로 옳은 것만을 [보기]에서 있는 대로 고른 것은?

보기
ㄱ. A가 일어난 시기는 현재로부터 약 138억 년 전이다.
ㄴ. A 이후 우주의 크기는 계속 증가하였다.
ㄷ. A 이후 우주의 온도는 점점 낮아졌다.

① ㄱ ② ㄴ ③ ㄱ, ㄷ
④ ㄴ, ㄷ ⑤ ㄱ, ㄴ, ㄷ

중요
02 빅뱅 우주론에 따라 우주가 팽창하면서 일어난 [보기]의 사건을 시간 순서대로 옳게 나열한 것은?

보기
ㄱ. 기본 입자의 생성
ㄴ. 수소 원자핵의 생성
ㄷ. 수소 원자와 헬륨 원자의 생성
ㄹ. 헬륨 원자핵의 생성

① ㄱ → ㄴ → ㄷ → ㄹ
② ㄱ → ㄴ → ㄹ → ㄷ
③ ㄴ → ㄷ → ㄱ → ㄹ
④ ㄷ → ㄱ → ㄴ → ㄹ
⑤ ㄹ → ㄷ → ㄴ → ㄱ

03 그림은 빅뱅 이후 A와 B 시기에 우주를 구성하는 주요 입자들을 나타낸 것이다.

시기	주요 입자들	
A	수소 원자핵	헬륨 원자핵
B	수소 원자	헬륨 원자

이에 대한 설명으로 옳은 것만을 [보기]에서 있는 대로 고른 것은?

보기
ㄱ. A 시기는 빅뱅이 일어나고 약 1초 후이다.
ㄴ. B 시기는 빅뱅이 일어나고 약 38만 년 후이다.
ㄷ. 우주의 크기는 A 시기보다 B 시기에 더 크다.

① ㄱ ② ㄴ ③ ㄱ, ㄷ
④ ㄴ, ㄷ ⑤ ㄱ, ㄴ, ㄷ

중요
04 그림 (가)와 (나)는 각각 우주의 나이가 20만 년일 때와 300만 년일 때 빛과 우주를 구성하는 입자의 모습을 순서 없이 나타낸 것이다.

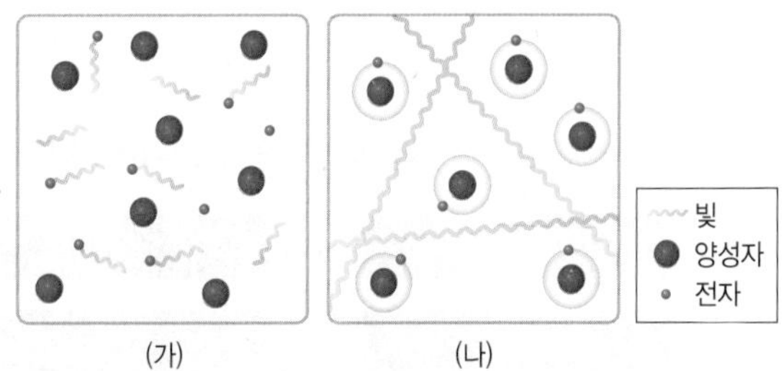

(가) (나)

이에 대한 설명으로 옳은 것만을 [보기]에서 있는 대로 고른 것은?

보기
ㄱ. (가) 시기에 전자는 수소 원자핵으로부터 분리되어 있었다.
ㄴ. (나)는 우주의 나이가 300만 년일 때이다.
ㄷ. 우주의 밀도는 (가) 시기가 (나) 시기보다 컸다.

① ㄱ ② ㄴ ③ ㄱ, ㄷ
④ ㄴ, ㄷ ⑤ ㄱ, ㄴ, ㄷ

B 스펙트럼과 우주의 원소 분포

05 그림 (가)~(다)는 여러 종류의 스펙트럼이 형성되는 경우를 나타낸 것이다.

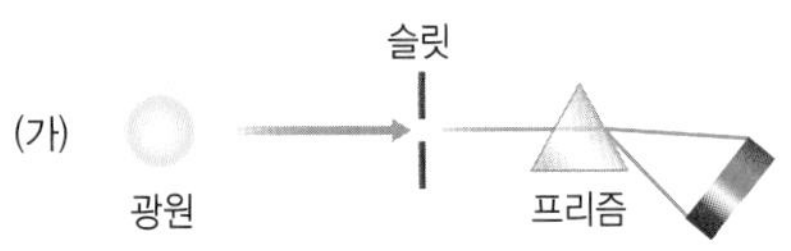

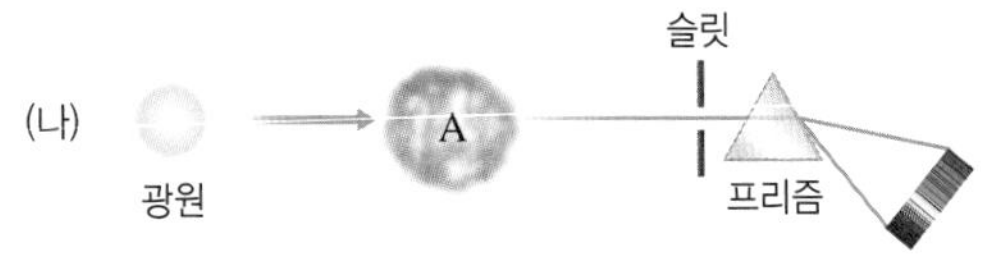

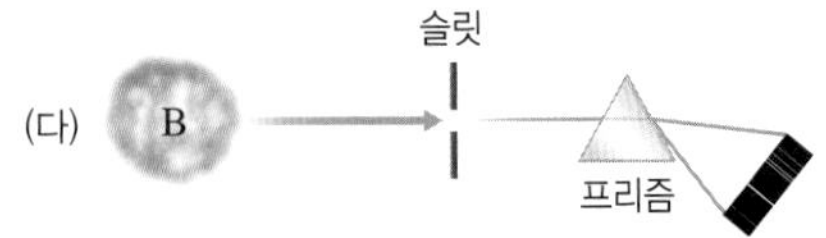

이에 대한 설명으로 옳은 것만을 [보기]에서 있는 대로 고른 것은?

보기
ㄱ. (가)에서는 연속 스펙트럼이 나타난다.
ㄴ. A와 B 중 고온의 기체는 A에 해당한다.
ㄷ. A와 B가 동일한 원소로 이루어진 기체라면 (나)와 (다)에서 선 스펙트럼의 파장은 동일하다.

① ㄱ ② ㄴ ③ ㄱ, ㄷ
④ ㄴ, ㄷ ⑤ ㄱ, ㄴ, ㄷ

06 그림 (가)~(라)는 두 원소의 스펙트럼을 나타낸 것이다.

(가)  (나) 

(다)  (라) 

이에 대한 설명으로 옳은 것만을 [보기]에서 있는 대로 고른 것은?

보기
ㄱ. (가)는 흡수 스펙트럼이다.
ㄴ. 저온의 기체를 통과한 별빛의 스펙트럼은 (나)와 같이 나타난다.
ㄷ. (다)와 (라)는 동일한 원소에 의한 스펙트럼이다.

① ㄱ ② ㄷ ③ ㄱ, ㄴ
④ ㄴ, ㄷ ⑤ ㄱ, ㄴ, ㄷ

07 그림은 태양의 스펙트럼을 나타낸 것이다.

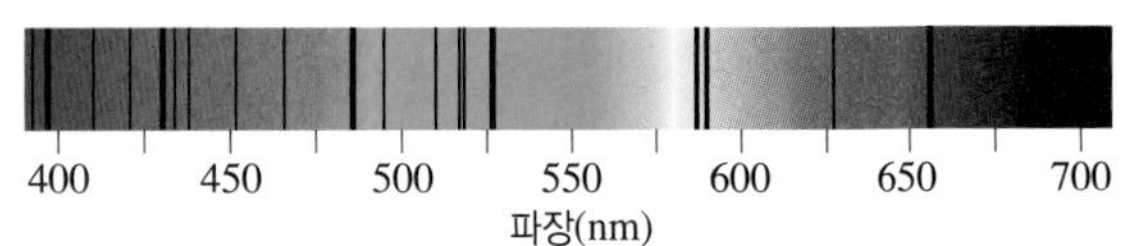

이에 대한 설명으로 옳은 것만을 [보기]에서 있는 대로 고른 것은?

보기
ㄱ. 프라운호퍼가 수백 개의 흡수선을 발견하였다.
ㄴ. 태양의 대기를 이루는 원소를 알 수 있다.
ㄷ. 태양의 대기는 한 종류의 원소로 이루어져 있음을 알 수 있다.

① ㄱ ② ㄷ ③ ㄱ, ㄴ
④ ㄴ, ㄷ ⑤ ㄱ, ㄴ, ㄷ

★중요

08 그림은 빅뱅 이후 헬륨 원자핵이 모두 생성되었을 때의 양성자와 중성자의 개수비를 나타낸 것이다. P는 양성자, N은 중성자이다.

이에 대한 설명으로 옳은 것만을 [보기]에서 있는 대로 고른 것은?

보기
ㄱ. 빅뱅 후 약 3분이 되었을 때이다.
ㄴ. 수소 원자핵과 헬륨 원자핵의 개수비는 12 : 1이다.
ㄷ. 수소 원자핵과 헬륨 원자핵의 질량비는 약 7 : 1이다.

① ㄱ ② ㄷ ③ ㄱ, ㄴ
④ ㄴ, ㄷ ⑤ ㄱ, ㄴ, ㄷ

서술형

09 우주 전역에 존재하는 수소와 헬륨의 질량비가 약 3 : 1이라는 것을 알아낼 수 있는 방법을 서술하시오.

내신 탄탄보다는 조금 수준이 높은 유형의 문제들로 구성하였습니다.
자신의 실력을 한 단계 높여 보세요.

정답과 해설 5쪽

01 그림은 빅뱅 우주론에 따라 입자가 생성된 과정을 나타낸 것이다.

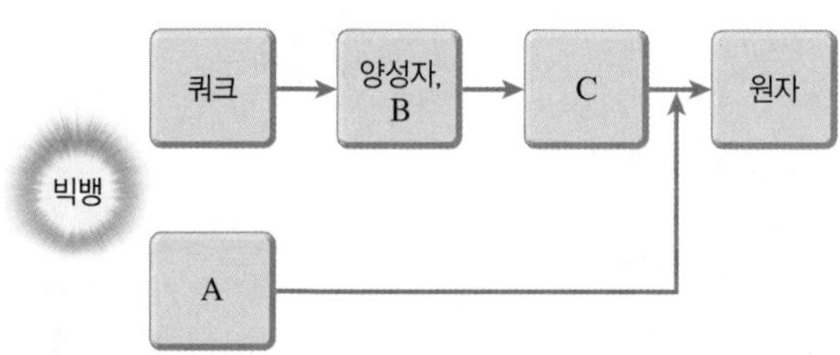

이에 대한 설명으로 옳은 것만을 [보기]에서 있는 대로 고른 것은?

보기
ㄱ. A는 전자이다.
ㄴ. B는 전기적으로 중성이다.
ㄷ. 헬륨 원자핵은 C에 해당한다.
ㄹ. 헬륨 원자에서 A의 수는 양성자수보다 적다.

① ㄱ, ㄷ ② ㄱ, ㄹ ③ ㄴ, ㄹ
④ ㄱ, ㄴ, ㄷ ⑤ ㄴ, ㄷ, ㄹ

02 그림은 빅뱅 이후 어느 시기에 일어난 변화를 나타낸 것이다.

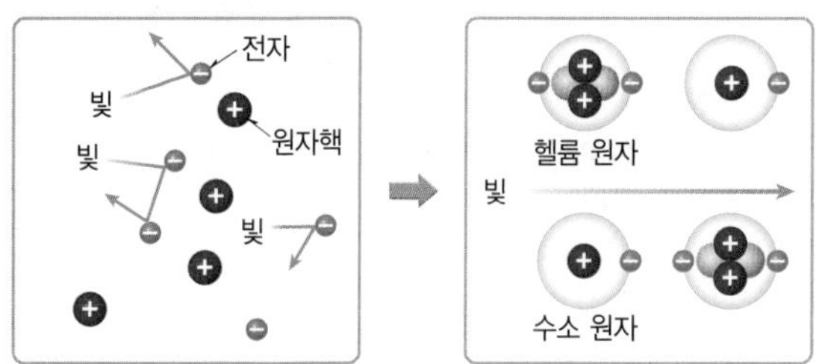

이에 대한 설명으로 옳은 것만을 [보기]에서 있는 대로 고른 것은?

보기
ㄱ. 빅뱅 후 약 38만 년이 지난 시기에 일어난 변화이다.
ㄴ. 이 시기에 자유롭게 돌아다니던 전자가 원자핵과 결합하여 원자를 형성하였다.
ㄷ. 전자가 원자핵과 결합한 것은 우주 팽창으로 인한 온도 하강 때문이다.

① ㄱ ② ㄴ ③ ㄱ, ㄷ
④ ㄴ, ㄷ ⑤ ㄱ, ㄴ, ㄷ

03 그림 (가)는 수소의 흡수 스펙트럼을, (나)는 여러 종류의 스펙트럼을 나타낸 것이다. A와 B는 각각 방출 스펙트럼과 흡수 스펙트럼 중 하나이다.

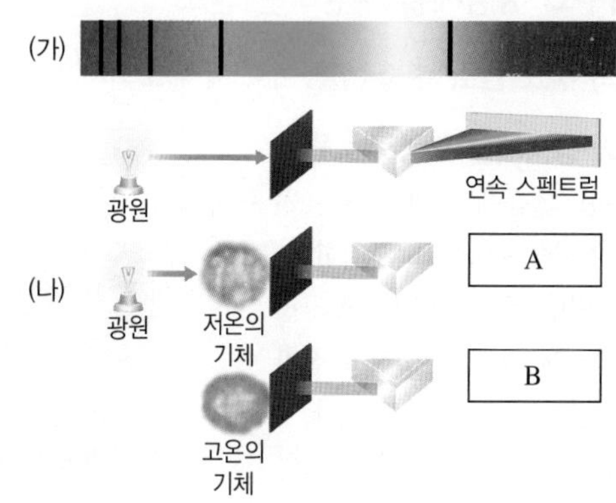

이에 대한 설명으로 옳은 것만을 [보기]에서 있는 대로 고른 것은?

보기
ㄱ. (가)는 B에 해당한다.
ㄴ. 별빛을 분광기로 관찰하면 A가 나타난다.
ㄷ. 수소 방전관을 분광기로 관찰하면 스펙트럼에서 (가)의 흡수선과 같은 파장의 방출선이 나타난다.

① ㄱ ② ㄴ ③ ㄱ, ㄷ
④ ㄴ, ㄷ ⑤ ㄱ, ㄴ, ㄷ

04 그림은 현재 우주를 구성하는 원소의 질량비를 나타낸 것이다.

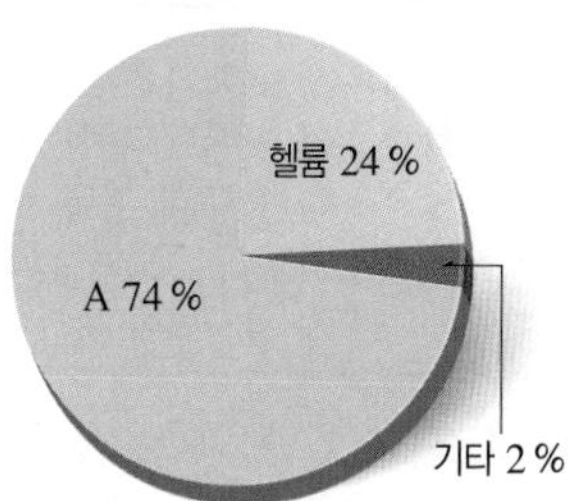

이에 대한 설명으로 옳은 것만을 [보기]에서 있는 대로 고른 것은?

보기
ㄱ. A는 우주 초기의 진화 과정에서 생성되었다.
ㄴ. A와 헬륨은 우주의 별과 은하를 구성하는 주요 원소가 되었다.
ㄷ. 원자핵과 전자가 결합하여 원자가 만들어진 시기의 우주의 온도는 약 2.7 K이었다.

① ㄱ ② ㄷ ③ ㄱ, ㄴ
④ ㄴ, ㄷ ⑤ ㄱ, ㄴ, ㄷ

02 지구와 생명체를 구성하는 원소의 생성

핵심 짚기
- 지구와 생명체의 구성 원소 비교
- 별의 진화와 원소의 생성
- 별의 탄생과 원소의 생성
- 태양계와 지구의 형성 과정

A 지구와 생명체를 구성하는 원소

1 우주의 주요 원소 수소, 헬륨이 전체 원소의 약 98 %를 차지 ➡ 우주 초기에 생성

2 지구와 생명체를 구성하는 원소

① 수소, 헬륨에 비해 무거운 원소가 높은 비율을 차지한다. ➡ 빅뱅 후 수십억 년 정도 지났을 때, 별이 탄생하고 진화하는 과정에서 생성되었다.

② 지구에는 산소, 탄소를 비롯하여 100여 종이 넘는 원소가 존재한다.

지구의 구성 요소❶	생명체(사람)의 구성 원소
니켈 2.4 %, 기타 4.6 %, 마그네슘 13 %, 철 35 %, 규소 15 %, 산소 30 %	칼슘 1.5 %, 인 1.0 %, 질소 3.3 %, 기타 1.2 %, 수소 9.5 %, 탄소 18.5 %, 산소 65 %
철 > 산소 > 규소 > 마그네슘…❷	산소 > 탄소 > 수소 > 질소…

B 별에서 만들어진 원소

1 별의 탄생과 원소의 생성

① 별: *핵융합 반응으로 스스로 빛을 내는 천체

② 별의 탄생: *성운이 형성되고 성운 내부의 물질이 뭉쳐지면서 별이 탄생한다.❸

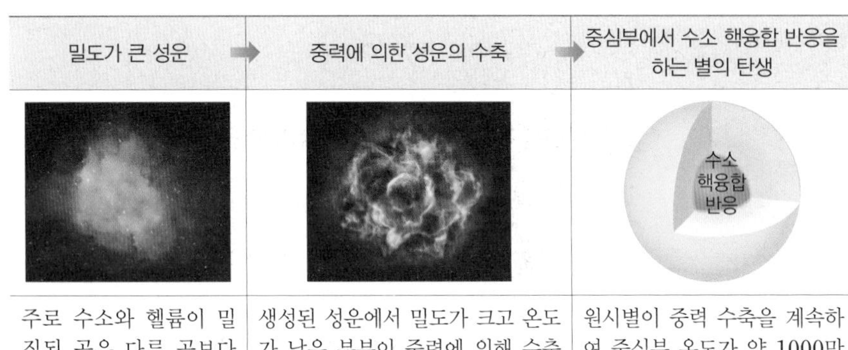

밀도가 큰 성운 ➡	중력에 의한 성운의 수축 ➡	중심부에서 수소 핵융합 반응을 하는 별의 탄생
주로 수소와 헬륨이 밀집된 곳은 다른 곳보다 중력이 크므로 더 많은 물질을 끌어당겨 성운을 이루었다.	생성된 성운에서 밀도가 크고 온도가 낮은 부분이 중력에 의해 수축하면 중력 수축 에너지에 의해 중심부의 온도가 높아지고 밀도가 커져 원시별이 생성된다.❹	원시별이 중력 수축을 계속하여 중심부 온도가 약 1000만 K 이상이 되면 중심부에서 수소 핵융합 반응을 하는 별(주계열성)이 된다.

③ 주계열성: 수소 핵융합 반응으로 에너지를 생성하는 별이다. ➡ 별의 크기, 광도가 거의 일정하게 유지되며, 별은 일생의 대부분을 주계열성으로 보낸다. 예 태양

| 수소 핵융합 반응 |
- **수소 핵융합 반응**: 수소 원자핵 4개가 결합하여 1개의 헬륨 원자핵이 되는 과정에서 감소한 질량이 에너지로 전환된다.
- **헬륨 원자핵 생성**: 온도가 1000만 K 이상인 별의 중심부에서 수소 핵융합 반응이 일어나 헬륨 원자핵이 생성된다.

양성자, 수소 원자핵 ➡ 중성자, 헬륨 원자핵 + 에너지

2 별의 진화와 원소의 생성 별은 질량에 따라 다르게 진화하며, 질량이 클수록 중심부의 온도가 높아져 더 무거운 원소를 만드는 핵융합 반응이 일어난다.

① 질량이 태양과 비슷한 별: 주계열성 → 적색 거성 → 행성상 성운, 백색 왜성으로 진화하면서 헬륨, 탄소, 산소가 생성된다.

Plus 강의

❶ **지구의 주요 구성 원소**
지구를 구성하는 가장 주요한 원소는 철, 산소이다. 하지만 지각에는 산소와 규소가 많다. 지구를 구성하는 가장 주요한 원소인 철은 많은 양이 지구의 핵에 위치하고 있다.

❷ **지각과 사람을 구성하는 원소 중 산소가 가장 많은 양을 차지하는 까닭**
산소는 수소, 탄소, 규소 등 다른 원소와 결합하여 다양한 물질을 만들기 때문이다.

❸ **별이 탄생하는 장소**
독수리 성운과 같이 온도가 낮고, 밀도가 높은 곳을 제임스 웹 망원경으로 관찰하면 별이 탄생하는 모습을 볼 수 있다.

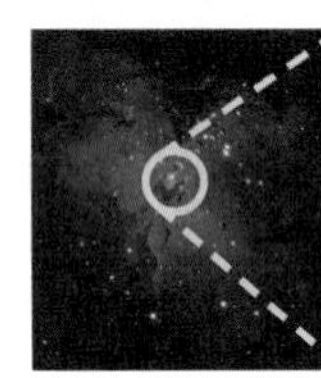

▲ 독수리 성운에 있는 창조의 기둥

❹ **중력 수축 에너지**
성운이 수축하면 물체가 갖는 위치 에너지가 감소하므로 감소한 에너지 중 일부가 열로 전환되어 온도가 높아진다.

용어 돋보기

* **핵융합**(核 씨, 融 녹다, 合 합하다)_고온·고압의 환경에서 가벼운 원자핵이 결합하여 무거운 원자핵으로 되는 과정
* **성운**(星 별, 雲 구름)_성간 물질이 밀집되어 있어 구름 모양으로 보이는 천체

진화	핵융합 반응	생성 원소
적색 거성	• 헬륨 생성: 주계열성의 중심부에 있던 수소가 모두 헬륨으로 바뀌면, 중심부는 수축하면서 열이 발생하여 중심부 바깥의 수소를 가열한다. 가열된 수소는 핵융합 반응을 일으키고, 내부의 압력을 증가시켜 별의 바깥층을 팽창시키게 된다. 이 단계를 *적색 거성이라고 한다. • 탄소, 산소 생성: 헬륨으로 된 중심부는 계속 수축하여 온도가 1억 K 이상이 되면 중심부에서 헬륨 핵융합 반응이 일어나고 탄소, 산소가 생성된다.⑤⑥ (그림: 헬륨핵, 수소 핵융합 반응) ▲ 주계열을 막 벗어난 적색 거성 중심부 구조 (그림: 탄소핵, 수소 핵융합 반응, 헬륨 핵융합 반응) ▲ 중심핵에서 헬륨 핵융합 반응이 종료된 이후 별의 중심부 구조	헬륨, 탄소, 산소 (그림: 수소, 헬륨, 탄소, 산소) ▲ 별의 중심부 구조
행성상 성운, 백색 왜성	• 별의 중심부는 핵융합 반응이 멈추고 수축한다. • 별의 바깥층은 팽창하여 우주로 물질이 방출되어 *행성상 성운을 이루고, 중심부는 수축하여 백색 왜성이 된다.⑦	

② 질량이 태양의 약 10배 이상인 별: 주계열성 → 초거성 → 초신성 폭발 → 중성자별 또는 블랙홀로 진화한다. 이때 주계열성에서 초거성까지는 헬륨~철이 만들어지고, 초신성 폭발 시 철보다 무거운 원소가 생성된다.

진화	핵융합 반응	생성 원소
초거성	• 철까지 생성: 주계열성 이후 초거성이 된다. 질량이 태양과 비슷한 별이 헬륨 핵융합 반응에서 멈추는 것과 달리 탄소, 산소, 규소 핵융합 반응 등 더 많은 핵융합 반응이 일어나 최종적으로 별 내부에서 철까지 만들어진다.⑤⑥ • 철까지만 생성되는 까닭: 철 원자핵은 매우 안정하여 더 이상 핵융합 반응이 일어나지 않기 때문이다. (그림: 헬륨, 수소, 탄소, 산소, 철, 산소, 네온, 마그네슘, 황, 규소) ▲ 별의 중심부 구조	헬륨, 탄소, 산소~철
초신성 폭발	• 철보다 무거운 원소 생성: 별 중심부에 철로 된 핵이 만들어지면 더 이상 핵융합 반응이 일어나지 못하고 중심부가 급격히 수축하다가 매우 밝은 빛을 내며 폭발하는 초신성이 된다. 초신성 폭발 과정에서 엄청난 에너지가 방출되고 핵융합 반응이 일어나 철보다 무거운 금, 납, 우라늄 등의 원소가 만들어진다.⑦	금, 납, 우라늄 등 철보다 무거운 원소
중성자별, 블랙홀	초신성으로 폭발하고 남은 중심부는 밀도가 큰 중성자별이 된다. 남은 중심부의 질량이 매우 클 경우에는 빛조차 빠져나올 수 없는 블랙홀이 된다.	

⑤ 질량이 태양과 비슷한 별보다 질량이 태양의 약 10배 이상인 별에서 더 많은 핵융합 반응이 일어나는 까닭

질량이 태양의 약 10배 이상인 별은 질량이 태양과 비슷한 별에 비해 중심부의 온도가 높아질 수 있기 때문에 더 많은 핵융합 반응이 일어날 수 있다.

⑥ 핵융합 반응으로 생성되는 원소

핵융합 반응	생성 원소
수소 핵융합	헬륨
헬륨 핵융합	탄소
탄소 핵융합	산소, 네온, 마그네슘
산소 핵융합	황, 규소
규소 핵융합	철

⑦ 원소의 방출과 새로운 별의 생성

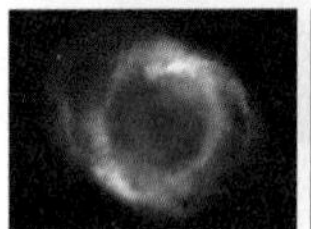
▲ 행성상 성운

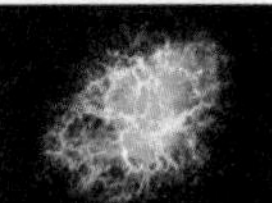
▲ 초신성 잔해

행성상 성운과 초신성 폭발로 별 내부 물질이 우주 공간으로 방출하여 우주의 주요 구성 원소인 수소, 헬륨 외의 다양한 원소들을 제공해 주는 역할을 한다. 또, 우주에 방출된 원소는 새로운 별을 만드는 데 다시 사용된다.

용어 돋보기

* 적색 거성(赤 붉다, 色 빛, 巨 크다, 星 별)_주계열성이 팽창하여 크고, 표면 온도가 낮아져 붉은색을 띠는 별
* 행성상 성운(행성, 狀 모양, 星 별, 雲 구름)_적색 거성이 팽창하여 형성된 행성 모양의 성운

개념 쏙쏙

정답과 해설 6쪽

1 다음 설명에 해당하는 원소를 옳게 연결하시오.

(1) 우주에서 가장 많은 원소 •   • ㉠ 헬륨
(2) 수소 핵융합 반응으로 생성되는 원소 •   • ㉡ 수소
(3) 헬륨 핵융합 반응으로 생성되는 원소 •   • ㉢ 탄소
(4) 지구를 구성하는 원소 중 가장 많은 원소 •   • ㉣ 철

2 별의 탄생과 진화, 원소의 생성에 대한 설명이다. ( ) 안에 알맞은 말을 쓰시오.

(1) 성운의 온도가 낮고 ㉠( )가 큰 부분에서 ㉡( )에 의한 수축이 일어나며 원시별이 생성된다.

(2) 별의 내부에서 핵융합 반응에 의해 생성될 수 있는 가장 무거운 원소는 ㉠( )이고, 금, 납, 우라늄과 같은 원소는 ㉡( ) 폭발 때 생성된다.

암기 꼭!

우주, 지구, 생명체에서 가장 높은 비율을 차지하는 원소

수철산! (소 소)

질량이 태양과 비슷한 별에서 생성되는 원소

(바깥) 수류탄! (중심) (소 헬륨 소)

02 지구와 생명체를 구성하는 원소의 생성

C 태양계와 지구의 형성

1 태양계의 형성 태양계는 초신성 폭발로 만들어진 거대한 성운에서 약 50억 년 전에 형성되었다.❶

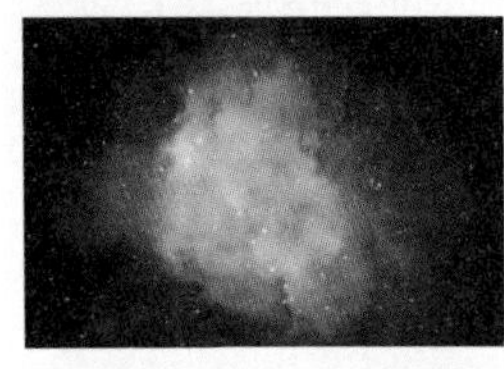

태양계 성운의 형성 우리은하 내부에서 일어난 초신성 폭발로 거대한 성운이 형성되었다.

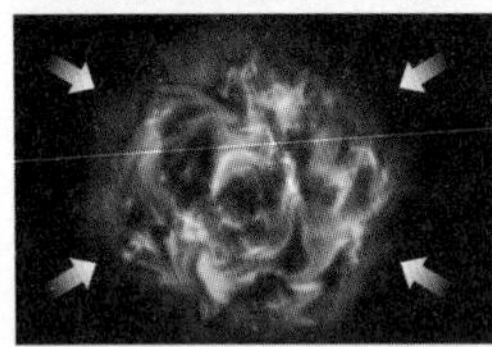

성운의 수축 태양계 성운은 밀도가 큰 부분을 중심으로 중력에 의해 수축하였고, 서서히 회전하기 시작하였다.

원시 태양과 원시 원반의 형성
- 성운이 수축하면서 밀도가 커져 중심부의 온도가 높아졌고, 중심부에는 원시 태양이 형성되었다.
- 원시 태양의 바깥쪽에는 회전 속도가 빨라지면서 납작한 원반 모양의 원시 원반이 형성되었다.❷

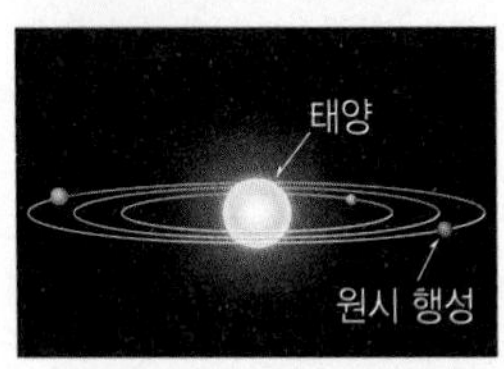

원시 행성과 태양계 형성
- 원시 태양은 중력 수축하여 중심부의 온도는 높아졌고, 수소 핵융합 반응을 시작하면서 주계열성인 태양이 되었다.
- 원시 원반에서 가스와 먼지가 뭉쳐 *미행성체가 탄생하였고, 미행성체는 서로 충돌하며 성장하여 원시 지구와 같은 원시 행성이 탄생하였다. 이후 현재의 태양계가 형성되었다.

2 태양계의 지구형 행성과 목성형 행성의 형성❸

① 지구형 행성의 형성: 수성, 금성, 지구, 화성과 같은 지구형 행성은 태양으로부터 거리가 가까워 상대적으로 온도가 높은 곳에서 형성되었고, 철이나 규소, 산소와 같은 무거운 물질이 모여 주로 암석 성분으로 이루어져 있다.

② 목성형 행성의 형성: 목성, 토성, 천왕성, 해왕성과 같은 목성형 행성은 태양으로부터의 거리가 멀어 상대적으로 온도가 낮은 곳에서 형성되었고, 수소, 헬륨, 메테인과 같은 가벼운 물질로 구성되어 있다.❹

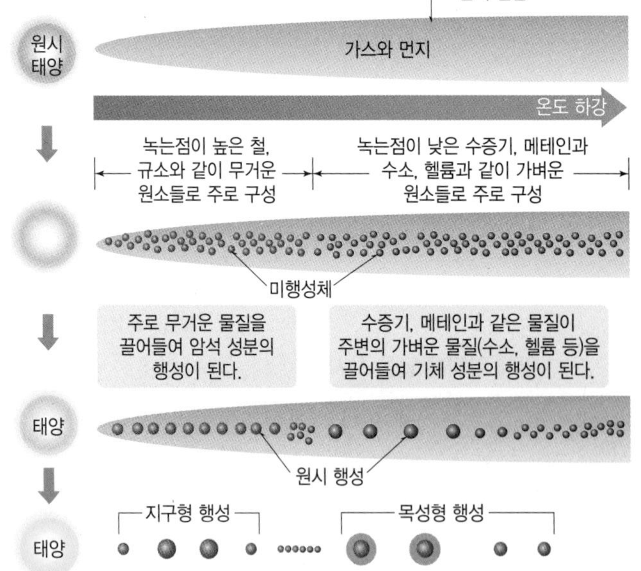

Plus 강의

❶ 태양계의 형성과 초신성
태양계는 초신성 폭발로 만들어진 성운에서 탄생하였다는 것이 가장 유력한 학설이다. 이와 같이 설명하는 까닭은 태양계에는 철, 금, 우라늄과 같이 초신성 폭발에서 나타나는 원소들이 다수 나타나기 때문이다.

❷ 원시 태양계 원반의 회전 속도
태양계 성운의 크기는 매우 컸고, 당시 성운의 회전 속도는 매우 느렸다. 하지만 성운의 반지름이 감소하면서 성운 전체의 회전하는 물체가 갖는 각운동량은 보존되기 때문에 회전 속도는 빨라지게 되어 원시 원반이 형성되었다.

❸ 지구형 행성과 목성형 행성 비교

구분	지구형 행성	목성형 행성
행성	수성, 금성, 지구, 화성	목성, 토성, 천왕성, 해왕성
주요 성분	주로 암석 성분 ➡ 무거운 원소로 구성	주로 기체 성분 ➡ 가벼운 원소로 구성
평균 밀도	크다.	작다.

❹ 태양계 성운의 구성 물질
태양계 성운의 구성 물질 중 가장 많은 비율을 차지하는 것은 수소, 헬륨이다. 지구형 행성을 구성하는 주요 물질인 철과 산소 등은 성운에서 소량 존재하였으므로 행성의 크기가 작을 수 밖에 없었다. 목성, 토성과 같이 주로 수소와 헬륨을 주요 구성원으로 하는 행성은 행성을 구성하는 재료가 매우 많기 때문에 커다란 크기까지 성장할 수 있었다.

용어 돋보기

*** 미행성체(微 작다, 行 다니다, 星 별, 體 몸)** _ 태양계 형성 초기에 만들어진 작은 천체로, 소행성과는 다른 의미이다.

3 지구의 형성 상대적으로 태양 근처에서 형성된 지구는 철, 산소 등으로 구성되어 있으므로 암석 성분의 행성이 되었고, 행성을 이룬 물질을 재료로 하여 생명체가 탄생하였다.

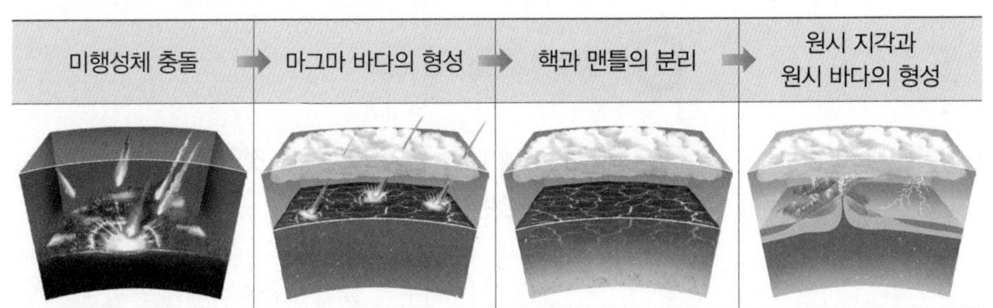

원시 지구의 형성	태양계 성운에서 원시 행성이 형성되는 과정에서 원시 지구도 형성되었다.
미행성체 충돌	원시 지구 주변의 수많은 미행성체들이 중력이 큰 원시 지구와 충돌하여 합쳐지면서 지구의 크기와 질량이 증가하였다.
마그마 바다의 형성	수많은 미행성체의 충돌열에 의해 지구의 온도가 상승하여 마그마 바다를 형성하였다.[5]
핵과 맨틀의 분리	마그마 바다에서 철, 니켈 등의 무거운 물질은 지구 중심부로 가라앉아 핵을 형성하였고, 규소, 산소 등의 가벼운 물질은 위로 떠올라 맨틀을 형성하였다. ➡ 맨틀은 주로 규산염 물질로 이루어졌고, 중심부의 핵은 주로 철과 니켈로 구성되었다. 맨틀과 핵은 밀도 차이로 분리되었다.
원시 지각과 원시 바다의 형성	미행성체의 충돌이 줄어들면서 지구의 표면이 식어 원시 지각이 형성되었고, 대기 중의 수증기는 응결하여 비로 내리면서 원시 바다가 형성되었다.[6]
생명체의 출현	지구는 바다가 생성되어 액체 상태의 물이 존재하였으며, 바다에서 최초의 생명체가 탄생하였다.

⑤ 지구의 온도
원시 지구는 미행성체의 충돌이 활발하게 일어나면서 온도가 상승하였다. 특히, 수증기와 같은 온실 기체는 충돌로 발생한 열을 온실 효과로 가두어 지구의 온도를 상승시켰다. 하지만 미행성체의 충돌이 감소하면서 점차 지구의 온도가 낮아졌다.

⑥ 지구 대기의 성분 변화
원시 대기에 가장 많던 성분은 수증기였으나 응결하여 바다로 변하였다. 바다가 생성된 후 가장 많은 대기 성분은 이산화 탄소였으나 바닷물에 녹으면서 질소가 가장 큰 비율을 차지하였다. 이후 생명체의 광합성에 의해 산소가 두 번째로 많은 대기 성분이 되었다.

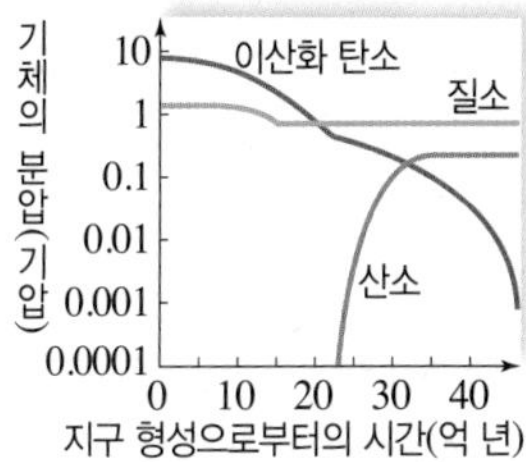

정답과 해설 6쪽

3 다음은 태양계의 형성에 대한 설명이다. ( ) 안에 알맞은 말을 쓰시오.

(1) 태양계 성운은 ( ) 폭발의 영향으로 형성되었다.
(2) 태양계 성운은 중력에 의해 수축하면서 중심부의 온도와 밀도가 상승하여 중심부에서 ( )이 형성되었다.
(3) 원시 원반에 있던 성간 물질이 뭉쳐 ㉠( )가 탄생하였고, 이들은 서로 충돌하며 성장하여 ㉡( )이 탄생하였다.

4 태양계 행성의 형성에 대한 설명으로 옳은 것은 ○, 옳지 않은 것은 ×로 표시하시오.

(1) 지구형 행성은 목성형 행성에 비해 태양 근처에서 형성되었다. ( )
(2) 태양계 원반에서 밀도가 큰 원소는 지구형 행성의 주요 구성 원소가 되었다. ( )
(3) 태양계의 원시 원반에서 태양과 가까운 쪽은 먼 쪽에 비해 상대적으로 가벼운 원소가 많이 분포하였다. ( )

5 다음 지구의 형성 과정에서 일어난 현상들을 시간 순서대로 나열하시오.

(가) 원시 지각 형성 (나) 핵과 맨틀의 분리 (다) 마그마 바다 형성

암기 꼭!

지구의 형성 과정

MeMa핵one!
행성 충돌
그마 바다
과 맨틀의 분리
시 지각의 형성

내신 탄탄

중간·기말 고사에 출제될 확률이 높은 문항들로 구성하여, 내신에 완벽 대비할 수 있도록 하였습니다.

정답과 해설 6쪽

A 지구와 생명체를 구성하는 원소

[01~02] 그림은 지구를 구성하는 원소의 질량비를 나타낸 것이다.

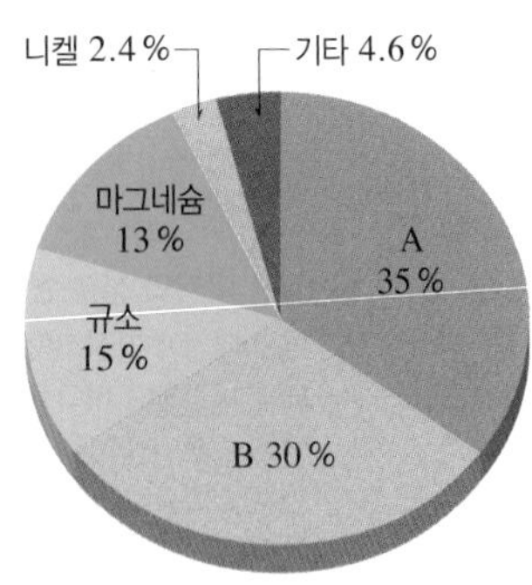

01 A와 B에 해당하는 원소를 각각 쓰시오.

02 이에 대한 설명으로 옳은 것만을 [보기]에서 있는 대로 고른 것은?

보기
ㄱ. A는 질량이 태양과 비슷한 별에서 생성될 수 있다.
ㄴ. B는 사람의 몸에 가장 많은 원소이다.
ㄷ. B는 우주의 나이가 약 38만 년이 되었을 때 만들어졌다.
ㄹ. 지구를 구성하는 주요 원소들은 대부분 별의 중심부에서 생성되었다.

① ㄱ, ㄷ ② ㄱ, ㄹ ③ ㄴ, ㄹ
④ ㄱ, ㄴ, ㄷ ⑤ ㄴ, ㄷ, ㄹ

중요
03 우주, 지구, 사람을 구성하는 원소에 대한 설명으로 옳은 것만을 [보기]에서 있는 대로 고른 것은?

보기
ㄱ. 수소와 헬륨은 우주의 주요 구성 원소이다.
ㄴ. 사람을 구성하는 가장 많은 원소는 별의 진화 과정에서 만들어졌다.
ㄷ. 지구를 구성하는 가장 많은 원소는 빅뱅 직후 기본 입자의 결합으로 생성되었다.

① ㄱ ② ㄷ ③ ㄱ, ㄴ
④ ㄴ, ㄷ ⑤ ㄱ, ㄴ, ㄷ

B 별에서 만들어진 원소

04 별의 탄생에 대한 설명으로 옳은 것만을 [보기]에서 있는 대로 고른 것은?

보기
ㄱ. 별은 성운 내부의 물질이 균질하게 분포할 때 수축하여 생성된다.
ㄴ. 성운을 구성하는 원소는 대부분 수소와 헬륨이다.
ㄷ. 원시별의 중심부 온도가 1000만 K 이상으로 높아지면 수소 핵융합 반응이 일어나 별(주계열성)이 된다.

① ㄱ ② ㄷ ③ ㄱ, ㄴ
④ ㄴ, ㄷ ⑤ ㄱ, ㄴ, ㄷ

05 그림은 별이 탄생하는 단계 중 일부를 나타낸 것이다.
이에 대한 설명으로 옳은 것만을 [보기]에서 있는 대로 고른 것은?

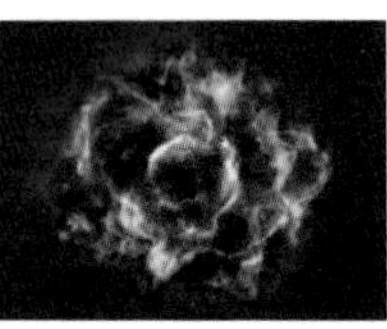

보기
ㄱ. 성운이 중력 수축을 하려면 성운의 온도가 높아야 한다.
ㄴ. 수축하는 성운의 중심부 온도는 상승한다.
ㄷ. 하나의 커다란 성운에서는 하나의 별만 생성된다.

① ㄱ ② ㄴ ③ ㄱ, ㄷ
④ ㄴ, ㄷ ⑤ ㄱ, ㄴ, ㄷ

중요
06 그림은 주계열성 내부에서 에너지를 생성하는 반응을 나타낸 것이다.

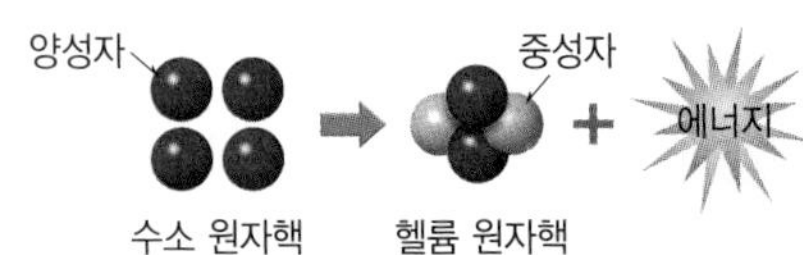

이에 대한 설명으로 옳은 것만을 [보기]에서 있는 대로 고른 것은?

보기
ㄱ. 이 반응은 수소 핵융합 반응이다.
ㄴ. 4개의 수소 원자핵은 1개의 헬륨 원자핵보다 질량이 크다.
ㄷ. 태양의 중심부에서도 이와 같은 핵융합 반응이 일어난다.

① ㄱ ② ㄴ ③ ㄱ, ㄷ
④ ㄴ, ㄷ ⑤ ㄱ, ㄴ, ㄷ

07 그림 (가)~(다)는 별의 진화 단계 중 별의 중심부 구조를 나타낸 것이다.

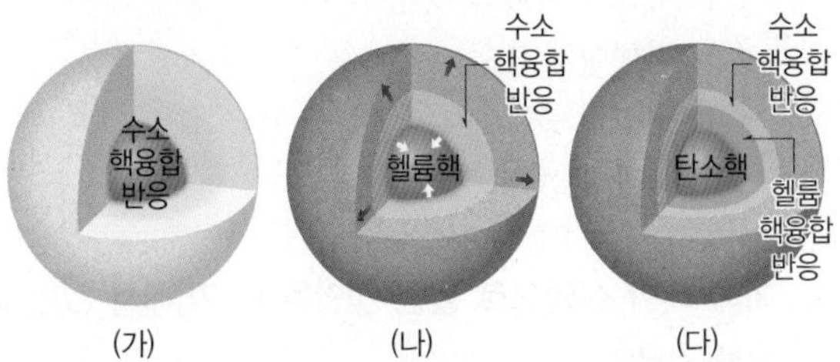

헬륨과 탄소가 함께 생성되는 단계를 모두 고른 것은?

① (가) ② (나) ③ (다)
④ (가), (나) ⑤ (나), (다)

중요

08 다음은 어느 별의 진화 과정을 나타낸 것이다.

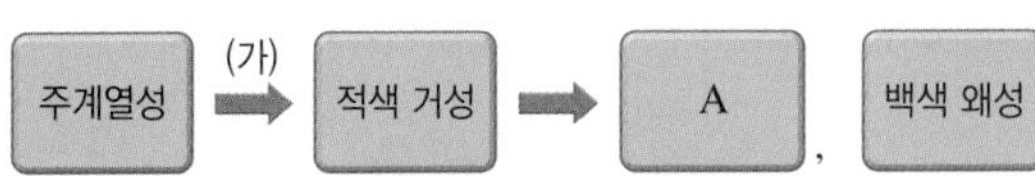

이에 대한 설명으로 옳은 것만을 [보기]에서 있는 대로 고른 것은?

보기
ㄱ. 행성상 성운은 A에 해당한다.
ㄴ. (가) 과정에서 별의 표면 온도는 낮아진다.
ㄷ. 별의 중심부 밀도는 주계열성이 백색 왜성보다 크다.

① ㄱ ② ㄷ ③ ㄱ, ㄴ
④ ㄴ, ㄷ ⑤ ㄱ, ㄴ, ㄷ

서술형

09 그림은 질량이 태양과 비슷한 별이 행성상 성운으로 되기 직전의 중심부 구조를 나타낸 것이다. A에서 나타날 수 있는 주요 원소 2개를 쓰고, 우주에 존재하는 헬륨과 이 두 원소의 주요 생성 시기를 비교하여 서술하시오.

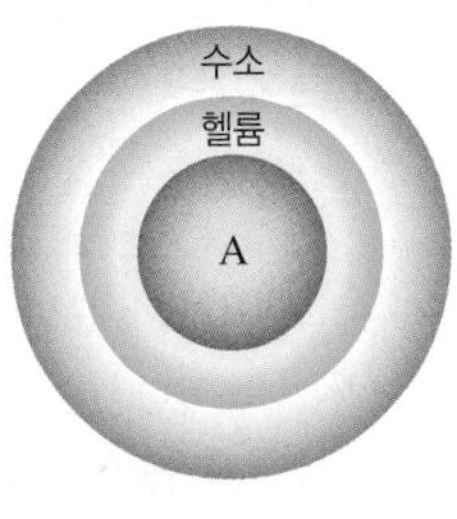

10 그림은 어느 별의 진화 단계 A를 거친 후 나타나는 흔적이다. 이에 대한 설명으로 옳은 것만을 [보기]에서 있는 대로 고른 것은?

보기
ㄱ. 질량이 태양과 비슷한 별이 진화하며 남긴 흔적이다.
ㄴ. A 단계에서 별의 밝기는 급격히 증가한다.
ㄷ. A 단계에서 철보다 무거운 원소가 생성된다.

① ㄱ ② ㄴ ③ ㄱ, ㄷ
④ ㄴ, ㄷ ⑤ ㄱ, ㄴ, ㄷ

중요

11 그림은 어느 별의 중심부 구조를 나타낸 것이다.

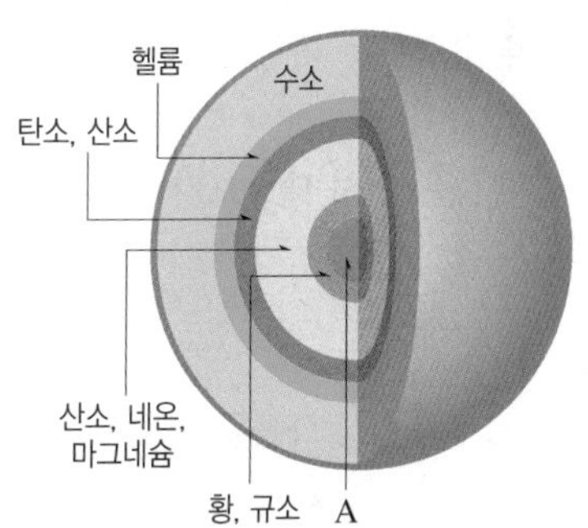

이에 대한 설명으로 옳지 않은 것은?

① A는 철이다.
② 이 별의 질량은 태양보다 크다.
③ 이 별이 진화하면 백색 왜성이 될 것이다.
④ 이 별의 중심부 온도는 태양의 중심부 온도보다 높다.
⑤ 이 별은 중심부가 급격히 수축하다가 초신성 폭발이 나타날 수 있다.

서술형

12 별 중심부에서의 핵융합 반응으로 만들어지는 가장 무거운 원소는 무엇인지 쓰고, 이 원소보다 무거운 원소는 어떤 과정으로 생성되는지 서술하시오.

C 태양계와 지구의 형성

13 다음 태양계의 형성 과정에서 일어난 현상들을 시간 순서대로 나열하시오.

(가) 성운의 수축
(나) 태양계 성운의 형성
(다) 원시 행성과 태양계의 형성
(라) 원시 태양과 원시 원반의 형성

14 태양계의 형성 과정에 대한 설명으로 옳은 것은?

① 태양계 성운은 외부 은하에서의 초신성 폭발의 영향으로 형성되었다.
② 성운에서 수축이 일어나는 곳은 밀도가 크고, 온도가 낮다.
③ 성운이 수축하는 과정에서 회전 속도는 느려졌다.
④ 성운이 수축하는 과정에서 중심부의 온도는 낮아졌다.
⑤ 원시 행성은 원시 태양보다 먼저 형성되었다.

중요 15 그림은 태양계의 형성 과정을 나타낸 것이다.

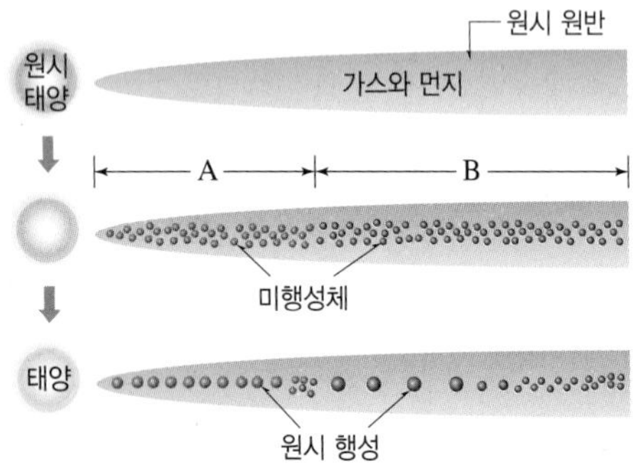

이에 대한 설명으로 옳은 것만을 [보기]에서 있는 대로 고른 것은?

보기
ㄱ. 미행성체의 평균 밀도는 A가 B보다 작다.
ㄴ. 원시 행성을 형성한 미행성체를 이루는 구성 물질의 녹는점은 A보다 B에서 낮았다.
ㄷ. 태양과 상대적으로 가까운 거리에 있는 원시 행성들은 목성형 행성이 되었고, 먼 거리에 있는 원시 행성들은 지구형 행성이 되었다.

① ㄱ ② ㄴ ③ ㄱ, ㄷ
④ ㄴ, ㄷ ⑤ ㄱ, ㄴ, ㄷ

16 다음은 지구의 형성 과정을 순서 없이 나타낸 것이다.

(가) 마그마 바다의 형성
(나) 미행성체 충돌
(다) 생명체 출현
(라) 핵과 맨틀의 분리

이에 대한 설명으로 옳은 것만을 [보기]에서 있는 대로 고른 것은?

보기
ㄱ. 시간 순서대로 나열하면 (나) → (가) → (다) → (라)이다.
ㄴ. (라)에서는 밀도 차이로 핵과 맨틀로 분리되었다.
ㄷ. 지구의 질량은 (다)보다 (나)에서 컸다.

① ㄱ ② ㄴ ③ ㄱ, ㄷ
④ ㄴ, ㄷ ⑤ ㄱ, ㄴ, ㄷ

17 그림은 지구의 형성 과정 중 일부를 나타낸 것이다.

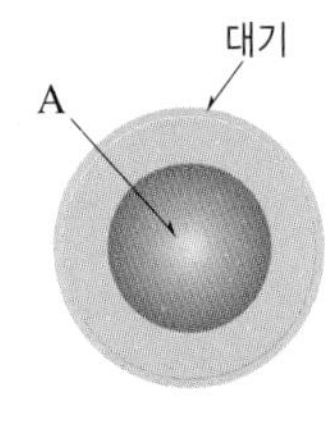

(가) 핵과 맨틀의 분리

(나) 원시 지각과 원시 바다의 형성

이에 대한 설명으로 옳은 것만을 [보기]에서 있는 대로 고른 것은?

보기
ㄱ. A는 맨틀이다.
ㄴ. 지구의 표면 온도는 (가)일 때가 (나)일 때보다 높았다.
ㄷ. (가)와 (나) 사이에 지구에서는 생명체가 등장하였다.

① ㄱ ② ㄴ ③ ㄱ, ㄷ
④ ㄴ, ㄷ ⑤ ㄱ, ㄴ, ㄷ

내신 탄탄보다는 조금 수준이 높은 유형의 문제들로 구성하였습니다. 자신의 실력을 한 단계 높여 보세요.

정답과 해설 7쪽

01 그림 (가)와 (나)는 각각 우주와 사람을 구성하는 주요 원소의 질량비를 나타낸 것이다. A, B, C는 각각 서로 다른 원소이다.

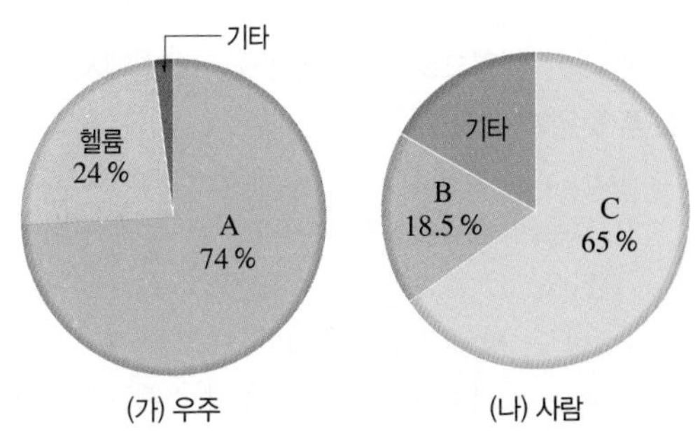

(가) 우주 (나) 사람

이에 대한 설명으로 옳은 것만을 [보기]에서 있는 대로 고른 것은?

보기
ㄱ. B는 탄소이다.
ㄴ. A~C 중 우주에서 원소의 생성 시기가 가장 빠른 것은 A이다.
ㄷ. 사람을 구성하는 원소 C는 주로 광합성으로 생성되었다.

① ㄱ ② ㄷ ③ ㄱ, ㄴ
④ ㄴ, ㄷ ⑤ ㄱ, ㄴ, ㄷ

02 그림은 진화 과정 중에 있는 두 별 (가), (나)의 중심부 구조를 나타낸 것이다.

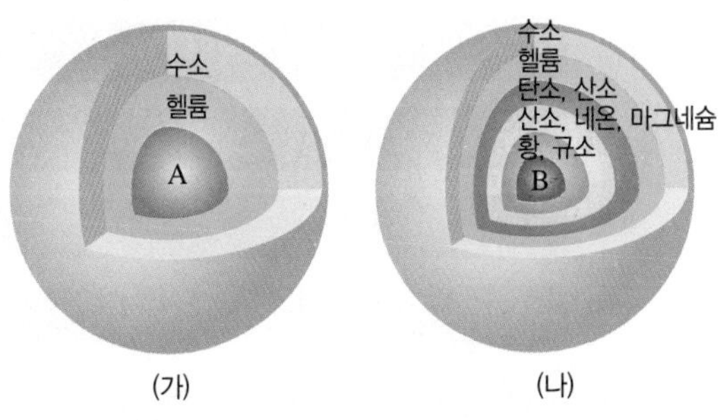

(가) (나)

이에 대한 설명으로 옳은 것만을 [보기]에서 있는 대로 고른 것은?

보기
ㄱ. A는 헬륨 핵융합 반응에 의해 생성된다.
ㄴ. 별의 질량은 (나)가 (가)보다 크다.
ㄷ. (나)는 급격히 팽창하다가 폭발하여 초신성이 된다.
ㄹ. 태양은 (나)와 같은 형태로 진화할 것이다.

① ㄱ, ㄴ ② ㄱ, ㄷ ③ ㄷ, ㄹ
④ ㄱ, ㄴ, ㄹ ⑤ ㄴ, ㄷ, ㄹ

03 그림 (가)~(다)는 지구 형성 과정의 일부를 모식적으로 순서 없이 나타낸 것이다.

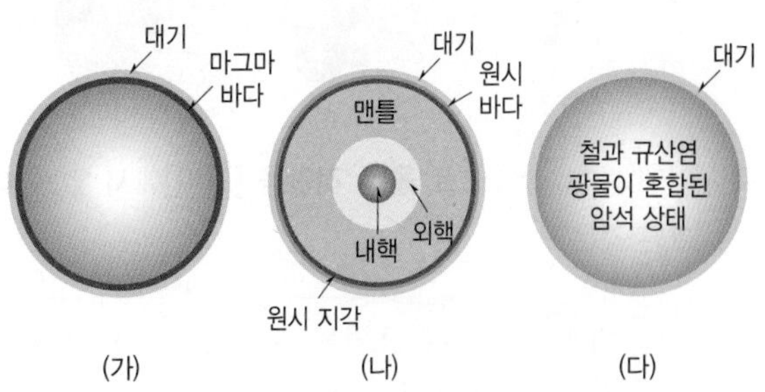

(가) (나) (다)

이에 대한 설명으로 옳은 것만을 [보기]에서 있는 대로 고른 것은?

보기
ㄱ. 시간 순서대로 나열하면 (가) → (나) → (다)이다.
ㄴ. 지구의 반지름은 (다)보다 (나)일 때 크다.
ㄷ. (나) 단계에서 가장 많은 대기의 구성 성분은 산소이다.

① ㄱ ② ㄴ ③ ㄷ
④ ㄴ, ㄷ ⑤ ㄱ, ㄴ, ㄷ

04 그림 (가)는 원시 태양과 미행성체의 형성 단계를, (나)는 시간이 지나 원시 행성이 형성된 시기를 나타낸 것이다.

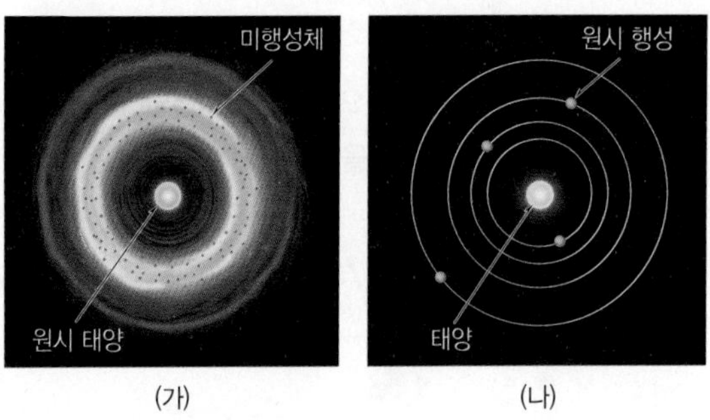

(가) (나)

이에 대한 설명으로 옳은 것만을 [보기]에서 있는 대로 고른 것은?

보기
ㄱ. 미행성체들의 공전 궤도면은 현재 행성들의 공전 궤도면에 수직이다.
ㄴ. (나)에서 원시 행성들의 공전 방향은 현재 지구의 공전 방향과 반대이다.
ㄷ. 원시 태양의 표면 온도는 (가)보다 (나)일 때 높다.

① ㄱ ② ㄴ ③ ㄷ
④ ㄱ, ㄴ ⑤ ㄴ, ㄷ

중단원 정복

지금까지 학습한 내용을 마무리하여 자신의 실력을 평가할 수 있도록 구성하였습니다. 난이도 ●●●

●●○

01 그림은 헬륨 원자를 이루는 입자들을 나타낸 것이다.

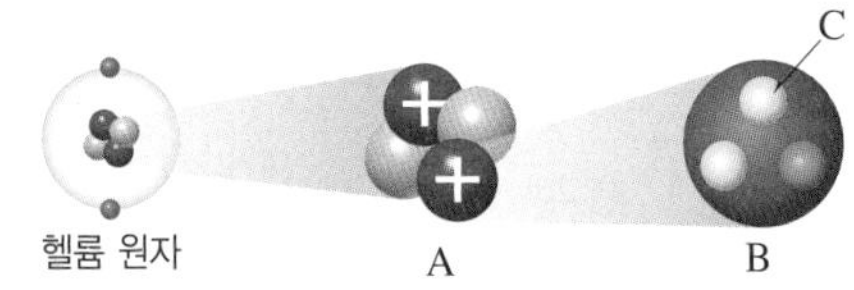

이에 대한 설명으로 옳은 것만을 [보기]에서 있는 대로 고른 것은?

보기

ㄱ. 빅뱅 이후 우주 초기에 A~C 중 가장 먼저 생성된 것은 C이다.

ㄴ. A는 양성자와 중성자로 구성되어 있다.

ㄷ. A와 B는 전기적으로 중성이다.

ㄹ. A가 생성될 때가 C가 생성될 때보다 우주의 온도가 높다.

① ㄱ, ㄴ ② ㄱ, ㄷ ③ ㄷ, ㄹ
④ ㄱ, ㄴ, ㄹ ⑤ ㄴ, ㄷ, ㄹ

●●●

02 그림 (가)와 (나)는 빅뱅으로부터 약 38만 년 전과 약 38만 년 후의 우주의 모습을 순서 없이 나타낸 것이다.

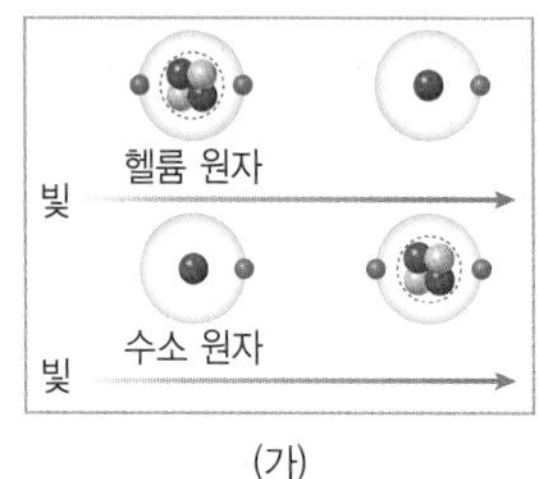

(가)

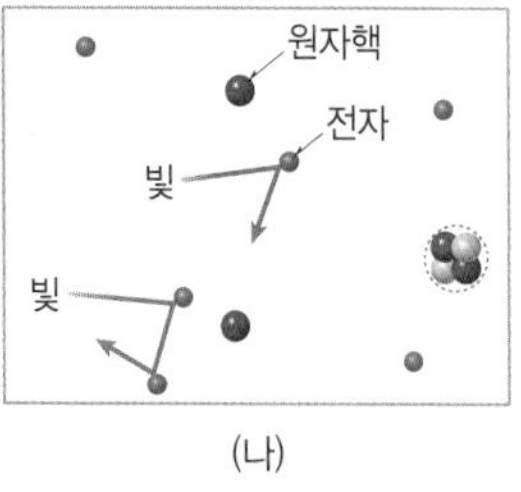

(나)

이에 대한 설명으로 옳지 않은 것은?

① (나) 시기가 (가) 시기보다 과거이다.

② (나) 시기에는 우주에 헬륨 원자핵이 존재하였다.

③ (가) 시기보다 (나) 시기에 우주의 온도가 높았다.

④ (나) 시기일 때 대부분의 전자는 우주 공간을 자유롭게 돌아다녔다.

⑤ (나) 시기일 때 현재 지구에 존재하는 대부분의 산소 원자가 생성되었다.

●●○

03 그림 (가)와 (나)는 서로 다른 스펙트럼을 나타낸 것이다.

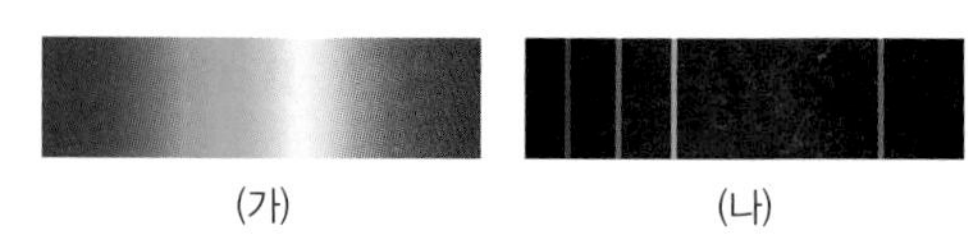

(가) (나)

이에 대한 설명으로 옳은 것만을 [보기]에서 있는 대로 고른 것은?

보기

ㄱ. 고온의 광원에서는 (가)와 같은 스펙트럼이 관찰된다.

ㄴ. (나)는 방출 스펙트럼이다.

ㄷ. 저온의 기체를 통과한 별빛의 스펙트럼은 (나)와 같이 관측된다.

① ㄱ ② ㄷ ③ ㄱ, ㄴ
④ ㄴ, ㄷ ⑤ ㄱ, ㄴ, ㄷ

●●○

04 그림은 다양한 원소에서 나타나는 방출 스펙트럼과 별 ㉠의 스펙트럼을 나타낸 것이다.

이에 대한 설명으로 옳은 것만을 [보기]에서 있는 대로 고른 것은?

보기

ㄱ. 수소, 헬륨, 나트륨, 칼슘의 스펙트럼에는 방출선이 나타난다.

ㄴ. 별 ㉠에는 수소, 헬륨, 나트륨, 칼슘이 모두 존재한다.

ㄷ. 별 ㉠에서 수소에 의한 흡수선의 파장은 수소 방출 스펙트럼의 파장과 같다.

① ㄱ ② ㄴ ③ ㄱ, ㄷ
④ ㄴ, ㄷ ⑤ ㄱ, ㄴ, ㄷ

●●○
05 그림은 우주를 구성하는 주요 원소의 질량비를 나타낸 것이다. 이에 대한 설명으로 옳은 것만을 [보기]에서 있는 대로 고른 것은?

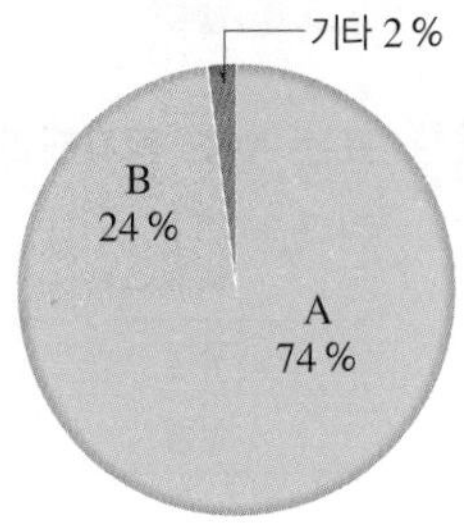

보기
ㄱ. A는 산소이다.
ㄴ. A, B는 빅뱅 이후 우주 초기에 생성되었다.
ㄷ. 우주에 존재하는 B의 대부분은 별 내부에서 생성된 것이다.

① ㄱ ② ㄴ ③ ㄱ, ㄷ
④ ㄴ, ㄷ ⑤ ㄱ, ㄴ, ㄷ

●●○
06 그림 (가)와 (나)는 두 별의 중심부에서 핵융합 반응이 더 이상 일어나지 않을 때 각각 중심부에 생성된 원소를 나타낸 것이다.

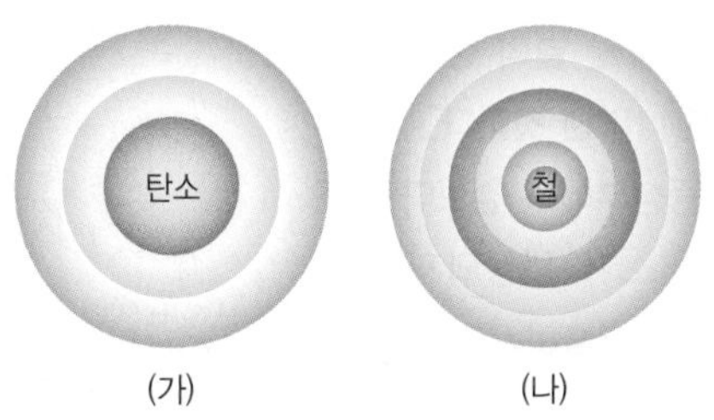

(가) (나)

이에 대한 설명으로 옳은 것만을 [보기]에서 있는 대로 고른 것은? (단, (가)와 (나)는 두 별의 상대적인 크기를 고려하지 않은 것이다.)

보기
ㄱ. (가)는 (나)보다 질량이 작은 별이다.
ㄴ. 별의 중심부에서 최고 온도는 (나)보다 (가)가 높다.
ㄷ. 철보다 무거운 원소는 (가)와 같은 별이 초신성으로 폭발할 때 생성된다.

① ㄱ ② ㄷ ③ ㄱ, ㄴ
④ ㄴ, ㄷ ⑤ ㄱ, ㄴ, ㄷ

●○○
07 사람을 구성하는 원소 중 가장 큰 질량비를 차지하는 원소의 이름을 쓰고, 이 원소는 주로 어디에서 생성되었는지 서술하시오.

●●●
08 그림 (가)와 (나)는 질량이 태양과 비슷한 별에서 발생할 수 있는 서로 다른 핵융합 반응을 나타낸 것이다.

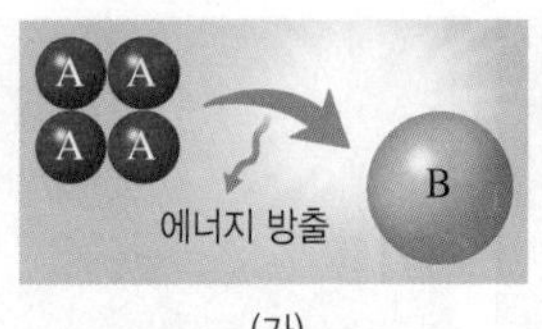

(가)

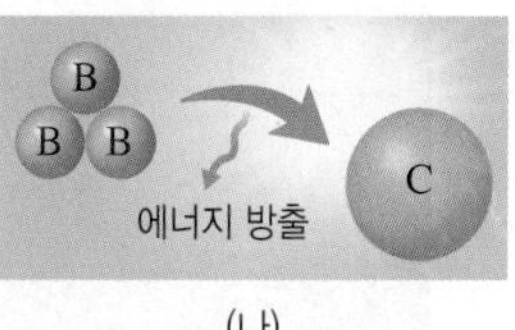

(나)

이에 대한 설명으로 옳은 것만을 [보기]에서 있는 대로 고른 것은?

보기
ㄱ. (가)에서 A는 수소 원자핵이다.
ㄴ. (나)에서 원자핵 B 질량의 3배는 원자핵 C의 질량보다 크다.
ㄷ. (나)는 별 중심부의 온도가 1억 K 이상에서 일어난다.

① ㄱ ② ㄴ ③ ㄱ, ㄷ
④ ㄴ, ㄷ ⑤ ㄱ, ㄴ, ㄷ

●●●
09 그림은 어느 별의 최후 단계를 나타낸 것이다.

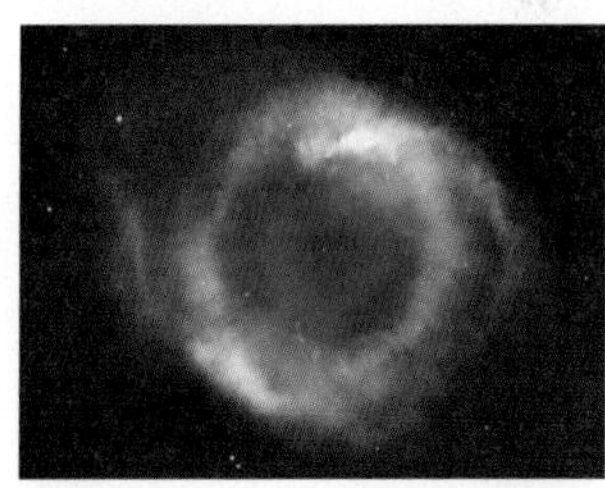

이에 대한 설명으로 옳은 것만을 [보기]에서 있는 대로 고른 것은?

보기
ㄱ. 질량이 태양의 약 10배 이상인 별에서 진화한 것이다.
ㄴ. 이 단계에서는 별의 중심부가 수축하여 백색 왜성이 형성될 수 있다.
ㄷ. 이 단계에서 중심부가 수축하여 형성된 천체에서는 철을 생성하는 핵융합 반응이 일어난다.

① ㄱ ② ㄴ ③ ㄱ, ㄷ
④ ㄴ, ㄷ ⑤ ㄱ, ㄴ, ㄷ

●●○

10 그림 (가)와 (나)는 태양계 형성 과정의 일부를 순서 없이 나타낸 것이다.

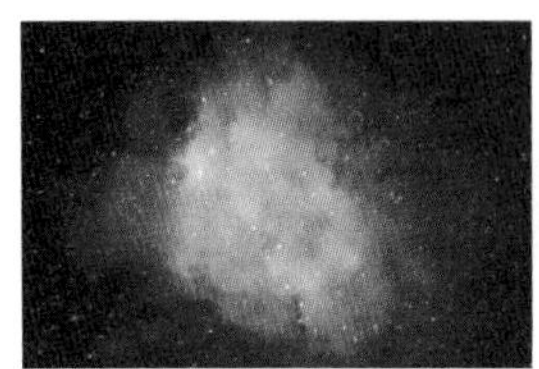
(가) 태양계 성운의 형성

(나) 원시 태양과 원시 원반의 형성

이에 대한 설명으로 옳은 것만을 [보기]에서 있는 대로 고른 것은?

보기
ㄱ. (가)보다 (나)가 먼저이다.
ㄴ. (가)에는 철이 포함되어 있다.
ㄷ. 중심부의 밀도는 (가)보다 (나)가 크다.

① ㄱ ② ㄴ ③ ㄱ, ㄴ
④ ㄴ, ㄷ ⑤ ㄱ, ㄴ, ㄷ

●●○

11 그림은 지구의 형성 과정 중 일부를 순서 없이 나타낸 것이다.

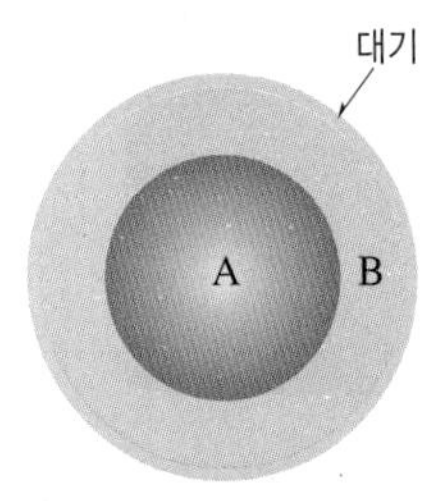

(가) 핵과 맨틀의 분리

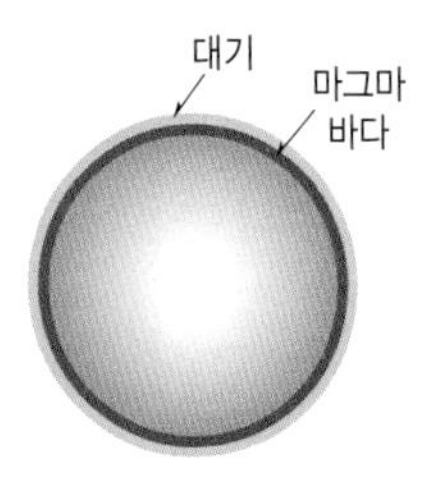

(나) 마그마 바다의 형성

이에 대한 설명으로 옳은 것만을 [보기]에서 있는 대로 고른 것은?

보기
ㄱ. (나)보다 (가)가 먼저이다.
ㄴ. (가)에서 철은 주로 A에 분포하고 있다.
ㄷ. (가) 이후 냉각되어 지각을 형성한 것은 B의 외각 부분이다.

① ㄱ ② ㄴ ③ ㄱ, ㄷ
④ ㄴ, ㄷ ⑤ ㄱ, ㄴ, ㄷ

서술형 문제

●●●

12 표는 수소 원자핵과 헬륨 원자핵의 질량비를 나타낸 것이다.

구분	수소 원자핵	헬륨 원자핵
질량	1	4

우주에서 헬륨 원자핵이 생성되기 직전, 양성자와 중성자의 개수비는 약 7 : 1이었다. 양성자 2개와 중성자 2개가 결합하여 헬륨 원자핵이 생성될 때, 수소 원자핵과 헬륨 원자핵의 질량비를 풀이 과정과 함께 서술하시오. (단, 양성자와 중성자의 질량은 같다고 가정한다.)

●○○

13 그림은 질량이 태양의 10배 이상인 별의 중심부 구조를 나타낸 것이다.
별 중심부에서 철보다 무거운 원소가 생성되지 않는 까닭을 서술하시오.

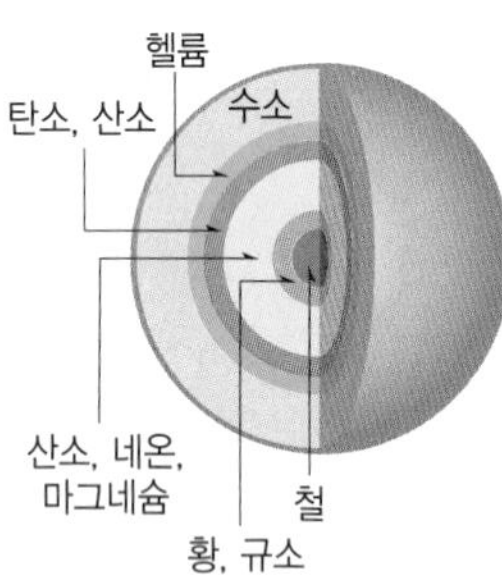

●●○

14 다음은 지구의 형성 과정을 순서 없이 나타낸 것이다.

(가) 미행성체 충돌
(나) 마그마 바다의 형성
(다) 원시 지각의 형성
(라) 핵과 맨틀의 분리

지구의 형성 과정을 순서대로 나열하고, 과정 (다)가 형성된 까닭을 서술하시오.

수능 기출 문제 또는 변형된 문제로 수능을 미리 경험해 볼 수 있도록 구성하였습니다. | 정답과 해설 9쪽

| 2021학년도 9월 모평 지구과학 I 18번 변형 |

01 그림은 여러 외부 은하를 관측해서 구한 은하 A~I의 성간 기체에 존재하는 원소의 질량비를 나타낸 것이다.

개념 Link 25쪽

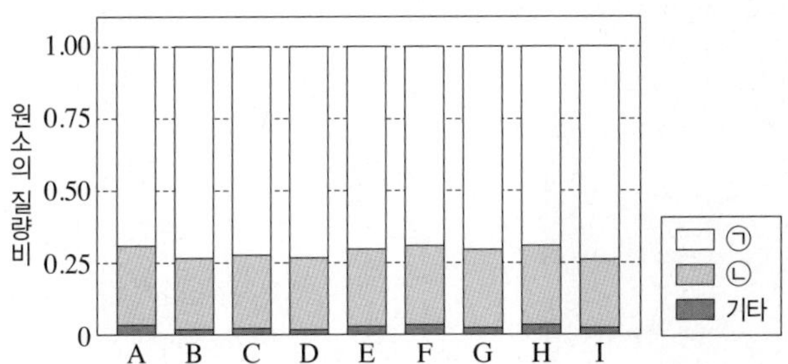

이에 대한 설명으로 옳은 것만을 [보기]에서 있는 대로 고른 것은?

보기

ㄱ. ㉡은 헬륨이다.

ㄴ. 성간 기체에 포함된 기타 원소는 주로 빅뱅 직후에 생성되었다.

ㄷ. 이 자료로부터 우주를 구성하는 수소와 헬륨의 질량비는 약 3 : 1이 됨을 알 수 있다.

① ㄱ ② ㄷ ③ ㄱ, ㄴ
④ ㄱ, ㄷ ⑤ ㄴ, ㄷ

| 2024학년도 6월 모평 지구과학 II 2번 |

02 그림 (가), (나), (다)는 성운설을 바탕으로 태양계의 형성 과정 일부를 순서 없이 나타낸 것이다.

개념 Link 34쪽

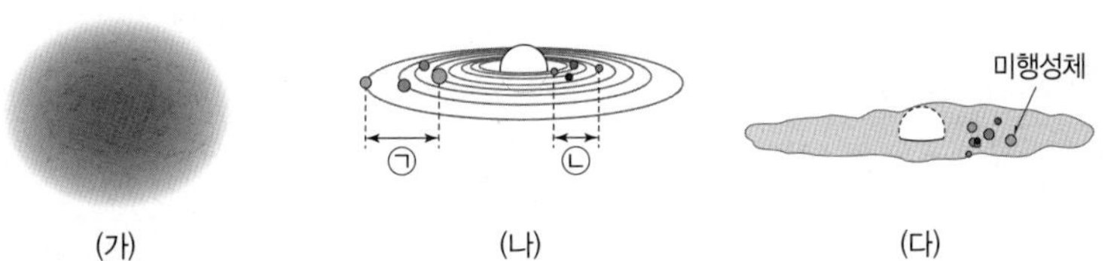

(가) (나) (다)

이에 대한 설명으로 옳은 것만을 [보기]에서 있는 대로 고른 것은?

보기

ㄱ. 태양계는 (가) → (나) → (다) 순으로 형성되었다.

ㄴ. (가)의 기체 성분은 주로 수소와 헬륨이다.

ㄷ. 행성의 평균 밀도는 ㉠이 ㉡보다 크다.

① ㄱ ② ㄴ ③ ㄱ, ㄷ
④ ㄴ, ㄷ ⑤ ㄱ, ㄴ, ㄷ

Ⅱ 물질과 규칙성

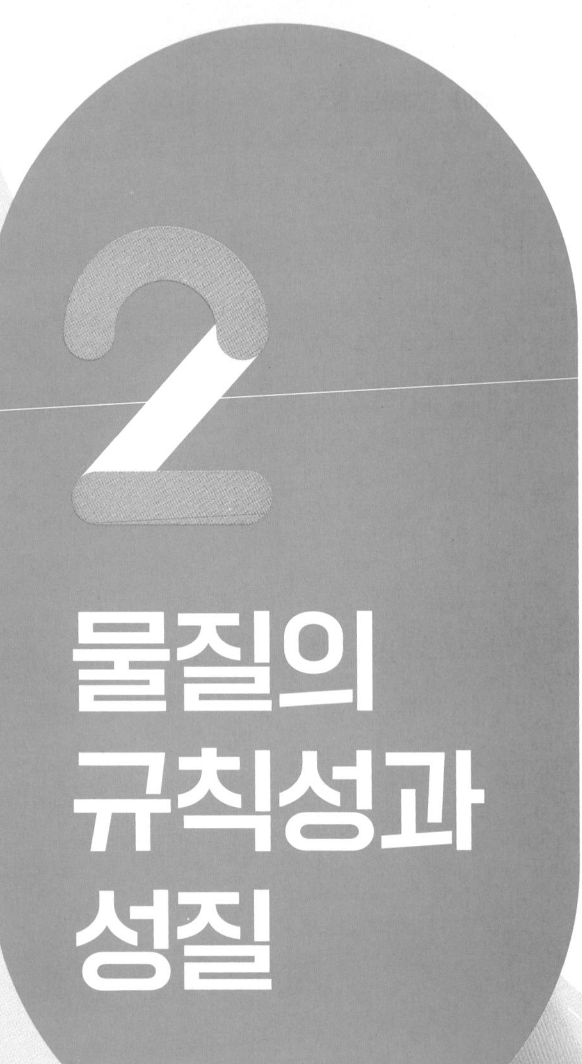

01 원소의 주기성

Ⓐ 원소와 주기율표 — Ⓑ 알칼리 금속과 할로젠 — Ⓒ 원자의 전자 배치

02 화학 결합과 물질의 성질

Ⓐ 화학 결합의 원리 — Ⓑ 화학 결합의 종류 — Ⓒ 이온 결합 물질과 공유 결합 물질의 성질

03 지각과 생명체 구성 물질의 규칙성

Ⓐ 지각과 생명체를 구성하는 물질 — Ⓑ 지각을 구성하는 물질의 규칙성 — Ⓒ 생명체를 구성하는 물질의 규칙성 – 단백질 — Ⓓ 생명체를 구성하는 물질의 규칙성 – 핵산

04 물질의 전기적 성질

Ⓐ 전기적 성질에 따른 물질의 구분 — Ⓑ 전기적 성질을 활용한 반도체 — Ⓒ 물질의 전기적 성질 활용

이 단원과 관련된 중학교에서 배운 내용을 확인해 보자.

배운 내용

원자 물질을 구성하는 기본 입자

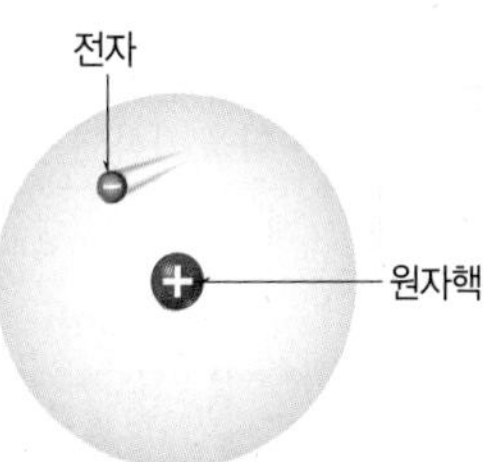

▲ 원자의 구조

(1) **원자의 구조**: 원자의 중심에는 양(+)전하를 띠는 ①[　　　]이 존재하고, 그 주위를 음(−)전하를 띠는 ②[　　　]가 움직이고 있다.

➡ 원자는 원자핵이 띠는 양(+)전하의 총량과 전자가 띠는 음(−)전하의 총량이 같아 전기적으로 ③[　　　]이다.

(2) **원자핵의 구조**: 양(+)전하를 띠는 양성자와 전하를 띠지 않는 중성자로 이루어져 있다.

이온 원자가 전자를 잃거나 얻어서 전하를 띤 입자

종류	④[　　　]	⑤[　　　]
특징	• 원자가 전자를 잃어 형성된다. • 양(+)전하를 띤다.	• 원자가 전자를 얻어 형성된다. • 음(−)전하를 띤다.
이온의 형성 모형	원자 → 전자를 잃음 → ④[　　　]	원자 → 전자를 얻음 → ⑤[　　　]

암석의 구성 물질

(1) **암석의 구성**: 지각은 암석으로, 암석은 ⑥[　　　]로, ⑥[　　　]은 원소로 이루어져 있다.

(2) **조암 광물**: 암석을 이루는 주된 광물

구분	석영	장석	⑦[　　　]	각섬석	휘석	감람석
결정형	육각기둥 모양	두꺼운 판 모양	판 모양	긴 기둥 모양	짧은 기둥 모양	짧은 기둥 모양
쪼개짐과 깨짐	⑧[　　　]	쪼개짐	쪼개짐	쪼개짐	쪼개짐	깨짐

(3) **지각의 8대 구성 원소**: 지각 전체 질량의 약 98 %를 차지하고 있는 8가지 원소

⑨[　　　] > ⑩[　　　] > 알루미늄 > 철 > 칼슘 > 나트륨 > 칼륨 > 마그네슘

[정답]

① 원자핵 ② 전자 ③ 중성
④ 양이온 ⑤ 음이온 ⑥ 광물
⑦ 흑운모 ⑧ 깨짐 ⑨ 산소
⑩ 규소

원소의 주기성

핵심 짚기
- 원소와 주기율표
- 원자의 전자 배치
- 알칼리 금속과 할로젠의 특징
- 원소의 주기성이 나타나는 까닭

A 원소와 주기율표

1 원소 물질을 이루고 있는 기본 성분[1]

① 지금까지 알려진 원소는 약 110종류이다.

② 우리 주변의 물질은 다양한 원소로 이루어져 있다.

우리 주변의 물질	지구의 대기	지구	생명체
구성 원소	질소(N), 산소(O) 등	철(Fe), 산소(O), 규소(Si), 마그네슘(Mg) 등	산소(O), 탄소(C), 수소(H), 질소(N) 등

2 원소의 분류 원소는 성질에 따라 크게 금속 원소와 비금속 원소로 분류한다.

① 금속 원소

특징	• 특유의 광택이 있다. • 열을 잘 전달하고 전기가 잘 통한다. • 힘을 가하면 부서지지 않고 모양만 변한다.		
실온에서의 상태	대부분 고체 (단, 수은은 액체)		
이용 예	철(Fe)	알루미늄(Al)	금(Au)
	공구	음식 용기	회로 기판

② 비금속 원소

특징	열을 잘 전달하지 않고 전기가 잘 통하지 않는다. (단, 흑연은 예외)[2]		
실온에서의 상태	대부분 기체 또는 고체 (단, 브로민은 액체)		
이용 예	수소(H)	탄소(C)	질소(N)
	자동차의 연료	연필심	과자 봉지 충전재

3 *주기율표 원소의 성질이 주기적으로 나타나도록 원소들을 배열한 표[3]

① 주기율표에서 원소들은 원자 번호 순서대로 나열되어 있으며, 화학적 성질이 비슷한 원소가 같은 세로줄에 오도록 배열되어 있다.[4]

② 주기와 족

주기	족
• 주기율표의 가로줄 • 1주기에서 7주기까지 있다.	• 주기율표의 세로줄 • 1족에서 18족까지 있다.

③ 주기율표에서 금속 원소는 주로 왼쪽과 가운데에 위치하고, 비금속 원소는 주로 오른쪽에 위치한다.

Plus 강의

1 원소와 원자
원소(element)는 물질을 이루는 기본 성분이며, 더 이상 다른 물질로 분해되지 않는다. 원자(atom)는 더 이상 쪼개질 수 없는 가장 작은 알갱이로, 물질을 구성하는 기본 입자이다.

2 흑연의 전기 전도성
흑연은 비금속 원소인 탄소로 이루어져 있지만, 자유롭게 움직일 수 있는 전자가 있어 전기 전도성이 있다.

3 주기율의 발견
1869년 멘델레예프는 63종의 원소를 원자량 순서로 배열하면 성질이 비슷한 원소가 주기적으로 나타나는 것을 발견하여 주기율표를 만들었다. 1913년 모즐리는 원소의 주기적 성질이 원자량이 아니라 원자의 양성자 수, 즉 원자 번호와 관계가 있음을 알아냈다.

4 원자 번호
원자는 원자핵과 전자로, 원자핵은 양성자와 중성자로 이루어져 있으며, 양성자 수는 원자마다 다르다. 원자 번호는 원자핵을 이루는 양성자수와 같으며, 원자가 가지고 있는 전자 수와도 같다.

원자 번호=양성자수=전자 수

▲ 원자의 구조

용어 돋보기

***주기율(週 돌다, 期 기간, 律 법)**_ 원소를 원자 번호 순서대로 배열하였을 때 그 성질이 주기적으로 나타나는 법칙

현대의 주기율표

주기＼족	1	2	3	4	5	6	7	8	9	10	11	12	13	14	15	16	17	18
1	1 H 수소																	2 He 헬륨
2	3 Li 리튬	4 Be 베릴륨											5 B 붕소	6 C 탄소	7 N 질소	8 O 산소	9 F 플루오린	10 Ne 네온
3	11 Na 나트륨	12 Mg 마그네슘											13 Al 알루미늄	14 Si 규소	15 P 인	16 S 황	17 Cl 염소	18 Ar 아르곤
4	19 K 칼륨	20 Ca 칼슘	21 Sc 스칸듐	22 Ti 타이타늄	23 V 바나듐	24 Cr 크로뮴	25 Mn 망가니즈	26 Fe 철	27 Co 코발트	28 Ni 니켈	29 Cu 구리	30 Zn 아연	31 Ga 갈륨	32 Ge 저마늄	33 As 비소	34 Se 셀레늄	35 Br 브로민	36 Kr 크립톤
5	37 Rb 루비듐	38 Sr 스트론튬	39 Y 이트륨	40 Zr 지르코늄	41 Nb 나이오븀	42 Mo 몰리브데넘	43 Tc 테크네튬	44 Ru 루테늄	45 Rh 로듐	46 Pd 팔라듐	47 Ag 은	48 Cd 카드뮴	49 In 인듐	50 Sn 주석	51 Sb 안티모니	52 Te 텔루륨	53 I 아이오딘	54 Xe 제논
6	55 Cs 세슘	56 Ba 바륨	57~71 *란타넘족	72 Hf 하프늄	73 Ta 탄탈럼	74 W 텅스텐	75 Re 레늄	76 Os 오스뮴	77 Ir 이리듐	78 Pt 백금	79 Au 금	80 Hg 수은	81 Tl 탈륨	82 Pb 납	83 Bi 비스무트	84 Po 폴로늄	85 At 아스타틴	86 Rn 라돈
7	87 Fr 프랑슘	88 Ra 라듐	89~103 **악티늄족	104 Rf 러더포듐	105 Db 더브늄	106 Sg 시보귬	107 Bh 보륨	108 Hs 하슘	109 Mt 마이트너륨	110 Ds 다름슈타튬	111 Rg 뢴트게늄	112 Cn 코페르니슘	113 Nh 니호늄	114 Fl 플레로븀	115 Mc 모스코븀	116 Lv 리버모륨	117 Ts 테네신	118 Og 오가네손

*란타넘족	57 La 란타넘	58 Ce 세륨	59 Pr 프라세오디뮴	60 Nd 네오디뮴	61 Pm 프로메튬	62 Sm 사마륨	63 Eu 유로퓸	64 Gd 가돌리늄	65 Tb 터븀	66 Dy 디스프로슘	67 Ho 홀뮴	68 Er 어븀	69 Tm 툴륨	70 Yb 이터븀	71 Lu 루테튬
**악티늄족	89 Ac 악티늄	90 Th 토륨	91 Pa 프로트악티늄	92 U 우라늄	93 Np 넵투늄	94 Pu 플루토늄	95 Am 아메리슘	96 Cm 퀴륨	97 Bk 버클륨	98 Cf 캘리포늄	99 Es 아인슈타이늄	100 Fm 페르뮴	101 Md 멘델레븀	102 No 노벨륨	103 Lr 로렌슘

11 Na 나트륨: 원자 번호 / 원소 기호 / 원소 이름

금속 / 준금속 / 비금속

실온에서 상태: 고체 액체 기체

• 원자 번호가 113, 115, 117, 118인 원소는 아직 원소의 성질이 많이 밝혀지지 않아 금속인지 비금속인지 알지 못한다.

정답과 해설 10쪽

1 물질을 이루는 기본 성분으로, 더 이상 다른 물질로 분해되지 않는 것을 (　　　　) 라고 한다.

2 (　　) 안에서 알맞은 말을 고르시오.

(1) (금속, 비금속) 원소는 열을 잘 전달하고 전기가 잘 통한다.
(2) 실온에서 금속 원소는 대부분 (고체, 액체, 기체) 상태이다.
(3) 주기율표에서 비금속 원소는 주로 (왼쪽, 가운데, 오른쪽)에 위치한다.

3 다음 원소 중 비금속 원소를 있는 대로 고르시오.

H	Mg	K	C	Al	O

4 주기율표에 대한 설명으로 옳은 것은 ○, 옳지 않은 것은 ×로 표시하시오.

(1) 주기율표에서 원소들은 원자 번호 순서대로 나열되어 있다. ………… (　　)
(2) 주기율표의 가로줄을 주기, 세로줄을 족이라고 한다. ………… (　　)
(3) 주기율표는 총 18주기, 7족으로 구성되어 있다. ………… (　　)
(4) 같은 족에 속하는 원소는 화학적 성질이 비슷하다. ………… (　　)

암기 꼭!

원자 번호 20까지의 원소 외우기

수헬리베붕탄질산
소륨튬릴소소소소
　　륨

플네나마알규인황
루온트그루소
오　륨네미
린　　슘늄

염아칼칼~
소르륨슘
　곤

01 원소의 주기성

B 알칼리 금속과 할로젠[1]

1 알칼리 금속 주기율표의 1족 원소 중 수소(H)를 제외한 리튬(Li), 나트륨(Na), 칼륨(K) 등 탐구 A 50쪽

① 실온에서 고체 상태이고, 은백색 광택을 띤다.

② 다른 금속에 비해 밀도가 작고, 칼로 쉽게 잘릴 정도로 무르다.

③ *반응성이 커서 산소, 물과 잘 반응한다.[2]

산소와의 반응	물과의 반응
칼로 자르면 공기 중의 산소와 빠르게 반응하여 광택이 사라진다.	실온에서도 물과 격렬하게 반응하여 수소 기체가 발생하고, 이때 생성된 수용액은 염기성을 띤다.

2 할로젠 주기율표의 17족 원소인 플루오린(F), 염소(Cl), 브로민(Br), 아이오딘(I) 등

① 실온에서 2개의 원자가 결합한 분자(이원자 분자)로 존재한다.

② 특유의 색을 띤다.

③ 반응성이 커서 알칼리 금속, 수소 등 다른 원소와 잘 반응한다.

▲ 여러 가지 할로젠

나트륨과의 반응	수소와의 반응
염소와 나트륨이 반응하면 염화 나트륨이 생성된다.[3]	수소와 반응하여 수소 화합물(HF, HCl, HBr 등)을 생성하고, 이 화합물은 물에 녹아 산성을 띤다.

C 원자의 전자 배치

1 원자의 전자 배치 여기서 잠깐 52쪽

① 보어의 원자 모형에 따르면 원자에서 전자는 특정한 에너지를 갖는 궤도를 따라 운동하며, 이 궤도를 전자 껍질이라고 한다.[4]

② 전자 배치의 규칙

- 전자는 원자핵에 가까운 전자 껍질부터 차례로 배치된다.
- 각 전자 껍질에 배치될 수 있는 전자의 수는 정해져 있다. ➡ 첫 번째 전자 껍질에는 최대 2개, 두 번째 전자 껍질에는 최대 8개가 배치될 수 있다.

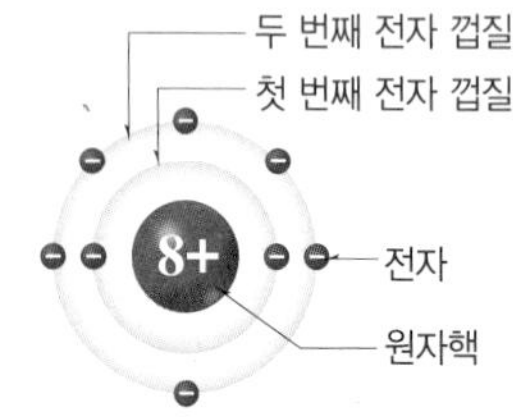

▲ 보어의 원자 모형

③ **원자가 전자**: 원자의 전자 배치에서 가장 바깥 전자 껍질에 들어 있어 화학 반응에 참여하는 전자 ➡ 원소의 화학적 성질을 결정한다.

원소	리튬(Li)	질소(N)	플루오린(F)	염소(Cl)
원자 번호	3	7	9	17
양성자수	3	7	9	17
전자 수	3	7	9	17
전자 배치	3+	7+	9+	17+
원자가 전자 수	1	5	7	7

Plus 강의

❶ 이온의 형성

- 알칼리 금속은 전자 1개를 잃고 양이온이 되기 쉽다.
  예 $Na \longrightarrow Na^{+}+e^{-}$
- 할로젠은 전자 1개를 얻어 음이온이 되기 쉽다.
  예 $F+e^{-} \longrightarrow F^{-}$

❷ 알칼리 금속의 보관

알칼리 금속이 산소나 물과 반응하는 것을 막기 위해 석유나 액체 파라핀에 넣어 보관한다.

▲ 리튬

▲ 나트륨

❸ 염소와 나트륨의 반응

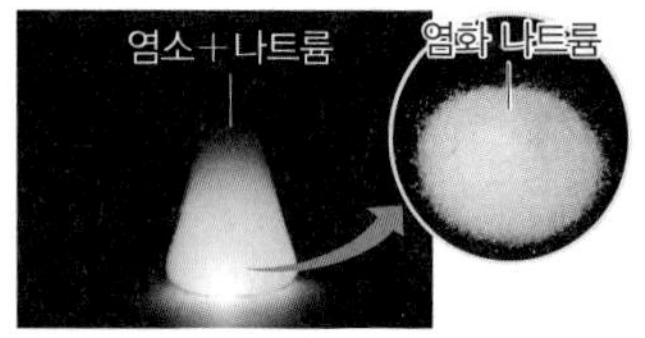

❹ 에너지 준위

전자 껍질에서 전자가 가지는 특정한 에너지값을 에너지 준위라고 한다. 보어의 원자 모형에서 전자 껍질의 에너지 준위는 원자핵과 가까울수록 낮다.

용어 돋보기

*반응성(反 돌이키다, 應 응하다, 性 성질)_화학 반응이 얼마나 잘 일어나는가를 나타내는 말

2 1주기~3주기 원자의 전자 배치[5]

① 같은 족 원소들의 공통점: 원자가 전자 수가 같다. ➡ 같은 족 원소들은 원자가 전자 수가 같으므로 화학적 성질이 비슷하다. (단, 수소 및 3족~12족 원소는 예외)

② 같은 주기 원소들의 공통점: 전자가 들어 있는 전자 껍질 수가 같다. ➡ 전자가 들어 있는 전자 껍질 수는 주기 번호와 같다.

주기 \ 족	1	2	13	14	15	16	17	18
1	H (1+)	전자 껍질 — (1+) — 전자						He (2+)
2	Li (3+)	Be (4+)	B (5+)	C (6+)	N (7+)	O (8+)	F (9+)	Ne (10+)
3	Na (11+)	Mg (12+)	Al (13+)	Si (14+)	P (15+)	S (16+)	Cl (17+)	Ar (18+)
원자가 전자 수	1	2	3	4	5	6	7	0

3 원소의 주기성이 나타나는 까닭 원소의 화학적 성질을 결정하는 원자가 전자 수가 주기적으로 변하기 때문이다.[6]

⑤ 18족 원소의 원자가 전자

18족 원소인 He, Ne, Ar 등은 다른 원소와 거의 반응하지 않기 때문에 원자가 전자 수가 0이다.

⑥ 원자가 전자 수의 주기성

같은 주기에서 원자가 전자 수는 원자 번호가 증가함에 따라 점차 커지다가 18족 원소에서 0이 된다.

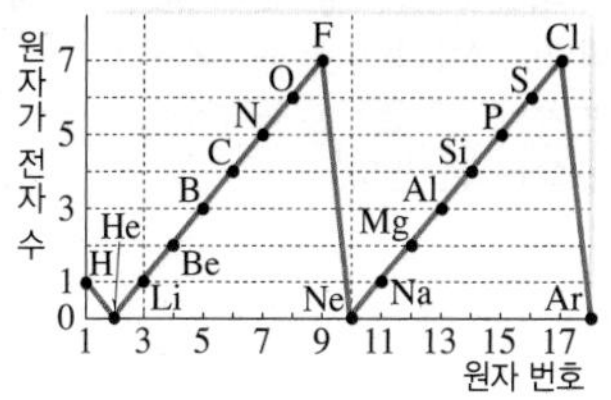

정답과 해설 10쪽

5 알칼리 금속과 할로젠에 대한 설명으로 옳은 것은 ○, 옳지 않은 것은 ×로 표시하시오.

(1) 알칼리 금속은 주기율표의 1족에 속하고, 할로젠은 18족에 속한다. ··· (　　)

(2) Li, Na, K은 알칼리 금속이고, F, Cl, Br, I은 할로젠이다. ··· (　　)

(3) 알칼리 금속은 물과 반응하여 수소 기체를 발생시킨다. ··· (　　)

(4) 할로젠과 수소가 반응하여 생성된 물질은 물에 녹아 염기성을 띤다. ·· (　　)

6 주기율표에서 같은 족에 속하는 원소들은 (　　　　　　) 수가 같아서 화학적 성질이 비슷하다.

7 표는 네 가지 원자의 전자 배치를 모형으로 나타낸 것이다.

전자 배치	H (1+)	Li (3+)	Na (11+)	O (8+)
전자가 들어 있는 전자 껍질 수	1	㉠ (　　)	㉡ (　　)	㉢ (　　)
원자가 전자 수	1	㉣ (　　)	㉤ (　　)	㉥ (　　)

(1) 전자가 들어 있는 전자 껍질 수와 원자가 전자 수를 표의 빈칸에 쓰시오.

(2) 2주기 원소를 있는 대로 쓰시오.

(3) 화학적 성질이 비슷한 원소를 있는 대로 쓰시오.

암기 꼭!

주기와 전자 껍질, 족과 원자가 전자의 관계

- 주기가 같으면 전자 껍질 수가 같다.
  ➡ 주전자!
- 족이 같으면 원자가 전자 수가 같다.
  ➡ 발(족)로 원자 까!

알칼리 금속의 성질

목표 알칼리 금속의 성질을 알아보고, 같은 족 원소는 비슷한 성질이 있다는 것을 확인할 수 있다.

과정

✱ 페놀프탈레인 용액
용액의 액성을 구분하는 지시약으로, 산성과 중성 용액에서는 무색이고 염기성 용액에서는 붉은색을 띤다.

❶ 유리판 위에 리튬을 올려놓고 칼로 자르면서 단단한 정도와 단면의 변화를 관찰한다.

▶ **단면의 변화를 확인하는 까닭**: 알칼리 금속과 공기 중 산소의 반응을 확인하기 위해

❷ 비커에 물을 넣고 ✱페놀프탈레인 용액을 1방울~2방울 떨어뜨린다.

▶ **페놀프탈레인 용액을 넣는 까닭**: 반응 후 생성된 수용액의 액성을 확인하기 위해

❸ 쌀알 크기의 리튬 조각을 ❷의 비커에 넣고 리튬이 반응하는 모습과 수용액의 색 변화를 관찰한다.

▶ **리튬을 쌀알 크기로 반응시키는 까닭**: 알칼리 금속은 반응성이 매우 커서 많은 양을 물과 반응시키면 위험하기 때문

❹ 나트륨과 칼륨을 사용하여 과정 ❶~❸을 반복한다.

결과

알칼리 금속의 반응성 비교
광택이 사라지는 속도와 물과의 반응 정도를 통해 리튬<나트륨<칼륨 순임을 알 수 있다.

알칼리 금속		리튬(Li)		나트륨(Na)	칼륨(K)
칼로 단면을 잘랐을 때	단단한 정도	쉽게 잘라짐	자른 직후 / 시간이 지난 후	쉽게 잘라짐	쉽게 잘라짐
	단면의 변화	광택이 서서히 사라짐		광택이 금방 사라짐	광택이 빠르게 사라짐
(물+페놀프탈레인 용액)에 넣었을 때	반응하는 모습	잘 반응하여 기체가 발생함	리튬 조각	격렬하게 반응하여 기체가 발생함	매우 격렬하게 반응하여 기체가 발생함
	수용액의 색 변화	무색 → 붉은색		무색 → 붉은색	무색 → 붉은색

해석

1. **알칼리 금속이 칼로 쉽게 잘라지는 까닭은?** ➡ 알칼리 금속은 무르기 때문이다.
2. **알칼리 금속을 자른 단면에서 광택이 사라지는 까닭은?** ➡ 알칼리 금속이 공기 중의 산소와 반응하기 때문이다.
3. **알칼리 금속과 물의 반응에서 발생한 기체는?** ➡ 수소 기체이다.
4. **알칼리 금속과 물의 반응에서 수용액이 붉은색으로 변한 까닭은?** ➡ 알칼리 금속이 물과 반응하여 생성된 수용액이 염기성을 띠기 때문이다.

시험 Tip!
- 실험 과정을 주고 실험 결과를 묻는 문제가 자주 출제된다. ➡ 실험에서 확인할 수 있는 알칼리 금속의 성질을 기억해 두도록 한다.
- 실험 결과를 주고 다른 알칼리 금속으로 실험했을 때의 결과를 예상하는 문제가 출제된다. ➡ 알칼리 금속은 성질이 비슷하므로 실험 결과도 비슷하게 나타난다.

정리

- 알칼리 금속은 무르고, 공기 중의 산소와 반응한다.
- 알칼리 금속은 물과 반응하여 수소 기체를 발생시키고, 이때 생성된 수용액은 염기성을 띤다.

확인 문제

1 **탐구 A 에 대한 설명으로 옳은 것은 ○, 옳지 않은 것은 ×로 표시하시오.**

(1) 알칼리 금속은 실온에서도 물과 잘 반응한다. ( )

(2) 알칼리 금속이 물과 반응하여 생성된 수용액은 염기성을 띤다. ( )

(3) 알칼리 금속이 공기 중에서 광택을 잃는 것은 수소와 반응하기 때문이다. ( )

2 **알칼리 금속의 성질에 대한 설명으로 옳은 것만을 [보기]에서 있는 대로 고른 것은?**

보기

ㄱ. 칼로 쉽게 잘릴 정도로 무르다.
ㄴ. 물이나 공기 중의 산소와 잘 반응한다.
ㄷ. 알칼리 금속과 물이 반응하면 산소 기체가 발생한다.

① ㄱ　② ㄷ　③ ㄱ, ㄴ　④ ㄴ, ㄷ　⑤ ㄱ, ㄴ, ㄷ

3 **다음은 알칼리 금속의 성질을 알아보는 실험 과정과 결과이다.**

[과정]

(가) 시험관 3개에 물을 $\frac{1}{3}$ 정도 넣고 페놀프탈레인 용액을 1방울 ~2방울 떨어뜨린다.

(나) (가)의 시험관에 칼륨, 나트륨, 리튬 조각을 각각 넣은 후 변화를 관찰한다.

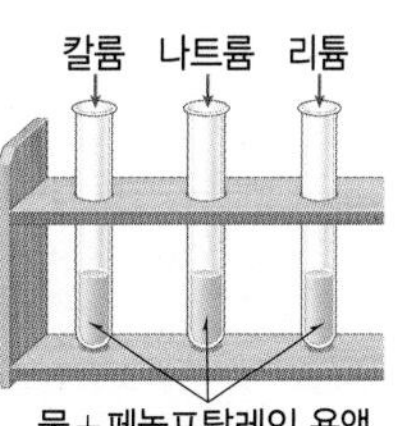

[결과]

알칼리 금속	칼륨	나트륨	리튬
물과의 반응	매우 격렬하게 반응하여 기체가 발생함	격렬하게 반응하여 기체가 발생함	잘 반응하여 기체가 발생함
수용액의 색 변화	㉠	㉡	무색 → 붉은색

이에 대한 설명으로 옳은 것만을 [보기]에서 있는 대로 고른 것은?

보기

ㄱ. 반응성은 칼륨 > 나트륨 > 리튬 순임을 알 수 있다.
ㄴ. ㉠과 ㉡은 '변화 없음'이 적절하다.
ㄷ. 물과 반응할 때 발생하는 기체는 모두 수소 기체이다.

① ㄱ　② ㄴ　③ ㄱ, ㄷ　④ ㄴ, ㄷ　⑤ ㄱ, ㄴ, ㄷ

여기서 잠깐

원자의 전자 배치와 같은 족 원소의 성질

정답과 해설 10쪽

탄소의 전자 배치를 예로 들어 전자 배치의 원리를 살펴보고, 원자 모형에 직접 전자를 배치해 보아요. 또, 전자 배치를 통해 같은 족 원소의 화학적 성질도 알아볼까요?

원자의 전자 배치

원자 번호가 6인 탄소를 예로 들어 원자 모형에 전자를 배치해 보고 원자 모형을 해석해 보자.

1

원자 번호를 토대로 원자의 전자 수를 파악한다.

원자 번호 = 양성자수 = 전자 수

➡ 탄소는 원자 번호가 6이므로 양성자수와 전자 수가 각각 6이다.

2

전자 배치의 규칙에 따라 각 전자 껍질에 전자를 배치한다.

- 첫 번째 전자 껍질: 최대 2개
- 두 번째 전자 껍질: 최대 8개

➡ 탄소의 첫 번째 전자 껍질에는 전자 2개가, 두 번째 전자 껍질에는 전자 4개가 배치된다.

3

탄소의 원자 모형을 해석한다.

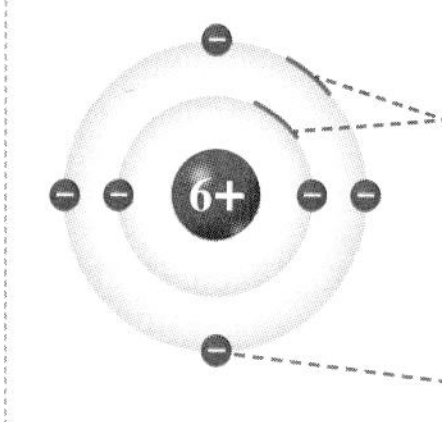

전자가 들어 있는 전자 껍질 수는 2이다. ➡ 2주기

가장 바깥 전자 껍질에 들어 있는 전자는 4개이다. ➡ 원자가 전자 수: 4

Q 1 표의 원자 모형에 직접 전자를 배치해 보고, 원자 모형을 해석하여 빈칸을 채워 보자.

원소	수소	산소	네온	마그네슘	염소
원자 번호	1	8	10	12	17
양성자수					
전자 수					
원자 모형	1+	8+	10+	12+	17+
주기					
원자가 전자 수					

같은 족 원소의 전자 배치와 화학적 성질

알칼리 금속

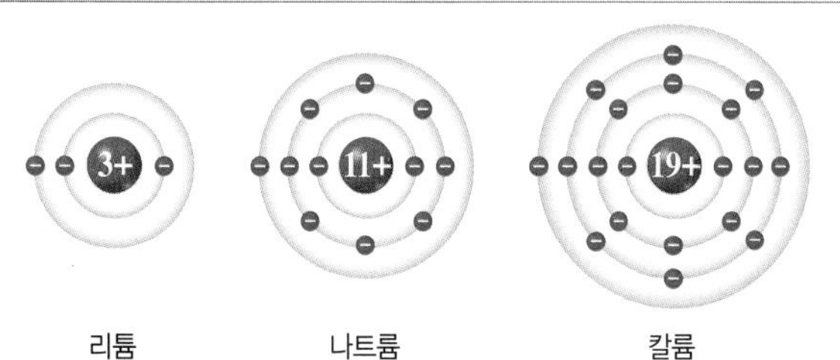

리튬 나트륨 칼륨

❶ 알칼리 금속은 원자가 전자 수가 1이다.
❷ 알칼리 금속은 1개의 전자를 잃으려고 하는 화학적 성질을 보인다.

➡ 알칼리 금속을 M이라고 하면

- 산소와의 반응: $4M+O_2 \longrightarrow 2M_2O$
- 물과의 반응: $2M+2H_2O \longrightarrow 2MOH+H_2$

할로젠

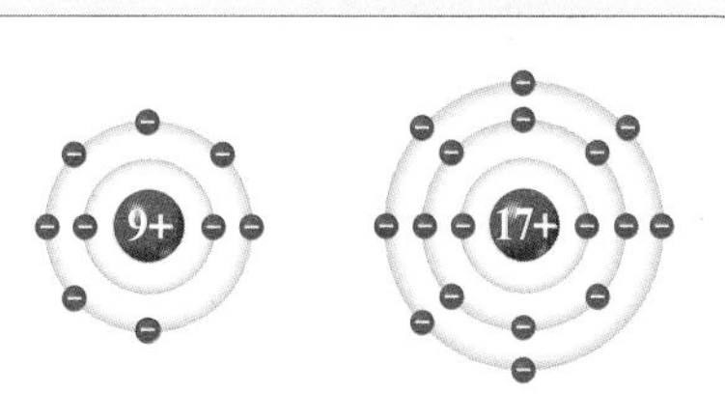

플루오린 염소

❶ 할로젠은 원자가 전자 수가 7이다.
❷ 할로젠은 1개의 전자를 얻으려고 하는 화학적 성질을 보인다.

➡ 할로젠을 X라고 하면

- 나트륨과의 반응: $2Na+X_2 \longrightarrow 2NaX$
- 수소와의 반응: $H_2+X_2 \longrightarrow 2HX$

중간·기말 고사에 출제될 확률이 높은 문항들로 구성하여, 내신에 완벽 대비할 수 있도록 하였습니다.

정답과 해설 11쪽

A 원소와 주기율표

01 금속 원소와 비금속 원소에 대한 설명으로 옳지 않은 것은?

① 금속 원소는 전기가 잘 통한다.
② 금속 원소는 대부분 특유의 광택이 있다.
③ 비금속 원소는 실온에서 대부분 액체 상태이다.
④ 비금속 원소는 주기율표에서 주로 오른쪽에 위치한다.
⑤ Al, Fe, Zn은 금속 원소이고, H, C, N는 비금속 원소이다.

중요
02 현대의 주기율표에 대한 설명으로 옳은 것만을 [보기]에서 있는 대로 고른 것은?

보기
ㄱ. 가로줄을 족이라 하고, 세로줄을 주기라고 한다.
ㄴ. 같은 족 원소들은 화학적 성질이 비슷하다.
ㄷ. 원자 번호가 증가하는 순으로 원소가 배열되어 있다.

① ㄱ ② ㄷ ③ ㄱ, ㄴ
④ ㄴ, ㄷ ⑤ ㄱ, ㄴ, ㄷ

중요
03 그림은 주기율표의 일부를 나타낸 것이다.

주기 \ 족	1	2	13	14	15	16	17	18
1	A							
2		B				C		
3	D	E						

이에 대한 설명으로 옳은 것만을 [보기]에서 있는 대로 고른 것은? (단, A~E는 임의의 원소 기호이다.)

보기
ㄱ. A, B, D, E는 금속 원소이다.
ㄴ. C는 비금속 원소이다.
ㄷ. B와 E는 화학적 성질이 비슷하다.

① ㄱ ② ㄴ ③ ㄱ, ㄷ
④ ㄴ, ㄷ ⑤ ㄱ, ㄴ, ㄷ

B 알칼리 금속과 할로젠

04 그림 (가)는 칼륨을 칼로 자르는 모습을, (나)는 페놀프탈레인 용액을 넣은 물에 리튬을 넣은 모습을 나타낸 것이다.

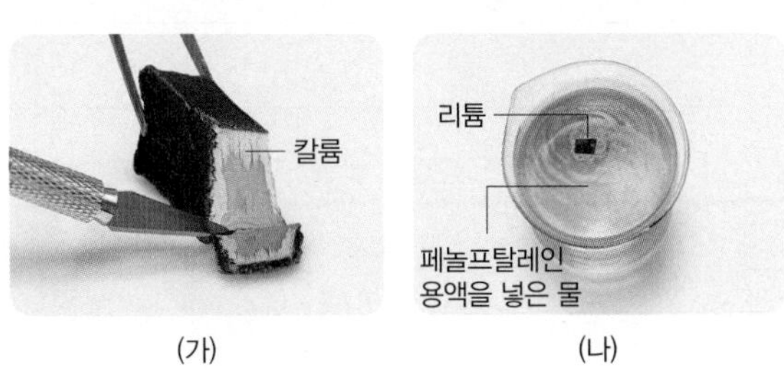

(가) (나)

이에 대한 설명으로 옳은 것만을 [보기]에서 있는 대로 고른 것은?

보기
ㄱ. 리튬도 칼로 자를 수 있다.
ㄴ. (나)의 수용액은 염기성이다.
ㄷ. 칼륨으로 (나)의 실험을 하면 수용액이 무색을 띤다.

① ㄱ ② ㄷ ③ ㄱ, ㄴ
④ ㄴ, ㄷ ⑤ ㄱ, ㄴ, ㄷ

중요
05 다음은 알칼리 금속의 성질을 알아보는 실험이다.

(가) 알칼리 금속 A를 유리판에 놓고 칼로 자른 후 단면을 관찰한다.
(나) 물에 페놀프탈레인 용액을 떨어뜨린 후 쌀알 크기의 A 조각을 넣고 반응하는 모습을 관찰한다.

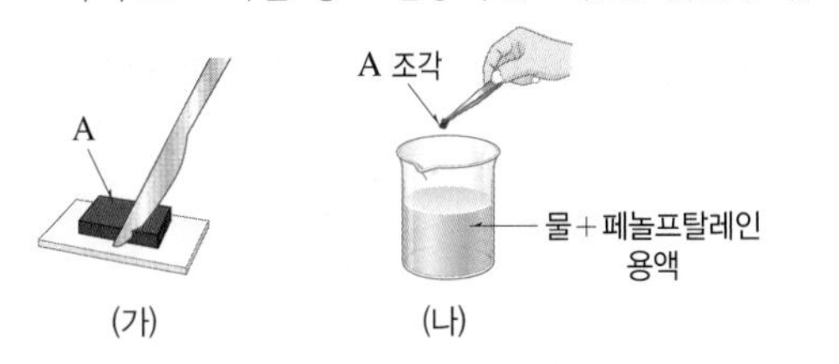

(가) (나)

이에 대한 설명으로 옳은 것만을 [보기]에서 있는 대로 고른 것은?

보기
ㄱ. (가)에서 단면의 광택이 사라진다.
ㄴ. (가)에서 A는 공기 중의 산소와 반응한다.
ㄷ. (나)에서 산소 기체가 발생한다.

① ㄱ ② ㄷ ③ ㄱ, ㄴ
④ ㄴ, ㄷ ⑤ ㄱ, ㄴ, ㄷ

서술형

06 그림과 같이 알칼리 금속은 석유나 액체 파라핀에 넣어 보관한다. 그 까닭을 알칼리 금속의 성질을 이용하여 서술하시오.

▲ 리튬

▲ 나트륨

07 다음 원소들의 공통점으로 옳지 않은 것은?

F	Cl	Br

① 비금속 원소이다.
② 주기율표의 17족 원소이다.
③ 실온에서 2개의 원자가 결합한 분자로 존재한다.
④ 수소와 반응하여 생성된 물질은 물에 녹아 산성을 띤다.
⑤ 반응성이 작아서 다른 원소와 거의 반응하지 않는다.

C 원자의 전자 배치

08 그림은 원자 A~C의 전자 배치를 모형으로 나타낸 것이다.

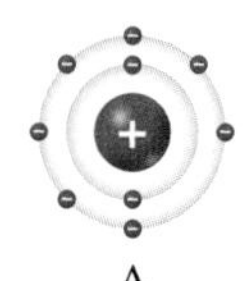

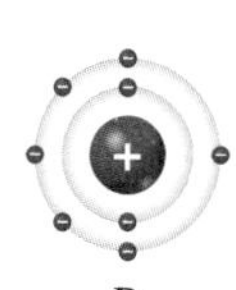

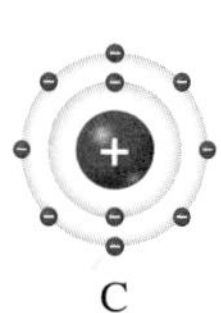

이에 대한 설명으로 옳은 것만을 [보기]에서 있는 대로 고른 것은? (단, A~C는 임의의 원소 기호이다.)

보기
ㄱ. A~C는 모두 2주기 원소이다.
ㄴ. 원자 번호는 C>A>B이다.
ㄷ. A와 C는 화학적 성질이 비슷하다.

① ㄱ ② ㄷ ③ ㄱ, ㄴ
④ ㄴ, ㄷ ⑤ ㄱ, ㄴ, ㄷ

중요

09 그림은 원자 A~D의 전자 배치를 모형으로 나타낸 것이다.

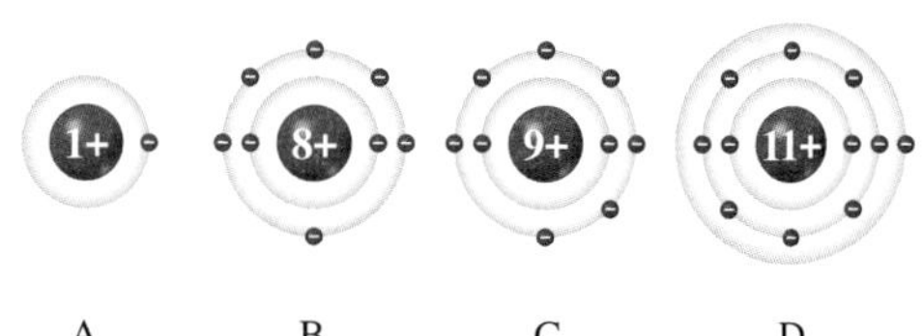

이에 대한 설명으로 옳은 것만을 [보기]에서 있는 대로 고른 것은? (단, A~D는 임의의 원소 기호이다.)

보기
ㄱ. A와 D는 화학적 성질이 비슷하다.
ㄴ. B와 C는 같은 주기 원소이다.
ㄷ. B는 할로젠이다.

① ㄱ ② ㄴ ③ ㄷ
④ ㄱ, ㄴ ⑤ ㄴ, ㄷ

중요

10 그림은 주기율표의 일부를 나타낸 것이다.

주기 \ 족	1	2	13	14	15	16	17	18
1								A
2	B					C	D	
3	E						F	

이에 대한 설명으로 옳지 않은 것은? (단, A~F는 임의의 원소 기호이다.)

① A는 첫 번째 전자 껍질에 전자가 최대로 배치되어 있다.
② B, C, D는 화학적 성질이 비슷하다.
③ D와 F는 원자가 전자 수가 같다.
④ E와 F는 전자가 들어 있는 전자 껍질 수가 같다.
⑤ A~F 중 원자 번호가 가장 큰 원소는 F이다.

서술형

11 원소의 주기성이 나타나는 까닭을 원자가 전자 수를 언급하여 서술하시오.

내신 탄탄보다는 조금 수준이 높은 유형의 문제들로 구성하였습니다. 자신의 실력을 한 단계 높여 보세요.

정답과 해설 12쪽

01 그림은 주기율표의 일부를 나타낸 것이다.

주기＼족	1	2	13	14	15	16	17	18
1	A							B
2						C	D	
3	E						F	

이에 대한 설명으로 옳지 않은 것은? (단, A～F는 임의의 원소 기호이다.)

① 우주를 구성하는 원소 중 A와 B의 질량비는 약 3 : 1이다.
② A와 E는 원자가 전자 수가 같아서 화학적 성질이 비슷하다.
③ 실온에서 D와 F는 모두 2개의 원자가 결합한 분자로 존재한다.
④ E가 물과 반응하면 수소 기체가 발생한다.
⑤ A_2C는 인류의 생존에 필수적인 물질이다.

02 표는 몇 가지 할로젠의 성질을 나타낸 것이다.

할로젠	녹는점(℃)	끓는점(℃)	수소와의 반응
플루오린	−219.7	−188.1	매우 빠르게 반응함
염소	−101.5	−34.0	빠르게 반응함
브로민	−7.2	58.8	잘 반응함
아이오딘	113.7	184.3	반응함

이에 대한 설명으로 옳은 것만을 [보기]에서 있는 대로 고른 것은?

보기
ㄱ. 반응성은 플루오린이 가장 크다.
ㄴ. 할로젠이 수소와 반응하여 생성된 물질은 물에 녹아 염기성을 띤다.
ㄷ. 실온에서 액체 상태로 존재하는 할로젠은 두 가지이다.

① ㄱ ② ㄴ ③ ㄱ, ㄷ
④ ㄴ, ㄷ ⑤ ㄱ, ㄴ, ㄷ

03 그림 (가)는 생명체(사람)를 구성하는 성분 원소의 질량비를, (나)는 (가)에서 ㉠과 ㉡ 중 한 원소의 전자 배치를 모형으로 나타낸 것이다.

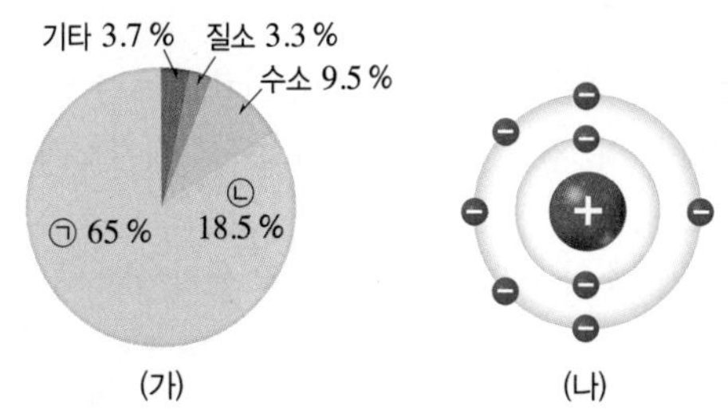

이에 대한 설명으로 옳은 것만을 [보기]에서 있는 대로 고른 것은?

보기
ㄱ. ㉠과 ㉡은 같은 주기 원소이다.
ㄴ. (나)는 ㉡의 전자 배치 모형이다.
ㄷ. 원자가 전자 수는 ㉡>㉠이다.

① ㄱ ② ㄴ ③ ㄷ
④ ㄴ, ㄷ ⑤ ㄱ, ㄴ, ㄷ

04 표는 원소 W～Z에 대한 자료이다. ㉠과 ㉡은 각각 전자가 들어 있는 전자 껍질 수와 원자가 전자 수를 순서없이 나타낸 것이고, W～Z는 각각 Li, F, Mg, Cl 중 하나이다.

원소	W	X	Y	Z
㉠	1	x	y	7
㉡	w	2	3	z

이에 대한 설명으로 옳은 것만을 [보기]에서 있는 대로 고른 것은?

보기
ㄱ. ㉠은 원자가 전자 수이다.
ㄴ. $\frac{y+z}{w+x}=2$이다.
ㄷ. Y와 Z는 화학적 성질이 비슷하다.

① ㄱ ② ㄴ ③ ㄷ
④ ㄴ, ㄷ ⑤ ㄱ, ㄴ, ㄷ

화학 결합과 물질의 성질

핵심 짚기
- ☐ 화학 결합이 형성되는 까닭
- ☐ 이온 결합과 공유 결합
- ☐ 이온 결합 물질과 공유 결합 물질의 성질

A 화학 결합의 원리

1 18족 원소 헬륨(He), 네온(Ne), 아르곤(Ar) 등 주기율표에서 18족에 속하는 원소❶

① **전자 배치**: 가장 바깥 전자 껍질에 전자가 2개 또는 8개 채워진 안정한 전자 배치를 이룬다.❷

② 다른 원소와 거의 반응하지 않고 원자 상태로 존재하므로 *비활성 기체라고 불린다.

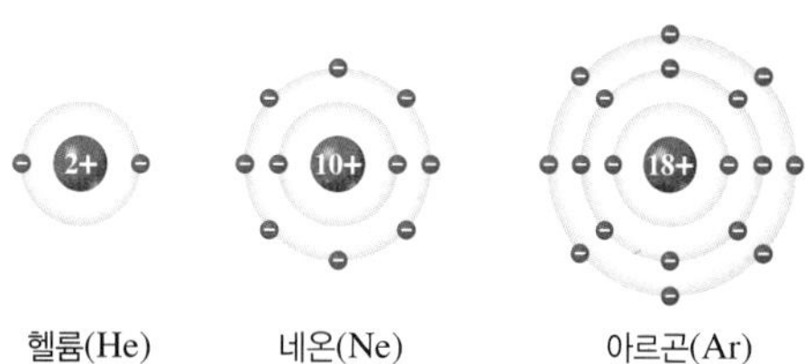

헬륨(He) 네온(Ne) 아르곤(Ar)

- 매우 안정한 전자 배치이므로 전자를 잃거나 얻지 않는다.
- 화학 결합을 형성하지 않으며, 원자가 전자 수가 0이다.

2 화학 결합이 형성되는 까닭 물질을 구성하는 원소들은 화학 결합을 통해 18족 원소와 같은 전자 배치를 이루어 안정해진다.

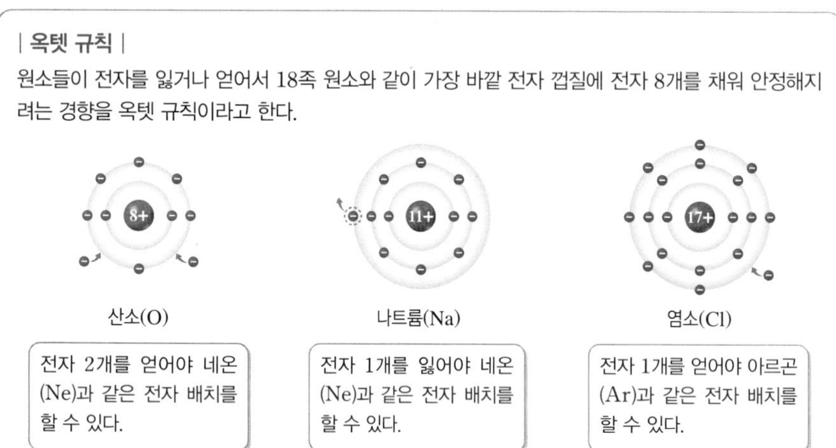

B 화학 결합의 종류

1 이온 결합 양이온과 음이온 사이의 *정전기적 인력으로 형성되는 화학 결합 ➡ 이온 결합은 주로 금속 원소와 비금속 원소 사이에 형성된다.

① 이온의 생성

양이온	음이온
금속 원소는 가장 바깥 전자 껍질의 전자(원자가 전자)를 잃고 양이온이 되기 쉽다.	비금속 원소는 가장 바깥 전자 껍질에 전자를 얻어 음이온이 되기 쉽다.
원자가 전자 수가 2이다. / Ne과 같은 전자 배치를 이룬다. / 12+ —전자 2개를 잃는다.→ [12+]$^{2+}$ / 마그네슘(Mg) 원자 → 마그네슘 이온(Mg^{2+})	원자가 전자 수가 6이다. / Ne과 같은 전자 배치를 이룬다. / 8+ —전자 2개를 얻는다.→ [8+]$^{2-}$ / 산소(O) 원자 → 산화 이온(O^{2-})

Plus 강의

❶ **18족 원소의 이용**

헬륨은 비행선에 이용되고, 네온은 조명에 이용된다. 아르곤은 용접할 때 용접 부위가 산소와 반응하지 않도록 보호하는 데 이용된다.

헬륨	네온	아르곤
비행선	광고판	용접

❷ **헬륨(He)의 전자 배치**

첫 번째 전자 껍질에는 전자가 최대 2개까지만 채워질 수 있다. 따라서 헬륨은 첫 번째 전자 껍질에 전자가 2개 채워진 안정한 전자 배치를 이룬다.

용어 돋보기

✱ 비활성(非 아니다, 活 생기가 있다, 性 성질)_반응성이 매우 작아 다른 원소와 쉽게 화학 반응을 하지 않는 성질

✱ 정전기적 인력(引 끌어당기다, 力 힘)_다른 전하를 띤 입자들이 서로 끌어당기는 힘

② 이온 결합의 형성: 금속 원소의 원자와 비금속 원소의 원자가 서로 전자를 주고받아 양이온과 음이온을 생성하고, 이 이온들 사이의 정전기적 인력으로 결합이 형성된다.

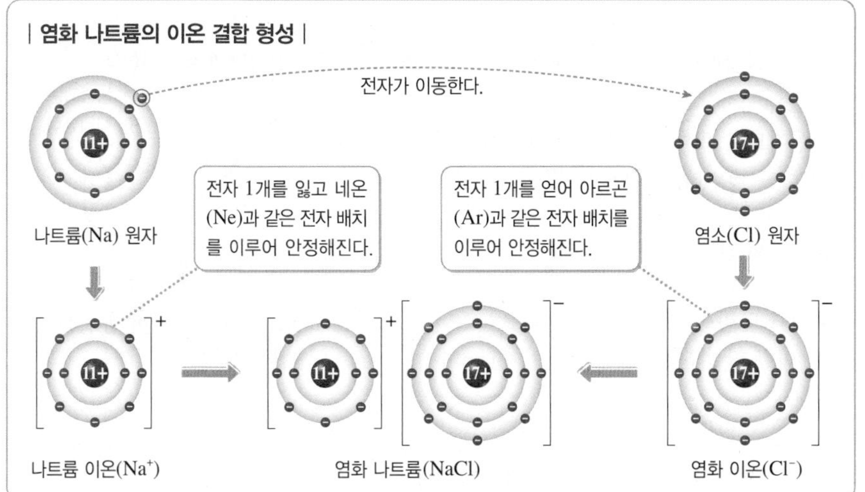

2 공유 결합 비금속 원소의 원자들이 전자쌍을*공유하여 형성되는 화학 결합 ➡ 공유 결합은 주로 비금속 원소들 사이에 형성된다.[3]

① 공유 전자쌍: 두 원자에 서로 공유되어 결합에 참여하는 전자쌍

② 공유 결합의 형성: 비금속 원소의 원자들이 서로 전자를 내놓아 전자쌍을 만들고, 이 전자쌍을 공유하여 결합이 형성된다.

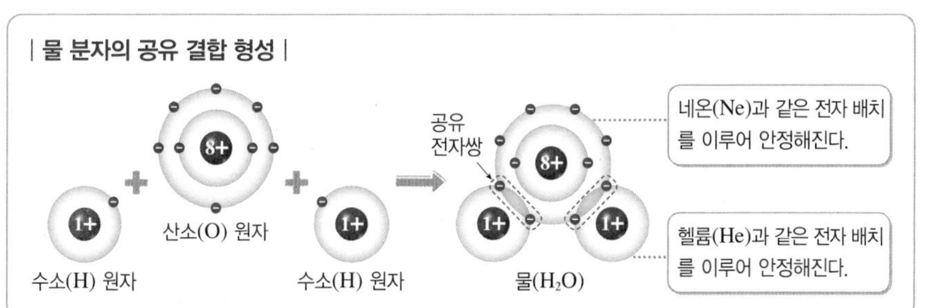

3 공유 결합의 종류

공유 전자쌍 수가 1이면 단일 결합, 2이면 이중 결합, 3이면 삼중 결합이라고 한다. 산소 분자(O_2)는 두 산소(O) 원자가 전자를 2개씩 내놓고 이를 공유하여 결합을 형성한다. 질소 분자(N_2)는 두 질소(N) 원자가 전자를 3개씩 내놓고 이를 공유하여 결합을 형성한다.

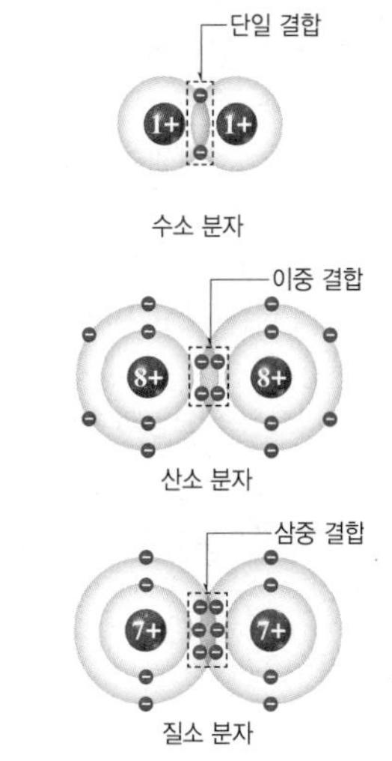

용어 돋보기

*공유(共 함께, 有 있다)_두 사람 이상이 한 물건을 공동으로 소유하는 것

정답과 해설 12쪽

1 18족 원소에 대한 설명으로 옳은 것은 ○, 옳지 않은 것은 ×로 표시하시오.

(1) 원자가 전자 수가 8이다. ( )

(2) 헬륨과 네온의 가장 바깥 전자 껍질에 들어 있는 전자 수는 8이다. ( )

(3) 다른 원소와 화학 결합을 형성하지 않는다. ( )

(4) 원소들은 화학 결합을 통해 18족 원소와 같은 전자 배치를 하려고 한다. ( )

2 ( ) 안에 알맞은 말을 쓰시오.

(1) 이온 결합은 금속 원소의 ㉠( )과 비금속 원소의 ㉡( ) 사이에 형성되는 결합이다.

(2) 주기율표의 1족 원소인 나트륨과 17족 원소인 염소는 ( ) 결합을 형성한다.

(3) ( ) 결합은 비금속 원소의 원자들 사이에 형성되는 결합이다.

암기 꼭!

이온 결합과 공유 결합

• 금비이온
금속 원소와 비금속 원소 사이의 화학 결합은 이온 결합이다.

• 비비공유
비금속 원소와 비금속 원소 사이의 화학 결합은 공유 결합이다.

C 이온 결합 물질과 공유 결합 물질의 성질 탐구 A 60쪽

1 이온 결합 물질 이온 결합으로 생성된 물질

① 구조: 수많은 양이온과 음이온이 연속적으로 결합하여 규칙적인 배열의 입체 구조를 이룬다.

② 화학식: 이온 결합 물질은 전기적으로 중성이므로 양이온과 음이온의 전하량 합이 0이 될 수 있도록 이온의 개수비를 가장 간단한 정수비로 나타낸다.❶

(양이온의 전하×양이온 수)+(음이온의 전하×음이온 수)=0

➡ 이온의 종류에 따라 결합하는 이온의 개수비가 달라진다.

예 염화 나트륨(NaCl) ➡ $Na^+ : Cl^- = 1 : 1$, 염화 칼슘($CaCl_2$) ➡ $Ca^{2+} : Cl^- = 1 : 2$

| 염화 나트륨의 모형과 화학식 |

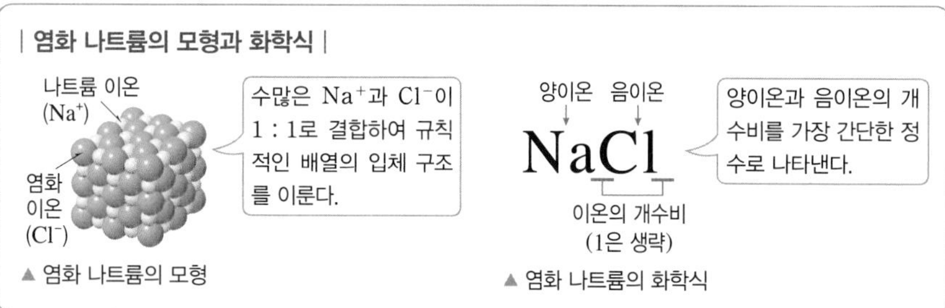

▲ 염화 나트륨의 모형 ▲ 염화 나트륨의 화학식

③ 우리 주변의 이온 결합 물질

물질	이용	물질	이용
염화 나트륨(NaCl)	소금의 주성분	탄산 칼슘($CaCO_3$)	달걀 껍데기의 주성분
염화 칼슘($CaCl_2$)	제설제	수산화 마그네슘 ($Mg(OH)_2$)	제산제의 주성분

④ 이온 결합 물질의 성질

- 고체 상태: 이온들이 강하게 결합하여 이동할 수 없으므로 *전기 전도성이 없다.
- 수용액 상태: 양이온과 음이온으로 나누어져 이온들이 자유롭게 이동할 수 있으므로 전기 전도성이 있다.❷

| 염화 나트륨 수용액의 전기 전도성 |

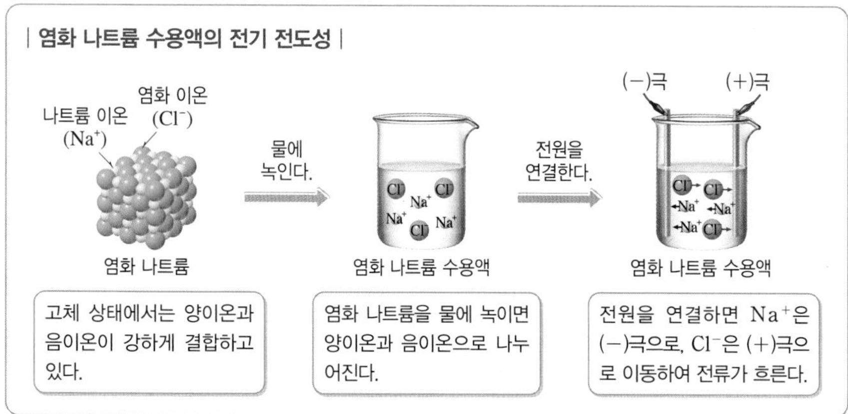

2 공유 결합 물질 공유 결합으로 생성된 물질

① 일반적으로 일정한 수의 원자들이 결합하여 분자를 이룬다.❸

② 우리 주변의 공유 결합 물질

물질	이용	물질	이용
질소(N_2)	과자 봉지 충전재	설탕($C_{12}H_{22}O_{11}$)	음식의 조미료
뷰테인(C_4H_{10})	휴대용 버너의 연료	에탄올(C_2H_5OH)	소독용 알코올

Plus 강의

❶ 이온 결합 물질의 화학식

X^{a+}과 Y^{b-}이 결합하여 생성되는 물질의 화학식은 다음과 같이 나타낸다.

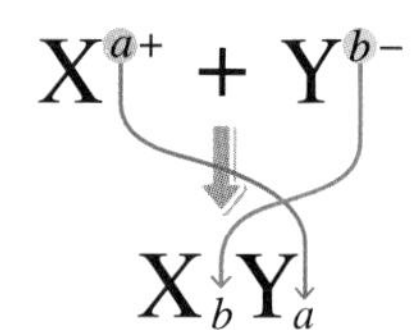

이때 a와 b는 가장 간단한 정수비로 나타내고, 1인 경우 생략한다.

❷ 이온 결합 물질의 용해

이온 결합 물질을 물에 녹이면 양이온과 음이온이 각각 물 분자에 둘러싸여 쉽게 나누어진다.

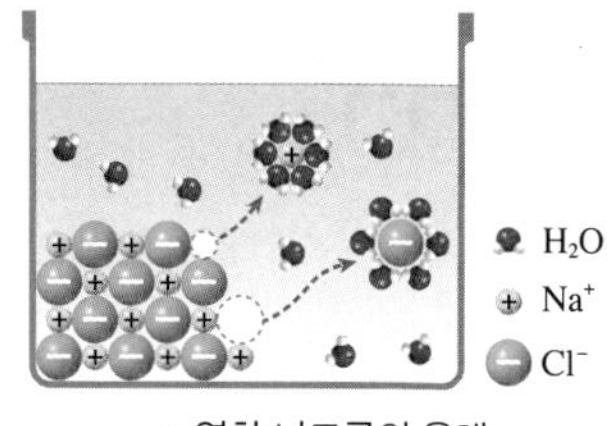

▲ 염화 나트륨의 용해

❸ 공유 결합과 분자

- 비금속 원소의 원자가 공유 결합하여 생성된 물질은 대부분 분자이다.
- 흑연, 석영, 다이아몬드 등과 같이 일부 공유 결합 물질의 경우 분자가 아닌 것들도 있다.

용어 돋보기

*** 전기 전도성(傳 전하다, 導 이끌다, 性 성질)**_물질이나 용액이 전하를 운반할 수 있는 성질

③ **공유 결합 물질의 성질:** 전기적으로 중성인 분자로 이루어져 있으므로 고체 상태와 수용액 상태에서 대부분 전기 전도성이 없다.[4]

| 설탕 수용액의 전기 전도성 |

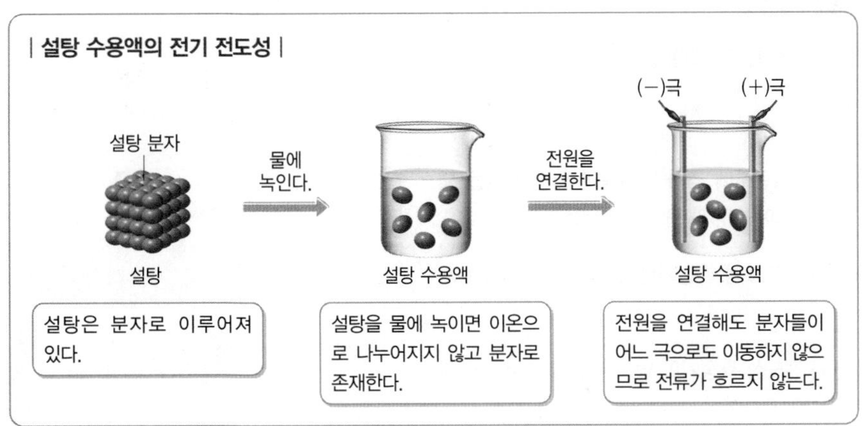

④ 공유 결합 물질의 전기 전도성
흑연은 고체 상태에서 자유롭게 이동할 수 있는 전자가 있어 전기 전도성이 있다. 또, 염화 수소, 암모니아 등과 같이 물에 녹아 이온을 생성하는 물질은 수용액 상태에서 전기 전도성이 있다.

개념 쏙쏙

정답과 해설 12쪽

3 ㉠( ) 결합 물질은 양이온과 음이온이 연속적으로 결합하여 규칙적인 배열의 입체 구조를 이루고, ㉡( ) 결합 물질은 일반적으로 일정한 수의 원자들이 결합한 분자로 존재한다.

4 다음 물질들을 (가)이온 결합 물질과 (나)공유 결합 물질로 분류하시오.

물(H_2O) 염화 칼슘($CaCl_2$) 뷰테인(C_4H_{10}) 염화 나트륨($NaCl$)

5 다음 표를 완성하시오.

화합물	염화 마그네슘	산화 나트륨	물	이산화 탄소
구성 원소	Mg, Cl	Na, O	H, O	C, O
화학 결합의 종류	㉠( )	이온 결합	㉢( )	공유 결합
화학식	$MgCl_2$	㉡( )	H_2O	㉣( )

6 염화 나트륨과 설탕에 대한 설명으로 옳은 것은 ○, 옳지 않은 것은 ×로 표시하시오.

(1) 염화 나트륨은 이온 결합 물질이고 설탕은 공유 결합 물질이다. ( )
(2) 염화 나트륨과 설탕은 고체 상태에서 전기 전도성이 없다. ( )
(3) 염화 나트륨과 설탕은 수용액 상태에서 전기 전도성이 있다. ( )
(4) 수용액 상태에서의 전기 전도성을 비교하여 염화 나트륨과 설탕을 구분할 수 있다. ( )

암기 꼭!

이온 결합 물질과 공유 결합 물질의 전기 전도성

상태	고체	수용액
이온 결합 물질	×	○
공유 결합 물질	×	×

이온 결합 물질과 공유 결합 물질의 성질 비교

목표 이온 결합 물질과 공유 결합 물질의 전기 전도성을 비교할 수 있다.

과정

❶ 홈판의 첫 번째 가로줄에 염화 나트륨과 염화 칼슘을 넣고, 두 번째 가로줄에 설탕과 포도당을 넣는다.

❷ 각 물질에 *전기 전도성 측정기를 꽂아 전류가 흐르는지 관찰한다.

❸ 증류수에 전기 전도성 측정기를 담가 전류가 흐르는지 관찰한다.

▶ **증류수를 사용하는 까닭**: 증류수는 전기 전도성이 없으므로 물질을 증류수에 녹여 수용액 상태의 전기 전도성을 확인한다.

❹ 과정 ❶의 물질에 증류수를 조금씩 넣어 녹인 뒤 전기 전도성 측정기를 담가 전류가 흐르는지 관찰한다.

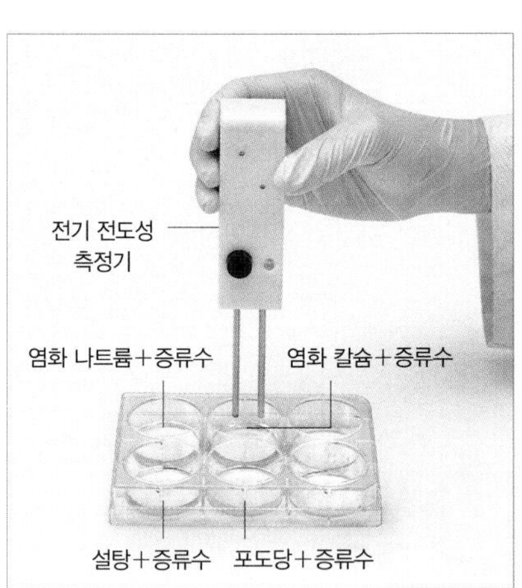

*** 전기 전도성 측정기**
전하의 흐름이 있는지를 측정하여 일정 값을 넘어서면 불이 켜지면서 소리가 난다.

유의점
측정하는 물질을 바꿀 때마다 전기 전도성 측정기의 전극을 증류수로 깨끗이 씻어서 사용한다.

결과

구분		이온 결합 물질		공유 결합 물질	
		염화 나트륨	염화 칼슘	설탕	포도당
전기 전도성	고체 상태	없음	없음	없음	없음
	수용액 상태	있음	있음	없음	없음

해석

1. **고체 상태의 이온 결합 물질이 전기 전도성이 없는 까닭은?** ➡ 양이온과 음이온이 강하게 결합하여 이동할 수 없기 때문이다.
2. **수용액 상태의 이온 결합 물질이 전기 전도성이 있는 까닭은?** ➡ 수용액 상태에서는 양이온과 음이온으로 나누어져 전류를 흘려 주면 양이온은 (−)극 쪽으로, 음이온은 (+)극 쪽으로 이동하기 때문이다.
3. **고체 상태와 수용액 상태의 공유 결합 물질이 전기 전도성이 없는 까닭은?** ➡ 공유 결합 물질은 전기적으로 중성인 분자로 이루어져 있기 때문이다.

시험 Tip!
- 실험 결과를 주고 각 물질이 어떤 화학 결합을 하는지 묻는 문제가 자주 출제된다. ➡ 이온 결합 물질과 공유 결합 물질의 상태에 따른 전기 전도성을 알아둔다.
- 실험 결과를 주고 그 결과에 해당하는 물질을 고르는 문제가 출제된다. ➡ 이온 결합 물질과 공유 결합 물질의 종류를 알아둔다.

정리

- 이온 결합 물질은 고체 상태에서는 전기 전도성이 없지만, 수용액 상태에서는 전기 전도성이 있다.
- 공유 결합 물질은 고체 상태와 수용액 상태에서 모두 전기 전도성이 없다.
- 수용액 상태의 전기 전도성을 비교하여 이온 결합 물질과 공유 결합 물질을 구분할 수 있다.

정답과 해설 13쪽

확인 문제

1 **탐구 A**에 대한 설명으로 옳은 것은 ○, 옳지 않은 것은 ×로 표시하시오.

(1) 염화 나트륨은 고체 상태에서 전기 전도성이 있다. ( )
(2) 염화 칼슘은 이온 결합 물질이다. ( )
(3) 설탕은 수용액 상태에서 전기 전도성이 있다. ( )
(4) 포도당과 설탕은 공유 결합 물질이다. ( )

2 표는 물질 A와 B의 전기 전도성을 나타낸 것이다. A와 B는 각각 포도당과 염화 칼슘 중 하나이다.

물질	고체 상태	수용액 상태
A	㉠( )	있음
B	없음	㉡( )

물질 A와 B의 이름을 각각 쓰고, ㉠, ㉡에 알맞은 결과를 각각 쓰시오.

3 다음은 물질 A와 B의 전기 전도성을 알아보기 위한 실험이다. A와 B는 각각 염화 나트륨과 설탕 중 하나이다.

[과정]
(가) 고체 A를 Ⅰ과 같이 장치하여 전기 전도성을 확인한다.
(나) A 수용액을 Ⅱ와 같이 장치하여 전기 전도성을 확인한다.
(다) 물질 B에 대해서도 과정 (가)와 (나)를 반복한다.

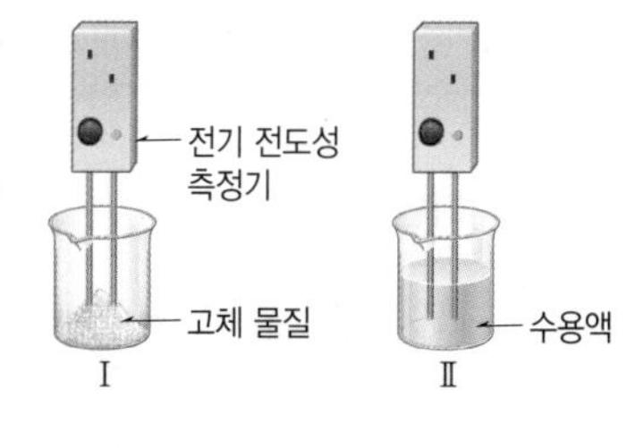

[결과]

물질	실험	
	Ⅰ	Ⅱ
A	×	×
B	×	○

(○: 전기 전도성 있음, ×: 전기 전도성 없음)

이에 대한 설명으로 옳은 것만을 [보기]에서 있는 대로 고른 것은?

보기
ㄱ. A는 공유 결합 물질이다.
ㄴ. B는 비금속 원소 사이의 결합으로 이루어진 물질이다.
ㄷ. A의 수용액에는 이온이 존재한다.

① ㄱ ② ㄴ ③ ㄱ, ㄴ
④ ㄱ, ㄷ ⑤ ㄴ, ㄷ

내신 탄탄

중간·기말 고사에 출제될 확률이 높은 문항들로 구성하여, 내신에 완벽 대비할 수 있도록 하였습니다.

정답과 해설 13쪽

A 화학 결합의 원리 B 화학 결합의 종류

01 그림은 원자 A~C의 전자 배치를 모형으로 나타낸 것이다.

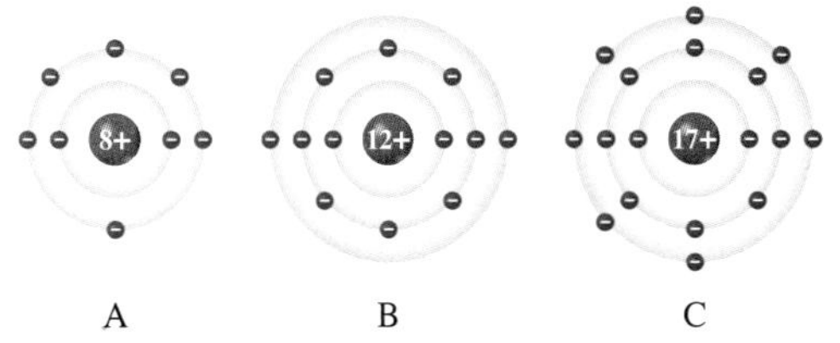

A~C가 각각 18족 원소와 같은 전자 배치를 하는 방법으로 가장 적절한 것을 옳게 짝 지은 것은? (단, A~C는 임의의 원소 기호이다.)

	A	B	C
①	전자 1개 얻음	전자 1개 잃음	전자 1개 얻음
②	전자 1개 얻음	전자 2개 얻음	전자 1개 얻음
③	전자 2개 얻음	전자 2개 잃음	전자 1개 얻음
④	전자 2개 얻음	전자 2개 얻음	전자 7개 잃음
⑤	전자 6개 잃음	전자 2개 잃음	전자 1개 얻음

중요
02 그림은 주기율표의 일부를 나타낸 것이다.

주기 \ 족	1	2	13	14	15	16	17	18
1								A
2	B							C
3						D	E	F

이에 대한 설명으로 옳은 것만을 [보기]에서 있는 대로 고른 것은? (단, A~F는 임의의 원소 기호이다.)

보기
ㄱ. A와 C는 비활성 기체이다.
ㄴ. B가 안정한 이온이 되면 C와 같은 전자 배치를 이룬다.
ㄷ. D와 E가 가장 안정한 이온이 되면 F와 같은 전자 배치를 이룬다.

① ㄱ ② ㄴ ③ ㄱ, ㄷ
④ ㄴ, ㄷ ⑤ ㄱ, ㄴ, ㄷ

[03~04] 그림은 원자 A~D의 전자 배치를 모형으로 나타낸 것이다.

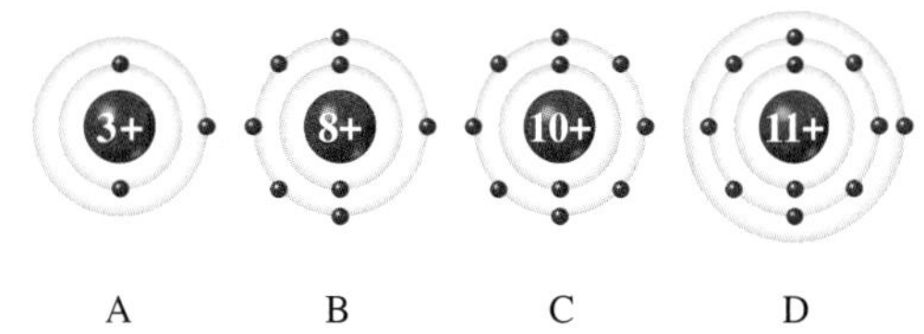

중요
03 A~D에 대한 설명으로 옳은 것만을 [보기]에서 있는 대로 고른 것은? (단, A~D는 임의의 원소 기호이다.)

보기
ㄱ. A는 전자 1개를 얻어 안정한 이온이 된다.
ㄴ. B와 D가 가장 안정한 이온이 되면 C와 같은 전자 배치를 이룬다.
ㄷ. C는 다른 원소와 화학 결합을 형성하지 않는다.

① ㄱ ② ㄴ ③ ㄱ, ㄷ
④ ㄴ, ㄷ ⑤ ㄱ, ㄴ, ㄷ

서술형
04 A와 B로 이루어진 물질의 화학 결합의 종류를 쓰고, 그 까닭을 서술하시오.

05 그림은 이온 A^+, B^+, C^{2-}의 전자 배치를 모형으로 나타낸 것이다.

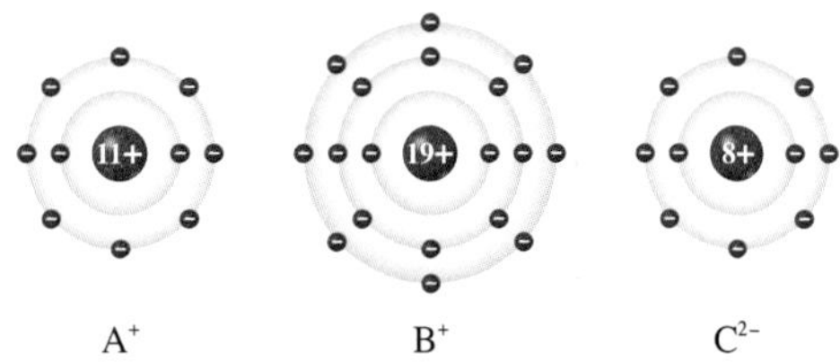

이에 대한 설명으로 옳은 것만을 [보기]에서 있는 대로 고른 것은? (단, A~C는 임의의 원소 기호이다.)

보기
ㄱ. A와 B는 모두 금속 원소이다.
ㄴ. A와 B는 화학적 성질이 비슷하다.
ㄷ. B와 C가 결합하여 생성된 안정한 화합물의 화학식은 B_2C이다.

① ㄱ ② ㄴ ③ ㄱ, ㄷ
④ ㄴ, ㄷ ⑤ ㄱ, ㄴ, ㄷ

★중요
06 그림은 나트륨 원자와 염소 원자가 염화 나트륨을 생성하는 화학 결합 모형을 나타낸 것이다.

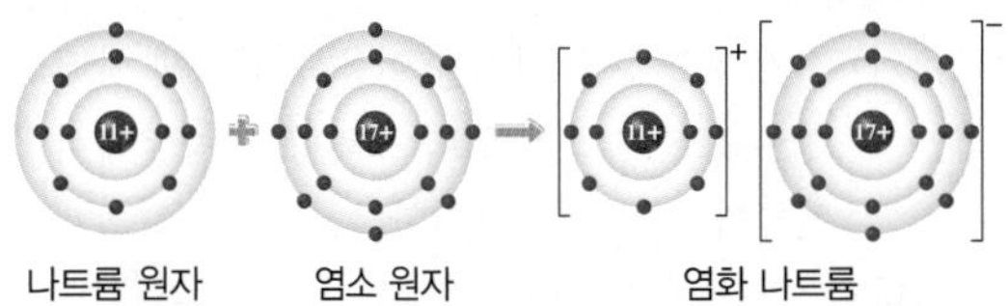

이에 대한 설명으로 옳은 것만을 [보기]에서 있는 대로 고른 것은?

보기
ㄱ. 나트륨과 염소는 같은 주기 원소이다.
ㄴ. 나트륨과 염소가 이온이 될 때에는 모두 전자가 들어 있는 전자 껍질 수가 달라진다.
ㄷ. 염화 나트륨에서 나트륨 이온과 염화 이온은 아르곤과 같은 전자 배치를 이룬다.

① ㄱ ② ㄷ ③ ㄱ, ㄴ
④ ㄴ, ㄷ ⑤ ㄱ, ㄴ, ㄷ

07 그림은 원자 A와 B가 화합물 (가)를 생성하는 화학 결합 모형을 나타낸 것이다.

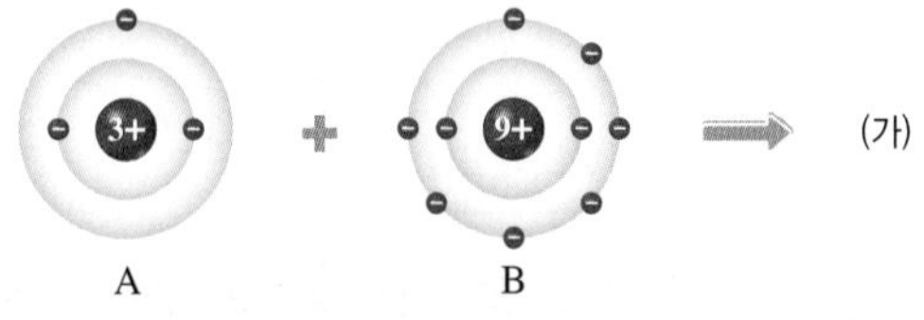

이에 대한 설명으로 옳은 것만을 [보기]에서 있는 대로 고른 것은? (단, A와 B는 임의의 원소 기호이다.)

보기
ㄱ. (가)의 화학식은 AB이다.
ㄴ. (가)가 생성될 때 A에서 B로 전자가 이동한다.
ㄷ. (가)를 이루는 구성 입자의 전자 배치는 같다.

① ㄱ ② ㄷ ③ ㄱ, ㄴ
④ ㄴ, ㄷ ⑤ ㄱ, ㄴ, ㄷ

08 그림은 원자 A와 B의 전자 배치를 모형으로 나타낸 것이다.

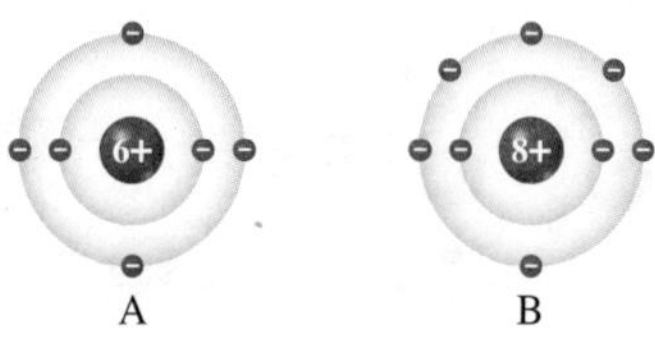

이에 대한 설명으로 옳은 것만을 [보기]에서 있는 대로 고른 것은? (단, A와 B는 임의의 원소 기호이다.)

보기
ㄱ. 원자가 전자 수는 A>B이다.
ㄴ. A와 B로 이루어진 물질은 공유 결합 물질이다.
ㄷ. B_2에서 공유 전자쌍 수는 1이다.

① ㄱ ② ㄴ ③ ㄷ
④ ㄱ, ㄴ ⑤ ㄴ, ㄷ

★중요
09 그림은 원자 A와 B가 화합물 A_2B를 생성하는 화학 결합 모형을 나타낸 것이다.

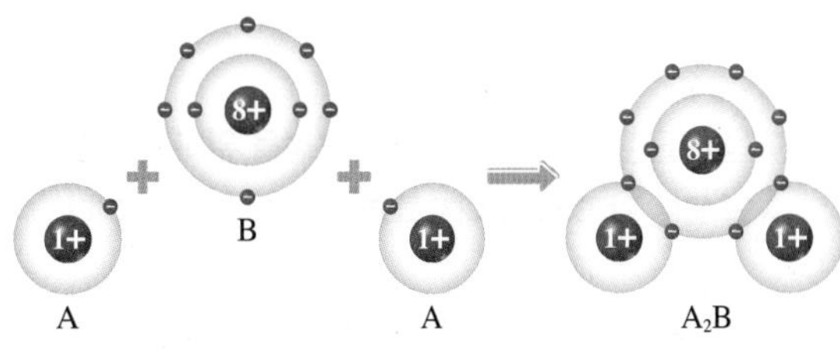

이에 대한 설명으로 옳은 것만을 [보기]에서 있는 대로 고른 것은? (단, A와 B는 임의의 원소 기호이다.)

보기
ㄱ. A와 B는 이온 결합을 형성한다.
ㄴ. A_2B에서 A와 B는 18족 원소와 같은 전자 배치를 이룬다.
ㄷ. A_2B에서 공유 전자쌍 수는 2이다.

① ㄱ ② ㄴ ③ ㄷ
④ ㄱ, ㄴ ⑤ ㄴ, ㄷ

10 그림은 화합물 AB와 A_2C를 화학 결합 모형으로 나타낸 것이다.

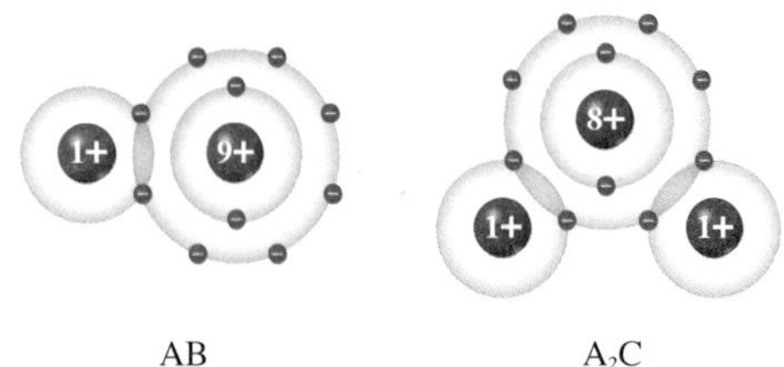

이에 대한 설명으로 옳은 것만을 [보기]에서 있는 대로 고른 것은? (단, A~C는 임의의 원소 기호이다.)

보기
ㄱ. AB와 A_2C는 모두 공유 결합 물질이다.
ㄴ. 원자가 전자 수는 B>C이다.
ㄷ. 공유 전자쌍 수는 AB와 A_2C가 같다.

① ㄱ ② ㄷ ③ ㄱ, ㄴ
④ ㄴ, ㄷ ⑤ ㄱ, ㄴ, ㄷ

C 이온 결합 물질과 공유 결합 물질의 성질

11 이온 결합 물질로만 옳게 짝 지은 것은?

① KCl, HI ② H_2O, N_2 ③ CH_4, NaF
④ LiCl, MgO ⑤ SO_2, $CaCl_2$

중요 서술형

12 다음은 물질 A와 B의 전기 전도성을 알아보는 실험이다. A와 B는 각각 염화 나트륨과 포도당 중 하나이다.

(가) 고체 상태의 물질 A와 B를 홈판의 서로 다른 홈에 넣고, 전기 전도성 측정기로 전류가 흐르는지 확인한다.
(나) ㉠

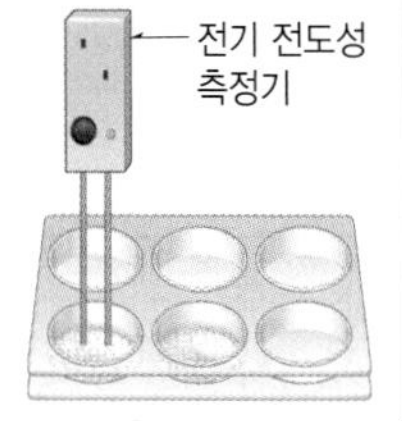

물질 A와 B를 결정하기 위해 ㉠으로 적절한 내용을 서술하시오.

중요

13 다음은 몇 가지 물질을 이용한 실험 과정과 결과이다.

[과정]
(가) 전기 전도성 측정기를 이용하여 고체 상태의 염화 나트륨, 설탕, 염화 구리(Ⅱ), 녹말에서 각각 전류가 흐르는지 확인한다.
(나) 과정 (가)의 고체 물질을 모두 증류수에 녹인 다음 전기 전도성 측정기를 이용하여 각 수용액에서 전류가 흐르는지 확인한다.

[결과]

물질		염화 나트륨	설탕	염화 구리(Ⅱ)	녹말
전기 전도성	고체	㉠	㉡	없음	없음
	수용액	있음	없음	있음	없음

이에 대한 설명으로 옳은 것만을 [보기]에서 있는 대로 고른 것은?

보기
ㄱ. ㉠은 '있음', ㉡은 '없음'이 적절하다.
ㄴ. 녹말 수용액에는 이온이 존재하지 않는다.
ㄷ. 염화 나트륨과 염화 구리(Ⅱ)는 공유 결합 물질이고, 설탕과 녹말은 이온 결합 물질이다.

① ㄱ ② ㄴ ③ ㄷ
④ ㄱ, ㄴ ⑤ ㄴ, ㄷ

14 그림은 세 가지 물질을 기준에 따라 분류한 것이다.

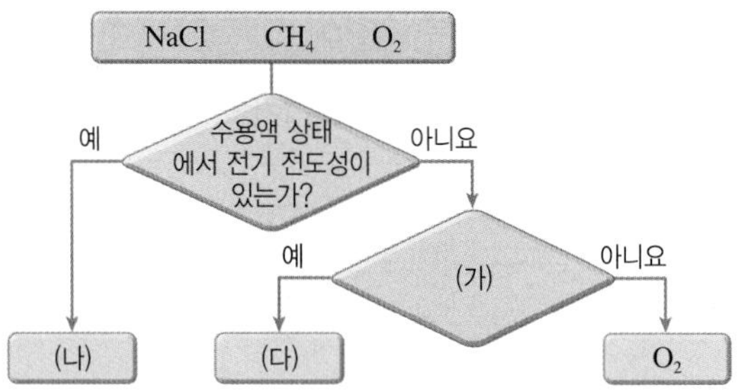

이에 대한 설명으로 옳은 것만을 [보기]에서 있는 대로 고른 것은?

보기
ㄱ. (가)에는 '공유 전자쌍 수가 4인가?'를 사용할 수 있다.
ㄴ. (나)는 NaCl이다.
ㄷ. (다)는 비금속 원소로 이루어져 있다.

① ㄱ ② ㄴ ③ ㄱ, ㄷ
④ ㄴ, ㄷ ⑤ ㄱ, ㄴ, ㄷ

내신 탄탄보다는 조금 수준이 높은 유형의 문제들로 구성하였습니다.
자신의 실력을 한 단계 높여 보세요.

정답과 해설 15쪽

01 그림은 분자 A_2와 B_2A를 화학 결합 모형으로 나타낸 것이다.

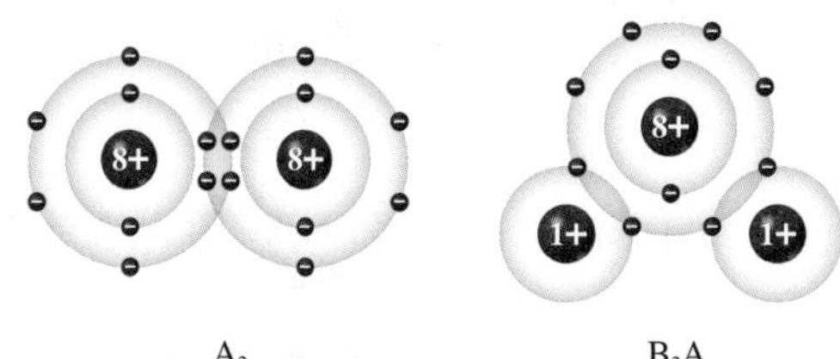

A_2 B_2A

이에 대한 설명으로 옳은 것만을 [보기]에서 있는 대로 고른 것은? (단, A와 B는 임의의 원소 기호이다.)

보기
ㄱ. A와 B는 같은 주기 원소이다.
ㄴ. A_2와 B_2A에서 A는 네온과 같은 전자 배치를 이룬다.
ㄷ. 실온에서 A_2와 B_2A는 모두 기체 상태이다.

① ㄱ ② ㄴ ③ ㄷ
④ ㄱ, ㄴ ⑤ ㄴ, ㄷ

02 그림은 화합물 AB와 CB를 화학 결합 모형으로 나타낸 것이다.

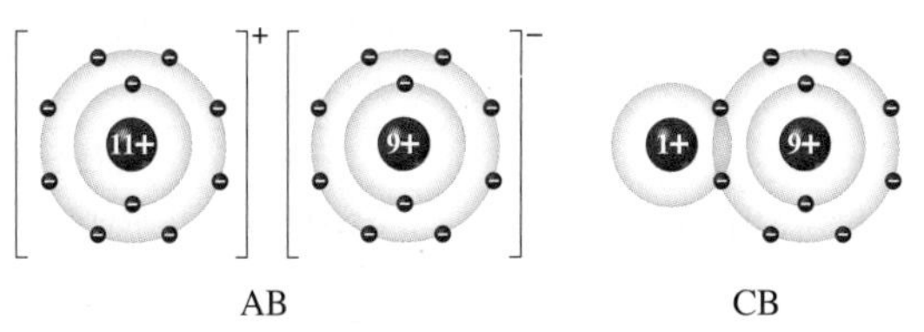

AB CB

이에 대한 설명으로 옳은 것만을 [보기]에서 있는 대로 고른 것은? (단, A~C는 임의의 원소 기호이다.)

보기
ㄱ. A~C 중 2주기 원소는 두 가지이다.
ㄴ. 질량이 태양과 비슷한 별에서는 핵융합 반응으로 B가 생성된다.
ㄷ. B_2와 C_2에서 공유 전자쌍 수는 같다.

① ㄱ ② ㄴ ③ ㄷ
④ ㄴ, ㄷ ⑤ ㄱ, ㄴ, ㄷ

03 그림은 주기율표의 일부를 나타낸 것이다.

주기 \ 족	1	2	13	14	15	16	17	18
1								
2	A			B			C	
3		D				E		

이에 대한 설명으로 옳은 것만을 [보기]에서 있는 대로 고른 것은? (단, A~E는 임의의 원소 기호이다.)

보기
ㄱ. D와 E가 화학 결합할 때 전자는 D에서 E로 이동한다.
ㄴ. 화합물 AC와 BE_2는 화학 결합의 종류가 같다.
ㄷ. B 원자 1개는 C 원자 2개와 화학 결합하여 각각 18족 원소와 같은 전자 배치를 이룬다.

① ㄱ ② ㄴ ③ ㄷ
④ ㄱ, ㄴ ⑤ ㄴ, ㄷ

04 그림 (가)는 생명체(사람)를 구성하는 원소의 질량비를, (나)는 화합물 AB의 화학 결합 모형을 나타낸 것이다.

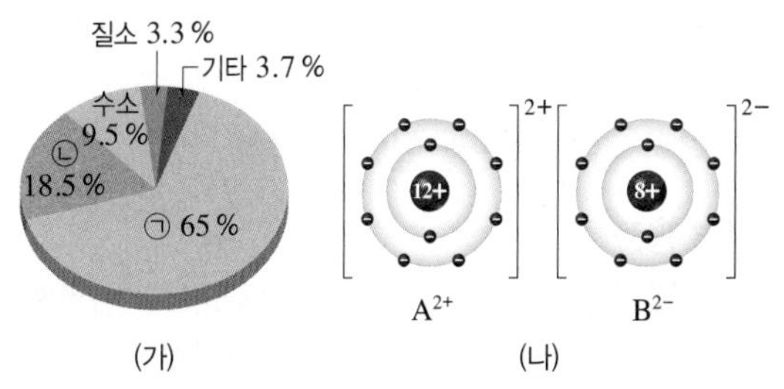

(가) (나)

이에 대한 설명으로 옳은 것만을 [보기]에서 있는 대로 고른 것은? (단, A와 B는 임의의 원소 기호이다.)

보기
ㄱ. ㉠은 B이다.
ㄴ. ㉠과 ㉡으로 이루어진 화합물의 화학 결합은 AB와 종류가 같다.
ㄷ. 원자가 전자 수는 A>B이다.

① ㄱ ② ㄴ ③ ㄱ, ㄷ
④ ㄴ, ㄷ ⑤ ㄱ, ㄴ, ㄷ

지각과 생명체 구성 물질의 규칙성

핵심 짚기 ☐ 지각과 생명체를 구성하는 물질 ☐ 규산염 사면체 특징 ☐ 규산염 광물의 결합 규칙성 ☐ 단백질의 형성 ☐ 핵산의 형성 ☐ DNA와 RNA 비교

A 지각과 생명체를 구성하는 물질

1 지각과 생명체를 구성하는 물질

① **주요 원소 차이**: 지구는 철과 산소가 많지만, 지각에는 산소와 규소가 많고, 생명체에는 산소와 탄소가 많다.❶

② **지각과 생명체에 공통적으로 많은 원소**: 산소 ➡ 산소는 수소, 탄소, 규소 등 다른 원소와 쉽게 결합하여 다양한 물질을 만들 수 있기 때문

③ **지각과 생명체를 구성하는 원소의 기원**: 대부분 별의 탄생과 진화 과정에서 생성❷

④ **지각과 생명체를 구성하는 물질이 차이가 나는 까닭**: 암석과 생명체를 구성하는 물질은 구성 원소의 종류나 비율이 다르기 때문

구분	지각	생명체
구성 원소	칼륨 2.6, 나트륨 2.8, 마그네슘 2.1, 칼슘 3.6, 기타 1.5, 철 5.0, 산소 46.6, 알루미늄 8.1, 규소 27.7 산소, 규소의 비율이 높다. ◀ 지각의 구성 원소의 질량비(단위: %)	인 1.0, 칼륨 0.4, 칼슘 1.5, 황 0.3, 질소 3.3, 기타 0.5, 수소 9.5, 탄소 18.5, 산소 65.0 산소, 탄소의 비율이 높다. ◀ 사람의 구성 원소의 질량비(단위: %)
구성 물질	• 지각은 암석으로, 암석은 광물로, 광물은 원소의 화학 결합으로 이루어져 있다. • 지각을 구성하는 광물은 대부분(약 92 %) 규소와 산소로 이루어진 규산염 광물이다.	• 생명체는 단백질, 핵산, 탄수화물, 지질 등으로 이루어져 있다. • 단백질, 핵산, 탄수화물, 지질은 탄소가 수소, 산소 등과 결합하여 이루어진 탄소 화합물이다.
	• 지각과 생명체를 구성하는 물질은 일정한 구조의 기본 단위체가 결합하여 형성된 것이다.❸ • 지각과 생명체를 구성하는 주요 물질은 기본 단위체의 배열 방식에 따라 다양한 종류가 만들어진다.	

B 지각을 구성하는 물질의 규칙성

1 규산염 광물

① **규산염 광물**: 규소와 산소가 결합된 규산염*사면체를 기본 단위체로 하여 여러 원소들이 화학적으로 결합하여 만들어진 광물

② **규산염 광물의 기본 단위체**: 규산염 사면체

규소(Si)의 전자 배치

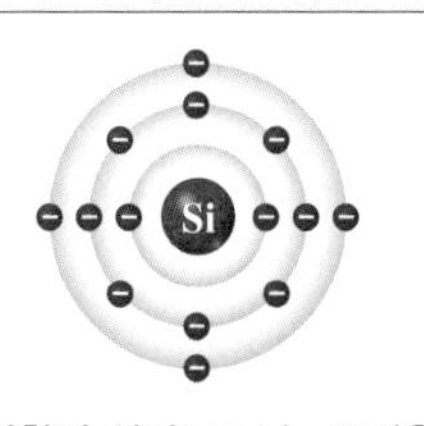

• **규소의 화학적 성질**: 규소는 주기율표의 14족 원소로, 원자가 전자가 4개이다. ➡ 최대 4개의 원자와 결합 가능

➡

규산염 사면체(Si−O 사면체)

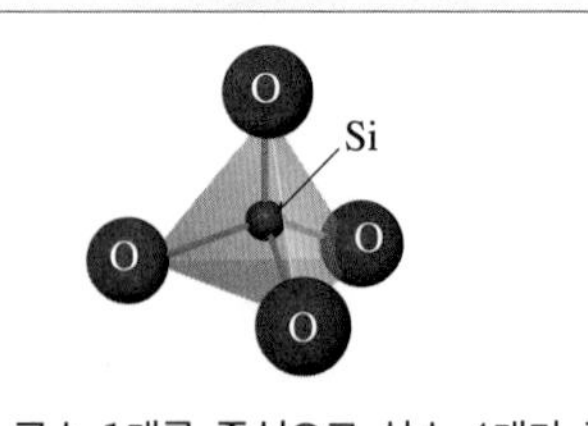

• **구조**: 규소 1개를 중심으로 산소 4개가 공유 결합한 정사면체 구조
• **전하**: 음전하를 띤다.

Plus 강의

❶ **우주, 지구, 지각, 해양, 대기의 주요 구성 원소**

우주	수소>헬륨 등
지구	철>산소>규소 등
지각	산소>규소>알루미늄 등
해양	산소>수소>염소 등
대기	질소>산소>아르곤 등

❷ **지각과 생명체의 구성 원소 기원**

원소	원소의 기원
수소, 헬륨	빅뱅 이후 우주 초기
헬륨~철	별 중심부에서의 핵융합 반응
철보다 무거운 원소	초신성 폭발

❸ **기본 단위체**
크고 복잡한 물질을 만들 때 기본 단위가 되는 물질

구분	기본 단위체
규산염 광물	규산염 사면체
단백질	아미노산
핵산	뉴클레오타이드

용어 돋보기

*** 사면체**(四 네 개, 面 면, 體 몸)_ 네 개의 삼각평면으로 둘러싸인 입체 도형

2 규산염 광물의 결합 규칙성

① **규산염 광물의 결합**: 규산염 사면체는 음전하를 띠고 있어 양이온과 결합하거나 다른 규산염 사면체와 산소를 공유하여 결합한다. ➡ 전기적으로 중성[4]

② **규산염 광물의 결합 구조**: 규산염 사면체가 결합하는 방식에 따라 다양한 구조를 이루는 여러 종류의 규산염 광물이 만들어진다.

구분	독립형 구조	단사슬 구조	복사슬 구조	판상 구조	*망상 구조
결합 모형					
특징	규산염 사면체 1개가 독립적으로 양이온(철이나 마그네슘 등)과 결합	규산염 사면체가 양쪽의 산소를 공유하여 하나의 사슬 모양으로 결합	단사슬 2개가 서로 엇갈려 이중 사슬 모양으로 결합	규산염 사면체의 산소 3개를 다른 규산염 사면체와 공유하여 판 모양으로 결합	규산염 사면체의 산소 4개를 모두 다른 규산염 사면체와 공유하여 3차원으로 결합
공유하는 산소의 수	적음 ⟶				많음
$\frac{O}{Si}$의 값	⟶				작음
풍화	풍화에 약함 ⟶				풍화에 강함
예	감람석	휘석	각섬석	흑운모	장석, 석영[5][6]
깨짐과 쪼개짐	깨짐	쪼개짐	쪼개짐	쪼개짐	쪼개짐 / 깨짐

❹ 규산염 광물에 나타나는 결합의 종류

규산염 사면체에서 규소와 산소는 전자를 공유하는 공유 결합이 나타난다. 반면에, 규산염 사면체는 음전하를 띠므로 철, 마그네슘 등과 같은 양이온과 이온 결합을 하기도 한다.

❺ 규산염 광물의 결합 구조와 특성

결합 구조는 광물의 특성에 영향을 준다.
- **휘석, 각섬석**: 기둥 모양의 결정 ➡ 규산염 사면체가 직선으로 결합하기 때문
- **휘석, 각섬석, 흑운모, 장석**: 쪼개짐 발달
- **감람석, 석영**: 깨짐 발달
- **장석, 석영**: 풍화에 강하다. ➡ 규산염 사면체 사이의 결합이 복잡할수록 안정하여 풍화에 강하기 때문

❻ 장석과 석영

- **장석**: 규산염 사면체의 규소 일부를 대신하여 알루미늄 등의 양이온이 결합하여 이루어져 있다.
- **석영**: 규산염 사면체를 이루는 모든 산소를 다른 규산염 사면체와 공유하여 규소와 산소만으로 이루어져 있다.

용어 돋보기

*망상 구조(網 그물, 狀 모양, 構造 구조)_ 3차원의 그물 모양으로 결합된 구조

정답과 해설 16쪽

1 지각과 생명체를 구성하는 원소 중 공통적으로 가장 많은 비율을 차지하는 원소의 이름을 쓰시오.

2 다음은 규산염 광물에 대한 설명이다. (   ) 안에 알맞은 말을 쓰시오.

(1) 규산염 광물의 구성 원소인 규소는 원자가 전자가 (   )개이다.

(2) 규산염 사면체는 규소 ㉠(   )개와 산소 ㉡(   )개가 ㉢(   ) 결합한 정사면체 구조로 ㉣(   )전하를 띤다.

(3) 규산염 사면체가 다른 규산염 사면체와 결합하여 규산염 광물을 생성하는 경우에는 서로의 (   )를 공유하여 결합한다.

3 그림은 규산염 광물의 결합 구조를 나타낸 것이다.

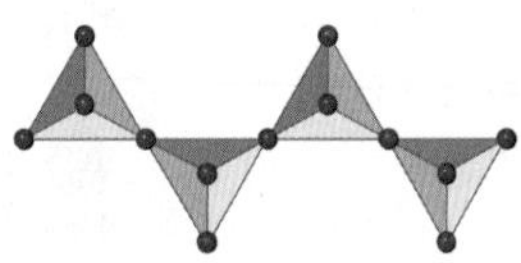

(1) 결합 구조의 이름을 쓰시오.

(2) 그림과 같은 결합 구조를 갖는 규산염 광물의 이름을 쓰시오.

규산염 광물의 결합 구조

독단복판망!
립사사상상
형슬슬

규산염 광물의 예

감휘각 흑장석
람석섬 운석영
석 석 모

C 생명체를 구성하는 물질의 규칙성 – 단백질 여기서 잠깐 70쪽

1 단백질의 기능

① 몸의 주요 구성 물질: 머리카락, 근육, 피부, 뼈, 적혈구 등을 구성한다.

② 생리작용 조절: 효소와 호르몬의 주성분으로, 생명체에서 일어나는 화학 반응과 생리작용을 조절한다.

③ 항체의 주성분이며, 항체는 인체의 면역반응을 돕는다.

2 단백질의 기본 단위체[❶] 아미노산 ➡ 생명체에는 약 20종류의 아미노산이 있다.

3 단백질의 형성 많은 수의 아미노산이 펩타이드결합으로 연결되어 폴리펩타이드가 만들어지고, 폴리펩타이드가 고유의 입체 구조를 형성하여 단백질이 된다.

① 펩타이드결합: 2개의 아미노산이 결합할 때 두 아미노산 사이에서 물 분자 1개가 빠져나오면서 형성되는 결합이다.

② 아미노산의 종류와 수, 배열 순서에 따라 폴리펩타이드가 구부러지고 접혀 단백질의 입체 구조가 결정된다.

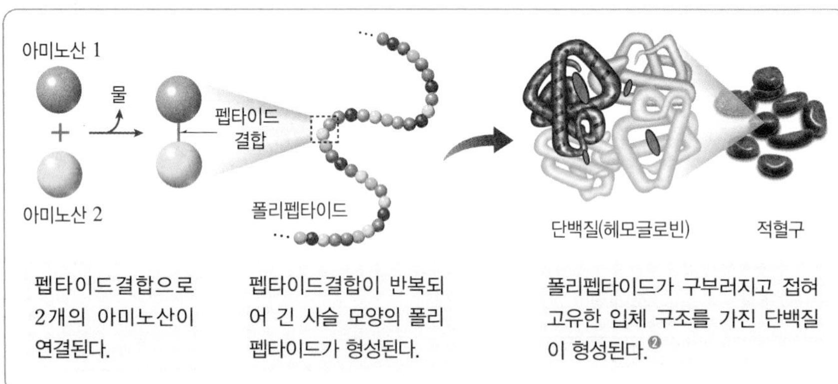

4 다양한 종류의 단백질 형성

① 아미노산의 종류와 수, 배열 순서에 따라 단백질의 입체 구조가 달라지며, 이 입체 구조에 따라 단백질의 기능이 결정되어 다양한 종류의 단백질이 만들어진다.[❸]

② 단백질의 종류: 헤모글로빈(적혈구), 케라틴(머리카락, 손톱), 콜라젠(피부, 연골, 뼈), 마이오신과 액틴(근육), 아밀레이스(소화효소), 인슐린(호르몬) 등

D 생명체를 구성하는 물질의 규칙성 – 핵산 여기서 잠깐 70쪽

1 핵산 유전정보를 저장하거나 유전정보의 전달 및 단백질합성에 관여하는 물질로, DNA와 RNA가 있다.

2 핵산의 기본 단위체 뉴클레오타이드 ➡ 인산, 당, 염기가 1 : 1 : 1로 결합한 물질이다.

① DNA와 RNA를 구성하는 뉴클레오타이드는 당의 종류가 다르다.[❹]

② DNA를 구성하는 염기에는 아데닌(A), 구아닌(G), 사이토신(C), 타이민(T)이 있고, RNA를 구성하는 염기에는 아데닌(A), 구아닌(G), 사이토신(C), 유라실(U)이 있다.

3 핵산의 형성 한 뉴클레오타이드의 인산이 다른 뉴클레오타이드의 당과 공유 결합하고, 같은 방식으로 많은 수의 뉴클레오타이드가 연결되어 긴 사슬 모양의 폴리뉴클레오타이드가 형성된다. ➡ 폴리뉴클레오타이드가 핵산(DNA, RNA)을 구성한다.

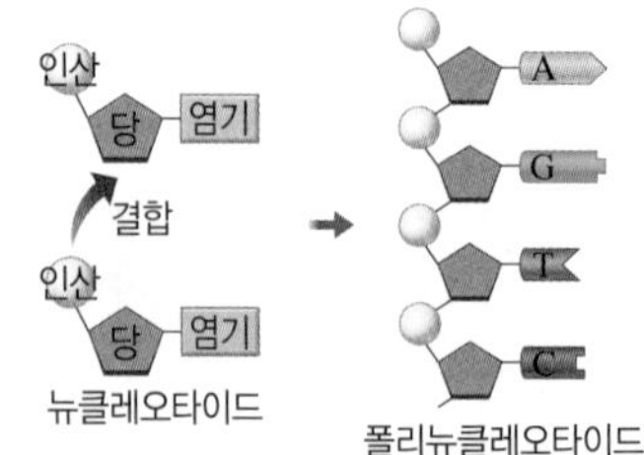

▲ 폴리뉴클레오타이드의 형성

Plus 강의

❶ 기본 단위체로 이루어진 물질
생명체를 구성하는 물질 중 탄수화물, 단백질, 핵산은 기본 단위체가 결합하여 이루어진 물질이다. 탄수화물은 구성하는 기본 단위체의 수에 따라 단당류, 이당류, 다당류로 구분한다.

❷ 단백질과 폴리펩타이드
단백질은 하나 또는 여러 개의 폴리펩타이드로 이루어진다. 적혈구를 구성하는 단백질인 헤모글로빈의 경우 4개의 폴리펩타이드로 이루어져 있다.

❸ 단백질의 변성
단백질이 열과 산 등에 의해 입체 구조가 바뀌는 것을 단백질의 변성이라고 한다. 단백질이 변성되면 고유의 기능을 잃는다.

❹ 핵산을 구성하는 당
핵산을 구성하는 당은 5개의 탄소를 포함하는 5탄당이다. DNA를 구성하는 뉴클레오타이드의 당은 디옥시라이보스이고, RNA를 구성하는 뉴클레오타이드의 당은 라이보스이다.

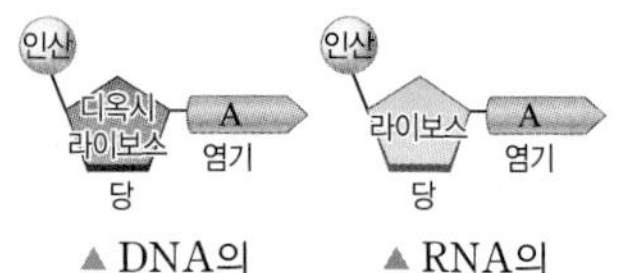

▲ DNA의 뉴클레오타이드 ▲ RNA의 뉴클레오타이드

4 핵산의 종류 DNA와 RNA가 있다.❺

① DNA와 RNA의 비교

DNA	구분	RNA
두 가닥의 폴리뉴클레오타이드가 꼬여 있는 이중나선 구조	구조	한 가닥의 폴리뉴클레오타이드로 이루어진 단일 가닥 구조
디옥시라이보스	당	라이보스
아데닌(A), 구아닌(G), 사이토신(C), 타이민(T)	염기	아데닌(A), 구아닌(G), 사이토신(C), 유라실(U)
생명체의 유전정보 저장	기능	생명체의 유전정보 전달 및 단백질합성에 관여

② **DNA 염기의 상보결합**: DNA를 이루는 두 가닥의 폴리뉴클레오타이드는 염기 사이의 결합으로 연결된다.❻ ➡ 아데닌(A)은 항상 타이민(T)과, 구아닌(G)은 항상 사이토신(C)과 상보적으로 결합한다.❼

5 DNA의 다양한 유전정보 저장 A, G, C, T을 갖는 4종류의 뉴클레오타이드가 다양한 순서로 결합하여 염기서열이 다양한 DNA가 만들어진다. ➡ 유전정보는 DNA의 염기서열에 저장되므로 염기서열에 따라 서로 다른 유전정보가 저장된다.

❺ **핵산의 뉴클레오타이드 종류**
DNA와 RNA의 뉴클레오타이드는 당의 종류가 다르므로 염기가 같더라도 두 뉴클레오타이드는 서로 다른 종류이다. 따라서 DNA와 RNA를 구성하는 뉴클레오타이드는 각각 4종류로, 핵산을 구성하는 뉴클레오타이드는 총 8종류이다.

❻ **DNA 이중나선을 형성하는 결합**
DNA 이중나선에서 바깥쪽은 당-인산의 공유 결합으로 골격을 형성하고, 안쪽은 염기와 염기의 수소결합으로 연결된다.

❼ **상보결합**
서로 다른 물질이 결합할 때 정해진 물질하고만 결합하는 것이다. DNA 이중나선에서 염기는 상보결합을 하므로 한 가닥의 염기서열을 알면 다른 가닥의 염기서열도 알 수 있다.
예 DNA를 이루는 두 가닥 중 한 가닥의 염기서열이 ACTG이면 다른 가닥의 염기서열은 TGAC이다.

정답과 해설 16쪽

4 생명체를 이루는 물질에 대한 설명으로 옳은 것은 ○, 옳지 않은 것은 ×로 표시하시오.

(1) 단백질은 효소, 호르몬, 항체의 주성분이다. ( )

(2) 단백질과 핵산은 생명체를 구성하는 탄소 화합물이다. ( )

(3) 단백질과 핵산은 기본 단위체가 결합하여 형성된다. ( )

(4) 단백질은 유전정보를 저장하고, 핵산은 생리작용을 조절한다. ( )

5 그림은 단백질 형성 과정의 일부를 나타낸 것이다. ㉠은 단백질의 기본 단위체이고, ㉡은 기본 단위체의 결합 과정에서 빠져나오는 물질이며, (가)는 결합을 나타낸다.

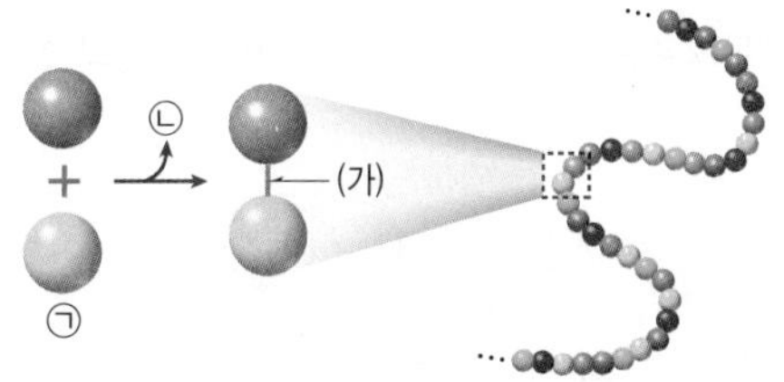

물질 ㉠, ㉡과 결합 (가)를 각각 무엇이라고 하는지 쓰시오.

6 그림은 핵산의 기본 단위체를 나타낸 것이다.

인산 – 당 – (가)

(1) 이 단위체의 이름을 쓰시오.

(2) (가)는 무엇인지 쓰시오.

(3) DNA를 구성하는 기본 단위체에서 (가)의 4종류를 모두 쓰시오.

암기 꼭!

생명체 구성 물질의 기본 단위체
- 단아하다 (단백질의 단위체는 아미노산)
- 핵폭발급 뉴스 (핵산의 단위체는 뉴클레오타이드)

여기서 잠깐

단백질과 핵산의 구조적 규칙성

정답과 해설 16쪽

생명체를 구성하는 단백질과 핵산은 기본 단위체의 종류, 배열 순서에 따라 다양한 종류가 만들어집니다. 단백질과 핵산에서 나타나는 구조적 규칙성을 알아보고, DNA의 이중나선구조를 살펴봅시다.

생명체를 구성하는 단백질과 핵산의 구조적 규칙성

구분	단백질	핵산(DNA)
구조	펩타이드 결합, 아미노산, 단백질, 폴리펩타이드	A, G, C, T, 인산, 당, 염기, 뉴클레오타이드, 폴리뉴클레오타이드, 이중나선구조
기본 단위체	아미노산 ➡ 약 20종류	DNA의 뉴클레오타이드 ➡ 4종류
기본 단위체의 결합 방식	아미노산과 아미노산이 펩타이드결합으로 연결된다.	한 뉴클레오타이드의 인산이 다른 뉴클레오타이드의 당과 공유 결합한다.
형성 과정	아미노산 사이에 펩타이드결합이 반복되어 폴리펩타이드가 형성되고, 하나 또는 여러 개의 폴리펩타이드가 모여 고유한 입체 구조를 가진 단백질이 형성된다.	많은 수의 뉴클레오타이드가 연결되어 긴 사슬 모양의 폴리뉴클레오타이드가 형성된다. 두 가닥의 폴리뉴클레오타이드가 결합하여 이중나선 DNA를 형성한다.
종류와 기능	아미노산의 종류와 수, 배열 순서에 따라 입체 구조가 달라져 다양한 종류의 단백질이 형성된다. ➡ 단백질은 몸의 구성 물질, 생리 작용 조절 등 다양한 기능을 수행한다.	염기가 다른 4종류의 뉴클레오타이드가 결합하는 순서에 따라 염기서열이 다양한 DNA가 형성된다. ➡ DNA 염기서열에 따라 다양한 유전정보가 저장된다.
결론	기본 단위체가 다양한 조합으로 결합하여 구조와 기능이 서로 다른 물질을 만든다. ➡ 구조와 기능이 다양한 단백질이 만들어지고, DNA에 다양한 유전정보가 저장되어 생명체는 복잡한 생명 현상을 나타낼 수 있다.	

Q 1 생명체를 구성하는 단백질과 핵산은 ㉠(　　　　　　)가 다양한 조합으로 결합하여 형성된 물질이다. 단백질의 기본 단위체는 ㉡(　　　　　　)이고, 핵산의 기본 단위체는 ㉢(　　　　　　)이다.

DNA 이중나선구조와 규칙성

❶ DNA의 구조: DNA는 두 가닥의 폴리뉴클레오타이드가 나선형으로 꼬여 있는 이중나선구조이다. ➡ 바깥쪽은 당－인산 골격이 있고, 안쪽에는 염기쌍이 규칙적으로 배열되어 있다.

❷ 염기의 상보결합: DNA를 이루는 두 가닥의 폴리뉴클레오타이드는 나선 안쪽을 향하고 있는 염기 사이의 수소결합으로 연결된다. 이때 염기는 항상 특정 염기하고만 상보적으로 결합한다. ➡ 아데닌(A)은 타이민(T)과 2개의 수소결합으로, 구아닌(G)은 사이토신(C)과 3개의 수소결합으로 연결된다.

❸ DNA 이중나선에서 상보결합하는 아데닌(A)과 타이민(T)의 수는 같고, 구아닌(G)과 사이토신(C)의 수는 같다(A＝T, G＝C).

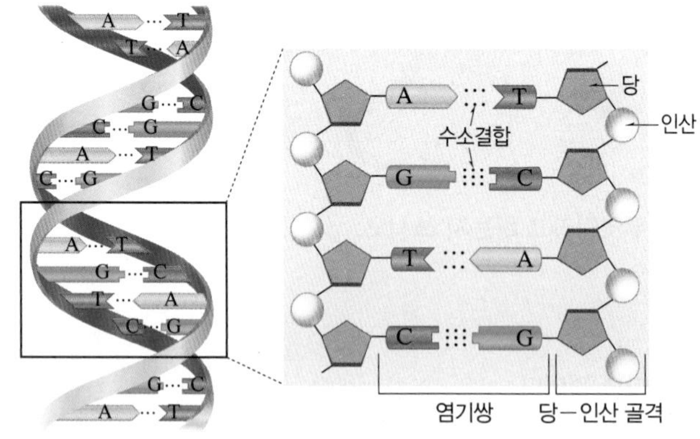

Q 2 어떤 DNA 이중나선에서 아데닌(A)의 비율이 23 %라면 사이토신(C)의 비율은 몇 %인가?

내신 탄탄

중간·기말 고사에 출제될 확률이 높은 문항들로 구성하여, 내신에 완벽 대비할 수 있도록 하였습니다.

정답과 해설 16쪽

A 지각과 생명체를 구성하는 물질

중요

01 **그림은 지각과 생명체 중 하나를 구성하는 원소의 질량비를 나타낸 것이다.**

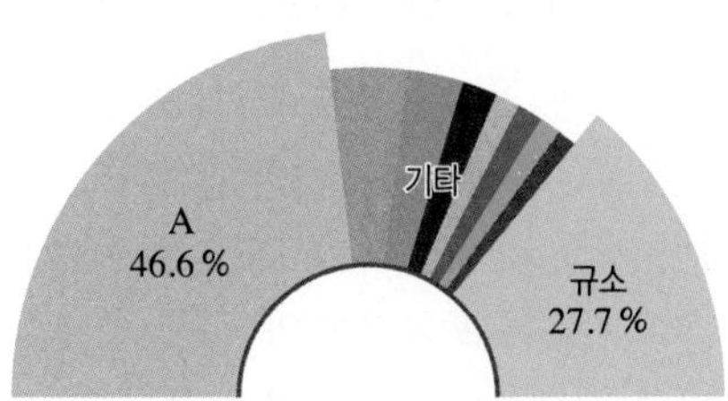

이에 대한 설명으로 옳은 것만을 [보기]에서 있는 대로 고른 것은?

보기
ㄱ. 지각을 구성하는 원소의 질량비이다.
ㄴ. A는 질량이 태양과 비슷한 별 중심부에서 핵융합 반응으로 만들어질 수 있다.
ㄷ. A와 규소의 원자가 전자의 개수는 같다.

① ㄱ ② ㄷ ③ ㄱ, ㄴ
④ ㄴ, ㄷ ⑤ ㄱ, ㄴ, ㄷ

B 지각을 구성하는 물질의 규칙성

02 **그림은 어떤 원자의 전자 배치를 모형으로 나타낸 것이다.**
이에 대한 설명으로 옳지 않은 것은?

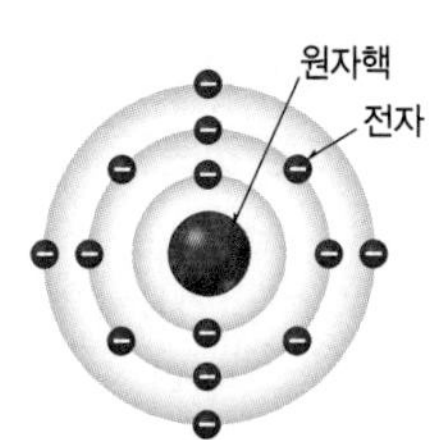

① 14족 원소에 해당한다.
② 원자가 전자가 4개이다.
③ 지각에서 두 번째로 많은 원소이다.
④ 규산염 광물을 이루는 주요 원소이다.
⑤ 산소와 이온 결합을 하여 규산염 사면체를 이룬다.

중요

03 **그림은 규산염 사면체 구조를 나타낸 것이다.**
이에 대한 설명으로 옳은 것은?

① 규산염 사면체는 모든 광물의 기본 단위체이다.
② A는 규소, B는 산소이다.
③ 규산염 사면체는 정육면체 구조이다.
④ 규산염 사면체는 전기적으로 중성 상태이다.
⑤ 규산염 사면체가 이웃한 규산염 사면체와 결합하는 경우에는 A를 공유하여 결합한다.

중요

04 **그림은 어느 규산염 광물의 결합 구조를 나타낸 것이다.**

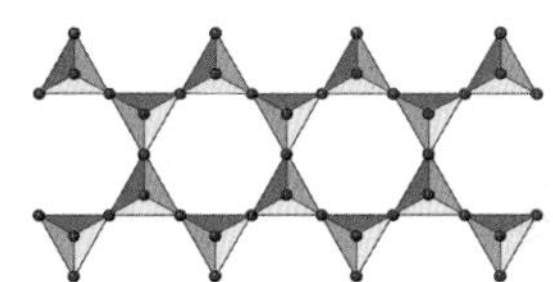

이에 대한 설명으로 옳은 것만을 [보기]에서 있는 대로 고른 것은?

보기
ㄱ. 복사슬 구조이다.
ㄴ. 규산염 사면체의 산소 1개를 다른 규산염 사면체와 공유하여 결합한다.
ㄷ. 이러한 결합 구조를 가진 광물은 휘석이다.

① ㄱ ② ㄴ ③ ㄱ, ㄷ
④ ㄴ, ㄷ ⑤ ㄱ, ㄴ, ㄷ

서술형

05 **그림 (가)와 (나)는 서로 다른 규산염 광물의 결합 구조를 나타낸 것이다.**

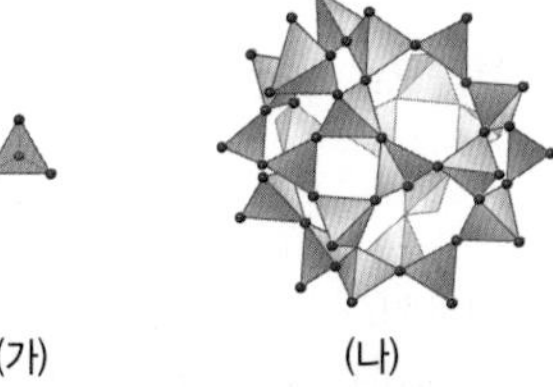

(가) (나)

(가)와 (나) 중 풍화에 더 강한 광물의 결합 구조를 골라 쓰고, 그 까닭을 서술하시오.

C 생명체를 구성하는 물질의 규칙성 - 단백질

06 생명체를 구성하는 단백질에 대한 설명으로 옳지 않은 것은?

① 몸의 주요 구성 물질이다.
② 효소와 호르몬의 주성분이다.
③ 기본 단위체는 폴리펩타이드이다.
④ 입체 구조에 따라 기능이 다르다.
⑤ 단백질의 종류마다 아미노산의 종류와 수, 배열 순서가 다르다.

중요
07 그림은 우리 몸에서 물질 (가)와 (나)가 만들어지는 과정을 나타낸 것이다. ㉠은 결합을 나타낸 것이다.

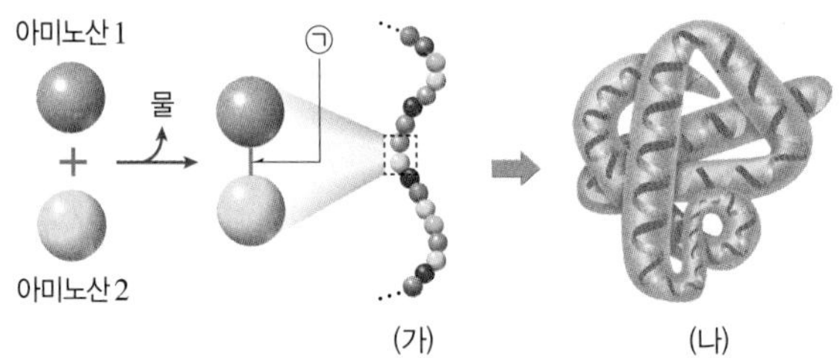

이에 대한 설명으로 옳은 것만을 [보기]에서 있는 대로 고른 것은?

보기
ㄱ. ㉠은 펩타이드결합이다.
ㄴ. 12개의 아미노산이 연결되어 (가)가 형성될 때 물 분자 12개가 빠져나온다.
ㄷ. 생명체에는 약 20종류의 (나)가 있다.

① ㄱ ② ㄷ ③ ㄱ, ㄴ
④ ㄴ, ㄷ ⑤ ㄱ, ㄴ, ㄷ

D 생명체를 구성하는 물질의 규칙성 - 핵산

중요
08 그림은 DNA를 구성하는 기본 단위체를 나타낸 것이다.

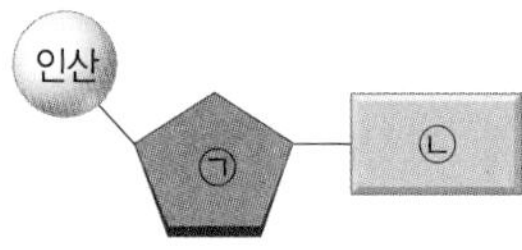

이에 대한 설명으로 옳은 것은?

① 이 기본 단위체는 폴리뉴클레오타이드이다.
② ㉠은 라이보스이고, ㉡은 염기이다.
③ 인산, ㉠, ㉡이 1 : 4 : 1로 이루어져 있다.
④ ㉠에 탄소가 포함되어 있다.
⑤ ㉡의 종류로는 아데닌(A), 구아닌(G), 사이토신(C), 타이민(T), 유라실(U)이 있다.

서술형
09 그림은 DNA 이중나선 중 한쪽 가닥의 일부를 나타낸 것이다.
이 가닥과 상보결합을 이루는 다른 한쪽 가닥의 염기를 위에서부터 순서대로 쓰고, 한쪽 가닥의 염기서열을 통해 다른 한쪽 가닥의 염기서열을 알 수 있는 원리를 서술하시오.

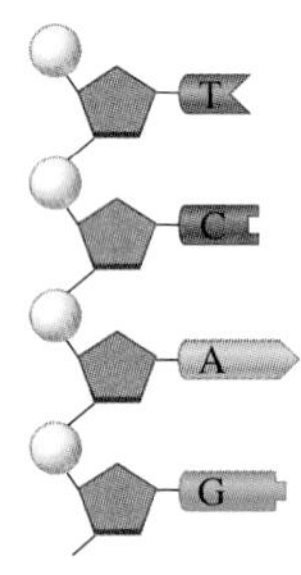

중요
10 그림은 두 종류의 핵산 (가)와 (나)의 구조를 나타낸 것이다.

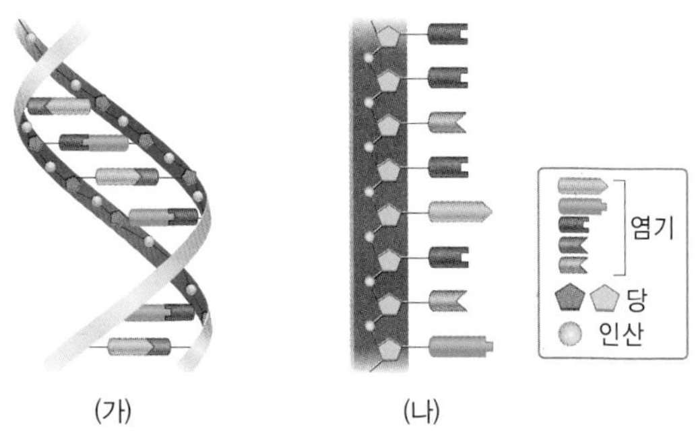

이에 대한 설명으로 옳은 것만을 [보기]에서 있는 대로 고른 것은?

보기
ㄱ. (가)는 유전정보를 저장하고 단백질합성에 관여한다.
ㄴ. (나)를 구성하는 염기에는 유라실(U)이 있다.
ㄷ. (나)를 구성하는 당은 디옥시라이보스이다.

① ㄱ ② ㄴ ③ ㄱ, ㄴ
④ ㄴ, ㄷ ⑤ ㄱ, ㄴ, ㄷ

내신 탄탄보다는 조금 수준이 높은 유형의 문제들로 구성하였습니다.
자신의 실력을 한 단계 높여 보세요.

정답과 해설 17쪽

01 그림은 규산염 사면체 구조를, 표는 지각과 사람을 구성하는 원소의 질량비(%)를 나타낸 것이다.

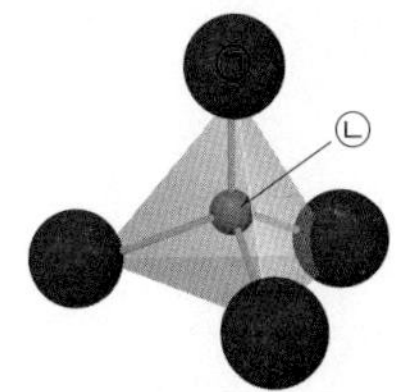

지각		사람	
A	46.6	D	65.0
B	27.7	E	18.5
C	8.1	F	9.5
기타	17.6	기타	7.0

이에 대한 설명으로 옳은 것만을 [보기]에서 있는 대로 고른 것은?

보기
ㄱ. ㉠은 A와 F에 해당한다.
ㄴ. ㉡과 E의 원자가 전자의 수는 같다.
ㄷ. A~F 중 우주에서 가장 먼저 생성된 원소는 C이다.
ㄹ. 규산염 사면체에 Mg^{2+} 2개가 결합하면 감람석이 만들어진다.

① ㄱ, ㄷ ② ㄴ, ㄷ ③ ㄴ, ㄹ
④ ㄱ, ㄴ, ㄹ ⑤ ㄱ, ㄷ, ㄹ

02 그림 (가)와 (나)는 서로 다른 규산염 광물의 결합 구조를 나타낸 것이다.

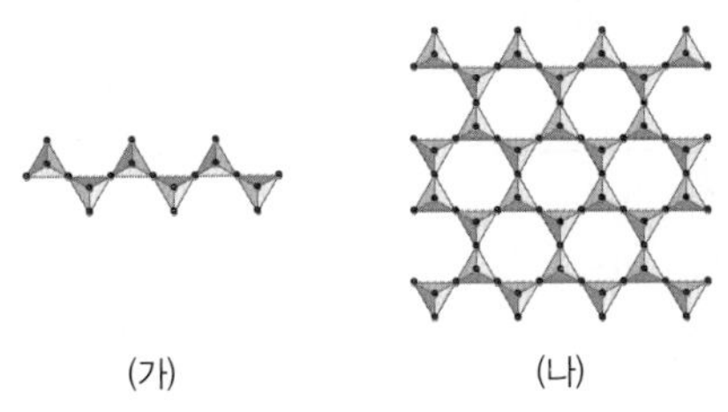
(가) (나)

이에 대한 설명으로 옳은 것만을 [보기]에서 있는 대로 고른 것은?

보기
ㄱ. (가)는 깨짐, (나)는 쪼개짐이 나타난다.
ㄴ. 장석은 (나)와 같은 결합 구조로 되어 있다.
ㄷ. 규산염 사면체가 공유하는 산소의 수는 (가)가 (나)보다 적다.
ㄹ. 일반적으로 (가)가 (나)보다 풍화에 약하다.

① ㄱ, ㄴ ② ㄱ, ㄹ ③ ㄷ, ㄹ
④ ㄱ, ㄴ, ㄷ ⑤ ㄴ, ㄷ, ㄹ

03 그림은 DNA, RNA, 단백질을 구분하는 과정을 나타낸 것이다. B는 구성 물질로 인산을 갖는다.

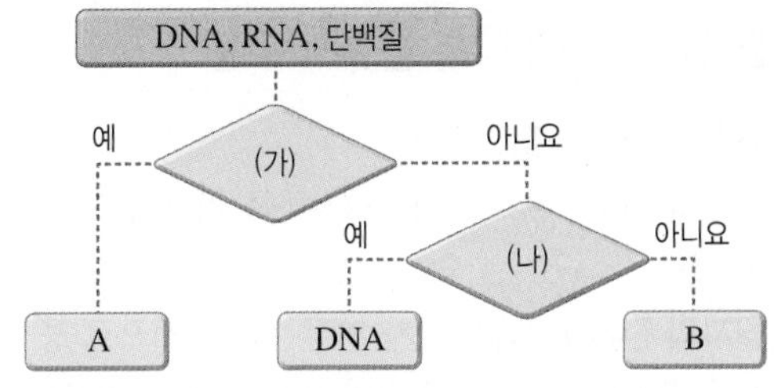

이에 대한 설명으로 옳은 것만을 [보기]에서 있는 대로 고른 것은?

보기
ㄱ. '탄소 화합물인가?'는 (가)에 해당한다.
ㄴ. '라이보스가 있는가?'는 (나)에 해당한다.
ㄷ. A는 기본 단위체의 종류와 수, 배열 순서에 따라 다양한 입체 구조가 형성된다.

① ㄱ ② ㄷ ③ ㄱ, ㄷ
④ ㄴ, ㄷ ⑤ ㄱ, ㄴ, ㄷ

04 그림은 DNA 이중나선의 일부 구조를 나타낸 것이다.

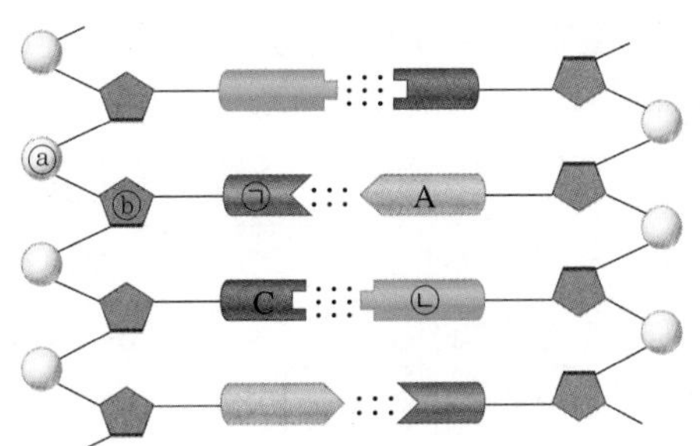

이에 대한 설명으로 옳은 것만을 [보기]에서 있는 대로 고른 것은?

보기
ㄱ. ⓐ는 디옥시라이보스이고, ⓑ는 인산이다.
ㄴ. ㉠은 타이민(T)이고, ㉡은 구아닌(G)이다.
ㄷ. DNA에서 염기의 비율 $\frac{A+C}{㉠+㉡}$의 값은 1이다.

① ㄴ ② ㄷ ③ ㄱ, ㄴ
④ ㄴ, ㄷ ⑤ ㄱ, ㄴ, ㄷ

물질의 전기적 성질

핵심 짚기
- □ 전기적 성질에 따른 물질의 구분
- □ 물질의 전기적 성질 활용
- □ 반도체의 특징과 소자

A 전기적 성질에 따른 물질의 구분

1 원자의 전기적 성질

① **원자의 구조**: 원자는 양(+)전하를 띠는 원자핵과 음(−)전하를 띠는 전자로 구성되어 있다.

② **원자의 전기적 성질**: 원자 자체는 전기적으로 중성이다.

③ **자유 전자**: 원자에 속박되어 있던 전자가 원자에서 떨어져 나와 물질 내를 자유롭게 이동하는 전자이다.

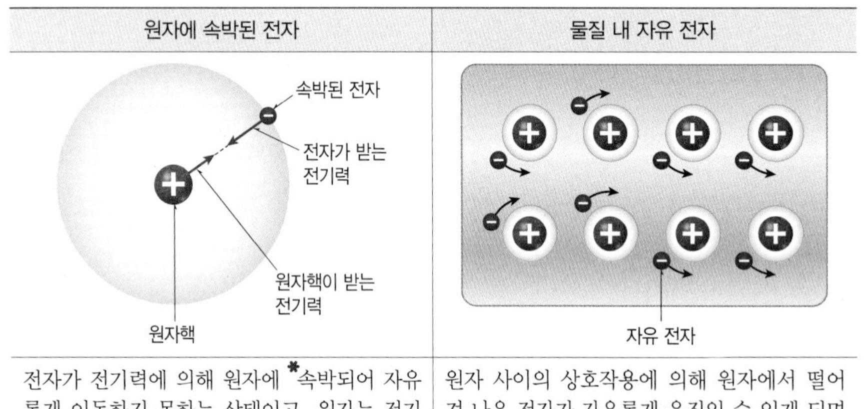

원자에 속박된 전자	물질 내 자유 전자
전자가 전기력에 의해 원자에 *속박되어 자유롭게 이동하지 못하는 상태이고, 원자는 전기적으로 중성이다. ➡ 원자핵이 띠는 양(+)전하의 총량과 전자가 띠는 음(−)전하의 총량이 같아 전기적으로 중성이다.	원자 사이의 상호작용에 의해 원자에서 떨어져 나온 전자가 자유롭게 움직일 수 있게 되면 자유 전자가 된다.❶ ➡ 자유 전자는 음(−)전하를 띠고 있어 물질 내 자유 전자의 이동에 따라 물질의 전기적 성질이 달라진다.

Plus 강의

❶ **원자 사이 상호작용에 의한 자유 전자**
서로 다른 물질 간의 마찰, 금속 결합과 같은 화학적 결합 등에 의해 원자에서 떨어져 나온 전자는 자유 전자가 된다.

2 전기적 성질에 따른 물질의 구분

물질은 물질 내 자유 전자의 이동에 따른 전기적 성질에 따라 도체, 부도체, 반도체로 구분할 수 있다.

구분	도체	부도체(*절연체)	반도체
모형	자유 전자 자유 전자의 이동 방향 (−)극 (+)극 전압을 걸면 전류가 잘 흐른다.	속박된 전자 (−)극 (+)극 전압을 걸어도 전류가 흐르지 않는다.	자유 전자 속박된 전자 자유 전자의 이동 방향 (−)극 (+)극 특정 조건에 따라 전류가 흐른다.
물질 내 자유 전자	자유 전자가 많아 전류가 잘 흐른다.	자유 전자가 거의 없어 전류가 잘 흐르지 않는다.	특정 조건에 따라 자유 전자가 생겨 전류가 흐른다.
전기 전도성❷	높다.	낮다.	도체보다 낮고, 부도체보다 높다.
예	철, 구리, 금, 니켈, 알루미늄 등의 금속	고무, 유리, 종이, 플라스틱 등	규소(Si), 저마늄(Ge) 등

❷ **전기 전도성과 전기 전도도**
- **전기 전도성**: 물질에 전류가 얼마나 잘 흐르는지를 나타내는 성질이다.
- **전기 전도도**: 물질의 전기 전도성을 정량적으로 나타내는 물리량으로 자유 전자와 이온의 양에 따라 결정된다.

용어 돋보기

* **속박(束 묶다, 縛 얽다)**_ 전자가 원자나 분자 속에 갇혀 있어 자유롭게 움직이지 못하는 상태

* **절연체(絶 끊다, 緣 전선, 體 몸)**_ 전류가 잘 흐르지 않는 물질로 부도체라고도 한다.

B 전기적 성질을 활용한 반도체 여기서 잠깐 78쪽

1 순수 반도체 규소(Si)와 같이 원자가 전자가 4개인 원소로만 이루어진 반도체로 물질 내 자유 전자가 매우 적어 부도체에 가깝다.[3]

① **원소의 종류**: 원자가 전자가 4개인 14족 원소 예 규소(Si), 저마늄(Ge)

② **순수 반도체의 전기 전도성**: 원자가 전자가 모두 공유 결합에 참여하고 있어 물질 내 자유 전자가 매우 적어 전기 전도성이 낮다.

③ **순수 반도체의 구조**

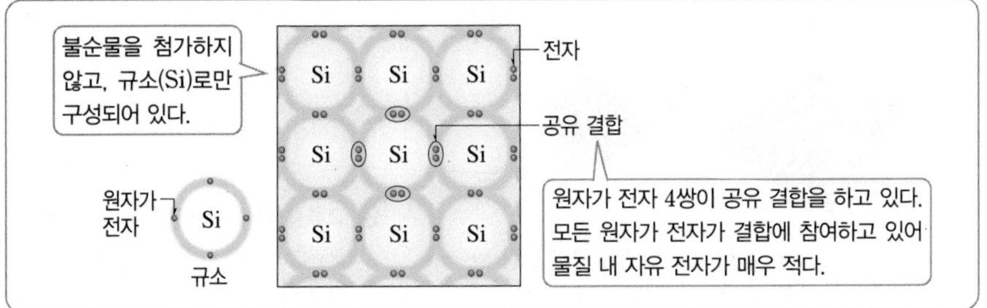

2 불순물 반도체 순수 반도체에 불순물을 첨가하여 전기 전도성을 높인 반도체[4]

구분	n형 반도체	p형 반도체
불순물 종류	순수 반도체에 원자가 전자가 5개인 원소를 첨가	순수 반도체에 원자가 전자가 3개인 원소를 첨가
	원자가 전자 / P / 인 원자가 전자가 5개인 15족 원소 예 인(P), 비소(As), 안티모니(Sb) 등	원자가 전자 / B / 붕소 원자가 전자가 3개인 13족 원소 예 붕소(B), 알루미늄(Al), 갈륨(Ga) 등

❸ **규소(Si)**
순수한 규소는 양성자수와 전자수가 각각 14개로 같아 전기적으로 중성이고, 원자가 전자가 4개이다.

❹ **도핑**
순수 반도체에 불순물 원소를 첨가하는 것을 도핑이라고 한다.

개념 쏙쏙

정답과 해설 18쪽

1 원자는 양(+)전하를 띠는 ㉠(　　　)과 음(−)전하를 띠는 전자로 이루어져 있고, 전자는 ㉡(　　　)에 의해 원자에 속박되어 있다.

2 도체에 해당하는 설명에는 '도', 부도체에 해당하는 설명에는 '부', 반도체에 해당하는 설명에는 '반'이라고 쓰시오.

(1) 물질 내에 자유 전자가 매우 많이 존재한다. ( )

(2) 전기 전도성이 낮아 전류가 잘 흐르지 않는다. ( )

(3) 도체보다는 전기 전도성이 낮고, 특정 조건에 따라 물질 내 자유 전자가 생겨 전류가 흐르는 물질이다. ( )

3 다음은 반도체에 대한 설명이다. (　　) 안에 알맞은 말을 쓰시오.

- 원자가 전자가 4개인 순수 반도체에 불순물을 첨가하여 ㉠(　　　)을(를) 높인 것을 불순물 반도체라고 한다.
- n형 반도체는 순수 반도체에 인(P), 비소(As)와 같이 원자가 전자가 ㉡(　　)개인 15족 원소를 첨가한 것이다.
- p형 반도체는 순수 반도체에 붕소(B), 알루미늄(Al)과 같이 원자가 전자가 ㉢(　　)개인 13족 원소를 첨가한 것이다.

암기 꼭!

물질의 구분
- 도체: 물질 내 자유 전자가 많아 전류가 잘 흐른다.
- 부도체: 물질 내 자유 전자가 거의 없어 전류가 잘 흐르지 않는다.
- 반도체: 특정 조건에 따라 물질 내 자유 전자가 생겨 전류가 흐른다.

3 반도체 소자 반도체의 전기적 성질을 이용하기 위해 만든 전자 부품으로, 전류 제어, 신호 증폭 및 스위치, 데이터 저장 등 전기적 신호를 처리할 수 있다.

① **반도체 소자의 재료**: 대표적인 반도체인 규소는 지각의 대부분을 차지하는 규산염 광물에서 쉽게 얻을 수 있어 반도체 소자의 재료로 많이 사용된다.[1]

② **반도체 소자의 종류**

• **다이오드와 트랜지스터**: 반도체를 결합하여 만든 소자

다이오드	발광 다이오드(LED)	유기 발광 다이오드(OLED)	트랜지스터
n형 반도체와 p형 반도체를 결합한 소자	전류가 흐를 때 빛을 방출하는 소자	전류가 흐를 때 유기 물질 자체에서 빛을 방출하는 소자	n형 반도체와 p형 반도체를 복합적으로 결합한 소자
• 특징: 전류를 한 방향으로만 흐르게 하는 성질이 있다. • 이용: 교류를 직류로 바꾸는 전자 부품[2]	• 특징: 첨가하는 원소에 따라 방출하는 빛의 색이 다르다.[3] • 이용: 각종 영상 표시 장치, 조명 장치	• 특징: 얇고 가벼우며, 휘어진다. • 이용: 휘어지는 디스플레이	• 특징: 증폭 작용과 스위치 작용을 한다.[4] • 이용: 대부분의 전자 기기

• ***집적 회로**: 다양한 반도체 회로 소자를 하나의 기판으로 만든 것으로 데이터를 처리하거나 저장하는 디지털 기기에 이용한다.

마이크로프로세서(MPU)		마이크로컨트롤러(MCU)	
	컴퓨터의 중앙 처리 장치(CPU)로 제어 장치, 연산 장치, 저항을 하나로 집적한 회로이다.		마이크로프로세서, 메모리, 입출력 장치 등을 하나로 만들어 컴퓨터의 작동을 제어하는 집적 회로이다.

C 물질의 전기적 성질 활용

1 물질의 전기적 성질 활용 도체, 부도체, 반도체의 전기적 성질은 일상생활에서 다양하게 활용되고 있다.

구분		내용
도체	특징	전기 전도도가 매우 커 주로 전기 부품이나 전기 장치를 연결하는 소재 또는 전자 기기에 활용된다.
	활용	• 구리: 가격이 저렴하여 전선에 널리 이용된다. • 금: 부식이 적고, 얇게 가공하기 쉬워 고성능 마이크로프로세서에 이용된다.
부도체	특징	전기 전도도가 매우 작아 전기 절연 소재로 활용된다.
	활용	• 고무: 습기와 화학 물질에 대한 저항성이 우수하고 유연성이 있어 전선의 외피에 이용된다. • 세라믹: 고온을 견딜 수 있어 고전압 전기 분야의 절연체로 이용된다. • 유리: 투명도가 높아 반도체 소자가 이용되는 디스플레이, 센서 등의 보호막으로 이용된다.
반도체	특징	온도, 습도, 압력 등 다양한 외부 변화에 의해 전기 전도도가 달라지는 다양한 반도체 소자로 제작되어 각종 센서, 자율주행 장치, 태양광 발전 장치, 인공지능 장치 등 첨단 기술의 핵심 소재에 활용된다.
	활용	• 발광 다이오드: 빛을 방출하는 소자로 디스플레이나 LED등에 이용된다. • 트랜지스터: 각종 센서에서 온도, 습도, 압력 등에 의한 약한 신호를 증폭시키는 데 이용된다.

1 반도체 제조 공정
규산염 광물에서 얻은 규소를 녹여 기둥을 만들고, 이 기둥을 얇게 잘라 원판 모양으로 만든다. 이를 웨이퍼라고 한다. 이 웨이퍼 위에 자외선으로 전자 회로를 구현하여 반도체 소자를 만든다.

2 교류를 직류로 바꾸는 정류 작용
교류는 시간에 따라 전류의 세기와 방향이 주기적으로 바뀌는 전류이고, 직류는 시간에 따라 전류가 한 방향으로만 흐르는 전류이다. 다이오드를 이용하면 교류를 직류로 바꿀 수 있는데, 이를 정류 작용이라고 한다.

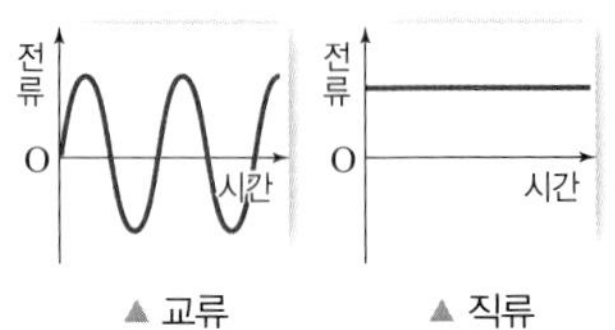

▲ 교류 ▲ 직류

3 빛의 3원색
발광 다이오드는 첨가하는 원소에 따라 방출하는 빛의 색이 달라 빛의 3원색을 구현할 수 있다. 빨간색, 초록색, 파란색을 빛의 3원색이라고 하고, 이 세 가지 색의 빛을 조절하여 조합하면 모든 색을 만들어 낼 수 있다.

4 증폭 작용과 스위치 작용
• **증폭 작용**: 전류와 전압을 크게 하는 작용이다.
• **스위치 작용**: 전류의 흐름을 제어하는 작용으로 전류를 흐르게 하거나 흐르지 않게 조절한다.

용어 돋보기

*** 집적 회로(集 모으다, 積 쌓다, 回 돌다, 路 길)**_ 회로 소자가 하나의 기판 위에 모여 결합된 초소형 회로 소자의 집합

2 물질의 전기적 성질 활용의 예 도체, 부도체, 반도체는 각각 다른 전기적 성질을 가지고 있기 때문에 제품에 필요한 다양한 기능을 제공할 수 있다.❺❻ 여기서 잠깐 78쪽

구분	전선		터치스크린		태양 전지판	
주요 구성 소재	구리	고무, 합성수지❼	투명 전극	강화 유리	태양 전지	투명 수지 (밀봉재)
전기적 성질	도체	부도체	반도체	부도체	반도체	부도체
특징	전선에 전류가 흐르도록 한다.	외부로 전류가 흐르는 것을 막는다.	손가락 자체의 전류를 감지한다.	외부 충격으로부터 제품을 보호한다.	빛을 받으면 전압을 발생시킨다.	외부로부터 태양 전지를 보호한다.

3 반도체를 활용한 센서 반도체는 조건에 따라 전기 전도도가 달라지는 다양한 반도체 소자로 제작되어 온도, 습도, 압력, 가스, 적외선 등을 감지하는 각종 센서로 활용된다.

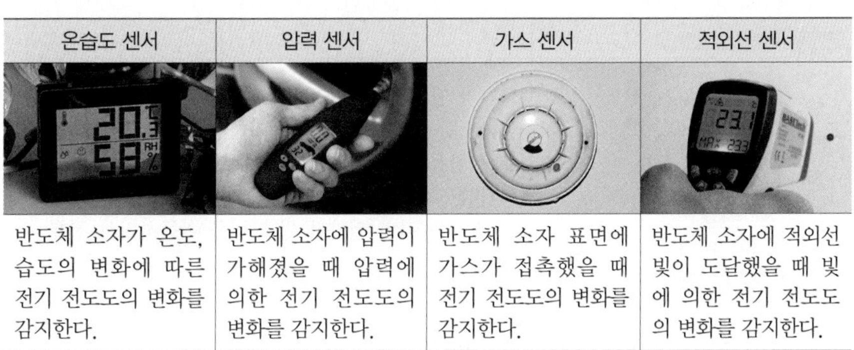

온습도 센서	압력 센서	가스 센서	적외선 센서
반도체 소자가 온도, 습도의 변화에 따른 전기 전도도의 변화를 감지한다.	반도체 소자에 압력이 가해졌을 때 압력에 의한 전기 전도도의 변화를 감지한다.	반도체 소자 표면에 가스가 접촉했을 때 전기 전도도의 변화를 감지한다.	반도체 소자에 적외선 빛이 도달했을 때 빛에 의한 전기 전도도의 변화를 감지한다.

❺ **물질의 전기적 성질 활용의 예**
- **LED등:** 도체로 전기를 공급하고, 반도체로 빛을 낸다.
- **스마트 윈도우:** 도체로 전기를 전달한다.
- **스마트폰 터치 장갑:** 손가락 끝부분은 도체와 부도체를 섞은 전도성 실로 만들어져 있다.
- **레이저 포인터:** 반도체로 레이저 빛을 발생시키고, 부도체로 반도체를 보호한다.

❻ **물질의 전기적 성질 외 다른 성질을 이용한 사례**
- **내열 유리(내열성):** 내열 유리 컵은 열을 받아도 쉽게 구조가 변하지 않는다.
- **바이메탈(유연성):** 온도 변화에 의해 휘어지고, 펴짐을 이용한다.
- **창문(투명성):** 바람이나 먼지 등은 통과하지 못하고, 빛은 통과하여 외부 또는 내부를 볼 수 있다.

❼ **합성수지**
플라스틱을 만드는 원료인 유기화합물이다.

정답과 해설 18쪽

4 반도체 소자에 대한 설명을 옳게 연결하시오.

(1) 다이오드 • • ㉠ 증폭 작용과 스위치 작용을 한다.
(2) 트랜지스터 • • ㉡ 전류를 한 방향으로만 흐르게 한다.
(3) 발광 다이오드 • • ㉢ 컴퓨터의 작동 제어 역할을 하는 집적 회로이다.
(4) 마이크로컨트롤러 • • ㉣ 전류가 흐를 때 빛을 방출한다.

5 다음은 물질의 전기적 성질을 활용한 제품에 대한 설명이다. (   ) 안에 알맞은 말을 쓰거나 고르시오.

- 전선의 내부를 구성하는 구리는 전기 전도도가 ㉠(큰 / 작은) ㉡(도체 / 부도체)이며, 외피로 사용되는 고무는 전선 외부로 전류가 흐르는 것을 막아주는 ㉢(도체 / 부도체)이다.
- ㉣(   )는 온도, 압력, 저항 등 여러 조건에 따라 전기 전도도가 달라지므로 각종 센서에 활용된다.

암기 꼭!

반도체 소자
- 다이오드: 정류 작용
- 발광 다이오드: 빛을 내는 다이오드
- 유기 발광 다이오드: 유기 물질 자체에서 빛을 내는 다이오드
- 트랜지스터: 증폭 작용, 스위치 작용
- 집적 회로: 다양한 반도체 회로 소자를 하나의 기판으로 만든 것

물질의 전기적 성질 활용
- 도체: 전기 전도도가 커 전기·전자 부품에 활용
- 부도체: 전기 전도도가 작아 절연 소재로 활용
- 반도체: 전기 전도도가 변하여 첨단 기술에 활용

반도체의 특징과 활용

정답과 해설 19쪽

여러 조건에 따라 전기적 성질이 변하는 반도체는 많은 제품에 이용되고 있습니다. 불순물 반도체에서 전류가 흐르는 원리와 반도체의 활용에 대해 살펴보아요.

◎ 반도체에서 전류가 흐르는 원리

구분		모형	설명
순수 반도체		원자가 전자, Si 규소 / 전자, 공유 결합	원자가 전자가 4개인 14족 원소로만 이루어진 반도체로 불순물 없이 완벽한 결정 구조를 갖는 반도체이다. ➡ 반도체에 전압을 걸어 주어도 움직일 수 있는 전자가 없기 때문에 전류가 흐르지 않는다.
불순물 반도체	n형 반도체	원자가 전자, Si 규소, P 인 / 자유 전자	원자가 전자가 4개인 규소(Si)에 원자가 전자가 5개인 15족 원소 인(P)을 첨가하면 4개의 전자가 공유 결합을 하고, 전자 1개가 남는다. ➡ 전압을 걸면 남은 전자는 자유 전자가 되어 원자들 사이를 이동하면서 전류가 흐른다.
	p형 반도체	원자가 전자, Si 규소, B 붕소 / 전자의 빈 자리	원자가 전자가 4개인 규소(Si)에 원자가 전자가 3개인 13족 원소 붕소(B)를 첨가하면 3개의 전자는 공유 결합을 하지만 전자 1개가 부족하여 빈 자리가 생긴다. ➡ 전압을 걸면 전자가 빈 자리를 이동하면서 전류가 흐른다.

Q 1 (　　　　　)형 반도체는 자유 전자가 원자들 사이를 이동하면서 전류가 흐르고, p형 반도체는 (　　　　　)가 빈 자리를 이동하면서 전류가 흐른다.

◎ 반도체의 활용

스마트 기기에는 디스플레이의 OLED, 터치스크린, 메모리 칩 등에 반도체 소재가 사용된다.

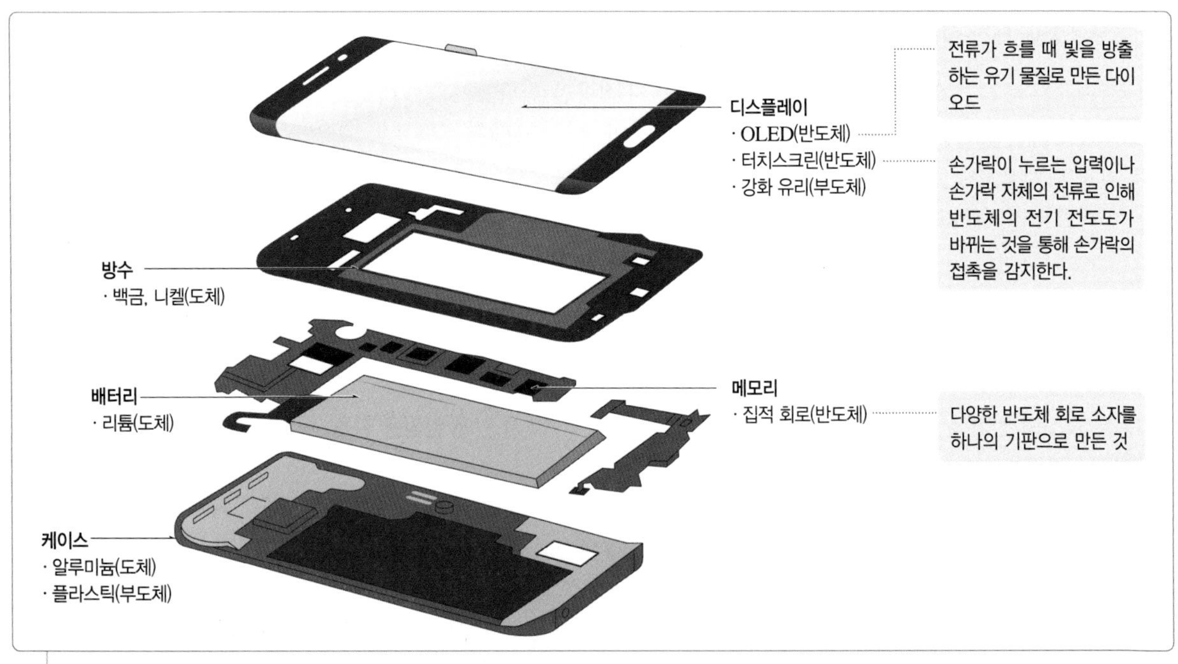

Q 2 디스플레이의 OLED, 터치스크린, 메모리의 집적 회로에는 (　　　　　) 소재가 사용된다.

중간·기말 고사에 출제될 확률이 높은 문항들로 구성하여, 내신에 완벽 대비할 수 있도록 하였습니다.

정답과 해설 19쪽

A 전기적 성질에 따른 물질의 구분

01 **그림은 원자의 모습을 나타낸 것이다.**

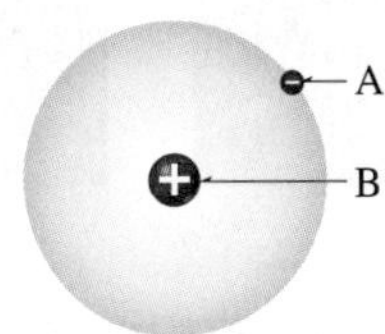

이에 대한 설명으로 옳은 것만을 [보기]에서 있는 대로 고른 것은?

보기
ㄱ. A는 전기력에 의해 원자에 속박되어 있다.
ㄴ. A, B에 작용하는 전기력의 방향은 같다.
ㄷ. 원자들이 결합한 경우 물질 내를 자유롭게 이동하는 A가 존재할 수 있다.

① ㄱ ② ㄴ ③ ㄷ
④ ㄱ, ㄷ ⑤ ㄴ, ㄷ

02 **도체, 부도체, 반도체에 대한 설명으로 옳지 않은 것은?**

① 도체는 전류가 잘 흐른다.
② 도체는 반도체보다 물질 내 자유 전자가 많다.
③ 부도체는 물질 내 자유 전자가 거의 없어 전류가 잘 흐르지 않는다.
④ 반도체는 특정 조건에 도달하면 도체보다 전기 전도성이 높아진다.
⑤ 도체, 부도체, 반도체는 물질 내 자유 전자의 이동에 따라 구분할 수 있다.

03 **도체, 부도체, 반도체로 만든 물질과 전구, 전지로 연결된 회로 중 전구의 불이 켜지는 경우는?**

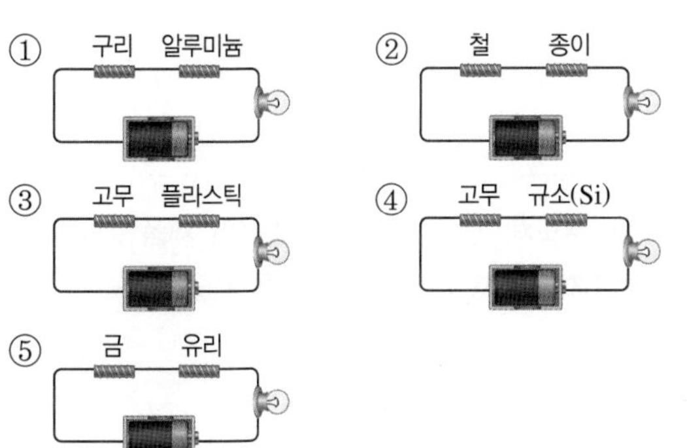

04 **다음은 물질의 전기적 성질을 확인하기 위한 실험이다.**

[과정]
(가) 동일한 크기의 원기둥 모양 막대 P, Q를 준비한다.
(나) 그림과 같이 P를 전류계에 연결한다.
(다) 스위치를 닫아 전류계에 흐르는 전류를 측정한다.
(라) P를 Q로 바꾸어 과정 (다)를 반복한다.

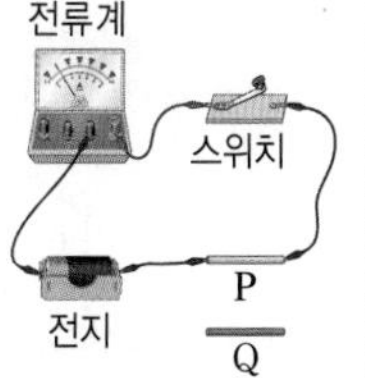

[결과]

과정	(다)	(라)
전류의 세기	I_0	$2I_0$

이에 대한 설명으로 옳은 것만을 [보기]에서 있는 대로 고른 것은?

보기
ㄱ. P는 부도체이다.
ㄴ. 전기 전도성은 Q가 P보다 높다.
ㄷ. 물질 내 자유 전자는 P가 Q보다 많다.

① ㄱ ② ㄴ ③ ㄷ
④ ㄱ, ㄷ ⑤ ㄴ, ㄷ

B 전기적 성질을 활용한 반도체

중요

05 **순수 반도체에 대한 설명으로 옳은 것만을 [보기]에서 있는 대로 고른 것은?**

보기
ㄱ. 전류가 잘 흐르지 않아 부도체에 가깝다.
ㄴ. 규소, 저마늄은 순수 반도체에 속한다.
ㄷ. 원자가 전자가 4개인 원소로만 이루어져 있다.

① ㄱ ② ㄴ ③ ㄱ, ㄷ
④ ㄴ, ㄷ ⑤ ㄱ, ㄴ, ㄷ

서술형

06 **순수 반도체의 전기 전도성이 낮은 까닭을 화학 결합과 관련지어 서술하시오.**

★중요

07 그림은 반도체의 종류를 구분하는 과정을 나타낸 것이다.

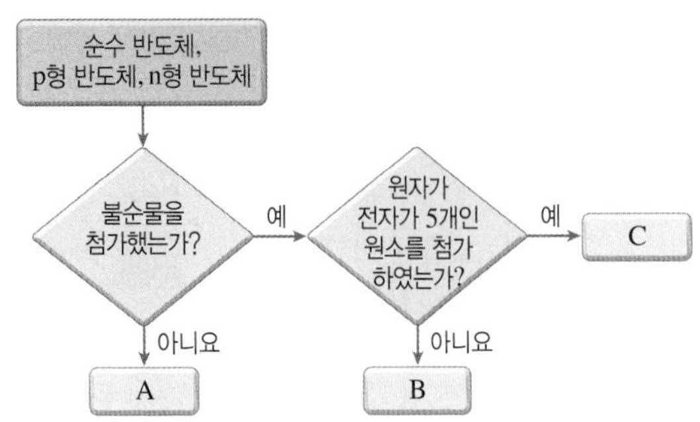

이에 대한 설명으로 옳은 것만을 [보기]에서 있는 대로 고른 것은?

보기
ㄱ. A는 순수 반도체이다.
ㄴ. B는 A보다 전기 전도성이 높다.
ㄷ. 첨가하는 불순물 원소의 원자가 전자는 B가 C보다 1개 더 많다.

① ㄱ ② ㄴ ③ ㄱ, ㄴ
④ ㄴ, ㄷ ⑤ ㄱ, ㄴ, ㄷ

08 그림 (가)는 다이오드를, (나)는 트랜지스터를 나타낸 것이다.

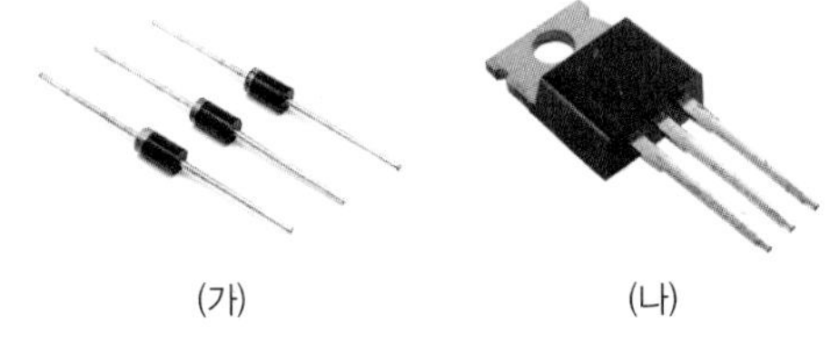
(가) (나)

이에 대한 설명으로 옳은 것만을 [보기]에서 있는 대로 고른 것은?

보기
ㄱ. (가)는 직류를 교류로 바꾸는 작용을 한다.
ㄴ. (나)는 회로에서 전압을 증폭시킬 수 있다.
ㄷ. (가)와 (나)는 모두 전류를 제어할 수 있다.

① ㄱ ② ㄷ ③ ㄱ, ㄴ
④ ㄴ, ㄷ ⑤ ㄱ, ㄴ, ㄷ

C 물질의 전기적 성질 활용

09 그림 (가)는 전선을, (나)는 태양 전지판을 나타낸 것이다.

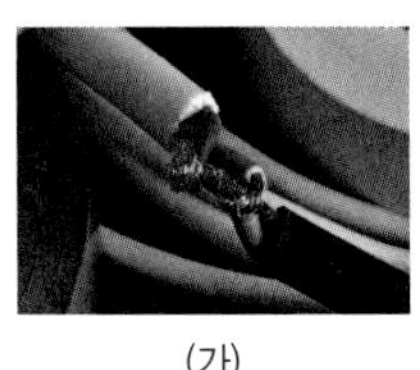
(가)

(나)

이에 대한 설명으로 옳은 것만을 [보기]에서 있는 대로 고른 것은?

보기
ㄱ. (가)의 내부에는 도체를 사용한다.
ㄴ. (나)에서 빛을 받으면 전압을 발생시키는 소재는 반도체이다.
ㄷ. (가), (나)에는 모두 부도체가 사용된다.

① ㄱ ② ㄷ ③ ㄱ, ㄴ
④ ㄴ, ㄷ ⑤ ㄱ, ㄴ, ㄷ

10 그림은 스마트 기기를 나타낸 것이다. 스마트 기기에 사용된 여러 소재의 특징에 대한 설명으로 옳은 것만을 [보기]에서 있는 대로 고른 것은?

보기
ㄱ. 케이스에 사용된 알루미늄은 도체이다.
ㄴ. 방수 소재의 니켈은 전기 전도도가 낮다.
ㄷ. 디스플레이에 이용된 OLED는 반도체이다.

① ㄱ ② ㄴ ③ ㄱ, ㄷ
④ ㄴ, ㄷ ⑤ ㄱ, ㄴ, ㄷ

서술형

11 다음은 스마트 기기에 대한 설명이다.

스마트 기기는 도체, 부도체, 반도체 소재로 구성되어 있으며, 이 소재를 바탕으로 다음 기능이 구현된다.
- 도체: 전류를 흐르게 하여 기기에 전원을 공급한다.
- 부도체: 외부 충격으로부터 기기를 보호한다.
- 반도체: 손가락의 터치만으로 조작할 수 있게 한다.

도체, 부도체, 반도체를 모두 활용한 제품 한 가지를 쓰고, 이 제품에서 각 소재의 역할을 서술하시오.

도전

내신 탄탄보다는 조금 수준이 높은 유형의 문제들로 구성하였습니다.
자신의 실력을 한 단계 높여 보세요.

정답과 해설 20쪽

01 그림은 동일한 전지와 동일한 전구 P, Q와 X, Y, p형 반도체와 n형 반도체를 결합하여 만든 다이오드 A를 이용하여 구성한 회로를 나타낸 것이고, 표는 스위치의 연결 위치에 따라 P, Q가 켜지는지를 나타낸 것이다. X, Y는 도체, 부도체를 순서 없이 나타낸 것이다.

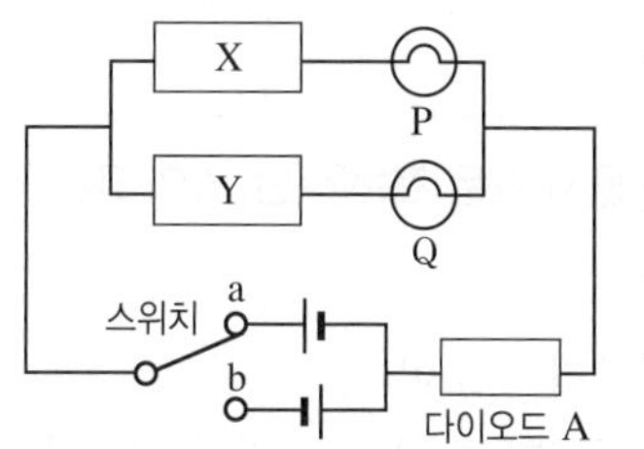

스위치의 연결 위치	전구 P	전구 Q
a	○	×
b	㉠	?

(○: 켜짐, ×: 켜지지 않음)

이에 대한 설명으로 옳은 것만을 [보기]에서 있는 대로 고른 것은?

보기
ㄱ. A는 정류 작용을 한다.
ㄴ. ㉠은 '○'이다.
ㄷ. Y는 도체이다.

① ㄱ ② ㄷ ③ ㄱ, ㄴ
④ ㄴ, ㄷ ⑤ ㄱ, ㄴ, ㄷ

02 그림 (가)는 순수 반도체에 불순물 A를 첨가했을 때 자유 전자가 생기는 것을, (나)는 순수 반도체에 불순물 B를 첨가했을 때 전자의 빈 자리가 생기는 것을 나타낸 것이다.

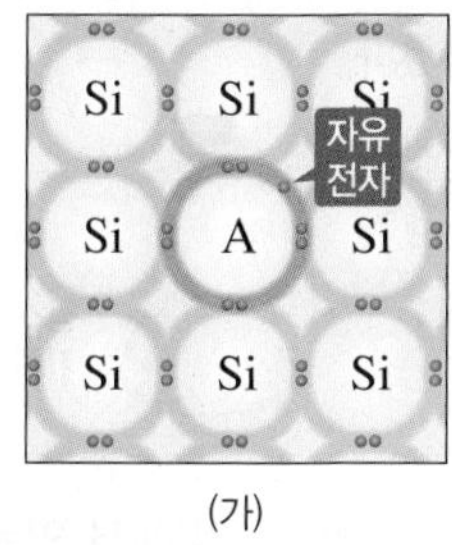

(가)

(나)

이에 대한 설명으로 옳은 것만을 [보기]에서 있는 대로 고른 것은?

보기
ㄱ. (가)는 n형 반도체이다.
ㄴ. B는 원자가 전자가 3개인 원소이다.
ㄷ. (가)와 (나)를 복합적으로 결합한 소자는 전자 회로에서 전류를 증폭시킬 수 있다.

① ㄱ ② ㄷ ③ ㄱ, ㄴ
④ ㄴ, ㄷ ⑤ ㄱ, ㄴ, ㄷ

03 표 (가)는 반도체 소자 A~C 중에서 특징 ㉠~㉢의 유무를 나타낸 것이고, (나)는 ㉠~㉢을 순서 없이 나타낸 것이다. A~C는 각각 발광 다이오드(LED), 유기 발광 다이오드(OLED), 트랜지스터 중 하나이다.

반도체 소자 \ 특징	㉠	㉡	㉢
A	ⓐ	○	○
B	×	○	?
C	○	×	?

(○: 있음, ×: 없음)

(가)

특징(㉠~㉢)
• 스위치 작용을 한다.
• 유기 물질을 이용한다.
• 전류가 흐를 때 빛이 방출된다.

(나)

이에 대한 설명으로 옳은 것만을 [보기]에서 있는 대로 고른 것은?

보기
ㄱ. ⓐ는 '×'이다.
ㄴ. B는 트랜지스터이다.
ㄷ. ㉡은 '전류가 흐를 때 빛이 방출된다.'이다.

① ㄱ ② ㄴ ③ ㄷ
④ ㄱ, ㄴ ⑤ ㄱ, ㄷ

04 다음은 어떤 제품 속에 이용된 소재 A~C의 성질을 나타낸 것이다. A~C는 도체, 부도체, 반도체를 순서 없이 나타낸 것이다.

소재	성질
A	도선 속에서 전류가 흐를 수 있도록 한다.
B	스마트 기기의 터치스크린에서 손가락 자체의 전류를 감지한다.
C	태양 전지를 외부의 충격으로부터 보호한다.

A~C의 전기적 성질을 이용한 사례로 적절한 것을 [보기]에서 있는 대로 고른 것은?

보기
ㄱ. A는 온도 변화에 의해 휘어지는 바이메탈 소재로 사용되어 전기 회로를 이어 주거나 끊어 주는 역할을 한다.
ㄴ. B는 다양한 센서에 이용된다.
ㄷ. 투명성은 C만 가지는 특성으로 거실의 통유리에 이용되어 외부를 볼 수 있도록 한다.

① ㄱ ② ㄴ ③ ㄱ, ㄴ
④ ㄴ, ㄷ ⑤ ㄱ, ㄴ, ㄷ

지금까지 학습한 내용을 마무리하여 자신의 실력을 평가할 수 있도록 구성하였습니다. | 난이도 ●●●

●●○

01 그림은 주기율표의 일부를 나타낸 것이다.

주기＼족	1	2	13	14	15	16	17	18
1								
2	A						C	D
3	B							

이에 대한 설명으로 옳은 것만을 [보기]에서 있는 대로 고른 것은? (단, A~D는 임의의 원소 기호이다.)

보기
ㄱ. A와 B는 화학적 성질이 비슷하다.
ㄴ. C와 D는 전자가 들어 있는 전자 껍질 수가 같다.
ㄷ. B가 전자 1개를 잃으면 D와 같은 전자 배치를 이룬다.

① ㄱ ② ㄴ ③ ㄱ, ㄷ
④ ㄴ, ㄷ ⑤ ㄱ, ㄴ, ㄷ

●●●

02 표는 2, 3주기 원소에서 전자가 들어 있는 전자 껍질 수에 대한 원자가 전자 수를 나타낸 것이다. X는 3주기 원소이고, Y와 Z는 같은 족 원소이다.

원소	W	X	Y	Z
$\frac{\text{원자가 전자 수}}{\text{전자 껍질 수}}$	$\frac{1}{2}$	1	2	3

W~Z에 해당하는 원소의 원소 기호를 각각 쓰시오.

●○○

03 그림은 주기율표의 일부를 나타낸 것이다.

주기＼족	1	2	17	18
1				
2	A			B
3			C	

이에 대한 설명으로 옳은 것만을 [보기]에서 있는 대로 고른 것은? (단, A~C는 임의의 원소 기호이다.)

보기
ㄱ. A는 금속 원소이다.
ㄴ. B는 2개의 원자가 공유 결합하여 안정한 분자로 존재한다.
ㄷ. 화합물 AC는 이온 결합 물질이다.

① ㄱ ② ㄴ ③ ㄷ
④ ㄱ, ㄷ ⑤ ㄴ, ㄷ

●●○

04 그림은 원자 A와 B의 전자 배치를 모형으로 나타낸 것이다.

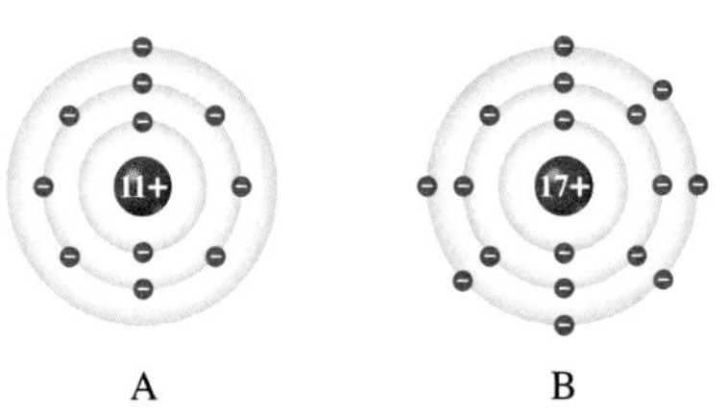

이에 대한 설명으로 옳지 않은 것은? (단, A와 B는 임의의 원소 기호이다.)

① A와 B는 같은 주기 원소이다.
② A와 B가 화학 결합할 때 A는 전자를 잃는다.
③ 화합물 AB는 인류의 생존에 필수적인 물질이다.
④ 화합물 AB는 고체 상태에서 전기 전도성이 있다.
⑤ 화합물 AB는 수용액 상태에서 전기 전도성이 있다.

●●●

05 다음은 나트륨(Na)과 염소(Cl_2) 기체의 반응에 대한 실험이다.

액체 속에 보관되어 있던 나트륨 조각을 염소 기체가 들어 있는 삼각 플라스크에 넣어 반응시켰더니 흰색 고체 물질이 생성되었다.

이에 대한 설명으로 옳은 것만을 [보기]에서 있는 대로 고른 것은?

보기
ㄱ. 나트륨이 보관되어 있던 액체는 물이다.
ㄴ. 생성된 고체 물질을 구성하는 두 입자의 전자 배치는 같다.
ㄷ. 고체 물질이 생성될 때 전자는 Na에서 Cl로 이동한다.

① ㄱ ② ㄴ ③ ㄷ
④ ㄱ, ㄴ ⑤ ㄴ, ㄷ

●●●

06 그림은 화합물 AB_2와 CA를 화학 결합 모형으로 나타낸 것이다.

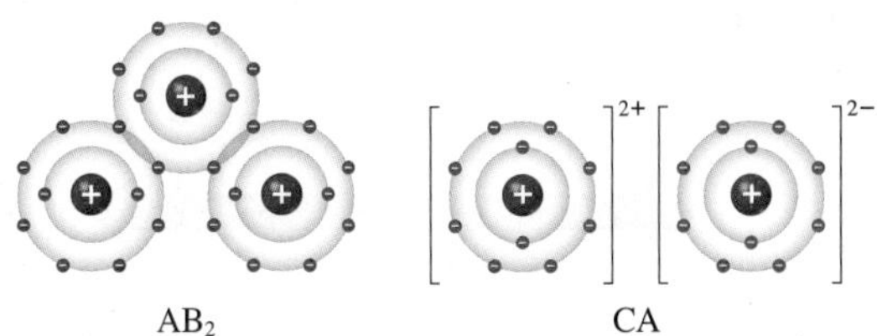

이에 대한 설명으로 옳은 것만을 [보기]에서 있는 대로 고른 것은? (단, A~C는 임의의 원소 기호이다.)

보기
ㄱ. AB_2와 CA는 화학 결합의 종류가 같다.
ㄴ. 원자 번호는 C>B>A이다.
ㄷ. C와 B는 1 : 2로 결합하여 안정한 화합물을 만든다.

① ㄱ ② ㄴ ③ ㄱ, ㄷ
④ ㄴ, ㄷ ⑤ ㄱ, ㄴ, ㄷ

●●○

07 그림은 원자 A, B와 화합물 A_2B의 전자 배치를 모형으로 나타낸 것이다.

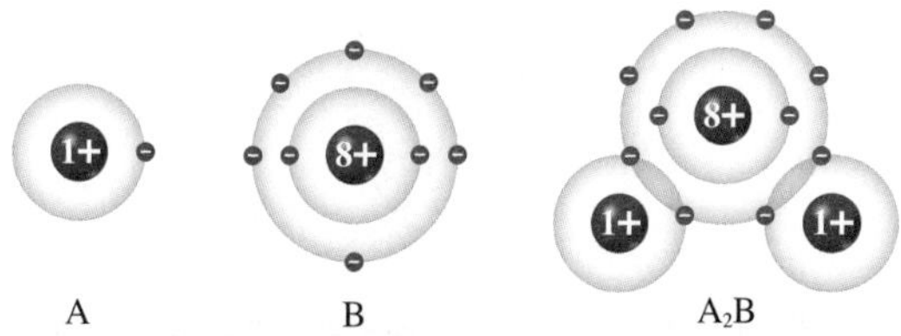

이에 대한 설명으로 옳은 것만을 [보기]에서 있는 대로 고른 것은? (단, A와 B는 임의의 원소 기호이다.)

보기
ㄱ. A는 빅뱅 이후 우주 초기에 생성되었다.
ㄴ. 공유 전자쌍 수는 A_2와 B_2가 같다.
ㄷ. A_2B에 설탕을 녹이면 전기 전도성이 증가한다.

① ㄱ ② ㄴ ③ ㄱ, ㄷ
④ ㄴ, ㄷ ⑤ ㄱ, ㄴ, ㄷ

●●○

08 그림은 지각을 구성하는 원소의 질량비(%)를 나타낸 것이다. A~D는 각각 산소, 규소, 알루미늄, 철 중 하나이다.

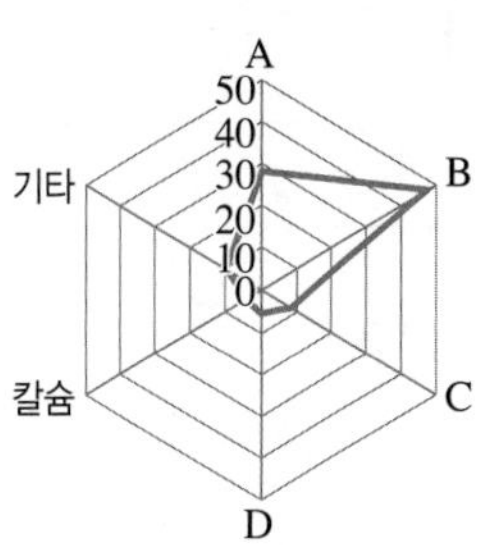

이에 대한 설명으로 옳은 것만을 [보기]에서 있는 대로 고른 것은?

보기
ㄱ. A는 산소이다.
ㄴ. B는 별 중심부에서 생성되었다.
ㄷ. D는 A보다 무거운 원소이다.

① ㄱ ② ㄴ ③ ㄱ, ㄷ
④ ㄴ, ㄷ ⑤ ㄱ, ㄴ, ㄷ

●●○

09 표는 규산염 광물 A~C의 결합 구조를 나타낸 것이다. A, B, C는 각각 감람석, 장석, 흑운모 중 하나이다.

광물	A	B	C
결합 구조			

이에 대한 설명으로 옳은 것만을 [보기]에서 있는 대로 고른 것은?

보기
ㄱ. 광물의 색은 A가 C보다 어둡다.
ㄴ. 광물에 충격을 가하면 C에서는 깨짐이 나타난다.
ㄷ. A~C 중 규산염 사면체끼리 공유하는 산소의 수는 B가 가장 많다.

① ㄱ ② ㄴ ③ ㄱ, ㄷ
④ ㄴ, ㄷ ⑤ ㄱ, ㄴ, ㄷ

10 표는 생명체를 구성하는 물질 A와 B의 특징의 유무를 나타낸 것이다. A와 B는 DNA와 단백질을 순서 없이 나타낸 것이다.

특징 \ 물질	A	B
(가)	○	×
구성 원소로 인(P)을 포함한다.	×	○

(○: 있음, ×: 없음)

이에 대한 설명으로 옳은 것만을 [보기]에서 있는 대로 고른 것은?

보기

ㄱ. '효소의 성분이다.'는 (가)에 해당한다.
ㄴ. A는 기본 단위체가 펩타이드결합으로 연결되어 형성된다.
ㄷ. B는 기본 단위체의 배열 순서에 따라 입체 구조와 기능이 달라진다.

① ㄱ ② ㄴ ③ ㄱ, ㄴ
④ ㄴ, ㄷ ⑤ ㄱ, ㄴ, ㄷ

11 그림은 두 종류의 핵산 (가), (나)의 구조 중 일부를 나타낸 것이다. ㉠~㉣은 서로 다른 염기이다.

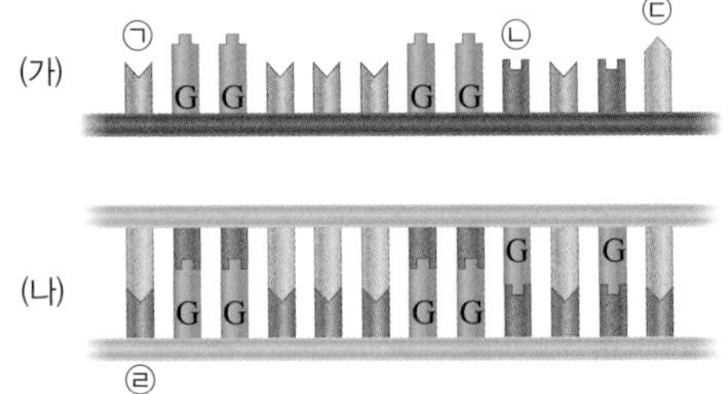

이에 대한 설명으로 옳은 것만을 [보기]에서 있는 대로 고른 것은?

보기

ㄱ. ㉢은 아데닌(A)이다.
ㄴ. (가)에는 라이보스가 있고, (나)에는 디옥시라이보스가 있다.
ㄷ. (나)에서 타이민(T)의 비율이 23 %라면 염기 ㉡의 비율은 27 %이다.

① ㄱ ② ㄴ ③ ㄱ, ㄴ
④ ㄴ, ㄷ ⑤ ㄱ, ㄴ, ㄷ

12 그림은 물질 A, 규소(Si), 물질 B의 전기 전도성을 상대적으로 나타낸 것이다. A, B는 각각 도체와 부도체 중 하나이다.

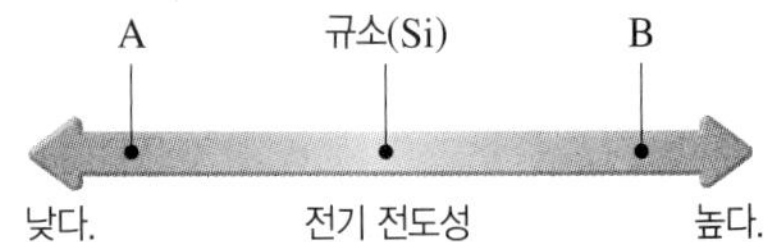

이에 대한 설명으로 옳은 것만을 [보기]에서 있는 대로 고른 것은?

보기

ㄱ. A의 예로는 니켈이 있다.
ㄴ. B는 반도체보다 전류가 잘 흐르지 않는다.
ㄷ. 물질 내 자유 전자의 이동에 따라 A, B를 분류할 수 있다.

① ㄱ ② ㄴ ③ ㄷ
④ ㄱ, ㄴ ⑤ ㄴ, ㄷ

13 그림은 p형 반도체와 n형 반도체의 공통점과 차이점을 나타낸 것이다. A, B는 p형 반도체와 n형 반도체를 순서 없이 나타낸 것이고, ㉠은 '원자가 전자가 3개인 원소가 포함된다.'이다.

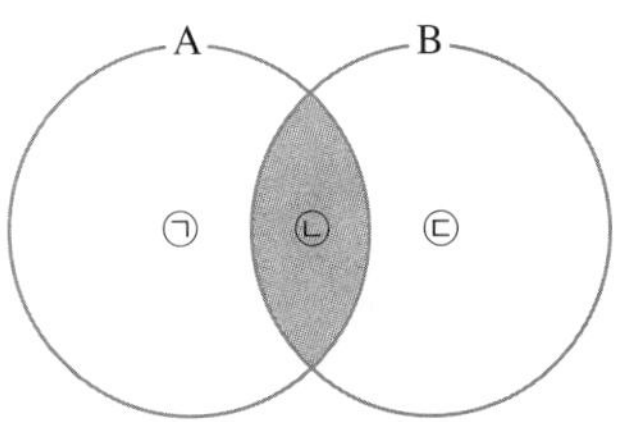

이에 대한 설명으로 옳은 것만을 [보기]에서 있는 대로 고른 것은?

보기

ㄱ. A는 n형 반도체이다.
ㄴ. '다이오드를 구성한다.'는 ㉡으로 적절하다.
ㄷ. '규소(Si)에 비해 원자가 전자가 많은 불순물 원소를 첨가하여 만든다.'는 ㉢으로 적절하다.

① ㄱ ② ㄴ ③ ㄱ, ㄴ
④ ㄴ, ㄷ ⑤ ㄱ, ㄴ, ㄷ

14 그림 (가)는 발광 다이오드(LED)를, (나)는 유기 발광 다이오드(OLED)를 나타낸 것이다.

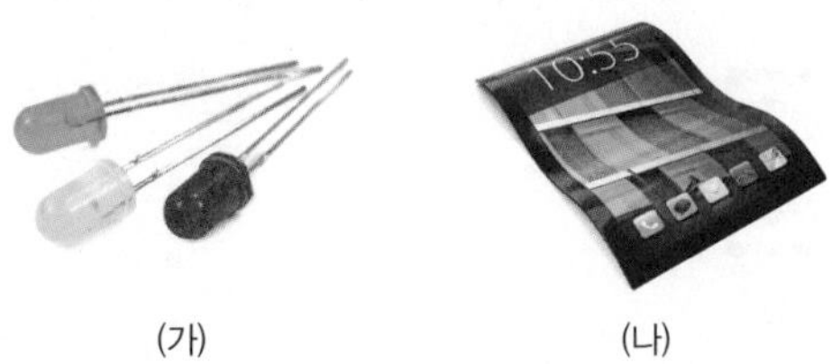

(가) (나)

이에 대한 설명으로 옳은 것만을 [보기]에서 있는 대로 고른 것은?

보기
ㄱ. (가)는 발광 다이오드에 걸어 준 전압에 따라 방출하는 빛의 색이 달라진다.
ㄴ. (나)는 전류가 흐를 때 물질 자체에서 빛을 방출하는 성질을 이용한 것이다.
ㄷ. (가), (나)는 모두 반도체를 이용한 것이다.

① ㄱ ② ㄴ ③ ㄱ, ㄴ
④ ㄴ, ㄷ ⑤ ㄱ, ㄴ, ㄷ

15 표는 도체, 부도체, 반도체의 특징을 순서 없이 나타낸 것이다.

특징	(가)	(나)	(다)
원소의 종류	금속	비금속	준금속
물질 내 자유 전자	매우 많음	거의 없음	조건에 따라 달라짐

이에 대한 설명으로 옳은 것만을 [보기]에서 있는 대로 고른 것은?

보기
ㄱ. (가)는 도체이다.
ㄴ. (나)는 강화 유리에 이용되는 소재이다.
ㄷ. (다)는 터치스크린에서 전류를 감지하는 소재이다.

① ㄱ ② ㄴ ③ ㄱ, ㄴ
④ ㄴ, ㄷ ⑤ ㄱ, ㄴ, ㄷ

서술형 문제

16 18족 원소가 다른 원소와 거의 반응하지 않고 원자 상태로 존재하는 까닭을 가장 바깥 전자 껍질의 전자 배치와 관련지어 서술하시오.

17 그림은 원자 A~C의 전자 배치를 모형으로 나타낸 것이다.

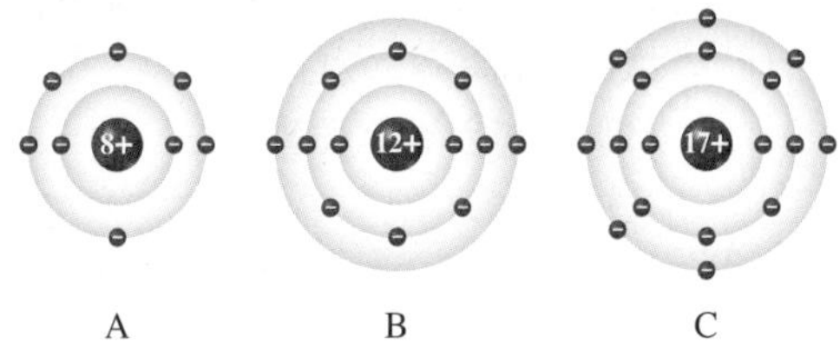

A B C

A와 B, B와 C가 화학 결합하여 생성되는 안정한 화합물의 화학식을 각각 쓰고, 화학 결합의 종류를 서술하시오. (단, A~C는 임의의 원소 기호이다.)

18 그림은 생명체를 구성하는 DNA를 나타낸 것이다.

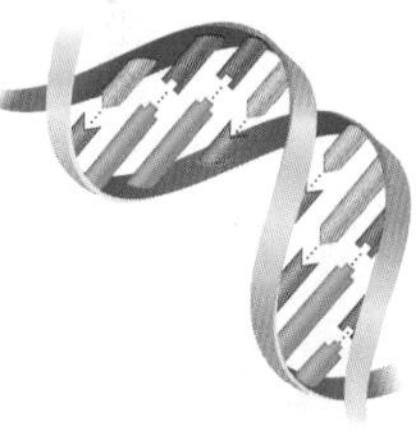

DNA는 기본 단위체인 뉴클레오타이드가 결합하여 만들어진 탄소 화합물인데, 간단한 기본 단위체의 조합으로 만들어진 DNA가 다양한 유전정보를 저장할 수 있는 원리를 서술하시오.

19 반도체와 부도체 중 센서에서 외부 변화를 감지하는 역할을 하는 것을 쓰고, 외부 변화를 감지할 수 있는 까닭을 서술하시오.

수능 기출 문제 또는 변형된 문제로 수능을 미리 경험해 볼 수 있도록 구성하였습니다. | 정답과 해설 22쪽

| 2024학년도 6월 모평 화학Ⅰ 2번 |

01 그림은 화합물 AB와 CD를 화학 결합 모형으로 나타낸 것이다.

개념 Link 46쪽~47쪽, 57쪽

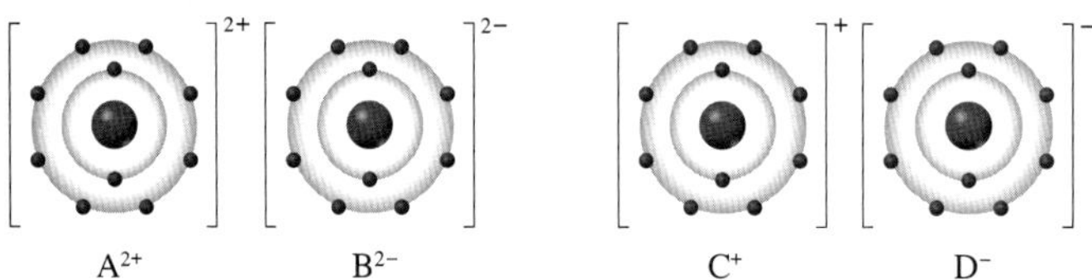

이에 대한 설명으로 옳은 것만을 〈보기〉에서 있는 대로 고른 것은? (단, A~D는 임의의 원소 기호이다.)

보기

ㄱ. A~D에서 2주기 원소는 두 가지이다.
ㄴ. A는 비금속 원소이다.
ㄷ. BD_2는 이온 결합 물질이다.

① ㄱ ② ㄴ ③ ㄱ, ㄷ
④ ㄴ, ㄷ ⑤ ㄱ, ㄴ, ㄷ

| 2023학년도 9월 모평 화학Ⅰ 3번 변형 |

02 그림은 원자 W~Z의 전자 배치를 모형으로 나타낸 것이다.

개념 Link 57쪽~59쪽

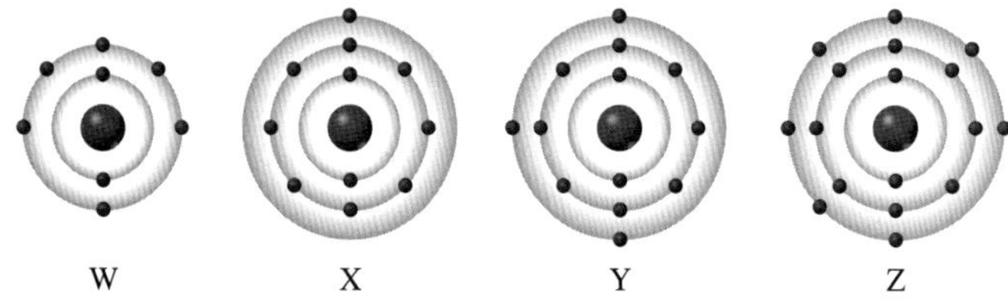

이에 대한 설명으로 옳은 것만을 〈보기〉에서 있는 대로 고른 것은? (단, W~Z는 임의의 원소 기호이다.)

보기

ㄱ. XZ의 수용액은 전기 전도성이 있다.
ㄴ. Z_2W는 이온 결합 물질이다.
ㄷ. W와 Y는 3 : 2로 결합하여 안정한 화합물을 형성한다.

① ㄱ ② ㄴ ③ ㄱ, ㄷ
④ ㄴ, ㄷ ⑤ ㄱ, ㄴ, ㄷ

| 2024학년도 수능 생명과학Ⅱ 11번 변형 |

03 **다음은 이중나선 DNA X에 대한 자료이다.**

개념 Link 69쪽

- 그림은 서로 상보적인 단일 가닥 Ⅰ과 Ⅱ로 구성된 X를 나타낸 것이다. X는 5개의 염기쌍으로 구성되고, ㉠은 아데닌(A), 구아닌(G), 타이민(T) 중 하나이다.
- ㉮의 염기 4개는 모두 다른 종류이며, C은 사이토신이다. ㉮ 이외에는 염기 사이의 수소결합을 표시하지 않았다.
- Ⅰ에서 $\frac{A}{G}=2$이고, Ⅱ에서 $\frac{A}{G}=1$이다.

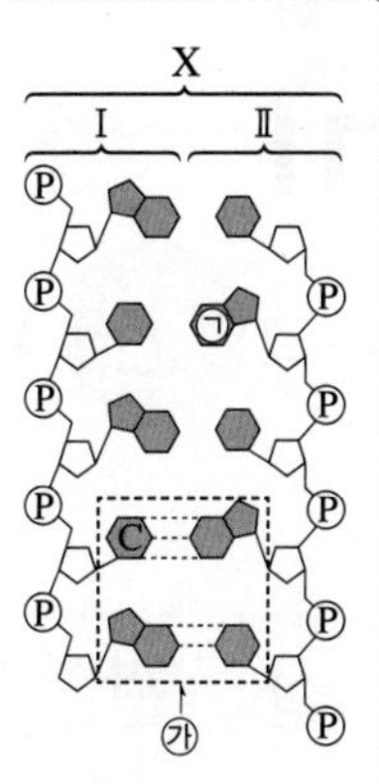

이에 대한 설명으로 옳은 것만을 〈보기〉에서 있는 대로 고른 것은?

보기

ㄱ. ㉠은 아데닌(A)이다.

ㄴ. Ⅱ에서 $\frac{T}{A}=2$이다.

ㄷ. X에서 염기 간 수소결합의 총 개수는 13개이다.

① ㄱ ② ㄴ ③ ㄱ, ㄴ
④ ㄴ, ㄷ ⑤ ㄱ, ㄴ, ㄷ

| 2020학년도 3월 학평 물리학Ⅰ 9번 변형 |

04 **다음은 고체의 전기 전도성에 대한 실험이다.**

개념 Link 74쪽, 77쪽

[과정]

(가) 도체 또는 부도체인 고체 A, B를 준비한다.

(나) 그림과 같이 A를 이용하여 실험 장치를 구성한다.

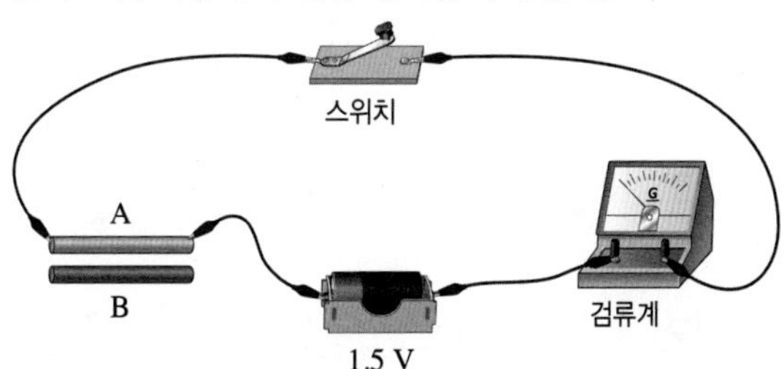

(다) 스위치를 닫아 검류계에 흐르는 전류를 측정한다.

(라) A를 B로 바꾸어 과정 (다)를 반복한다.

[결과]

(다)에서는 전류가 흐르고, (라)에서는 전류가 흐르지 않는다.

이에 대한 설명으로 옳은 것만을 [보기]에서 있는 대로 고른 것은?

보기

ㄱ. A는 도체이다.

ㄴ. 전기 전도성은 A가 B보다 높다.

ㄷ. B는 태양 전지의 강화 유리에 활용되는 소재이다.

① ㄱ ② ㄴ ③ ㄱ, ㄴ
④ ㄴ, ㄷ ⑤ ㄱ, ㄴ, ㄷ

단어 찾기 놀이

놀이 규칙 가로, 세로, 대각선으로 글자를 연결하여 단어를 찾는다.

역	슈	실	관	타	이	민	토	사	슨	질	소	에
엘	장	진	킨	밍	조	히	임	액	이	달	키	혁
타	탄	전	수	동	로	힝	떼	아	바	토	관	슈
형	안	소	소	세	패	드	열	미	페	파	신	퍼
조	스	맥	데	러	이	생	동	노	다	밍	명	퇴
페	리	달	슨	타	열	줄	뱅	산	트	엔	연	임
동	히	패	오	키	신	로	이	스	주	기	율	표
세	류	레	골	학	상	토	구	엘	염	콜	관	퍼
광	클	핵	강	밥	칼	만	아	증	겨	화	임	료
뉴	데	나	트	룸	퇴	활	닌	동	법	찾	칼	칙
루	라	질	름	보	백	초	진	엘	리	튬	군	숨
뱅	산	엑	곳	견	에	너	지	준	위	배	담	추
아	데	닌	우	현	연	낙	랄	플	요	항	킨	양

1 비금속 원소를 세 가지 찾아보자.

2 원소의 성질이 주기적으로 나타나도록 원소들을 배열한 표를 가리키는 말을 찾아보자.

3 알칼리 금속을 세 가지 찾아보자.

4 전자 껍질에서 전자가 가지는 특정한 에너지값을 가리키는 말을 찾아보자.

5 제설제의 주성분인 이온 결합 물질을 찾아보자.

6 단백질의 기본 단위체를 가리키는 말을 찾아보자.

7 핵산의 기본 단위체를 가리키는 말을 찾아보자.

8 DNA를 구성하는 염기를 네 가지 찾아보자.

Ⅲ 시스템과 상호작용

01 지구시스템의 구성과 상호작용

Ⓐ 지구시스템의 구성 요소 — Ⓑ 지구시스템 구성 요소의 상호작용 — Ⓒ 지구시스템의 에너지원 — Ⓓ 지구시스템의 물질 순환

02 지권의 변화와 영향

Ⓐ 지각 변동과 변동대 — Ⓑ 판 구조론과 판의 경계 — Ⓒ 판 경계에서의 지각 변동 — Ⓓ 지권의 변화가 지구 시스템에 미치는 영향

이 단원과 관련된 중학교에서 배운 내용을 확인해 보자.

지구계(지구시스템)

(1) **지구계**: 지구를 구성하며 서로 영향을 주고받는 요소들의 집합

(2) **지구계의 구성 요소**

①	기권	수권	생물권	외권
지표와 지구 내부로 구성 ➡ 지각, 맨틀, 외핵, 내핵으로 구분	지구를 둘러싸고 있는 대기 ➡ 대류권, 성층권, 중간권, 열권으로 구분	지구에 있는 물 ➡ 해수의 층상 구조: 혼합층, ②, 심해층으로 구분	지구에 살고 있는 모든 생물	기권의 바깥 영역인 우주 환경

판 구조론과 판 경계

(1) **판**: ③ 과 상부 맨틀의 일부를 포함하는 단단한 암석층 ➡ 대륙판과 해양판으로 구분

(2) **판 구조론**: 지구의 표면은 여러 개의 판으로 이루어져 있으며, 판이 움직이면서 판 경계에서 화산 활동, 지진과 같은 지각 변동이 일어난다는 이론

(3) **판 경계**: 판과 판의 경계로, 이웃한 판의 이동 방향에 따라 구분한다.

발산형 경계	수렴형 경계	④
판 판	판 판	판 판
판과 판이 서로 ⑤ 경계	판과 판이 서로 가까워지는 경계	판과 판이 서로 어긋나는 경계

화산 활동과 지진, 화산대와 지진대

(1) **화산 활동과 지진**

⑥	⑦
마그마가 지각의 약한 틈을 뚫고 지표로 빠져나오는 현상	지구 내부에 쌓인 에너지가 갑자기 방출되면서 땅이 흔들리는 현상

(2) **화산대와 지진대**: ⑧ 의 경계와 거의 일치

화산대	지진대
화산 활동이 자주 발생하는 지역	지진이 자주 발생하는 지역

[정답]

① 지권 ② 수온 약층 ③ 지각
④ 보존형 경계 ⑤ 멀어지는
⑥ 화산 활동 ⑦ 지진 ⑧ 판

01 지구시스템의 구성과 상호작용

핵심 짚기
- □ 지구시스템 구성 요소의 특징
- □ 지구시스템의 에너지원
- □ 지구시스템 구성 요소의 상호작용
- □ 물의 순환과 탄소의 순환

A 지구시스템의 구성 요소

1 지구시스템 지권, 기권, 수권, 생물권, 외권의 구성 요소가 서로 상호작용 하고 있는 시스템[1] ➡ 태양계라는 더 큰 시스템을 구성하는 하나의 요소이다.

2 지구시스템 구성 요소의 특징

① **지권**: 지구의 겉 부분과 지구 내부를 포함하는 깊이 약 6400 km인 영역 ➡ 성층 구조: 지각, 맨틀, 외핵, 내핵으로 구분

지각	지구의 겉 부분으로 규산염 물질로 이루어져 있으며, 고체 상태이다.	• 해양 지각: 주로 현무암질 암석으로 구성 • 대륙 지각: 주로 화강암질 암석으로 구성
맨틀	• 주로 규산염 물질로 이루어져 있다. • 고체 상태이지만 유동성이 있어 대류가 일어난다. • 지권 중 가장 큰 부피(약 80 %)를 차지한다.	(그림: 해양 지각, 대륙 지각, 지각, 맨틀, 외핵, 내핵)
외핵	• 주로 철과 니켈로 이루어져 있으며, 액체 상태이다. • 대류 운동에 의해 지구 자기장이 형성된다.	
내핵	• 주로 철과 니켈로 이루어져 있으며, 고체 상태이다. • 지권 중 온도와 압력이 가장 높은 영역이다.	
특징	생명체에게 서식 공간을 제공해 주고, 생명 활동에 필요한 물질을 공급한다.	

② **기권**: 지구를 둘러싸고 있는 대기가 분포하는 높이 약 1000 km인 영역[2] ➡ 성층 구조: 높이에 따른 기온 분포를 기준으로 대류권, 성층권, 중간권, 열권으로 구분

열권	• 높이 올라갈수록 기온이 급격히 상승한다. • *오로라 현상이 나타나며, 공기가 희박하여 낮과 밤의 기온 차가 매우 크다.	(그래프: 높이(km) 0, 10, 50, 80, 140, 1000 / 기온(°C) −100, −50, 0, 20 / 열권, 중간권, 성층권, 오존층, 대류권)
중간권	• 높이 올라갈수록 기온 하강 ➡ 불안정한 층 • 대류는 일어나지만 기상 현상은 나타나지 않는다.	
성층권	• 높이 올라갈수록 기온 상승 ➡ 안정한 층 • 높이 약 20 km~30 km 구간에 오존층이 존재하여 태양의 자외선을 흡수한다.	
대류권	• 높이 올라갈수록 기온 하강 ➡ 불안정한 층 • 대류가 일어나고 기상 현상이 나타난다.	
특징	온실 효과로 지표면 온도를 적절하게 유지시켜 주고, 해로운 자외선을 차단하여 지상의 생명체를 보호한다.	

③ **수권**: 해수, 빙하, 지하수, 강, 호수 등 지구에 분포하는 물[3] ➡ 해수의 성층 구조: 깊이에 따른 수온 분포를 기준으로 혼합층, 수온 약층, 심해층으로 구분

혼합층	• 태양 복사 에너지에 의해 가열되고 바람에 의해 혼합되어 수온이 거의 일정한 층 • 바람이 세게 불수록 혼합층의 두께가 두꺼워진다.	(그래프: 수온(°C) 0, 5, 10, 15, 20 / 깊이(m) 1000, 2000 / 혼합층, 수온 약층, 심해층)
수온 약층[4]	• 깊이가 깊어질수록 수온이 급격하게 낮아지는 층으로 깊이가 깊어질수록 밀도가 증가 ➡ 매우 안정한 층 • 혼합층과 심해층 사이의 물질과 에너지 교환을 차단한다. ➡ 해수의 연직 운동이 잘 일어나지 않기 때문	
심해층	• 수온이 낮고 깊이에 따른 수온 변화가 거의 없는 층 • 계절에 관계없이 수온이 거의 일정하다.	
특징	물은 *비열이 매우 커서 태양 에너지를 저장하여 지구의 온도를 일정하게 유지한다. 해수의 순환과 물의 순환을 통해 지구의 에너지 평형에 기여한다.	

Plus 강의

❶ 시스템(계)
시스템은 2개 이상의 구성 요소가 모여 서로 영향을 주고받는 하나의 집합체이다. 시스템은 여러 개의 작은 시스템들로 구성될 수도 있다. 예 태양계: 태양을 중심으로 행성, 위성, 소행성, 혜성 등으로 구성되어 상호작용 하고 있는 시스템

❷ 기권의 성분
대부분 질소와 산소로 이루어져 있다.

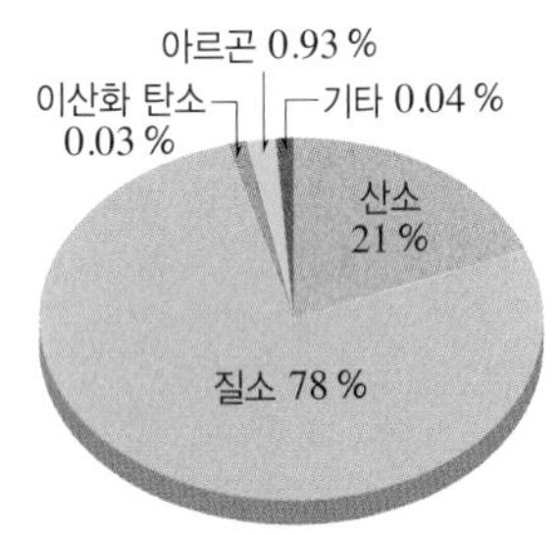

❸ 수권의 구성
수권의 물은 크게 해수와 육수로 나눌 수 있고, 수권의 대부분은 해수이다.

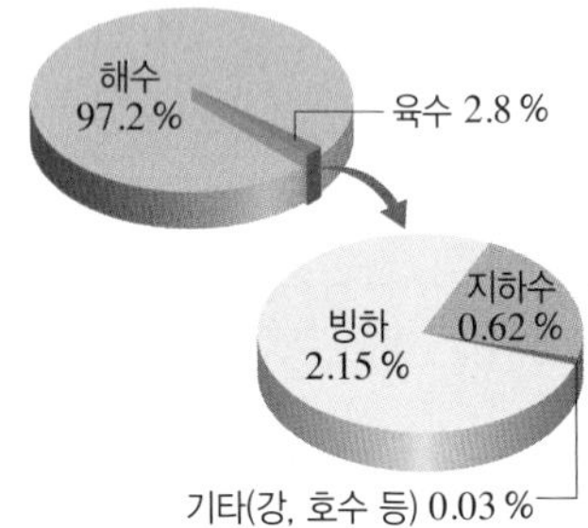

❹ 수온 약층의 형성
해양에서 햇빛은 수심 100 m 이내에서 대부분 흡수되기 때문에 표층 아래에는 태양 복사 에너지가 거의 도달하지 않는다. 따라서 표층 아래에는 수온이 급격하게 낮아지는 수온 약층이 형성된다. 수온 약층이 시작되는 깊이는 바람의 세기, 해류 등에 영향을 받는다.

용어 돋보기
- *** 오로라(aurora)**_ 태양에서 방출된 대전 입자가 극지방의 대기로 진입하면서 공기 입자와 충돌하여 빛을 내는 현상
- *** 비열(比 견주다, 熱 덥다)**_ 어떤 물질 1 kg을 1 ℃ 높이는 데 필요한 열에너지

④ 생물권: 지구에 살고 있는 모든 생명체 ➡ 지권, 기권, 수권에 걸쳐 분포
• 특징: 지구는 태양계에서 유일하게 생명체가 존재하는 행성이다.
⑤ 외권: 기권 바깥의 우주 공간

특징	• 외권으로부터 들어오는 태양 에너지는 지구시스템의 중요한 에너지원이다. • 지구 자기장은 *태양풍 입자를 차단하여 생명체를 보호해 주는 역할을 한다.⑤ • 외권과 지구의 물질 교환은 거의 없다.

B 지구시스템 구성 요소의 상호작용

1 지구시스템의 상호작용

① 지구시스템의 각 권역은 상호작용을 통해 서로 영향을 주고받는다. ➡ 어느 한 권역에서 발생한 현상은 다른 권역에 영향을 준다.
② 각 구성 요소들은 상호작용을 통해 끊임없이 물질과 에너지를 주고받는다.

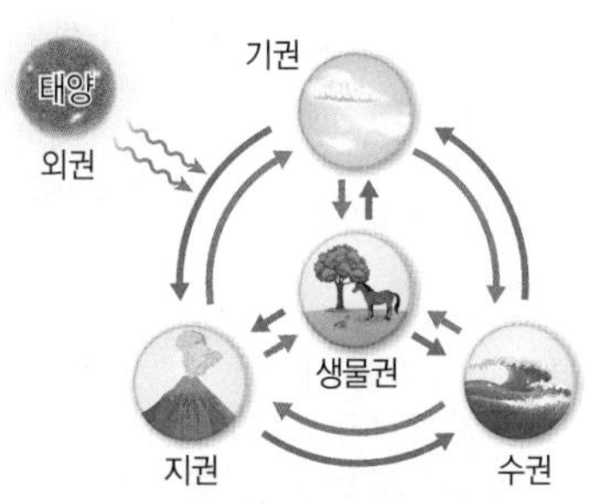

▲ 지구시스템 구성 요소의 상호작용

2 지구시스템 구성 요소의 상호작용의 예

근원＼영향	지권	기권	수권	생물권
지권	대륙의 이동, 판의 운동	화산 가스 방출, 대륙성 기단 발생	*쓰나미 발생, 해수의 염류 공급	생물의 서식처와 영양분 제공
기권	풍화·침식 작용, 황사 발생	대기 순환, 전선의 형성	해류 발생, 파도 발생	호흡에 필요한 산소 제공
수권	물의 침식 작용, 해식 동굴 형성	태풍 발생, 해양성 기단 발생	해수의 혼합, 조경 수역의 형성⑥	수중 생물의 서식처와 물 제공
생물권	화석 연료 생성,⑦ 생물에 의한 풍화	광합성 등으로 기권의 성분 변화	생물에 의한 수권의 물질 흡수	먹이 사슬 유지

3 지구시스템의 구성 요소가 생명체 존속에 기여하는 원리

지권	초대륙인 판게아가 분리하여 기후와 지표 환경이 다양해지면서 생물다양성 증가	기권	태양의 자외선과 운석 차단, 강수를 통한 물 공급, 온실 효과를 통해 적절한 온도 유지에 기여
수권	지구의 급격한 온도 변화와 기권의 성분 변화(이산화 탄소 증가)를 억제하며, 지구의 에너지 평형에 기여	생물권	식물의 광합성으로 대기 중에 산소 공급
		외권	태양 에너지를 안정적으로 공급해 주고, 지구 자기장은 태양풍 입자를 차단

⑤ **지구 자기장**
지구 자기장은 주로 철로 이루어진 외핵의 운동에 의해 형성되었을 것으로 추정한다. 태양풍 입자는 지구 자기장을 통과하여 지상에 도달하기 어렵다.

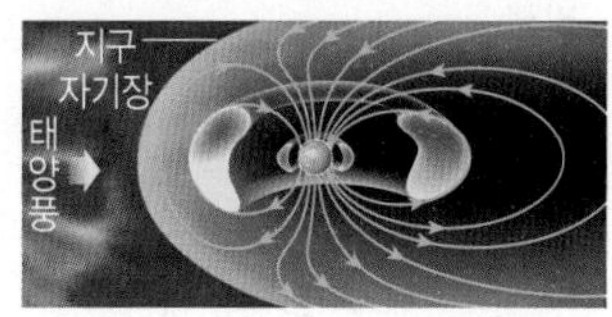

⑥ **조경 수역의 형성**
난류와 한류가 만나는 해역을 조경 수역이라고 한다. 조경 수역에는 플랑크톤이 풍부하여 좋은 어장이 형성된다.

⑦ **화석 연료의 생성**
석유나 석탄 등은 태양 에너지를 근원으로 성장한 생물체가 땅속에 묻힌 후 열과 압력을 받아 형성된다.

용어 돋보기
* **태양풍(太 크다, 陽 해, 風 바람)**_ 태양의 대기층에서 방출된 전기를 띤 입자(전자, 양성자, 헬륨 원자핵 등)의 흐름
* **쓰나미(tsunami)**_ 해저의 지각 변동에 의해 발생한 해파로 지진 해일이라고도 함

개념 쏙쏙

정답과 해설 23쪽

1 지구시스템 구성 요소의 성층 구조에 대한 설명이다. (　　) 안에 알맞은 말을 쓰시오.

(1) 지권 중 가장 큰 부피를 차지하는 층은 (　　　　)이다.
(2) 기권에서 대류가 잘 일어나고, 기상 현상이 나타나는 층은 (　　　　)이다.
(3) 바람이 세게 불수록 두께가 두꺼워지는 해수층은 (　　　　)이다.

2 지구시스템의 상호작용에 대한 설명으로 옳은 것은 ○, 옳지 않은 것은 ×로 표시하시오.

(1) 어느 한 권역에서 발생한 현상은 다른 권역에 영향을 주지 않는다. … (　　)
(2) 태풍의 발생은 지권과 기권의 상호작용에 해당한다. …………… (　　)
(3) 수권은 지구의 급격한 온도 변화를 억제하여 생명체 존속에 기여한다. (　　)

암기 꼭!
각 권의 성층 구조
• **지권**: 지각, 맨틀, 외핵, 내핵
• **기권**: 대류권, 성층권, 중간권, 열권
• **수권(해수)**: 혼합층, 수온 약층, 심해층

C 지구시스템의 에너지원

구분	태양 에너지❶	지구 내부 에너지	조력 에너지❷
발생 원인	태양의 수소 핵융합 반응	*방사성 원소의 붕괴열, 지구 형성 과정에서 축적된 열	달과 태양의 인력
역할	• 지구시스템의 모든 권역에 영향을 미치는 에너지이다. • 기상 현상, 대기와 해수 순환의 주요 에너지이다. • 풍화·침식 작용을 통해 지표를 변화시킨다. • 생명 활동에 관여하는 주요 에너지원이다.	• 지진, 화산 활동을 일으킨다. ➡ 주로 지권의 변화를 일으키는 데 이용된다. • 맨틀 대류와 판을 움직이는 에너지원이다. • 외핵의 운동을 일으켜 지구 자기장을 형성한다.	• 밀물과 썰물을 일으킨다. • 해수면을 변화시켜 해안 지역의 지형 변화와 생태계에 영향을 미친다.

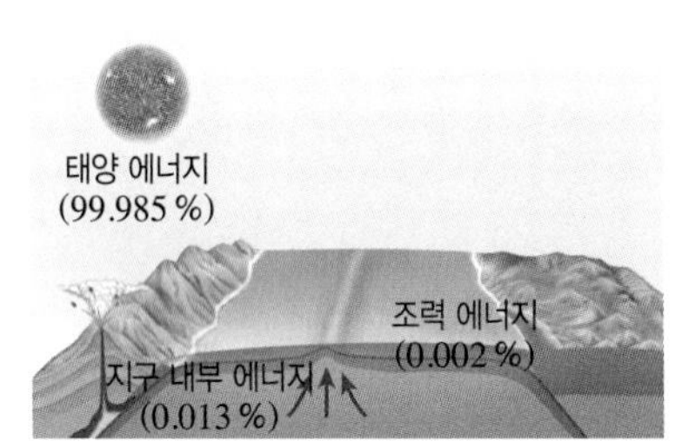

1. 에너지량의 상대적 비율: 태양 에너지≫지구 내부 에너지>조력 에너지 ➡ 태양 에너지가 전체의 99.9 % 이상을 차지한다.
2. 에너지원의 전환: 태양 에너지, 지구 내부 에너지, 조력 에너지는 하위 권역 사이의 상호작용을 통해 다양한 형태의 다른 에너지로 전환될 수 있지만, 다른 에너지원으로 전환되지 않는다. 즉, 태양 에너지가 지구 내부 에너지 또는 조력 에너지로 전환될 수 없다.

D 지구시스템의 물질 순환 여기서 잠깐 96쪽

1 물의 순환

① 물의 순환을 일으키는 주된 에너지원: 태양 에너지

② 지구시스템에서 물의 총량은 일정하며, 물은 지구시스템의 각 권역을 순환하면서 지구의 에너지 평형에 중요한 역할을 한다.❸ ➡ 물의 순환은 에너지 흐름과 함께 일어난다.❹

물의 이동	예시
수권 ➡ 기권	바다, 강, 호수의 물이 태양 에너지를 흡수하여 증발해 수증기가 된다.
기권 ➡ 지권	수증기가 응결하여 구름 형성(에너지 방출) → 비나 눈이 되어 지표로 이동
지권 ➡ 기권	화산 활동으로 방출된 수증기가 기권으로 이동
수권 ➡ 생물권	지표와 바다에 내린 강수의 일부는 생물에 흡수된다.
생물권 ➡ 기권	식물의 *증산 작용

③ 물이 순환하고 에너지가 흐르는 과정에서 지표의 변화와 물수지 변화 등이 일어난다.

④ 육지, 바다, 대기에서 각각 *물수지 평형을 이루고 있다. ➡ 육지, 바다, 대기에서 모두 물의 유입량과 유출량이 같다.

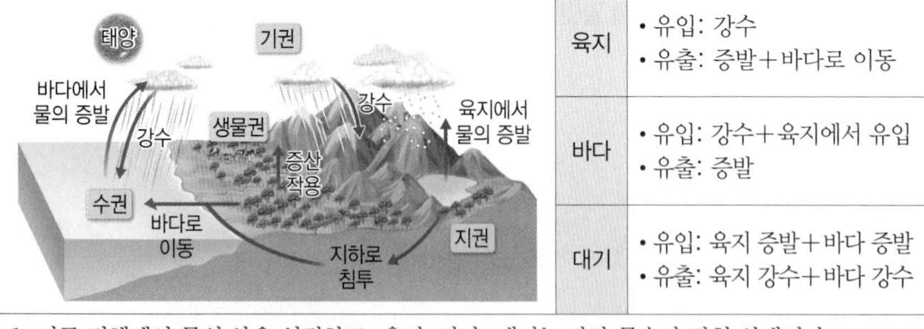

육지	• 유입: 강수 • 유출: 증발+바다로 이동
바다	• 유입: 강수+육지에서 유입 • 유출: 증발
대기	• 유입: 육지 증발+바다 증발 • 유출: 육지 강수+바다 강수

1. 지구 전체에서 물의 양은 일정하고, 육지, 바다, 대기는 각각 물수지 평형 상태이다.
2. 총 강수량은 총 증발량과 같다. ➡ 육지 강수+바다 강수=육지 증발+바다 증발
3. 육지의 물이 바다로 이동하므로 육지는 강수>증발이고, 바다는 강수<증발이다.

Plus 강의

❶ 각 권역에서 태양 에너지의 역할

기권	기상 현상(눈, 비, 구름 등), 대기의 순환 등
수권	물의 순환, 해수의 순환 등
지권	풍화·침식 작용, 지형 변화 등
생물권	광합성(생태계 유지)

❷ 조력 에너지의 크기
달은 태양보다 질량이 작지만 지구와의 거리가 가까워 조석 현상에 미치는 영향이 더 크다. 따라서 지구에 영향을 미치는 조력 에너지의 크기는 달이 태양보다 크다.

❸ 지구의 에너지 평형
대기와 해수의 순환을 통해 저위도 지역의 남는 에너지가 고위도 지역으로 이동하여 지구는 전체적으로 에너지 평형을 이룬다.

❹ 물의 상태 변화와 에너지
어떤 물질의 상태가 변할 때 흡수하거나 방출하는 에너지를 잠열(숨은열)이라고 한다. 물은 증발할 때 잠열을 흡수하고, 응결할 때 잠열을 방출한다. 따라서 물의 순환 과정에서 에너지의 흐름이 나타난다.

Q 용어 돋보기

* **방사성 원소(放 놓다, 射 쏘다, 性 성질, 元 으뜸, 素 바탕)**_불안정한 원자핵이 스스로 붕괴하면서 방사선을 방출하는 원소
* **증산(蒸 데우다, 散 흩어지다) 작용**_식물의 잎에 있는 기공에서 공기 중으로 수증기를 방출하는 작용
* **물수지**_물의 총 유입량과 총 유출량을 비교한 결과

2 탄소의 순환

① **탄소의 분포**: 각 권에서 다양한 형태로 분포하며, 거의 대부분은 탄산염 형태로 지권에 존재한다.[5] ➡ 지구시스템에서 탄소의 분포량은 지권≫수권>생물권>기권이다.

영역	지권	기권	수권	생물권
분포 형태	탄산염(석회암), 화석 연료	이산화 탄소(CO_2), 메테인(CH_4)	탄산수소 이온(HCO_3^-), 탄산 이온(CO_3^{2-})	유기물

② 탄소의 순환

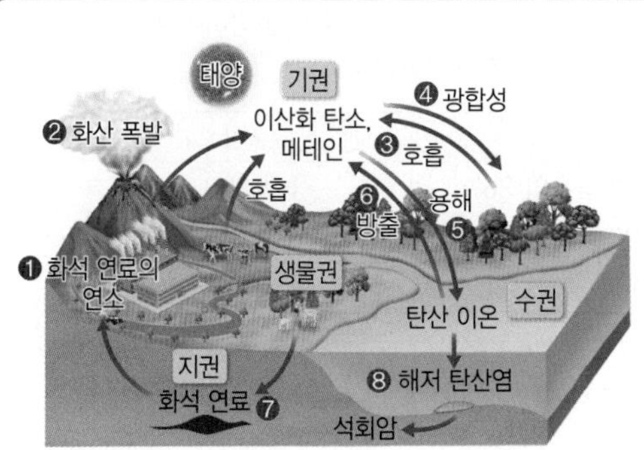

- 지구 전체의 총 탄소량은 일정하다.
- 탄소는 지구시스템 구성 요소의 상호작용을 통해 끊임없이 순환한다.
- 탄소의 순환 과정에서 에너지의 흐름도 함께 일어난다.

❶ **화석 연료 연소**: 지권의 화석 연료가 연소되면서 기권으로 이산화 탄소가 방출된다. 지권 → 기권
❷ **화산 활동**: 화산 폭발로 화산 가스에 포함된 이산화 탄소가 기권으로 방출된다.(지구 내부 에너지 방출) 지권 → 기권
❸ **호흡**: 생물은 호흡을 통해 이산화 탄소를 기권으로 방출한다. 생물권 → 기권
❹ **광합성**: 광합성을 통해 기권의 이산화 탄소가 생물권에 유기물로 저장된다. 기권 → 생물권
❺ **용해**: 기권의 이산화 탄소가 해수에 녹아 탄산 이온이 된다. 기권 → 수권
❻ **방출**: 수권에 녹아 있던 탄산 이온이 이산화 탄소 형태로 방출된다. ➡ 수온이 상승하면 기체의 용해도가 낮아져서 기권으로 더 많이 방출된다.(태양 에너지 흡수) 수권 → 기권
❼ **화석 연료 생성**: 생물체가 지권에 매장되어 오랜 시간이 지나 화석 연료가 된다. 생물권 → 지권
❽ **탄산염(석회암) 생성**[6]: 해수의 탄산 이온이 침전되거나 석회질 생물체의 유해가 가라앉아 지권에 탄산염으로 저장된다. 수권 → 지권 또는 생물권 → 지권

3 지구시스템의 균형

① 지구시스템은 상호작용 하며 인류를 비롯한 지구 생명체의 존속에 기여하고 있다. ➡ 최근 인간 활동으로 지구시스템의 균형이 깨지고 있다. 예 지구 온난화, 해양 산성화,[7] 사막화[8] 등

② 미래 세대를 위해 지구시스템을 최적의 상태로 보전하기 위해 노력해야 한다.

❺ 탄소의 분포량

구분	주요 형태	비율(%)
지권	탄산염	99.9
	화석 연료	0.005
수권	탄산 이온	0.05
생물권	유기물	0.003
기권	이산화 탄소	0.001

❻ 석회암 생성
해수 속에 녹아 있던 이온들이 결합하여 형성된 탄산칼슘이 해저에 가라앉아 탄산염을 형성하고, 오랜 기간이 지난 뒤에 석회암이 된다. 또한, 석회질 성분을 가진 생물체(조개, 산호 등)의 잔해가 해저에 쌓여 석회암을 생성할 수도 있다.

❼ 탄소 순환과 해양 산성화
대기 중 이산화 탄소의 농도 증가로 기권에서 해수로 녹아드는 이산화 탄소의 양은 연간 2 Gton 이상이다. 이로 인해 해양 산성화 현상이 나타나고 있다.

❽ 사막화
토양이 황폐해져 식물이 살 수 없는 사막으로 변해가는 현상을 말한다. 최근 숲이 파괴되고, 과잉 경작이 늘어나면서 사막화 현상이 증가하고 있다.

개념 쏙쏙

정답과 해설 23쪽

3 지구시스템의 에너지원에 대한 설명으로 옳은 것은 ○, 옳지 않은 것은 ×로 표시하시오.

(1) 에너지량은 태양 에너지≫지구 내부 에너지>조력 에너지이다. .... (　　)
(2) 물의 순환을 일으키는 주요 에너지원은 지구 내부 에너지이다. .... (　　)
(3) 태양 에너지는 상호작용을 통해 조력 에너지로 전환될 수 있다. .... (　　)

4 지구시스템의 상호작용에 의한 탄소의 이동을 옳게 연결하시오.

(1) 광합성에 의해 유기물이 생성된다. • • ㉠ 지권 → 기권
(2) 생물체 유해가 퇴적되어 화석 연료가 생성된다. • • ㉡ 수권 → 지권
(3) 화산 활동이 일어나 화산 가스가 방출된다. • • ㉢ 기권 → 생물권
(4) 해수의 탄산 이온이 탄산염으로 쌓여 석회암이 된다. • • ㉣ 생물권 → 지권

암기 꼭!

지구시스템의 에너지원
태양 에너지, 지구 내부 에너지, 조력 에너지

물수지 평형
- 총 강수량=총 증발량
  ➡ 지구시스템 전체 물의 양 일정
- 육지, 바다, 대기는 각각 물수지 평형 상태

지구시스템의 물질 순환

정답과 해설 23쪽

지구시스템의 각 권역 사이에 일어나는 상호작용에는 물질의 이동과 에너지의 흐름이 있어요. 대표적인 물질의 순환은 물의 순환, 탄소의 순환이 있는데, 물의 순환과 탄소의 순환은 어떤 과정을 거쳐 일어나는지 알아보아요.

물의 순환

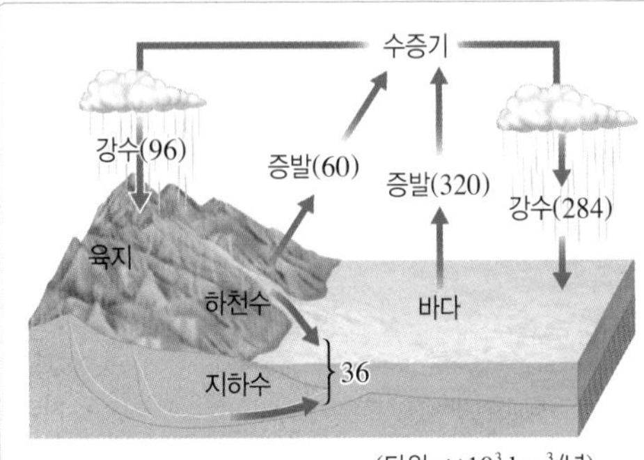

(단위: $\times 10^3$ km^3/년)

❶ 주요 에너지원: 태양 에너지
❷ 물의 순환은 지표 변화를 일으킨다.
❸ 바다, 육지, 대기는 각각 물수지 평형 상태이다. ➡ 하천수와 지하수를 통해 육지에서 바다로 이동하는 물(36 단위)에 의해 물수지 평형이 이루어지며, 침식이나 퇴적 작용에 의해 지표 변화가 나타난다.

구분	유입량	유출량
바다	강수 284+육지에서 유입 36	증발 320
육지	강수 96	증발 60+바다로 이동 36
대기	육지 증발 60+바다 증발 320	육지 강수 96+바다 강수 284

Q1 물의 순환을 일으키는 주요 에너지원을 쓰시오.

탄소의 순환

그림은 지구시스템에 분포하는 탄소의 양과 연간 기권에 유입·유출되는 탄소의 양을 나타낸 것이다.

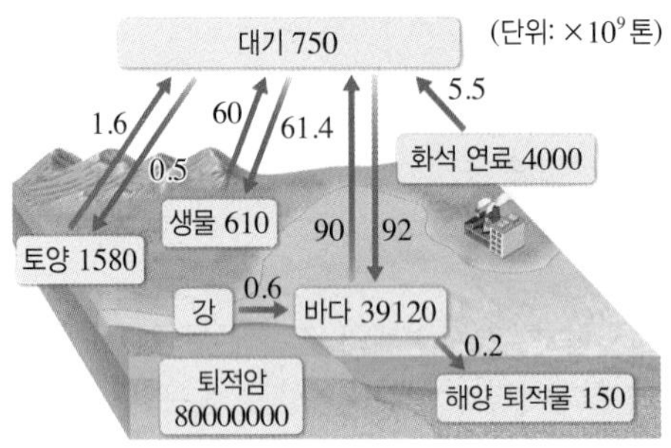

❶ 지구시스템의 탄소는 대부분 지권에 존재한다. ➡ 퇴적암(석회암), 화석 연료, 토양, 해양 퇴적물 등에 분포
❷ 연간 기권에 유입·유출되는 탄소의 양

구분	과정	기권의 유입량(+), 유출량(−)	기권의 증감량
수권 → 기권	해수에서 방출	+90	+3.2
기권 → 수권	해수에 용해	−92	
생물권 → 기권	생물 호흡	+60	
기권 → 생물권	광합성	−61.4	
지권 → 기권	토양 방출	+1.6	
기권 → 지권	토양 흡수	−0.5	
지권 → 기권	화석 연료 사용	+5.5	

- 수권: 기권에서 해수로 녹아드는 양(92−90=2 단위)과 강물을 통해 유입되는 양(0.6 단위)에 의해 수권의 탄소가 증가한다. ➡ 기권의 탄소 증가를 완화시켜 주는 역할을 하지만, 해양 산성화가 나타난다.
- 생물권: 광합성으로 흡수되는 탄소량(61.4 단위)이 호흡으로 배출되는 탄소량(60 단위)보다 많으므로 기권의 탄소 증가를 완화시켜 주는 역할을 한다.
- 지권: 토양 방출과 흡수, 인간 활동(화석 연료 사용)에 의해 기권의 탄소가 연간 1.6−0.5+5.5=6.6 단위 증가하지만, 생물권과 수권이 (61.4−60)+(92−90)=3.4 단위를 흡수하여 실제 기권의 탄소 증가량은 연간 6.6−3.4=3.2 단위이다.

Q2 화석 연료의 사용량 증가에 따라 지권, 기권, 수권, 생물권 중 탄소 분포량이 증가하는 권역을 모두 쓰시오.

중간·기말 고사에 출제될 확률이 높은 문항들로 구성하여, 내신에 완벽 대비할 수 있도록 하였습니다.

정답과 해설 23쪽

A 지구시스템의 구성 요소

01 지구시스템에 대한 설명으로 옳지 않은 것은?

① 태양계라는 더 큰 시스템에 속해 있는 시스템이다.
② 지구시스템의 구성 요소는 지권, 기권, 수권, 생물권, 외권이다.
③ 지구시스템의 여러 구성 요소가 상호작용을 하는 체계이다.
④ 지구시스템의 구성 요소들 사이에 에너지와 물질이 이동한다.
⑤ 지구시스템의 구성 요소들은 다른 권역의 영향을 받지 않고 독립적으로 존재한다.

중요
02 지구시스템을 구성하는 각 권역에 대한 설명으로 옳은 것은?

① 지권은 지구를 구성하는 고체 상태의 물질만 포함한 영역이다.
② 기권은 기상 현상이 나타나는 대기 영역을 말한다.
③ 수권은 액체 상태로 존재하는 물만을 포함한 영역이다.
④ 생물권은 지권에만 존재하는 모든 생명체를 말한다.
⑤ 외권은 지구를 둘러싸고 있는 기권 바깥의 우주 공간 영역이다.

03 표는 지권의 성층 구조 A~D의 특징을 나타낸 것이다. A~D는 각각 지각, 맨틀, 외핵, 내핵 중 하나이다.

구분	주요 구성 원소	상태	평균 밀도(g/cm^3)
A	철, 니켈	고체	약 16.0
B	철, 니켈	(　　)	약 11.8
C	산소, 규소	(　　)	약 4.5
D	(　　)	고체	약 2.7~3.0

이에 대한 설명으로 옳은 것만을 [보기]에서 있는 대로 고른 것은?

보기
ㄱ. B와 C는 액체 상태이다.
ㄴ. D의 주요 구성 원소는 산소와 규소이다.
ㄷ. A~D 중 온도와 압력이 가장 높은 층은 A이다.

① ㄱ　② ㄴ　③ ㄱ, ㄷ　④ ㄴ, ㄷ　⑤ ㄱ, ㄴ, ㄷ

중요
04 그림은 기권의 성층 구조를 나타낸 것이다.

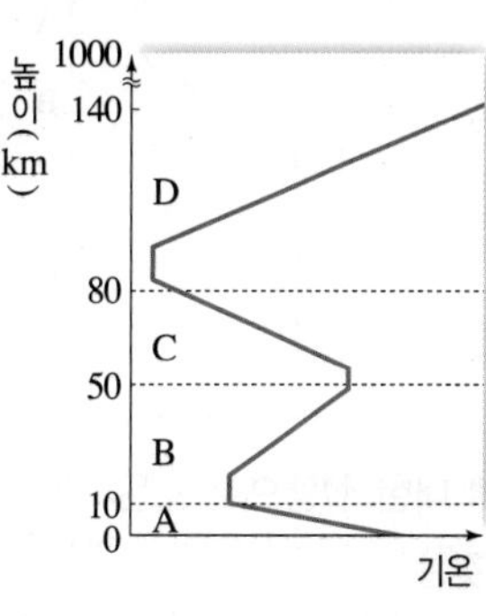

A~D 층에 대한 설명으로 옳은 것만을 [보기]에서 있는 대로 고른 것은?

보기
ㄱ. A 층에서는 기상 현상이 나타난다.
ㄴ. B 층에는 자외선을 흡수하는 오존층이 존재한다.
ㄷ. 대류는 C 층보다 D 층에서 잘 일어난다.

① ㄱ　② ㄷ　③ ㄱ, ㄴ　④ ㄴ, ㄷ　⑤ ㄱ, ㄴ, ㄷ

05 그림 (가)는 기권의 대기 조성을, (나)는 수권 중 육수의 분포를 나타낸 것이다.

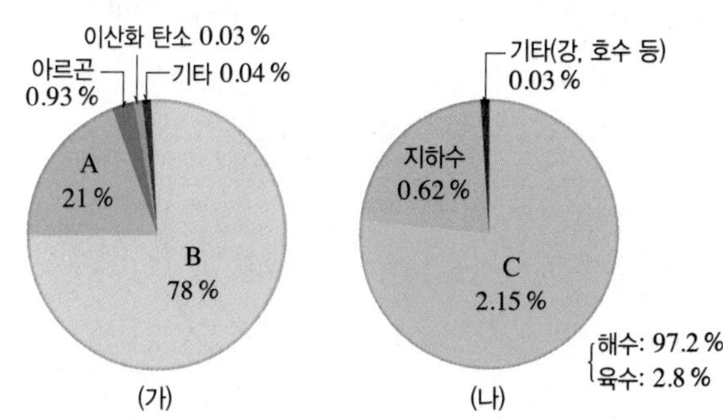

이에 대한 설명으로 옳은 것만을 [보기]에서 있는 대로 고른 것은?

보기
ㄱ. A는 해수에 녹아 해양 생명체의 호흡에 이용된다.
ㄴ. B는 식물의 광합성에 의해 생성된다.
ㄷ. C는 고체 상태로 존재한다.

① ㄱ　② ㄴ　③ ㄱ, ㄷ　④ ㄴ, ㄷ　⑤ ㄱ, ㄴ, ㄷ

★중요
06 그림은 해수의 성층 구조를 나타낸 것이다.

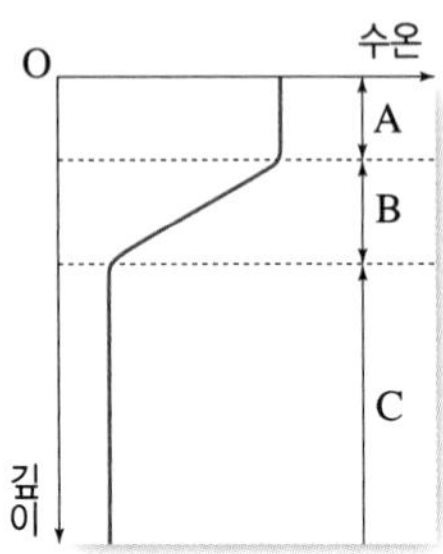

A~C 층에 대한 설명으로 옳은 것만을 [보기]에서 있는 대로 고른 것은?

보기
ㄱ. 태양 에너지를 가장 많이 흡수하는 층은 A이다.
ㄴ. 계절에 따른 수온 변화는 C 층에서 가장 뚜렷하다.
ㄷ. B 층은 A 층과 C 층 사이의 물질 교환이 활발하게 이루어질 수 있도록 도와주는 역할을 한다.

① ㄱ ② ㄴ ③ ㄱ, ㄷ
④ ㄴ, ㄷ ⑤ ㄱ, ㄴ, ㄷ

07 그림은 지구시스템의 구성 요소를 나타낸 것이다.

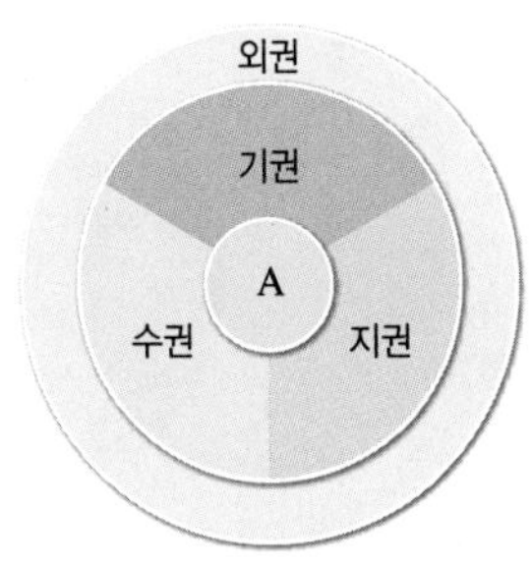

A에 대한 설명으로 옳은 것만을 [보기]에서 있는 대로 고른 것은?

보기
ㄱ. A는 생물권이다.
ㄴ. A와 외권은 직접적인 상호작용이 어렵다.
ㄷ. A는 수권, 지권, 기권에 걸쳐 분포한다.

① ㄱ ② ㄴ ③ ㄱ, ㄷ
④ ㄴ, ㄷ ⑤ ㄱ, ㄴ, ㄷ

B 지구시스템 구성 요소의 상호작용

08 지구시스템의 상호작용에 대한 설명으로 옳은 것만을 [보기]에서 있는 대로 고른 것은?

보기
ㄱ. 상호작용이 일어날 때 물질과 에너지 이동이 나타난다.
ㄴ. 지권과 물질 교환이 가장 활발한 권역은 외권이다.
ㄷ. 수권과 기권의 상호작용은 지권이나 생물권에 영향을 미치지 않는다.

① ㄱ ② ㄴ ③ ㄱ, ㄷ
④ ㄴ, ㄷ ⑤ ㄱ, ㄴ, ㄷ

09 지구시스템의 구성 요소 중 외권과 다른 권역 사이의 상호작용에 해당하는 것만을 [보기]에서 있는 대로 고른 것은?

보기

① ㄱ, ㄴ ② ㄱ, ㄹ ③ ㄴ, ㄷ
④ ㄱ, ㄷ, ㄹ ⑤ ㄴ, ㄷ, ㄹ

★중요
10 그림은 지구시스템의 상호작용을 나타낸 것이다. A~C에 해당하는 상호작용의 예를 옳게 짝 지은 것은?

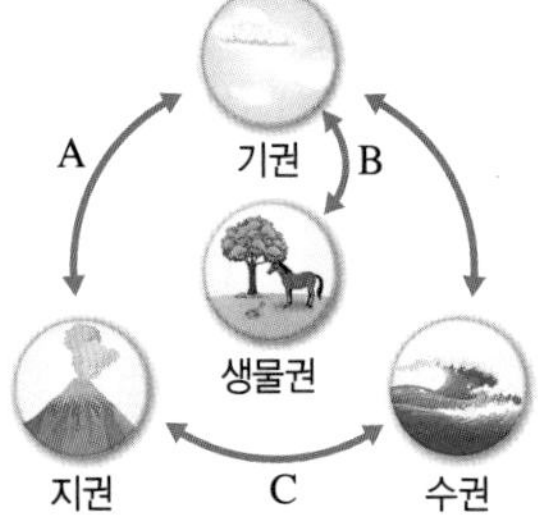

	A	B	C
①	광합성	쓰나미 발생	화산 가스 방출
②	광합성	화산 가스 방출	쓰나미 발생
③	쓰나미 발생	광합성	화산 가스 방출
④	화산 가스 방출	쓰나미 발생	광합성
⑤	화산 가스 방출	광합성	쓰나미 발생

11 다음은 태양계 행성 중 지구에서만 생물권이 존재할 수 있었던 까닭에 대한 학생들의 의견이다.

- 학생 A: 지구 대기에 산소가 있었기 때문에 생명체가 탄생할 수 있었어.
- 학생 B: 지구 표면에 액체 상태의 물이 존재하기 때문에 생물권이 형성될 수 있었어.
- 학생 C: 지구 자기장이 태양풍을 차단해 주기 때문에 생태계가 번성할 수 있는 거야.

제시한 의견이 옳은 학생만을 있는 대로 고른 것은?

① A ② B ③ C
④ A, B ⑤ B, C

12 생명 현상 유지에 기여하는 기권의 역할에 대한 설명으로 옳은 것만을 [보기]에서 있는 대로 고른 것은?

보기
ㄱ. 대기의 순환을 통해 지구의 에너지 평형에 기여한다.
ㄴ. 생명 활동에 필요한 성분을 제공해 준다.
ㄷ. 공기는 비열이 매우 커서 지구의 평균 온도를 일정하게 유지시켜 주는 역할을 한다.

① ㄱ ② ㄷ ③ ㄱ, ㄴ
④ ㄴ, ㄷ ⑤ ㄱ, ㄴ, ㄷ

서술형

13 그림은 기권의 성층 구조를 나타낸 것이다.

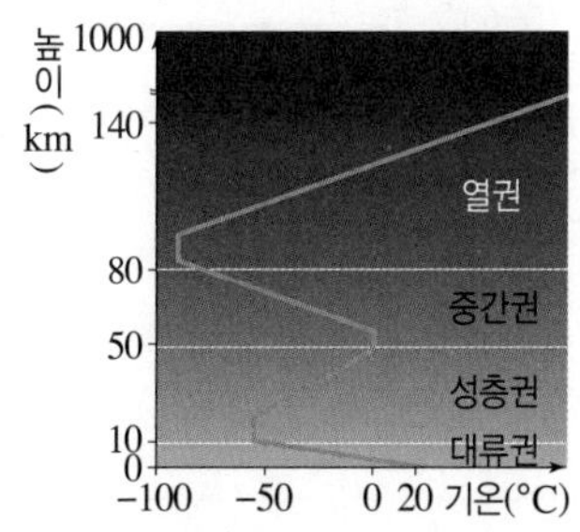

오존층이 존재하는 층을 쓰고, 지구에 오존층이 형성된 과정을 지구시스템의 상호작용과 관련지어 서술하시오.

C 지구시스템의 에너지원

14 지구시스템의 에너지원에 대한 설명으로 옳은 것만을 [보기]에서 있는 대로 고른 것은?

보기
ㄱ. 가장 많은 양을 차지하는 에너지원은 지구 내부 에너지이다.
ㄴ. 각 권역 사이의 상호작용이 일어날 때 에너지원이 이용된다.
ㄷ. 에너지원은 지구시스템의 각 권역에서 다양한 형태의 에너지로 전환될 수 있다.

① ㄱ ② ㄴ ③ ㄱ, ㄷ
④ ㄴ, ㄷ ⑤ ㄱ, ㄴ, ㄷ

[15~16] 그림은 지구시스템의 에너지원 A～C의 에너지량 비율을 나타낸 것이다.

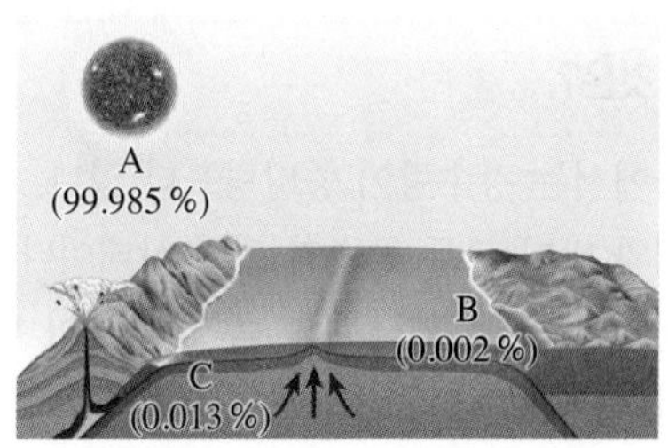

중요

15 A～C에 대한 설명으로 옳은 것만을 [보기]에서 있는 대로 고른 것은?

보기
ㄱ. A는 C로 전환된다.
ㄴ. B는 주로 태양에 의해 형성된다.
ㄷ. 화산 폭발 시 지구 내부 에너지인 C를 방출한다.

① ㄱ ② ㄷ ③ ㄱ, ㄴ
④ ㄴ, ㄷ ⑤ ㄱ, ㄴ, ㄷ

16 다음 (가)～(다)의 현상과 관련된 지구시스템의 에너지원을 A～C에서 골라 옳게 짝 지은 것은?

(가) 구름, 비, 눈 등의 기상 현상이 나타난다.
(나) 밀물과 썰물을 일으켜 해수면 높이가 변한다.
(다) 외핵의 운동을 일으켜 지구 자기장이 형성된다.

	(가)	(나)	(다)		(가)	(나)	(다)
①	A	B	C	②	A	C	B
③	B	A	C	④	C	A	B
⑤	C	B	A				

D 지구시스템의 물질 순환

17 지구시스템에서 일어나는 물질 순환과 에너지 흐름에 대한 설명으로 옳은 것만을 [보기]에서 있는 대로 고른 것은?

보기
ㄱ. 물질 순환 과정에서 에너지의 흐름도 함께 나타난다.
ㄴ. 물의 순환을 일으키는 주요 에너지원은 태양 에너지이다.
ㄷ. 탄소 순환을 통해 각 권역에서의 탄소량은 항상 일정하게 유지된다.

① ㄱ ② ㄷ ③ ㄱ, ㄴ
④ ㄴ, ㄷ ⑤ ㄱ, ㄴ, ㄷ

18 지구시스템에서 일어나는 물의 순환에 대한 설명으로 옳지 않은 것은?

① 바다에서는 강수량이 증발량보다 많다.
② 육지와 바다 모두 물수지 평형 상태이다.
③ 하천수와 지하수를 통해 육지의 물이 바다로 흘러간다.
④ 물의 증발은 주로 태양 에너지의 흡수에 의해 일어난다.
⑤ 물의 순환이 계속되더라도 지구 전체의 물의 양은 변하지 않는다.

19 물의 순환 과정에 의해 형성된 지표의 변화에 해당하는 것만을 [보기]에서 있는 대로 고른 것은?

보기

① ㄱ, ㄴ ② ㄴ, ㄷ ③ ㄷ, ㄹ
④ ㄱ, ㄴ, ㄹ ⑤ ㄱ, ㄷ, ㄹ

중요
20 그림은 탄소의 순환 과정을 나타낸 것이다.

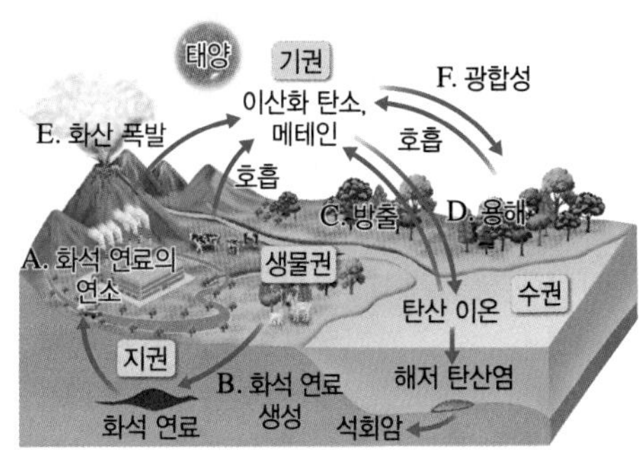

이에 대한 설명으로 옳은 것만을 [보기]에서 있는 대로 고른 것은?

보기
ㄱ. 연간 탄소의 이동량은 A에서가 B에서보다 많다.
ㄴ. 수온이 높아지면 C보다 D가 활발해진다.
ㄷ. E와 F는 모두 지구 온난화를 완화시키는 역할을 한다.

① ㄱ ② ㄴ ③ ㄱ, ㄷ
④ ㄴ, ㄷ ⑤ ㄱ, ㄴ, ㄷ

서술형
21 그림은 지구시스템의 상호작용을 통해 탄소가 이동하는 예를 나타낸 것이다.

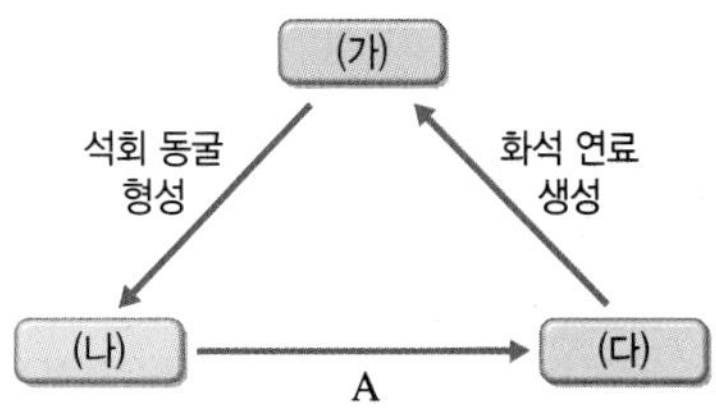

(1) (가)~(다)에 해당하는 지구시스템의 구성 요소를 각각 쓰시오.

(2) A에 해당하는 탄소 이동의 예를 한 가지 서술하시오.

내신 탄탄보다는 조금 수준이 높은 유형의 문제들로 구성하였습니다. 자신의 실력을 한 단계 높여 보세요.

정답과 해설 25쪽

01 그림 (가)와 (나)는 중위도 어느 해역에서 기온의 연직 분포와 수온의 연직 분포를 각각 나타낸 것이다.

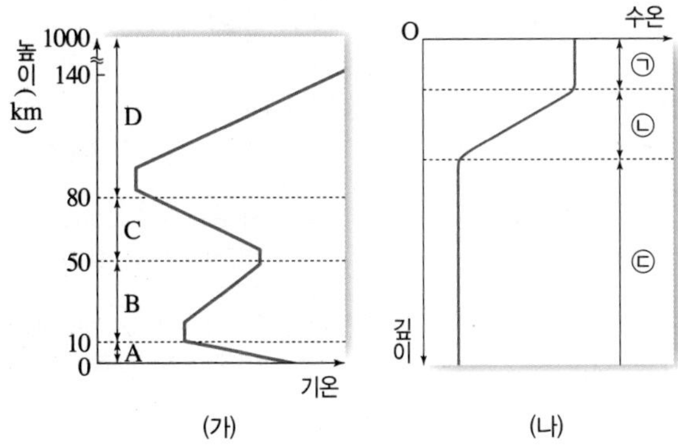

(가) (나)

이에 대한 설명으로 옳은 것만을 [보기]에서 있는 대로 고른 것은?

보기
ㄱ. (가)에서는 높이가 높아질수록 대기의 밀도가 증가하는 층이 존재한다.
ㄴ. (나)에서 ㉠ 층의 두께는 A 층의 영향을 받는다.
ㄷ. (가)의 B 층과 (나)의 ㉡ 층은 안정한 층이다.

① ㄱ ② ㄴ ③ ㄱ, ㄷ
④ ㄴ, ㄷ ⑤ ㄱ, ㄴ, ㄷ

02 그림 (가)와 (나)는 지구시스템에서 생물권이 형성되기 전과 후에 각 권역 사이의 상호작용을 나타낸 것이다.

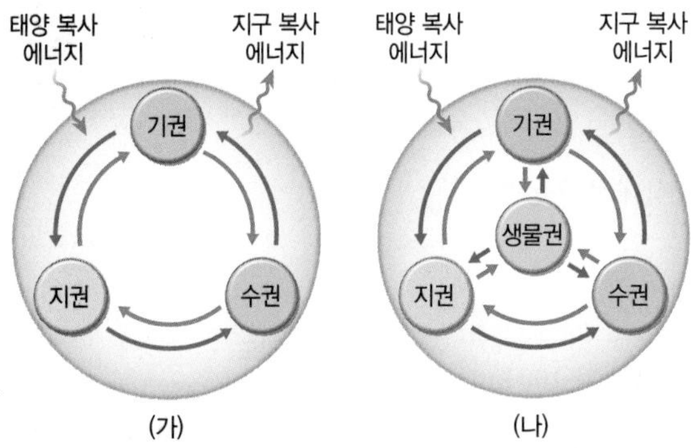

(가) (나)

이에 대한 설명으로 옳은 것만을 [보기]에서 있는 대로 고른 것은?

보기
ㄱ. (가)일 때 기권의 주요 성분은 질소와 산소였다.
ㄴ. (나)에서 최초의 생명체는 수권에 분포하였다.
ㄷ. (나)에서 수권과 지권의 상호작용은 기권과 생물권의 상호작용에 영향을 받지 않는다.

① ㄱ ② ㄴ ③ ㄷ
④ ㄱ, ㄴ ⑤ ㄴ, ㄷ

03 표는 지구시스템의 주요 에너지원의 특징을 나타낸 것이다.

에너지원	에너지량(상댓값)	현상
A	약 2.0	지각 변동
B	약 1.0	(㉠)
C	(㉡)	(㉢)

이에 대한 설명으로 옳은 것만을 [보기]에서 있는 대로 고른 것은?

보기
ㄱ. ㉡은 3.0보다 크다.
ㄴ. 물의 순환은 ㉠보다 ㉢에 적절하다.
ㄷ. 화석 연료의 에너지원은 A에 해당한다.

① ㄱ ② ㄷ ③ ㄱ, ㄴ
④ ㄴ, ㄷ ⑤ ㄱ, ㄴ, ㄷ

04 그림은 지구시스템의 각 권역 (가)~(라)에 존재하는 탄소의 주요 형태와 탄소의 이동을 나타낸 것이다.

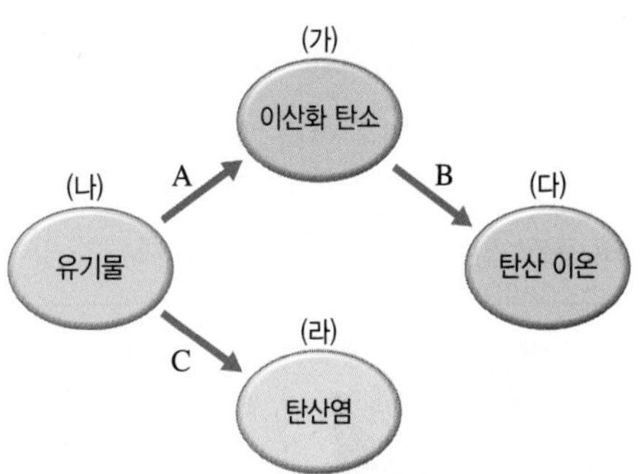

이에 대한 설명으로 옳은 것만을 [보기]에서 있는 대로 고른 것은?

보기
ㄱ. 광합성은 A 과정에 해당한다.
ㄴ. B 과정은 해수의 온도가 높을수록 활발하다.
ㄷ. C 과정에서 석회암이 생성된다.

① ㄱ ② ㄴ ③ ㄷ
④ ㄱ, ㄴ ⑤ ㄱ, ㄷ

02 지권의 변화와 영향

핵심 짚기
- □ 화산대와 지진대
- □ 판 경계에서 일어나는 지각 변동
- □ 판의 구조
- □ 화산 활동과 지진의 영향

A 지각 변동과 변동대

1 지각 변동 지각이 변형되는 여러 가지 활동 예 화산 활동, 지진, *조산 운동 등

① **화산 활동**: 마그마가 지각의 약한 틈을 뚫고 지표로 나오면서 분출하는 현상 ➡ 화산 분출물은 화산 가스, 화산 쇄설물, 용암으로 구분❶

② **지진**: 지하에 축적된 에너지가 지진파로 방출되면서 땅이 흔들리는 현상❷

③ **지각 변동을 일으키는 에너지원**: 지구 내부 에너지

2 *변동대 화산 활동, 지진, 조산 운동 등의 지각 변동이 활발하게 일어나는 지역

① **화산대**: 화산 활동이 활발한 지점을 연결한 지역

② **지진대**: 지진이 자주 발생하는 지점을 연결한 지역

③ 화산대와 지진대는 좁고 긴 띠 모양으로 분포하며, 대체로 일치한다. ➡ 화산 활동과 지진은 대부분 판의 경계에서 판의 상대적인 운동에 의해 발생하기 때문

| 화산대와 지진대의 분포 |

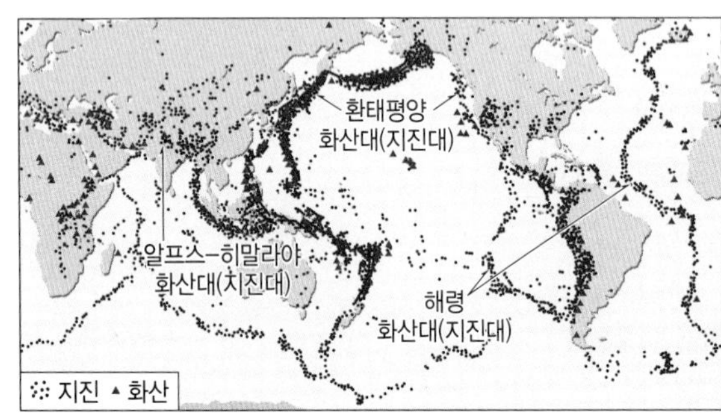

- **환태평양 화산대(지진대)**: 태평양 주변부를 따라 분포, 화산 활동과 지진의 대부분이 이 지역에서 발생
- **알프스-히말라야 화산대(지진대)**: 지중해-히말라야-인도네시아를 따라 분포, 대규모 습곡 산맥 발달
- **해령 화산대(지진대)**: 태평양, 대서양, 인도양의 해령에 분포

- 화산 활동과 지진은 대륙 주변부에 많이 발생한다.
- 지진이 발생하는 곳에서 항상 화산 활동이 일어나는 것은 아니다.

B 판 구조론과 판의 경계

1 판 구조론 지구의 표면은 여러 개의 판으로 이루어져 있으며, 판들의 상대적 운동에 의해 화산 활동이나 지진 등의 지각 변동이 일어난다는 이론

① **판의 구조**: 암석권(판) 하부에 맨틀 대류가 일어나는 연약권이 존재한다.

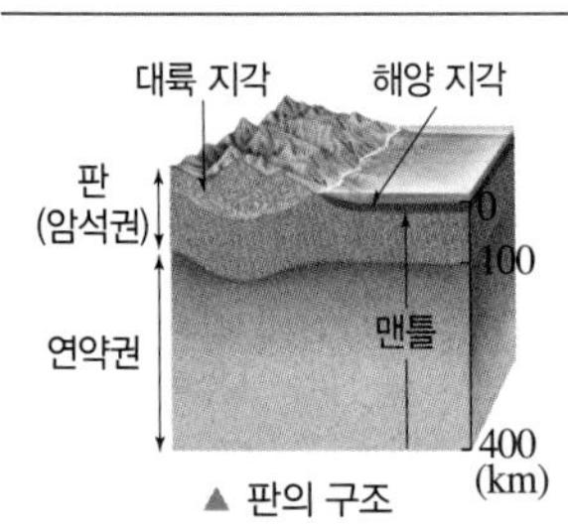

▲ 판의 구조

구분	특징
암석권(판)	• 지각과 상부 맨틀의 일부를 포함하는 약 100 km 두께의 단단한 부분이다. • 암석권은 여러 조각으로 나누어져 있으며, 암석권의 조각을 판이라고 한다.
연약권	• 암석권 아래 깊이 약 100 km~400 km 구간 • 맨틀이 부분 용융되어 유동성이 있어 맨틀 대류가 일어난다. ➡ 판 이동의 원동력

② **판의 구분**: 판에 포함되는 지각의 종류에 따라 해양판과 대륙판으로 구분

구분	구성	두께	밀도❸
해양판	해양 지각(현무암질 암석)+상부 맨틀의 일부	얇다	크다
대륙판	대륙 지각(화강암질 암석)+상부 맨틀의 일부	두껍다	작다

Plus 강의

❶ **화산 분출물**
- **화산 가스**: 수증기, 이산화 탄소, 이산화 황 등의 기체
- **화산 쇄설물**: 화산 폭발로 방출되는 암석 파편 예 화산진, 화산재, 화산력, 화산암괴 등
- **용암**: 마그마가 지표로 분출하여 대부분의 기체가 빠져나간 고온의 액체

❷ **진원과 진앙**

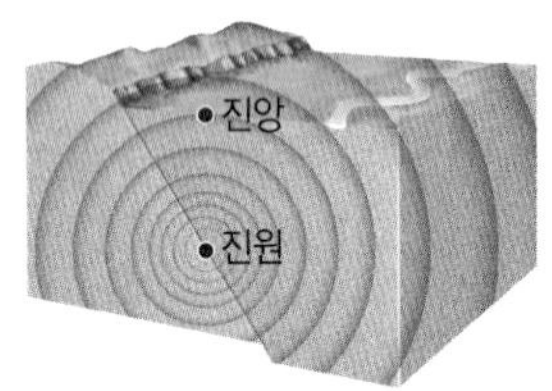

지진이 발생한 지점을 진원이라 하고, 진원 바로 위 지표면의 지점을 진앙이라고 한다.

❸ **판의 밀도**
해양 지각이 대륙 지각보다 밀도가 큰 암석으로 이루어져 있기 때문에 해양판이 대륙판보다 밀도가 크다.

용어 돋보기

- * **조산(造 만들다, 山 메) 운동**_습곡 산맥 등을 만드는 지각 변동
- * **변동대(變 변하다, 動 움직이다, 帶 띠)**_띠 모양으로 길게 이어져 지각의 변형이 일어나는 지역

2 판의 경계

① **판의 분포**: 지구 표면은 10여 개의 크고 작은 판으로 이루어져 있다. ➡ 지각 변동은 주로 판의 경계에서 일어나기 때문에 화산대와 지진대는 판의 경계와 대체로 일치

② **판의 분포와 상대적 이동**

▲ 전 세계 판의 분포와 이동

- 판의 이동 속도는 약 1 cm/년~10 cm/년이고, 판의 이동 방향은 다르다.
- 판 경계는 두 판의 상대적 운동 방향에 따라 3가지로 구분한다. ➡ 판의 경계에서 두 판은 서로 멀어지거나, 가까워지거나, 어긋난다.
- 점선으로 표시한 곳은 판의 경계가 뚜렷하지 않은 곳이다. 예 유라시아판과 북아메리카판의 경계

③ **판 이동의 원동력**: 맨틀 대류[4]

- **맨틀 대류**: 온도가 높은 부분은 밀도가 작아져서 상승하고, 점차 식으면서 이동하여 온도가 낮아지면 밀도가 커져서 하강한다.
- **판을 움직이는 에너지원**: 지구 내부 에너지

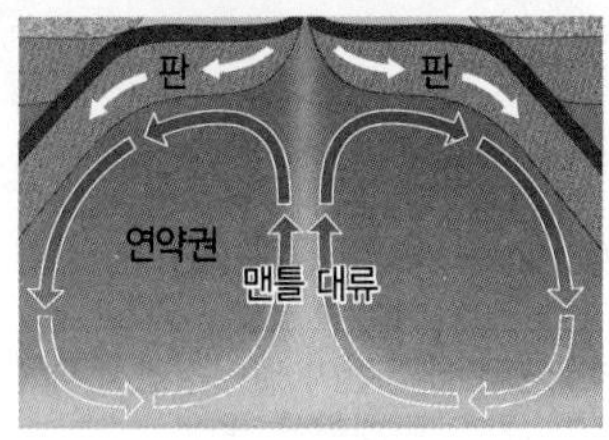

▲ 맨틀 대류 모형

❹ 판 이동의 원동력 실험

[과정] 우유 표면에 코코아 가루를 뿌리고 냄비 아래쪽을 가열한다.
[결과] 가열된 우유가 상승하여 대류가 일어나고, 코코아로 덮인 표면이 갈라져 여러 조각으로 나뉘어 이동한다.

실험	실제 지구
코코아 가루	판
우유	맨틀
열원	지구 내부 에너지
상승하는 우유	맨틀 대류 상승
갈라진 경계	판 경계

개념 쏙쏙

정답과 해설 25쪽

1 **다음은 지각 변동과 변동대에 대한 설명이다. (　　) 안에 알맞은 말을 쓰시오.**

(1) 지각 변동을 일으키는 주요 에너지원은 (　　　　) 에너지이다.
(2) (　　　　)에서는 화산 활동, 지진, 조산 운동 등이 활발하게 일어난다.
(3) 화산 활동이 활발한 지점을 연결한 지역을 (　　　　)라고 한다.
(4) 화산대와 지진대는 대체로 일치하며, 좁고 긴 (　　　　) 모양으로 분포한다.

2 **그림은 판의 구조를 나타낸 것이다. 이에 대한 설명으로 옳은 것은 ○, 옳지 않은 것은 ×로 표시하시오.**

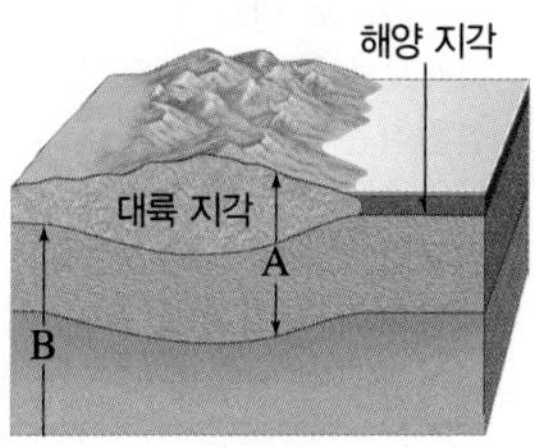

(1) A는 암석권이다. ………… (　　)
(2) B에서는 맨틀 대류가 일어난다. ………… (　　)
(3) 대륙판은 해양판보다 두께가 두껍고, 평균 밀도가 작다. ………… (　　)

3 **판의 분포와 이동에 대한 설명으로 옳은 것은 ○, 옳지 않은 것은 ×로 표시하시오.**

(1) 지구 표면은 10여 개의 크고 작은 판으로 이루어져 있다. ………… (　　)
(2) 판의 이동 속도는 대체로 연간 수 m 정도이다. ………… (　　)
(3) 지각 변동은 주로 판의 중앙부에서 활발하게 일어난다. ………… (　　)
(4) 맨틀 대류는 판을 이동시키는 원동력이다. ………… (　　)

암기 꼭!

화산대와 지진대의 분포
판의 경계와 대체로 일치

판의 구조
- **암석권**: 판에 해당
- **연약권**: 맨틀 대류가 일어남

판의 분포와 이동
- **판**: 10여 개의 암석권 조각
- **판 이동의 원동력**: 맨틀 대류

C 판 경계에서의 지각 변동

1 판 경계의 종류

발산형 경계	보존형 경계	수렴형 경계
• 두 판이 서로 멀어지는 경계 • 맨틀 대류의 상승부에 위치 • 판의 생성	• 두 판이 서로 어긋나는 경계 • 판이 생성되거나 소멸되지 않음	• 두 판이 서로 가까워지는 경계 • 맨틀 대류의 하강부에 위치 • 판의 소멸

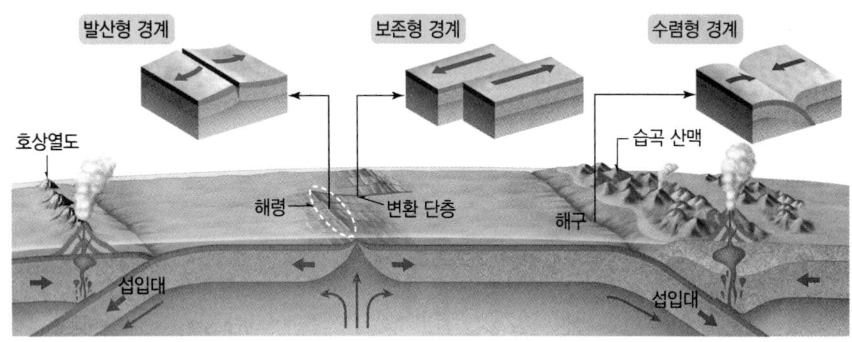

▲ 판 경계와 판 경계에서 발달하는 지형[1]

2 판 경계 부근에서의 지각 변동 여기서 잠깐 106쪽

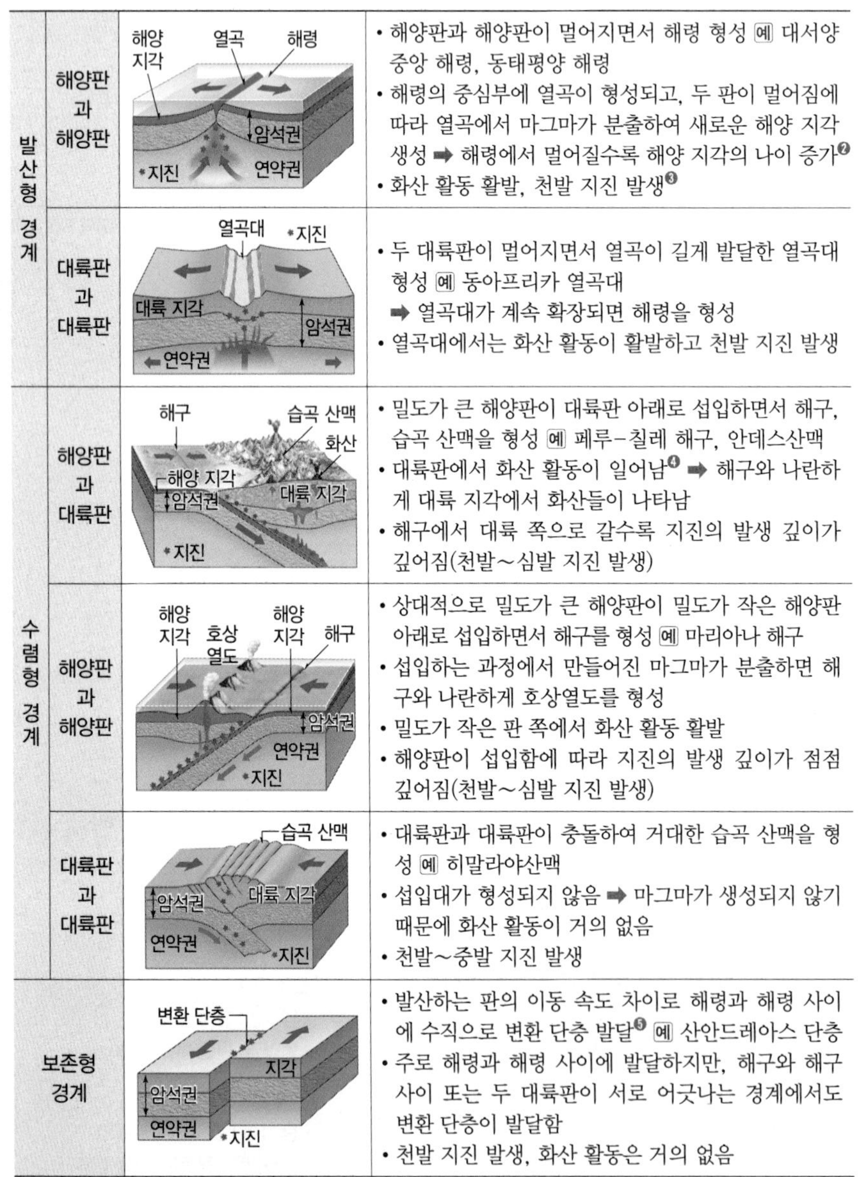

구분		특징
발산형 경계	해양판과 해양판	• 해양판과 해양판이 멀어지면서 해령 형성 예 대서양 중앙 해령, 동태평양 해령 • 해령의 중심부에 열곡이 형성되고, 두 판이 멀어짐에 따라 열곡에서 마그마가 분출하여 새로운 해양 지각 생성 ➡ 해령에서 멀어질수록 해양 지각의 나이 증가[2] • 화산 활동 활발, 천발 지진 발생[3]
발산형 경계	대륙판과 대륙판	• 두 대륙판이 멀어지면서 열곡이 길게 발달한 열곡대 형성 예 동아프리카 열곡대 ➡ 열곡대가 계속 확장되면 해령을 형성 • 열곡대에서는 화산 활동이 활발하고 천발 지진 발생
수렴형 경계	해양판과 대륙판	• 밀도가 큰 해양판이 대륙판 아래로 섭입하면서 해구, 습곡 산맥을 형성 예 페루-칠레 해구, 안데스산맥 • 대륙판에서 화산 활동이 일어남[4] ➡ 해구와 나란하게 대륙 지각에서 화산들이 나타남 • 해구에서 대륙 쪽으로 갈수록 지진의 발생 깊이가 깊어짐(천발~심발 지진 발생)
수렴형 경계	해양판과 해양판	• 상대적으로 밀도가 큰 해양판이 밀도가 작은 해양판 아래로 섭입하면서 해구를 형성 예 마리아나 해구 • 섭입하는 과정에서 만들어진 마그마가 분출하면 해구와 나란하게 호상열도를 형성 • 밀도가 작은 판 쪽에서 화산 활동 활발 • 해양판이 섭입함에 따라 지진의 발생 깊이가 점점 깊어짐(천발~심발 지진 발생)
수렴형 경계	대륙판과 대륙판	• 대륙판과 대륙판이 충돌하여 거대한 습곡 산맥을 형성 예 히말라야산맥 • 섭입대가 형성되지 않음 ➡ 마그마가 생성되지 않기 때문에 화산 활동이 거의 없음 • 천발~중발 지진 발생
보존형 경계		• 발산하는 판의 이동 속도 차이로 해령과 해령 사이에 수직으로 변환 단층 발달[5] 예 산안드레아스 단층 • 주로 해령과 해령 사이에 발달하지만, 해구와 해구 사이 또는 두 대륙판이 서로 어긋나는 경계에서도 변환 단층이 발달함 • 천발 지진 발생, 화산 활동은 거의 없음

Plus 강의

1 판 경계에서 발달하는 지형

해령	대양의 해저에서 발달하는 해저 산맥
해구	깊은 해저 골짜기로, 주로 태평양의 가장자리를 따라 발달
호상열도	해구와 나란하게 활 모양으로 길게 배열되어 있는 화산섬들
변환 단층	해령과 해령 사이에서 판이 어긋나면서 지층이 끊어진 지형
습곡 산맥	지층이 횡압력을 받아 휘어지면서 융기하여 형성된 산맥

2 해양 지각의 나이

해령으로부터의 거리에 따라 해양 지각의 나이는 해령을 기준으로 대칭으로 분포하며, 해령에서 멀어질수록 증가한다.

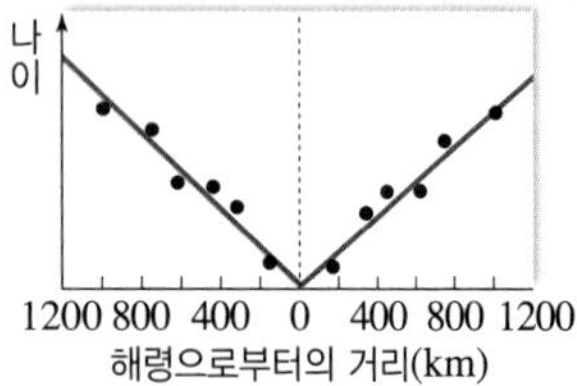

3 지진의 구분

진원의 깊이에 따라 천발 지진, 중발 지진, 심발 지진으로 구분할 수 있다.

구분	진원의 깊이
천발 지진	0 km~70 km
중발 지진	70 km~300 km
심발 지진	300 km 이상

4 우리나라의 지각 변동

우리나라와 일본은 유라시아판에 속한다. ➡ 일본은 판의 경계 부근에 위치하여 화산 활동과 지진이 매우 활발하지만, 판의 경계에서 떨어져 있는 우리나라는 일본에 비해 상대적으로 지각 변동이 적게 일어난다.

5 변환 단층

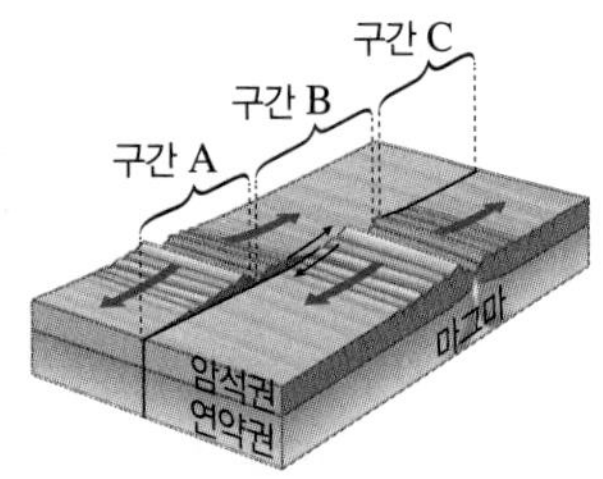

단층으로 어긋난 구간은 A, B, C이지만 지진은 두 판이 어긋나는 구간 B에서만 활발하다. 이곳을 변환 단층이라고 한다.

D 지권의 변화가 지구시스템에 미치는 영향

1 화산 활동에 의한 피해와 대책 및 이용⑥

구분		내용
피해	환경적 피해	• 용암에 의해 지형이 변하고 산불 발생, 화산 쇄설물이 용암에 섞여 산 사면을 따라 흐르면서 산사태 발생⑦ ➡ 지권에 영향 • 화산 가스로 인해 산성비를 내리게 하거나 토양을 산성화하여 생태계를 파괴 • 화산재가 햇빛을 가려 일시적으로 지구의 평균 기온을 낮춘다. ➡ 기권에 영향 • 화산 가스는 기권의 조성과 온실 효과에 영향을 준다. ➡ 기권에 영향 • 화산 가스와 화산재는 광합성에 직접적인 영향을 미친다. ➡ 생물권에 영향
	사회 경제적 피해	• 용암에 의해 도로, 농경지 등이 파괴된다. • 화산재가 항공기 운항을 방해하여 물류 수송에 차질이 생기는 등 경제적 피해가 발생한다.
대책		화산 주변에 제방을 쌓거나 화산 분출구 주변에 댐과 수로를 건설해 용암의 이동 경로 조절, 용암에 물을 뿌려 용암을 식히고 이로 인한 이동 속도와 이동량 감소, 안전 교육 시행
이용		• 화산 지대에 생긴 온천을 관광 자원으로 이용한다. • 화산 분출물에 포함된 다양한 성분은 토양을 비옥하게 만든다.⑧ ➡ 지권에 영향 • 해저 화산 활동을 통해 해수의 염류(염화 이온 등)를 제공한다. ➡ 수권에 영향 • 해저 화산 활동에 의해 다양한 광물질이 해양 생태계에 공급된다. ➡ 생물권에 영향 • 지열이 높은 지역에 지열 발전소를 세워 에너지를 얻을 수 있다.

2 지진의 피해와 대책 및 이용

구분		내용
피해	환경적 피해	• 산사태를 일으키고, 산사태로 주변의 생태 환경을 바꾼다. • 숲이 파괴되고, 물을 오염시킨다. • 해저에서 발생한 지진에 의해 쓰나미가 발생한다. ➡ 수권에 영향
	사회 경제적 피해	• 도로와 건물 등이 붕괴되고, 교통마비 현상이 발생한다. • 가스관 파괴로 인해 가스가 누출되고, 전선이 끊겨 화재가 발생한다. • 지진 발생 후 화재나 질병 등의 발생으로 2차적인 피해를 주기도 한다.
대책		인공위성을 이용한 지형 변화 관측, 지진계 설치, 내진 설계 적용, 안전 교육 시행 등
이용		지진파를 이용하여 지구 내부를 연구하고, 지하자원을 탐색할 수 있다.⑨

⑥ 화산 활동에 의한 환경적, 경제적 피해 사례
1815년 탐보라 화산의 강력한 폭발로 다량의 화산재가 분출하여 지구의 평균 기온이 낮아져 이듬해인 1816년은 '여름이 없는 해'로 기록되었다. 화산 인근 마을은 용암에 묻혔으며, 쓰나미도 발생하였다. 사망자 수는 9만 명이 넘었는데 이 중 8만여 명은 질병과 식량 감소로 인한 굶주림으로 사망하였다.

⑦ 화산 쇄설류
화산 폭발로 인해 화산 가스와 화산재 등이 뒤섞인 먼지가 분출되는 현상이다. 온도가 매우 높지만 밀도가 크기 때문에 산 사면을 따라 빠른 속도로 이동하면서 큰 피해를 일으킨다.

⑧ 화산 활동이 주는 혜택
화산 활동으로 분출된 광물질은 땅을 비옥하게 하여 농사가 잘 되게 한다. 또한, 화산 지대에서 풍부한 열을 이용하여 지열 발전, 온수, 난방 등에 이용할 수 있다.

⑨ 지진의 이용
지진파를 이용한 지구 내부의 구조와 구성 물질을 연구하며, 자원 탐사, 터널이나 댐 건설 등에도 이용을 할 수 있다.

정답과 해설 25쪽

4 판 경계의 종류에 따른 판의 운동과 발달하는 지형을 옳게 연결하시오.

(1) 발산형 경계 • • ㉠ 두 판이 서로 멀어짐 • • a. 변환 단층
(2) 수렴형 경계 • • ㉡ 두 판이 서로 어긋남 • • b. 해령, 열곡대
(3) 보존형 경계 • • ㉢ 두 판이 서로 가까워짐 • • c. 해구

5 다음은 판 경계에서의 지각 변동에 대한 설명이다. ( ) 안에 알맞은 말을 쓰시오.

(1) 해령 중심부의 ( )에서 마그마가 분출하여 해양 지각이 생성된다.
(2) 해양판과 대륙판이 수렴하면 밀도가 큰 ( )이 섭입한다.
(3) 해령을 수직으로 가로지르는 ( )에서는 천발 지진이 활발하다.

6 다음은 화산 활동의 영향을 설명한 것이다. ( ) 안에 알맞은 말을 고르시오.

> 화산 활동으로 분출된 화산재는 일시적으로 지구의 평균 기온을 ㉠(상승, 하강) 시키며, 이는 지권이 ㉡(기권, 수권, 생물권)에 미치는 영향이다.

암기 꼭!

판 경계에서의 지각 변동
- **발산형 경계**: 판의 생성, 맨틀 대류의 상승부에 위치 ➡ 해령, 열곡대
- **수렴형 경계**: 판의 소멸, 맨틀 대류의 하강부에 위치 ➡ 해구, 호상열도, 습곡 산맥 형성
- **보존형 경계**: 판의 생성과 소멸 없음 ➡ 변환 단층

판 구조론

정답과 해설 26쪽

지권의 변화를 일으키는 지각 변동은 대부분 판 경계에서 일어나요. 대표적인 판 경계 지역에서 어떤 지형이 발달하고, 어떤 종류의 지각 변동이 일어나는지 알아보아요.

교과서에 제시된 대표적인 판 경계 지역

A. 동아프리카 열곡대

대륙판의 발산 ➡ 열곡대 발달, 천발 지진 발생, 화산 활동 활발

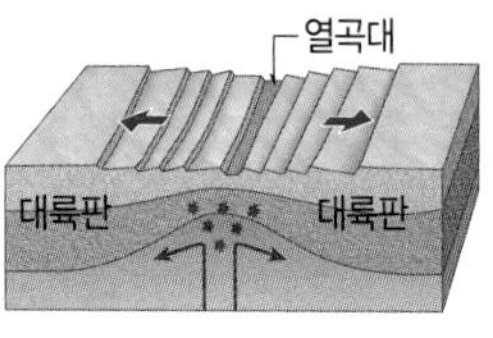

C. 마리아나 해구

호상
열도
해구
해양판
해양판

두 해양판의 수렴 ➡ 해구와 호상열도 발달, 천발~심발 지진 발생, 화산 활동 활발

B. 히말라야산맥

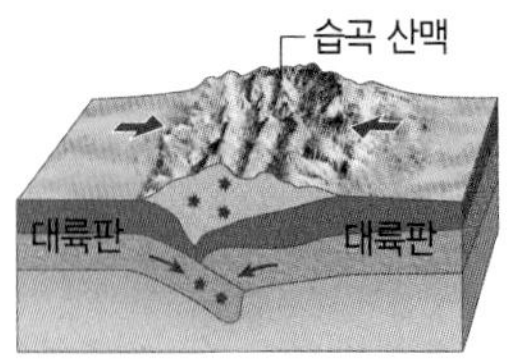

두 대륙판의 충돌 ➡ 습곡 산맥 발달, 천발~중발 지진 발생, 화산 활동은 거의 없음

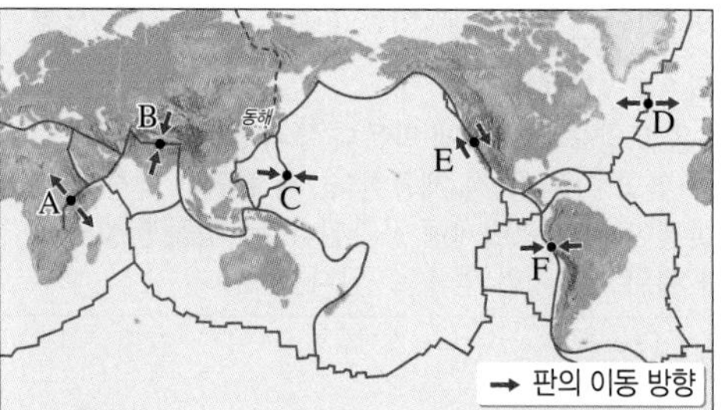

D. 대서양 중앙 해령

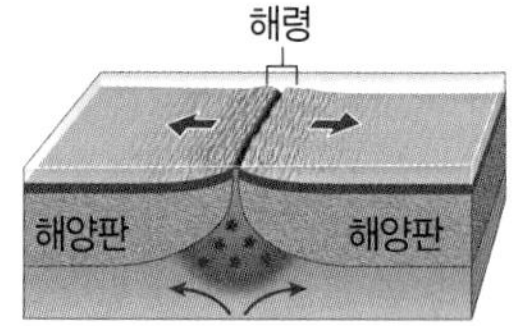

두 해양판의 발산 ➡ 해령과 열곡대 발달, 판의 생성, 천발 지진 발생, 화산 활동 활발

E. 산안드레아스 단층

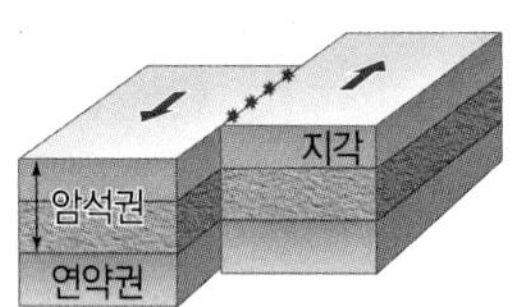

두 판이 어긋남 ➡ 변환 단층 발달, 천발 지진 발생, 화산 활동은 거의 없음

F. 페루-칠레 해구

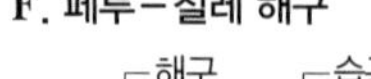

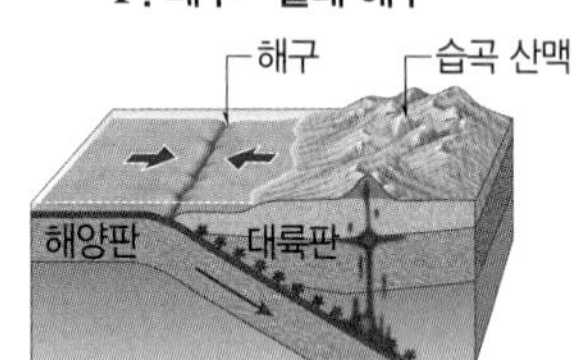

해양판이 대륙판 아래로 섭입 ➡ 해구와 습곡 산맥 발달, 천발~심발 지진 발생, 화산 활동 활발

Q 1 A~F 지역 중에서 맨틀 대류의 상승부에 위치한 곳을 모두 쓰시오.

판 경계의 종류와 지각 변동

구분 \ 종류	발산형 경계		보존형 경계	수렴형 경계		
판의 종류	해양판－해양판	대륙판－대륙판	대륙판－대륙판, 해양판－해양판	해양판－해양판	해양판－대륙판	대륙판－대륙판
지형	해령, 열곡	열곡대	변환 단층	해구, 호상열도	해구, 습곡 산맥	습곡 산맥
지진	천발 지진	천발 지진	천발 지진	천발, 중발, 심발 지진	천발, 중발, 심발 지진	천발, 중발 지진
화산 활동	활발	활발	거의 없음	활발	활발	거의 없음

Q 2 해양판과 해양판의 경계 부근에서 나타날 수 있는 지형을 모두 쓰시오.

중간·기말 고사에 출제될 확률이 높은 문항들로 구성하여, 내신에 완벽 대비할 수 있도록 하였습니다.

정답과 해설 26쪽

A 지각 변동과 변동대

01 화산 활동에 대한 설명으로 옳은 것은?

① 화산 분출물은 기체 상태로만 방출된다.
② 지구상의 특정 지역에서 발생하는 경향이 있다.
③ 주기적으로 발생하므로 정확한 예측이 가능하다.
④ 지구 내부에 축적된 태양 에너지가 방출되는 현상이다.
⑤ 지권 이외의 다른 권역에는 거의 영향을 미치지 않는다.

02 변동대에 대한 설명으로 옳은 것만을 [보기]에서 있는 대로 고른 것은?

보기
ㄱ. 지구 전역에 거의 고르게 분포한다.
ㄴ. 지진이나 화산 활동 등이 활발한 지역이다.
ㄷ. 변동대에서는 지구 내부에 저장된 에너지가 급격히 방출되는 현상이 빈번하다.

① ㄱ ② ㄴ ③ ㄱ, ㄷ
④ ㄴ, ㄷ ⑤ ㄱ, ㄴ, ㄷ

중요
03 그림은 전 세계 지진과 화산의 분포를 나타낸 것이다.

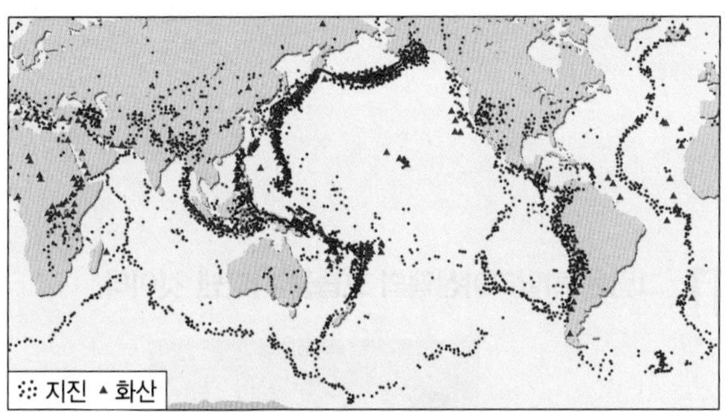

이에 대한 설명으로 옳은 것만을 [보기]에서 있는 대로 고른 것은?

보기
ㄱ. 지진과 화산 활동이 활발한 지역은 띠 모양으로 분포한다.
ㄴ. 지진이 발생하는 곳에서는 항상 화산 활동이 일어난다.
ㄷ. 대서양의 가장자리는 태평양의 가장자리보다 지진과 화산 활동이 더 활발하게 일어난다.

① ㄱ ② ㄴ ③ ㄱ, ㄷ
④ ㄴ, ㄷ ⑤ ㄱ, ㄴ, ㄷ

B 판 구조론과 판의 경계

04 판 구조론에 대한 설명으로 옳은 것은?

① 판은 지각을 포함하지 않는다.
② 암석권에서 일어나는 대류로 판이 이동한다.
③ 판 구조론은 지권의 변화를 판의 운동으로 설명하는 이론이다.
④ 지구 표면은 커다란 하나의 판으로 이루어져 있다.
⑤ 판의 두께는 지구 전역에서 거의 일정하게 나타난다.

중요
05 그림은 판의 구조를 나타낸 것이다. ㉠과 ㉡은 각각 대륙 지각과 해양 지각 중 하나이다.

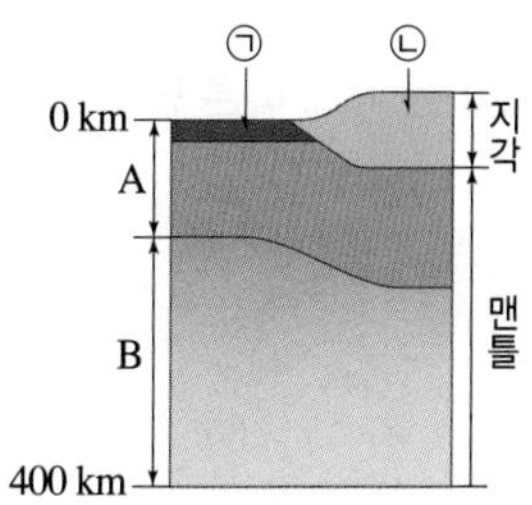

이에 대한 설명으로 옳은 것만을 [보기]에서 있는 대로 고른 것은?

보기
ㄱ. ㉠은 해양 지각, ㉡은 대륙 지각이다.
ㄴ. A의 평균 밀도는 해양보다 대륙에서 작다.
ㄷ. B에서는 맨틀 대류가 일어난다.

① ㄱ ② ㄴ ③ ㄱ, ㄷ
④ ㄴ, ㄷ ⑤ ㄱ, ㄴ, ㄷ

서술형
06 지진대와 화산대는 띠 모양으로 분포하며 판의 경계와 대체로 일치하는데, 그 까닭을 서술하시오.

07 그림은 맨틀 대류를 모식적으로 나타낸 것이다.

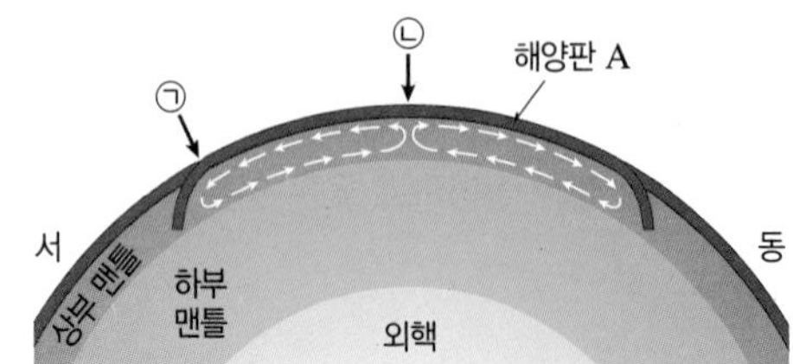

이에 대한 설명으로 옳은 것만을 [보기]에서 있는 대로 고른 것은?

보기
ㄱ. ㉠에서는 수렴형 경계가 발달한다.
ㄴ. ㉡에서는 새로운 해양 지각이 생성된다.
ㄷ. 해양판 A는 맨틀 대류의 영향으로 서쪽 방향으로 이동한다.

① ㄱ ② ㄴ ③ ㄷ
④ ㄱ, ㄴ ⑤ ㄱ, ㄷ

C 판 경계에서의 지각 변동

08 그림 (가)~(다)는 서로 다른 판의 경계를 나타낸 것이다.

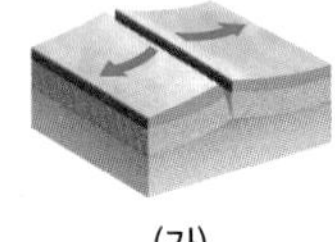
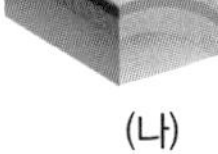
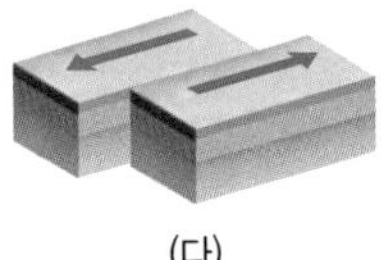
(가) (나) (다)

(가)~(다)에서 발달할 수 있는 지형을 옳게 짝 지은 것은?

	(가)	(나)	(다)
①	해령	열곡대	변환 단층
②	해령	변환 단층	호상열도
③	열곡대	호상열도	변환 단층
④	열곡대	변환 단층	해구
⑤	변환 단층	해구	해령

09 그림은 어느 판 경계 부근의 단면과 판의 이동 방향을 나타낸 것이다.

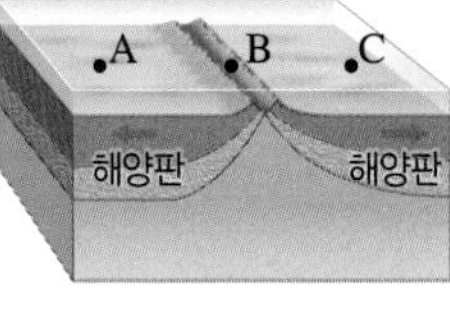

이에 대한 설명으로 옳은 것은?

① 이 지역에는 수렴형 경계가 존재한다.
② A와 C의 해양 지각은 서로 가까워진다.
③ B의 하부에서는 맨틀 대류가 하강한다.
④ B 부근에 V자 모양의 계곡이 나타난다.
⑤ 해양 지각의 나이는 A가 B보다 적다.

중요
10 그림은 세계의 주요 판 분포와 A~D 지역에서 판의 상대적인 이동 방향을 나타낸 것이다.

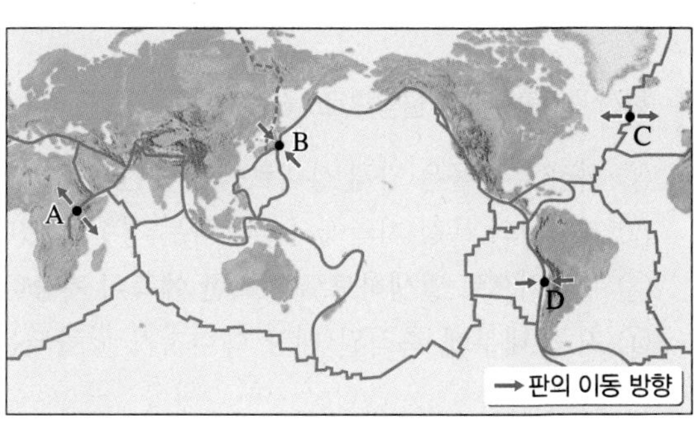

이에 대한 설명으로 옳은 것만을 [보기]에서 있는 대로 고른 것은?

보기
ㄱ. A와 C 지역은 맨틀 대류의 상승부에 위치한다.
ㄴ. B 지역에서는 새로운 해양 지각이 생성된다.
ㄷ. 판의 경계에서 두 판의 밀도 차는 C 지역이 D 지역보다 크다.
ㄹ. A~D 지역에서는 모두 지진과 화산 활동이 활발하게 일어난다.

① ㄱ, ㄴ ② ㄱ, ㄹ ③ ㄴ, ㄷ
④ ㄱ, ㄷ, ㄹ ⑤ ㄴ, ㄷ, ㄹ

11 그림은 히말라야산맥의 모습을 나타낸 것이다.

이 지역에 대한 설명으로 옳은 것만을 [보기]에서 있는 대로 고른 것은?

보기
ㄱ. 판의 수렴형 경계에 위치한다.
ㄴ. 맨틀 대류의 상승부에 위치한다.
ㄷ. 지진과 화산 활동이 모두 활발하게 일어난다.

① ㄱ ② ㄴ ③ ㄷ
④ ㄱ, ㄴ ⑤ ㄱ, ㄷ

중요
12 그림은 두 해양판의 경계 부근에서 판의 이동 방향을 나타낸 것이다.

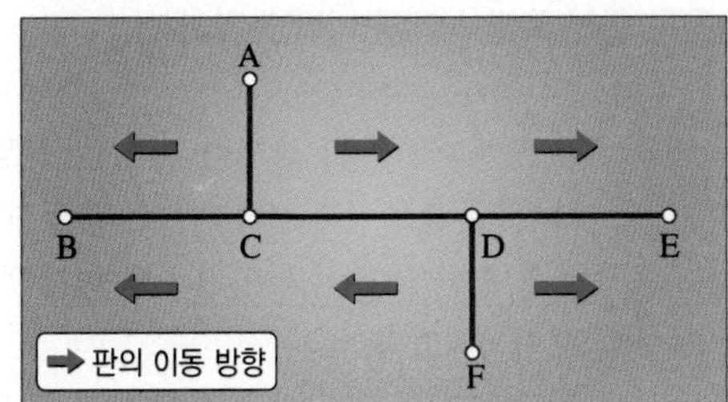

이에 대한 설명으로 옳은 것만을 [보기]에서 있는 대로 고른 것은?

보기
ㄱ. 해양 지각의 나이는 A에서 C로 갈수록 많아진다.
ㄴ. B–C 구간은 판의 경계에 해당한다.
ㄷ. C–D 구간에서는 화산 활동이 거의 없다.
ㄹ. D–F 구간에서는 지진이 활발하다.

① ㄱ, ㄴ ② ㄱ, ㄹ ③ ㄴ, ㄷ
④ ㄴ, ㄹ ⑤ ㄷ, ㄹ

13 그림은 판의 경계에서 발달하는 지형의 특징을 알아보기 위한 흐름도이다.

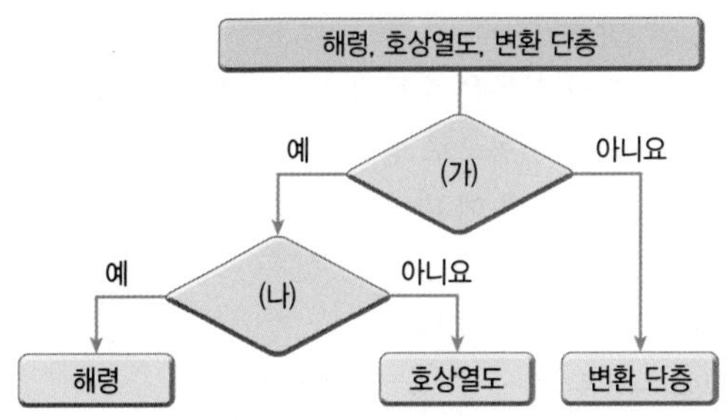

(가)와 (나)에 들어갈 적절한 질문을 옳게 짝 지은 것은?

	(가)	(나)
①	맨틀 대류의 상승부에 위치하는가?	새로운 해양 지각이 생성되는가?
②	맨틀 대류의 하강부에 위치하는가?	화산 활동이 활발한가?
③	지진이 자주 발생하는가?	새로운 해양 지각이 생성되는가?
④	화산 활동이 활발한가?	지진이 자주 발생하는가?
⑤	화산 활동이 활발한가?	맨틀 대류의 상승부에 위치하는가?

14 그림은 북아메리카판과 태평양판의 경계와 화산의 위치를 나타낸 것이다.

이에 대한 설명으로 옳은 것만을 [보기]에서 있는 대로 고른 것은?

보기
ㄱ. 판의 경계에서는 해구가 발달한다.
ㄴ. 태평양판은 북아메리카판보다 밀도가 크다.
ㄷ. 판의 경계 부근에서 진앙은 대부분 북아메리카판보다 태평양판에 위치한다.

① ㄱ ② ㄷ ③ ㄱ, ㄴ
④ ㄴ, ㄷ ⑤ ㄱ, ㄴ, ㄷ

중요
15 그림 (가)와 (나)는 판 경계를 모식적으로 나타낸 것이다.

(가) (나)

이에 대한 설명으로 옳은 것만을 [보기]에서 있는 대로 고른 것은?

보기
ㄱ. (가)의 지형은 동아프리카 열곡대에서 볼 수 있다.
ㄴ. 지진의 평균 발생 깊이는 (가)보다 (나)에서 깊다.
ㄷ. 화산 활동은 (가)보다 (나)에서 활발하다.

① ㄱ ② ㄴ ③ ㄱ, ㄷ
④ ㄴ, ㄷ ⑤ ㄱ, ㄴ, ㄷ

16 그림은 판 경계를 모식적으로 나타낸 것이다.

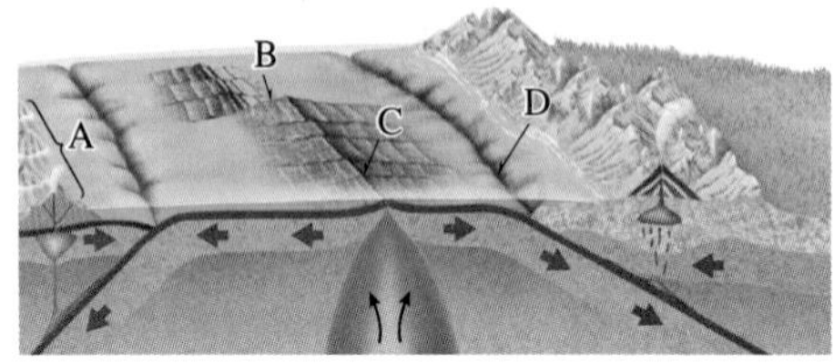

이에 대한 설명으로 옳은 것만을 [보기]에서 있는 대로 고른 것은?

보기
ㄱ. A의 화산들은 해구와 나란하게 분포한다.
ㄴ. B에서는 밀도가 큰 판이 밀도가 작은 판 아래로 섭입한다.
ㄷ. 수심은 C에서 D로 갈수록 대체로 깊어진다.

① ㄱ ② ㄴ ③ ㄱ, ㄷ
④ ㄴ, ㄷ ⑤ ㄱ, ㄴ, ㄷ

중요
17 그림은 일본 열도 주변의 판 경계를 모식적으로 나타낸 것이다.

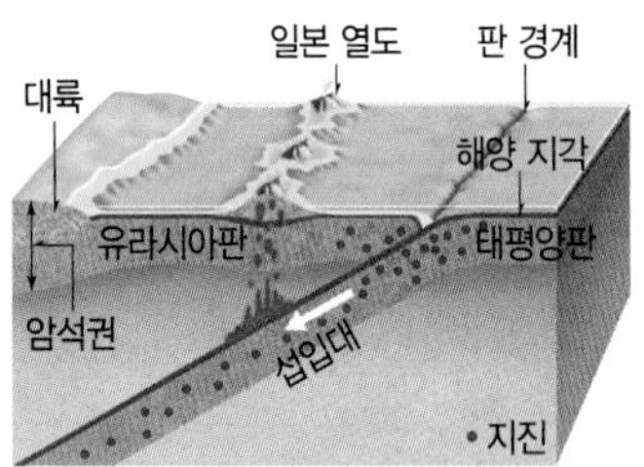

이에 대한 설명으로 옳은 것만을 [보기]에서 있는 대로 고른 것은?

보기
ㄱ. 태평양판은 유라시아판보다 밀도가 작다.
ㄴ. 일본 열도에서는 지진과 화산 활동이 활발하다.
ㄷ. 판 경계에서 대륙 쪽으로 갈수록 지진의 발생 깊이가 얕아진다.

① ㄱ ② ㄴ ③ ㄱ, ㄷ
④ ㄴ, ㄷ ⑤ ㄱ, ㄴ, ㄷ

서술형
18 그림은 해양판 A와 B의 이동 방향과 속력을 나타낸 것이다. 판 경계의 종류를 쓰고, 판의 경계에서 일어나는 지각 변동에 대해 서술하시오.

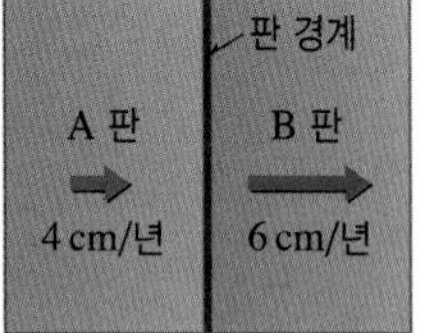

D 지권의 변화가 지구시스템에 미치는 영향

19 다음은 화산 폭발 사례를 나타낸 것이다.

> 1815년 인도네시아의 탐보라 화산이 폭발하였다. 이 화산 분출로 (가) 쓰나미가 발생하였고, (나) 북반구의 평균 기온이 낮아져 이듬해는 '여름이 없는 해'로 기록되었다.

이에 대한 설명으로 옳은 것만을 [보기]에서 있는 대로 고른 것은?

보기
ㄱ. (가)는 지권과 기권의 상호작용에 해당한다.
ㄴ. (나)는 지표에 도달하는 태양 에너지가 감소했기 때문이다.
ㄷ. 화산 폭발은 직접적인 인명 피해와 함께 환경적·경제적 피해도 일으킨다.

① ㄱ ② ㄴ ③ ㄱ, ㄷ
④ ㄴ, ㄷ ⑤ ㄱ, ㄴ, ㄷ

중요
20 지각 변동이 지구시스템에 미치는 영향에 대한 설명으로 옳은 것만을 [보기]에서 있는 대로 고른 것은?

보기
ㄱ. 지각 변동을 통해 지구 내부의 물질과 에너지가 방출된다.
ㄴ. 화산 활동은 수권에 거의 영향을 미치지 않는다.
ㄷ. 지각 변동으로 방출된 지구 내부 에너지는 상호작용을 통해 다양한 에너지로 전환된다.

① ㄱ ② ㄴ ③ ㄱ, ㄷ
④ ㄴ, ㄷ ⑤ ㄱ, ㄴ, ㄷ

서술형
21 다음은 화산 활동과 지진에 의한 피해를 줄이기 위해 학생들이 제시한 대책이다. 부적절한 내용을 찾아 그 근거를 서술하시오.

- 학생 A: 고층 건물을 세울 때는 내진 설계를 한다.
- 학생 B: 지진이 자주 발생하는 지역에 대규모 댐을 건설한다.
- 학생 C: 화산 분출과 지진에 대비한 행동 요령과 대피 훈련을 실시한다.

1등급 도전

내신 탄탄보다는 조금 수준이 높은 유형의 문제들로 구성하였습니다. 자신의 실력을 한 단계 높여 보세요.

정답과 해설 28쪽

01 그림은 두 해양판의 이동 방향과 판 경계를 나타낸 것이다. 화살표의 길이는 판의 이동 속력에 비례한다.

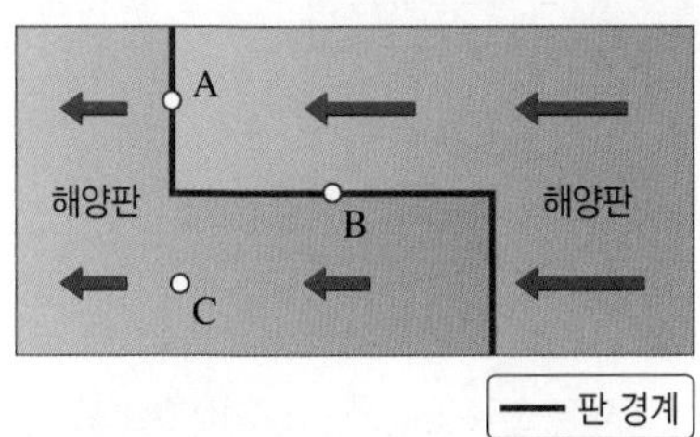

이에 대한 설명으로 옳은 것만을 [보기]에서 있는 대로 고른 것은?

보기
ㄱ. A의 하부에서는 맨틀 대류가 상승한다.
ㄴ. B는 보존형 경계에 위치한다.
ㄷ. 수심은 A보다 C에서 깊다.

① ㄱ ② ㄴ ③ ㄷ
④ ㄱ, ㄴ ⑤ ㄴ, ㄷ

02 그림은 맨틀 대류와 판 운동을 모식적으로 나타낸 것이다.

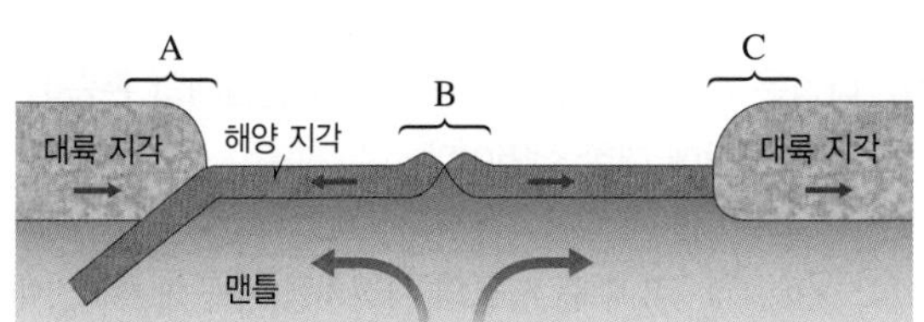

이에 대한 설명으로 옳은 것만을 [보기]에서 있는 대로 고른 것은?

보기
ㄱ. 지진의 평균 발생 깊이는 A에서가 B에서보다 깊다.
ㄴ. B에서는 새로운 해양 지각이 생성된다.
ㄷ. C에서는 지진과 화산 활동이 모두 활발하다.

① ㄱ ② ㄴ ③ ㄷ
④ ㄱ, ㄴ ⑤ ㄱ, ㄷ

03 그림은 전 세계의 판 경계와 이동 방향을 나타낸 것이다.

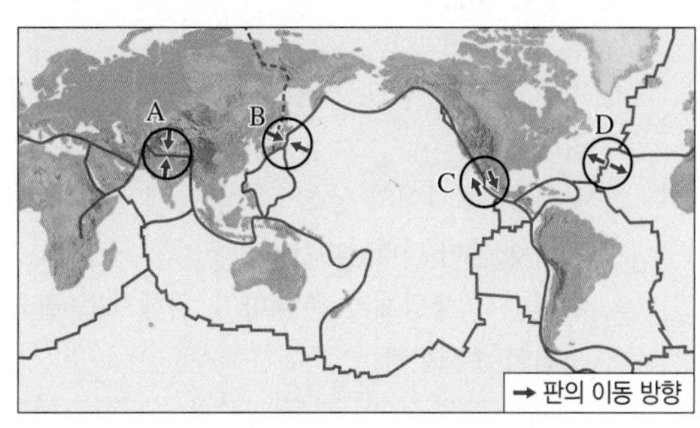

이에 대한 설명으로 옳은 것만을 [보기]에서 있는 대로 고른 것은?

보기
ㄱ. A 지역에는 판의 경계를 따라 좁고 긴 계곡이 발달해 있다.
ㄴ. B와 C 지역에는 모두 섭입대가 발달한다.
ㄷ. A~D 지역 중 화산 활동이 활발한 곳은 B와 D 지역이다.

① ㄱ ② ㄷ ③ ㄱ, ㄴ
④ ㄴ, ㄷ ⑤ ㄱ, ㄴ, ㄷ

04 그림은 해양 지각의 연령 분포를 나타낸 것이다.

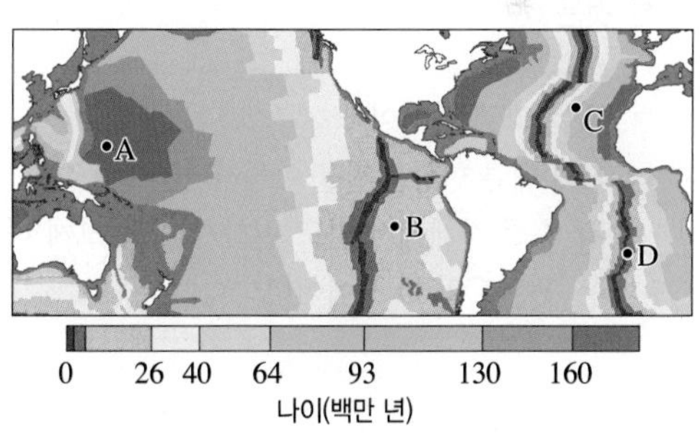

이에 대한 설명으로 옳은 것만을 [보기]에서 있는 대로 고른 것은? (단, 해령으로부터 B와 C까지의 거리는 같다.)

보기
ㄱ. A와 B는 모두 태평양판에 속한다.
ㄴ. B가 속한 판은 C가 속한 판보다 이동 속도가 빠르다.
ㄷ. 2억 년보다 오래된 해양 지각은 지구 내부로 섭입하여 거의 존재하지 않는다.

① ㄱ ② ㄴ ③ ㄱ, ㄷ
④ ㄴ, ㄷ ⑤ ㄱ, ㄴ, ㄷ

지금까지 학습한 내용을 마무리하여 자신의 실력을 평가할 수 있도록 구성하였습니다. | 난이도 ●●●

●○○
01 지구시스템에 대한 설명으로 옳은 것만을 [보기]에서 있는 대로 고른 것은?

보기
ㄱ. 지권, 기권, 수권, 생물권, 외권으로 이루어져 있다.
ㄴ. 구성 요소 사이의 상호작용을 통해 물질과 에너지의 흐름이 나타난다.
ㄷ. 수권에서 생명체가 존재하기 위해서는 필요한 조건이 존재한다.

① ㄱ ② ㄴ ③ ㄱ, ㄷ
④ ㄴ, ㄷ ⑤ ㄱ, ㄴ, ㄷ

●●○
02 그림은 지권의 성층 구조를 나타낸 것이다.

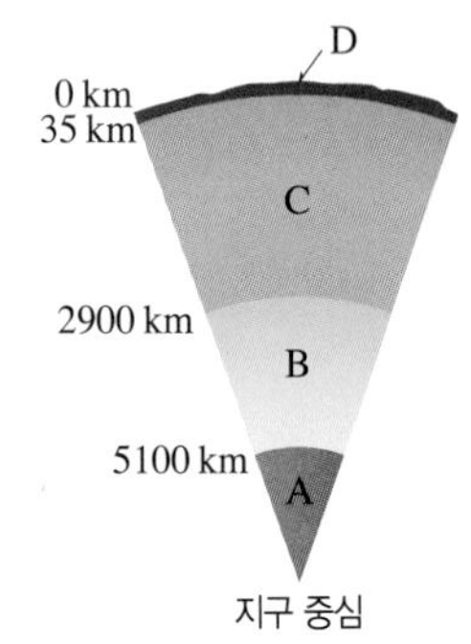

이에 대한 설명으로 옳은 것만을 [보기]에서 있는 대로 고른 것은?

보기
ㄱ. A는 고체 상태이다.
ㄴ. B의 대류 현상은 판을 이동시키는 원동력이 된다.
ㄷ. 각 층의 경계에서 밀도 변화가 가장 크게 나타나는 곳은 C와 D 사이이다.

① ㄱ ② ㄴ ③ ㄱ, ㄷ
④ ㄴ, ㄷ ⑤ ㄱ, ㄴ, ㄷ

●○○
03 그림은 기권과 수권의 성층 구조를 모식적으로 나타낸 것이다.
기권의 A~C 층과 수권의 ㉠~㉢ 층 중에서 안정한 층의 기호를 각각 쓰시오.

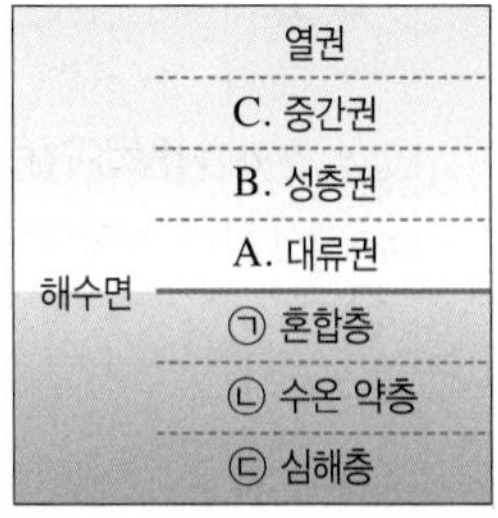

●●○
04 그림은 기권의 각 층을 특징에 따라 구분하는 과정을 나타낸 것이다.

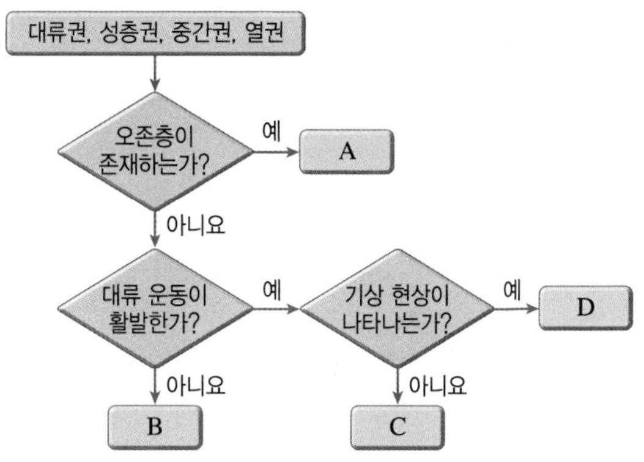

A~D에 대한 설명으로 옳은 것만을 [보기]에서 있는 대로 고른 것은?

보기
ㄱ. A는 안정한 층이다.
ㄴ. B는 기온의 일교차가 가장 작은 층이다.
ㄷ. 대기에 포함된 수증기량은 C가 D보다 많다.

① ㄱ ② ㄴ ③ ㄱ, ㄷ
④ ㄴ, ㄷ ⑤ ㄱ, ㄴ, ㄷ

●○○
05 다음은 지구시스템의 구성 요소가 생명체의 존속에 기여하는 원리에 대한 설명이다.

- (㉠): 수중 생물의 서식처를 제공해 주고, 대기 성분의 조절과 에너지 평형에 중요한 역할을 한다.
- (㉡): 생명체에게 유해한 자외선을 차단해 주고, 온실 효과를 일으켜 적절한 온도를 유지시켜 준다.

구성 요소 ㉠과 ㉡을 옳게 짝 지은 것은?

	㉠	㉡		㉠	㉡
①	기권	수권	②	기권	외권
③	수권	외권	④	수권	기권
⑤	외권	지권			

●●○

06 그림은 지구시스템 구성 요소 간의 상호작용을 나타낸 것이다.

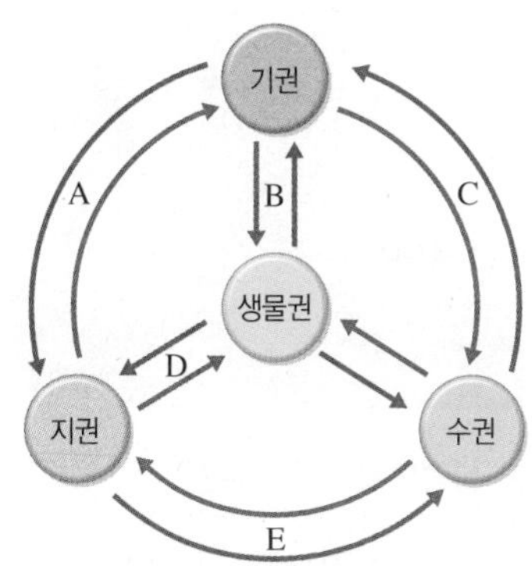

A~E에 해당하는 예로 옳지 않은 것은?

① A: 화산 가스 방출
② B: 화석 연료의 생성
③ C: 무역풍 약화로 엘니뇨 발생
④ D: 바다에서 석회암 형성
⑤ E: 해저 지진으로 쓰나미 발생

●○○

07 그림 (가)~(다)는 여러 가지 자연 현상을 나타낸 것이다.

(가) 갯벌 형성

(나) 용암 분출

(다) 홍수

(가)~(다)의 주요 에너지원을 [보기]에서 골라 옳게 짝지은 것은?

보기
ㄱ. 태양 에너지
ㄴ. 조력 에너지
ㄷ. 지구 내부 에너지

	(가)	(나)	(다)
①	ㄱ	ㄴ	ㄷ
②	ㄱ	ㄷ	ㄴ
③	ㄴ	ㄱ	ㄷ
④	ㄴ	ㄷ	ㄱ
⑤	ㄷ	ㄱ	ㄴ

●●●

08 그림은 물수지 평형을 이루고 있는 지구시스템에서 물의 순환을 나타낸 것이다.

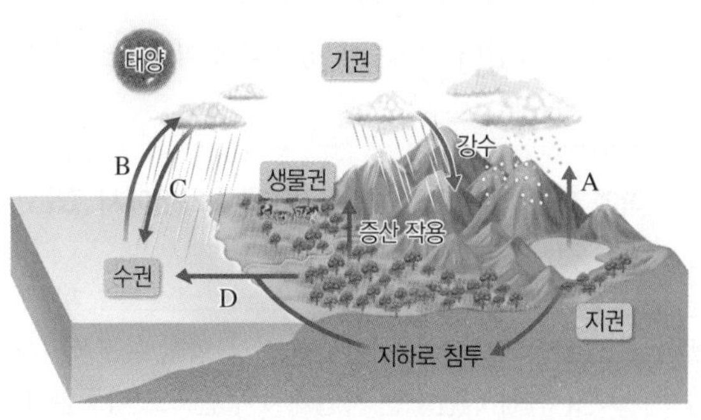

이에 대한 설명으로 옳은 것만을 [보기]에서 있는 대로 고른 것은?

보기
ㄱ. A에서 물은 에너지를 흡수한다.
ㄴ. 물의 이동량은 B가 C보다 적다.
ㄷ. D에 의한 물의 이동량이 증가하면 지표 변화는 더 활발해진다.

① ㄱ ② ㄴ ③ ㄱ, ㄷ
④ ㄴ, ㄷ ⑤ ㄱ, ㄴ, ㄷ

●●○

09 그림 (가)와 (나)는 지권에서 일어나는 변화의 예를 나타낸 것이다.

(가) 화산 분출

(나) 석탄 생성

이에 대한 설명으로 옳은 것만을 [보기]에서 있는 대로 고른 것은?

보기
ㄱ. (가)에 의해 기권의 탄소량이 증가한다.
ㄴ. (나)의 근원 에너지는 지구 내부 에너지이다.
ㄷ. (가)와 (나)로 인해 지구 전체의 탄소량은 증가한다.

① ㄱ ② ㄴ ③ ㄱ, ㄷ
④ ㄴ, ㄷ ⑤ ㄱ, ㄴ, ㄷ

●●○
10 **다음은 지구시스템에서 탄소가 이동하는 예이다.**

(가) 육상 식물이 광합성을 한다.
(나) 석회암이 지하수에 용해되어 석회 동굴이 형성된다.

이에 대한 설명으로 옳은 것만을 [보기]에서 있는 대로 고른 것은?

보기
ㄱ. (가)에서 탄소는 이산화 탄소 형태로 저장된다.
ㄴ. (나)에서 탄소는 지권에서 수권으로 이동한다.
ㄷ. (가)와 (나)를 일으키는 지구시스템의 에너지원은 태양 에너지이다.

① ㄱ ② ㄴ ③ ㄱ, ㄷ
④ ㄴ, ㄷ ⑤ ㄱ, ㄴ, ㄷ

●○○
11 **화산대와 지진대의 분포에 대한 설명으로 옳은 것만을 [보기]에서 있는 대로 고른 것은?**

보기
ㄱ. 지각 변동이 활발한 변동대와 대체로 일치한다.
ㄴ. 주로 판의 경계를 따라 띠 모양으로 분포한다.
ㄷ. 대서양의 가장자리를 따라 화산대와 지진대가 나타난다.

① ㄱ ② ㄷ ③ ㄱ, ㄴ
④ ㄴ, ㄷ ⑤ ㄱ, ㄴ, ㄷ

●●○
12 **그림은 판의 경계가 존재하는 어느 지역의 단면에 지진이 발생한 위치를 나타낸 것이다.**

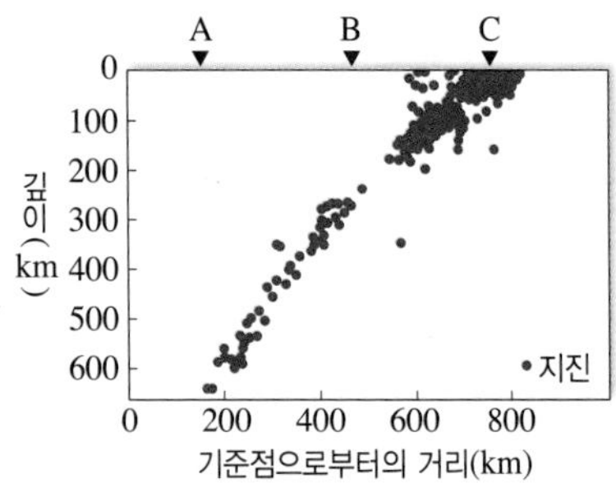

(가) 판 경계의 위치와 (나) 판 경계에서 발달하는 지형을 옳게 짝 지은 것은?

	(가)	(나)		(가)	(나)
①	A	해령	②	A	해구
③	B	변환 단층	④	C	해령
⑤	C	해구			

●●○
13 **그림은 판 경계 부근의 단면과 판의 상대적 이동 방향을 모식적으로 나타낸 것이다.**

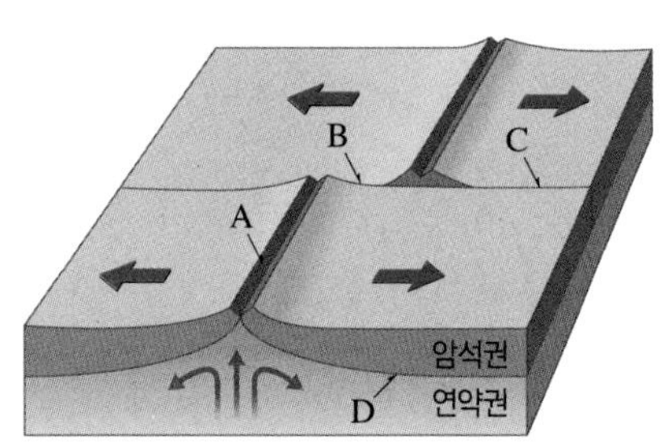

이에 대한 설명으로 옳은 것은?

① A 지역에는 V자 모양의 계곡이 발달한다.
② B 지역에서는 새로운 해양 지각이 생성된다.
③ C는 보존형 경계에 위치한다.
④ D는 지각과 맨틀의 경계에 해당한다.
⑤ A, B, C 지역에서는 천발 지진과 심발 지진이 모두 발생한다.

●●○
14 **그림은 북아메리카 대륙 부근에 있는 판의 경계를 나타낸 것이다.**

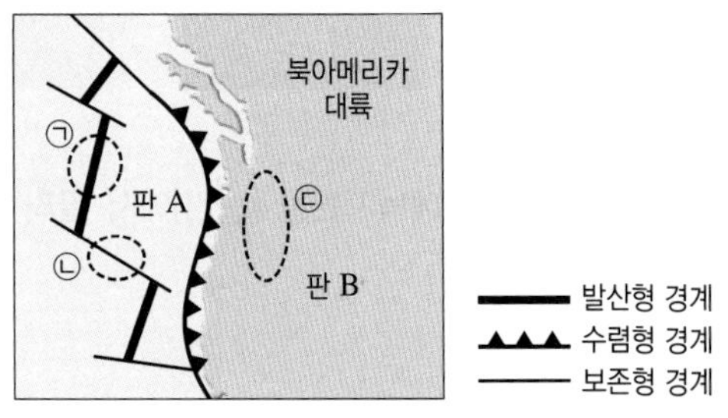

이에 대한 설명으로 옳은 것만을 보기에서 있는 대로 고른 것은?

보기
ㄱ. ㉠의 하부에서는 맨틀 대류가 하강한다.
ㄴ. 화산 활동은 ㉡보다 ㉢에서 활발하다.
ㄷ. 판의 평균 밀도는 A가 B보다 크다.

① ㄱ ② ㄴ ③ ㄷ
④ ㄱ, ㄷ ⑤ ㄴ, ㄷ

15 그림 (가)와 (나)는 서로 다른 두 지역의 해저 지형을 나타낸 것이다.

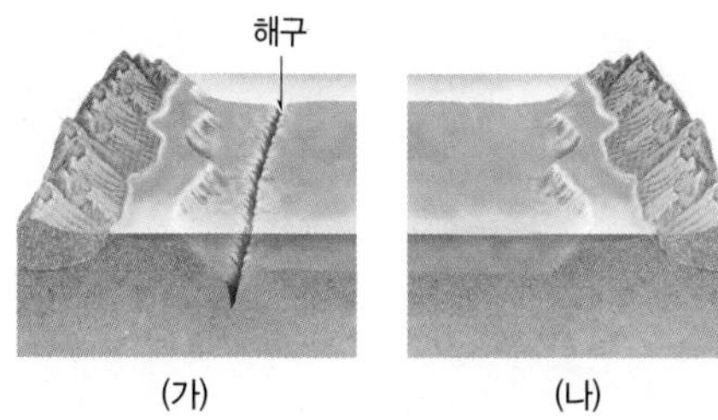

이에 대한 설명으로 옳은 것만을 [보기]에서 있는 대로 고른 것은?

보기
ㄱ. 지진은 (가)와 (나)에서 모두 활발하다.
ㄴ. (가)에서는 해구와 나란하게 화산대가 발달한다.
ㄷ. (나) 지역의 하부에서는 맨틀 대류가 하강한다.

① ㄱ ② ㄴ ③ ㄷ
④ ㄱ, ㄷ ⑤ ㄴ, ㄷ

16 그림은 태평양 주변의 판의 분포와 판 경계에 위치한 지점 A~D에서 두 판의 상대적 이동 방향을 나타낸 것이다.

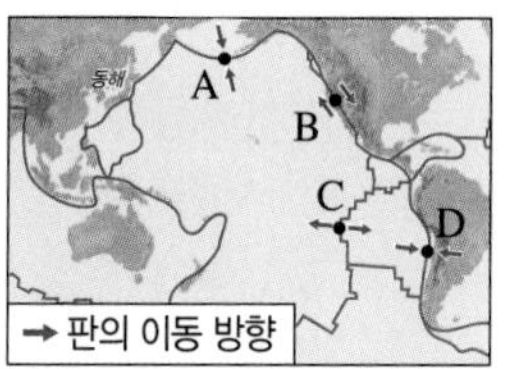

A~D 지역에 대한 설명으로 옳은 것만을 [보기]에서 있는 대로 고른 것은?

보기
ㄱ. A와 D 지역에서는 해구가 발달한다.
ㄴ. B 지역에서는 지진과 화산 활동이 모두 활발하다.
ㄷ. 해양 지각의 평균 연령은 C가 A보다 많다.

① ㄱ ② ㄴ ③ ㄱ, ㄷ
④ ㄴ, ㄷ ⑤ ㄱ, ㄴ, ㄷ

17 다음은 화산 활동이 지구시스템에 미치는 영향에 대한 학생들의 의견이다.

- 학생 A: 화산재는 생물의 광합성 활동에 많은 도움을 줘.
- 학생 B: 화산 가스는 기권의 성분 변화에 영향을 줄 수 있어.
- 학생 C: 해저 화산 활동은 해수의 수온을 증가시키는 주요 원인이야.

제시한 의견이 옳은 학생만을 있는 대로 쓰시오.

서술형 문제

18 그림은 지권의 성층 구조를 특징에 따라 구분하는 과정을 나타낸 것이다. (가)와 (나)에 들어갈 적절한 질문을 서술하시오.

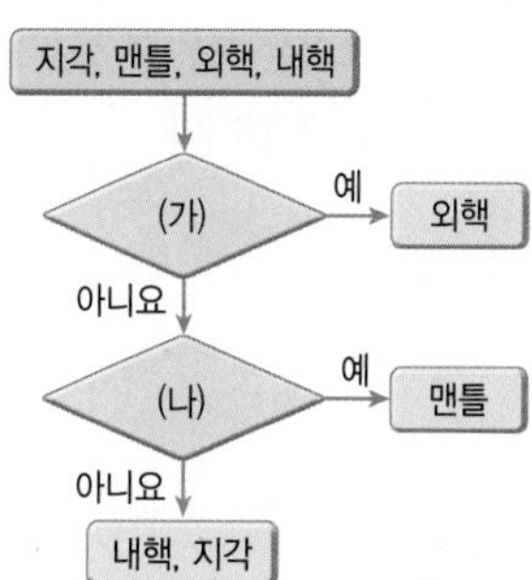

19 그림은 물수지 평형 상태에 있는 대기, 바다, 육지에서 연간 이동하는 물의 양을 나타낸 것이다. (가)~(다)는 각각 대기, 바다, 육지 중 하나이다.

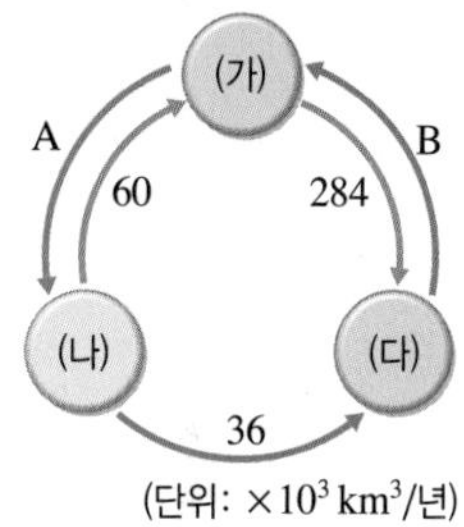

(1) (가)~(다)는 각각 무엇인지 쓰시오.

(2) A와 B에 들어갈 값을 쓰고, 그렇게 생각한 까닭을 서술하시오.

20 그림은 어느 해역에서 A 지점으로부터 B 지점까지 판의 경계에 수직 방향으로 측정한 해양 지각의 연령 분포를 나타낸 것이다.

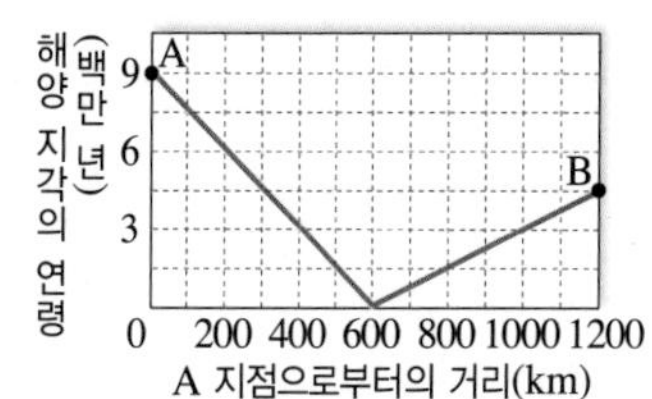

(1) 이 해역에 존재하는 판 경계의 종류를 쓰시오.

(2) A가 속한 판과 B가 속한 판 중 어느 판의 이동 속도가 더 빠른지를 그 까닭과 함께 서술하시오.

수능 기출 문제 또는 변형된 문제로 수능을 미리 경험해 볼 수 있도록 구성하였습니다. | 정답과 해설 30쪽

| 2021학년도 수능 지구과학Ⅰ 3번 변형 |

01 그림은 북반구 중위도 어느 해역에서 1년 동안 관측한 수온 변화를 등수온선으로 나타낸 것이다.

개념 Link 92쪽

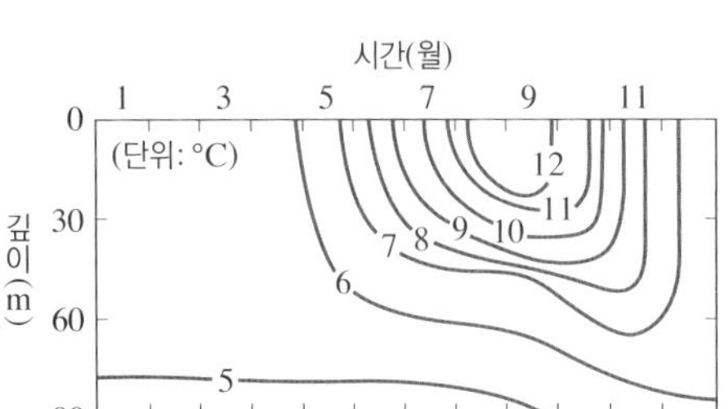

이 자료에 대한 설명으로 옳은 것만을 [보기]에서 있는 대로 고른 것은?

보기

ㄱ. 이 해역에서 평균 풍속은 9월보다 11월에 강할 것이다.
ㄴ. 수온 약층은 3월이 9월보다 뚜렷하게 나타난다.
ㄷ. 3월에는 수심 60 m보다 깊은 곳에 심해층이 분포한다.

① ㄱ ② ㄷ ③ ㄱ, ㄴ
④ ㄴ, ㄷ ⑤ ㄱ, ㄴ, ㄷ

| 2019학년도 6월 모평 지구과학Ⅰ 2번 변형 |

02 그림은 지구계를 구성하는 각 권역 사이의 탄소 순환 과정을, 표는 탄소 순환 과정 a~d의 예를 나타낸 것이다. (가), (나), (다)는 각각 지권, 기권, 수권 중 하나이다.

개념 Link 95쪽

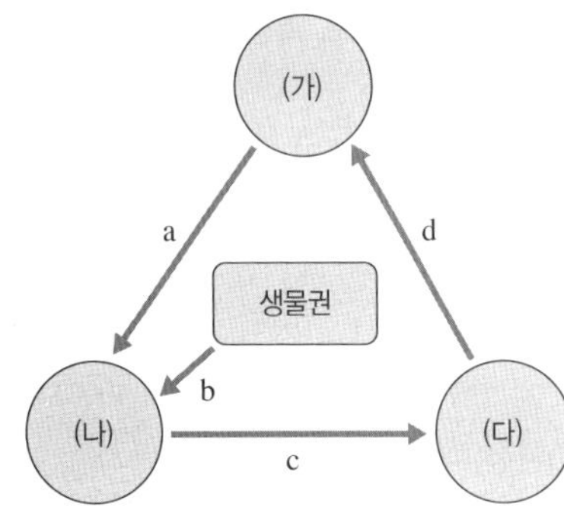

과정	예
a	탄산염 침전
b	석탄 형성
c	화산 가스 분출
d	(　　　　)

이에 대한 설명으로 옳은 것만을 [보기]에서 있는 대로 고른 것은?

보기

ㄱ. (가)는 수권이다.
ㄴ. (다)에서 탄소는 대부분 이산화 탄소로 존재한다.
ㄷ. 지구의 평균 기온이 상승할수록 d는 활발해진다.

① ㄱ ② ㄴ ③ ㄷ
④ ㄱ, ㄴ ⑤ ㄱ, ㄷ

| 2022학년도 6월 모평 지구과학Ⅰ 4번 변형 |

03 그림 (가)는 대서양에서 시추한 지점 P_1~P_7을 나타낸 것이고, (나)는 각 지점에서 가장 오래된 퇴적물의 연령을 판의 경계로부터 거리에 따라 나타낸 것이다.

개념 Link 104쪽

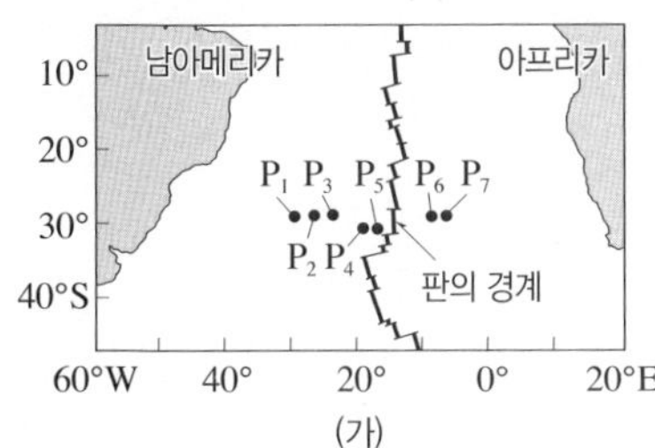

(가)

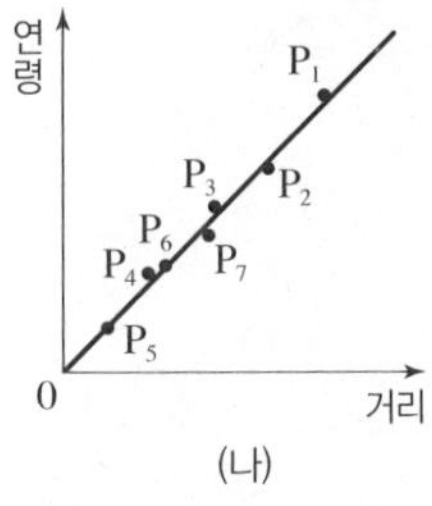

(나)

이에 대한 설명으로 옳은 것만을 [보기]에서 있는 대로 고른 것은?

보기

ㄱ. 해저 퇴적물의 두께는 P_1이 P_5보다 두껍다.
ㄴ. P_5와 P_6 사이에는 발산형 경계가 존재한다.
ㄷ. 시간이 흐를수록 P_1과 P_7 사이의 거리는 점점 증가할 것이다.

① ㄴ ② ㄷ ③ ㄱ, ㄴ
④ ㄱ, ㄷ ⑤ ㄱ, ㄴ, ㄷ

| 2022학년도 9월 모평 지구과학Ⅰ 8번 변형 |

04 그림 (가)와 (나)는 남아메리카와 아프리카 주변에서 발생한 지진의 진앙 분포를 나타낸 것이다.

개념 Link 104쪽

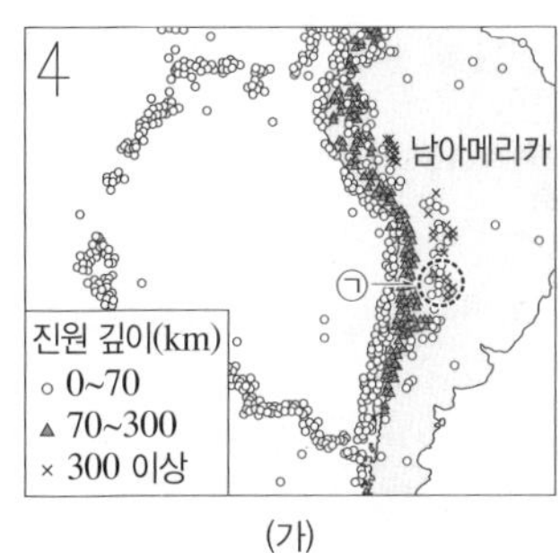

(가)

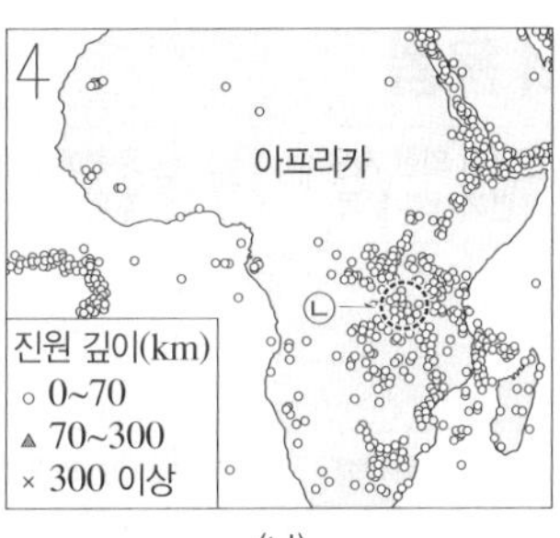

(나)

지역 ㉠과 ㉡에 대한 설명으로 옳은 것만을 [보기]에서 있는 대로 고른 것은?

보기

ㄱ. ㉠의 하부에서는 맨틀 대류가 상승한다.
ㄴ. ㉡에는 습곡 산맥이 발달한다.
ㄷ. ㉠과 ㉡에서는 모두 화산 활동이 활발하다.

① ㄱ ② ㄷ ③ ㄱ, ㄴ
④ ㄴ, ㄷ ⑤ ㄱ, ㄴ, ㄷ

Ⅲ 시스템과 상호작용

01 중력을 받는 물체의 운동

A 중력과 역학 시스템 — B 중력에 의한 지구 표면에서의 운동 — C 중력에 의한 지구 주위에서의 운동

02 운동과 충돌

A 관성 — B 운동량과 충격량 — C 충돌과 안전장치

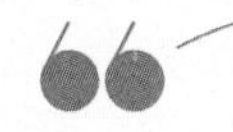

이 단원과 관련된 중학교에서 배운 내용을 확인해 보자.

배운 내용

중력

(1) 중력: 지구가 물체를 당기는 힘

방향	① 방향
크기	• 물체의 ② 이 클수록 크다. • 지구 ③ 에 가까울수록 크다.

▲ 중력의 방향

(2) 무게와 질량

- 무게: 물체에 작용하는 ④ 의 크기로 단위는 힘의 단위인 N을 사용한다.
- 질량: 물체의 고유한 양으로 단위는 g, kg 등을 사용한다.

여러 가지 운동

(1) 자유 낙하 운동: 공기 저항이 없을 때 정지해 있던 물체가 ⑤ 만 받으면서 아래로 떨어지는 운동

(2) 자유 낙하 운동 그래프

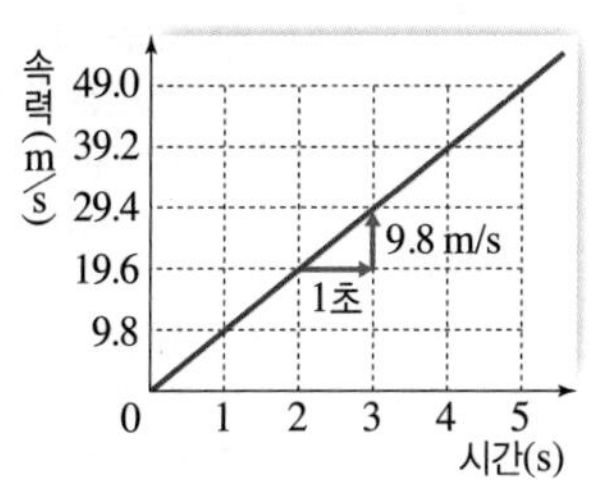

- 물체가 정지해 있다가 움직이므로 처음 속력은 ⑥ 이다.
- 속력이 시간에 따라 일정하게 증가한다.

➡ 1초마다 속력이 ⑦ m/s씩 증가한다.

(3) 속력-시간 그래프

구분	등속 (직선) 운동	자유 낙하 운동
그래프	속력 0 시간	속력 0 시간
특징	• 속력이 일정 • 속력-시간 그래프가 ⑧ 축과 나란한 직선 모양	• 속력이 일정하게 증가 • 속력-시간 그래프가 원점을 지나는 기울어진 직선 모양

[정답]

① 지구 중심 ② 질량 ③ 중심 ④ 중력
⑤ 중력 ⑥ 0 ⑦ 9.8 ⑧ 시간

01 중력을 받는 물체의 운동

핵심 짚기
- ☐ 자유 낙하 운동
- ☐ 중력에 의한 달과 인공위성의 운동
- ☐ 수평 방향으로 던진 물체의 운동

A 중력과 역학 시스템

1 중력 질량을 가진 모든 물체가 상호작용 하여 서로 끌어당기는 힘이다.

• 두 물체의 질량이 클수록, 두 물체 사이의 거리가 가까울수록 중력의 크기가 크다.

2 중력에 의한 운동 상태의 변화

① 가속도 운동: 물체의 속력이나 운동 방향이 변하는 운동

• 가속도: 단위 시간당 속도 변화량으로, 단위는 m/s^2을 사용한다.❶

② 중력과 물체의 운동: 공기 저항을 무시할 때 물체를 가만히 놓으면 중력의 작용으로 물체가 자유 낙하 하여 속도가 일정하게 빨라지는 가속도 운동을 한다.

➡ 중력이 물체를 가속시키는 원인이 되어 속도가 1초마다 약 9.8 m/s씩 증가하는 운동을 한다.❷

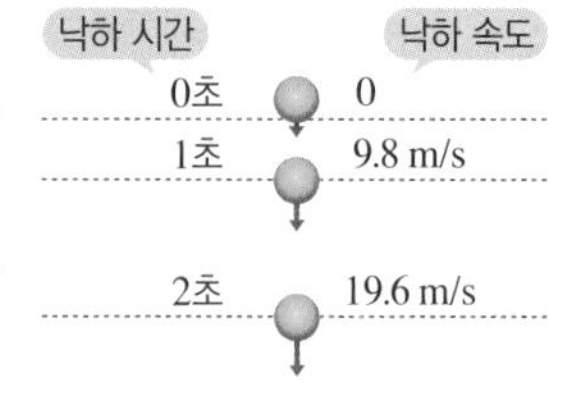

▲ 자유 낙하 운동

3. 중력과 역학 시스템

① 중력은 역학 시스템에서 일어나는 여러 가지 자연 현상에도 매우 중요하게 작용한다.❸

② 지구 표면과 지구 주위에서 중력이 작용하여 나타나는 현상

높은 곳에서 번지 점프를 한다.	눈이나 비가 내리는 기상 현상이 나타난다.	인공위성이 지구 주위를 돌고 있다.	달이 지구 주위를 공전한다.

B 중력에 의한 지구 표면에서의 운동

여기서 잠깐 124쪽

1 자유 낙하 운동 공기 저항을 무시할 때 물체가 중력만을 받아서 낙하하는 운동으로, 가속도의 크기는 질량에 관계없이 약 $9.8\ m/s^2$으로 일정하다.

2 수평 방향으로 던진 물체의 운동 공기 저항을 무시할 때 지구 표면 근처에서 운동 방향이 계속 변하며 포물선 궤도를 그리며 낙하하는 운동❹ 탐구 A 122쪽

① 수평 방향으로는 힘이 작용하지 않으므로 등속 운동을 한다.

② 연직 방향으로는 중력만을 받아서 운동하므로 속도가 일정하게 빨라지는 운동을 한다.

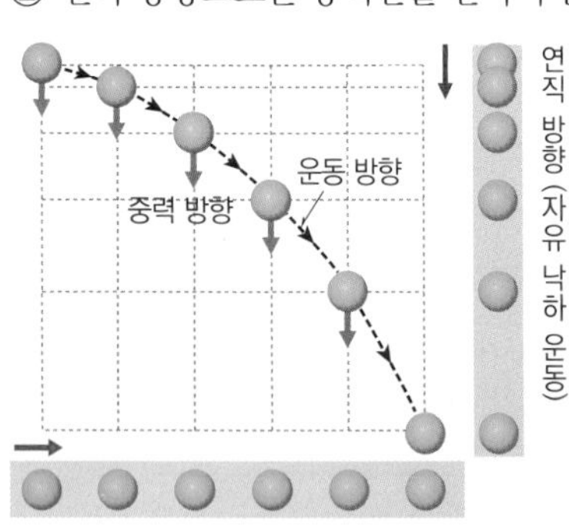

구분	수평 방향 운동	*연직 방향 운동 (자유 낙하 운동)
힘	0	중력이 일정하게 작용
속도	일정	일정하게 증가
가속도	0	약 $9.8\ m/s^2$으로 일정
운동	등속 운동	등가속도 운동❺

Plus 강의

❶ **가속도**
속도 변화량을 걸린 시간으로 나눈 물리량으로, 크기와 방향을 모두 포함하며 다음과 같이 구할 수 있다.

$$가속도 = \frac{나중\ 속도 - 처음\ 속도}{걸린\ 시간}$$

❷ **중력 가속도와 중력의 크기**
중력 가속도는 중력에 의한 가속도로, 지표 근처에서 중력 가속도의 크기는 약 $9.8\ m/s^2$으로 일정하다. 중력의 크기는 질량과 중력 가속도의 곱과 같다.

❸ **역학 시스템**
중력, 전기력, 자기력, 마찰력, 부력, 탄성력 등의 여러 가지 힘이 상호작용 하여 전체적으로 일정한 질서를 유지하는 운동 체계

❹ **자유 낙하 하는 물체와 수평 방향으로 던진 물체의 공통점**
자유 낙하 하는 물체와 수평 방향으로 던진 물체는 운동하는 동안 일정한 크기의 중력이 작용하여 연직 방향의 가속도가 같다. 따라서 같은 높이에서 자유 낙하 하는 물체와 동시에 수평 방향으로 던진 물체는 질량에 관계없이 바닥에 동시에 도달한다.

❺ **등가속도 운동**
속도가 변하는 운동을 가속도 운동이라 하고 속도가 일정하게 변하는 운동을 등가속도 운동이라고 한다.

용어 돋보기

✱ 연직(鉛 납, 直 곧다)_ 납으로 된 추가 가리키는 방향이라는 뜻으로, 지구 중심 방향을 의미

C 중력에 의한 지구 주위에서의 운동

1 지구 주위를 도는 물체의 운동

① 수평 방향으로 속력을 달리하여 던진 물체의 운동: 속력이 빠를수록 수평 방향으로 더 멀리 나아간다. ➡ 수평 방향으로 던지는 속도에 따라 수평 방향으로 이동하는 거리는 달라지지만, 연직 방향으로는 중력만 작용하기 때문에 처음 높이가 같으면 동시에 바닥에 도달한다.

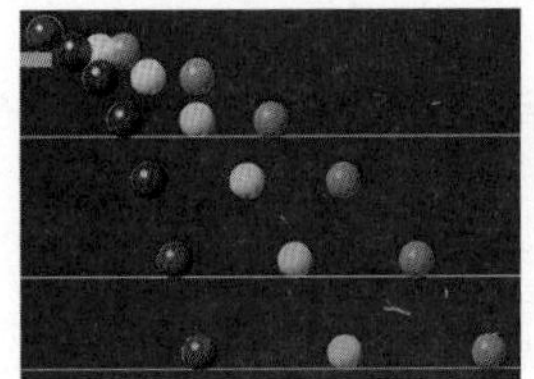

▲ 수평 방향으로 던진 물체의 운동

| 뉴턴의* 사고 실험 |

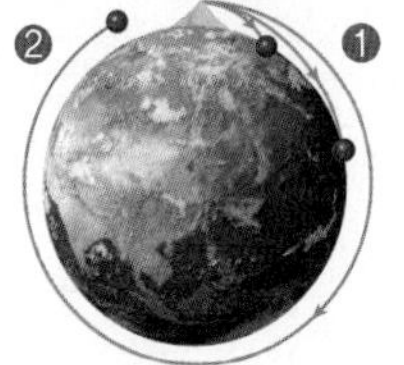

▲ 지표면 근처에서 던진 물체

뉴턴은 지구의 높은 산꼭대기에서 물체를 점점 세게 던지는 사고 실험으로 지구 주위의 물체에서 운동과 지구 표면에서 물체의 운동을 같은 원리로 설명하였다.

❶ 수평 방향으로 물체를 세게 던질수록 물체는 점점 더 멀리 날아가 떨어진다.

❷ 물체를 던지는 속력이 어떤 특정한 속력에 도달하면 물체는 바닥에 떨어지지 않고 지구 주위를 원운동하게 된다.⑥

② 달의 운동과 인공위성의 운동

- 원운동의 조건: 물체가 원운동을 하려면 원의 중심 방향으로 작용하는 힘이 필요하다.
- 달과 인공위성은 지구 중심 방향으로 끌어당기는 중력의 작용으로 운동 방향이 매 순간 바뀌어 지구 주위를 원운동한다.⑦

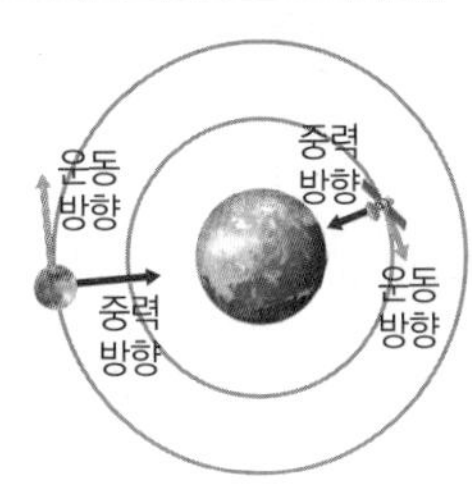

2 중력에 의한 원운동

2 중력에 의한 원운동 지구 주위를 도는 물체의 원운동은 지구 중력에 의한 지구 중심 방향의 가속도 운동이다.

⑥ 지구 주위를 원운동할 수 있는 속도

지구의 곡률(휘어진 정도)을 고려할 때 수평 방향으로 8 km를 이동하면 지표는 약 5 m 낮아진다. 자유 낙하 운동을 하는 물체는 1초에 약 5 m 낙하하므로 물체를 수평 방향으로 8 km/s의 속력으로 던지면 지구와 일정한 높이를 유지하면서 원운동하게 된다.

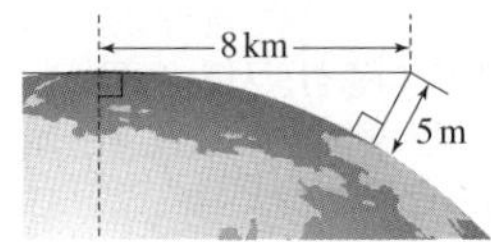

⑦ 물체의 원운동

해머와 연결된 줄을 중심 방향으로 끌어당기며 해머를 회전시키면 해머는 원운동을 할 수 있다. 즉, 원운동을 하려면 원의 중심 방향으로 잡아당기는 힘(구심력)이 필요하다.

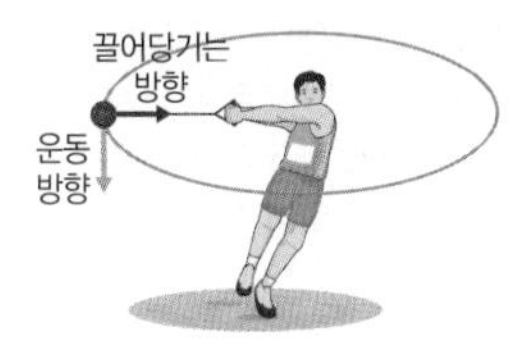

용어 돋보기

* 사고(思 생각하다, 考 조사하다) 실험_실제로 실험을 수행하는 대신 머리 속으로 단순화된 실험 장치와 조건을 가정하고 추론하여 수행하는 실험

개념 쏙쏙

정답과 해설 31쪽

1 중력은 질량이 있는 물체 사이에 ㉠(　　　　)작용 하는 힘으로 지구의 역학적 시스템에서 일어나는 자연 현상에도 중요한 역할을 한다. 또한 자유 낙하 하는 물체는 중력에 의해 속도가 일정하게 빨라지는 ㉡(　　　　) 운동을 한다.

2 다음은 수평 방향으로 던진 물체의 운동에 대한 설명이다. (　　　) 안에 알맞은 말을 쓰시오. (단, 공기 저항은 무시한다.)

(1) 수평 방향으로는 작용하는 힘이 없으므로 (　　　　) 운동을 한다.

(2) 연직 방향으로는 ㉠(　　　　)만을 받아서 운동하므로 ㉡(　　　　) 운동을 한다.

3 다음 설명에 해당하는 운동을 있는 대로 골라 쓰시오. (단, 공기 저항은 무시한다.)

(가) 자유 낙하 운동　　(나) 수평 방향으로 던진 물체의 운동　　(다) 달의 공전

(1) 중력이 일정하게 작용한다. ………… (　　　　)

(2) 운동 방향과 힘의 방향이 같다. ………… (　　　　)

(3) 원의 중심 방향으로 끌어당기는 힘이 작용한다. ………… (　　　　)

암기 꼭!

수평 방향으로 던진 물체의 운동

구분	수평 방향	연직 방향
힘	0	중력(일정)
속도	일정	일정하게 증가
가속도	0	일정
운동	등속 운동	등가속도 운동(자유 낙하 운동)

자유 낙하 운동과 수평 방향으로 던진 물체의 운동 비교

목표 자유 낙하 운동과 수평 방향으로 던진 물체의 운동의 공통점과 차이점을 비교할 수 있다.

유의점 다중섬광사진 앱을 이용하면 물체의 운동을 기록하여 분석할 수 있다.

✽ 구간 거리는 해당 구간 시간 동안 이동한 거리이다.

시험 Tip!

발사 속도에 따른 수평 방향 이동 거리와 바닥에 닿는 순서를 비교하는 문제가 자주 출제된다. ➡ 쇠구슬을 발사하는 속도가 빠를수록 B는 수평 방향으로 더 멀리 날아가지만, A와 B는 동시에 바닥에 닿는다.

과정

❶ 쇠구슬 발사 장치에 동일한 쇠구슬 A, B를 설치하고 발사 장치 뒷면에 모눈종이를 붙인다.

❷ 쇠구슬 발사 장치를 작동시키고 쇠구슬이 운동하는 모습을 스마트 기기를 이용하여 동영상으로 촬영한다.

❸ 두 쇠구슬의 운동 모습을 0.1초 간격으로 위치를 표시한다.

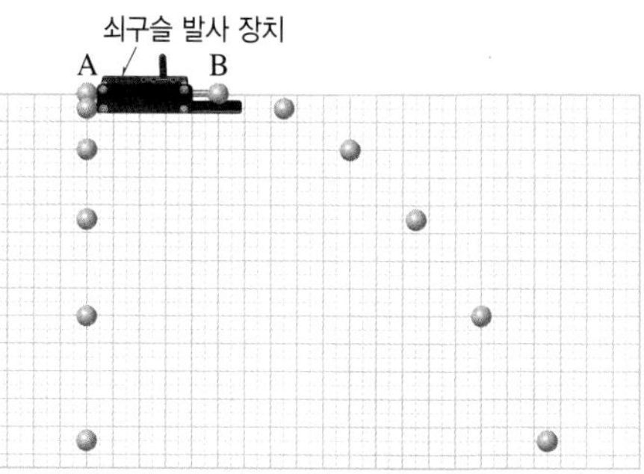

결과

• 자유 낙하 하는 쇠구슬 A

시간(s)	0~0.1	0.1~0.2	0.2~0.3	0.3~0.4	0.4~0.5
연직 방향 ✽구간 거리(m)	0.05	0.15	0.25	0.35	0.45
구간 평균 속도(m/s)	0.5	1.5	2.5	3.5	4.5

• 수평 방향으로 던진 쇠구슬 B

시간(s)		0~0.1	0.1~0.2	0.2~0.3	0.3~0.4	0.4~0.5
연직 방향	구간 거리(m)	0.05	0.15	0.25	0.35	0.45
	구간 평균 속도(m/s)	0.5	1.5	2.5	3.5	4.5
수평 방향	구간 거리(m)	0.25	0.25	0.25	0.25	0.25
	구간 평균 속도(m/s)	2.5	2.5	2.5	2.5	2.5

해석

1. **쇠구슬 A는 어떤 운동을 하는가?** ➡ 0.1초 동안 속도 변화량이 일정하므로 가속도가 일정한 자유 낙하 운동을 한다.

2. **쇠구슬 B는 어떤 운동을 하는가?** ➡ 수평 방향으로는 속도가 일정한 등속 운동을 하고, 연직 방향으로는 속도가 일정하게 증가하는 등가속도 운동을 한다.

정리

• 자유 낙하 운동과 수평 방향으로 던진 물체의 운동 비교

구분	자유 낙하 운동(쇠구슬 A)	수평 방향으로 던진 물체의 운동(쇠구슬 B)	
		연직 방향	수평 방향
힘	중력	중력	0
운동	등가속도 운동	등가속도 운동	등속 직선 운동
운동 그래프	속도-시간 그래프: 0에서 시작하는 직선 증가	속도-시간 그래프: 0에서 시작하는 직선 증가	속도-시간 그래프: 일정한 수평선

이렇게도 실험해요!

과정

❶ 책상 한쪽 끝에 30 cm 자를 걸치고, 두 원형 나무 도막 A, B를 책상과 자 위에 그림과 같이 놓는다.

❷ 자의 중심을 손가락으로 누른 뒤 자 끝을 화살표 방향으로 쳐서 원형 나무 도막 A는 아래로 떨어지는 동시에 B는 옆으로 날아가게 한다.

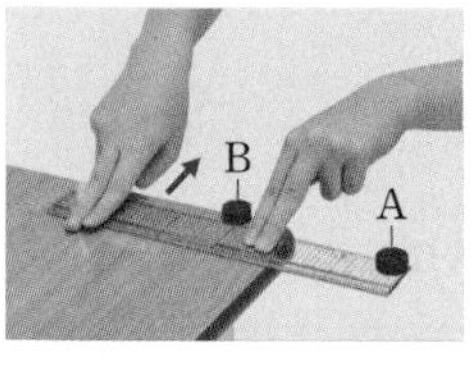

결과 및 해석

1. A는 자유 낙하 운동을 하고, B는 포물선 궤도를 그리며 낙하한다.
2. A, B가 바닥에 닿는 소리가 동시에 들린다. ➡ A, B는 동시에 바닥에 닿는다.

확인 문제

1 **탐구 A**에 대한 설명으로 옳은 것은 ○, 옳지 않은 것은 ×로 표시하시오.

(1) A, B에 작용하는 중력의 크기는 같다. ( )
(2) 운동하는 동안 A, B의 연직 방향의 가속도는 같다. ( )
(3) B를 더 세게 발사하면 B가 A보다 먼저 바닥에 도달한다. ( )
(4) A, B 모두 운동 방향이 변하지 않는 운동을 한다. ( )

2 그림과 같이 자의 중심을 손가락으로 누른 뒤 자 끝을 화살표 방향으로 쳐서 A는 아래로 떨어지는 동시에 B는 옆으로 날아가게 하였다.
이에 대한 설명으로 옳은 것만을 [보기]에서 있는 대로 고른 것은? (단, 공기 저항 및 모든 마찰은 무시하고, 자의 두께는 고려하지 않는다.)

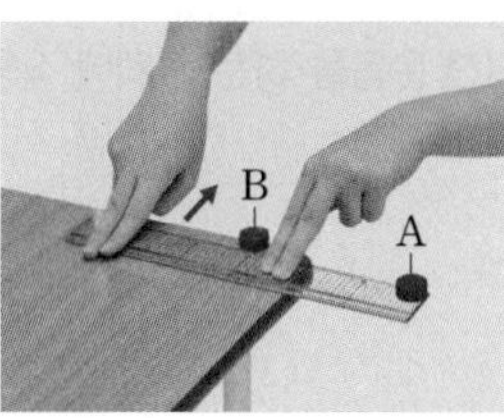

보기
ㄱ. A는 속력과 방향이 일정한 운동을 한다.
ㄴ. B는 속력은 변하지만 방향이 일정한 운동을 한다.
ㄷ. A, B는 바닥에 동시에 도달한다.

① ㄱ ② ㄷ ③ ㄱ, ㄴ
④ ㄴ, ㄷ ⑤ ㄱ, ㄴ, ㄷ

3 그림은 지표면 근처에서 자유 낙하 하는 물체의 속도를 시간에 따라 나타낸 것이다.
이에 대한 설명으로 옳은 것만을 [보기]에서 있는 대로 고른 것은? (단, 중력 가속도는 g이고, 공기 저항은 무시한다.)

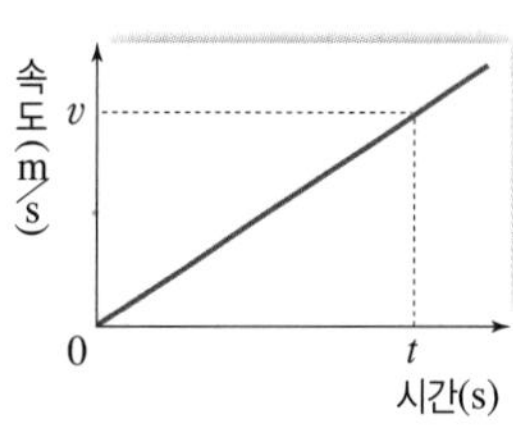

보기
ㄱ. 물체는 등가속도 운동을 한다.
ㄴ. 그래프의 기울기는 g이다.
ㄷ. 물체에 작용하는 힘의 크기가 점점 증가한다.

① ㄱ ② ㄷ ③ ㄱ, ㄴ
④ ㄴ, ㄷ ⑤ ㄱ, ㄴ, ㄷ

여기서 잠깐

운동 그래프의 분석

정답과 해설 31쪽

등속 직선 운동, 자유 낙하 운동, 수평 방향으로 던진 물체의 운동을 그래프로 나타내 보고, 그래프를 분석해 보아요.

등속 직선 운동의 그래프

수평 방향으로 던진 물체는 수평 방향으로는 힘이 작용하지 않아 등속 직선 운동을 한다.

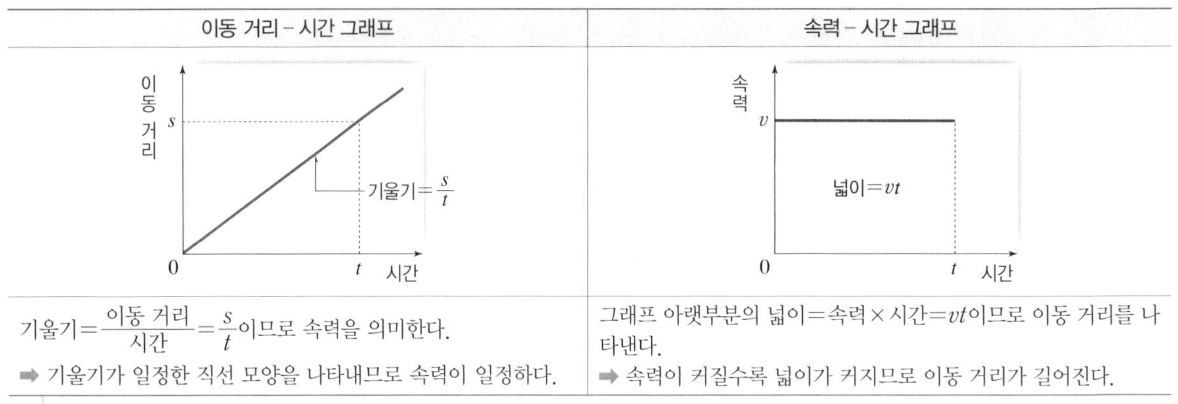

이동 거리 – 시간 그래프	속력 – 시간 그래프
기울기$=\frac{\text{이동 거리}}{\text{시간}}=\frac{s}{t}$이므로 속력을 의미한다. ➡ 기울기가 일정한 직선 모양을 나타내므로 속력이 일정하다.	그래프 아랫부분의 넓이=속력×시간$=vt$이므로 이동 거리를 나타낸다. ➡ 속력이 커질수록 넓이가 커지므로 이동 거리가 길어진다.

Q 1 등속 직선 운동을 하는 물체에 작용하는 힘의 크기가 (   )이므로 물체는 시간에 따라 속력이 변하지 않는 운동을 하게 된다.

등가속도 운동

자유 낙하 운동을 하는 물체나 수평 방향으로 던진 물체는 연직 방향으로는 일정한 힘이 작용하므로 등가속도 운동을 한다.

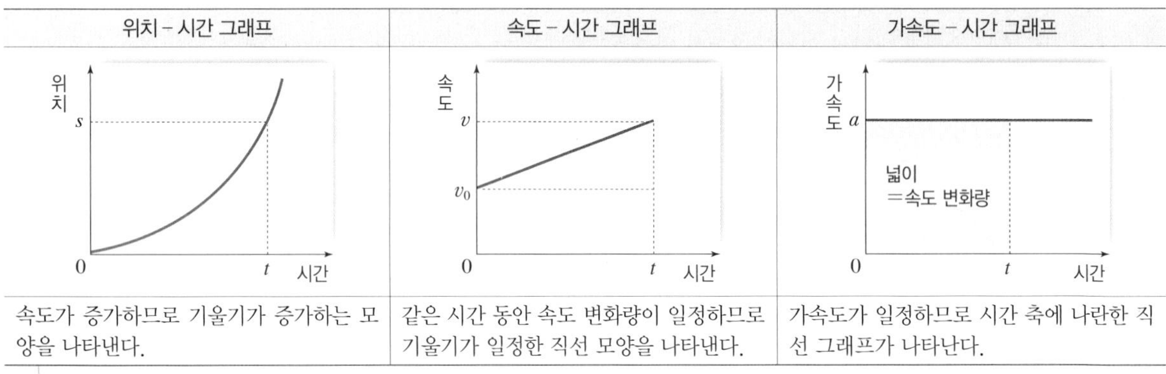

위치 – 시간 그래프	속도 – 시간 그래프	가속도 – 시간 그래프
속도가 증가하므로 기울기가 증가하는 모양을 나타낸다.	같은 시간 동안 속도 변화량이 일정하므로 기울기가 일정한 직선 모양을 나타낸다.	가속도가 일정하므로 시간 축에 나란한 직선 그래프가 나타난다.

Q 2 자유 낙하 운동을 하는 물체의 속도 – 시간 그래프에서 기울기는 무엇을 의미하는가?

속력이 변하는 물체의 속력 – 시간 그래프 분석

그림은 직선 도로를 달리는 물체의 운동을 시간에 따른 속력 그래프로 나타낸 것이다.

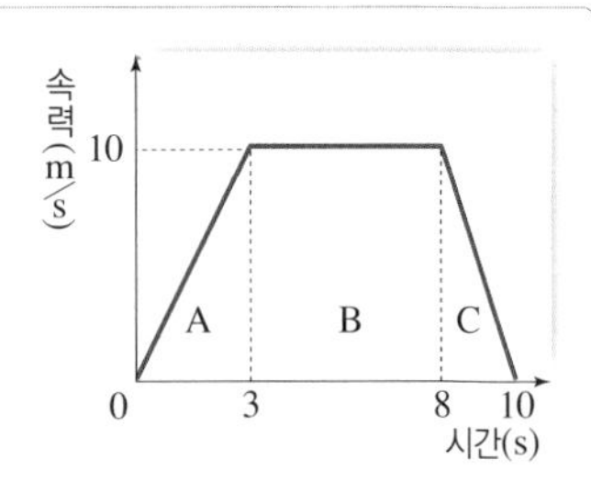

(1) 5초일 때와 9초일 때 물체의 가속도의 크기를 각각 구하시오.

➡ 속력 – 시간 그래프의 기울기가 가속도이다. 5초일 때는 기울기가 0이므로 가속도는 0이고, 9초일 때는 기울기의 크기가 $\frac{10\text{ m}}{2\text{ s}}$이므로 가속도의 크기는 5 m/s^2이다.

(2) 10초 동안 물체의 이동 거리를 구하시오.

➡ 속력 – 시간 그래프에서 이동 거리는 그래프 아랫부분의 넓이이므로 10초 동안 물체의 이동 거리는 $(5+10)\times10\times\frac{1}{2}=75(\text{m})$이다.

Q 3 물체는 0∼3초 동안 ㉠(   ) 운동을, 3초∼8초 동안 ㉡(   ) 운동을, 8초∼10초 동안 ㉢(   ) 운동을 하였다.

내신 탄탄

중간·기말 고사에 출제될 확률이 높은 문항들로 구성하여, 내신에 완벽 대비할 수 있도록 하였습니다. | 정답과 해설 31쪽

A 중력과 역학 시스템

01 중력에 대한 설명으로 옳은 것만을 [보기]에서 있는 대로 고른 것은?

보기
ㄱ. 질량이 있는 물체 사이에서 작용한다.
ㄴ. 물체를 지구 중심 방향으로 가속시킨다.
ㄷ. 지구 표면에서 떨어져 있는 물체에는 작용하지 않는다.

① ㄱ ② ㄷ ③ ㄱ, ㄴ
④ ㄴ, ㄷ ⑤ ㄱ, ㄴ, ㄷ

중요
02 그림은 자유 낙하 하는 물체를 일정한 시간 간격으로 나타낸 것이다.
이 물체의 운동에 대한 설명으로 옳은 것만을 [보기]에서 있는 대로 고른 것은?

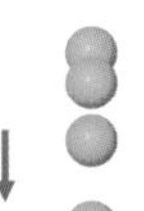

보기
ㄱ. 물체에는 중력만 작용한다.
ㄴ. 물체의 속력과 운동 방향이 모두 변하는 운동이다.
ㄷ. 질량이 클수록 단위 시간당 속도 변화량이 커진다.

① ㄱ ② ㄷ ③ ㄱ, ㄴ
④ ㄴ, ㄷ ⑤ ㄱ, ㄴ, ㄷ

03 그림은 자유 낙하 하는 물체의 속력을 시간에 따라 나타낸 것이다.
이에 대한 설명으로 옳은 것만을 [보기]에서 있는 대로 고른 것은?

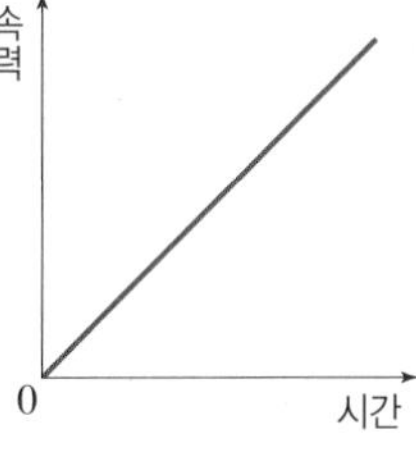

보기
ㄱ. 시간에 따라 이동 거리가 일정하게 증가한다.
ㄴ. 질량이 클수록 그래프의 기울기가 크다.
ㄷ. 운동하는 동안 물체에 작용하는 힘의 크기는 일정하다.

① ㄱ ② ㄷ ③ ㄱ, ㄴ
④ ㄴ, ㄷ ⑤ ㄱ, ㄴ, ㄷ

중요
04 그림 (가)~(라)는 지구 표면과 지구 주위에서 나타나는 현상이다.

(가) 줄을 사용하여 번지 점프를 한다.

(나) 인공위성이 지구 주위를 돌고 있다.

(다) 물이 높은 곳에서 낮은 곳으로 떨어진다.

(라) 비가 내린다.

(가)~(라)에 공통으로 지구 중심 방향으로 작용하는 힘은?

① 마찰력 ② 전기력 ③ 자기력
④ 부력 ⑤ 중력

B 중력에 의한 지구 표면에서의 운동

05 다음은 중력 가속도와 자유 낙하 운동에 대해 학생 A, B, C가 대화하는 것을 나타낸 것이다.

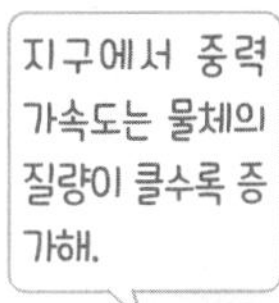

제시한 내용이 옳은 학생만을 있는 대로 고른 것은?

① A ② B ③ A, B
④ A, C ⑤ B, C

중요
06 그림과 같이 책상 위에 자와 동전을 배치하고 자를 ㉠ 방향으로 재빠르게 쳐서 동전 A, B가 동시에 떨어지도록 하였다.

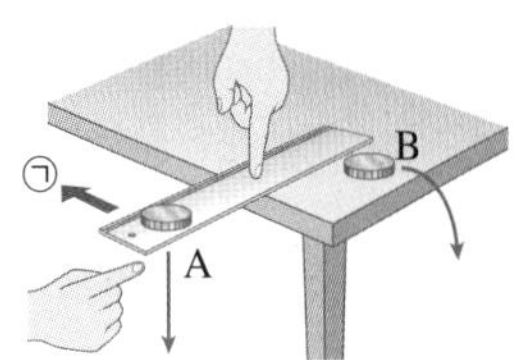

이에 대한 설명으로 옳은 것만을 [보기]에서 있는 대로 고른 것은? (단, 자의 두께 및 공기 저항은 무시한다.)

보기
ㄱ. A, B는 동시에 바닥에 도달한다.
ㄴ. B에는 수평 방향으로 중력이 계속 작용한다.
ㄷ. 자를 더 빠르게 치면 B가 먼저 바닥에 도달한다.

① ㄱ ② ㄷ ③ ㄱ, ㄴ
④ ㄴ, ㄷ ⑤ ㄱ, ㄴ, ㄷ

07 그림과 같이 정지해 있던 질량이 2 kg인 물체 A를 낙하시켜서 t초 후 속력이 19.6 m/s가 될 때와 같은 높이에서 질량 4 kg인 물체 B를 가만히 놓아 낙하시켰다.

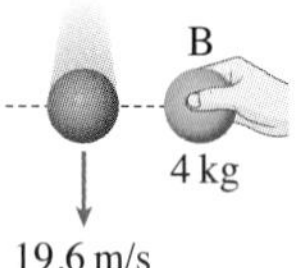

이에 대한 설명으로 옳은 것만을 [보기]에서 있는 대로 고른 것은? (단, 중력 가속도는 9.8 m/s²이고, 공기 저항은 무시한다.)

보기
ㄱ. A에 작용하는 중력의 크기는 19.6 N이다.
ㄴ. t는 2초이다.
ㄷ. 가속도는 B가 A의 2배이다.

① ㄱ ② ㄴ ③ ㄱ, ㄴ
④ ㄱ, ㄷ ⑤ ㄴ, ㄷ

서술형
08 질량이 2 kg인 물체를 높이 h에서 수평 방향으로 4 m/s의 속력으로 던졌더니 1초 뒤에 바닥에 도달하였다. 이 물체가 수평 방향으로 이동한 거리는 얼마인지 계산 과정과 함께 서술하시오. (단, 공기 저항은 무시한다.)

C 중력에 의한 지구 주위에서의 운동

중요
09 그림은 같은 높이에서 동시에 수평 방향으로 던진 물체 A, B, C의 운동을 나타낸 것이다. A~C의 물리량을 비교한 것으로 옳은 것만을 [보기]에서 있는 대로 고른 것은? (단, 질량은 A>B>C이고, 공기 저항은 무시한다.)

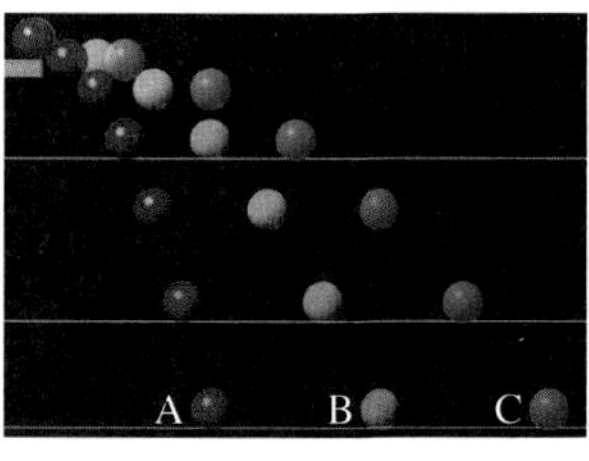

보기
ㄱ. 수평 방향의 속력: A=B=C
ㄴ. 연직 방향의 가속도: A=B=C
ㄷ. 바닥에 도달하는 시간: A>B>C

① ㄴ ② ㄷ ③ ㄱ, ㄴ
④ ㄱ, ㄷ ⑤ ㄱ, ㄴ, ㄷ

[10~11] 그림은 지표 근처에서 속력을 달리하여 동일한 대포알 A, B, C를 발사할 때 운동 경로를 나타낸 것이다.

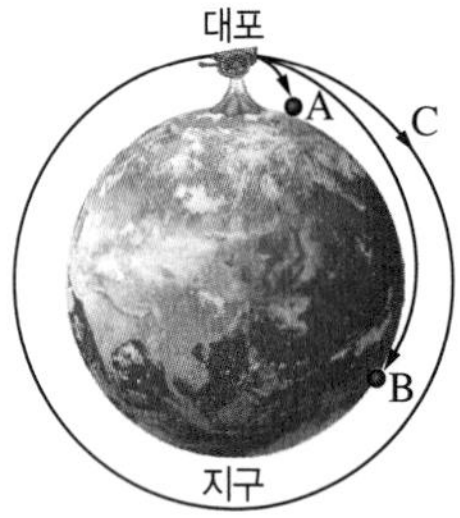

10 이와 같은 운동으로 설명할 수 있는 현상으로 옳은 것만을 [보기]에서 있는 대로 고른 것은?

보기
ㄱ. 달이 지구와 일정한 거리를 유지하면서 공전한다.
ㄴ. 인공위성을 쏘아 올릴 때 발사체가 지구를 벗어난다.
ㄷ. 투수가 수평 방향으로 던진 공이 포물선을 그리며 날아간다.

① ㄱ ② ㄴ ③ ㄷ
④ ㄱ, ㄷ ⑤ ㄴ, ㄷ

서술형
11 대포알 A, B, C를 발사한 속력을 비교하고 그 까닭을 서술하시오.

1등급 도전

내신 탄탄보다는 조금 수준이 높은 유형의 문제들로 구성하였습니다. 자신의 실력을 한 단계 높여 보세요.

정답과 해설 32쪽

01 그림은 질량이 같은 물체를 서로 다른 행성 A~C에서 자유 낙하 시켰을 때 시간에 따른 속력 변화를 나타낸 것이다.

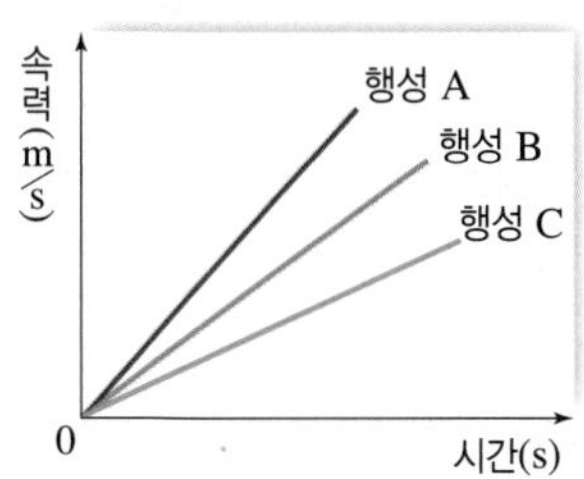

이에 대한 설명으로 옳은 것만을 [보기]에서 있는 대로 고른 것은? (단, 대기에 의한 저항은 무시한다.)

보기
ㄱ. 물체에 작용하는 중력의 크기는 C에서 가장 크다.
ㄴ. 질량이 2배인 물체를 A~C에서 자유 낙하 시켜도 그래프의 기울기는 변하지 않는다.
ㄷ. 물체가 낙하하는 동안 가속도는 계속 증가한다.

① ㄱ ② ㄴ ③ ㄷ
④ ㄴ, ㄷ ⑤ ㄱ, ㄴ, ㄷ

02 그림과 같이 물체가 자유 낙하 운동을 할 때 p점에서의 속력은 5 m/s이고, p점을 지나 2초 후 q점을 지날 때 속력은 v이다.
이에 대한 설명으로 옳은 것만을 [보기]에서 있는 대로 고른 것은? (단, 중력 가속도는 10 m/s²이고, 물체의 크기는 무시한다.)

정지

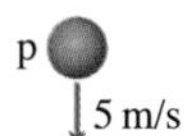

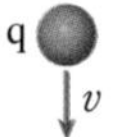

보기
ㄱ. 물체가 p점까지 낙하하는 데 걸린 시간은 1초이다.
ㄴ. v=25 m/s이다.
ㄷ. p점을 지나 q점을 지날 때 중력의 크기는 감소한다.

① ㄱ ② ㄴ ③ ㄷ
④ ㄱ, ㄴ ⑤ ㄴ, ㄷ

03 그림과 같이 책상 모서리에 동전을 놓고 탄성이 좋은 플라스틱 자를 구부렸다가 놓아 동전이 수평 방향으로 튀어 나가게 하였다. 표는 동전 A, B의 질량과 동전이 수평 방향으로 날아간 거리 d를 측정한 것이다.

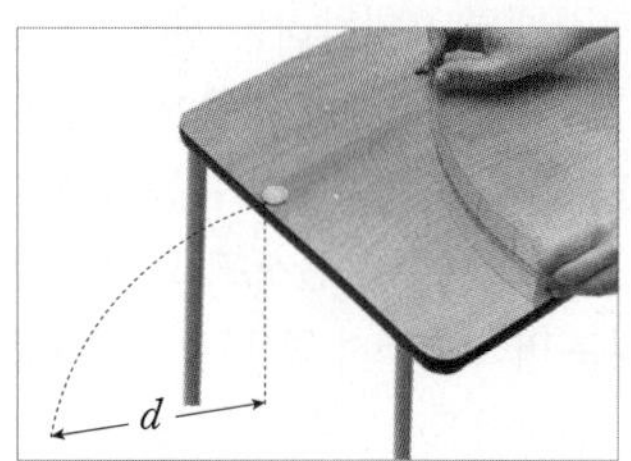

구분	A	B
질량	$2m$	m
거리(d)	d_1	$2d_1$

이에 대한 설명으로 옳은 것만을 [보기]에서 있는 대로 고른 것은? (단, 동전 A, B는 모양이 같고, 공기 저항은 무시한다.)

보기
ㄱ. 처음에 동전이 튀어 나가는 속도는 B가 A의 2배이다.
ㄴ. 동전이 날아가는 동안 작용하는 중력의 크기는 A가 B의 2배이다.
ㄷ. 동전이 날아가는 동안 연직 방향의 가속도의 크기는 A가 B의 2배이다.

① ㄱ ② ㄷ ③ ㄱ, ㄴ
④ ㄴ, ㄷ ⑤ ㄱ, ㄴ, ㄷ

04 그림과 같이 같은 높이에서 물체 A는 수평 방향으로 던지는 동시에 정지해 있던 물체 B는 자유 낙하 시켰다. A를 수평 방향으로 $2v$의 속력으로 던질 때는 P점에서 B와 충돌하고, v의 속력으로 던질 때는 Q점에서 B와 충돌한다. B가 P에 도달한 시간은 t_1, Q에 도달한 시간은 t_2이다.

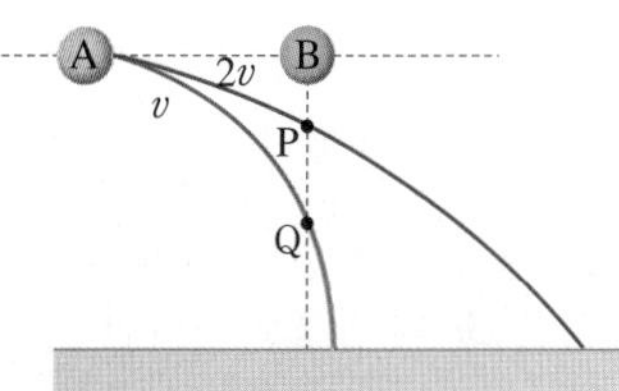

$t_1 : t_2$는? (단, 물체의 크기는 무시한다.)

① 1 : 1 ② 1 : 2 ③ 1 : 4
④ 2 : 1 ⑤ 2 : 3

운동과 충돌

핵심 짚기
- 관성과 관성 법칙
- 운동량과 충격량의 관계
- 충돌 관련 안전장치와 이용

A 관성

1 관성 물체가 현재의 운동 상태를 유지하려는 성질

① **관성 법칙(뉴턴 운동 제1법칙)**: 물체에 작용하는 알짜힘이 0일 때 정지한 물체는 계속 정지하고, 운동하던 물체는 등속 직선 운동을 한다.❶❷

② **관성의 크기**: 물체의 질량이 클수록 관성도 크게 작용한다.

예 같은 속력으로 달리는 버스와 택시 중 질량이 큰 버스가 갑자기 정지하기 더 어렵다.

③ **관성에 의한 현상**❸

정지에 있던 물체가 계속 정지해 있으려는 관성		운동하던 물체가 계속 운동하려는 관성	
버스가 갑자기 출발할 때 손잡이와 몸이 뒤로 쏠린다.	수레가 갑자기 출발할 때 물이 뒤로 쏠린다.	버스가 갑자기 정지할 때 손잡이와 몸이 앞으로 쏠린다.	수레가 갑자기 멈출 때 물이 앞으로 쏠린다.

2 관성과 안전 관성은 일상생활에서 충돌과 관련된 안전사고를 예방하는 데 중요하다.

| 안전띠와 관성 |

안전띠는 충돌이 일어나 자동차의 속력이 갑자기 느려질 때 탑승자가 관성에 의해 튀어 나가는 것을 막아 준다.

➡ 자동차의 속력이 갑자기 느려지면 흔들이가 관성 때문에 앞쪽으로 움직이게 된다. 이때 잠금쇠가 톱니바퀴의 움직임을 방해하여 안전띠가 쉽게 풀리지 않는다.

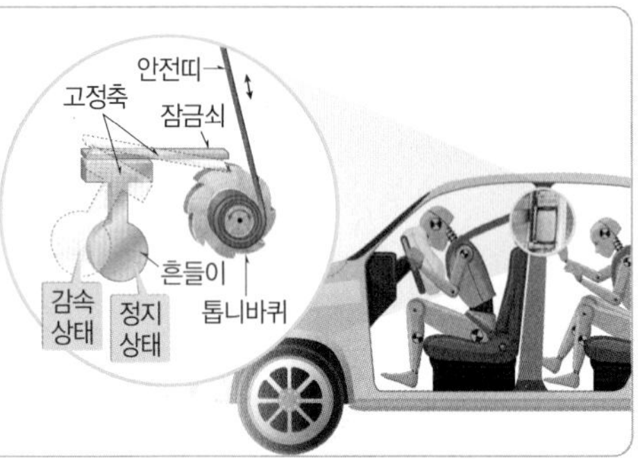

B 운동량과 충격량

1 운동량(p) 운동하는 물체의 운동 효과를 나타내는 물리량으로, 물체의 질량(m)과 속도(v)의 곱으로 나타낸다.❹

운동량=질량×속도, $p=mv$ [단위: kg·m/s]

① **운동량의 크기**: 물체의 질량이 클수록, 속도가 빠를수록 크다.

② **운동량의 방향**: 속도의 방향과 같다.

2 충격량(I) 물체가 받은 충격의 정도를 나타내는 물리량으로, 물체에 작용한 힘(F)과 힘이 작용한 시간(Δt)의 곱으로 나타낸다.

충격량=힘×시간, $I=F\Delta t$ [단위: N·s]

① **충격량의 크기**: 물체가 받은 힘이 클수록, 힘을 받은 시간이 길수록 크다.

② **충격량의 방향**: 물체가 받은 힘의 방향과 같다.

Plus 강의

❶ **알짜힘**

물체에 작용하는 모든 힘의 합력으로, 운동 상태를 변화시키는 원인이 된다.

❷ **갈릴레이의 사고 실험**

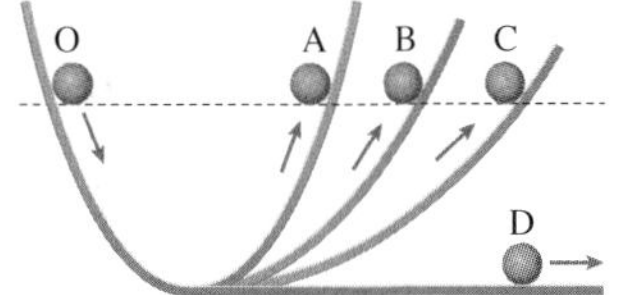

마찰이 없는 빗면의 O점에서 공을 놓으면 공은 반대편 빗면을 따라 처음 높이까지 올라갈 것이다(A, B, C). 빗면을 수평으로 만들면 공이 받는 알짜힘은 0이므로 관성에 의해 공은 영원히 등속 직선 운동을 하게 될 것이다(D).

❸ **관성 실험**

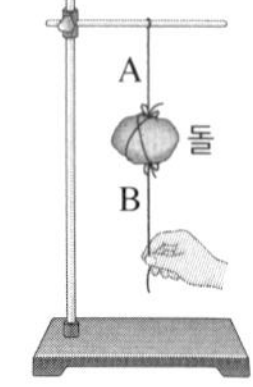

- 실 B를 빨리 당기면 돌은 정지 상태를 유지하려고 하므로 B가 끊어진다.
- 실 B를 천천히 당기면 실 A에는 돌의 무게와 B를 당기는 힘까지 걸리므로 A가 끊어진다.

❹ **운동량의 방향**

- 운동량은 질량과 방향을 포함한 값인 '속도'의 곱으로 나타내므로 운동량도 방향이 있다. 운동량의 방향은 속도의 방향과 같다.
- 방향을 나타낼 때 오른쪽을 (+)라고 하면 왼쪽은 (−)로 나타낼 수 있다.

3 운동량과 충격량의 관계 물체가 일정한 시간 동안 힘을 받으면 힘을 받는 동안 물체의 속도가 변하여 운동량이 변하게 된다.

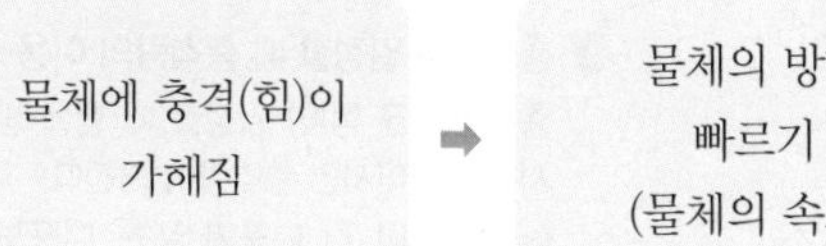

① 물체가 받은 충격량은 물체의 운동량의 변화량과 같다.

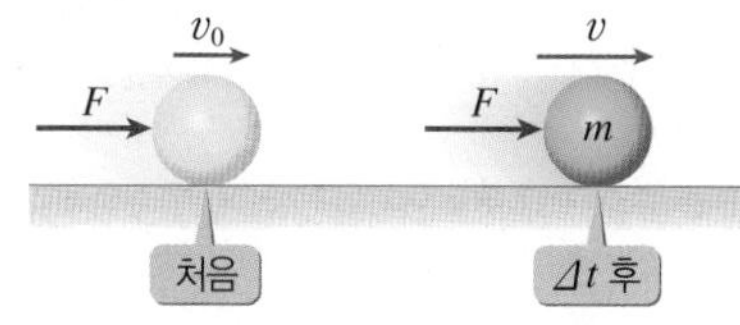

충격량=운동량의 변화량=나중 운동량−처음 운동량

$I=\Delta p=p-p_0=mv-mv_0$ ❺❻

② **힘-시간 그래프와 충격량**: 힘-시간 그래프 아랫부분의 넓이는 충격량, 즉 운동량의 변화량을 의미한다. ❼

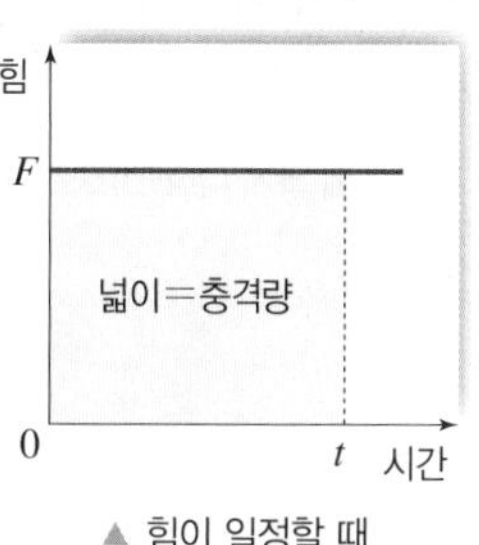

▲ 힘이 일정할 때

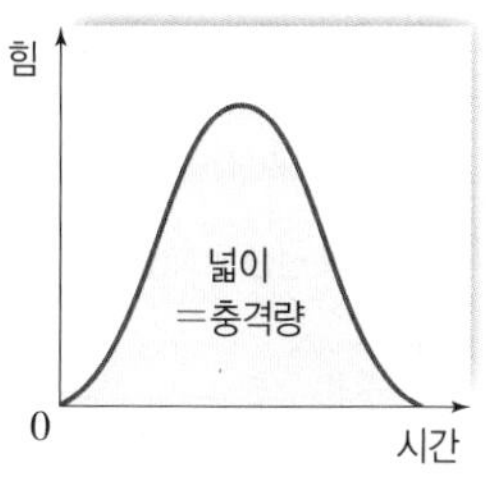

▲ 힘이 일정하지 않을 때

❺ **충격량과 운동량의 변화량 관계식 유도**

질량이 m, 처음 속도가 v_0인 물체에 시간 Δt 동안 일정한 힘 F가 작용하여 나중 속도가 v가 되었을 때 다음 식이 성립한다.

$$a=\frac{v-v_0}{\Delta t}=\frac{F}{m}$$

$$\Rightarrow F\Delta t=mv-mv_0=\Delta p$$

❻ **충격량, 운동량의 단위**

힘의 단위인 N은 뉴턴 운동 제2법칙($F=ma$)에 의해 $kg\cdot m/s^2$으로 나타낼 수 있다. 충격량의 단위는 N·s이므로 $kg\cdot m/s^2$에 시간(s)을 곱하면 운동량의 단위인 $kg\cdot m/s$가 된다. 즉, 충격량과 운동량의 단위는 같다.

❼ **운동량-시간 그래프**

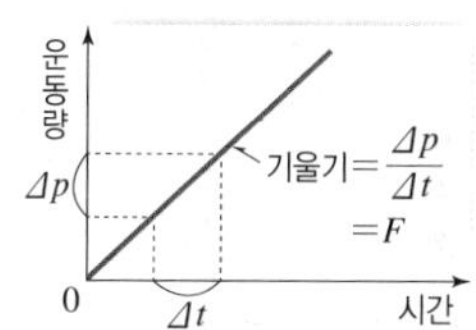

운동량-시간 그래프에서 그래프의 기울기는 단위 시간당 운동량의 변화량이므로 물체에 작용하는 알짜힘과 같다.

개념 쏙쏙

정답과 해설 33쪽

1 **관성에 대한 설명으로 옳은 것은 ○, 옳지 않은 것은 ×로 표시하시오.**

(1) 물체의 속도가 클수록 관성이 크다. ( )

(2) 자동차의 안전띠는 충돌할 때 관성 때문에 생길 수 있는 피해를 줄여 준다. ( )

2 **다음은 운동량과 충격량에 대한 설명이다. ( ) 안에 알맞은 말을 쓰거나 고르시오.**

(1) 운동량은 운동하는 물체의 ㉠( )과 속도의 곱으로 나타내고 단위는 ㉡( )이다.

(2) 충격량은 물체가 받은 ㉠( )과 힘을 받은 ㉡( )의 곱으로 나타내고 단위는 ㉢( )이다.

(3) 물체가 받은 충격량은 물체의 ( )의 변화량과 같다.

(4) 힘-시간 그래프에서 그래프 아랫부분의 넓이는 물체가 받은 ( )과 같다.

3 **질량이 2 kg인 물체에 5 N의 힘을 일정한 방향으로 1분 동안 작용하였다.**

(1) 물체가 받은 충격량의 크기는 몇 N·s인가?

(2) 물체의 운동량의 변화량 크기는 몇 kg·m/s인가?

암기 꼭!

충격량 구하는 식

충격량=운동량의 변화량

=나중 운동량−처음 운동량

충운아! 나처럼 해봐!

(충: 충격량, 운: 운동량의 변화량, 나: 나중 운동량, 처: 처음 운동량)

C 충돌과 안전장치

1 평균 힘과 충돌 시간 충돌에 의한 안전사고로부터 인명이나 물체를 보호하기 위해서는 물체가 받는 충격을 줄여야 한다.

① **평균 힘:** 충돌하는 동안 물체가 받는 평균 힘은 물체가 받은 충격량을 충돌 시간으로 나눈 값으로, 충격력이라고도 한다.❶

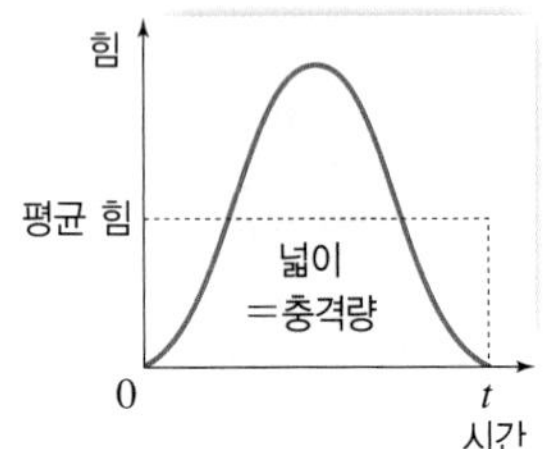

$$평균\ 힘(F)=\frac{충격량(I)}{충돌\ 시간(\varDelta t)}=\frac{운동량의\ 변화량(m\varDelta v)}{시간(\varDelta t)}$$

② **충돌 시간과 안전:** 물체가 같은 양의 충격량을 받더라도 충돌 시간을 길게 하면 물체가 받는 힘의 최댓값을 줄여 주므로 물체를 충격으로부터 보호해 줄 수 있다.❷

| 힘이 작용한 시간에 따른 충격의 차이 |

그림과 같이 질량이 m으로 동일한 달걀 A, B를 각각 같은 높이에서 단단한 바닥과 푹신한 방석에 떨어뜨렸을 때 달걀이 받는 힘의 변화를 시간에 따라 나타내면 그래프와 같다.

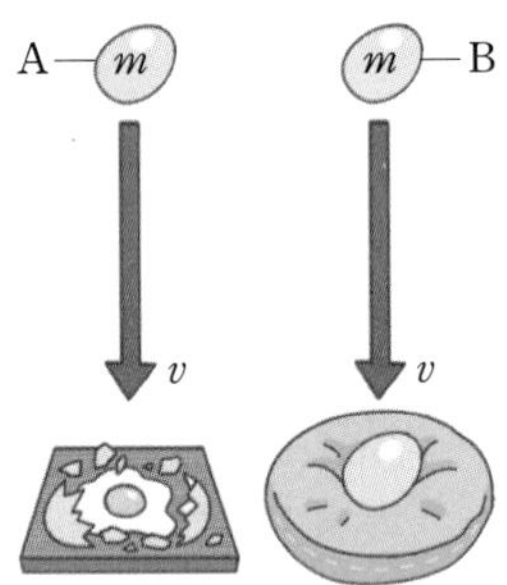

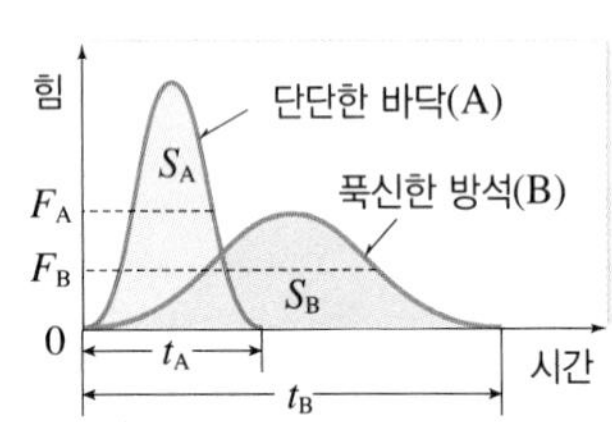

- 공기 저항을 무시하면 A, B는 자유 낙하 운동을 하므로 바닥에 닿는 순간의 속도는 v로 동일하다.
- 바닥과 충돌 전 A, B의 운동량은 mv로 같고 충돌 후에는 정지하므로 운동량이 0이다.
- 충돌 전후 A, B의 운동량의 변화량 크기는 mv로 같으므로 A, B가 받는 충격량은 같다.❸

그래프 아랫부분의 넓이 (충격량=운동량의 변화량)	$S_A=S_B$
평균 힘의 크기	$F_A>F_B$
힘을 받는 시간	$t_A<t_B$

➡ 달걀이 단단한 바닥보다 푹신한 방석에 충돌할 때 힘이 작용하는 시간이 길어지므로 달걀이 받는 힘의 크기가 작아져 달걀이 잘 깨지지 않는다.

2 생활 속 충돌과 안전장치

① **안전장치의 원리:** 안전장치는 관성에 의해 몸이 쏠리는 것을 방지하거나, 충돌이 일어났을 때 힘이 작용하는 시간을 길게 하여 사람이 받는 힘의 크기가 작아지도록 한다.

② **안전장치의 예**

- 생활 속 이용

공기가 충전된 포장재	보호대	놀이 매트
공기가 충전된 포장재는 상품이 충돌에 의해 힘을 받는 시간을 길게 하여 충격을 줄여 준다.	푹신한 재질의 보호대는 모서리 등에 몸을 부딪쳤을 때 충돌 시간을 길게 하여 충격을 줄여 준다.	놀이 매트는 바닥에 넘어졌을 때 몸이 바닥과 충돌에 의해 힘을 받는 시간을 길게 하여 충격을 줄여 준다.

Plus 강의

❶ **충격력이 일정할 때 충격량의 이용**
충격력(평균 힘)이 일정할 때 힘을 받는 시간이 길어지면 충격량이 커진다.
예 • 포신이 긴 대포가 짧은 대포보다 더 멀리 날아간다.
• 테니스공을 칠 때 공을 밀어 주는 시간을 길게 하면 공의 속도가 커진다.

❷ **물체가 받는 힘의 최댓값**
물체가 충격을 받아서 깨지거나 변형이 되는 피해는 물체가 받는 힘의 최댓값이 클 때 크게 나타난다.

❸ **두 달걀의 운동량의 변화량 크기**
운동량의 변화량은 나중 운동량에서 처음 운동량을 뺀 값이다. 따라서 충돌 전후 두 달걀의 운동량의 변화량 크기는 $|0-mv|=mv$로 같다.

• 스포츠 분야의 이용

포수용 글러브	멀리뛰기 착지 동작	높이뛰기 매트
두툼한 글러브가 야구공을 받을 때 충격을 받는 시간을 길게 하여 충격을 줄여 준다.	멀리뛰기 선수가 무릎을 구부려 착지하는 시간을 길게 하여 충격을 줄여 준다.	높이뛰기 선수가 착지할 때 충돌 시간을 길게 하여 충격을 줄여 준다.

• 교통수단의 이용❹❺

자동차 범퍼	자동차 에어백	자전거 안장
범퍼가 찌그러지면서 충격을 받는 시간을 길게 하여 충격을 줄여 준다.	에어백이 펴지면서 탑승자가 충격을 받는 시간을 길게 하여 충격을 줄여 준다.	바닥으로부터 충격을 받는 시간을 길게 하여 충격을 줄여 준다.

❹ **자동차의 안전띠**
자동차의 안전띠는 충격량과 관계없이 자동차의 속도가 변할 때 관성에 의해 탑승자가 튀어 나가는 것을 막아 주는 원리이다.

❺ **그 외 충격을 줄여 주는 안전장치**
- **가드레일:** 자동차가 충돌할 때 찌그러지며 멈추는 시간을 길게 하여 탑승자가 받는 힘을 줄여 준다.
- **운동화의 공기 쿠션:** 공기 쿠션이 눌리면서 발바닥이 충격을 받는 시간을 길게 하여 바닥으로부터 받는 충격을 줄여 준다.

정답과 해설 33쪽

4 **질량이 2 kg인 장난감 자동차가 10 m/s의 일정한 속도로 운동하다가 벽에 부딪친 후 정지하였다. 자동차와 벽이 충돌한 시간이 0.5초라면 자동차가 벽으로부터 받은 평균 힘의 크기는 몇 N인가?**

5 **그림은 같은 높이에서 같은 질량의 달걀 A, B를 각각 단단한 바닥과 푹신한 방석에 떨어뜨린 것이다. (　　　) 안에 알맞은 말을 쓰시오.**

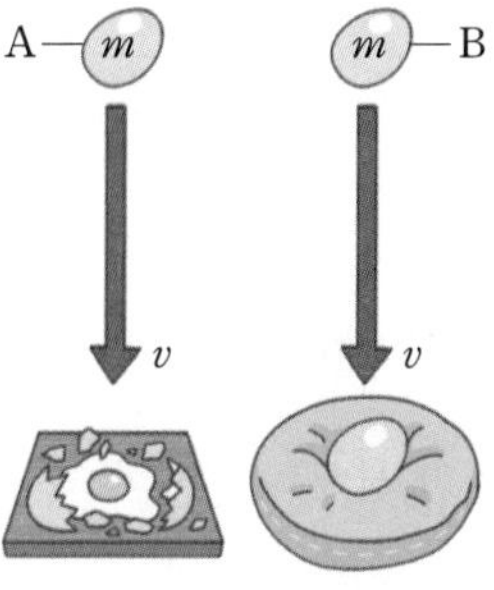

> • 달걀 A, B가 바닥에 충돌 전과 충돌 후의 ㉠(　　　　)의 변화량이 같으므로 두 달걀이 받은 ㉡(　　　　)의 크기도 같다.
> • A는 깨지고 B가 깨지지 않은 까닭은 B가 푹신한 방석과 충돌할 때 힘을 받는 ㉢(　　　　)이 A보다 길어 B가 받는 힘의 크기가 작아지기 때문이다.

6 **충돌에 의한 피해를 줄여 주는 원리가 다른 하나를 [보기]에서 고르시오.**

> 보기
> ㄱ. 놀이방 바닥 매트　　ㄴ. 두툼한 권투용 글러브
> ㄷ. 자동차의 안전띠　　ㄹ. 자동차의 에어백

암기 꼭!

평균 힘과 충돌 시간의 관계

$$평균\ 힘 = \frac{충격량}{충돌\ 시간}$$

- 충격량이 같을 때 충돌 시간이 짧을수록 평균 힘이 커진다.
- 충격량이 같을 때 충돌 시간이 길수록 평균 힘이 작아진다.

중간·기말 고사에 출제될 확률이 높은 문항들로 구성하여, 내신에 완벽 대비할 수 있도록 하였습니다.

정답과 해설 33쪽

A 관성

01 다음은 갈릴레이의 사고 실험을 나타낸 것이다.

- 마찰이 없는 빗면의 O점에서 내려간 공은 처음과 같은 높이인 A점까지 올라갈 것이다.
- 맞은편 빗면을 완만하게 하면 공은 같은 높이인 B점까지 올라가기 위해 점점 더 멀리 운동할 것이다.
- 수평면에서는 공이 처음 높이까지 올라가기 위해 계속 ㉠(　　　　)을 할 것이다.

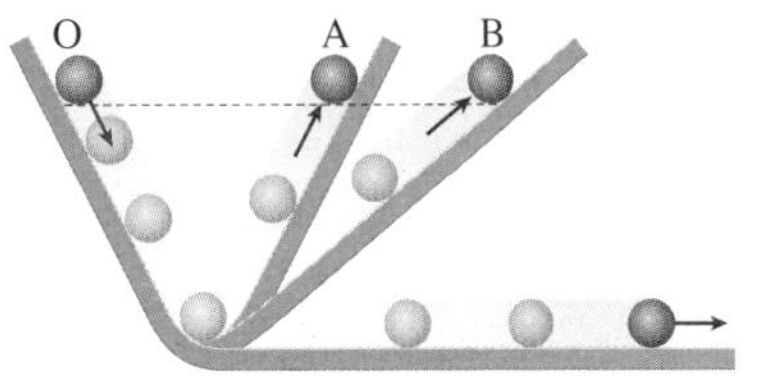

이에 대한 설명으로 옳은 것만을 [보기]에서 있는 대로 고른 것은? (단, 공기 저항은 무시한다.)

보기
ㄱ. ㉠에 들어갈 말은 '등속 직선 운동'이다.
ㄴ. 공이 운동 상태를 유지하려면 공에 힘이 계속 작용해야 한다.
ㄷ. 빗면에 마찰이 있어도 실험 결과는 같다.

① ㄱ　② ㄷ　③ ㄱ, ㄴ　④ ㄴ, ㄷ　⑤ ㄱ, ㄴ, ㄷ

중요
02 다음은 어떤 물리 법칙을 설명한 것이다.

물체에 작용하는 알짜힘이 0이면 물체는 현재의 운동 상태를 계속 유지한다.

이에 대한 설명으로 옳은 것만을 [보기]에서 있는 대로 고른 것은? (단, 공기 저항은 무시한다.)

보기
ㄱ. 관성 법칙을 설명한 것이다.
ㄴ. 물체의 질량과는 관계가 없다.
ㄷ. 버스가 갑자기 정지할 때 몸이 앞으로 쏠리는 현상과 관련이 있다

① ㄱ　② ㄴ　③ ㄱ, ㄷ　④ ㄴ, ㄷ　⑤ ㄱ, ㄴ, ㄷ

03 그림은 길을 가다가 돌부리에 걸려 넘어지는 것을 나타낸 것이다.

이와 같은 원리로 설명할 수 있는 현상만을 [보기]에서 있는 대로 고른 것은?

보기
ㄱ. 로켓이 연료를 내뿜으며 높이 날아간다.
ㄴ. 노를 저으면 배가 앞으로 나아간다.
ㄷ. 삽으로 흙을 퍼서 던지면 흙이 날아간다.

① ㄱ　② ㄷ　③ ㄱ, ㄴ　④ ㄴ, ㄷ　⑤ ㄱ, ㄴ, ㄷ

B 운동량과 충격량

중요
04 그림은 질량이 2 kg인 장난감 자동차가 직선상에서 운동할 때 시간에 따른 속력을 나타낸 것이다.

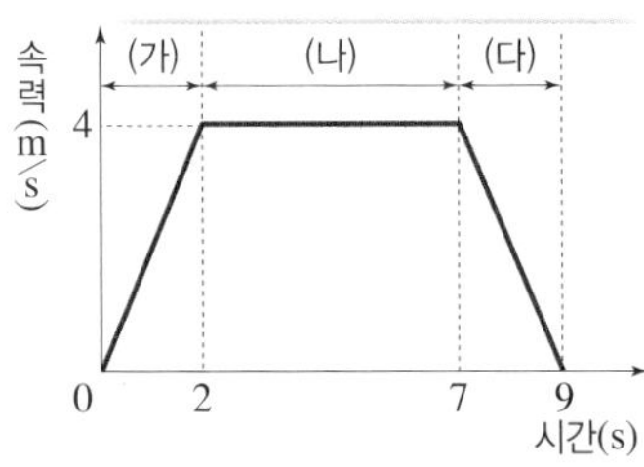

이에 대한 설명으로 옳은 것만을 [보기]에서 있는 대로 고른 것은?

보기
ㄱ. 2초일 때 자동차의 운동량의 크기는 8 kg·m/s이다.
ㄴ. (나) 구간에서 물체의 운동량은 0이다.
ㄷ. 물체가 힘을 받은 구간은 (가), (다) 구간이다.

① ㄱ　② ㄴ　③ ㄷ　④ ㄱ, ㄷ　⑤ ㄴ, ㄷ

서술형

05 그림은 운동량이 같은 물체 A, B, C가 직선상에서 운동하고 있는 것을 나타낸 것이다. A, B, C의 질량은 각각 m, $2m$, $3m$이다.

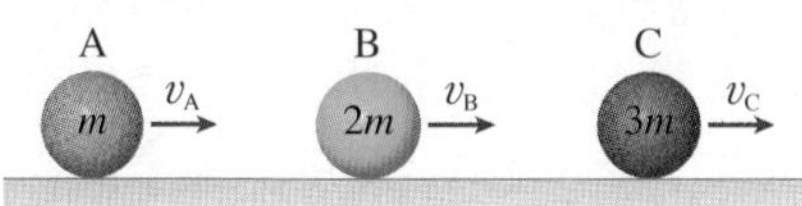

A, B, C의 속도의 크기 비 $v_A : v_B : v_C$를 구하고, 그 까닭을 서술하시오.

중요

06 그림 (가)는 질량이 m인 물체가 벽을 향해 일정한 속력 $2v$로 운동하는 모습을, (나)는 (가)의 물체가 벽에 충돌한 후 반대 방향으로 v의 속력으로 운동하는 모습을 나타낸 것이다.

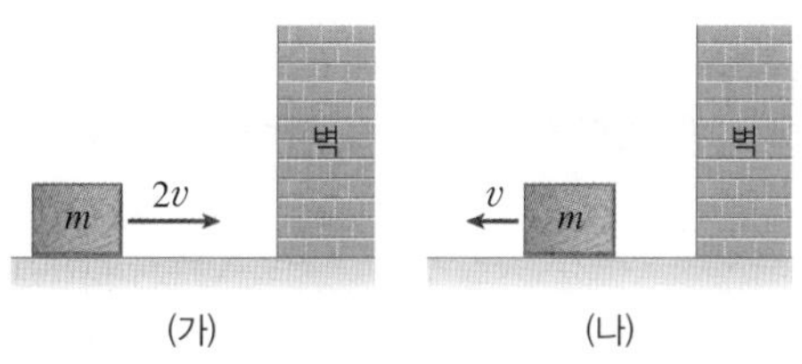

(가) (나)

이에 대한 설명으로 옳은 것만을 [보기]에서 있는 대로 고른 것은? (단, 마찰은 무시한다.)

보기
ㄱ. 운동량의 변화량의 크기는 mv이다.
ㄴ. 충돌하는 동안 벽이 받은 충격량의 크기는 $3mv$이다.
ㄷ. 충돌할 때 물체가 벽으로부터 받은 힘보다 벽이 물체로부터 받은 힘의 크기가 크다.

① ㄱ ② ㄴ ③ ㄱ, ㄷ
④ ㄴ, ㄷ ⑤ ㄱ, ㄴ, ㄷ

07 다음은 직선상에 정지해 있는 질량이 2 kg인 수레에 (가), (나), (다)의 방법으로 힘을 가한 것을 나타낸 것이다.

구분	(가)	(나)	(다)
평균 힘(N)	4	2	10
힘을 가한 시간(s)	2	5	0.2

힘을 가한 후 수레의 속력이 빠른 순서대로 나열하시오.

08 성철이는 운동장에서 10 m/s의 속력으로 굴러오는 축구공을 발로 차서 반대 방향으로 15 m/s의 속력으로 보냈다. 이때 축구공과 발이 맞닿은 시간은 0.1초이고, 축구공의 질량은 500 g이다.

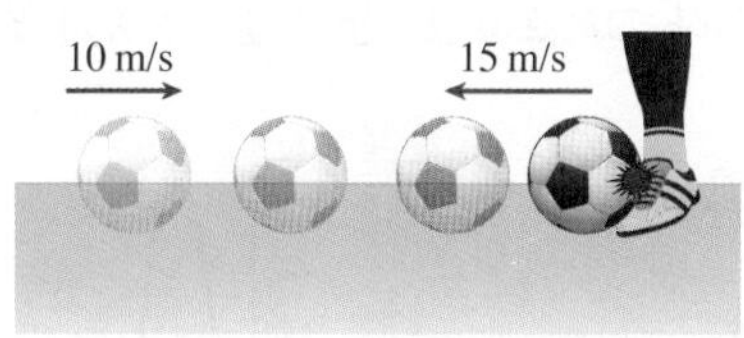

이에 대한 설명으로 옳은 것만을 [보기]에서 있는 대로 고른 것은? (단, 마찰은 무시한다.)

보기
ㄱ. 축구공이 발에 가한 충격량의 방향은 오른쪽이다.
ㄴ. 발이 축구공에 가한 충격량의 크기는 12.5 N·s이고 방향은 왼쪽이다.
ㄷ. 발이 축구공에 가한 평균 힘의 크기는 125 N이다.

① ㄱ ② ㄴ ③ ㄱ, ㄷ
④ ㄴ, ㄷ ⑤ ㄱ, ㄴ, ㄷ

중요

09 그림은 직선상에서 운동하는 질량이 1 kg인 공이 7 m/s의 속력으로 벽에 충돌하여 반대 방향으로 튕겨 나올 때 공에 작용하는 힘의 크기를 시간에 따라 나타낸 것이다.

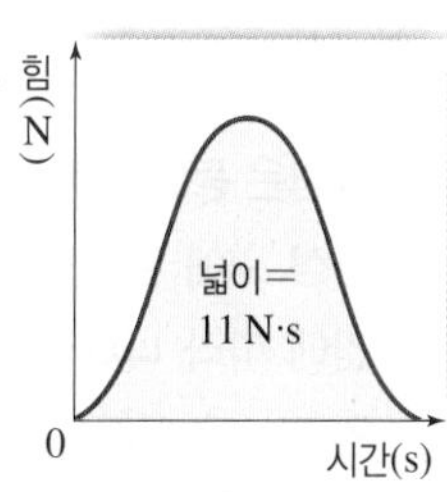

이에 대한 설명으로 옳은 것만을 [보기]에서 있는 대로 고른 것은?

보기
ㄱ. 벽에 충돌하기 직전 공의 운동량은 11 kg·m/s이다.
ㄴ. 벽과 충돌하여 튕겨 나온 직후 공의 속력은 충돌하기 직전 속력보다 증가하였다.
ㄷ. 그래프 아랫부분의 넓이는 벽으로부터 공이 받은 충격량의 크기와 같다.

① ㄱ ② ㄷ ③ ㄱ, ㄴ
④ ㄴ, ㄷ ⑤ ㄱ, ㄴ, ㄷ

중요

10 그림 (가)는 질량이 $4m$인 자동차 A와 질량이 m인 자동차 B가 각각 v, $2v$의 속력으로 등속 운동을 하는 모습을, (나)는 두 자동차가 벽에 충돌하여 정지할 때까지 벽으로부터 받은 힘의 크기를 시간에 따라 순서 없이 나타낸 그래프이다. 그래프 아랫부분의 넓이는 X가 Y보다 크다.

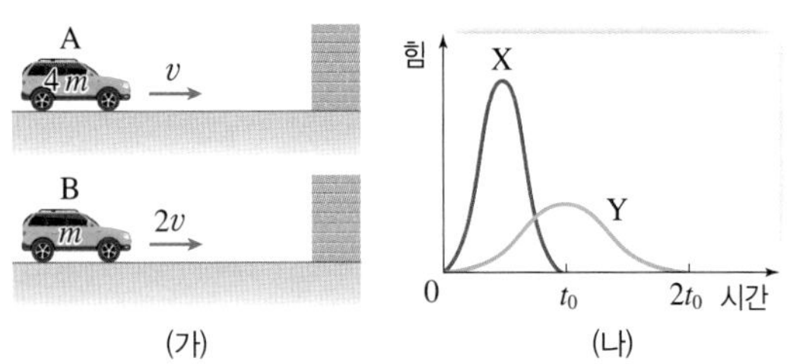

이에 대한 설명으로 옳은 것만을 [보기]에서 있는 대로 고른 것은? (단, 마찰은 무시한다.)

보기
ㄱ. 운동량의 변화량 크기는 A가 B의 2배이다.
ㄴ. X는 A의 그래프이다.
ㄷ. 자동차가 벽으로부터 받은 평균 힘의 크기는 A가 B의 2배이다.

① ㄱ ② ㄷ ③ ㄱ, ㄴ
④ ㄴ, ㄷ ⑤ ㄱ, ㄴ, ㄷ

C 충돌과 안전 장치

서술형

11 그림은 동일한 유리 구슬을 각각 콘크리트 바닥과 푹신한 방석 위에 떨어뜨렸을 때 유리 구슬에 작용하는 힘을 시간에 따라 나타낸 것이다. 그래프 아랫부분의 넓이는 각각 S_1, S_2이다.

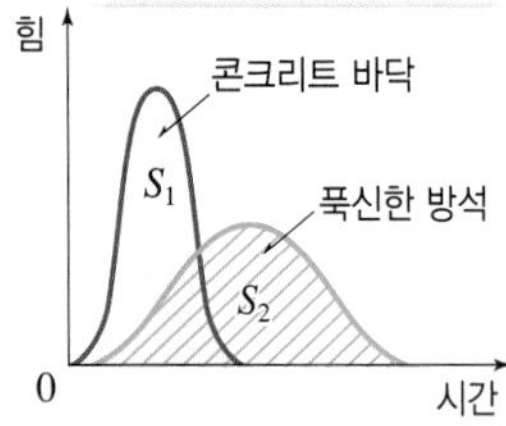

유리 구슬이 콘크리트 바닥 위에 떨어졌을 때는 깨졌지만 푹신한 방석 위에 떨어졌을 때는 깨지지 않은 까닭을 서술하시오.

중요

12 다음은 물체를 충격으로부터 보호하는 원리가 생활에 이용된 것을 나타낸 것이다.

야구장의 그라운드와 관객석 사이에는 푹신한 매트리스 형태의 펜스가 있다. 이 펜스는 선수들이 날아오는 공을 잡으려고 달려갈 때 충돌에 의해 생기는 부상을 방지하는 역할을 한다.

이와 같은 원리와 가장 거리가 먼 것은?

① 멀리뛰기 선수가 착지할 때 무릎을 살짝 구부린다.
② 자동차의 바퀴와 차체 사이에 용수철이 연결되어 있다.
③ 선박에 탑승한 사람들에게 안전을 위해 구명 조끼를 착용하도록 한다.
④ 아이들이 뛰어노는 바닥에 푹신한 매트가 깔려 있다.
⑤ 신발 바닥창에 공기가 들어 있는 공간을 만들어 준다.

13 다음은 운동량이나 충격량과 관련된 예를 설명한 것이다.

(가) 야구 방망이를 끝까지 길게 휘두르며 공을 친다.
(나) 글러브를 뒤로 빼면서 공을 받는다.
(다) 번지 점프할 때 줄의 탄성에 의해 여러 번 움직이다 멈춘다.

이에 대한 설명으로 옳은 것만을 [보기]에서 있는 대로 고른 것은?

보기
ㄱ. (가)에서 같은 크기의 힘으로 방망이를 짧게 휘두르면 충격량이 감소한다.
ㄴ. (나)에서 충돌 시간을 길게 하여 포수가 받는 충격량을 줄여 준다.
ㄷ. (다)에서 줄의 탄성에 의해 사람이 받는 힘의 크기를 줄여 준다.

① ㄱ ② ㄴ ③ ㄱ, ㄷ
④ ㄴ, ㄷ ⑤ ㄱ, ㄴ, ㄷ

내신 탄탄보다는 조금 수준이 높은 유형의 문제들로 구성하였습니다. 자신의 실력을 한 단계 높여 보세요.

정답과 해설 34쪽

01 그림 (가)는 버스가 오른쪽 방향으로 달릴 때 버스 안의 손잡이의 모습을, (나)는 버스의 시간에 따른 속력 변화를 나타낸 것이다.

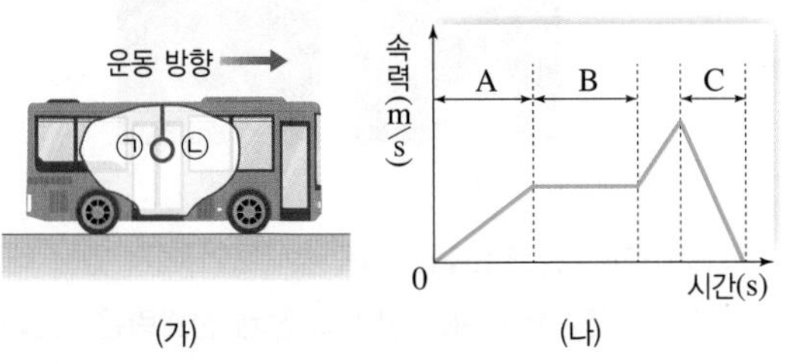

(나)와 같이 속력이 변할 때 손잡이의 움직이는 방향으로 옳은 것은?

	A 구간	B 구간	C 구간
①	㉠	정지	㉠
②	㉠	정지	㉡
③	㉠	㉡	정지
④	㉡	정지	㉠
⑤	㉡	㉠	㉡

02 그림과 같이 질량이 2 kg인 공이 10 m/s의 속도로 벽에 수직으로 충돌한 후 처음 운동 방향과 반대 방향으로 5 m/s의 속도로 튀어 나왔다.

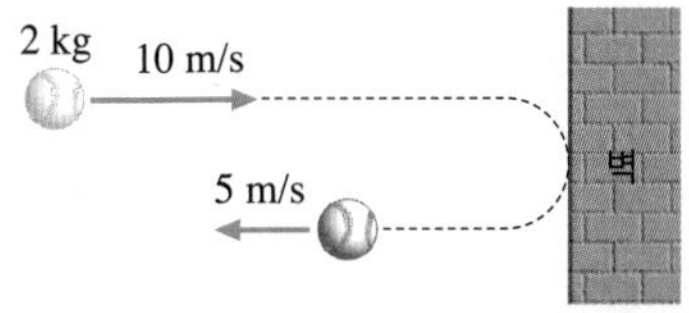

이에 대한 설명으로 옳은 것만을 [보기]에서 있는 대로 고른 것은?

보기
ㄱ. 충돌 전 공의 운동량의 크기는 20 kg·m/s이다.
ㄴ. 공이 받은 충격량의 크기는 10 N·s이다.
ㄷ. 공이 받은 평균 힘의 크기가 300 N이라면, 공과 벽은 0.1초 동안 접촉해 있었다.

① ㄱ ② ㄴ ③ ㄱ, ㄷ
④ ㄴ, ㄷ ⑤ ㄱ, ㄴ, ㄷ

03 그림은 마찰이 없는 수평면 위에서 직선 운동을 하는 물체 A, B의 운동량을 시간에 따라 나타낸 것이다. 물체 A, B의 질량은 2 kg으로 같다.

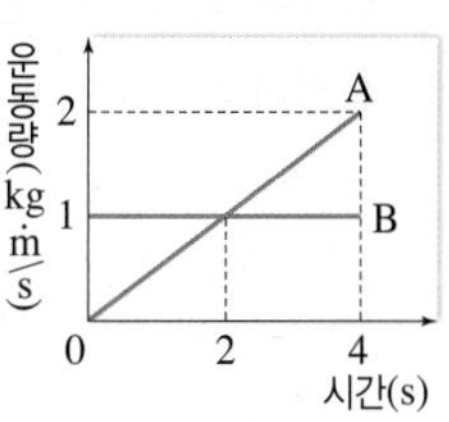

이 물체의 운동에 대한 설명으로 옳은 것만을 [보기]에서 있는 대로 고른 것은?

보기
ㄱ. 0~4초 동안 물체 A가 받은 충격량의 크기는 2 N·s이다.
ㄴ. 4초 때 물체 A의 속력은 0.5 m/s이다.
ㄷ. B에 작용하는 힘은 A에 작용하는 힘보다 크다.

① ㄱ ② ㄴ ③ ㄱ, ㄷ
④ ㄴ, ㄷ ⑤ ㄱ, ㄴ, ㄷ

04 그림과 같이 똑같은 공 A와 B가 같은 높이에서 떨어지면서 A는 푹신한 방석과 충돌하여 정지하였고 B는 단단한 바닥과 충돌하고 나서 반대 방향으로 튀어 올랐다.

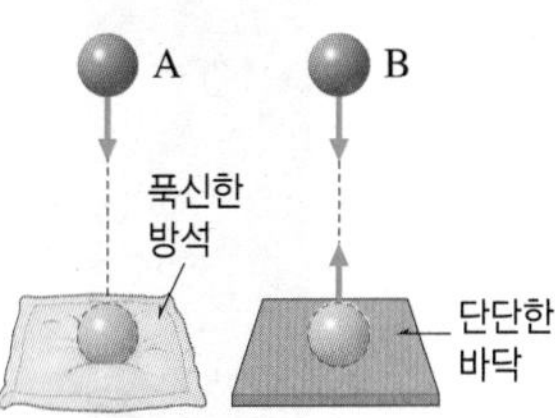

이에 대한 설명으로 옳은 것만을 [보기]에서 있는 대로 고른 것은? (단, 공기 저항은 무시한다.)

보기
ㄱ. 바닥에 충돌하기 직전 공 A와 B의 운동량은 같다.
ㄴ. 각각의 바닥으로부터 공 A와 B가 받은 충격량의 크기는 같다.
ㄷ. 공 B가 바닥과 충돌한 직후 운동량의 방향은 충돌 시 받는 힘의 방향과 같다.

① ㄱ ② ㄴ ③ ㄱ, ㄴ
④ ㄱ, ㄷ ⑤ ㄴ, ㄷ

중단원 정복

지금까지 학습한 내용을 마무리하여 자신의 실력을 평가할 수 있도록 구성하였습니다. | 난이도 ●●●

●○○
01 다음은 역학 시스템에서 중요한 역할을 하는 힘에 대한 설명이다.

- 질량을 가지는 물체 사이에서 작용하는 힘이다.
- 기상 현상을 일으키고 생명 활동에도 영향을 준다.
- 항상 지구 중심 방향으로 작용한다.

이 힘에 대한 설명으로 옳은 것만을 [보기]에서 있는 대로 고른 것은?

보기
ㄱ. 이 힘은 중력이고, 물체의 운동에 영향을 줄 수 있는 힘이다.
ㄴ. 물을 높은 곳에서 낮은 곳으로 흐르게 한다.
ㄷ. 물체를 지구 중심 방향으로 가속시키는 원인이다.

① ㄱ ② ㄱ, ㄴ ③ ㄱ, ㄷ
④ ㄴ, ㄷ ⑤ ㄱ, ㄴ, ㄷ

●●○
02 그림은 진공 중에서 모양과 크기가 같고 질량이 서로 다른 쇠구슬 A와 B를 같은 높이에서 동시에 떨어뜨릴 때 A, B의 위치를 일정한 시간 간격으로 나타낸 것이다.

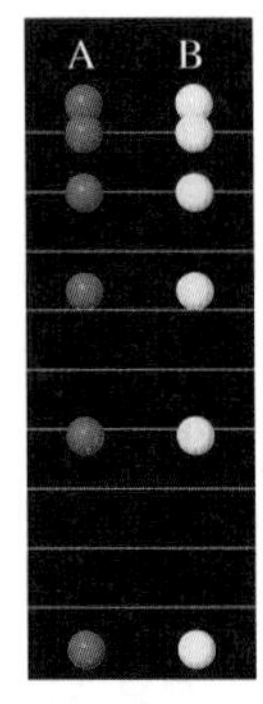

이에 대한 설명으로 옳은 것만을 [보기]에서 있는 대로 고른 것은?

보기
ㄱ. A, B는 운동 방향과 같은 방향으로 힘을 받는다.
ㄴ. A, B에 작용하는 중력의 크기가 같다.
ㄷ. A, B의 시간에 따른 위치 변화량은 서로 같다.

① ㄱ ② ㄴ ③ ㄱ, ㄷ
④ ㄴ, ㄷ ⑤ ㄱ, ㄴ, ㄷ

●●○
03 그림 (가), (나)는 무중력 상태인 곳과 중력이 작용하는 곳에서의 양초의 연소를 순서 없이 나타낸 것이다.

(가)

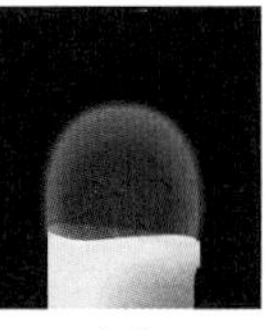
(나)

이에 대한 설명으로 옳은 것만을 [보기]에서 있는 대로 고른 것은? (단, 연소하는 공간의 전체 산소량은 동일하다.)

보기
ㄱ. 무중력 상태일 때 불꽃의 모양은 (가)이다.
ㄴ. 불꽃 모양이 다른 까닭은 중력의 영향 때문이다.
ㄷ. 불꽃이 먼저 꺼지는 것은 (나)이다.

① ㄱ ② ㄴ ③ ㄱ, ㄷ
④ ㄴ, ㄷ ⑤ ㄱ, ㄴ, ㄷ

●●●
04 그림은 자유 낙하 하는 물체를 0.1초 간격으로 나타낸 것이다.
이 물체의 가속도의 크기는?

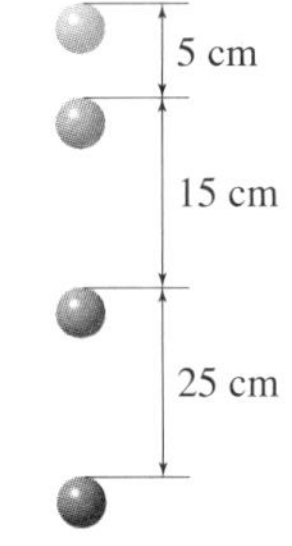

① $2\ m/s^2$ ② $3\ m/s^2$
③ $5\ m/s^2$ ④ $10\ m/s^2$
⑤ $20\ m/s^2$

●○○
05 힘과 물체의 운동에 대한 설명으로 옳지 않은 것은?

① 힘은 물체의 운동 상태를 변화시킬 수 있다.
② 물체의 운동 방향과 같은 방향으로 힘을 받으면 속력이 빨라지는 운동을 한다.
③ 수평 방향으로 던진 물체는 던져진 이후 어떠한 힘도 받지 않으므로 운동 방향이 일정하다.
④ 자유 낙하 운동은 중력이 일정하게 작용하는 운동이다.
⑤ 힘이 일정하게 작용할 때 물체의 단위 시간당 속도 변화량은 일정하다.

●●○

06 그림은 지표 근처의 같은 높이에서 수평 방향으로 동일한 포탄 A, B, C를 발사할 때 운동 경로를 나타낸 것이다.

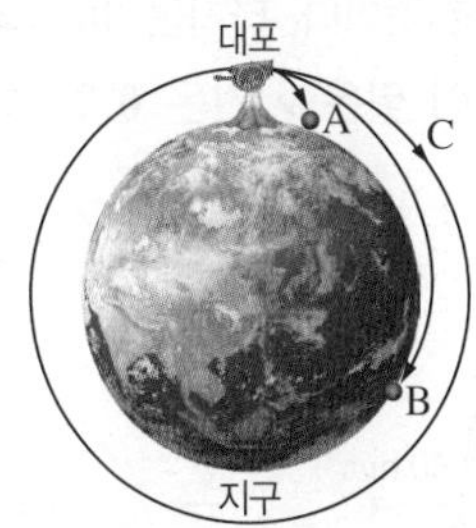

이에 대한 설명으로 옳은 것만을 [보기]에서 있는 대로 고른 것은? (단, 공기 저항은 무시한다.)

보기
ㄱ. 발사할 때의 속력은 C>B>A이다.
ㄴ. A~C의 가속도 방향은 모두 지구 중심 방향이다.
ㄷ. 가속도의 크기는 C가 가장 크다.

① ㄱ ② ㄱ, ㄴ ③ ㄱ, ㄷ
④ ㄴ, ㄷ ⑤ ㄱ, ㄴ, ㄷ

●●○

07 그림과 같이 같은 높이에서 물체 A를 가만히 낙하시키는 동시에 물체 B를 수평 방향으로 던졌다. A, B의 질량은 다르다.

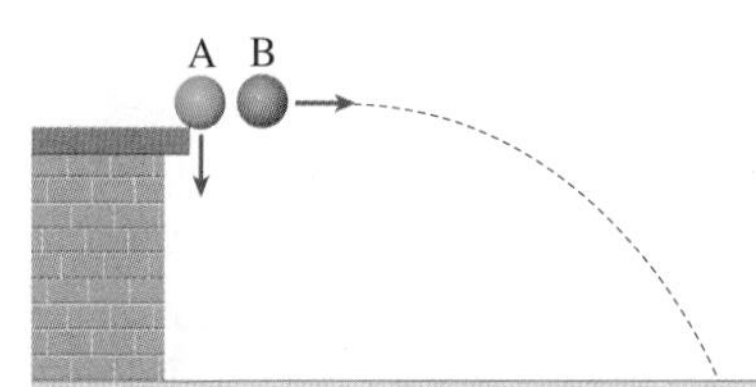

이에 대한 설명으로 옳은 것만을 [보기]에서 있는 대로 고른 것은? (단, 물체의 크기, 공기 저항은 무시한다.)

보기
ㄱ. A, B에는 같은 크기의 힘이 같은 방향으로 작용한다.
ㄴ. A, B는 동시에 바닥에 도달한다.
ㄷ. B는 수평 방향으로 등가속도 운동을 한다.

① ㄱ ② ㄴ ③ ㄷ
④ ㄴ, ㄷ ⑤ ㄱ, ㄴ, ㄷ

●●○

08 그림과 같이 책상에 놓인 자를 손으로 빠르게 쳐서 물체 A는 자유 낙하 하고, 물체 B는 수평 방향으로 운동하게 하였다.

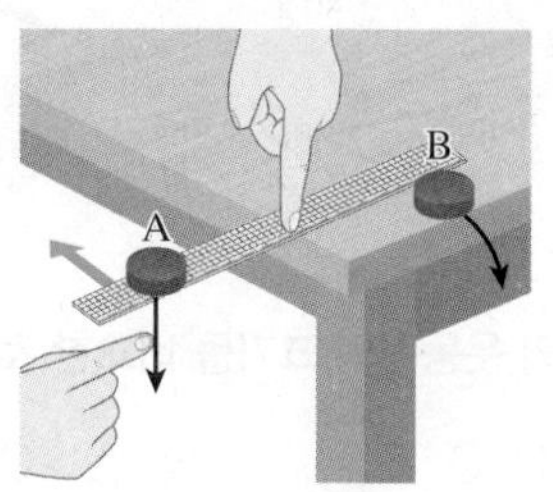

이에 대한 설명으로 옳은 것만을 [보기]에서 있는 대로 고른 것은? (단, 공기 저항과 자의 두께는 무시한다.)

보기
ㄱ. 자를 빠르게 쳤을 때 A는 정지해 있으려는 관성을 나타낸다.
ㄴ. A, B에 작용하는 중력의 크기는 운동하는 동안 일정하다.
ㄷ. A, B의 질량에 관계없이 A, B는 동시에 바닥에 도달한다.

① ㄱ ② ㄴ ③ ㄷ
④ ㄴ, ㄷ ⑤ ㄱ, ㄴ, ㄷ

●●○

09 그림과 같이 무거운 추를 실 A, B에 매달아 놓았다.

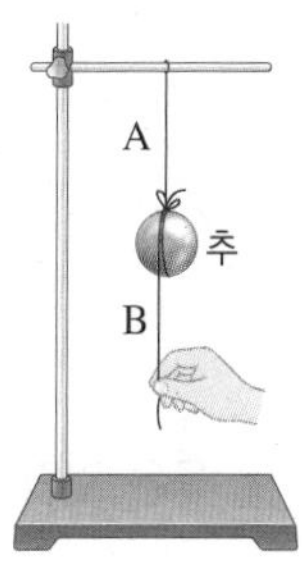

이에 대한 설명으로 옳은 것만을 [보기]에서 있는 대로 고른 것은?

보기
ㄱ. 추에는 중력이 작용하므로 추는 관성이 없다.
ㄴ. 실 B를 갑자기 잡아당길 경우 A가 끊어진다.
ㄷ. 매우 가벼운 추를 매달아 놓는다면 현재보다 관성의 효과가 적게 나타난다.

① ㄱ ② ㄴ ③ ㄷ
④ ㄴ, ㄷ ⑤ ㄱ, ㄴ, ㄷ

●○○

10 그림은 서로 다른 공 A~C의 질량과 속도를 나타낸 것이다.

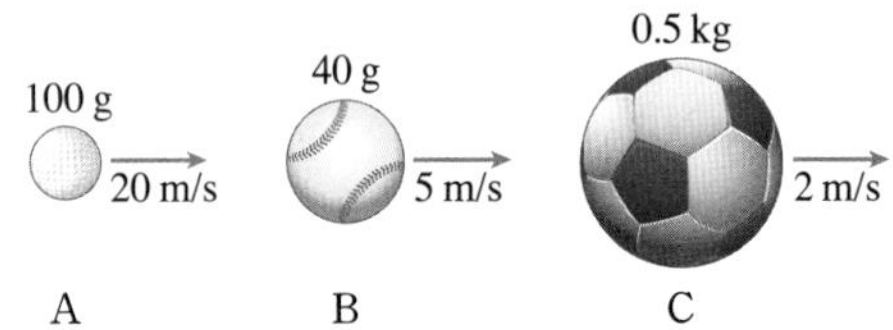

공 A~C의 운동량의 크기를 비교한 것으로 옳은 것은?

① A>B>C ② A>C>B
③ B>A>C ④ C>B>A
⑤ C>A=B

●●○

11 그림은 직선상에서 운동하는 질량이 2 kg인 물체의 속력을 시간에 따라 나타낸 것이다.

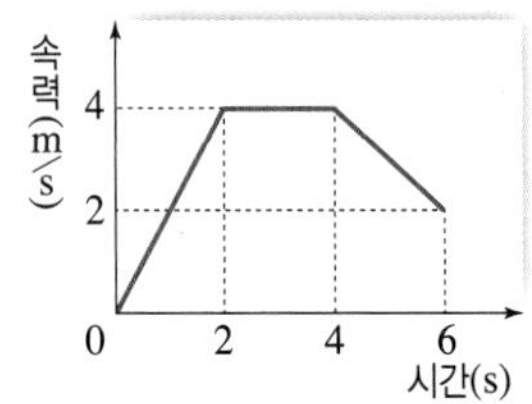

이에 대한 설명으로 옳은 것만을 [보기]에서 있는 대로 고른 것은?

보기

ㄱ. 0~2초 사이 이 물체의 운동량의 변화량 크기는 4 kg·m/s이다.

ㄴ. 2초~4초 사이 물체는 운동 방향의 반대 방향으로 일정한 힘을 받았다.

ㄷ. 물체가 받은 충격량의 크기는 0~2초 사이가 4초~6초 사이보다 크다.

① ㄱ ② ㄴ ③ ㄷ
④ ㄱ, ㄴ ⑤ ㄴ, ㄷ

●●●

12 그림은 투수가 30 m/s의 속력으로 던진 공을 타자가 방망이로 쳐서 공이 반대 방향으로 v의 속력으로 날아가는 모습을 나타낸 것이다. 타자는 30 N의 힘으로 공을 쳤고 방망이와 공이 닿은 시간은 0.35초이다. 공의 질량은 150 g이다.

타자 30 m/s v 투수

이때 ㉠공이 받은 충격량의 크기, ㉡공의 운동량의 변화량 크기, ㉢ v 값으로 옳은 것은?

	㉠	㉡	㉢
①	10.5 N·s	10.5 kg·m/s	40 m/s
②	10.5 N·s	30 kg·m/s	40 m/s
③	30 N·s	30 kg·m/s	30 m/s
④	30 N·s	10.5 kg·m/s	40 m/s
⑤	10.5 N·s	10.5 kg·m/s	30 m/s

●●○

13 그림은 마찰이 없는 수평면 위에서 정지해 있던 질량 2 kg인 물체에 일정한 방향으로 작용한 힘을 시간에 따라 나타낸 것이다.

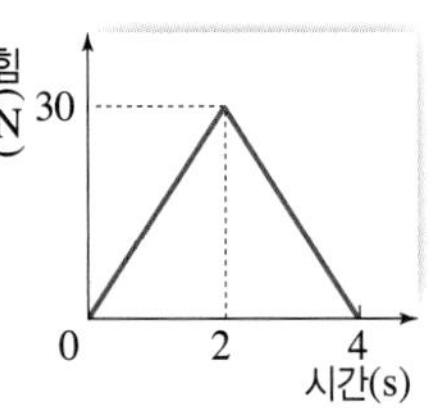

이에 대한 설명으로 옳은 것만을 [보기]에서 있는 대로 고른 것은?

보기

ㄱ. 4초 동안 물체가 받은 충격량의 크기는 60 N·s이다.

ㄴ. 4초일 때 물체의 속력은 30 m/s이다.

ㄷ. 2초 이후 가속도의 방향이 바뀌었다.

① ㄱ ② ㄷ ③ ㄱ, ㄴ
④ ㄴ, ㄷ ⑤ ㄱ, ㄴ, ㄷ

●●○
14 그림 (가)는 동일한 달걀 A, B가 같은 높이에서 단단한 바닥과 푹신한 방석에 떨어져 A만 깨진 것을 나타낸 것이고, (나)에서 P, Q는 (가)에서 A, B가 받은 힘의 크기를 시간에 따라 순서 없이 나타낸 것이다.

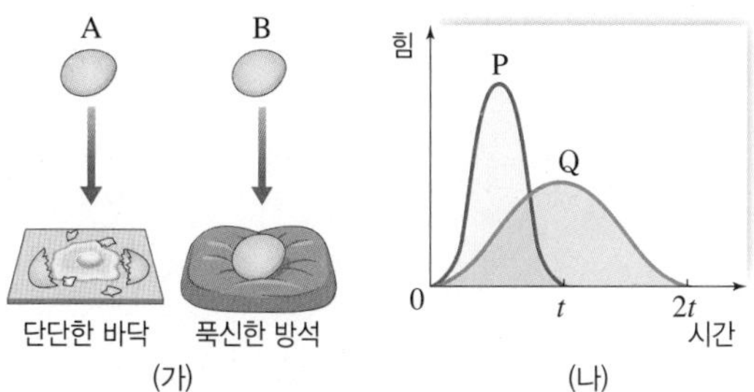

(가) (나)

이에 대한 설명으로 옳은 것만을 [보기]에서 있는 대로 고른 것은? (단, 공기 저항은 무시한다.)

보기
ㄱ. P는 A가 받은 힘의 크기를 나타낸다.
ㄴ. P, Q 그래프 아랫부분의 넓이는 같다.
ㄷ. 충돌 전후 운동량의 변화량은 A가 B보다 크다.

① ㄱ ② ㄴ ③ ㄷ
④ ㄱ, ㄴ ⑤ ㄴ, ㄷ

●●○
15 충돌할 때 충돌 시간을 길게 하여 물체가 받는 피해를 줄이는 것과 관련 있는 것으로 옳은 것만을 [보기]에서 있는 대로 고른 것은?

보기
ㄱ. 포수용 글러브
ㄴ. 공기가 충전된 포장재
ㄷ. 자동차의 안전띠
ㄹ. 아기 양말 바닥에 부착된 미끄럼 방지 패드

① ㄱ, ㄴ ② ㄴ, ㄷ ③ ㄱ, ㄴ, ㄷ
④ ㄴ, ㄷ, ㄹ ⑤ ㄱ, ㄴ, ㄷ, ㄹ

서술형 문제

●●○
16 그림은 질량이 서로 다른 물체 A는 가만히 낙하시키고, 동시에 B와 C는 수평 방향으로 던진 것을 일정한 시간 간격으로 나타낸 것이다. (단, 질량은 A>B>C이고, 공기 저항은 무시한다.)

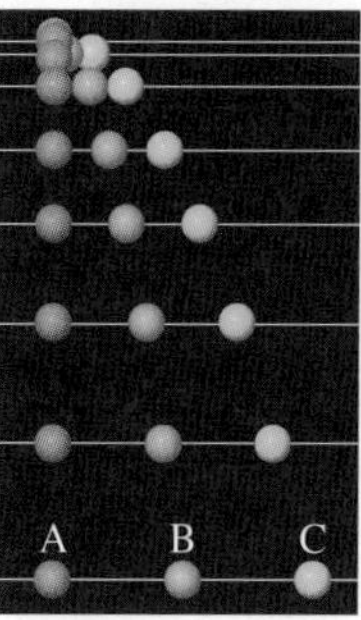

(1) A~C의 중력의 크기를 비교하시오.

(2) A~C가 바닥에 도달하는 시간을 비교하고, 그 까닭을 서술하시오.

●●○
17 마찰이 없는 얼음판 위에서 가만히 서 있던 질량 50 kg인 사람이 질량 4 kg인 물체를 20 m/s의 속력으로 던졌더니 사람이 물체와 반대 방향으로 v의 속력으로 움직였다. v를 구하고, 그 까닭을 서술하시오.

●●○
18 그림과 같이 멀리뛰기 선수는 착지할 때 무릎을 살짝 구부린다.

무릎을 구부리는 까닭을 다음 단어를 포함하여 서술하시오.

충돌 시간, 힘

수능 기출 문제 또는 변형된 문제로 수능을 미리 경험해 볼 수 있도록 구성하였습니다. | 정답과 해설 36쪽

| 2021학년도 3월 학평 물리학Ⅰ 1번 |

01 그림은 자유 낙하 하는 물체 A와 수평 방향으로 던진 물체 B가 운동하는 모습을 나타낸 것이다.

개념 Link 120쪽

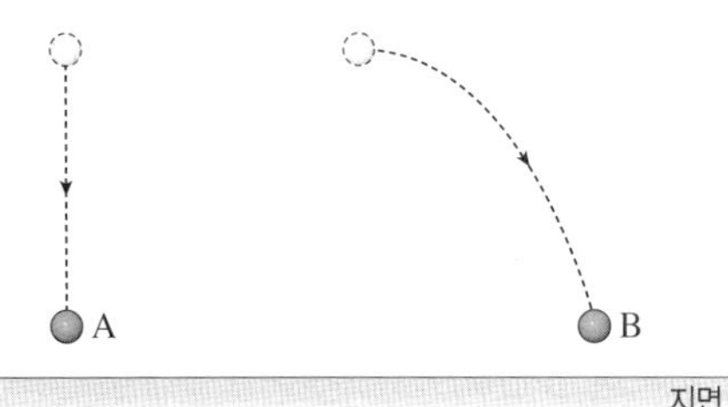

이에 대한 설명으로 옳은 것만을 [보기]에서 있는 대로 고른 것은?

보기

ㄱ. A는 속력이 변하는 운동을 한다.
ㄴ. B는 운동 방향이 변하는 운동을 한다.
ㄷ. B는 운동 방향과 가속도의 방향이 같다.

① ㄱ ② ㄷ ③ ㄱ, ㄴ
④ ㄴ, ㄷ ⑤ ㄱ, ㄴ, ㄷ

| 2023학년도 10월 학평 물리학Ⅰ 11번 |

02 그림과 같이 마찰이 없는 수평면에서 속력 $2v_0$으로 등속도 운동을 하던 물체 A, B가 각각 풀 더미와 벽으로부터 시간 $2t_0$, t_0 동안 힘을 받은 후 속력 v_0으로 운동한다. A의 운동 방향은 일정하고, B의 운동 방향은 충돌 전과 후가 반대이다. A, B의 질량은 각각 m, $2m$이다.

개념 Link 128쪽, 130쪽

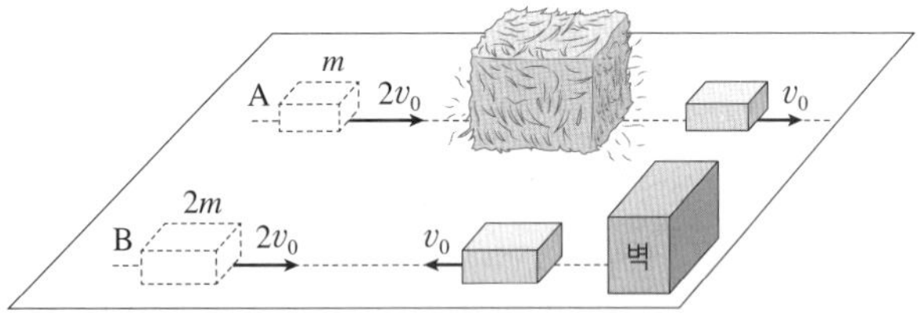

A, B가 각각 풀 더미와 벽으로부터 수평 방향으로 받은 평균 힘의 크기를 F_A, F_B라고 할 때, $F_A : F_B$는?

① 1 : 1 ② 1 : 4 ③ 1 : 6
④ 1 : 8 ⑤ 1 : 12

| 2021학년도 6월 모평 물리학Ⅰ 9번 |

03 다음은 역학 수레를 이용한 실험이다.

개념 Link 128쪽

[실험 과정]

(가) 그림과 같이 질량이 1 kg인 수레 A에 달린 용수철을 압축시켜 고정시킨 후 질량이 2 kg인 수레 B를 가만히 접촉시킨다.

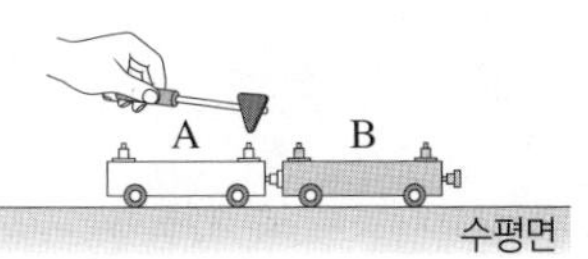

(나) A의 용수철 고정 장치를 해제하여, 정지해 있던 A와 B가 서로 반대 방향으로 운동하게 한다.

(다) A와 B가 분리된 이후부터 시간에 따라 이동한 거리를 측정한다.

[실험 결과]

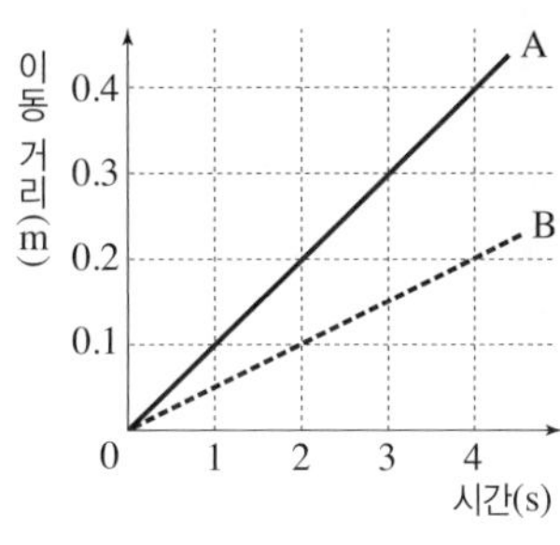

이에 대한 설명으로 옳은 것만을 [보기]에서 있는 대로 고른 것은?

보기

ㄱ. 2초일 때, A의 속력은 0.2 m/s이다.

ㄴ. 3초일 때, B의 운동량의 크기는 0.4 kg·m/s이다.

ㄷ. 4초일 때, 운동량의 크기는 A와 B가 같다.

① ㄱ ② ㄷ ③ ㄱ, ㄴ

④ ㄴ, ㄷ ⑤ ㄱ, ㄴ, ㄷ

| 2022학년도 7월 학평 물리학Ⅰ 6번 |

04 그림 A, B, C는 충격량과 관련된 예를 나타낸 것이다.

개념 Link 130쪽~131쪽

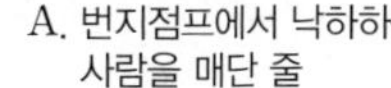
A. 번지점프에서 낙하하는 사람을 매단 줄

B. 충돌로 인한 피해 감소용 타이어

C. 빨대 안에서 속력이 증가하는 구슬

이에 대한 설명으로 옳은 것만을 [보기]에서 있는 대로 고른 것은?

보기

ㄱ. A에서 늘어나는 줄은 사람이 힘을 받는 시간을 길게 해 준다.

ㄴ. B에서 타이어는 충돌할 때 배가 받는 평균 힘의 크기를 크게 해 준다.

ㄷ. C에서 구슬의 속력이 증가하면 구슬의 운동량의 크기는 증가한다.

① ㄱ ② ㄴ ③ ㄱ, ㄷ

④ ㄴ, ㄷ ⑤ ㄱ, ㄴ, ㄷ

3
생명
시스템

이 단원과 관련된 중학교에서 배운 내용을 확인해 보자.

배운 내용

세포

(1) ① [　　　]: 생명체를 이루는 기본 단위이자 생명활동이 일어나는 기본 단위

(2) 세포의 구조와 기능

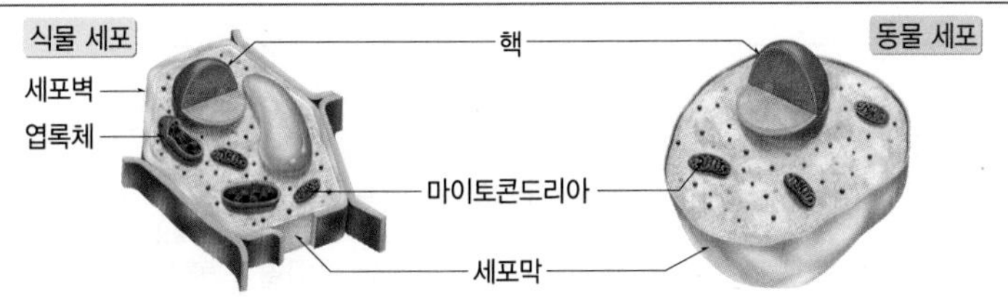

② [　　　]	유전물질(DNA)이 있어 생명활동을 조절한다.
마이토콘드리아	생명활동에 필요한 에너지를 생산한다.
③ [　　　]	세포를 둘러싸고 있는 얇은 막으로, 세포 안팎으로 물질이 드나드는 것을 조절한다.
엽록체	광합성을 하여 양분을 만든다.
세포벽	세포막 바깥을 둘러싼 두꺼운 벽으로, 세포의 모양을 유지하고 세포를 보호한다.

생물의 구성 단계

동물의 구성 단계	세포 → 조직 → 기관 → ④ [　　　] → 개체
식물의 구성 단계	세포 → 조직 → ⑤ [　　　] → 기관 → 개체

염색체와 유전자

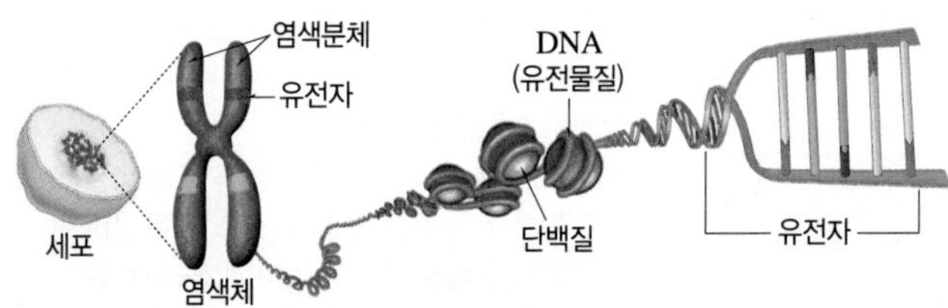

(1) ⑥ [　　　]: DNA와 단백질로 구성되며, 세포분열 시 응축되어 나타난다.

(2) 염색체를 구성하는 유전물질은 DNA이며, ⑦ [　　　]는 유전정보가 저장된 DNA의 특정 부위이다. DNA에는 수많은 ⑦ [　　　]가 있다.

[정답]

① 세포 ② 핵 ③ 세포막
④ 기관계 ⑤ 조직계
⑥ 염색체 ⑦ 유전자

생명 시스템과 화학 반응

핵심 짚기
- ☐ 생명 시스템의 기본 단위
- ☐ 세포막을 통한 물질 이동
- ☐ 효소의 특성과 작용 원리

A 생명 시스템과 세포

1 생명 시스템 여러 구성 요소가 상호작용 하여 다양한 생명활동을 수행하는 시스템❶

2 생명 시스템의 구성 단계❷

세포		조직		기관		개체
생명 시스템을 구성하는 구조적·기능적 단위	▶	모양과 기능이 비슷한 세포의 모임	▶	여러 조직이 모여 고유한 형태와 기능을 나타내는 것	▶	여러 기관이 모여 독립된 구조와 기능을 가지고 생명활동을 하는 하나의 생명체

3 세포의 구조와 기능 세포의 구조는 크게 핵, 세포막, *세포질로 구분된다.

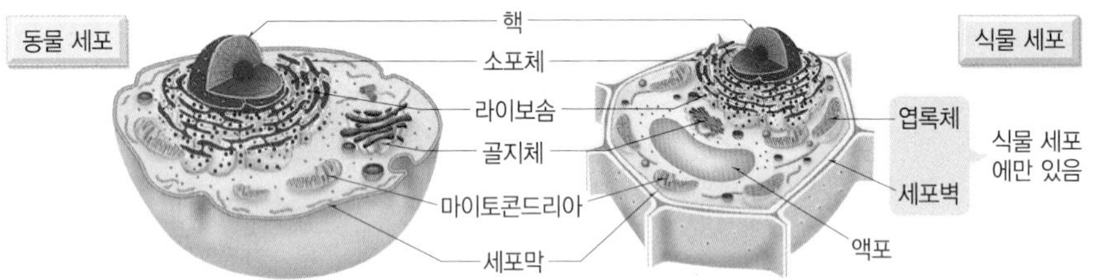

세포소기관❸	주요 기능
핵	유전물질인 DNA가 있어 세포의 생명활동을 조절한다.
라이보솜	DNA의 유전정보에 따라 단백질이 합성되는 장소이다.❹
소포체	세포 내 물질의 이동 통로이다. ➡ 라이보솜에서 합성된 단백질을 골지체나 세포의 다른 부위로 운반
골지체	소포체에서 전달된 단백질이나 지질 등을 막으로 싸서 세포 밖으로 분비한다.
마이토콘드리아	세포호흡이 일어나는 장소이다. ➡ 산소를 이용해 영양소를 분해하여 세포가 생명활동을 하는 데 필요한 에너지(ATP)를 생산
세포막	세포를 둘러싸고 있는 얇은 막이다. ➡ 세포 안팎으로의 물질 출입 조절
액포	물, 색소, 노폐물 등을 저장하며, 성숙한 식물 세포에서 크게 발달한다.
엽록체	광합성이 일어나는 장소이다. ➡ 이산화 탄소와 물을 원료로 포도당 합성
세포벽	식물 세포에서 세포막 바깥을 싸고 있는 두껍고 단단한 막이다. ➡ 세포 보호 및 세포의 모양 유지

B 세포막을 통한 물질 이동

1 세포막의 구조 *인지질 2중층에 단백질(막단백질)이 파묻혀 있거나 관통하는 구조

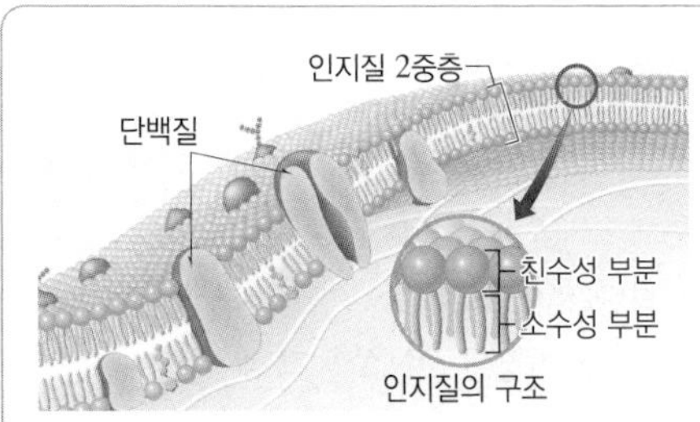

- **주성분**: 인지질과 단백질
- **인지질 2중층**: 인지질의 친수성 부분이 바깥쪽을 향하고, 소수성 부분이 서로 마주 보며 배열하여 2중층을 이룬다. 인지질 2중층은 유동성이 있어 단백질의 위치는 고정되어 있지 않고 바뀐다.
- **단백질**: 물질의 이동 통로 역할을 하기도 한다.

2 세포막의 선택적 투과성 세포막은 물질의 종류와 크기에 따라 투과시키는 정도가 다르다.
➡ 세포 안팎으로의 물질 출입을 조절하여 세포가 생명활동을 원활히 유지하도록 해 준다.

Plus 강의

❶ **생명 시스템**
하나의 생물 개체는 다양한 세포가 서로 유기적으로 조직되어 상호작용 하는 생명 시스템이며, 세포 또한 여러 가지 세포소기관이 상호작용 하는 하나의 생명 시스템이다.

❷ **동물과 식물의 구성 단계**
- **동물**: 세포 → 조직 → 기관 → 기관계 → 개체
  예 기관: 심장, 간, 폐 등
- **식물**: 세포 → 조직 → 조직계 → 기관 → 개체
  예 기관: 잎, 줄기, 뿌리 등

❸ **세포소기관의 막 구조**
핵, 마이토콘드리아, 엽록체, 소포체, 골지체, 액포는 막으로 둘러싸여 있고, 라이보솜은 막으로 둘러싸여 있지 않다.

❹ **세포에서 단백질의 합성과 이동**
핵 속의 DNA에 저장된 유전정보에 따라 라이보솜에서 단백질이 합성된다. 합성된 단백질은 소포체를 통해 골지체로 운반되고, 골지체에서 막으로 싸여 세포 밖으로 분비된다.

라이보솜 ➡ 소포체 ➡ 골지체 ➡ 세포 밖

용어 돋보기

✱ **세포질**(細 가늘다, 胞 세포, 質 바탕)_ 세포에서 세포막 안쪽의 핵을 제외한 나머지 부분으로, 세포질에는 여러 세포소기관이 있음

✱ **인지질**(燐 인산, 脂 기름, 質 바탕)_ 기름 성분인 지질에 인산이 결합되어 있는 물질

3 세포막을 통한 물질 이동

① 확산 분자가 무작위로 움직여 농도가 높은 쪽에서 낮은 쪽으로 이동하는 현상❺❻

구분	인지질 2중층을 통한 확산	막단백질을 통한 확산
이동 방식	산소(O_2) 세포 밖 세포 안	포도당 세포 밖 막단백질 세포 안
이동 물질	기체 분자(O_2, CO_2 등), 지방산 등	이온(Na^+, K^+), 포도당, 아미노산 등
예	폐포와 모세혈관 사이 O_2와 CO_2 교환	세포에서 포도당과 아미노산 흡수

② 삼투 세포막을 경계로*용질의 농도가 다른 두 용액이 있을 때, 물 분자가 세포막을 통해 농도가 낮은 쪽에서 높은 쪽으로 이동하는 현상❺❼ 탐구 A 148쪽

구분		세포 안보다 농도가 낮은 용액	세포 안과 농도가 같은 용액	세포 안보다 농도가 높은 용액
동물 세포	그림	H_2O H_2O 적혈구	H_2O H_2O	H_2O H_2O
	설명	세포 안으로 들어오는 물의 양이 많아 세포의 부피가 커지다가 터질 수도 있다.	세포 안팎으로 이동하는 물의 양이 같아 세포의 부피에 변화가 없다.	세포에서 빠져나가는 물의 양이 많아 세포의 부피가 줄어든다.
식물 세포	그림	H_2O H_2O 세포막 세포벽 액포	H_2O H_2O	H_2O H_2O 세포막 세포벽
	설명	세포 안으로 들어오는 물의 양이 많아 세포의 부피가 커지고 팽팽해진다.	세포 안팎으로 이동하는 물의 양이 같아 세포의 부피에 변화가 없다.	세포에서 빠져나가는 물의 양이 많아 세포질의 부피가 줄어들어 세포막이 세포벽에서 분리된다.❽

❺ 확산과 삼투에서 에너지 사용
확산은 물질의 분자 운동으로 일어나므로 세포에서 에너지를 사용하지 않는다. 삼투도 물 분자의 이동으로 일어나므로 세포가 에너지를 사용하지 않는다.

❻ 확산 속도 비교
인지질 2중층을 통한 확산은 세포 안팎의 물질 농도 차에 비례하여 물질의 이동 속도가 증가하지만, 막단백질을 통한 확산은 일정 농도 차 이상에서는 물질의 이동 속도가 더 이상 증가하지 않는다.
➡ 물질 이동에 관여하는 막단백질이 모두 물질을 이동시키고 있기 때문이다.

❼ 생명체에서 일어나는 삼투의 예
- 식물의 뿌리털에서 토양의 물을 흡수한다.
- 콩팥의 세뇨관에서 모세혈관으로 물이 재흡수된다.

❽ *원형질분리
식물 세포에서 빠져나가는 물의 양이 많아 세포질의 부피가 줄어들다가 세포막이 세포벽에서 분리되는 현상이다.

용어 돋보기
* 용질(溶 녹다, 質 바탕)_ 용액에 녹아 있는 물질
* 원형질(原 근원, 形 모양, 質 바탕)_ 세포에서 생명활동과 직접적으로 관련이 있는 부분

정답과 해설 37쪽

1 생명 시스템에서 생명체를 구성하는 기본 단위는 무엇인지 쓰시오.

2 다음 설명에 해당하는 세포소기관의 이름을 선으로 연결하시오.

(1) 단백질의 합성 장소이다. • • ㉠ 핵
(2) 세포의 생명활동을 조절한다. • • ㉡ 엽록체
(3) 광합성이 일어나 포도당이 합성된다. • • ㉢ 라이보솜
(4) 생명활동에 필요한 에너지를 생산한다. • • ㉣ 마이토콘드리아

3 다음은 세포막의 구조와 물질 이동에 대한 설명이다. (　　) 안에 알맞은 말을 쓰시오.

(1) 세포막의 주성분은 단백질과 (　　　)이다.
(2) 세포막은 물질의 종류에 따라 투과 정도가 다른 (　　　)을 나타낸다.
(3) 포도당은 세포막의 (　　　)을 통해 이동한다.
(4) 산소(O_2)는 세포막의 (　　　)을 통해 농도가 높은 쪽에서 낮은 쪽으로 확산한다.
(5) 적혈구를 진한 설탕물에 넣으면 (　　　)에 의해 세포의 부피가 줄어든다.

암기 꼭!
- **확산**: 고농도에서 저농도로 이동한다.
확실하게 고라니 본 사람? 저요.
(산 농도 농도)
- **삼투**: 저농도에서 고농도로 물이 이동한다.
삼베 저고리 물들이기
(투 농농 도도)

01 생명 시스템과 화학 반응

C 물질대사와 효소

1 물질대사 생명체에서 일어나는 모든 화학 반응으로, 생명체는 물질대사를 통해 필요한 물질을 합성하고 에너지를 얻어 생명 시스템을 유지한다.

① 물질대사는 반드시 에너지 출입이 일어난다.❶
② 물질대사에는 효소가 관여한다.
③ 물질대사는 반응이 단계적으로 일어난다.

| 물질대사와 생명체 밖 화학 반응 비교 |

물질대사(세포호흡)
- 효소가 관여한다.
- 체온 범위(37 °C)의 낮은 온도에서 반응이 일어난다.
- 반응이 단계적으로 일어나 에너지가 소량씩 방출된다.

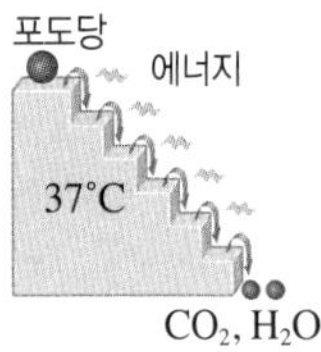

생명체 밖 화학 반응(연소)
- 효소가 관여하지 않는다.
- 고온(400 °C 이상)에서 반응이 일어난다.
- 반응이 한 번에 일어나 에너지가 한꺼번에 방출된다.

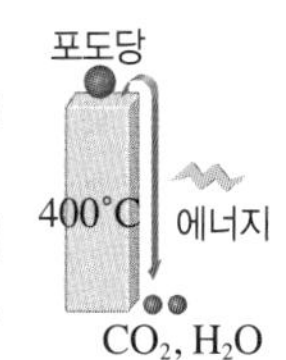

2 물질대사의 구분❷

동화작용	이화작용
• 작고 간단한 분자를 크고 복잡한 분자로 합성하는 반응 • 에너지를 흡수하는 반응이 일어남 예 광합성, 단백질합성	• 크고 복잡한 분자를 작고 간단한 분자로 분해하는 반응 • 에너지를 방출하는 반응이 일어남 예 세포호흡, 소화

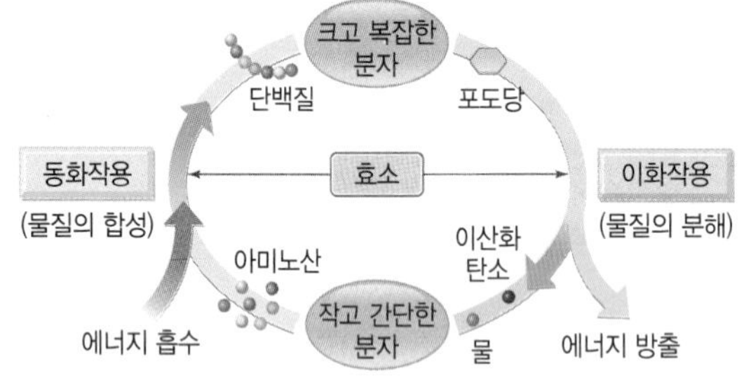

3 효소 생명체에서 화학 반응을 촉진하는 물질로, 생체촉*매라고도 한다.

D 효소의 작용과 활용

1 효소의 기능 탐구 B 150쪽

① **활성화에너지**: 화학 반응이 일어나는 데 필요한 최소한의 에너지로, 화학 반응은 반응 물질이 활성화에너지 이상의 에너지를 가지고 있을 때 일어난다.
② **효소의 작용**: 효소는 활성화에너지를 낮추어 화학 반응이 빠르게 일어나게 한다.❸

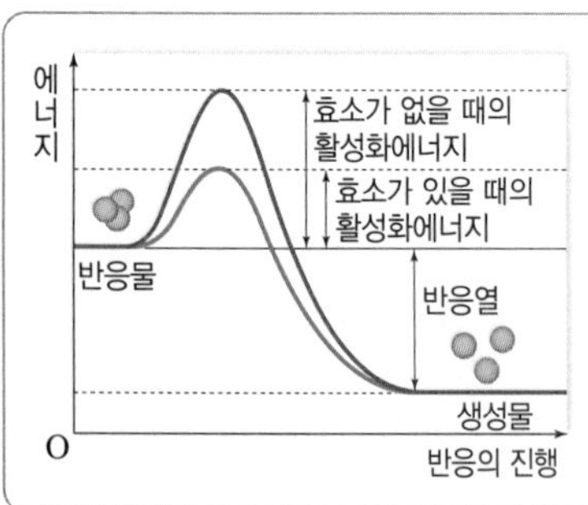

- 효소가 없을 때보다 효소가 있을 때 활성화에너지가 낮다. ➡ 효소가 있을 때 반응이 빠르게 일어난다.
- 반응열은 반응물의 에너지와 생성물의 에너지 차이로, 효소의 유무에 관계없이 일정하다.
- 생명체 밖에서는 높은 온도에서 반응이 일어날 수 있지만, 생명체 내에서는 효소가 활성화에너지를 낮추어 체온 정도의 낮은 온도에서 반응이 빠르게 일어난다.

Plus 강의

❶ **물질대사와 에너지 출입**
- **동화작용**: 반응물의 에너지가 생성물의 에너지보다 작아 에너지를 흡수하는 반응이 일어난다.
- **이화작용**: 반응물의 에너지가 생성물의 에너지보다 커서 에너지를 방출하는 반응이 일어난다.

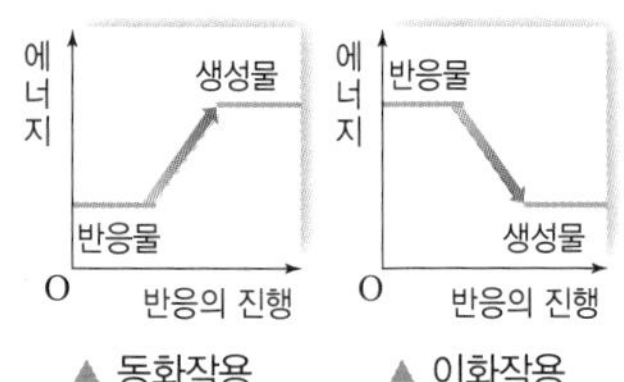

▲ 동화작용 ▲ 이화작용

❷ **여러 가지 물질대사의 예**
- 몸이 성장할 때 DNA 합성 및 성장에 필요한 물질을 합성한다. ➡ 동화작용
- 몸의 구성 성분인 근육과 뼈 등을 합성한다. ➡ 동화작용
- 이자를 이루는 세포에서는 소화에 필요한 소화효소나 인슐린과 같은 호르몬이 합성된다. ➡ 동화작용
- 소화효소가 음식물 속 영양소를 분해한다. ➡ 이화작용
- 영양소는 세포호흡을 통해 분해되어 근육 운동에 필요한 에너지를 생산한다. ➡ 이화작용
- 간세포가 알코올이나 암모니아와 같은 독성 물질을 분해한다. ➡ 이화작용

❸ **활성화에너지와 반응 속도**
화학 반응이 일어나려면 분자가 충분한 에너지를 가지고 있어야 하는데, 이 최소한의 에너지가 활성화에너지이다. 활성화에너지가 낮아지면 반응에 참여하는 분자 수가 많아져 화학 반응 속도가 빨라진다.

용어 돋보기

* 촉매(觸 닿다, 媒 중매)_화학 반응에서 자신은 소모되거나 변하지 않으면서 활성화에너지를 변화시켜 반응 속도를 바꾸는 물질

2 효소의 특성 효소의 주성분은 단백질이므로 효소마다 고유한 입체 구조를 갖는다.[4]

① **기질특이성:** 효소는 그 구조가 맞는 특정 반응물(기질)에만 작용한다.[5][6]

② **효소의 재사용:** 반응이 끝나면 효소는 생성물과 분리되어 반응 전과 동일한 상태가 되므로 재사용된다. ➡ 적은 양으로도 효율적으로 작용한다.

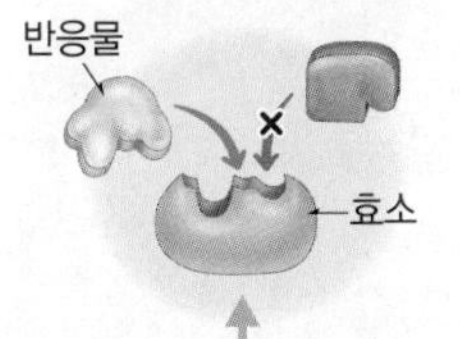

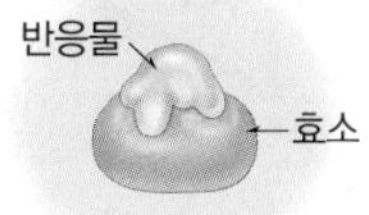

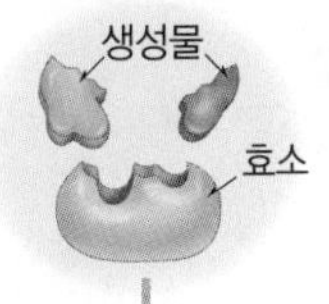

3 효소와 생명활동 효소는 생명체에서 일어나는 다양한 화학 반응에 관여한다.

예 광합성, 소화기관에서의 영양소 소화, 성장에 필요한 물질 합성, 출혈 시 혈액 응고

4 효소의 활용 효소는 생명체 밖에서도 작용할 수 있으므로 다양하게 활용되고 있다.

구분	내용
식품	• 발효 식품: 미생물의 효소를 이용하여 된장, 김치, 치즈 등 제조 • 고기 연육제: 키위나 파인애플 등 과일의 단백질분해효소를 이용 • 식혜: 엿기름의 아밀레이스를 이용하여 밥 속의 녹말을 엿당으로 분해
의약품	• 소화제: 탄수화물분해효소, 단백질분해효소, 지방분해효소 이용 • 혈당 측정기, 소변 검사지: 포도당 산화효소를 이용
생활용품	• 효소 세제: 때의 주성분인 단백질과 지방을 분해하는 효소 함유 • 효소 화장품: 피부의 각질층을 분해하는 단백질분해효소 함유 • 효소 치약: 치아에 붙어 있는 탄수화물을 분해하는 효소 함유 • 화장지 및 종이 제조: 섬유소 분해효소 이용
기타	• 섬유 산업-청바지 탈색: 섬유소 분해효소 이용 • 환경 정화: 미생물의 효소를 이용하여 생활 하수, 공장 폐수의 오염 물질 정화

❹ 효소의 변성
효소의 주성분인 단백질은 높은 온도에서 입체 구조가 변한다. 변성된 효소는 반응물과 결합하지 못하므로 촉매 기능을 잃는다.

❺ 기질특이성
효소가 작용하기 위해서는 반응물과 일시적으로 결합해야 하는데, 이 때문에 효소는 구조가 맞는 기질하고만 결합하여 반응을 촉진하는 기질특이성을 나타낸다.

❻ 기질특이성과 효소의 종류
물질대사는 여러 단계에 걸쳐 여러 종류의 중간 생성물을 만들며 진행된다. 효소는 기질특이성이 있으므로 물질대사가 일어나는 단계마다 작용하는 효소의 종류도 다르다. 따라서 생명체에서는 수많은 종류의 효소가 만들어진다.

정답과 해설 37쪽

4 물질대사에 대한 설명으로 옳은 것은 ○, 옳지 않은 것은 ×로 표시하시오.

(1) 반드시 에너지 출입이 일어나며, 효소가 관여한다. ( )

(2) 단백질합성은 이화작용에 해당한다. ( )

(3) 생명체 밖에서 효소를 활용한 화학 반응도 물질대사에 포함된다. ( )

5 그림은 효소가 있을 때와 없을 때 화학 반응에서 에너지 변화를 나타낸 것이다.

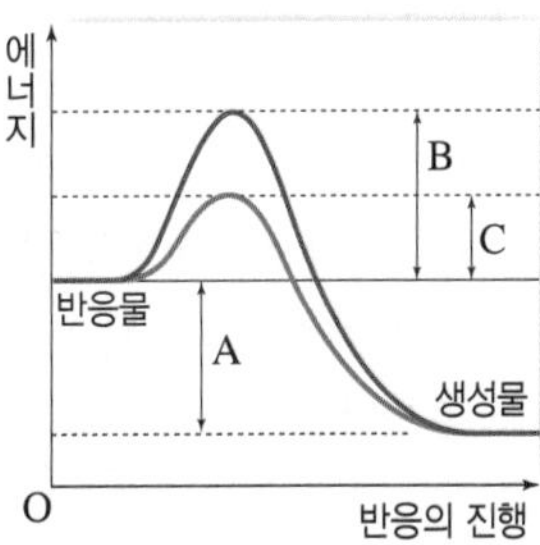

(1) A~C 중 효소의 유무에 관계없이 값이 일정한 것은 ( )이다.

(2) A~C 중 효소가 있을 때의 활성화에너지는 ( )이다.

6 효소에 대한 설명으로 옳은 것은 ○, 옳지 않은 것은 ×로 표시하시오.

(1) 한 종류의 효소는 여러 종류의 반응물에 작용한다. ( )

(2) 효소는 반응이 끝나면 생성물과 분리되어 다시 사용된다. ( )

(3) 효소는 생명체 밖에서는 작용할 수 없다. ( )

암기 꼭!

물질대사의 특징
• 에너지 출입이 일어난다.
• 효소가 관여한다.
• 체온 범위에서 단계적으로 일어난다.

효소의 특성
• 기질특이성이 있다.
• 재사용된다.

세포막을 통한 물질의 이동 실험

목표 세포막을 통한 물질의 이동 실험을 통해 세포막의 역할을 설명할 수 있다.

과정

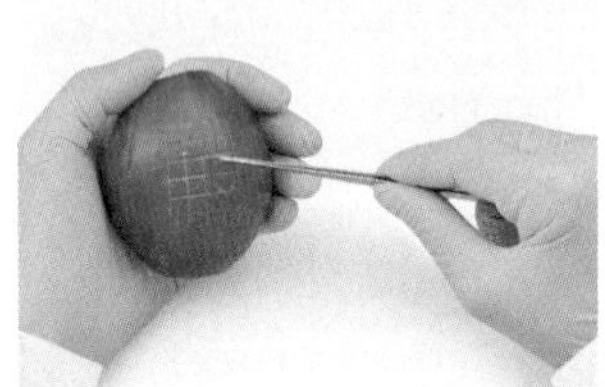

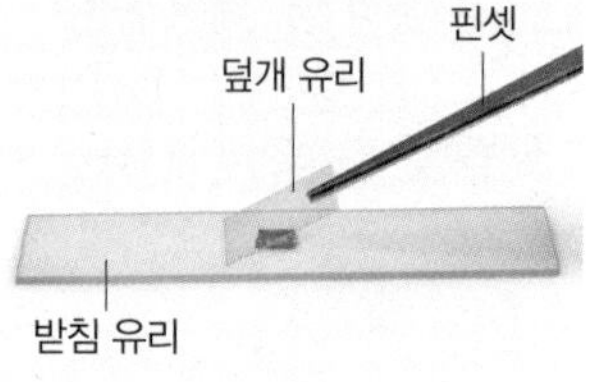

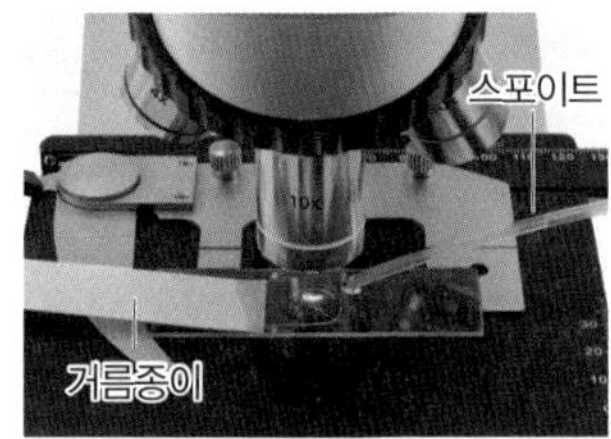

❶ 적양파의 표피에 가로, 세로 5 mm 크기의 칼집을 내고, 핀셋으로 양파 표피 조각을 벗겨 낸다.

유의점 표피 조각은 가능한 얇게 벗긴다.

▶ **적양파를 사용하는 까닭:** 염색액을 사용하지 않아도 세포질이 붉게 보여 부피 변화를 관찰하기 쉽기 때문

❷ 받침 유리에 0.9 % 소금물을 한 방울 떨어뜨리고 양파 표피 조각을 놓은 다음, 덮개 유리를 덮고 현미경으로 100배 확대하여 관찰한다.

▶ **0.9 % 소금물을 먼저 떨어뜨리는 까닭:** 양파 표피세포의 부피가 변하지 않으면서 표피 조각이 말리지 않게 하기 위해

❸ 덮개 유리 한쪽에 10 % 소금물을 한두 방울 떨어뜨리고 반대쪽에서 거름종이로 흡수하여 안쪽으로 스며들게 한 후, 세포의 변화를 관찰한다.

▶ **10 % 소금물을 떨어뜨리는 까닭:** 세포액보다 고농도 용액을 떨어뜨렸을 때 세포 안팎으로의 물질 이동으로 나타난 세포 변화를 관찰하기 위해

❹ 과정 ❷와 같이 현미경표본을 만든 다음, 10 % 소금물 대신 증류수로 과정 ❸을 반복한다.

이렇게도 실험해요!

- 10 % 소금물 대신 20 % 설탕물로 실험할 수 있다.
- 정상 적혈구를 각각 증류수와 10 % 소금물에 넣었을 때 세포의 모양 변화를 현미경으로 관찰한다.

결과

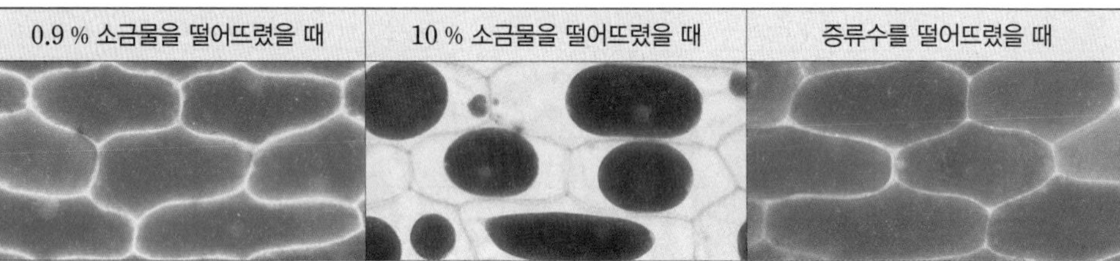

0.9 % 소금물을 떨어뜨렸을 때	10 % 소금물을 떨어뜨렸을 때	증류수를 떨어뜨렸을 때
양파 표피세포의 핵과 세포벽이 관찰되고, 세포질은 전체적으로 붉은색으로 관찰된다.	소금물이 스며들면서 세포에서는 붉은색을 띠는 세포질이 세포벽과 분리되었다.	증류수가 스며들면서 세포에서는 세포질의 부피가 증가하여 세포가 팽팽해졌다.

해석

1. **증류수와 농도가 다른 소금물을 사용한 까닭은?** ➡ 세포막을 경계로 일어나는 삼투에 의한 물의 이동을 알아보기 위해서이다.

2. **10 % 소금물을 떨어뜨렸을 때 세포막이 세포벽에서 분리된 까닭은?** ➡ 삼투에 의해 농도가 낮은 세포 안에서 농도가 높은 10 % 소금물로 물이 많이 빠져나가 세포질의 부피가 줄어드는데, 세포벽은 세포막과 달리 단단하여 형태가 변하지 않기 때문이다.

3. **증류수를 떨어뜨렸을 때 세포가 팽팽해진 까닭은?** ➡ 삼투에 의해 농도가 낮은 증류수에서 농도가 높은 세포 안으로 물이 많이 들어와 세포질의 부피가 증가하기 때문이다.

시험 Tip!

- 세포를 세포액보다 농도가 낮은 용액과 높은 용액에 넣었을 때의 부피 변화를 묻는 문항이 자주 출제된다. ➡ 삼투에 의해 저농도에서 고농도로 물이 이동한다.
- 세포를 세포액과 같은 농도의 용액에 넣었을 때 물의 이동을 묻는 문항이 자주 출제된다. ➡ 세포의 부피 변화는 없으나 세포 안팎으로 이동하는 물의 양이 같다.

정리

- 삼투에 의해 세포막을 경계로 농도가 낮은 쪽에서 농도가 높은 쪽으로 물이 이동하며, 물이 이동함에 따라 세포의 부피가 변화한다.
- 세포막은 선택적 투과를 통해 세포 안팎으로 물질이 출입하는 것을 조절하여 세포가 생명활동을 원활하게 유지할 수 있게 해 준다.

확인 문제

1 **탐구 A에 대한 설명으로 옳은 것은 ○, 옳지 않은 것은 ×로 표시하시오.**

(1) 이 실험에서 세포막을 경계로 물이 이동하는 원리는 삼투이다. ( )
(2) 물은 세포막을 경계로 용질의 농도가 높은 쪽에서 낮은 쪽으로 이동한다. ( )
(3) 0.9 % 소금물을 떨어뜨린 양파 표피세포의 부피 변화가 없는 까닭은 세포막을 통한 물의 이동이 없기 때문이다. ( )
(4) 양파 표피세포에서 세포막을 통한 물의 이동은 세포에서 에너지를 사용하여 일어난다. ( )

2 **그림 (가)와 (나)는 같은 종류의 양파 표피 조각을 각각 소금물 A와 B 중 하나에 넣고 충분한 시간이 지난 후 현미경으로 관찰한 모습을 나타낸 것이다. 소금물의 농도는 A가 B보다 높다.**

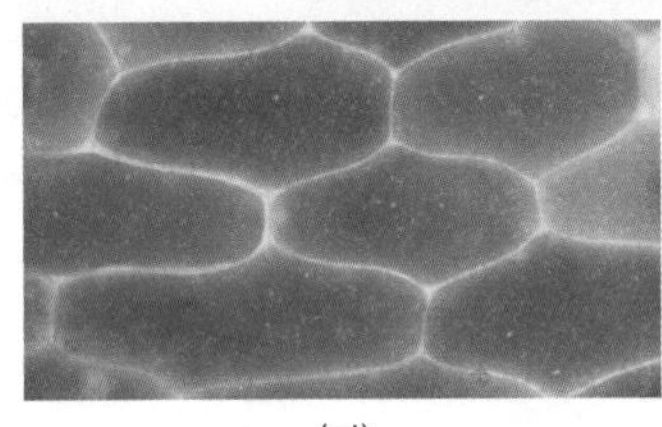
(가)

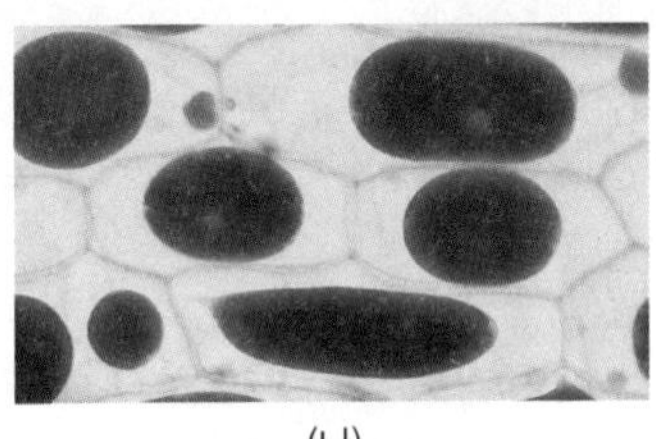
(나)

(가)와 (나)는 각각 A와 B 중 어느 용액에 넣은 것인지 그렇게 생각한 까닭과 함께 서술하시오.

3 **다음은 세포막을 통한 물질 이동을 알아보기 위한 실험 과정과 결과이다.**

[실험 과정]
(가) 시험관 A에는 0.5 % 소금물, B에는 0.9 % 소금물, C에는 10 % 소금물을 같은 양씩 넣는다.
(나) A~C에 혈액을 한 방울씩 떨어뜨린다.
(다) 3개의 받침 유리에 A~C의 용액을 한 방울씩 떨어뜨리고 덮개 유리를 덮은 후 현미경으로 적혈구를 관찰한다.

[실험 결과]

시험관	A	B	C
관찰 결과	적혈구가 둥근 공처럼 보임	적혈구는 둥글고 가운데가 오목함	적혈구의 가장자리가 쭈글쭈글함

이에 대한 설명으로 옳은 것만을 [보기]에서 있는 대로 고른 것은?

보기
ㄱ. 시험관에 넣기 전 적혈구의 세포액 농도는 0.5 % 소금물보다 높다.
ㄴ. (다)에서 적혈구의 세포액 농도를 비교하면 A<B<C이다.
ㄷ. B의 적혈구에서는 세포막을 통한 물의 이동이 일어나지 않는다.

① ㄱ ② ㄴ ③ ㄱ, ㄴ ④ ㄱ, ㄷ ⑤ ㄴ, ㄷ

효소의 작용 원리에 관한 실험

목표 카탈레이스가 과산화 수소를 분해하는 실험을 통해 효소가 작용하는 원리를 설명할 수 있다.

✽ 카탈레이스
과산화 수소를 물과 산소로 분해하는 효소로, 혈구를 포함하여 대부분의 세포에 들어 있다.

유의점
- 과산화 수소수가 피부나 옷에 묻지 않게 주의한다.
- 향에 불을 붙일 때에는 화상에 주의한다.

과정

❶ 시험관 A~C에 3 % 과산화 수소수를 3 mL씩 넣는다.

▶ 과산화 수소는 물과 산소로 분해된다. $2H_2O_2 \longrightarrow 2H_2O + O_2$

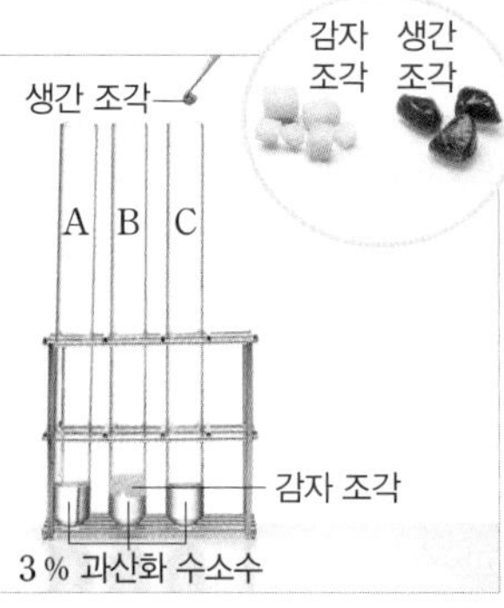

❷ 시험관 A는 그대로 두고, 시험관 B에는 감자 조각을 넣고, 시험관 C에는 생간 조각을 넣는다.

▶ **감자와 간을 생으로 사용하는 까닭:** 효소의 주성분이 단백질이므로 익히면 열로 인해 효소가 변성되어 제 기능을 할 수 없기 때문

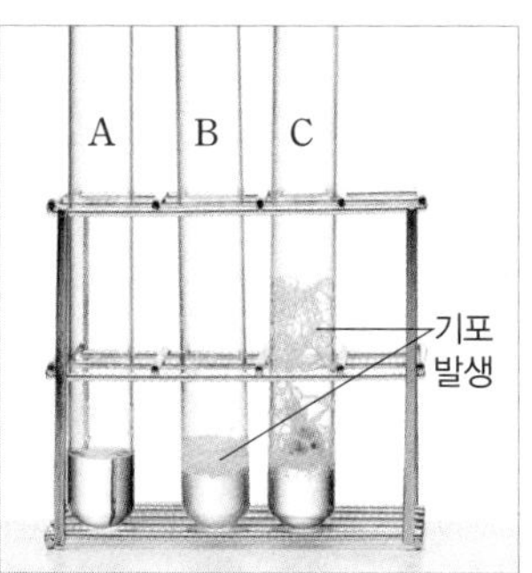

❸ 시험관 A~C에 기포가 발생하는지 관찰한다.

▶ **기포 발생을 관찰하는 까닭:** 감자나 생간에 들어 있는 효소(카탈레이스)의 작용으로 과산화 수소의 분해가 촉진되어 기포(산소)가 발생하는지를 확인하기 위해

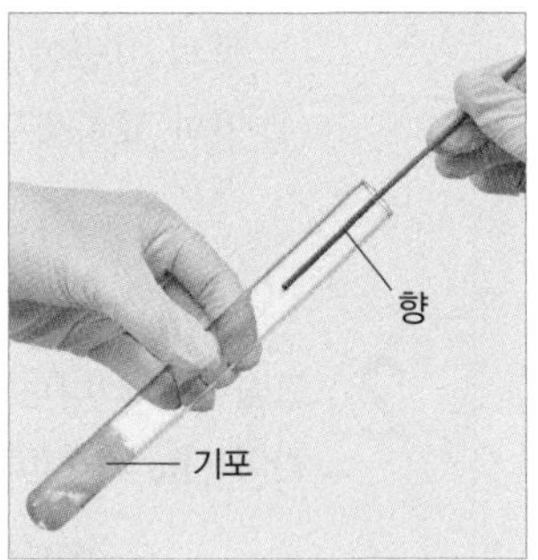

❹ 향에 불을 붙였다 끈 후 꺼져 가는 불씨를 시험관 A~C에 각각 넣고 불씨의 변화를 관찰한다.

▶ **향불을 이용하여 불씨의 변화를 관찰하는 까닭:** 꺼져 가는 불씨가 살아나 다시 잘 타는 것을 통해 발생한 기포가 산소라는 것을 확인하기 위해

❺ 기포 발생이 끝난 후 시험관 A~C에 과산화 수소수를 2 mL씩 더 넣고 기포가 발생하는지 관찰한다.

이렇게도 실험해요!
시험관 A에는 과산화 수소수와 생감자 조각을, B에는 과산화 수소수와 삶은 감자 조각을 넣어 기포가 발생하는지 확인한다.
[결과] A에서는 기포가 발생하였고, B에서는 기포가 발생하지 않았다. ➡ 삶은 감자 속 카탈레이스는 열로 인해 변성되어 과산화 수소를 분해하지 못하기 때문이다.

결과

구분	시험관 A	시험관 B	시험관 C
과정 ❸	기포가 발생하지 않음	기포가 발생함	기포가 발생함
과정 ❹	변화 없음	불씨가 살아나 밝게 잘 탐	불씨가 살아나 밝게 잘 탐
과정 ❺	기포가 발생하지 않음	기포가 다시 발생함	기포가 다시 발생함

해석

1. **감자와 생간에 들어 있는 효소의 이름은?** ➡ 카탈레이스
2. **시험관 A에서 기포가 발생하지 않는 까닭은?** ➡ 과산화 수소는 자연적으로 분해되지만, 반응 속도가 매우 느리고 과산화 수소수의 농도가 3 %로 묽기 때문이다.
3. **시험관 B와 C에서 불씨가 살아나 밝게 잘 타는 것으로 확인할 수 있는 기체 성분은?** ➡ 산소
4. **시험관 B와 C에 과산화 수소수를 추가로 넣으면 다시 기포가 발생하는 까닭은?** ➡ 효소는 반응이 끝난 후에 생성물과 분리되어 반응 전과 동일한 상태가 되어 재사용되기 때문이다.

시험 Tip!
- 효소의 작용 원리를 묻는 문항이 자주 출제된다. ➡ 화학 반응의 에너지 변화 그래프에서 효소가 있으면 활성화 에너지가 낮아져 반응이 빠르게 일어난다는 것을 학습한다.
- 효소가 재사용된다는 것을 활용한 문항이 자주 출제된다. ➡ 반응이 끝난 후에도 반응물을 더 넣으면 효소가 재사용되어 생성물이 더 발생한다는 것을 알아둔다.

정리

- 효소는 활성화에너지를 낮추어 화학 반응이 빠르게 일어나도록 한다.
- 효소는 화학 반응이 일어난 후에도 변하지 않아 재사용된다.

확인 문제

1 **탐구 B에 대한 설명으로 옳은 것은 ○, 옳지 않은 것은 ×로 표시하시오.**

(1) 감자에는 과산화 수소에 작용하는 효소가 들어 있다. ( )

(2) 과산화 수소는 효소가 없으면 분해가 일어나지 않는다. ( )

(3) 과정 ❸의 시험관 B에서 발생한 기체는 산소이다. ( )

(4) 과정 ❺의 시험관 C에서 기포 발생이 끝난 것은 효소가 모두 사용되어 사라졌기 때문이다. ( )

(5) 시험관 C에 삶은 간을 넣어도 같은 실험 결과가 나타난다. ( )

2 **그림과 같이 시험관 A와 B에 3 % 과산화 수소수를 3 mL씩 넣고 시험관 B에만 생간 조각을 넣었더니 시험관 B에서만 기포가 발생하였다.**
이에 대한 설명으로 옳은 것만을 [보기]에서 있는 대로 고른 것은?

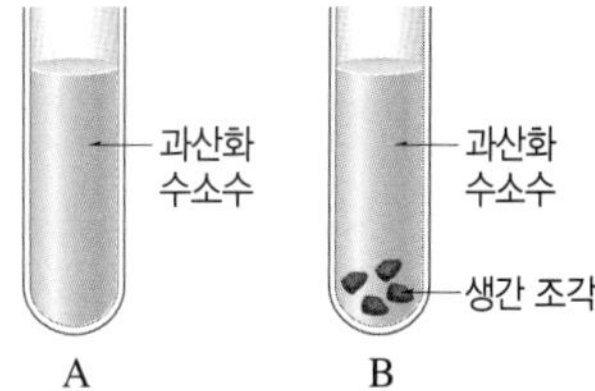

보기
ㄱ. 생간에는 카탈레이스가 들어 있다.
ㄴ. 시험관 B에서 발생한 기포의 성분은 꺼져가는 향불을 넣으면 확인할 수 있다.
ㄷ. 3 % 과산화 수소수 대신 5 % 과산화 수소수를 사용하면 발생하는 기포의 양이 증가한다.

① ㄱ ② ㄷ ③ ㄱ, ㄴ ④ ㄴ, ㄷ ⑤ ㄱ, ㄴ, ㄷ

3 **다음은 감자에 들어 있는 카탈레이스를 이용한 과산화 수소 분해 실험이다.**

[실험 과정]
(가) 시험관 A～C에 3 % 과산화 수소수를 3 mL씩 넣는다.
(나) 시험관 A는 그대로 두고, B에는 삶은 감자 조각 4개를, C에는 생감자 조각 4개를 넣는다.

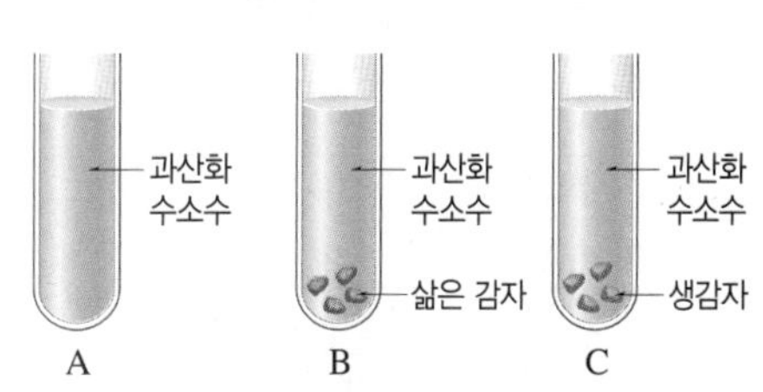

[실험 결과]
시험관 A와 B에서는 아무런 변화가 일어나지 않았고, C에서는 ㉠기포가 발생하였다.

이에 대한 설명으로 옳은 것만을 [보기]에서 있는 대로 고른 것은?

보기
ㄱ. 감자 속 효소는 높은 온도에서 기능을 잃는다.
ㄴ. ㉠에 꺼져 가는 불씨를 넣으면 불씨가 살아나 다시 잘 탄다.
ㄷ. 시험관 C에 넣는 생감자 조각의 양을 2배로 늘리면 발생하는 기포의 총량도 2배로 증가한다.

① ㄱ ② ㄷ ③ ㄱ, ㄴ ④ ㄴ, ㄷ ⑤ ㄱ, ㄴ, ㄷ

중간·기말 고사에 출제될 확률이 높은 문항들로 구성하여, 내신에 완벽 대비할 수 있도록 하였습니다.

정답과 해설 38쪽

A 생명 시스템과 세포

01 생명 시스템에 대한 설명으로 옳은 것만을 [보기]에서 있는 대로 고른 것은?

보기
ㄱ. 세포는 생명 시스템에서 생명체를 구성하는 기본 단위이다.
ㄴ. 세포는 여러 세포소기관이 상호작용 하는 하나의 생명 시스템이다.
ㄷ. 생명 시스템은 세포 → 기관 → 조직 → 개체의 단계로 구성된다.

① ㄱ ② ㄴ ③ ㄱ, ㄴ
④ ㄴ, ㄷ ⑤ ㄱ, ㄴ, ㄷ

02 표는 생명 시스템의 구성 단계에 대한 특징을 나타낸 것이다. (가)~(라)는 세포, 조직, 기관, 개체를 순서 없이 나타낸 것이다.

단계	특징
(가)	동물의 심장, 간 등이 속한다.
(나)	?
(다)	독립적으로 생명활동을 하는 하나의 생명체이다.
(라)	여러 세포소기관으로 이루어져 있다.

이에 대한 설명으로 옳은 것만을 [보기]에서 있는 대로 고른 것은?

보기
ㄱ. (가)는 조직이다.
ㄴ. (나)는 모양과 기능이 비슷한 (라)의 모임이다.
ㄷ. 식물의 잎은 (다)의 예에 해당한다.

① ㄱ ② ㄴ ③ ㄱ, ㄷ
④ ㄴ, ㄷ ⑤ ㄱ, ㄴ, ㄷ

[03~04] 그림은 어떤 동물 세포의 구조를 나타낸 것이다. A~D는 각각 골지체, 라이보솜, 소포체, 핵 중 하나이다.

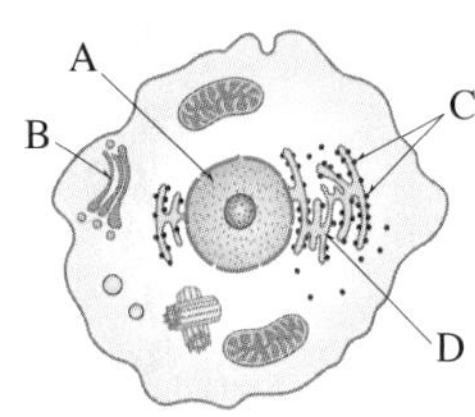

중요
03 A~D에 대한 설명으로 옳은 것만을 [보기]에서 있는 대로 고른 것은?

보기
ㄱ. A는 유전물질이 있어 생명활동에 필요한 에너지를 생산한다.
ㄴ. B와 D는 막으로 둘러싸여 있다.
ㄷ. C는 식물 세포에는 없고 동물 세포에만 있다.

① ㄱ ② ㄴ ③ ㄱ, ㄴ
④ ㄱ, ㄷ ⑤ ㄴ, ㄷ

04 다음은 단백질의 합성과 분비에 대한 설명이다.

(가)에서 합성된 단백질은 (나)를 통해 (다)로 운반되고, (다)에서 막으로 싸여 세포 밖으로 분비된다.

(가)~(다)에 해당하는 세포소기관의 기호와 이름을 각각 쓰시오.

05 그림 (가)와 (나)는 세포소기관을 나타낸 것이다.

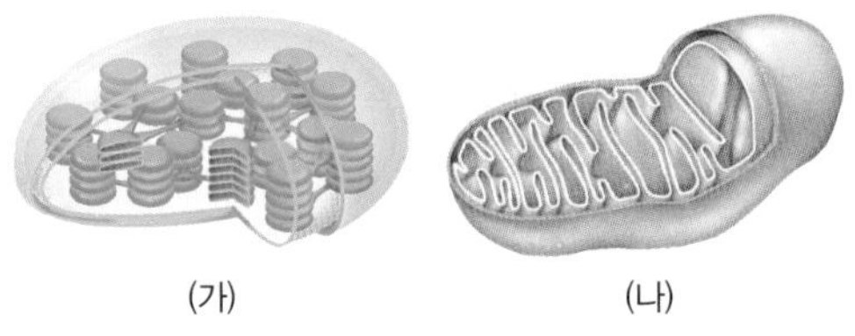
(가) (나)

이에 대한 설명으로 옳은 것만을 [보기]에서 있는 대로 고른 것은?

보기
ㄱ. (가)는 빛에너지를 이용하여 포도당을 합성한다.
ㄴ. (나)에서는 세포호흡이 일어난다.
ㄷ. (가)는 식물 세포에만 있고, (나)는 동물 세포에만 있다.

① ㄱ ② ㄴ ③ ㄱ, ㄴ
④ ㄱ, ㄷ ⑤ ㄴ, ㄷ

B 세포막을 통한 물질 이동

06 세포막에 대한 설명으로 옳지 않은 것은?

① 인지질과 단백질이 주성분이다.
② 세포막에서 단백질의 위치는 고정되어 있다.
③ 세포 안팎으로의 물질 출입을 조절한다.
④ 물질의 종류와 크기에 따라 선택적으로 투과시킨다.
⑤ 세포 내부를 생명활동이 일어나기에 적합한 환경으로 유지한다.

07 그림은 세포막의 구조를 나타낸 것이다.

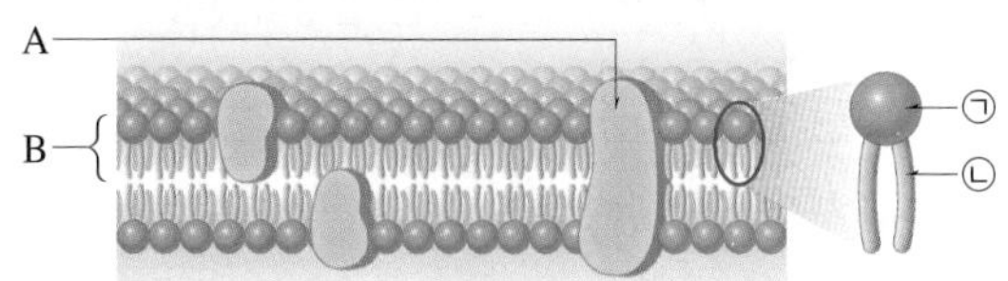

이에 대한 설명으로 옳은 것만을 [보기]에서 있는 대로 고른 것은?

보기
ㄱ. A에는 펩타이드결합이 있다.
ㄴ. B는 인지질이다.
ㄷ. ㉠은 친수성 부분이고, ㉡은 소수성 부분이다.

① ㄴ ② ㄷ ③ ㄱ, ㄴ
④ ㄱ, ㄷ ⑤ ㄱ, ㄴ, ㄷ

서술형

08 그림은 이산화 탄소가 모세혈관에서 폐포로, 산소가 폐포에서 모세혈관으로 이동하는 것을 나타낸 것이다.

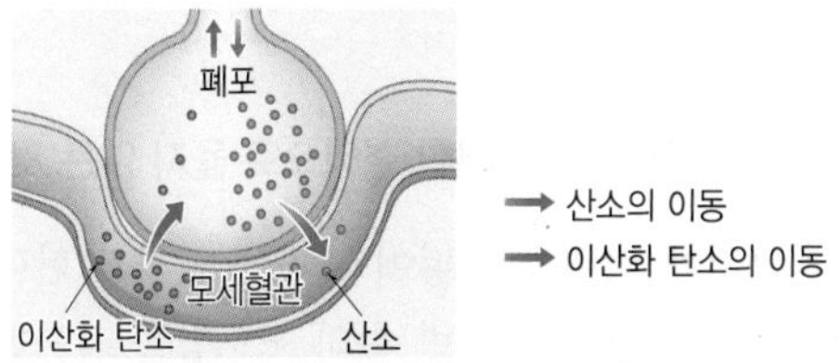

이 과정에서 산소와 이산화 탄소가 세포막을 통해 이동하는 방식을 서술하시오.

09 그림은 세포막을 통한 물질 A와 B의 이동 방식을 나타낸 것이다.

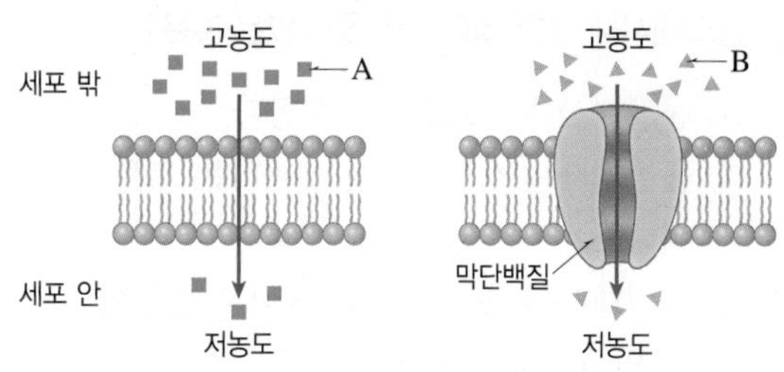

이에 대한 설명으로 옳은 것만을 [보기]에서 있는 대로 고른 것은?

보기
ㄱ. A는 인지질 2중층을 직접 통과한다.
ㄴ. B와 같은 방식으로 이동하는 물질의 예로는 Na^+, 포도당, 아미노산이 있다.
ㄷ. B가 세포막을 통해 이동할 때 세포에서 에너지를 사용한다.

① ㄱ ② ㄷ ③ ㄱ, ㄴ
④ ㄴ, ㄷ ⑤ ㄱ, ㄴ, ㄷ

10 그림은 식물 세포 (가)를 농도가 다른 설탕 용액 A~C에 각각 넣고 일정 시간이 지난 후의 모습을 나타낸 것이다.

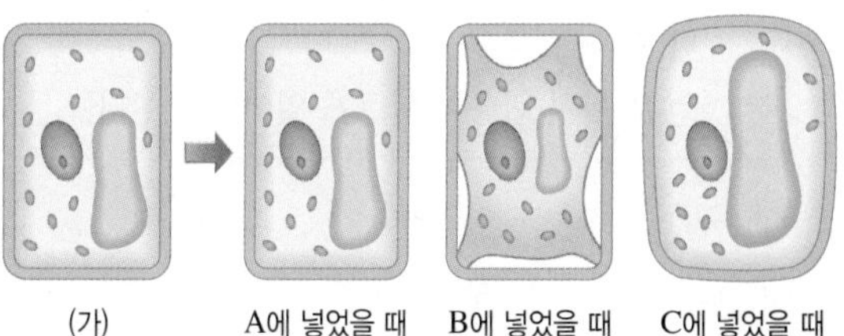

이에 대한 설명으로 옳은 것만을 [보기]에서 있는 대로 고른 것은?

보기
ㄱ. A에 넣은 세포에서는 세포막을 통한 물의 이동이 일어나지 않는다.
ㄴ. 설탕 용액의 농도는 B가 가장 높다.
ㄷ. C에 넣은 세포에서는 세포벽과 세포막이 분리되었다.

① ㄱ ② ㄴ ③ ㄱ, ㄷ
④ ㄴ, ㄷ ⑤ ㄱ, ㄴ, ㄷ

C 물질대사와 효소

11 **물질대사에 대한 설명으로 옳지 않은 것은?**

① 물질대사에는 효소가 관여한다.
② 물질대사는 생명체에서 일어나는 모든 화학 반응이다.
③ 물질대사의 종류에 따라 에너지 출입이 일어나거나 일어나지 않는다.
④ 광합성은 동화작용의 예이다.
⑤ 생명체는 물질대사를 통해 생명활동에 필요한 에너지를 얻는다.

12 **그림은 세포에서 일어나는 물질대사를 (가)와 (나)로 구분한 것이다. ㉠은 생명체 내에서 합성되어 물질대사에 관여하는 물질이다.**

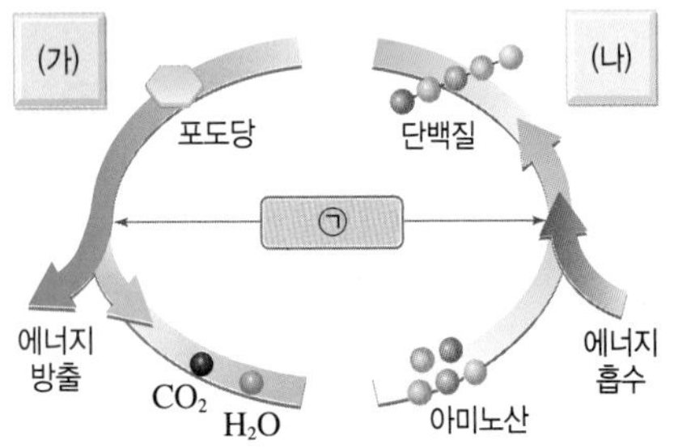

이에 대한 설명으로 옳은 것만을 [보기]에서 있는 대로 고른 것은?

보기
ㄱ. (가)는 동화작용이다.
ㄴ. (나)에서 생성물의 에너지는 반응물의 에너지보다 크다.
ㄷ. ㉠은 화학 반응이 빠르게 일어나게 한다.

① ㄱ ② ㄷ ③ ㄱ, ㄴ
④ ㄴ, ㄷ ⑤ ㄱ, ㄴ, ㄷ

서술형

13 **포도당은 생명체 밖에서는 400 ℃ 이상의 높은 온도에서 이산화 탄소와 물로 분해되지만, 생명체 내에서는 37 ℃ 정도의 체온 범위에서 세포호흡에 의해 이산화 탄소와 물로 분해된다. 물질대사가 체온 정도의 낮은 온도에서 일어날 수 있는 까닭을 효소의 기능과 관련지어 서술하시오.**

D 효소의 작용과 활용

14 **그림은 효소가 있을 때와 효소가 없을 때 화학 반응의 에너지 변화를 나타낸 것이다.**

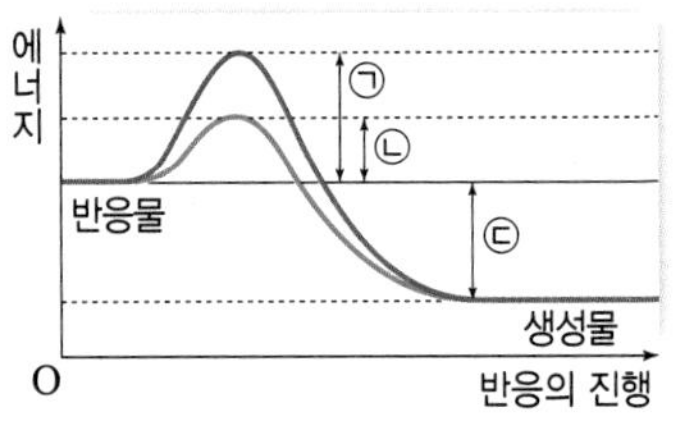

이에 대한 설명으로 옳은 것만을 [보기]에서 있는 대로 고른 것은?

보기
ㄱ. 반응물의 에너지가 생성물의 에너지보다 크다.
ㄴ. ㉢은 효소의 유무에 관계없이 일정하다.
ㄷ. 효소의 작용으로 감소하는 활성화에너지의 크기는 ㉠－㉡이다.

① ㄱ ② ㄷ ③ ㄱ, ㄴ
④ ㄴ, ㄷ ⑤ ㄱ, ㄴ, ㄷ

15 **그림은 효소 ㉠의 작용을 나타낸 것이다.**

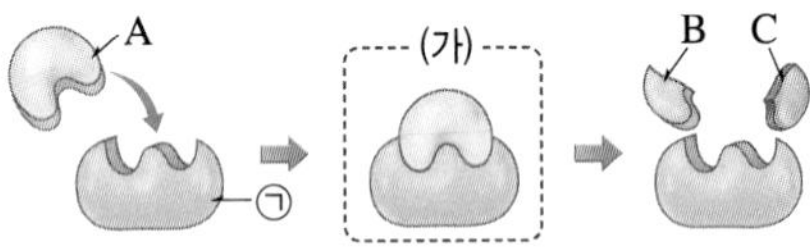

이에 대한 설명으로 옳은 것만을 [보기]에서 있는 대로 고른 것은?

보기
ㄱ. ㉠은 A가 B와 C로 분해되는 반응을 촉진한다.
ㄴ. ㉠은 반응이 끝난 후 기능을 잃는다.
ㄷ. (가) 상태에서 활성화에너지가 낮아진다.

① ㄴ ② ㄷ ③ ㄱ, ㄴ
④ ㄱ, ㄷ ⑤ ㄴ, ㄷ

16 **효소의 활용 사례에 대한 설명으로 옳지 않은 것은?**

① 고기에 키위즙을 넣어 고기를 연하게 한다.
② 소변 검사지로 소변 속의 포도당을 검출한다.
③ 미생물의 효소를 이용하여 발효 식품을 만든다.
④ 미생물의 효소를 이용하여 생활 하수나 공장 폐수의 오염 물질을 제거한다.
⑤ 세제에 섬유소 분해효소를 첨가하면 옷에 찌든 단백질 때를 효과적으로 제거할 수 있다.

내신 탄탄보다는 조금 수준이 높은 유형의 문제들로 구성하였습니다. 자신의 실력을 한 단계 높여 보세요.

정답과 해설 39쪽

01 표 (가)는 세포소기관 A~C에서 특징 ㉠~㉢의 유무를, (나)는 ㉠~㉢을 순서 없이 나타낸 것이다. A~C는 골지체, 라이보솜, 핵을 순서 없이 나타낸 것이다.

구분	㉠	㉡	㉢
A	ⓐ	×	○
B	○	?	○
C	○	ⓑ	×

(○: 있음, ×: 없음)

(가)

특징(㉠~㉢)
- DNA가 있다.
- 식물 세포에 있다.
- 막으로 둘러싸여 있다.

(나)

이에 대한 설명으로 옳은 것만을 [보기]에서 있는 대로 고른 것은?

보기
ㄱ. ⓐ와 ⓑ는 모두 '○'이다.
ㄴ. C는 단백질을 합성한다.
ㄷ. ㉡은 'DNA가 있다.'이다.

① ㄱ ② ㄴ ③ ㄱ, ㄷ
④ ㄴ, ㄷ ⑤ ㄱ, ㄴ, ㄷ

02 그림은 물질 A와 B가 세포 안팎의 농도 차에 따라 세포막을 통해 이동하는 속도를 나타낸 것이다. A와 B는 각각 막단백질을 통해 확산하는 물질과 인지질 2중층을 통해 확산하는 물질 중 하나이다.

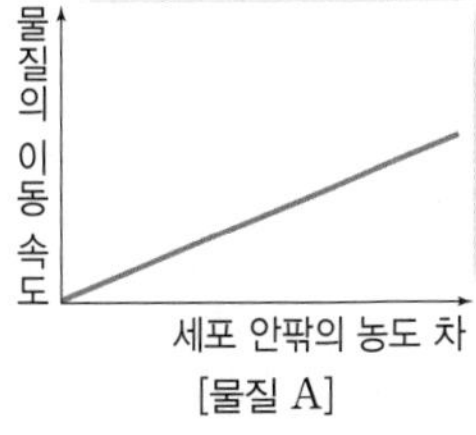

[물질 A]

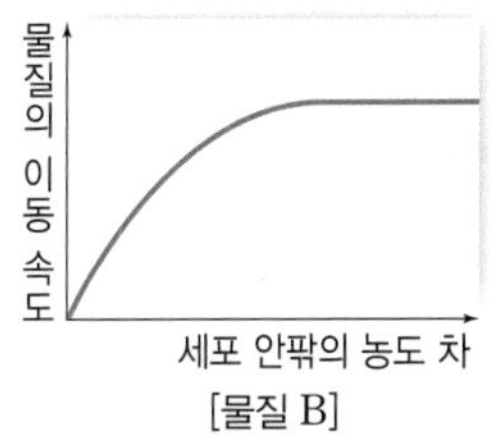

[물질 B]

이에 대한 설명으로 옳은 것만을 [보기]에서 있는 대로 고른 것은?

보기
ㄱ. A는 인지질 2중층을 통해 이동한다.
ㄴ. B의 이동에는 막단백질이 관여한다.
ㄷ. 혈액 속 포도당이 조직세포로 이동할 때는 A와 같은 방식으로 이동한다.

① ㄱ ② ㄴ ③ ㄱ, ㄴ
④ ㄴ, ㄷ ⑤ ㄱ, ㄴ, ㄷ

03 그림 (가)~(다)는 사람의 적혈구를 0.2 % 소금물, 생리식염수(0.9 % 소금물), 2 % 소금물에 넣고 일정 시간이 지났을 때의 변화를 순서 없이 나타낸 것이다.

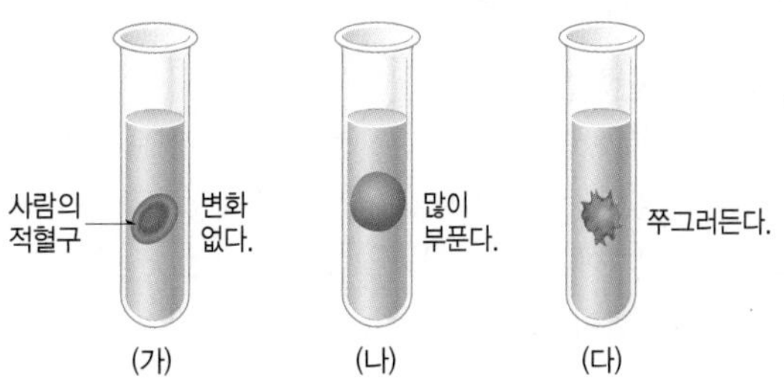

이에 대한 설명으로 옳은 것만을 [보기]에서 있는 대로 고른 것은?

보기
ㄱ. 적혈구 안의 농도는 (가)에서가 (나)에서보다 높다.
ㄴ. (다)는 2 % 소금물에 넣었을 때의 변화이다.
ㄷ. 적혈구의 상태 변화는 식물의 뿌리털에서 토양의 물을 흡수하는 것과 같은 원리에 의해 일어난다.

① ㄱ ② ㄷ ③ ㄱ, ㄴ
④ ㄴ, ㄷ ⑤ ㄱ, ㄴ, ㄷ

04 그림 (가)는 어떤 효소의 작용을, (나)는 이 효소의 농도가 일정할 때 기질 농도에 따른 초기 반응 속도를 나타낸 것이다.

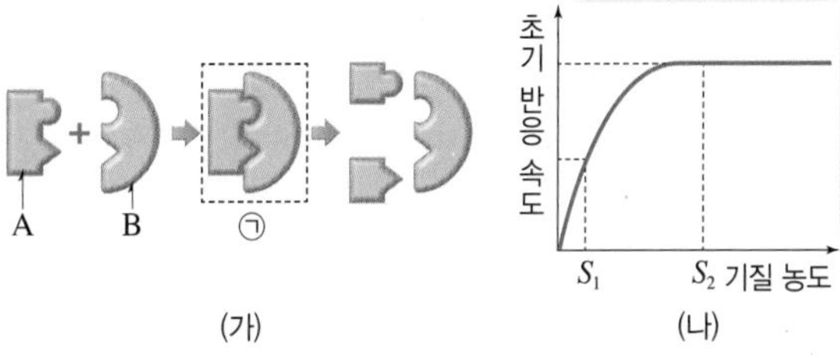

(가) (나)

이에 대한 설명으로 옳은 것만을 [보기]에서 있는 대로 고른 것은?

보기
ㄱ. ㉠의 양은 S_2일 때가 S_1일 때보다 많다.
ㄴ. 활성화에너지는 S_2일 때가 S_1일 때보다 낮다.
ㄷ. S_2일 때 B를 첨가하면 초기 반응 속도는 증가할 것이다.

① ㄱ ② ㄷ ③ ㄱ, ㄷ
④ ㄴ, ㄷ ⑤ ㄱ, ㄴ, ㄷ

생명 시스템에서 정보의 흐름

핵심 짚기
- 유전자와 단백질
- 유전정보의 흐름과 단백질합성

A 유전자와 단백질

1 유전자와 단백질

① 유전자[1]: 생물의*형질을 결정하는 유전정보는 세포 핵 속의 DNA에 저장되어 있다.
➡ 유전자는 유전정보가 저장된 DNA의 특정 부위이다.

② 각 유전자에는 특정 단백질에 관한 정보가 저장되어 있다. ➡ 유전정보에 따라 다양한 단백질이 합성된다.

| 유전자와 단백질의 관계 |

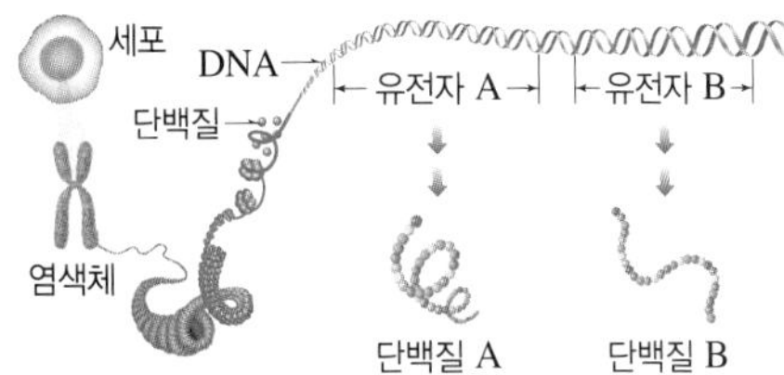

- 핵이 있는 세포에서 DNA는 단백질과 결합한 상태로 핵 속에 있으며, 세포분열이 일어날 때 응축된 염색체로 나타난다.
- 염색체를 이루는 하나의 DNA에는 수많은 유전자가 있다.
- DNA에 저장된 유전정보로부터 단백질이 만들어진다.

2 유전형질이 나타나는 과정

유전자에 저장된 유전정보에 따라 합성된 단백질의 작용으로 유전형질이 나타난다.

| 유전자, 단백질, 형질의 관계 |

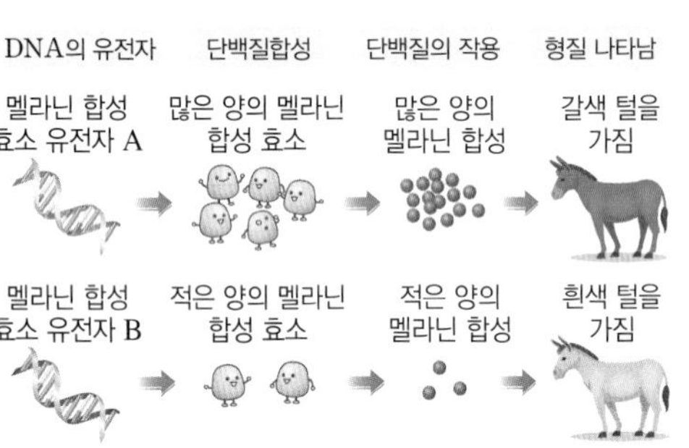

- 유전자의 유전정보에 따라*멜라닌 합성 효소가 합성되고, 이 효소의 작용으로 멜라닌이 합성되어 당나귀의 털색이 나타난다. ➡ 단백질에 대한 정보는 유전자에 저장되어 있다.
- 유전자가 다르면 합성되는 단백질에 차이가 생겨 형질이 다르게 나타난다.

3 유전자 이상과 유전병[2]

유전자에 이상이 생기면 효소가 결핍되거나 세포를 구성하는 단백질이 정상적으로 만들어지지 않아 유전병이 나타날 수 있다. 여기서 잠깐 158쪽

B 세포에서 유전정보의 흐름

1 생명중심원리

세포에서 이루어지는 유전정보의 흐름을 설명하는 원리로, 유전정보는 DNA에서 RNA를 거쳐 단백질로 전달된다.

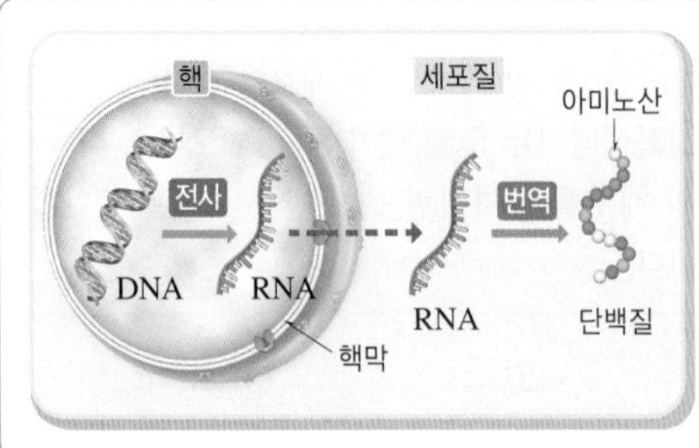

- 유전정보의 흐름

DNA ➡ RNA ➡ 단백질

- 전사: DNA의 유전정보가 RNA로 전달되는 과정으로, 핵 속에서 일어난다.
- 번역: RNA의 유전정보에 따라 단백질이 합성되는 과정으로, 세포질의 라이보솜에서 일어난다.

Plus 강의

❶ 유전자
유전자는 DNA에서 유전정보가 저장되어 있는 특정 염기서열로, 단백질이나 RNA를 만들 수 있는 단위를 말한다.

❷ 유전병
유전병은 염색체나 유전자의 이상으로 발생하는 질병이다. 유전자 이상은 유전자를 구성하는 DNA의 염기서열에 이상이 생기는 것을 말한다.
예 백색증, 낫모양적혈구빈혈증

용어 돋보기

* 형질(形 형상, 質 바탕)_눈동자 색, 피부색, 혈액형, 털색, 꽃 색, 열매 모양 등과 같이 생물이 나타내는 특성
* 멜라닌_동물의 조직에 있는 흑갈색의 색소로, 멜라닌의 양에 따라 털색, 피부색 등이 결정됨

2 유전정보의 저장과 유전부호

① 유전정보는 유전자를 이루는 DNA 염기서열에 저장되어 있다. ➡ 4종류의 염기 아데닌(A), 구아닌(G), 사이토신(C), 타이민(T)의 배열 순서에 따라 유전정보가 달라진다.

② 유전부호: 3개의 염기조합으로, 유전부호는 DNA의 염기서열과 단백질의 아미노산서열을 연결한다.❸

3염기조합	DNA에서 하나의 아미노산을 지정하는 부호가 되는 연속된 3개의 염기
코돈	RNA에서 하나의 아미노산을 지정하는 부호가 되는 연속된 3개의 염기 ➡ 총 64종류가 있다.

③ 유전부호 체계의 공통성: 지구상의 모든 생명체는 동일한 유전부호 체계를 사용한다. ➡ 모든 생명체는 공통조상으로부터 진화하였음을 의미한다.

3 유전정보의 전달과 단백질합성 여기서 잠깐 158쪽

① 전사: DNA의 유전정보가 RNA로 전달되는 과정으로, DNA 이중나선 중 한쪽 가닥을 틀로 하여 DNA의 염기에 상보적인 염기를 가진 RNA 뉴클레오타이드가 결합한다.❹ ➡ 틀이 되는 DNA 가닥과 상보적인 염기서열을 갖는 RNA가 합성된다.

② 번역: RNA의 코돈에 따라 단백질이 합성되는 과정으로, 전사된 RNA가 라이보솜과 결합한 후 RNA의 코돈이 지정하는 아미노산이 펩타이드결합에 의해 순서대로 연결되어 단백질이 합성된다.

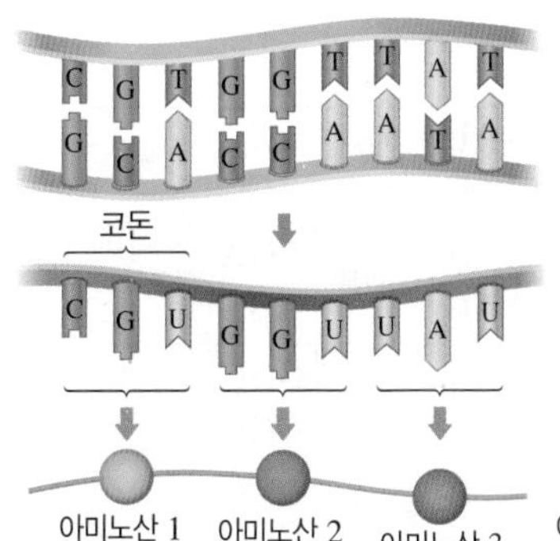

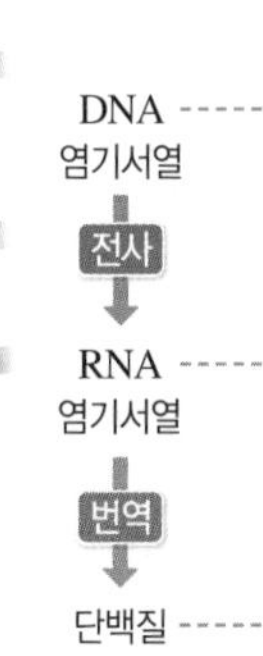

DNA의 이중나선 중 한쪽 가닥이 전사에 이용된다.

전사에 이용된 DNA 가닥과 상보적이다. RNA의 유전부호인 코돈은 연속된 3개의 염기로 이루어지며, 총 64종류이다.

RNA의 코돈에 따라 아미노산이 순서대로 결합하여 폴리펩타이드가 합성된 후, 구부러지고 접혀 입체 구조를 갖는 단백질이 된다.

❸ 유전부호를 이루는 염기의 수

DNA를 구성하는 염기는 4종류이고, 아미노산은 20종류이므로 염기 3개를 조합하면 64종류의 유전부호가 만들어져 20종류의 아미노산을 모두 지정할 수 있다.

염기 1개 ➡ $4^1=4$종류
염기 2개 ➡ $4^2=16$종류
염기 3개 ➡ $4^3=64$종류
20종류의 아미노산 모두 지정

❹ 전사와 RNA의 염기

RNA에는 염기 T 대신 U이 있으므로 DNA의 염기 A은 RNA의 염기 U로 전사된다.

DNA 염기	A	G	C	T
전사 ↓	↓	↓	↓	↓
RNA 염기	U	C	G	A

▲ 염기의 상보 관계

정답과 해설 39쪽

1 유전자에 대한 설명으로 옳은 것은 ○, 옳지 않은 것은 ×로 표시하시오.

(1) 유전자는 DNA의 특정 부위에 있다. ( )
(2) 단백질은 유전자의 유전정보에 따라 합성된다. ( )
(3) 유전자에 이상이 생기면 유전병이 나타날 수 있다. ( )

2 그림은 동물 세포에서 일어나는 유전정보의 흐름을 나타낸 것이다.

과정 A와 B를 각각 무엇이라고 하는지 쓰시오.

3 유전부호에 대한 설명으로 옳은 것은 ○, 옳지 않은 것은 ×로 표시하시오.

(1) 코돈은 DNA의 3개의 염기조합이며, 64종류가 있다. ( )
(2) 생물종마다 유전부호 체계가 다르다. ( )

암기 꼭!

생명중심원리에 따른 유전정보의 흐름

DNA $\xrightarrow{\text{전사}}$ RNA $\xrightarrow{\text{번역}}$ 단백질

DNA는 설계도에,
RNA는 복사본에,
단백질은 완성품에
비유할 수 있다.

여기서 잠깐 유전정보의 전달과 단백질 합성

정답과 해설 39쪽

DNA로부터 단백질이 합성되기까지 전사가 일어나고 유전부호가 번역되는 원리와 과정을 한눈에 살펴볼까요?

◎ 유전정보의 전사와 번역

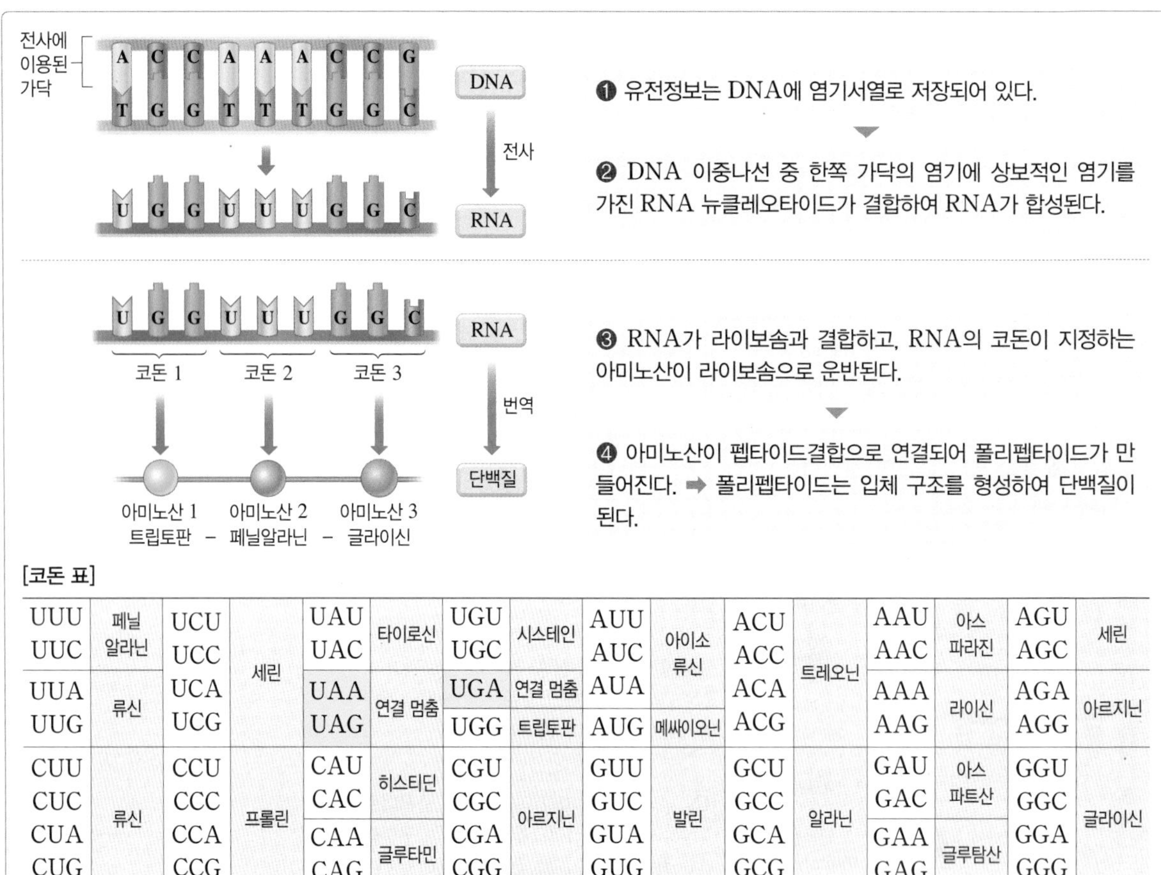

[코돈 표]

UUU	페닐알라닌	UCU	세린	UAU	타이로신	UGU	시스테인	AUU	아이소류신	ACU	트레오닌	AAU	아스파라진	AGU	세린
UUC		UCC		UAC		UGC		AUC		ACC		AAC		AGC	
UUA	류신	UCA		UAA	연결 멈춤	UGA	연결 멈춤	AUA		ACA		AAA	라이신	AGA	아르지닌
UUG		UCG		UAG		UGG	트립토판	AUG	메싸이오닌	ACG		AAG		AGG	
CUU	류신	CCU	프롤린	CAU	히스티딘	CGU	아르지닌	GUU	발린	GCU	알라닌	GAU	아스파트산	GGU	글라이신
CUC		CCC		CAC		CGC		GUC		GCC		GAC		GGC	
CUA		CCA		CAA	글루타민	CGA		GUA		GCA		GAA	글루탐산	GGA	
CUG		CCG		CAG		CGG		GUG		GCG		GAG		GGG	

Q 1 전사에 이용된 DNA 가닥의 염기서열이 AAAGCTCGGGAA일 때, 이로부터 전사된 RNA 가닥의 염기서열과 번역되어 만들어진 폴리펩타이드의 아미노산서열을 각각 쓰시오. (단, RNA에서 왼쪽 첫 번째 염기부터 번역된다.)

◎ 유전자 이상으로 유전병이 발생하는 원리

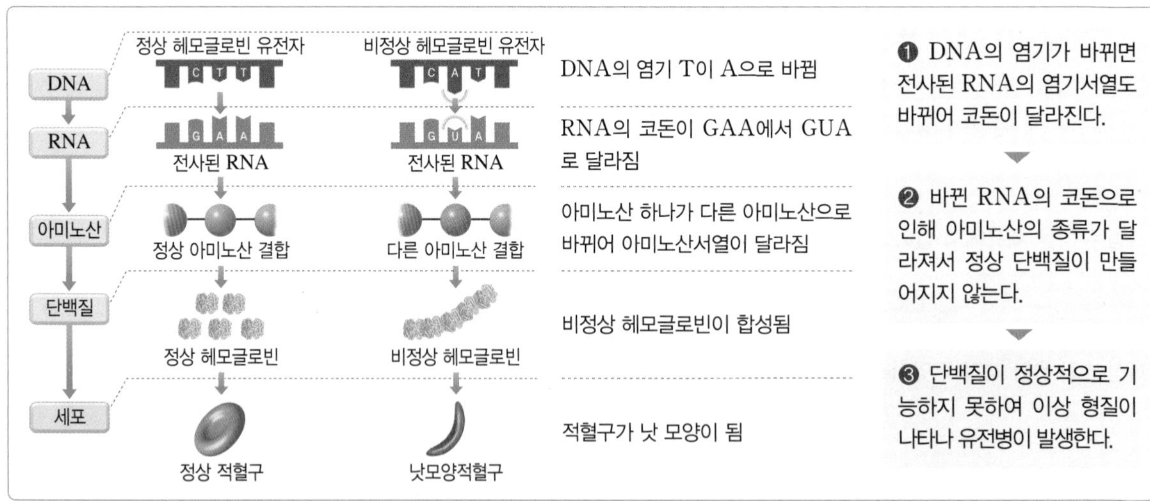

Q 2 유전정보가 저장되어 있는 유전자의 DNA 염기서열이 바뀌면 유전병이 발생하는 까닭은 무엇인가?

중간·기말 고사에 출제될 확률이 높은 문항들로 구성하여, 내신에 완벽 대비할 수 있도록 하였습니다.

정답과 해설 40쪽

A 유전자와 단백질

01 유전자와 단백질에 대한 설명으로 옳지 않은 것은?

① 유전자는 DNA의 특정 부위에 있다.
② 생물의 유전자 수는 DNA 수와 일치한다.
③ 각 유전자에는 특정 단백질에 대한 정보가 저장되어 있다.
④ 형질을 결정하는 유전정보는 DNA의 염기서열에 저장된다.
⑤ 효소의 유전자에 이상이 생기면 그 효소가 관여하는 물질대사에 이상이 생길 수 있다.

[02~03] 그림은 세포 내에서 유전정보를 저장하고 있는 물질의 구조를 나타낸 것이다. ㉢은 유전정보가 저장되어 있는 부위이다.

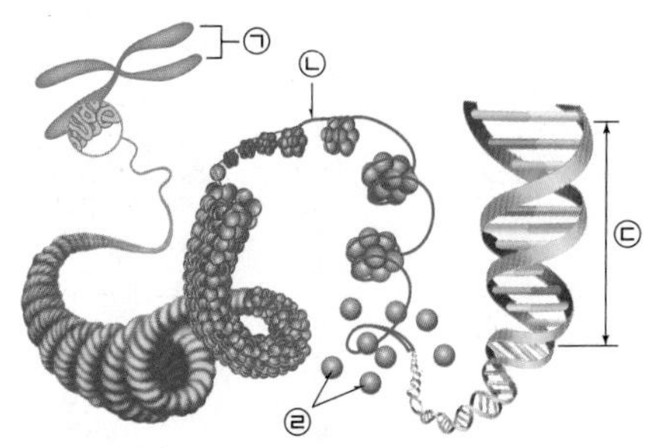

02 ㉠~㉢의 이름을 각각 쓰시오.

중요
03 이에 대한 설명으로 옳은 것만을 [보기]에서 있는 대로 고른 것은?

보기
ㄱ. 세포가 분열할 때 ㉠을 관찰할 수 있다.
ㄴ. ㉡을 구성하는 염기에는 유라실(U)이 있다.
ㄷ. ㉣의 기본 단위체는 뉴클레오타이드이다.

① ㄱ ② ㄴ ③ ㄱ, ㄴ
④ ㄱ, ㄷ ⑤ ㄴ, ㄷ

04 그림은 당나귀에서 털색 형질이 나타나기까지의 과정을 나타낸 것이다.

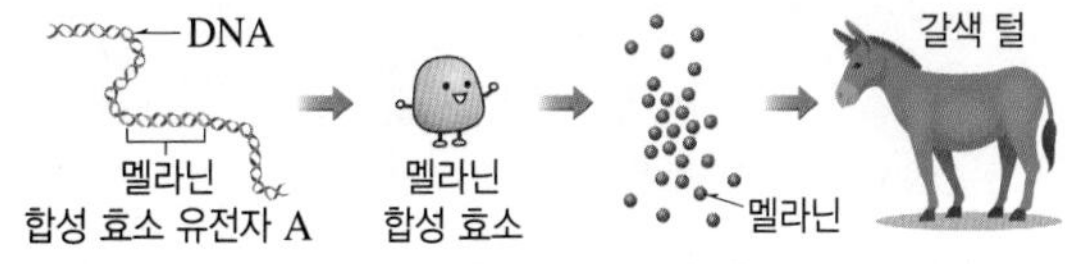

이에 대한 설명으로 옳은 것만을 [보기]에서 있는 대로 고른 것은?

보기
ㄱ. A에는 멜라닌에 대한 유전정보가 있다.
ㄴ. 유전자에 저장된 유전정보에 따라 단백질이 합성되고, 단백질에 의해 형질이 나타난다.
ㄷ. A에 이상이 생기면 멜라닌 합성 효소가 정상적으로 합성되지 않을 수 있다.

① ㄱ ② ㄷ ③ ㄱ, ㄴ
④ ㄴ, ㄷ ⑤ ㄱ, ㄴ, ㄷ

B 세포에서 유전정보의 흐름

중요
05 그림은 동물 세포에서의 유전정보 흐름을 나타낸 것이다.

이에 대한 설명으로 옳은 것만을 [보기]에서 있는 대로 고른 것은?

보기
ㄱ. (가)는 전사이고, (나)는 번역이다.
ㄴ. (가)와 (나)는 모두 핵 속에서 일어난다.
ㄷ. (나) 과정에서 폴리뉴클레오타이드가 형성된다.

① ㄱ ② ㄴ ③ ㄱ, ㄷ
④ ㄴ, ㄷ ⑤ ㄱ, ㄴ, ㄷ

06 유전부호에 대한 설명으로 옳은 것만을 있는 대로 고른 것은?

보기
ㄱ. DNA에서 하나의 아미노산을 지정하는 연속된 3개의 염기조합을 코돈이라고 한다.
ㄴ. RNA의 유전부호는 총 64종류가 있다.
ㄷ. 한 종류의 아미노산을 지정하는 코돈은 한 종류이다.

① ㄱ ② ㄴ ③ ㄱ, ㄷ
④ ㄴ, ㄷ ⑤ ㄱ, ㄴ, ㄷ

07 그림은 사람의 인슐린 유전자를 대장균에 넣어 대장균에서 인슐린 단백질을 생산하는 과정을 나타낸 것이다.

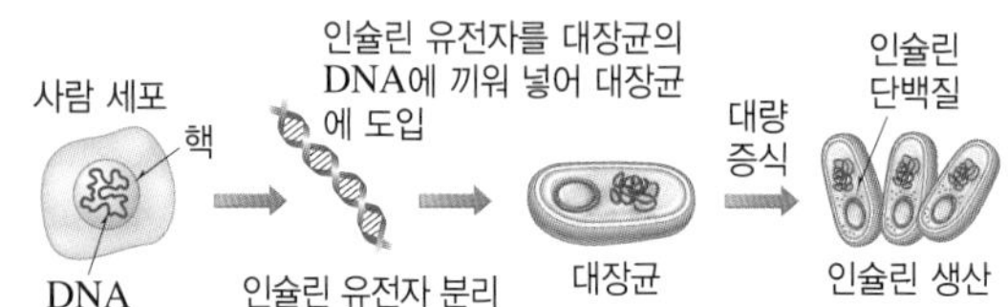

이에 대한 설명으로 옳은 것만을 [보기]에서 있는 대로 고른 것은?

보기
ㄱ. 사람과 대장균은 유전부호 체계가 같다.
ㄴ. 대장균에서 사람 인슐린 유전자의 전사와 번역이 일어난다.
ㄷ. 대장균에서 생산한 인슐린 단백질과 사람의 세포에서 생산한 인슐린 단백질은 아미노산서열이 다르다.

① ㄱ ② ㄷ ③ ㄱ, ㄴ
④ ㄴ, ㄷ ⑤ ㄱ, ㄴ, ㄷ

서술형

08 폴리펩타이드 X는 125개의 아미노산으로 이루어져 있다. 이 폴리펩타이드 X의 유전정보를 저장하고 있는 DNA로부터 전사된 RNA의 최소 염기 개수를 구하는 과정을 서술하시오.

서술형

09 그림은 어떤 이중나선 DNA의 염기서열 일부와 이로부터 전사된 RNA의 염기서열을 나타낸 것이다.

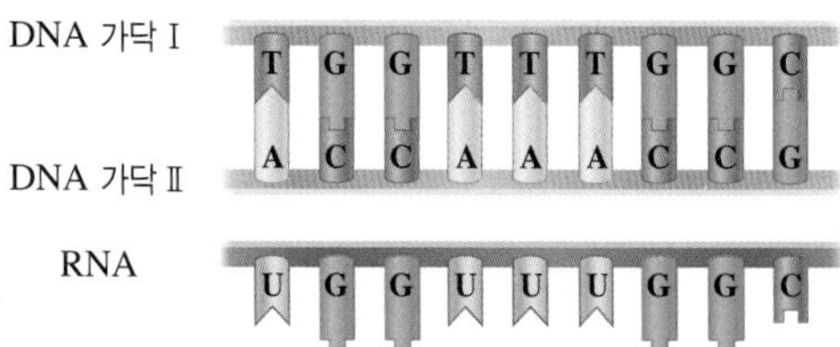

DNA 가닥 Ⅰ과 Ⅱ 중 전사에 이용된 가닥은 어느 것인지 쓰고, 그렇게 판단한 근거를 서술하시오.

중요

10 그림은 유전정보의 흐름을 나타낸 것이다.

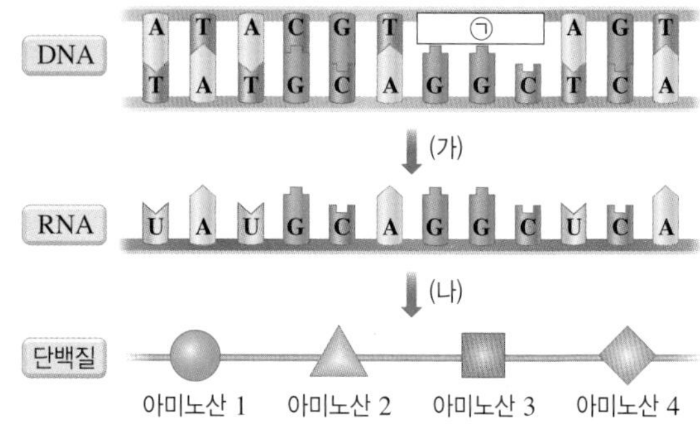

이에 대한 설명으로 옳은 것만을 [보기]에서 있는 대로 고른 것은? (단, RNA의 왼쪽 첫 번째 염기부터 번역된다.)

보기
ㄱ. ㉠의 염기서열은 CCG이다.
ㄴ. 아미노산 2를 지정하는 코돈은 GCA이다.
ㄷ. 라이보솜에서 (가) 과정이 일어난다.

① ㄱ ② ㄷ ③ ㄱ, ㄴ
④ ㄴ, ㄷ ⑤ ㄱ, ㄴ, ㄷ

11 그림은 헤모글로빈 유전자를 구성하는 염기 1개가 바뀌어 낫모양적혈구가 생기는 과정을 나타낸 것이다.

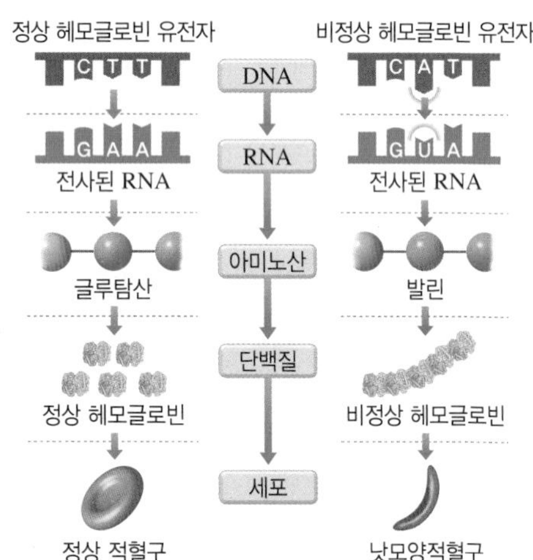

이에 대한 설명으로 옳은 것만을 [보기]에서 있는 대로 고른 것은? (단, 제시되지 않은 나머지 염기서열과 아미노산서열은 모두 정상과 같다.)

보기
ㄱ. CTT는 글루탐산을 지정하는 코돈이다.
ㄴ. 비정상 헤모글로빈을 구성하는 아미노산 개수는 정상 헤모글로빈과 같다.
ㄷ. DNA의 염기 1개만 바뀌어도 비정상 단백질이 만들어질 수 있다.

① ㄱ ② ㄷ ③ ㄱ, ㄴ
④ ㄴ, ㄷ ⑤ ㄱ, ㄴ, ㄷ

내신 탄탄보다는 조금 수준이 높은 유형의 문제들로 구성하였습니다.
자신의 실력을 한 단계 높여 보세요.

정답과 해설 40쪽

01 그림 (가)는 동물 세포의 구조를, (나)는 세포에서의 유전 정보 흐름을 나타낸 것이다. A~C는 각각 핵, 골지체, 라이보솜 중 하나이다.

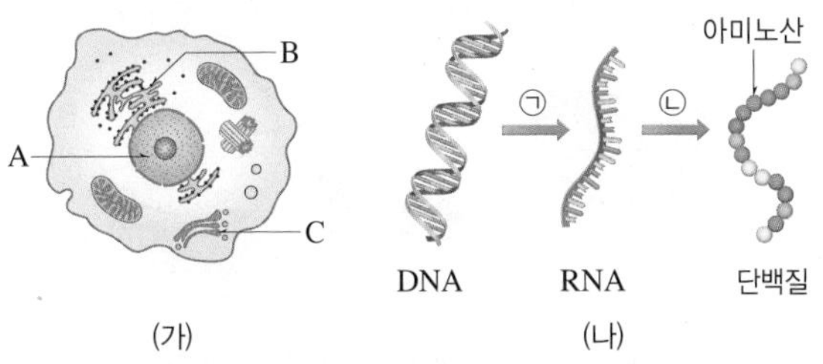

(가) (나)

이에 대한 설명으로 옳은 것만을 [보기]에서 있는 대로 고른 것은?

보기
ㄱ. A에서 ㉠ 과정이 일어난다.
ㄴ. B는 ㉡ 과정에서 펩타이드결합이 형성되는 데 관여한다.
ㄷ. C는 ㉡ 과정을 거쳐 합성된 단백질을 세포 밖으로 분비한다.

① ㄱ ② ㄴ ③ ㄱ, ㄷ
④ ㄴ, ㄷ ⑤ ㄱ, ㄴ, ㄷ

02 그림은 유전정보의 전달과 단백질합성 과정을 나타낸 것이다.

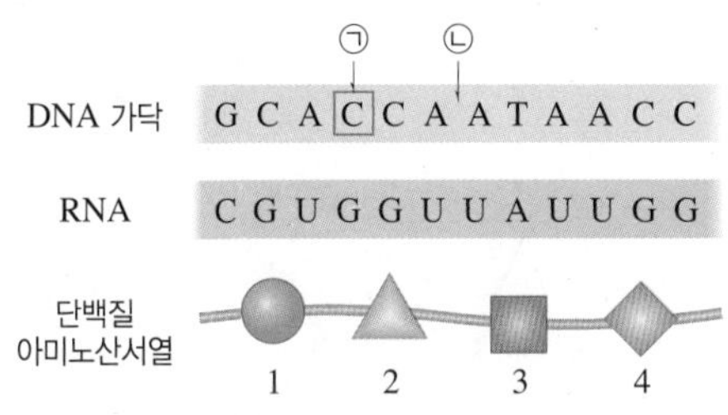

이에 대한 설명으로 옳은 것만을 [보기]에서 있는 대로 고른 것은? (단, RNA의 왼쪽 첫 번째 염기부터 번역된다.)

보기
ㄱ. 아미노산 3을 지정하는 코돈은 ATA이다.
ㄴ. ㉠ 부분의 염기 C이 T으로 바뀌면 아미노산 3이 다른 아미노산으로 바뀐다.
ㄷ. ㉡ 부분에 염기 G이 삽입되면 네 번째 코돈이 UUG로 바뀐다.

① ㄱ ② ㄷ ③ ㄱ, ㄴ
④ ㄴ, ㄷ ⑤ ㄱ, ㄴ, ㄷ

03 표는 100개의 염기쌍으로 이루어진 이중나선 DNA X와 이 중 한 가닥으로부터 전사된 RNA Y의 염기 조성을 나타낸 것이다. (가)~(다)는 각각 X_1, X_2, Y 중 하나이며, X_1과 X_2는 X를 이루는 두 가닥이다.

가닥	염기 조성(개)					
	A	G	T	C	U	계
(가)	23	31	19	27	0	100
(나)	㉠	㉡	23	31	?	100
(다)	㉢	31	0	㉣	19	100

이에 대한 설명으로 옳은 것만을 [보기]에서 있는 대로 고른 것은?

보기
ㄱ. 전사에 이용된 DNA 가닥은 (가)이다.
ㄴ. (나)는 디옥시라이보스를 갖는다.
ㄷ. $\frac{㉠+㉣}{㉡+㉢}$은 1보다 크다.

① ㄱ ② ㄴ ③ ㄱ, ㄷ
④ ㄴ, ㄷ ⑤ ㄱ, ㄴ, ㄷ

04 그림은 세포에서 일어나는 유전정보의 흐름을, 표는 코돈이 지정하는 아미노산을 나타낸 것이다.

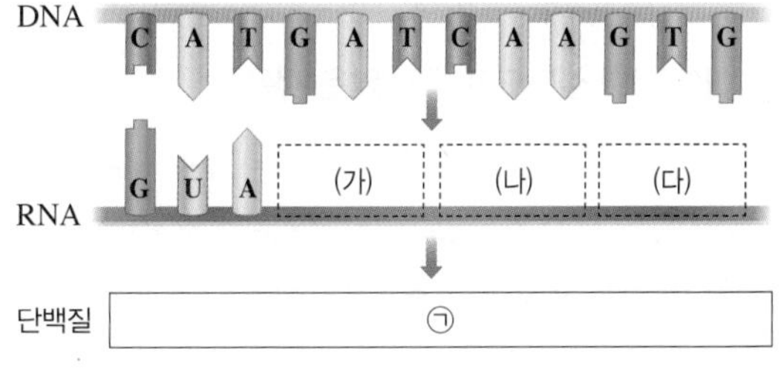

코돈	아미노산	코돈	아미노산
CUA	류신	GUU	발린
CAA	글루타민	GUA	
CAC	히스티딘	GGU	글라이신

이에 대한 설명으로 옳은 것만을 [보기]에서 있는 대로 고른 것은? (단, RNA의 왼쪽 첫 번째 염기부터 번역된다.)

보기
ㄱ. ㉠에는 4개의 펩타이드결합이 있다.
ㄴ. ㉠은 3종류의 아미노산으로 이루어져 있다.
ㄷ. DNA의 9번째 염기가 A에서 T으로 바뀌어도 형질이 나타나는 과정에는 영향을 주지 않는다.

① ㄱ ② ㄴ ③ ㄱ, ㄷ
④ ㄴ, ㄷ ⑤ ㄱ, ㄴ, ㄷ

중단원 정복

지금까지 학습한 내용을 마무리하여 자신의 실력을 평가할 수 있도록 구성하였습니다. | 난이도 ●●●

●○○

01 다음은 생명 시스템의 구성 단계를 나타낸 것이다.

(㉠) → 조직 → (㉡) → 개체

이에 대한 설명으로 옳은 것만을 [보기]에서 있는 대로 고른 것은?

보기
ㄱ. ㉠은 생명 시스템의 기본 단위이다.
ㄴ. ㉠에서는 여러 세포소기관이 상호작용 한다.
ㄷ. ㉡은 한 가지 조직으로 이루어진다.

① ㄱ ② ㄷ ③ ㄱ, ㄴ
④ ㄴ, ㄷ ⑤ ㄱ, ㄴ, ㄷ

●●○

02 그림 (가)와 (나)는 식물 세포와 동물 세포의 구조를 순서 없이 나타낸 것이다. A～E는 마이토콘드리아, 세포벽, 액포, 엽록체, 핵을 순서 없이 나타낸 것이다.

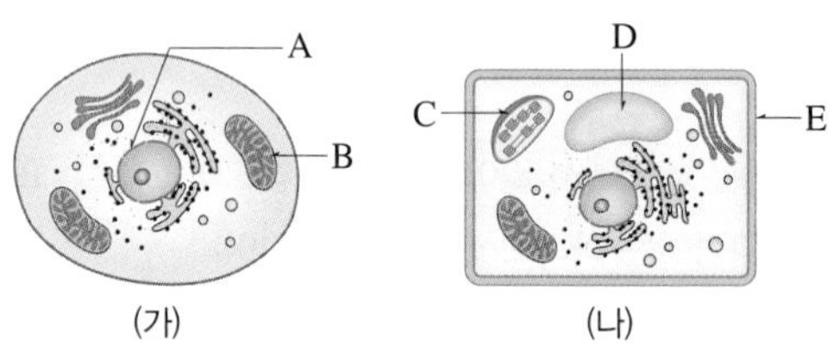

이에 대한 설명으로 옳지 않은 것은?

① (가)는 동물 세포이고, (나)는 식물 세포이다.
② A는 DNA가 있어 생명활동을 조절한다.
③ B에서는 이화작용이 일어나고, C에서는 동화작용이 일어난다.
④ D는 성숙한 세포일수록 크게 발달한다.
⑤ E는 세포 안팎으로의 물질 출입을 조절한다.

●○○

03 동물 세포에는 없고 식물 세포에는 있는 세포소기관을 [보기]에서 있는 대로 고른 것은?

보기
ㄱ. 엽록체 ㄴ. 골지체 ㄷ. 세포벽
ㄹ. 라이보솜 ㅁ. 마이토콘드리아

① ㄷ ② ㄱ, ㄷ ③ ㄹ, ㅁ
④ ㄱ, ㄴ, ㄹ ⑤ ㄱ, ㄷ, ㅁ

●●○

04 그림은 세포에서 단백질이 합성되어 세포 밖으로 분비되는 과정을 나타낸 것이다. A～C는 골지체, 라이보솜, 소포체를 순서 없이 나타낸 것이다.

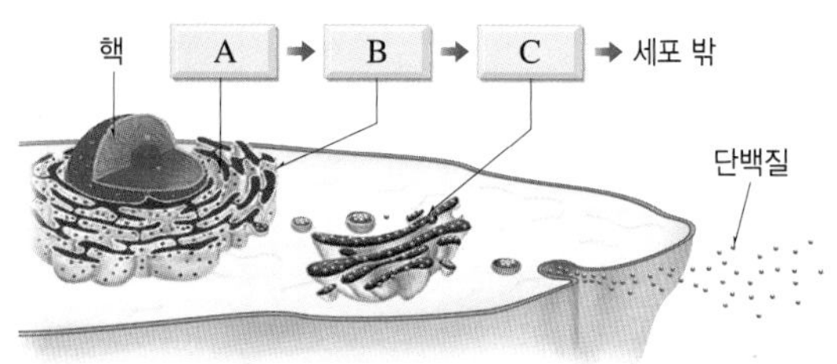

이에 대한 설명으로 옳은 것만을 [보기]에서 있는 대로 고른 것은?

보기
ㄱ. A에서 아미노산이 생성된다.
ㄴ. B는 소포체이다.
ㄷ. C에서 단백질이 세포 밖으로 운반될 때 막으로 싸여 이동한다.

① ㄱ ② ㄷ ③ ㄱ, ㄴ
④ ㄴ, ㄷ ⑤ ㄱ, ㄴ, ㄷ

●●●

05 그림은 물질 A～C가 세포막을 통해 이동하는 방식을 나타낸 것이다.

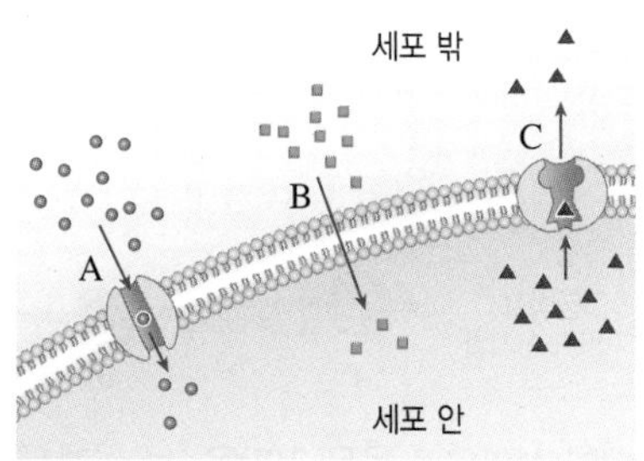

이에 대한 설명으로 옳은 것만을 [보기]에서 있는 대로 고른 것은? (단, 알갱이의 수는 물질의 농도를 나타낸다.)

보기
ㄱ. A는 막단백질을 통해 이동한다.
ㄴ. B는 세포 안팎의 농도 차가 클수록 단위 시간당 이동하는 양이 많아진다.
ㄷ. C의 이동에는 세포에서 에너지를 사용한다.

① ㄱ ② ㄷ ③ ㄱ, ㄴ
④ ㄴ, ㄷ ⑤ ㄱ, ㄴ, ㄷ

06 그림은 사람의 적혈구를 각각 생리식염수와 농도가 다른 소금물 A와 B에 넣고 일정 시간 동안 두었을 때의 모습을 나타낸 것이다.

[생리식염수에 넣었을 때]

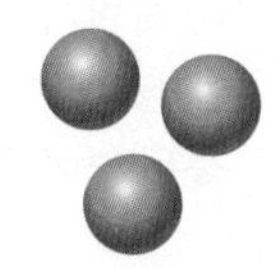
[A에 넣었을 때]

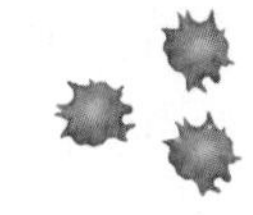
[B에 넣었을 때]

이에 대한 설명으로 옳은 것만을 [보기]에서 있는 대로 고른 것은?

보기
ㄱ. 소금물의 농도는 A<B이다.
ㄴ. A에 넣은 적혈구에서는 세포 밖으로 이동한 물의 양이 세포 안으로 이동한 물의 양보다 많다.
ㄷ. 생리식염수에 넣은 적혈구에서는 세포막 안팎으로 물이 이동하지 않는다.

① ㄱ ② ㄷ ③ ㄱ, ㄴ
④ ㄴ, ㄷ ⑤ ㄱ, ㄴ, ㄷ

07 그림 (가)와 (나)는 양파 표피 조각을 증류수와 20 % 설탕물에 넣고 현미경으로 관찰한 것을 순서 없이 나타낸 것이다.

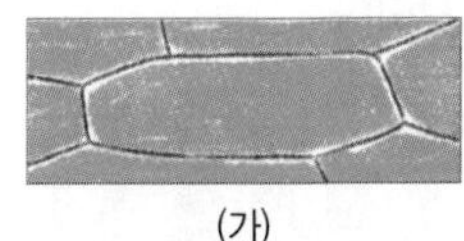
(가)

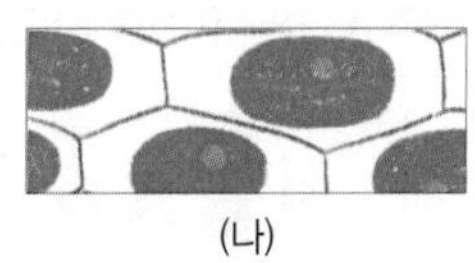
(나)

이에 대한 설명으로 옳은 것만을 [보기]에서 있는 대로 고른 것은?

보기
ㄱ. (가)의 세포에서는 세포 안에서 세포벽으로 미는 힘이 작용한다.
ㄴ. (나)에서 양파 표피세포의 세포질 부피는 처음보다 증가하였다.
ㄷ. (나)의 세포 변화는 삼투에 의한 설탕 분자의 이동으로 나타난다.

① ㄱ ② ㄷ ③ ㄱ, ㄴ
④ ㄴ, ㄷ ⑤ ㄱ, ㄴ, ㄷ

08 다음은 우리 몸에서 일어나는 여러 가지 생명 현상에 대한 설명이다.

- 소장에서는 밥 속의 ㉠녹말이 포도당으로 되고, ㉡포도당이 융털세포 안으로 이동한다.
- 폐에서는 호흡 과정에서 공기 중의 ㉢산소가 모세혈관으로 이동한다.
- 포도당과 산소는 조직세포로 운반되어 ㉣세포호흡에 사용되어 생명활동에 필요한 에너지를 생산한다.

이에 대한 설명으로 옳은 것을 모두 고르면? (2개)

① ㉠은 동화작용이다.
② ㉡은 세포막의 단백질을 통해 일어난다.
③ ㉢은 삼투에 의한 물질 이동의 예이다.
④ ㉣은 라이보솜에서 일어난다.
⑤ ㉠과 ㉣에 효소가 관여한다.

09 그림 (가)는 효소 X가 관여하는 반응을, (나)는 (가) 반응에서의 에너지 변화를 나타낸 것이다.

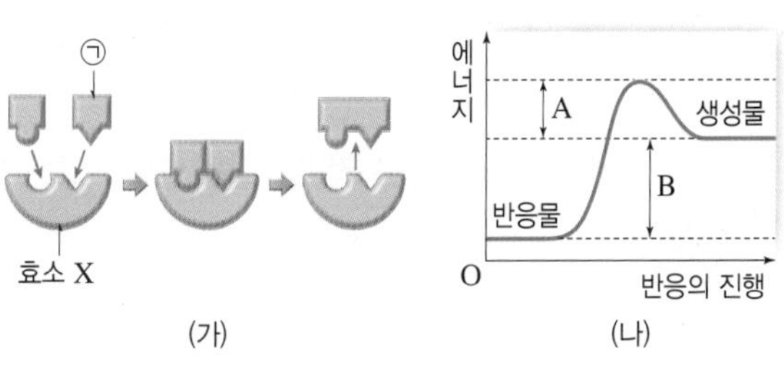

(가) (나)

이에 대한 설명으로 옳지 않은 것은?

① ㉠은 효소 X의 반응물이다.
② 효소 X는 동화작용에 관여한다.
③ (가) 반응이 일어날 때 에너지가 흡수된다.
④ (가) 반응의 활성화에너지는 A이다.
⑤ B의 값은 효소 X가 없어도 변하지 않는다.

●○○
10 다음은 과산화 수소가 분해되는 반응이다.

$$2H_2O_2 \xrightarrow{\text{카탈레이스}} 2H_2O + O_2$$

카탈레이스의 특징을 옳게 짝 지은 것은?

	카탈레이스	활성화에너지	반응 속도
①	생체촉매	높여 준다.	빠르게 한다.
②	생체촉매	높여 준다.	느리게 한다.
③	생체촉매	낮춰 준다.	빠르게 한다.
④	반응물	낮춰 준다.	빠르게 한다.
⑤	반응물	높여 준다.	느리게 한다.

●●●
11 그림 (가)는 효소의 작용을, (나)는 이 효소에 의한 반응이 진행될 때 물질 ㉠~㉢의 농도 변화를 나타낸 것이다. ㉠~㉢은 각각 A~C 중 하나이다.

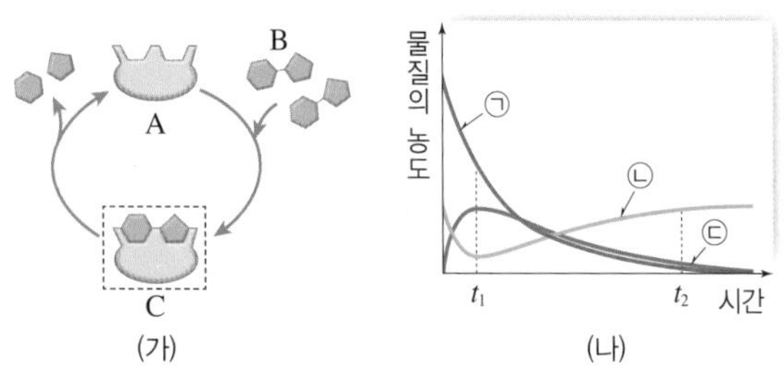

(가) (나)

이에 대한 설명으로 옳은 것만을 [보기]에서 있는 대로 고른 것은?

보기
ㄱ. ㉡은 C이다.
ㄴ. 반응의 활성화에너지는 t_1일 때가 t_2일 때보다 낮다.
ㄷ. 단위 시간당 생성되는 생성물의 양은 t_1일 때가 t_2일 때보다 많다.

① ㄱ ② ㄷ ③ ㄱ, ㄴ
④ ㄴ, ㄷ ⑤ ㄱ, ㄴ, ㄷ

●○○
12 효소를 활용하는 예로 옳은 것만을 [보기]에서 있는 대로 고른 것은?

보기
ㄱ. 감자를 반으로 잘라서 찌면 더 빨리 익는다.
ㄴ. 고기에 배즙을 넣어 고기를 연하게 만든다.
ㄷ. 밥에 엿기름물을 넣어 삭혀 식혜를 만든다.

① ㄱ ② ㄷ ③ ㄱ, ㄴ
④ ㄴ, ㄷ ⑤ ㄱ, ㄴ, ㄷ

●●○
13 유전부호에 대한 설명으로 옳지 않은 것을 모두 고르면? (2개)

① 유전부호는 생물종마다 다르다.
② 코돈은 총 64종류가 있다.
③ 3염기조합은 DNA에서 하나의 아미노산을 지정하는 연속된 3개의 염기이다.
④ 한 종류의 코돈은 하나의 아미노산을 지정한다.
⑤ 전사에 이용된 DNA 가닥의 염기서열은 이로부터 전사된 RNA 가닥의 염기서열과 같다.

●●○
14 그림은 이중나선 DNA를 구성하는 두 가닥 중 전사에 이용된 가닥 (가)의 염기서열과 이 가닥으로부터 전사된 RNA 가닥 (나)를 나타낸 것이다.

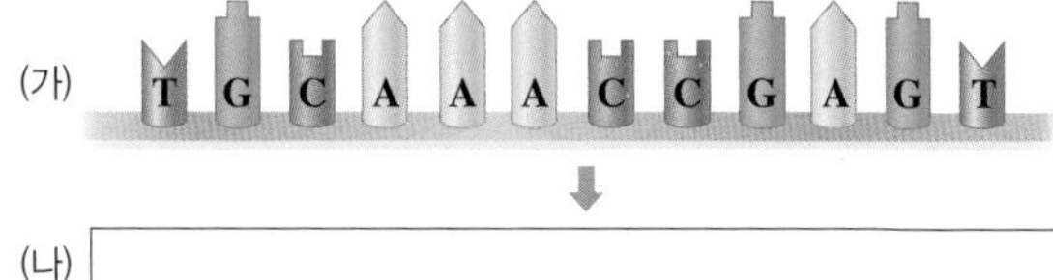

이에 대한 설명으로 옳은 것만을 [보기]에서 있는 대로 고른 것은?

보기
ㄱ. (가)와 (나)를 구성하는 당의 종류는 같다.
ㄴ. (나)의 염기서열은 ACGUUUGGCUCA이다.
ㄷ. (나)가 번역되면 최대 4개의 아미노산이 결합한 폴리펩타이드가 만들어진다.

① ㄱ ② ㄷ ③ ㄱ, ㄴ
④ ㄴ, ㄷ ⑤ ㄱ, ㄴ, ㄷ

●●○

15 그림은 동물 세포 내에서 일어나는 유전정보의 흐름을 나타낸 것이다.

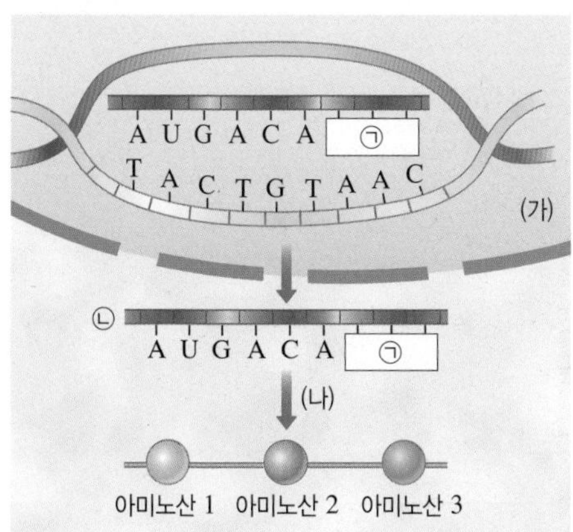

이에 대한 설명으로 옳지 않은 것은? (단, RNA의 왼쪽 첫 번째 염기부터 번역된다.)

① (가)는 핵의 내부이다.
② (나) 과정은 라이보솜에서 일어난다.
③ ㉠의 염기서열은 TTG이다.
④ ㉡은 DNA로부터 전사된 RNA 가닥이다.
⑤ 아미노산 2를 지정하는 코돈은 ACA이다.

●●●

16 다음은 정상 유전자와 이 유전자에 이상이 생긴 비정상 유전자 (가), (나)에서 전사된 RNA의 염기서열과 이에 대응하는 아미노산서열을 나타낸 것이다.

정상	RNA : – C C U G A A G A G – 아미노산 : – 프롤린 – 글루탐산 – 글루탐산 –
(가)	RNA : – C C U G U A G A G – 아미노산 : – 프롤린 – 발린 – 글루탐산 –
(나)	RNA : – C C U G A G G A G – 아미노산 : – 프롤린 – 글루탐산 – 글루탐산 –

이에 대한 설명으로 옳은 것만을 [보기]에서 있는 대로 고른 것은? (단, 제시되지 않은 나머지 염기서열과 아미노산서열은 모두 정상과 같다.)

보기
ㄱ. GAA와 GAG는 같은 아미노산을 지정한다.
ㄴ. (가)로부터 만들어진 단백질의 아미노산 개수는 정상 단백질과 같다.
ㄷ. (나)로부터 만들어진 단백질은 유전자 이상으로 인한 유전병 증상이 나타난다.

① ㄱ ② ㄴ ③ ㄷ
④ ㄱ, ㄴ ⑤ ㄴ, ㄷ

서술형 문제

●●●

17 세포막과 같이 선택적 투과가 가능한 막을 통한 물질의 이동을 알아보기 위해 그림과 같이 장치하고, 일정 시간이 지난 후 유리관 속의 설탕 용액의 높이를 관찰하였더니 처음보다 상승하였다. 물 분자는 이 막을 통과하지만 설탕 분자는 통과하지 못하며, A와 B의 설탕 농도는 다르다.

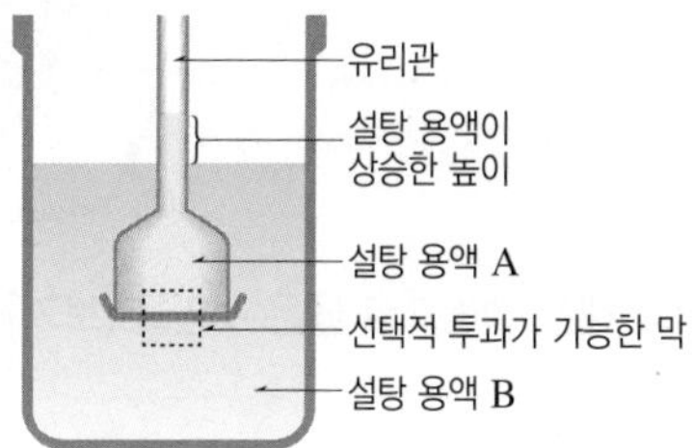

(1) 유리관 속의 설탕 용액의 높이가 상승한 까닭을 막을 통한 물질 이동과 관련지어 서술하시오.

(2) 시간이 지나면서 유리관 속의 설탕 용액 A의 농도는 처음과 비교하여 어떻게 변하는지 서술하시오.

●●○

18 다음은 효소의 작용을 알아보기 위한 실험이다.

(가) 시험관 A, B에 3 % 과산화 수소수를 같은 양씩 넣은 후, A는 그대로 두고 B에는 ㉠감자즙을 넣었더니 B에서만 기포가 발생하였다.
(나) 기포 발생이 끝난 후 A와 B에 3 % 과산화 수소수를 더 첨가하였더니 B에서만 다시 기포가 발생하였다.

(가)에서 과산화 수소의 분해와 관련된 ㉠에 들어 있는 효소의 이름을 쓰고, (나)로부터 알 수 있는 효소의 특성을 서술하시오.

●●●

19 DNA의 유전자가 형질로 나타나는 과정을 서술하시오.

수능 기출 문제 또는 변형된 문제로 수능을 미리 경험해 볼 수 있도록 구성하였습니다. | 정답과 해설 42쪽

| 2024학년도 수능 생명과학Ⅱ 1번 변형 |

01 그림은 동물 세포의 구조를 나타낸 것이다. A~C는 라이보솜, 마이토콘드리아, 핵을 순서 없이 나타낸 것이다.

144쪽

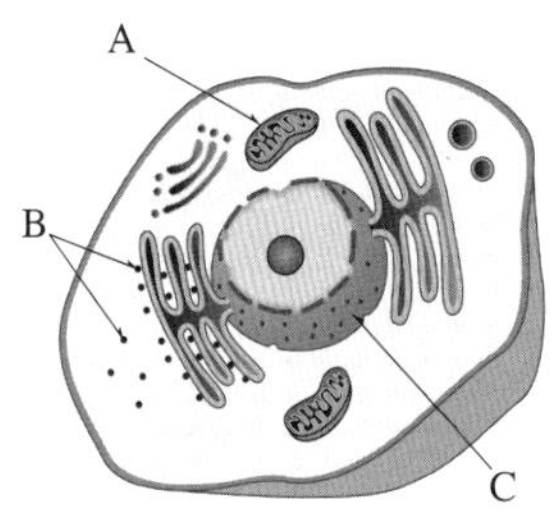

이에 대한 설명으로 옳은 것만을 [보기]에서 있는 대로 고른 것은?

보기
ㄱ. A는 마이토콘드리아이다.
ㄴ. B는 막으로 둘러싸여 있다.
ㄷ. C는 유전물질을 갖는다.

① ㄱ ② ㄴ ③ ㄷ ④ ㄱ, ㄷ ⑤ ㄴ, ㄷ

| 2024학년도 9월 모평 생명과학Ⅱ 4번 변형 |

02 표는 세포막을 통한 물질 이동 방식에서 특징의 유무를 나타낸 것이다. Ⅰ과 Ⅱ는 인지질 2중층을 통한 확산과 삼투를 순서 없이 나타낸 것이다.

개념 Link 145쪽

이동 방식 \ 특징	고농도에서 저농도로 용질이 이동함	㉠
Ⅰ	×	○
Ⅱ	○	○
막단백질을 통한 확산	ⓐ	○

(○: 있음 ×: 없음)

이에 대한 설명으로 옳은 것만을 〈보기〉에서 있는대로 고른 것은?

보기
ㄱ. Ⅰ은 인지질 2중층을 통한 확산이다.
ㄴ. ⓐ는 '×'이다.
ㄷ. '세포에서 에너지를 사용하지 않음'은 ㉠에 해당한다.

① ㄱ ② ㄴ ③ ㄷ ④ ㄱ, ㄴ ⑤ ㄴ, ㄷ

| 2023학년도 9월 모평 생명과학Ⅱ 3번 |

03 **다음은 효소 E의 작용에 관한 실험이다.**

개념 Link 147쪽

• E는 기질 A가 생성물 B로 전환되는 반응을 촉매한다.

[실험 과정 및 결과]

(가) E의 농도가 표와 같은 시험관 Ⅰ과 Ⅱ를 준비한다.

(나) (가)의 Ⅰ과 Ⅱ에 같은 양의 A를 넣고 시간에 따른 B의 농도를 측정한 결과는 그림과 같다. ㉠과 ㉡은 각각 Ⅰ과 Ⅱ에서의 측정 결과 중 하나이다.

시험관	Ⅰ	Ⅱ
E의 농도 (상댓값)	1	2

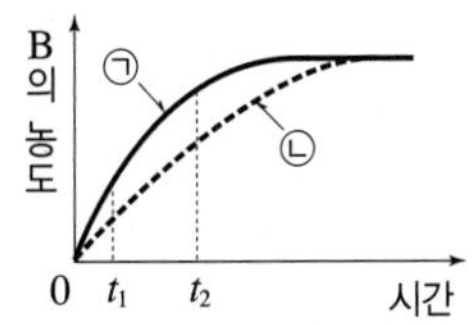

이에 대한 설명으로 옳은 것만을 [보기]에서 있는 대로 고른 것은? (단, 제시된 조건 이외의 다른 조건은 동일하다.)

보기

ㄱ. ㉠은 Ⅱ에서의 측정 결과이다.

ㄴ. t_1일 때 E에 의한 반응 속도는 Ⅰ에서가 Ⅱ에서보다 빠르다.

ㄷ. Ⅰ에서 E에 의한 반응의 활성화에너지는 t_1일 때가 t_2일 때보다 크다.

① ㄱ ② ㄷ ③ ㄱ, ㄴ ④ ㄴ, ㄷ ⑤ ㄱ, ㄴ, ㄷ

| 2024학년도 9월 모평 생명과학Ⅱ 18번 변형 |

04 **다음은 어떤 생물의 유전자 x와 이 유전자에 이상이 생긴 비정상 유전자 y의 발현에 대한 자료이다.**

개념 Link 158쪽

• x와 y로부터 각각 폴리펩타이드 X와 Y가 합성된다.

• x의 DNA 이중나선 중 전사에 이용된 가닥의 염기서열은 다음과 같다.

GACTACCACTGGACCAACTAAATTACA

• y는 x의 전사에 이용된 가닥에서 ㉠1개의 염기가 없어진 것이다.

• Y는 3종류의 아미노산으로 구성되고, 1개의 프롤린을 가진다.

• X와 Y는 모두 AUG에서 번역이 시작되며, X와 Y는 각각 UAA, UAG, UGA 중 1개의 코돈에서 번역이 멈춘다. 표는 유전부호 일부를 나타낸 것이다.

UUU	페닐알라닌	AUU	아이소류신	CCU	프롤린	UAA	연결 멈춤
UUC		AUC		CCC		UAG	연결 멈춤
UUA	류신	AUA		CCA		UGA	연결 멈춤
UUG		AUG	메싸이오닌	CCG		UGG	트립토판
CUU	류신	GUU	발린	ACU	트레오닌	GGU	글라이신
CUC		GUC		ACC		GGC	
CUA		GUA		ACA		GGA	
CUG		GUG		ACG		GGG	

이에 대한 설명으로 옳은 것만을 〈보기〉에서 있는 대로 고른 것은? (단, 제시된 유전자 이상 이외의 핵산의 염기서열 변화는 고려하지 않는다.)

보기

ㄱ. X는 6개의 아미노산으로 구성된다.

ㄴ. ㉠은 타이민(T)이다.

ㄷ. X가 번역이 멈출 때 사용된 코돈과 Y가 번역이 멈출 때 사용된 코돈은 같다.

① ㄱ ② ㄷ ③ ㄱ, ㄴ ④ ㄱ, ㄷ ⑤ ㄴ, ㄷ

memo

과학은 역시 오투!!

생생한 과학의 즐거움!

과학은 역시!

2022 개정 교육과정

오투

통합과학 1

visang

ABOVE IMAGINATION

우리는 남다른 상상과 혁신으로
교육 문화의 새로운 전형을 만들어
모든 이의 행복한 경험과 성장에 기여한다

I 과학의 기초

1 과학의 기초

01 과학의 기본량

개념 쏙쏙 진도교재 → 11쪽

1 (1) × (2) ○ (3) × (4) ○ **2** (1) 기본량 (2) 국제단위계 (3) ㉠ 길이, ㉡ 온도 **3** (1) ○ (2) ○ (3) × (4) ○

1 (1) 미시 세계는 아주 작은 물체나 현상을 다루는 세계이고, 거시 세계는 큰 물체나 현상을 다루는 세계이다.
(3) 시간과 길이를 측정할 때는 측정 대상의 규모를 고려하여 알맞은 방법을 정한다.

3 (1), (2) 기본량은 자연 현상을 설명하기 위해 필요한 기본적인 양이며, 유도량은 기본량으로부터 유도된 양이다. 유도량의 단위는 기본량의 단위를 조합하여 사용한다.
(3) 길이는 기본량이고, 넓이와 부피는 길이로부터 유도되는 유도량이다.
(4) 부피는 길이로부터 유도되는 유도량이며, 가로, 세로, 높이의 길이를 곱하여 m^3 단위로 나타낸다.

내신 탄탄 진도교재 → 12쪽

01 ② **02** ③ **03** ③ **04** ⑤ **05** ④ **06** ④ **07** ④

01 ㄱ. 자연 세계는 아주 작은 물체나 현상을 다루는 미시 세계와 큰 물체나 현상을 다루는 거시 세계로 구분할 수 있다.
ㄴ. 자연 현상을 탐구할 때는 측정 대상의 규모를 고려하여 알맞은 연구 방법을 정한다.
바로알기 ㄷ. 아주 작은 수소 원자부터 매우 큰 태양계의 예에서 볼 수 있듯이 자연에서 일어나는 현상들은 시간 규모와 공간 규모가 매우 다양하다.

02 **바로알기** ③ 전자 현미경을 이용하면 광학 현미경보다 높은 확대율로 물체를 나노 단위로 관찰할 수 있다.

03 ㄱ. 세슘 원자는 미시 세계, 은하는 거시 세계에 해당한다. 공간 규모는 은하가 세슘 원자보다 크다.
ㄴ. 측정 기술의 수준은 적혈구가 고양이보다 높다.
바로알기 ㄷ. 과학자들이 다양한 규모의 시간과 공간을 측정하고자 노력한 결과, 인간의 경험 범위가 확장되어 직접 가보지 않은 은하에 대해서도 알게 되었다.

04 ㄴ. 기본량의 단위는 국제단위계에 따라 기본 단위를 정해 사용한다.
ㄷ. 부피, 속력, 밀도 등과 같은 유도량은 기본량으로부터 유도된 양이다.
바로알기 ㄱ. 기본량은 자연 현상을 설명하기 위해 필요한 기본적인 양이며, 측정할 수 있다.

05 기본량은 시간, 길이, 질량, 전류, 온도, 광도, 물질량으로, 총 7개가 있다.
바로알기 ④ 속력은 단위 시간당 이동 거리이므로 길이와 시간으로부터 유도되는 유도량이다.

06 기본량의 단위로 시간은 s, 온도는 K, 길이는 m, 전류는 A, 질량은 kg을 사용한다.

07 • 학생 C: 밀도는 단위 부피당 질량이고, 부피는 길이로부터 유도되는 유도량이다. 밀도는 질량과 길이로부터 유도되는 유도량이며, kg/m^3 단위로 나타낸다.
바로알기 • 학생 A: 기본량의 단위는 국제단위계에 따라 기본 단위를 정해 사용하며, 유도량의 단위는 기본량의 단위를 조합하여 사용한다.

1등급 도전 진도교재 → 13쪽

01 ③ **02** ⑤ **03** ④ **04** ⑤

01 ㄱ. n(나노)는 10^{-9}을 나타내는 접두어이므로 1 nm(나노미터)는 10^{-9} m이다. 따라서 (가)에서 수소 원자의 지름 0.1 nm는 10^{-10} m와 같다.
ㄷ. 공간 규모는 태양과 지구가 수소 원자보다 크다.
바로알기 ㄴ. 미시 세계는 아주 작은 물체나 현상을 다루는 세계이고, 거시 세계는 큰 물체나 현상을 다루는 세계이다. (가)는 미시 세계, (나)는 거시 세계에 해당한다.

02 ㄱ. (가)는 고대에 에라토스테네스가 원의 성질을 이용하여 지구의 크기를 측정한 방법이다.
ㄴ. (나)는 현대에 인공위성을 이용하여 지구의 크기를 측정하는 방법이다.

03 ㄱ. 시간, 길이, 질량, 전류, 온도, 광도, 물질량은 기본량이며, 국제단위계에 따라 기본 단위를 정해 사용한다.
ㄷ. 크거나 작은 값을 간단하게 나타내기 위해 단위 앞에 k(킬로), m(밀리) 등의 접두어 기호를 붙여 사용하기도 한다.
바로알기 ㄴ. 기본량은 다른 물리량을 활용하여 표현할 수 없다.

04 ㄱ. 속력은 단위 시간당 이동 거리이므로 속력의 단위는 길이 단위와 시간 단위를 조합하여 m/s로 나타낸다.
ㄴ. 압력은 단위 면적(m^2)당 작용하는 힘($kg \cdot m/s^2$)이므로 단위는 $kg/m \cdot s^2$이다.
ㄷ. 농도는 단위 부피(m^3)당 들어 있는 물질량(mol)이다.

02 측정 표준과 정보

개념 쏙쏙 진도교재 → 15쪽

1 ㉠ 측정, ㉡ 어림 **2** (1) ○ (2) × (3) ○ **3** (1) × (2) ○ (3) × (4) ○

1 측정은 물체의 질량, 길이, 부피 등의 양을 재는 활동이고, 어림은 어떠한 양을 추정하는 활동이다.

2 (1) 측정 표준은 어떠한 양을 측정할 때 공통으로 사용할 수 있는 단위에 대한 기준이다.
(2) 측정 표준은 모두에게 같은 기준이므로 이를 이용하여 제공되는 정보는 신뢰할 수 있다.
(3) 측정 표준은 일상생활, 과학 기술, 산업 분야 등에서 유용하게 활용된다.

3 (1) 자연에서 발생하는 대부분의 신호는 연속적으로 변하는 아날로그 신호이다.
(3) 센서는 아날로그 신호를 감지하여 전기 신호로 바꾸는 장치이다.

내신 탄탄 진도교재 → 16쪽

01 ③ **02** ④ **03** ⑤ **04** ③ **05** ⑤ **06** ③

1 ①, ② 측정은 양을 재는 활동이며, 적절한 측정 단위와 측정 도구를 사용해야 한다.
④ 액체의 부피를 측정할 때 부피를 어림한 뒤 적절한 용량의 측정 도구를 선택하는 것처럼 어림은 측정 도구를 결정하는 데 도움이 된다.
바로알기 ③ 어림은 측정 경험, 과학적인 사고 과정, 자료 등을 바탕으로 수행한다.

02 ㄱ. 측정 표준은 모두에게 같은 기준이므로 이를 이용하여 제공되는 정보는 신뢰할 수 있다.
ㄷ. 일상생활에서는 소리의 세기를 dB(데시벨) 단위로 측정하여 공사장의 소음 등을 규제한다. 이는 측정 표준을 활용하는 예이다.
바로알기 ㄴ. 일상생활에서는 정확하고 보편적인 단위의 기준인 측정 표준을 정하는 것이 중요하다. 측정 표준은 일상생활, 과학 기술, 산업 분야 등에서 유용하게 활용된다.

03 ㄴ, ㄷ. 측정 표준은 모두에게 같은 기준이므로 이를 이용하여 제공되는 정보는 신뢰할 수 있으며, 원활한 의사소통을 가능하게 하고 우리 생활을 안전하고 편리하게 만든다.
바로알기 ㄱ. 단위에 대한 같은 기준을 사용하므로 일상생활에서 혼란이 발생하지 않는다.

04 ㄱ, ㄷ. 센서를 이용하여 자연의 신호를 측정하고 분석하여 디지털 정보를 얻을 수 있다.
바로알기 ㄴ. 센서는 아날로그 신호를 감지하여 전기 신호로 바꾸는 장치이다.

05 ㄷ. 컴퓨터, 인터넷 등은 모두 디지털 정보를 처리하므로 빅데이터, 사물 인터넷(IoT), 인공지능(AI) 등의 기술은 디지털 정보를 다룬다.

06 **바로알기** ③ 교육 분야에서는 스마트 기기와 인터넷을 이용한 전자책, 교육 앱 등으로 실시하는 교육이 디지털 정보를 활용하는 사례라고 할 수 있다.

1등급 도전 진도교재 → 17쪽

01 ② **02** ③ **03** ⑤ **04** ⑤

01 **바로알기** • 학생 A: 측정하는 양이 측정 도구의 눈금과 정확하게 일치하지 않는 경우 측정 도구의 눈금 사이를 10 등분하여 읽는다.
• 학생 C: 자의 눈금은 13.7과 13.8 사이를 10 등분하여 읽어야 하므로 나무막대의 길이는 13.75 cm이다.

02 ㄱ. (가)에서는 기온을 ℃ 단위로 측정하고 기준에 따라 폭염주의보를 발령하므로 사람들이 폭염에 대한 대책을 마련하는 데 도움을 준다.
ㄷ. (나)에서는 자동차의 제한 속도를 안내하고 과속 차량을 단속한다.
바로알기 ㄴ. 자동차의 속도는 km/h의 단위로 측정한다.

03 ㄴ, ㄷ. 온도 센서는 아날로그 신호를 전기 신호로 바꾸어 스마트 기기에 전달하고, 온도 센서에 연결된 스마트 기기는 신호를 분석하여 정보를 산출한다.
바로알기 ㄱ. 공기의 온도 변화는 연속적으로 변하는 아날로그 신호로 나타나므로 온도 센서는 아날로그 신호를 측정한다.

04 ㄱ. (가)에서는 센서를 이용하여 대기 오염 농도를 측정한다.
ㄴ. (나)에서는 국가 관리 시스템에서 대기 환경 정보를 디지털 정보로 수집 및 관리한다.
ㄷ. (다)에서는 컴퓨터, 스마트폰, 전광판 등 다양한 정보 통신 수단을 활용하여 대기 환경 정보를 제공한다.

중단원 정복

진도교재 → 18쪽

01 ② **02** ① **03** ⑤ **04** ⑤ **05** 해설 참조 **06** 해설 참조

01 바로알기 ② 과거에는 천문학적 현상을 이용하여 거시 세계의 시간을 측정했다.

02 바로알기 ㄴ. ㉠에는 '전류'가 해당한다.
ㄷ. 속력은 단위 시간당 이동 거리이므로 속력의 단위는 길이 단위와 시간 단위를 조합하여 m/s로 나타낸다.

03 ㄷ. 액체의 부피를 측정할 때 부피를 어림한 뒤 적절한 용량의 측정 도구를 선택하는 것처럼 어림은 측정 도구를 결정하는 데 도움이 된다.
바로알기 ㄱ. 측정은 물체의 양을 재는 활동이고, 어림은 어떠한 양을 추정하는 활동이다.

04 컴퓨터에서 처리하는 신호는 디지털 신호이고 디지털 기술이 일상생활에 유용하게 이용되는 사례로 인터넷 뱅킹, 사물 인터넷, 무인 드론, 인공지능 등을 들 수 있다.
바로알기 ④ 필름 카메라의 필름은 빛의 아날로그 신호에 반응하여 사진을 찍는다.

05 기본량은 시간, 길이, 질량, 전류, 온도, 광도, 물질량으로, 총 7개가 있다.
모범 답안 기본량은 자연 현상을 설명하기 위해 필요한 기본적인 양이며, 기본량에는 시간, 길이, 질량 등이 있다.

채점 기준	배점
기본량의 의미와 예를 옳게 서술한 경우	100 %
기본량의 의미와 예 중 한 가지만 옳게 서술한 경우	50 %

06 모범 답안 많은 사람들이 같은 기준으로 미세 먼지 농도의 크기를 인식하여 미세 먼지에 대비할 수 있다.

채점 기준	배점
미세 먼지 농도 단위를 측정 표준으로 나타냈을 때의 유용성을 옳게 서술한 경우	100 %
미세 먼지 농도 단위를 측정 표준으로 나타냈을 때의 유용성을 옳게 서술하지 못한 경우	0 %

수능 맛보기

진도교재 → 19쪽

01 ③ **02** ⑤

01 ㄱ. 질량을 나타내는 국제단위계의 단위는 kg이다.
ㄷ. 밀도는 단위 부피당 질량이다. 부피는 길이로부터 유도되는 유도량이고, 밀도는 질량과 길이로부터 유도되는 유도량이다.
바로알기 ㄴ. 부피는 길이로부터 유도되는 유도량이며, 가로, 세로, 높이의 길이를 곱하여 m^3 단위로 나타낸다. 1 mL는 10^{-3} L이고, 1 L는 10^{-3} m^3이다.

02 ㄱ. 지진파를 측정하고 분석하여 디지털 정보를 얻고 이를 국민들에게 전달한다.
ㄴ. 리히터 규모는 지진의 세기에 대한 측정 표준으로 사용되는 단위이다.
ㄷ. 지진 조기 경보 시스템은 지진 발생을 국민들에게 빠르게 알려 지진에 대한 피해를 줄일 수 있도록 도움을 준다.

Ⅱ 물질과 규칙성

1 자연의 구성 원소

01 우주의 시작과 원소의 생성

개념 쏙쏙 진도교재 → 25쪽

1 (1) ㉢ (2) ㉣ (3) ㉠ (4) ㉡ **2** (1) ○ (2) ○ (3) × **3** ㉠ 수소, ㉡ 3 : 1

1 (1) 빅뱅 직후 가장 먼저 생성되었으며 더 이상 분해할 수 없는 가장 작은 입자는 기본 입자로, 쿼크와 전자 등이 있다.
(2) 쿼크 3개(같은 종류의 쿼크 2개+다른 종류의 쿼크 1개)가 결합하여 양성자와 중성자가 생성되었다.
(3) 빅뱅이 일어나고 약 3분 후, 양성자 2개와 중성자 2개가 결합하여 헬륨 원자핵이 생성되었다.
(4) 빅뱅이 일어나고 약 38만 년 후, 우주의 온도가 약 3000 K 정도로 낮아지면서 원자핵과 전자가 결합하여 원자가 생성되었다.

2 (1) 고온의 별 표면에서는 모든 파장에 걸쳐 연속적인 색의 띠, 즉 연속 스펙트럼이 나타난다.
(2) 태양의 스펙트럼에서 흡수선을 분석하면 태양을 구성하는 원소를 알 수 있다.
(3) 원소마다 특정한 파장의 에너지만을 방출하기 때문에 원소는 저마다 고유의 스펙트럼을 나타낸다. 원소의 종류에 따라 스펙트럼에 나타나는 방출선의 위치와 개수는 다르다.

3 우주의 약 98 %는 수소와 헬륨으로 이루어져 있다. 우주에 분포하는 수소와 헬륨의 질량비는 약 3 : 1이고 이는 빅뱅 우주론을 지지하는 증거이다.

탐구 A 진도교재 → 27쪽

확인 문제 **1** (1) ○ (2) × (3) × (4) ○ (5) ○ **2** 해설 참조 **3** ③ **4** A, D

1 (1) 스펙트럼의 종류에는 연속 스펙트럼, 흡수 스펙트럼, 방출 스펙트럼이 있다.
(2) 수소, 헬륨, 나트륨, 칼슘 방전관에서는 방출 스펙트럼이 나타난다.
(3) 칼슘의 흡수선은 별 B의 스펙트럼에서 나타난다.
(4), (5) 동일한 원소의 흡수선과 방출선이 나타나는 위치가 같으므로 별빛의 스펙트럼에 나타나는 흡수선을 원소의 방출선과 비교하여 별을 구성하는 원소의 종류를 알아낸다.

2 모범 답안 수소, 수소가 모든 천체에서 발견되는 까닭은 수소는 우주 초기에 우주 전역에서 형성된 우주를 구성하는 가장 주요한 원소이기 때문이다.

채점 기준	배점
공통으로 존재하는 원소를 옳게 쓰고, 모든 천체에서 이 원소가 발견되는 까닭을 옳게 서술한 경우	100 %
공통으로 존재하는 원소만 옳게 쓴 경우	30 %

3 ㄱ. 원소 A~D의 스펙트럼에는 방출선이 나타나고, 별 ㉠과 ㉡의 스펙트럼에는 흡수선이 나타난다.
ㄷ. 별의 스펙트럼을 분석하여 별을 구성하는 원소의 종류를 알아낼 수 있다.
바로알기 ㄴ. 별 ㉠의 흡수선이 나타나는 위치(파장)는 원소 A, B, C의 방출선이 나타나는 위치(파장)와 일치하므로 별 ㉠을 구성하는 원소에는 A, B, C가 있다. 원소 D의 방출선 위치는 별 ㉠의 흡수선 위치와 일치하지 않으므로 원소 D는 별 ㉠의 구성 원소가 아니다.

4 별 ㉡의 흡수선이 나타나는 위치(파장)는 원소 A, D의 방출선이 나타나는 위치(파장)와 일치하므로 별 ㉡을 구성하는 원소에는 A와 D가 있다. 원소 B와 C의 방출선 위치는 별 ㉡의 흡수선 위치와 일치하지 않으므로 원소 B와 C는 별 ㉡의 구성 원소가 아니다.

여기서 잠깐 진도교재 → 28쪽

Q1 ㉠ 커졌고, ㉡ 낮아졌다 **Q2** 3 : 1 **Q3** ㉠ 38만, ㉡ 3000

[Q1] 우주가 팽창함에 따라 우주가 크기는 커졌고, 우주의 온도는 점점 낮아졌다.

[Q2] 우주에서 양성자와 중성자의 개수비가 약 14 : 2일 때 수소 원자핵과 헬륨 원자핵의 개수비는 약 12 : 1이 된다. 헬륨 원자핵 1개의 질량은 수소 원자핵 1개 질량의 약 4배이므로, 수소 원자핵과 헬륨 원자핵의 질량비는 1×12개 : 4×1개=약 3 : 1이다. 원자핵의 질량은 전자의 질량보다 매우 크므로 원자의 질량은 원자핵의 질량과 거의 같다. 따라서 현재 우주에 존재하는 수소 원자와 헬륨 원자의 질량비는 약 3 : 1이다.

[Q3] 수소 원자는 빅뱅 후 약 38만 년에 생성되었고, 수소 원자가 만들어진 까닭은 우주의 팽창으로 우주의 온도가 낮아졌기 때문이다.

내신 탄탄 진도교재 → 29쪽~30쪽

01 ⑤ **02** ② **03** ④ **04** ⑤ **05** ③ **06** ③ **07** ③ **08** ③ **09** 해설 참조

01 ㄱ. A는 빅뱅이다. 빅뱅은 현재로부터 약 138억 년 전에 일어났다.

ㄴ. 빅뱅 이후 우주가 계속 팽창하면서 우주의 크기는 계속 증가하였다.
ㄷ. 빅뱅 직후 우주는 급격히 팽창하였고, 우주가 팽창하면서 우주의 온도는 점점 낮아졌다.

02 ② 빅뱅 우주론에 따르면 빅뱅 이후 쿼크, 전자와 같은 기본 입자 생성 → 쿼크의 결합으로 양성자(수소 원자핵) 및 중성자 생성 → 양성자와 중성자의 결합으로 헬륨 원자핵 생성 → 원자핵과 전자로 이루어진 수소 원자와 헬륨 원자의 생성 순이다.

03 ㄴ. B 시기에 수소 원자와 헬륨 원자가 존재하므로 이 시기는 빅뱅이 일어나고 약 38만 년 이후의 시기이다.
ㄷ. 우주는 계속 팽창하고 있고, A 시기보다 B 시기가 더 나중이므로 우주의 크기는 B 시기에 더 크다.
바로알기 ㄱ. A 시기에 헬륨 원자핵이 존재하므로 이 시기는 빅뱅이 일어나고 약 3분 이상 지난 시기이다.

04 ㄱ. (가)는 전자와 양성자(수소 원자핵)가 분리되어 있으므로 우주의 나이가 약 38만 년일 때보다 이전 시기이다.
ㄴ. (가)가 (나)보다 더 이전 시기이므로, (가)는 우주의 나이가 20만 년일 때이고 (나)는 우주의 나이가 300만 년일 때이다.
ㄷ. 우주는 시간이 지남에 따라 팽창한다. 우주가 팽창함에 따라 우주의 밀도는 점점 감소하므로 우주의 밀도는 우주의 크기가 작은 (가) 시기에 더 컸다.

05 ㄱ. 고온의 광원을 프리즘과 같은 분광기를 통과하여 관찰하면 연속 스펙트럼이 나타난다.
ㄷ. A와 B가 동일한 원소로 이루어진 기체라면 스펙트럼의 흡수선과 방출선은 동일한 파장으로 나타난다.
바로알기 ㄴ. 고온의 별 주위에서 가열된 기체를 관측하면 방출 스펙트럼이 나타난다. 따라서 A와 B 중 고온의 기체는 B에 해당한다.

06 ㄱ. (가)와 (나)는 흡수 스펙트럼, (다)와 (라)는 방출 스펙트럼이다.
ㄴ. 별빛이 저온의 기체를 통과하면 기체를 구성하는 원소에 특정 파장의 빛이 흡수되어 (가)와 같은 흡수 스펙트럼이 나타난다.
바로알기 ㄷ. 동일한 원소의 스펙트럼은 방출선과 흡수선이 나타나는 위치(파장)가 같다. (가)에서 흡수선이 나타나는 위치(파장)와 (다)에서 방출선이 나타나는 위치(파장)가 같으므로 (가)와 (다)는 동일한 원소에 의한 스펙트럼이다. 또, (나)에서 흡수선이 나타나는 위치(파장)와 방출선이 나타나는 위치(파장)가 같으므로 (나)와 (라)는 동일한 원소에 의한 스펙트럼이다.

07 ㄱ. 프라운호퍼는 태양의 스펙트럼을 관측하여 수백 개의 흡수선을 발견하였는데, 이를 프라운호퍼선이라고 한다.
ㄴ. 흡수선은 태양 빛이 대기를 통과하면서 특정 파장의 빛이 흡수되어 나타나므로 이를 분석하여 태양의 대기 성분을 알 수 있다.
바로알기 ㄷ. 태양 스펙트럼의 흡수선을 통해 태양 대기가 여러 종류의 원소로 이루어져 있음이 밝혀졌다.

08 ㄱ. 헬륨 원자핵은 빅뱅이 일어나고 약 3분 후에 생성되었다.
ㄴ. 양성자 14개와 중성자 2개 중 양성자 2개와 중성자 2개가 결합하여 헬륨 원자핵 1개가 생성되면 수소 원자핵(양성자)은 12개가 남는다. 따라서 수소 원자핵과 헬륨 원자핵의 개수비는 12 : 1이다.

수소 원자핵 12개 / 헬륨 원자핵 1개

P	P	P	P	P	P	P	N
P	P	P	P	P	P	P	N

바로알기 ㄷ. 양성자는 그대로 수소 원자핵이고 양성자 2개와 중성자 2개가 결합하여 헬륨 원자핵이 생성되면서 수소 원자핵과 헬륨 원자핵의 개수비는 12 : 1이 되었다. 헬륨 원자핵 1개의 질량은 수소 원자핵 1개 질량의 약 4배이므로 수소 원자핵과 헬륨 원자핵의 질량비는 약 3 : 1이다.

09 빅뱅 우주론에서는 우주를 구성하는 수소와 헬륨의 질량비가 약 3 : 1이 될 것이라고 예측하였다. 실제로 우주 전역의 천체에서 방출되는 빛의 스펙트럼을 분석한 결과, 우주에 존재하는 수소와 헬륨의 질량비가 약 3 : 1로 관측되었다.
모범 답안 수소와 헬륨의 질량비는 우주를 구성하는 다양한 별과 은하들의 스펙트럼 관측을 통해 알아낸다.

채점 기준	배점
우주 전역에 존재하는 천체에서 방출되는 빛의 스펙트럼을 관측하여 알아낸다는 의미로 옳게 서술한 경우	100 %
스펙트럼을 관측한다고만 서술한 경우	50 %

1등급 도전

진도교재 → 31쪽

01 ④ 02 ⑤ 03 ④ 04 ③

01 ㄱ. 빅뱅 우주론에 따르면 기본 입자인 쿼크와 전자가 가장 먼저 생성되었다. 따라서 A는 전자이다.
ㄴ. 쿼크가 결합하면 양성자나 중성자가 생성된다. 따라서 중성자는 B에 해당한다. 양성자는 양전하를 띠고, 중성자는 전기적으로 중성이다.
ㄷ. 양성자는 그 자체로 수소 원자핵이 되고, 양성자 2개와 중성자 2개가 결합하여 헬륨 원자핵이 된다.
바로알기 ㄹ. 음전하를 띠는 전자는 양전하를 띠는 원자핵의 양성자와 같은 수로 결합하므로 원자는 전기적으로 중성이다. 헬륨 원자에서 전자 수(2개)는 양성자수(2개)와 같다.

02 ㄱ. 자유롭게 돌아다니던 전자가 원자핵에 붙잡힌 것은 빅뱅 후 약 38만 년이 지난 시기이다.
ㄴ, ㄷ. 우주가 팽창함에 따라 우주의 나이 약 38만 년경에 우주의 온도가 약 3000 K 정도로 낮아지자 자유롭게 돌아다니던 전자가 원자핵과 결합하여 수소 원자와 헬륨 원자가 생성되었다.

03 ㄴ. 별빛을 분광기로 관찰하면 흡수 스펙트럼이 나타나므로 A가 나타난다.
ㄷ. 같은 원소에서 흡수선과 방출선의 파장은 같으므로 수소 방전관을 분광기로 관찰하면 스펙트럼에서 (가)의 흡수선과 같은 파장의 방출선이 나타난다.
바로알기 ㄱ. (가)는 수소의 흡수 스펙트럼이므로 저온의 기체를 통과하는 A에 해당한다.

04 ㄱ. 우주에서 수소는 약 74 %, 헬륨은 약 24 %를 차지하므로, A는 수소이다. 수소와 헬륨은 빅뱅 이후 우주 초기에 생성되었다.

ㄴ. 수소와 헬륨은 빅뱅 직후 우주 전역에 걸쳐 생성되었고 우주의 대부분은 수소와 헬륨으로 구성되어 있으므로, 별과 은하 역시 거의 대부분 수소와 헬륨으로 구성되어 있다.

바로알기 ㄷ. 원자핵과 전자가 결합하여 원자가 만들어진 시기의 우주의 온도는 약 3000 K이었다.

02 지구와 생명체를 구성하는 원소의 생성

개념 쏙쏙

진도교재 → 33쪽, 35쪽

1 (1) ㉡ (2) ㉠ (3) ㉢ (4) ㉣ **2** (1) ㉠ 밀도, ㉡ 중력 (2) ㉠ 철, ㉡ 초신성 **3** (1) 초신성 (2) 원시 태양 (3) ㉠ 미행성체, ㉡ 원시 행성 **4** (1) ○ (2) ○ (3) × **5** (다) → (나) → (가)

1 (1) 우주에서 가장 많은 원소는 수소이다.
(2), (3) 수소 핵융합 반응으로 생성되는 원소는 헬륨이고, 헬륨 핵융합 반응으로 생성되는 원소는 탄소이다.
(4) 지구를 구성하는 원소 중 가장 많은 원소는 철이다.

2 (1) 성운의 온도가 낮고 밀도가 큰 부분에서 중력 수축에 의해 중심부의 온도가 높아지고 밀도가 커져 원시별이 생성된다.
(2) 별의 내부에서 핵융합에 의해 생성될 수 있는 가장 무거운 원소는 철이고, 철보다 무거운 원소는 초신성 폭발이 일어날 때 생성된다.

3 (1) 태양계 성운은 우리은하 내부에서 일어난 초신성 폭발로 형성되었다.
(2) 태양계 성운이 수축하며 밀도가 높아지고 중심부의 온도가 상승하였고, 중심부에 원시 태양이 형성되었다.
(3) 원시 원반에 있던 성간 물질이 뭉쳐 미행성체가 탄생하였고, 미행성체는 서로 충돌하며 성장하여 원시 지구와 같은 원시 행성이 탄생하였다.

4 (1) 수성, 금성, 지구, 화성과 같은 지구형 행성이 목성, 토성, 천왕성, 해왕성과 같은 목성형 행성에 비해 태양 근처에서 형성되었다.
(2), (3) 태양계 원반의 중심인 태양으로부터 멀어질수록 온도가 감소하였기 때문에 지구형 행성은 철이나 규소, 산소와 같은 무거운 물질이 모여 암석으로 이루어졌다. 한편, 목성형 행성은 온도가 낮고 태양으로부터 멀리 있으므로 수소, 헬륨, 메테인과 같은 가벼운 물질로 구성되어 있다.

5 (다) 원시 지구에 미행성체가 충돌하여 발생한 열로 지구의 물질이 녹아 마그마 바다가 형성되었다. (나) 마그마 바다에서 무거운 물질은 지구 중심부로 가라앉아 핵을 형성하였고, 가벼운 물질은 위로 떠올라 맨틀을 형성하였다. (가) 미행성체의 충돌이 줄어들면서 지구 표면이 식어 원시 지각이 형성되었고, 대기 중의 수증기는 응결하여 비로 내리면서 원시 바다가 형성되었다.

내신 탄탄

진도교재 → 36쪽~38쪽

01 A: 철, B: 산소 **02** ③ **03** ③ **04** ④ **05** ② **06** ⑤ **07** ③ **08** ③ **09** 해설 참조 **10** ④ **11** ③ **12** 해설 참조 **13** (나) → (가) → (라) → (다) **14** ② **15** ② **16** ② **17** ②

01 지구를 구성하는 가장 큰 질량비를 갖는 원소는 철(A)이고, 두 번째로 많은 원소는 산소(B)이다.

02 ㄴ. 사람의 몸을 구성하는 원소 중 가장 높은 비율을 차지하는 원소는 산소이다.
ㄹ. 지구를 구성하는 주요 원소들은 대부분 별의 중심부에서 생성되었다.
바로알기 ㄱ. 철은 질량이 태양의 약 10배 이상인 별에서 핵융합 반응으로 만들어진다.
ㄷ. 빅뱅 후 약 38만 년일 때는 수소 원자와 헬륨 원자가 생성되었다. 지구를 구성하는 원소는 이보다 무거운 원소가 많으며, 별의 진화 과정에서 만들어졌다.

03 ㄱ. 우주에 존재하는 원소의 비율은 수소가 약 74 %, 헬륨이 약 24 %이다.
ㄴ. 사람을 구성하는 가장 많은 원소는 산소로, 산소는 별의 진화 과정에서 만들어졌다.
바로알기 ㄷ. 지구를 구성하는 가장 많은 원소는 철이다. 철은 초신성 폭발을 일으킬 수 있는 질량이 태양의 약 10배 이상인 별의 중심부에서 생성되었다.

04 ㄴ. 성운은 수소와 헬륨으로 구성되어 있다.
ㄷ. 원시별의 중심부 온도가 1000만 K 이상으로 높아지면 수소 핵융합 반응을 하는 주계열성이 된다.
바로알기 ㄱ. 성운 내부의 물질이 균질하게 분포하면 모든 방향으로 작용하는 힘의 크기가 같아 수축이 일어나지 않는다.

05 ㄴ. 수축하는 성운의 중심부 온도는 중력 수축 에너지에 의해 상승한다.
바로알기 ㄱ. 성운이 중력 수축을 하기 위해서는 밀도가 크고 온도가 낮아야 한다.
ㄷ. 하나의 커다란 성운 내에서 밀도가 큰 부분은 여러 군데 생길 수 있으므로 반드시 하나의 별만 생성되는 것은 아니다.

06 ㄱ. 수소 원자핵 4개가 1개의 헬륨 원자핵으로 합쳐지며 에너지를 생성하는 반응이 수소 핵융합 반응이다.
ㄴ. 4개의 수소 원자핵의 질량은 1개의 헬륨 원자핵의 질량보다 크다. 수소 핵융합 반응에서는 감소한 질량이 에너지로 전환된다.
ㄷ. 태양은 주계열성이므로 중심부에서 수소 핵융합 반응이 일어난다.

07 (가)는 별의 중심부에서 수소 핵융합 반응이 일어나고 있으므로 주계열 단계이다. 주계열 단계에서는 수소 핵융합 반응에 의해 헬륨이 생성된다. (나)는 적색 거성 단계로 헬륨핵이 수축하고, 헬륨핵 주변 수소 껍데기에서 수소 핵융합 반응이 일어나고 있으므로 헬륨이 생성되지만 아직 헬륨 핵융합 반응이 나타

나지 않으므로 탄소는 생성되지 않는다. 한편, (다)에서는 탄소 핵을 중심으로 헬륨 핵융합 반응과 수소 핵융합 반응이 동시에 나타나고 있으므로 헬륨과 탄소가 함께 생성된다.

08 ㄱ. 질량이 태양 정도인 별의 진화 단계는 주계열성 → 적색 거성 → 행성상 성운, 백색 왜성이다. 따라서 행성상 성운은 A에 해당한다.
ㄴ. (가) 과정에서 별의 바깥층이 팽창하면서 표면 온도가 낮아져 별이 붉게 보인다.
바로알기 ㄷ. 별의 중심부 밀도는 주계열성일 때보다 백색 왜성일 때 훨씬 더 크다.

09 탄소와 산소는 별 중심부에서의 핵융합 반응으로 생성되었고, 우주에 존재하는 헬륨은 주로 우주 초기에 생성되었다.
모범 답안 탄소와 산소, 헬륨이 탄소와 산소보다 먼저 생성되었다.

채점 기준	배점
A에서 나타날 수 있는 주요 원소 2개를 옳게 쓰고, 헬륨과 두 원소의 생성 시기를 옳게 비교한 경우	100 %
A에서 나타날 수 있는 주요 원소 2개만 옳게 쓴 경우	30 %

10 ㄴ. 초신성 폭발 단계에서 별의 밝기(광도)는 급격히 증가한다.
ㄷ. 초신성 폭발 단계에서 발생하는 엄청난 에너지로 인해 철보다 무거운 금, 우라늄과 같은 원소가 핵융합 과정으로 생성된다.
바로알기 ㄱ. 그림은 질량이 태양의 약 10배 이상인 별이 초신성 폭발 단계(A)를 거치며 남긴 흔적이다.

11 ① 규소 핵융합 반응이 일어나면 철(A)이 생성되며, 철은 별의 중심부에서 만들어지는 가장 무거운 원소이다.
② 그림은 탄소보다 무거운 원소들이 생성되었으므로 이 별은 태양보다 질량이 매우 큰 별의 중심부 구조이다.
④ 질량이 클수록 별의 중심부 온도가 높아져 더 무거운 원소가 생성된다. 이 별은 태양보다 질량이 매우 큰 별로 중심부의 온도는 태양의 중심부 온도보다 높다.
⑤ 별 중심부에 철로 된 핵이 만들어지면 더 이상 핵융합 반응이 일어나지 못한다. 따라서 별은 에너지를 생성하지 못하므로 급격히 수축하고 그로 인해 폭발하므로 초신성 폭발이 나타난다. 초신성 폭발 후 중심부가 수축하여 질량에 따라 중성자별이나 블랙홀이 된다.
바로알기 ③ 이 별이 진화하면 중성자별이나 블랙홀이 될 것이다.

12 철 원자핵은 매우 안정하기 때문에 별 중심부에서 철까지 생성된다. 철보다 무거운 원소는 초신성 폭발 과정에서 엄청난 에너지가 발생할 때 생성된다.
모범 답안 철, 철보다 무거운 원소는 초신성 폭발이 일어날 때 생성된다.

채점 기준	배점
A를 옳게 쓰고, A보다 무거운 원소는 어떤 과정으로 생성되는지 옳게 서술한 경우	100 %
A만 옳게 쓴 경우	30 %

13 (나) 우리은하 나선팔에서 초신성 폭발로 태양계 성운이 형성되었고, (가) 성운은 온도가 내려가면서 밀도가 큰 부분을 중심으로 중력에 의해 수축하였고 서서히 회전하기 시작하였다. (라) 성운이 수축하면서 회전하여 원시 태양과 원시 원반이 형성되었다. (다) 원시 원반에서 물질이 뭉쳐 미행성체가 형성되었고, 미행성체가 서로 충돌하여 원시 행성이 되었다. 이후 현재의 태양계가 형성되었다.

14 ② 성운에서 수축이 일어나는 곳은 온도가 낮고 밀도가 큰 부분이다.
바로알기 ① 태양계 성운은 우리은하 내에서의 초신성 폭발의 영향으로 형성되었다.
③ 성운이 수축하는 과정에서 크기는 감소하였고, 회전 속도는 빨라졌다.
④ 성운이 수축하면서 밀도가 커지고 중심부의 온도가 높아졌다.
⑤ 원시 태양이 먼저 형성되었고, 원시 원반에서 미행성체들이 서로 충돌하여 원시 행성이 형성되었다.

15 ㄴ. A는 B보다 온도가 높은 영역이다. 녹는점이 낮은 물질은 B로 밀려났으며, 녹는점이 높은 철, 니켈, 규소 등의 무거운 물질이 A에 남아 미행성체를 형성하였다.
바로알기 ㄱ. A에서는 주로 암석 성분의 행성이 형성되었고, B에서는 주로 기체 성분의 행성이 형성되었다.
ㄷ. 태양과 상대적으로 가까운 거리에 있는 원시 행성들은 지구형 행성이 되었고, 먼 거리에 있는 원시 행성들은 목성형 행성이 되었다.

16 ㄴ. 마그마 바다 단계를 거치며 핵과 맨틀의 구성 성분 차이로 인해 핵과 맨틀이 분리되었다.
바로알기 ㄱ. 시간 순서대로 나열하면 (나) → (가) → (라) → (다)이다.
ㄷ. 원시 지구에 미행성체가 충돌하고 합쳐지면서 지구의 크기와 질량은 증가하였다. (다)의 지구는 미행성체가 모두 충돌한 후이므로 지구의 질량은 (나)보다 (다)에서 컸다.

17 ㄴ. 핵과 맨틀의 분리는 마그마 바다의 형성 이후에 나타났으므로 지구의 표면 온도는 (가)일 때가 (나)일 때보다 높았다.
바로알기 ㄱ. A는 핵이고, 핵을 둘러싸고 있는 부분은 맨틀이다.
ㄷ. 지구에 생명체가 등장한 시기는 원시 바다가 형성된 이후이다.

1등급 도전

진도교재 → 39쪽

01 ③ **02** ① **03** ② **04** ③

01 ㄱ. 우주에서 가장 많은 원소인 A는 수소이고, 사람에게 가장 많은 원소인 C는 산소이며, B은 탄소이다.
ㄴ. A(수소)는 우주의 진화 과정에서 빅뱅 이후 우주 초기에 생성되었고, 탄소와 산소는 별의 중심부에서 핵융합 반응으로 생성되었다.
바로알기 ㄷ. 사람을 구성하는 원소 C는 주로 별의 중심부에서 생성된 것이다.

02 ㄱ. A는 탄소(또는 탄소, 산소)로, 헬륨 핵융합 반응에 의해 생성된다.

ㄴ. 별의 질량이 클수록 더 무거운 원소를 생성하므로 별의 질량은 (나)가 (가)보다 크다.

바로알기 ㄷ. (나)는 질량이 태양의 약 10배 이상인 별로, 별의 중심부에서 철이 만들어지고 핵융합 반응이 멈추면, 별의 중심부가 급격히 수축하다가 폭발하여 초신성이 된다.

ㄹ. 태양은 (가)와 같은 형태로 진화할 것이다.

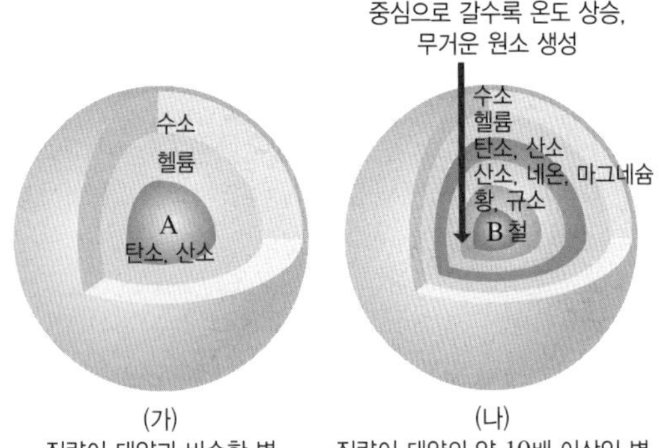

(가) 질량이 태양과 비슷한 별　(나) 질량이 태양의 약 10배 이상인 별

03 ㄴ. 지구의 반지름은 (다)보다 (나)일 때 크다.

바로알기 ㄱ. (가)는 마그마 바다의 형성 단계이고, (나)는 원시 지각과 원시 바다의 형성 단계이며, (다)는 마그마 바다가 형성되기 전 철과 규산염 혼합물이 고체인 암석으로 섞여 있는 상태이다. 따라서 생성 순서는 (다) → (가) → (나)이다.

ㄷ. (나)에서 대기에 가장 많은 구성 성분은 이산화 탄소였으나 이산화 탄소가 원시 바다에 녹은 뒤에는 질소가 가장 많은 질량비를 차지하고 있다.

04 ㄷ. 원시 태양은 시간이 지나 수소 핵융합 반응을 하는 태양으로 진화하며 표면 온도가 증가하였다.

바로알기 ㄱ. 원시 원반은 현재 행성들의 공전 궤도면과 비슷하므로 미행성체들의 공전 궤도면은 행성들의 공전 궤도면과 거의 나란할 것이다.

ㄴ. (나)에서 원시 행성들이 진화하여 현재의 행성들이 되었으므로 원시 행성들의 공전 방향은 현재 지구의 공전 방향과 같을 것이다.

중단원 정복

진도교재 → 40쪽~42쪽

01 ① **02** ⑤ **03** ③ **04** ③ **05** ② **06** ① **07** 해설 참조 **08** ⑤ **09** ② **10** ④ **11** ④ **12** 해설 참조 **13** 해설 참조 **14** 해설 참조

01 ㄱ. 빅뱅 이후로 우주의 온도는 계속 낮아졌으며, 우주에서는 기본 입자 → 양성자 및 중성자 → 원자핵 → 원자 순으로 입자들이 생성되었다.

ㄴ. 수소를 제외한 원자핵은 양성자와 중성자로 구성되어 있다.

바로알기 ㄷ. 원자핵(A)과 양성자(B)는 전기적으로 양전하를 띠지만, 원자는 음전하인 전자를 포함하여 전기적으로 중성이다. 중성자도 전기적으로 중성이다.

ㄹ. 빅뱅 후 우주의 온도가 계속 낮아졌으며, 점점 더 무거운 입자가 생성되었다. 쿼크(C)가 생성될 때보다 원자핵(A)이 생성될 때에 우주의 온도가 낮다.

02 (가)는 빅뱅으로부터 약 38만 년 후의 우주의 모습으로, 원자 생성 이후의 시기이다. 이 시기에는 전자가 원자핵에 붙잡히면서 빛이 직진할 수 있게 되어 우주가 투명해졌다. (나)는 빅뱅으로부터 약 38만 년 전의 우주의 모습으로, 원자 생성 이전 시기이다. 이 시기에는 전자가 우주를 자유롭게 돌아다니면서 빛과 충돌하므로 빛이 직진하지 못하여 우주가 불투명하였다.

① (가)는 원자 생성 이후이고 (나)는 원자 생성 이전이므로, (나) 시기가 (가) 시기보다 과거이다.

② (나) 시기에는 우주에 헬륨 원자핵이 존재하였다.

③ 우주의 온도는 (가) 시기보다 (나) 시기에 더 높았다.

④ (나) 시기일 때 대부분의 전자는 우주 공간을 자유롭게 돌아다녔다.

바로알기 ⑤ (나) 시기에는 원자가 생성되지 않았으며, 현재 지구에 존재하는 산소는 대부분 별의 중심부에서 핵융합 반응으로 생성된 것이다.

03 ㄱ, ㄴ. (가)는 연속 스펙트럼이고, (나)는 방출 스펙트럼이다. 연속 스펙트럼은 고온의 광원에서 나타나고, 방출 스펙트럼은 고온의 별에 의해 온도가 증가한 성운에서 관찰할 수 있다.

바로알기 ㄷ. 저온의 기체를 통과한 별빛에서는 주로 흡수 스펙트럼이 관측된다.

04 ㄱ. 수소, 헬륨, 칼슘, 나트륨의 스펙트럼에는 방출선이 나타나고, 별 ㉠의 스펙트럼에는 흡수선이 나타난다.

ㄷ. 별 ㉠의 흡수 스펙트럼과 원소들의 방출 스펙트럼을 비교하여 별에 존재하는 원소를 알 수 있는데, 이는 같은 원소에서 관측되는 흡수선의 위치(파장)와 방출선의 위치(파장)가 같기 때문이다.

바로알기 ㄴ. 별 ㉠의 흡수선이 나타나는 위치(파장)는 수소, 헬륨, 나트륨의 방출선이 나타나는 위치(파장)와 일치하므로 별 ㉠을 구성하는 원소에는 수소, 헬륨, 나트륨이 있다. 칼슘의 방출선은 별 ㉠의 흡수선과 일치하지 않으므로 별 ㉠의 구성 원소가 아니다.

05 ㄴ. 수소와 헬륨은 대부분 빅뱅 이후 우주 초기에 생성되었다.

바로알기 ㄱ. 우주에서 가장 많은 원소는 수소(A), 그 다음으로 많은 원소는 헬륨(B)이다.
ㄷ. 수소와 달리 헬륨은 우주 초기뿐만 아니라 현재도 모든 주계열성에서 생성되고 있다. 하지만 대부분의 헬륨은 우주 초기에 생성된 것이다.

06 ㄱ. (가)는 질량이 태양과 비슷한 별이고, (나)는 질량이 태양의 약 10배 이상인 별이다.
바로알기 ㄴ. 별의 중심부 온도가 높을수록 무거운 원소의 핵융합 반응이 일어나므로 별 중심부의 최고 온도는 (가)보다 (나)가 높다.
ㄷ. 철보다 무거운 원소는 질량이 태양의 약 10배 이상인 별이 초신성으로 폭발할 때 생성된다.

07 모범 답안 산소, 산소는 주로 별의 내부(중심부)에서 생성되었다.

채점 기준	배점
원소의 이름을 옳게 쓰고, 이 원소가 생성되는 곳을 옳게 서술한 경우	100 %
원소의 이름만 옳게 쓴 경우	30 %

08 태양 질량의 별에서는 주계열 단계에서는 수소 핵융합 반응이 일어나다가 태양이 주계열성을 벗어나 중심부의 온도가 1억 K 이상이 되면 헬륨 핵융합 반응이 일어난다.
ㄱ. (가)는 4개의 수소 원자핵이 1개의 헬륨 원자핵으로 바뀌므로 수소 핵융합 반응이다. 질량이 태양과 비슷한 별에서는 헬륨 핵융합 반응까지 나타나므로 (나)는 헬륨 핵융합 반응에 해당한다. A는 수소 원자핵, B는 헬륨 원자핵, C는 탄소 원자핵이다.
ㄴ. 핵융합 반응을 하는 원자핵의 질량의 합이 생성된 원자핵의 질량보다 크므로 에너지를 방출하는 과정이다. (나)에서 B는 3개, C는 1개이므로 원자핵 B 질량의 3배가 원자핵 C의 질량보다 크다.
ㄷ. (나)는 헬륨 핵융합 반응이므로 별 중심부의 온도가 1억 K 이상일 때 일어난다.

09 ㄴ. 이 단계에서는 탄소핵으로 이루어진 중심부가 남아 백색 왜성이 형성될 수 있다.
바로알기 ㄱ. 그림은 행성상 성운으로 질량이 태양과 비슷한 별이 진화한 것이다.
ㄷ. 백색 왜성에서는 핵융합 반응이 일어나지 않는다.

10 ㄴ. 현재 태양계의 구성원인 지구에서 가장 큰 질량비를 차지하는 원소는 철이다. 따라서 태양계 성운에는 철이 포함되어 있다.
ㄷ. 중심부의 밀도는 원시 태양이 형성된 (나)가 아직 수축하기 전인 (가)보다 크다.
바로알기 ㄱ. 태양계의 형성 과정은 태양계 성운의 형성 → 성운의 수축 → 원시 태양과 원시 원반의 형성 → 태양과 원시 행성의 형성 순이다. 따라서 (가)는 (나)보다 먼저이다.

11 ㄴ. 철은 산소나 규소보다 무거운 원소이다. 따라서 핵인 A에 주로 분포하고 있다.
ㄷ. (가) 이후 냉각되어 지각을 형성한 것은 맨틀인 B의 외각 부분이다.
바로알기 ㄱ. 지구의 형성 과정은 미행성체 충돌 → 마그마 바다의 형성 → 핵과 맨틀의 분리 → 원시 지각과 원시 바다의 형성 순이다. 따라서 (가)보다 (나)가 먼저이다.

12 모범 답안 양성자는 그 자체로 수소 원자핵이고, 양성자 2개와 중성자 2개가 결합하여 헬륨 원자핵이 생성되면서 수소 원자핵과 헬륨 원자핵의 개수비는 약 12 : 1이 되었다. 헬륨 원자핵 1개의 질량은 수소 원자핵 1개 질량의 약 4배이므로 수소 원자핵과 헬륨 원자핵의 질량비는 약 3 : 1이다.

채점 기준	배점
풀이 과정과 수소 원자핵과 헬륨 원자핵의 질량비를 옳게 서술한 경우	100 %
수소 원자핵과 헬륨 원자핵의 질량비만 옳게 서술한 경우	30 %

13 모범 답안 철 원자핵은 매우 안정하여 더 이상 핵융합 반응이 일어나지 않기 때문이다.

채점 기준	배점
별 중심부에서 철보다 무거운 원소가 생성되지 않는 까닭을 옳게 서술한 경우	100 %

14 모범 답안 (가) → (나) → (라) → (다), 미행성체의 충돌이 줄어들면서 지구의 표면이 식었기 때문이다.

채점 기준	배점
지구의 형성 과정을 순서대로 옳게 쓰고, 과정 (다)가 형성된 까닭을 옳게 서술한 경우	100 %
지구의 형성 과정만 순서대로 옳게 쓴 경우	30 %

수능 맛보기

진도교재 → 43쪽

01 ④ **02** ②

01 그림은 은하에 존재하는 성간 기체를 관측한 자료이다. 성간 기체는 우주를 구성하는 물질로 만들어졌다. ㉠은 수소, ㉡은 헬륨이다.
ㄱ. ㉠은 성간 기체에서 가장 풍부한 수소이고, ㉡은 두 번째로 풍부한 헬륨이다.
ㄷ. 그림의 자료로부터 수소와 헬륨의 질량비는 약 3 : 1이라는 것을 알 수 있다.
바로알기 ㄴ. 성간 기체에 포함된 기타 원소는 대부분 별의 진화 과정에서 생성되었다.

02 ㄴ. 태양계 성운의 주요 성분은 수소와 헬륨이다.
바로알기 ㄱ. 태양계는 (가) 태양계 성운 형성 → (다) 원시 태양과 미행성체 형성 → (나) 행성의 형성 순으로 형성되었다.
ㄷ. 행성의 평균 밀도는 지구형 행성인 ㉡이 목성형 행성인 ㉠보다 크다.

2 물질의 규칙성과 성질

01 원소의 주기성

개념 쏙쏙

진도교재 → 47쪽, 49쪽

1 원소 **2** (1) 금속 (2) 고체 (3) 오른쪽 **3** H, C, O
4 (1) ○ (2) ○ (3) × (4) ○ **5** (1) × (2) ○ (3) ○ (4) ×
6 원자가 전자 **7** (1) ㉠ 2, ㉡ 3, ㉢ 2, ㉣ 1, ㉤ 1, ㉥ 6
(2) Li, O (3) Li, Na

1 원소는 물질을 이루는 기본 성분으로, 더 이상 다른 물질로 분해되지 않는다.

2

금속 원소	비금속 원소
열을 잘 전달하고 전기가 잘 통한다.	열을 잘 전달하지 않고 전기가 잘 통하지 않는다.
실온에서 대부분 고체	실온에서 대부분 기체 또는 고체
주기율표에서 주로 왼쪽과 가운데	주기율표에서 주로 오른쪽

3 수소(H), 탄소(C), 산소(O)는 비금속 원소이고, 마그네슘(Mg), 칼륨(K), 알루미늄(Al)은 금속 원소이다.

4 (1), (4) 주기율표에서 원소들은 원자 번호 순서대로 나열되어 있으며, 화학적 성질이 비슷한 원소가 같은 세로줄(족)에 오도록 배열되어 있다.
(2), (3) 주기율표의 가로줄을 주기, 세로줄을 족이라고 하며, 주기율표는 7주기, 18족으로 구성되어 있다.

5 (1) 알칼리 금속은 주기율표의 1족에 속하고, 할로젠은 17족에 속한다.
(2) 1족 원소인 리튬(Li), 나트륨(Na), 칼륨(K)은 알칼리 금속이고, 17족 원소인 플루오린(F), 염소(Cl), 브로민(Br), 아이오딘(I)은 할로젠이다.
(3) 알칼리 금속은 물과 격렬하게 반응하여 수소 기체를 발생시킨다.
(4) 할로젠은 수소와 반응하여 수소 화합물을 생성하고, 이 화합물은 물에 녹아 산성을 띤다.

6 원자가 전자는 원소의 화학적 성질을 결정한다. 주기율표에서 같은 족 원소들은 원자가 전자 수가 같아서 화학적 성질이 비슷하다.

7

전자 배치	H (1+)	Li (3+)	Na (11+)	O (8+)
전자가 들어 있는 전자 껍질 수	1	2	3	2
원자가 전자 수	1	1	1	6

(1) 원자가 전자는 원자의 전자 배치에서 가장 바깥 전자 껍질에 들어 있다.
(2) 2주기 원소는 전자가 들어 있는 전자 껍질 수가 2인 리튬(Li)과 산소(O)이다.
(3) 원자가 전자 수가 같으면 화학적 성질이 비슷하다. 리튬(Li)과 나트륨(Na)은 원자가 전자 수가 1로 같으므로 화학적 성질이 비슷하다. 단, 수소(H)는 비금속 원소이므로 화학적 성질이 다르다.

탐구 A

진도교재 → 51쪽

확인 문제 **1** (1) ○ (2) ○ (3) × **2** ③ **3** ③

1 (1) 알칼리 금속은 반응성이 커서 실온에서도 물과 잘 반응한다.
(2) 알칼리 금속이 물과 반응하면 수소 기체가 발생하고, 이때 생성된 수용액은 염기성을 띠므로 페놀프탈레인 용액에 의해 붉은색으로 변한다.
(3) 알칼리 금속이 공기 중에서 광택을 잃는 것은 공기 중의 산소와 반응하기 때문이다.

2 ㄱ. 알칼리 금속은 칼로 쉽게 잘릴 정도로 무르다.
ㄴ. 알칼리 금속은 반응성이 커서 물이나 공기 중의 산소와 잘 반응한다.
바로알기 ㄷ. 알칼리 금속과 물이 반응하면 수소 기체가 발생한다.

3 ㄱ. 물과의 반응 정도를 비교하면 알칼리 금속의 반응성은 칼륨＞나트륨＞리튬 순이다.
ㄷ. 칼륨, 나트륨, 리튬은 모두 알칼리 금속이다. 알칼리 금속은 물과 반응하여 수소 기체를 발생시키고, 이때 생성된 수용액은 염기성을 띤다.
바로알기 ㄴ. 알칼리 금속이 물과 반응하여 생성된 수용액은 염기성 용액이므로 페놀프탈레인 용액에 의해 붉은색을 띠게 된다. 따라서 ㉠과 ㉡은 '무색 → 붉은색'이 적절하다.

여기서 잠깐

진도교재 → 52쪽

Q1 해설 참조

[Q1] 원자 번호는 양성자수 및 전자 수와 같다. 따라서 원자 번호로 양성자수와 전자 수를 알아내어 원자 모형에 전자를 배치할 수 있다. 전자가 들어 있는 전자 껍질 수는 주기 번호와 같으므로 원자 모형에서 전자가 들어 있는 전자 껍질 수로 주기를 알 수 있다. 또, 가장 바깥 전자 껍질에 들어 있는 전자 수로 원자가 전자 수를 알 수 있다.

(모범 답안)

원소	수소	산소	네온	마그네슘	염소
원자 번호	1	8	10	12	17
양성자수	1	8	10	12	17
전자 수	1	8	10	12	17
원자 모형					
주기	1주기	2주기	2주기	3주기	3주기
원자가 전자 수	1	6	0	2	7

내신 탄탄

진도교재 → 53쪽~54쪽

01 ③ 02 ④ 03 ④ 04 ③ 05 ③ 06 해설 참조
07 ⑤ 08 ③ 09 ② 10 ② 11 해설 참조

01 ①, ② 금속 원소는 대부분 특유의 광택이 있고 전기가 잘 통한다.
④ 주기율표에서 금속 원소는 주로 왼쪽과 가운데에 위치하고, 비금속 원소는 주로 오른쪽에 위치한다.
⑤ 알루미늄(Al), 철(Fe), 아연(Zn)은 금속 원소이고, 수소(H), 탄소(C), 질소(N)는 비금속 원소이다.
바로알기 ③ 비금속 원소는 실온에서 대부분 기체 또는 고체 상태이다.

02 ㄴ, ㄷ. 현대의 주기율표는 원소들을 원자 번호 순으로 나열하되, 화학적 성질이 비슷한 원소가 같은 세로줄에 오도록 배열한 것이다. 따라서 같은 족 원소들은 화학적 성질이 비슷하다.
바로알기 ㄱ. 주기율표의 가로줄을 주기라 하고, 세로줄을 족이라고 한다.

03 A는 수소(H), B는 베릴륨(Be), C는 산소(O), D는 나트륨(Na), E는 마그네슘(Mg)이다.
ㄴ. C는 산소(O)이므로 비금속 원소이다.
ㄷ. B(Be)와 E(Mg)는 같은 족 원소이므로 화학적 성질이 비슷하다.
바로알기 ㄱ. A는 수소(H)이므로 비금속 원소이고, B, D, E는 금속 원소이다.

04 리튬(Li)과 칼륨(K)은 1족 원소인 알칼리 금속이므로 화학적 성질이 비슷하다.
ㄱ. 알칼리 금속은 칼로 쉽게 잘릴 정도로 무른 성질이 있으므로 리튬은 칼로 자를 수 있다.
ㄴ. 알칼리 금속은 물과 반응하여 수소 기체를 발생시킨다. 이때 생성된 수용액은 염기성을 띠므로 페놀프탈레인 용액을 넣은 물이 붉은색으로 변한다.
바로알기 ㄷ. 칼륨으로 (나)의 실험을 해도 칼륨이 물과 반응하여 수소 기체가 발생하고 수용액이 붉은색으로 변한다.

05 ㄱ, ㄴ. (가)에서 알칼리 금속 A를 칼로 자르면 공기 중의 산소와 반응하여 단면의 광택이 사라진다.
바로알기 ㄷ. (나)에서 알칼리 금속 A와 물이 반응하여 수소 기체가 발생한다.

06 (모범 답안) 알칼리 금속은 반응성이 커서 공기 중의 산소, 물과 잘 반응하므로 산소, 물과의 접촉을 막기 위해 석유나 액체 파라핀에 넣어 보관한다.

채점 기준	배점
산소, 물과의 반응을 언급하여 옳게 서술한 경우	100 %
산소나 물 중 한 가지와의 반응만 언급하여 옳게 서술한 경우	50 %

07 ①, ② 플루오린(F), 염소(Cl), 브로민(Br)은 주기율표의 17족 원소인 할로젠이며, 비금속 원소이다.
③ 실온에서 할로젠은 2개의 원자가 결합한 분자로 존재한다.
④ 할로젠과 수소가 반응하면 수소 화합물(HF, HCl, HBr 등)을 생성하고, 이 화합물은 물에 녹아 산성을 띤다.
바로알기 ⑤ 할로젠은 반응성이 커서 알칼리 금속, 수소 등 다른 원소와 잘 반응한다.

08 A는 플루오린(F), B는 산소(O), C는 네온(Ne)이다.

원소	플루오린(F)	산소(O)	네온(Ne)
전자 배치	A	B	C
전자 수	9	8	10
원자 번호	9	8	10
주기	2	2	2
원자가 전자 수	7	6	0

ㄱ. A~C는 전자가 들어 있는 전자 껍질 수가 2로 같으므로 모두 2주기 원소이다.
ㄴ. 원자 번호는 양성자수 및 전자 수와 같다. A~C에서 전자 수가 C(Ne) > A(F) > B(O)이므로 원자 번호도 이와 같다.
바로알기 ㄷ. 원자가 전자 수는 A(F)와 C(Ne)가 각각 7, 0이므로 A와 C는 화학적 성질이 다르다.

09 A는 수소(H), B는 산소(O), C는 플루오린(F), D는 나트륨(Na)이다.
ㄴ. B(O)와 C(F)는 전자가 들어 있는 전자 껍질 수가 2로 같으므로 모두 2주기 원소이다.
바로알기 ㄱ. A(H)와 D(Na)는 원자가 전자 수는 1로 같지만 A는 비금속 원소인 수소(H)이고, D는 금속 원소이므로 화학적 성질이 다르다.
ㄷ. 할로젠은 17족 원소이므로 원자가 전자 수가 7이다. B(O)는 원자가 전자 수가 6이므로 할로젠이 아니다.

10 A는 헬륨(He), B는 리튬(Li), C는 산소(O), D는 플루오린(F), E는 나트륨(Na), F는 염소(Cl)이다.

① 18족 원소는 가장 바깥 전자 껍질에 전자가 최대로 배치되어 있다. A(He)는 1주기 18족 원소이므로 첫 번째 전자 껍질에 전자가 최대로 배치되어 있다.

③ D(F)와 F(Cl)는 17족 원소이므로 원자가 전자 수가 7로 같다.

④ E(Na)와 F(Cl)는 3주기 원소이므로 전자가 들어 있는 전자 껍질 수가 3으로 같다.

⑤ 원자 번호는 A(He)가 2, B(Li)가 3, C(O)가 8, D(F)가 9, E(Na)가 11, F(Cl)가 17이다. 따라서 원자 번호가 가장 큰 원소는 F(Cl)이다.

바로알기 ② 같은 족 원소는 원자가 전자 수가 같아 화학적 성질이 비슷하다. 따라서 A~F 중 B(Li)와 E(Na)의 화학적 성질이 비슷하고, D(F)와 F(Cl)의 화학적 성질이 비슷하다.

11 원자가 전자는 화학 반응에 참여하므로 원소의 화학적 성질을 결정한다.

모범 답안 원소의 화학적 성질을 결정하는 원자가 전자 수가 주기적으로 변하기 때문이다.

채점 기준	배점
원자가 전자 수를 언급하여 옳게 서술한 경우	100 %
화학적 성질이 비슷한 원소가 주기적으로 나타나기 때문이라고만 서술한 경우	20 %

1등급 도전

진도교재 → 55쪽

01 ② **02** ① **03** ① **04** ①

01 A는 수소(H), B는 헬륨(He), C는 산소(O), D는 플루오린(F), E는 나트륨(Na), F는 염소(Cl)이다.

① 우주를 구성하는 원소 중 수소(H)와 헬륨(He)의 질량비는 약 3 : 1이다.

③ D(F)와 F(Cl)는 17족 원소이므로 할로젠이다. 실온에서 할로젠은 2개의 원자가 결합한 분자로 존재한다.

④ E는 나트륨(Na)이므로 물과 반응하면 수소 기체가 발생한다.

⑤ A_2C는 물(H_2O)이므로 인류의 생존에 필수적인 물질이다.

바로알기 ② A(H)와 E(Na)는 1족 원소로 원자가 전자 수가 같지만 A는 비금속 원소이고, E는 금속 원소이므로 화학적 성질은 다르다.

02 ㄱ. 수소와의 반응 정도로 보아 할로젠의 반응성은 플루오린>염소>브로민>아이오딘 순이다.

바로알기 ㄴ. 할로젠과 수소가 반응하면 수소 화합물(HF, HCl, HBr 등)을 생성하고, 이 화합물은 물에 녹아 산성을 띤다.

ㄷ. 실온에서 액체 상태인 원소는 브로민 한 가지이다. 실온에서 플루오린과 염소는 기체 상태이고, 아이오딘은 고체 상태이다.

03 (가)에서 생명체를 구성하는 성분 원소 중 질량비가 가장 큰 ㉠은 산소(O)이고, ㉡은 탄소(C)이다.

ㄱ. 산소와 탄소는 모두 2주기 원소이다.

바로알기 ㄴ. (나)는 전자 수가 8이므로 원자 번호가 8인 산소(㉠)의 전자 배치이다.

ㄷ. 원자가 전자 수는 산소(㉠)와 탄소(㉡)가 각각 6, 4이므로 ㉠>㉡이다.

04 리튬(Li), 플루오린(F)은 2주기 원소이고, 마그네슘(Mg), 염소(Cl)는 3주기 원소이다.

Z의 ㉠이 7이므로 ㉠은 원자가 전자 수이고, ㉡은 전자가 들어 있는 전자 껍질 수이다. W의 원자가 전자 수가 1이므로 W는 리튬(Li)이고, X는 2주기 원소이므로 플루오린(F)이다. Z는 원자가 전자 수가 7이므로 염소(Cl)이고, Y는 3주기 원소이므로 마그네슘(Mg)이다.

원소	W(Li)	X(F)	Y(Mg)	Z(Cl)
㉠ 원자가 전자 수	1	$x=7$	$y=2$	7
㉡ 전자가 들어 있는 전자 껍질 수	$w=2$	2	3	$z=3$

ㄱ. Z의 ㉠이 7이므로 ㉠은 원자가 전자 수이다.

바로알기 ㄴ. $w=2$, $x=7$, $y=2$, $z=3$이므로 $\frac{y+z}{w+x}=\frac{2+3}{2+7}=\frac{5}{9}$이다.

ㄷ. Y(Mg)와 Z(Cl)는 원자가 전자 수가 다르므로 화학적 성질이 다르다. 화학적 성질이 비슷한 원소는 원자가 전자 수가 7로 같은 X(F)와 Z(Cl)이다.

02 화학 결합과 물질의 성질

개념 쏙쏙

진도교재 → 57쪽, 59쪽

1 (1) × (2) × (3) ○ (4) ○ **2** (1) ㉠ 양이온, ㉡ 음이온 (2) 이온 (3) 공유 **3** ㉠ 이온, ㉡ 공유 **4** (가) 염화 칼슘($CaCl_2$), 염화 나트륨(NaCl) (나) 물(H_2O), 뷰테인(C_4H_{10}) **5** ㉠ 이온 결합, ㉡ Na_2O, ㉢ 공유 결합, ㉣ CO_2 **6** (1) ○ (2) ○ (3) × (4) ○

1 (1) 18족 원소는 원자가 전자 수가 0이다.

(2) 가장 바깥 전자 껍질에 들어 있는 전자 수는 헬륨(He)은 2이고 네온(Ne)은 8이다.

(3) 18족 원소는 가장 바깥 전자 껍질에 전자가 2개 또는 8개가 채워진 안정한 전자 배치를 이루므로 화학 결합을 형성하지 않는다.

(4) 원소들은 화학 결합을 통해 18족 원소와 같은 전자 배치를 이루어 안정해진다.

2 (1) 이온 결합은 양이온과 음이온 사이의 정전기적 인력으로 형성되는 화학 결합이다. 금속 원소는 양이온이 되기 쉽고, 비금속 원소는 음이온이 되기 쉽다.
(2) 금속 원소인 나트륨과 비금속 원소인 염소는 이온 결합을 형성한다.
(3) 공유 결합은 비금속 원소의 원자들이 전자쌍을 공유하여 형성되는 화학 결합이다.

3 이온 결합 물질은 수많은 양이온과 음이온이 연속적으로 결합하여 규칙적인 배열의 입체 구조를 이루고, 공유 결합 물질은 일반적으로 일정한 수의 원자들이 전자쌍을 공유하여 결합한 분자로 존재한다.

4 • 물(H_2O): 비금속 원소인 수소(H)와 산소(O)가 공유 결합하여 생성된 물질이다.
• 염화 칼슘($CaCl_2$): 금속 원소의 양이온인 칼슘 이온(Ca^{2+})과 비금속 원소의 음이온인 염화 이온(Cl^-)이 이온 결합하여 생성된 물질이다.
• 뷰테인(C_4H_{10}): 비금속 원소인 탄소(C)와 수소(H)가 공유 결합하여 생성된 물질이다.
• 염화 나트륨(NaCl): 금속 원소의 양이온인 나트륨 이온(Na^+)과 비금속 원소의 음이온인 염화 이온(Cl^-)이 이온 결합하여 생성된 물질이다.

5 ㉠ 금속 원소인 마그네슘(Mg)과 비금속 원소인 염소(Cl)는 이온 결합을 형성한다.
㉡ 나트륨 이온(Na^+)과 산화 이온(O^{2-})은 2 : 1로 결합하며, 화합물의 화학식은 Na_2O이다.
㉢ 비금속 원소인 수소(H)와 산소(O)는 공유 결합을 형성한다.
㉣ 이산화 탄소의 화학식은 CO_2이다.

6 (1), (2) 염화 나트륨(NaCl)은 이온 결합 물질이고, 설탕($C_{12}H_{22}O_{11}$)은 공유 결합 물질이다. 이온 결합 물질은 고체 상태에서는 전기 전도성이 없고, 수용액 상태에서는 전기 전도성이 있다. 공유 결합 물질은 고체 상태와 수용액 상태에서 대부분 전기 전도성이 없다 .
(3) 염화 나트륨은 이온 결합 물질이므로 수용액 상태에서 전기 전도성이 있고, 설탕은 공유 결합 물질이므로 수용액 상태에서 전기 전도성이 없다.
(4) 염화 나트륨은 수용액 상태에서 전기 전도성이 있고, 설탕은 수용액 상태에서 전기 전도성이 없으므로 수용액 상태에서의 전기 전도성을 비교하여 염화 나트륨과 설탕을 구분할 수 있다.

탐구 A

진도교재 → 61쪽

확인 문제 **1** (1) × (2) ○ (3) × (4) ○ **2** A: 염화 칼슘, B: 포도당, ㉠ 없음, ㉡ 없음 **3** ①

1 (1) 염화 나트륨은 이온 결합 물질이므로 고체 상태에서 전기 전도성이 없다.
(2) 염화 칼슘($CaCl_2$)은 금속 원소의 양이온인 칼슘 이온(Ca^{2+})과 비금속 원소의 음이온인 염화 이온(Cl^-)이 이온 결합하여 생성된 물질이다.
(3) 설탕은 공유 결합 물질이므로 수용액 상태에서 전기 전도성이 없다.
(4) 포도당($C_6H_{12}O_6$)과 설탕($C_{12}H_{22}O_{11}$)은 비금속 원소인 탄소(C), 수소(H), 산소(O)가 공유 결합하여 생성된 물질이다.

2 염화 칼슘은 이온 결합 물질이므로 수용액 상태에서 전기 전도성이 있다. 따라서 A는 염화 칼슘이고, B는 포도당이다. 염화 칼슘은 고체 상태에서 전기 전도성이 없고, 포도당은 수용액 상태에서 전기 전도성이 없다.

3 염화 나트륨은 이온 결합 물질이므로 수용액 상태에서 전기 전도성이 있다. 따라서 A는 설탕이고, B는 염화 나트륨이다.
ㄱ. A는 고체 상태와 수용액 상태에서 전기 전도성이 없으므로 설탕이고, 공유 결합 물질이다.
바로알기 ㄴ. B는 수용액 상태에서 전기 전도성이 있으므로 염화 나트륨이며, 금속 원소의 양이온과 비금속 원소의 음이온이 결합하여 이루어진 물질이다.
ㄷ. A의 수용액은 전기 전도성이 없으므로 A의 수용액에는 이온이 존재하지 않는다. A는 수용액에 분자가 존재하고, B는 수용액에 양이온과 음이온이 존재한다.

내신 탄탄

진도교재 → 62쪽~64쪽

01 ③ **02** ③ **03** ④ **04** 해설 참조 **05** ⑤ **06** ①
07 ③ **08** ② **09** ⑤ **10** ③ **11** ④ **12** 해설 참조
13 ② **14** ⑤

01 A는 산소(O), B는 마그네슘(Mg), C는 염소(Cl)이다. A~C의 원자가 전자 수는 각각 6, 2, 7이므로 18족 원소와 같은 전자 배치를 하기 위해 A(O)는 전자 2개를 얻어야 하고, B(Mg)는 전자 2개를 잃어야 하며, C(Cl)는 전자 1개를 얻어야 한다.

02 A는 헬륨(He), B는 리튬(Li), C는 네온(Ne), D는 황(S), E는 염소(Cl), F는 아르곤(Ar)이다.
ㄱ. A(He)와 C(Ne)는 18족 원소이므로 비활성 기체이다.
ㄷ. D(S)와 E(Cl)가 가장 안정한 이온이 될 때 D(S)는 전자 2개를 얻고, E(Cl)는 전자 1개를 얻어 18족 원소인 F(Ar)와 같은 전자 배치를 이룬다.
바로알기 ㄴ. B(Li)는 안정한 이온이 될 때 전자 1개를 잃고 18족 원소인 A(He)와 같은 전자 배치를 이룬다.

03 A는 리튬(Li), B는 산소(O), C는 네온(Ne), D는 나트륨(Na)이다.

ㄴ. B(O)와 D(Na)가 가장 안정한 이온이 될 때 B(O)는 전자 2개를 얻고, D(Na)는 전자 1개를 잃어 18족 원소인 C(Ne)와 같은 전자 배치를 이룬다.

ㄷ. C(Ne)는 18족 원소이므로 다른 원소와 화학 결합을 형성하지 않는다.

바로알기 ㄱ. A(Li)는 전자 1개를 잃어 안정한 이온이 되며, 18족 원소인 헬륨(He)과 같은 전자 배치를 이룬다.

04 (모범 답안) 이온 결합, A는 금속 원소이고, B는 비금속 원소이므로 A와 B는 이온 결합을 형성한다.

채점 기준	배점
화학 결합의 종류와 그 까닭을 모두 옳게 서술한 경우	100 %
화학 결합의 종류만 옳게 쓴 경우	50 %

05 A는 원자핵의 전하가 11+이므로 원자 번호가 11인 나트륨(Na), B는 원자핵의 전하가 19+이므로 원자 번호가 19인 칼륨(K), C는 원자핵의 전하가 8+이므로 원자 번호가 8인 산소(O)이다.

ㄱ. A(Na)와 B(K)는 모두 금속 원소이다.

ㄴ. A(Na)와 B(K)는 모두 알칼리 금속이므로 화학적 성질이 비슷하다.

ㄷ. B^+(K^+)과 C^{2-}(O^{2-})은 2 : 1로 이온 결합을 형성하므로 B와 C가 결합하여 생성된 안정한 화합물의 화학식은 B_2C(K_2O)이다.

06 ㄱ. 나트륨(Na)과 염소(Cl)는 전자가 들어 있는 전자 껍질 수가 3이므로 모두 3주기 원소이다.

바로알기 ㄴ. 염소(Cl)가 이온이 될 때는 전자가 들어 있는 전자 껍질 수가 달라지지 않지만, 나트륨(Na)이 이온이 될 때는 전자가 들어 있는 전자 껍질 수가 3에서 2로 달라진다.

ㄷ. 염화 나트륨(NaCl)이 생성될 때 나트륨(Na) 원자는 전자 1개를 잃고 나트륨 이온(Na^+)이 되고, 염소(Cl) 원자는 전자 1개를 얻어 염화 이온(Cl^-)이 된다. 이때 나트륨 이온(Na^+)은 네온(Ne)과 같은 전자 배치를 이루고, 염화 이온(Cl^-)은 아르곤(Ar)과 같은 전자 배치를 이룬다.

07 A는 리튬(Li), B는 플루오린(F)이고, 화학 결합 모형은 다음과 같다.

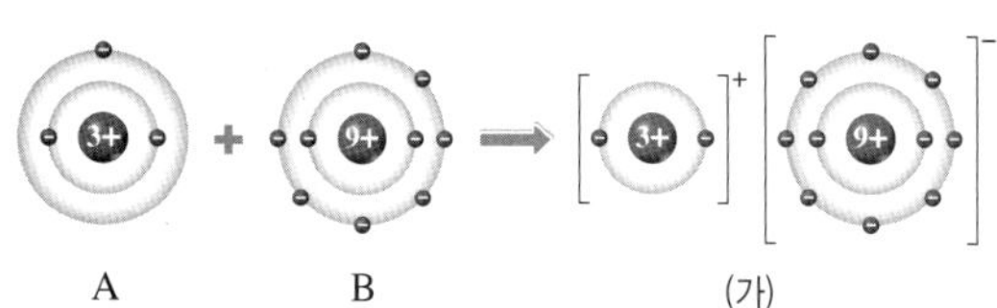

ㄱ. A(Li)는 금속 원소이고 B(F)는 비금속 원소이므로 이온 결합을 형성하며, 화합물 (가)의 화학식은 AB(LiF)이다.

ㄴ. 이온 결합을 형성할 때 금속 원소인 A(Li)에서 비금속 원소인 B(F)로 전자가 이동한다.

바로알기 ㄷ. (가)를 이루는 구성 입자는 A^+(Li^+)과 B^-(F^-)이다. A^+(Li^+)의 전자 배치는 헬륨(He)과 같고, B^-(F^-)의 전자 배치는 네온(Ne)과 같다.

08 A는 탄소(C), B는 산소(O)이다.

ㄴ. A(C)와 B(O)는 모두 비금속 원소이므로 A와 B로 이루어진 물질은 공유 결합 물질이다.

바로알기 ㄱ. 원자가 전자 수는 A(C)와 B(O)가 각각 4, 6이므로 B>A이다.

ㄷ. B(O)는 원자가 전자 수가 6이므로 각 원자가 전자를 2개씩 내놓아 전자쌍 2개를 만들고, 이 전자쌍을 공유하여 결합한다. 즉, B_2(O_2)의 공유 전자쌍 수는 2이다.

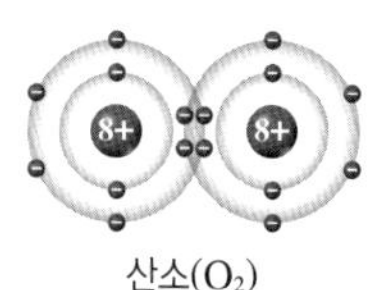

산소(O_2)

09 A는 수소(H), B는 산소(O)이고 A_2B는 물(H_2O)이다.

ㄴ. A_2B(H_2O)에서 A(H)는 헬륨(He)과 같은 전자 배치를 이루고, B(O)는 네온(Ne)과 같은 전자 배치를 이룬다.

ㄷ. A_2B(H_2O)에서 B(O) 원자는 A(H) 원자 2개와 각각 전자쌍 1개씩을 공유하므로 공유 전자쌍 수는 2이다.

바로알기 ㄱ. A(H)와 B(O)는 비금속 원소이므로 공유 결합을 형성한다.

10 A는 원자핵의 전하가 1+이므로 원자 번호가 1인 수소(H), B는 원자핵의 전하가 9+이므로 원자 번호가 9인 플루오린(F), C는 원자핵의 전하가 8+이므로 원자 번호가 8인 산소(O)이다.

ㄱ. AB(HF)와 A_2C(H_2O)는 모두 비금속 원소의 원자가 전자쌍을 공유하여 형성된 공유 결합 물질이다.

ㄴ. 원자가 전자 수는 B(F)와 C(O)가 각각 7, 6이다.

바로알기 ㄷ. 공유 전자쌍 수는 AB(HF)와 A_2C(H_2O)가 각각 1, 2이다.

11 KCl, NaF, LiCl, MgO, $CaCl_2$은 금속 원소의 양이온과 비금속 원소의 음이온이 결합한 물질이므로 이온 결합 물질이고, HI, H_2O, N_2, CH_4, SO_2은 비금속 원소끼리 결합한 물질이므로 공유 결합 물질이다.

12 (모범 답안) 고체 상태의 물질 A와 B가 들어 있는 각 홈에 증류수를 넣어 수용액을 만들고, 전기 전도성 측정기로 전류가 흐르는지 확인한다.

채점 기준	배점
수용액 상태의 전기 전도성을 비교한다는 내용을 포함하여 옳게 서술한 경우	100 %
수용액 상태의 전기 전도성을 비교한다는 내용을 서술하지 못한 경우	0 %

13 염화 나트륨과 염화 구리(Ⅱ)는 수용액 상태에서 전기 전도성이 있으므로 이온 결합 물질이고, 설탕과 녹말은 수용액 상태에서 전기 전도성이 없으므로 공유 결합 물질이다.

ㄴ. 공유 결합 물질인 녹말은 물에 녹아 이온을 생성하지 않는다.

바로알기 ㄱ. 이온 결합 물질인 염화 나트륨과 공유 결합 물질인 설탕은 고체 상태에서 모두 전기 전도성이 없으므로 ㉠과 ㉡은 모두 '없음'이 적절하다.

ㄷ. 수용액 상태에서 이온 결합 물질은 전기 전도성이 있고, 공유 결합 물질은 전기 전도성이 없다. 염화 나트륨과 염화 구리(Ⅱ)는 이온 결합 물질이고, 설탕과 녹말은 공유 결합 물질이다.

14 수용액 상태에서 전기 전도성이 있는 것은 이온 결합 물질인 염화 나트륨($NaCl$)이므로 (나)는 $NaCl$이고, 이에 따라 (다) CH_4이다.

ㄱ. 공유 전자쌍 수는 메테인(CH_4)과 산소(O_2)가 각각 4, 2이므로 (가)에 '공유 전자쌍 수가 4인가?'를 사용할 수 있다.

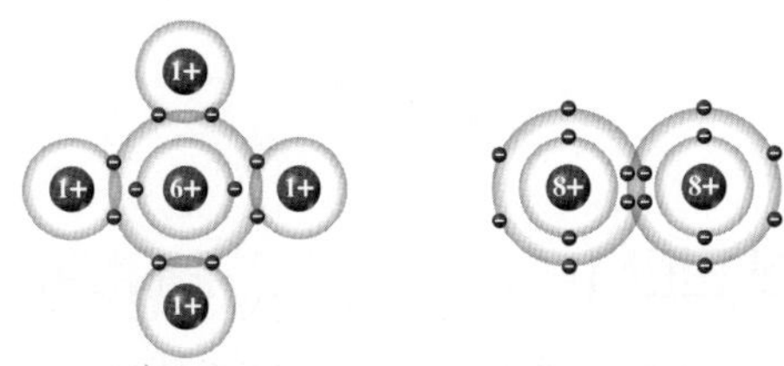

메테인(CH_4) 산소(O_2)

ㄷ. (다)는 메테인(CH_4)이며 비금속 원소인 탄소(C)와 수소(H)로 이루어져 있다.

1등급 도전

진도교재 → 65쪽

01 ② **02** ③ **03** ① **04** ①

01 A는 원자핵의 전하가 8+이므로 원자 번호가 8인 산소(O), B는 원자핵의 전하가 1+이므로 원자 번호가 1인 수소(H)이다. A_2는 산소(O_2)이고, B_2A는 물(H_2O)이다.

ㄴ. A_2(O_2)와 B_2A(H_2O)에서 모두 A(O)는 전자쌍 2개를 공유하여 네온(Ne)과 같은 전자 배치를 이룬다.

바로알기 ㄱ. A(O)는 2주기, B(H)는 1주기 원소이다.

ㄷ. 실온에서 A_2(O_2)는 기체 상태이고, B_2A(H_2O)는 액체 상태이다.

02 A는 원자핵의 전하가 11+이므로 원자 번호가 11인 나트륨(Na), B는 원자핵의 전하가 9+이므로 원자 번호가 9인 플루오린(F), C는 원자핵의 전하가 1+이므로 원자 번호가 1인 수소(H)이다.

ㄷ. B_2(F_2)와 C_2(H_2)에서 공유 전자쌍 수는 1로 같다.

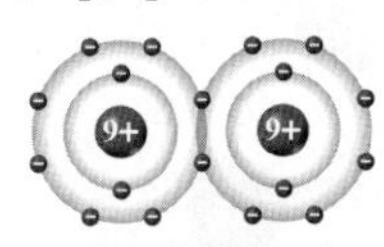

플루오린(F_2)

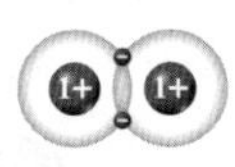

수소(H_2)

바로알기 ㄱ. A(Na)는 3주기, B(F)는 2주기, C(H)는 1주기 원소이다.

ㄴ. 질량이 태양과 비슷한 별에서는 핵융합 반응으로 헬륨, 탄소, 산소가 생성된다.

03 A는 리튬(Li), B는 탄소(C), C는 플루오린(F), D는 마그네슘(Mg), E는 황(S)이다.

ㄱ. D(Mg)와 E(S)가 화학 결합할 때 전자는 금속 원소인 D에서 비금속 원소인 E로 이동한다.

바로알기 ㄴ. AC(LiF)는 이온 결합 물질이고, BE_2(CS_2)는 공유 결합 물질이다.

ㄷ. B(C)와 C(F)는 원자가 전자 수가 각각 4, 7이므로 18족 원소와 같은 전자 배치를 이루기 위해 필요한 전자 수는 각각 4, 1이다. 따라서 B 원자 1개는 C 원자 4개와 전자쌍을 공유하여 공유 결합을 형성한다.

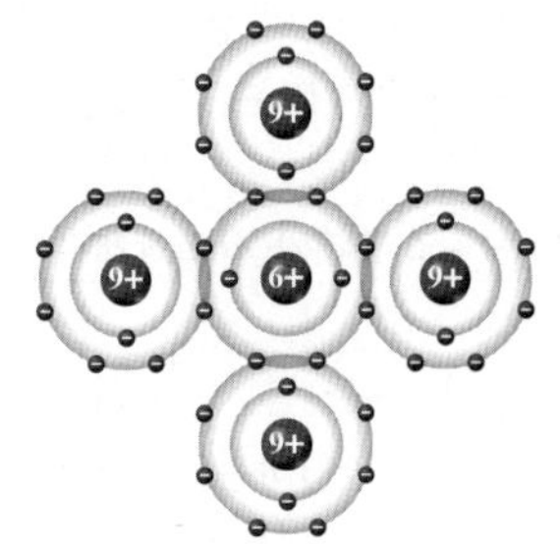

04 (가) 생명체를 구성하는 원소에서 질량비가 가장 큰 ㉠은 산소(O)이고, 두 번째로 큰 ㉡은 탄소(C)이다.

(나) A는 원자핵의 전하가 12+이므로 원자 번호가 12인 마그네슘(Mg)이고, B는 원자핵의 전하가 8+이므로 원자 번호가 8인 산소(O)이다.

ㄱ. (가)에서 ㉠은 산소(O)이고, (나)에서 B는 산소(O)이다.

바로알기 ㄴ. ㉠과 ㉡은 비금속 원소이므로 공유 결합을 한다. AB(MgO)는 이온 결합 물질이다.

ㄷ. 원자가 전자 수는 A(Mg)와 B(O)가 각각 2, 6이다.

03 지각과 생명체 구성 물질의 규칙성

개념 쏙쏙

진도교재 → 67쪽, 69쪽

1 산소 **2** (1) 4 (2) ㉠ 1, ㉡ 4, ㉢ 공유, ㉣ 음 (3) 산소 **3** (1) 단사슬 구조 (2) 휘석 **4** (1) ○ (2) ○ (3) ○ (4) × **5** ㉠ 아미노산, ㉡ 물, (가) 펩타이드결합 **6** (1) 뉴클레오타이드 (2) 염기 (3) 아데닌(A), 구아닌(G), 사이토신(C), 타이민(T)

1 지각과 생물체에 가장 많은 원소는 산소이다.

2 (1) 지각을 구성하는 대부분의 광물은 산소와 규소로 이루어진 규산염 광물이다. 규소는 14족 원소로, 원자가 전자가 4개이다.

(2) 규산염 사면체는 규소 1개와 산소 4개가 공유 결합한 구조로 음전하를 띤다.

(3) 규산염 사면체는 다른 규산염 사면체와 산소를 공유하여 결합하면서 규산염 사면체가 결합하는 방식에 따라 다양한 구조의 규산염 광물이 만들어진다.

3 (1) 그림은 규산염 사면체가 양쪽의 산소를 공유하여 단일 사슬 모양으로 결합한 단사슬 구조에 해당한다.

(2) 규산염 광물 중 단사슬 구조를 가진 광물은 휘석이다.

4 (1) 단백질은 효소, 호르몬, 항체의 주성분이며, 몸의 주요 구성 물질이다.

(2) 단백질과 핵산은 탄소가 수소, 산소, 질소 등과 공유 결합하여 이루어진 탄소 화합물이다.

(3) 단백질은 아미노산을 기본 단위체로, 핵산은 뉴클레오타이드를 기본 단위체로 하여 형성된다.

(4) 단백질은 몸의 주요 구성 물질이며, 효소와 호르몬의 주성분으로 체내 화학 반응과 생리작용을 조절한다. 유전정보를 저장하는 물질은 핵산이다.

5 단백질을 이루는 기본 단위체인 ㉠은 아미노산이고, 2개의 아미노산이 결합할 때 물(㉡)이 빠져나온다. 이때 형성되는 아미노산 사이의 결합(가)을 펩타이드결합이라고 한다.

6 (1) 핵산을 구성하는 기본 단위체는 뉴클레오타이드이다.

(2) 뉴클레오타이드는 인산, 당, 염기가 1 : 1 : 1로 결합되어 있으므로 (가)는 염기이다.

(3) DNA를 구성하는 뉴클레오타이드의 염기 4종류는 아데닌(A), 구아닌(G), 사이토신(C), 타이민(T)이다.

여기서 잠깐

진도교재 → 70쪽

Q1 ㉠ 기본 단위체, ㉡ 아미노산, ㉢ 뉴클레오타이드
Q2 27 %

[Q1] 생명체에서 단백질은 약 20종류의 아미노산이 다양한 조합으로 결합하여 만들어지며, 아미노산의 종류와 결합 순서에 따라 다양한 단백질이 만들어진다. 4종류의 뉴클레오타이드가 결합하는 순서에 따라 염기서열이 다양한 DNA가 만들어진다. 유전정보는 DNA의 염기서열에 저장되므로 염기서열에 따라 서로 다른 유전정보가 저장된다.

[Q2] DNA 이중나선에서 아데닌(A)과 타이민(T), 구아닌(G)과 사이토신(C)의 염기 조성 비율은 각각 같다(A=T, G=C). 아데닌(A)의 비율이 23 %이면 타이민(T)의 비율도 23 %이다. 따라서 구아닌(G)과 사이토신(C)의 비율은 각각 (100 % − 23 % − 23 %) ÷ 2 = 27 %이다.

내신 탄탄

진도교재 → 71쪽~72쪽

01 ③ **02** ⑤ **03** ⑤ **04** ① **05** 해설 참조 **06** ③ **07** ① **08** ④ **09** 해설 참조 **10** ②

01 ㄱ. 생명체의 구성 원소의 질량비는 산소>탄소이고, 지각의 구성 원소의 질량비는 산소>규소이다. 그림에서 두 번째로 많은 원소가 규소이므로 지각을 구성하는 원소의 질량비이다.

ㄴ. 산소(A)는 질량이 태양과 비슷한 별 중심부에서 핵융합 반응으로 만들어질 수 있다.

바로알기 ㄷ. 산소(A)는 원자가 전자의 개수가 6개이고, 규소는 원자가 전자의 개수가 4개이다.

02 ① 원자의 전자가 14개이므로 원자 번호가 14인 규소이다. 규소는 14족 원소에 해당한다.

② 가장 바깥 전자 껍질에 들어 있는 전자가 4개이므로, 이 원자의 원자가 전자 수는 4개이다.

③ 지각에서 가장 많은 원소는 산소이다. 규소는 두 번째로 많은 원소이다.

④ 규산염 광물은 산소와 규소로 이루어진 광물이다.

바로알기 ⑤ 규소는 산소와 공유 결합을 하여 규산염 사면체를 이룬다. 규산염 광물은 규산염 사면체가 여러 가지 규칙에 따라 서로 결합하여 만들어진 광물이다.

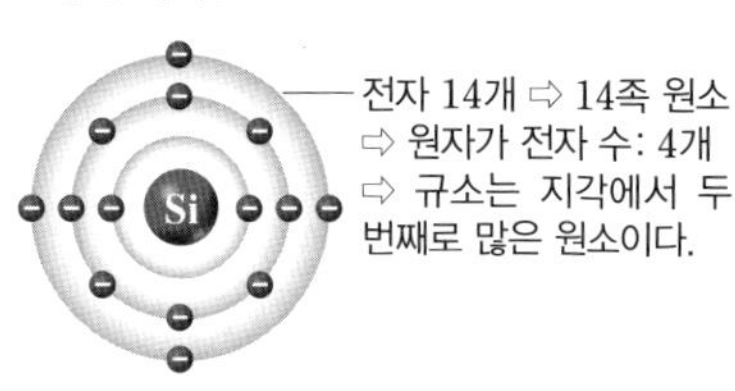

03 ⑤ 규산염 사면체가 이웃한 규산염 사면체와 결합하는 경우에는 산소(A)를 공유하여 결합한다.

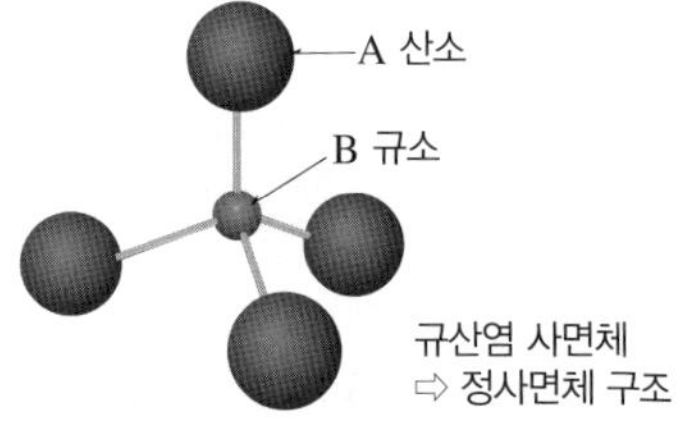

바로알기 ① 규산염 사면체는 규산염 광물의 기본 단위체이다. 모든 광물이 규산염 사면체를 기본 단위체로 해서 이루어져 있지는 않다.

②, ③ 규산염 사면체는 규소 1개를 중심으로 산소 4개가 공유 결합한 정사면체 구조이다. 따라서 A는 산소, B는 규소이다.
④ 규산염 사면체는 산소(A) 4개와 규소(B) 1개가 결합하여 음전하를 띤다. 따라서 규산염 사면체는 양이온과 결합하거나 다른 규산염 사면체와 결합하여 전기적으로 중성을 이룬다.

04 ㄱ. 그림은 단사슬 2개가 서로 엇갈려 이중 사슬 모양으로 결합한 복사슬 구조이다.
바로알기 ㄴ. 복사슬 구조는 규산염 사면체의 산소 2개나 3개를 주변의 규산염 사면체와 공유하여 결합한다.
ㄷ. 각섬석은 대표적인 복사슬 구조의 규산염 광물이다.

05 (나)는 규산염 사면체가 산소 4개를 모두 다른 규산염 사면체와 공유하여 결합하므로, 이 결합을 끊는 데 필요한 에너지가 많아지기 때문에 풍화에 강하다.
모범 답안 (나), (가)는 규산염 사면체 간의 결합이 없지만, (나)는 규산염 사면체의 산소 4개를 모두 다른 규산염 사면체와 공유하면서 결합하여 안정한 상태를 띠기 때문이다.

채점 기준	배점
(나)를 옳게 쓰고, 공유하는 산소의 수와 규산염 사면체 간의 결합을 언급하여 까닭을 옳게 서술한 경우	100 %
(나)만 옳게 쓴 경우	50 %
공유하는 산소의 수와 규산염 사면체 간의 결합을 언급하여 까닭만 옳게 서술한 경우	50 %
(나)가 (가)보다 규산염 사면체 간의 공유 결합이 복잡하기 때문이라고 까닭만 옳게 서술한 경우	30 %

06 ① 단백질은 근육, 피부, 적혈구 등을 구성하는 몸의 주요 구성 물질이다.
④, ⑤ 아미노산의 종류와 수, 배열 순서에 따라 폴리펩타이드가 구부러지고 접혀 단백질의 입체 구조가 달라지며, 입체 구조에 따라 단백질의 기능이 결정된다.
바로알기 ③ 단백질의 기본 단위체는 아미노산이다.

07 아미노산이 결합하여 만들어진 긴 사슬 모양의 (가)는 폴리펩타이드이고, (나)는 폴리펩타이드가 구부러지고 접혀 입체 구조를 이룬 단백질이다.
ㄱ. 2개의 아미노산 사이의 결합 ㉠은 펩타이드결합이다.
바로알기 ㄴ. 2개의 아미노산이 결합할 때 물 분자 1개가 빠져나오므로 12개의 아미노산이 결합할 때 물 분자 11개가 빠져나온다.
ㄷ. 단백질(나)의 종류는 아미노산의 종류와 수, 배열 순서에 의해 결정되는데, 약 20종류의 아미노산이 결합하여 만들어지는 단백질의 종류는 무수히 많다.

08 ㉠은 디옥시라이보스(당)이고, ㉡은 염기이다.
④ 핵산을 구성하는 당은 5개의 탄소를 포함하는 5탄당이다. 따라서 디옥시라이보스(㉠)에 탄소가 포함되어 있다.
바로알기 ① 핵산인 DNA와 RNA의 기본 단위체는 뉴클레오타이드이다.
② DNA를 구성하는 당은 디옥시라이보스이고, RNA를 구성하는 당은 라이보스이다.
③ 뉴클레오타이드는 인산 : 당(㉠) : 염기(㉡)가 1 : 1 : 1로 이루어져 있다.
⑤ 유라실(U)은 DNA에는 없고 RNA에만 있다.

09 DNA를 이루는 두 가닥의 폴리뉴클레오타이드는 염기 사이의 상보결합으로 연결된다.
모범 답안 AGTC, 아데닌(A)은 타이민(T)과만 결합하고 구아닌(G)은 사이토신(C)과만 결합하므로, 염기서열이 TCAG인 가닥에 상보결합하는 다른 한쪽 가닥의 염기서열은 AGTC이다.

채점 기준	배점
염기서열을 옳게 쓰고, 상보결합에 의한 원리를 옳게 서술한 경우	100 %
염기서열만 옳게 쓴 경우	30 %

10 (가)는 두 가닥의 폴리뉴클레오타이드가 결합한 이중나선구조인 DNA이고, (나)는 폴리뉴클레오타이드가 단일 가닥 구조인 RNA이다
ㄴ. RNA(나)를 구성하는 염기는 아데닌(A), 구아닌(G), 사이토신(C), 유라실(U)이다.
바로알기 ㄱ. DNA(가)는 유전정보를 저장하고, RNA(나)는 유전정보를 전달하고 단백질을 합성하는 데 관여한다.
ㄷ. 당이 디옥시라이보스인 것은 DNA(가)이다.

1등급 도전

진도교재 → 73쪽

01 ③ **02** ③ **03** ② **04** ④

01 지각과 사람에서 가장 많은 질량비를 차지하는 원소는 산소이므로 A, D는 산소이다. 지각은 주로 규산염 광물로 이루어져 있으므로 B는 규소이고, 사람을 이루는 유기물에는 탄소가 포함되어 있으므로 E는 탄소이다. C는 알루미늄, F는 수소이다.

지각		사람	
A 산소	46.6	D 산소	65.0
B 규소	27.7	E 탄소	18.5
C 알루미늄	8.1	F 수소	9.5
기타	17.6	기타	7.0

원자가 전자: 4개 / 우주 초기에 생성

ㄴ. ㉡은 규소로, 지각에서 두 번째로 많은 원소이다. 규소의 원자가 전자의 수는 4개로, 탄소와 같다.
ㄹ. 규산염 사면체에 Mg^{2+} 2개 또는 Fe^{2+} 2개 또는 Mg^{2+} 1개와 Fe^{2+} 1개가 결합하면 감람석이 만들어진다.
바로알기 ㄱ. ㉠은 산소이므로 A와 D에 해당한다.
ㄷ. 우주에서 가장 먼저 생성된 원소는 빅뱅 직후 우주 초기에 생성된 수소와 헬륨이다. 따라서 A~F 중 가장 먼저 생성된 원소는 수소(F)이다.

02 (가)는 규산염 사면체가 양쪽의 산소를 공유하여 단일 사슬 모양으로 결합한 단사슬 구조이고, (나)는 규산염 사면체가 산소 3개를 다른 규산염 사면체와 공유하여 판 모양으로 결합한 판상 구조이다.

ㄷ. 규산염 사면체가 공유하는 산소의 수는 결합 구조가 복잡할수록 많으므로 (나)가 (가)보다 많다.
ㄹ. 규산염 사면체 간 공유 결합이 복잡할수록 강하게 결합해 있어 결합을 끊는 데 필요한 에너지가 많아지기 때문에 (나)가 (가)보다 풍화에 강하다.

바로알기 ㄱ. (가) 단사슬 구조, (나) 판상 구조인 규산염 광물은 강한 충격을 가했을 때 쪼개짐이 나타난다.
ㄴ. 판상 구조를 갖는 대표적인 광물에는 흑운모가 있다. 장석과 석영은 규산염 사면체가 망상 구조로 결합되어 있다.

결합 구조	광물의 예
독립형 구조	감람석
단사슬 구조	휘석
복사슬 구조	각섬석
판상 구조	흑운모
망상 구조	장석, 석영

03 B는 구성 물질로 인산이 있으므로 RNA이고, A는 단백질이다.
ㄷ. 단백질(A)은 기본 단위체인 아미노산의 종류와 수, 배열 순서에 따라 다양한 입체 구조가 형성되어 고유한 기능을 갖는다.

바로알기 ㄱ. (가)는 단백질에는 있고 DNA와 RNA에는 없는 특징이어야 하므로 '펩타이드결합이 있는가?' 등이 해당한다. 단백질, DNA, RNA는 모두 탄소 화합물이므로 '탄소 화합물인가?'는 단백질과 핵산을 구분하는 기준이 될 수 없다.
ㄴ. (나)는 DNA에는 있고 RNA에는 없는 특징이므로 '디옥시라이보스가 있는가?', '이중나선구조인가?' 등이 해당한다. 라이보스는 RNA를 구성하는 당이다.

04 ㄴ. DNA 이중나선에서 아데닌(A)과 상보적으로 결합하는 ㉠은 타이민(T)이고, 사이토신(C)과 상보적으로 결합하는 ㉡은 구아닌(G)이다.
ㄷ. 상보적으로 결합하는 염기의 비율은 같으므로 A과 ㉠(T), C과 ㉡(G)의 비율은 각각 같다. 따라서 염기의 비율 $\frac{A+C}{㉠+㉡}=1$이다.

바로알기 ㄱ. ⓐ는 인산이고, ⓑ는 디옥시라이보스이다.

04 물질의 전기적 성질

개념 쏙쏙

진도교재 → 75쪽, 77쪽

1 ㉠ 원자핵, ㉡ 전기력 **2** (1) 도 (2) 부 (3) 반 **3** ㉠ 전기 전도성, ㉡ 5, ㉢ 3 **4** (1) ㉡ (2) ㉠ (3) ㉣ (4) ㉢ **5** ㉠ 큰, ㉡ 도체, ㉢ 부도체, ㉣ 반도체

1 원자는 중심에 양(+)전하를 띠는 원자핵과 그 주위를 돌고 있는 음(−)전하를 띠는 전자로 구성되어 있다. 원자핵과 전자는 서로 다른 전하를 띠고 있으므로 서로 당기는 전기력이 작용한다. 이때 원자핵은 전자보다 매우 무거워 전자를 속박시킬 수 있다. 즉 전자는 원자핵과의 전기력에 의해 원자에 속박되어 있다.

2 물질은 물질 내 자유 전자의 이동에 따른 전기적 성질에 따라 도체, 부도체, 반도체로 구분할 수 있다. 도체는 물질 내 자유 전자가 많이 있어 전압을 걸면 많은 수의 자유 전자가 이동하여 전류가 잘 흐른다. 반면, 부도체는 전압을 걸어도 물질 내 이동하는 자유 전자가 거의 없어 전류가 잘 흐르지 않는다. 반도체의 경우 특정 조건에 따라 물질 내 자유 전자가 생겨 전류가 흐른다. 이때 전기 전도성은 부도체보다 높고, 도체보다는 낮다.
(1) 도체는 물질 내에 자유 전자가 매우 많이 존재하여 전류가 잘 흐른다.
(2) 부도체는 물질 내에 자유 전자가 거의 없어 전류가 잘 흐르지 않는다.
(3) 반도체는 특정 조건에 따라 물질 내에 자유 전자가 생겨 전류가 흐른다.

3 원자가 전자가 4개인 순수 반도체에 불순물을 첨가하면 전기 전도성이 증가한다. 이러한 반도체를 불순물 반도체라고 한다. 불순물 반도체에는 n형 반도체와 p형 반도체가 있고, n형 반도체는 원자가 전자가 5개인 15족 원소를 순수 반도체 첨가하여 만들고, p형 반도체는 원자가 전자가 3개인 13족 원소를 순수 반도체에 첨가하여 만든다.

4 (1) 다이오드는 p형 반도체와 n형 반도체를 결합하여 만드는 것으로, 전류를 한 방향으로만 흐르게 하는 성질이 있다. 이를 정류 작용이라고 하고, 정류 작용을 이용하면 교류 전류를 직류 전류로 바꿀 수 있어 다이오드는 교류를 직류로 바꾸는 전자 부품에 이용된다.
(2) 트랜지스터는 n형 반도체와 p형 반도체를 복합적으로 결합한 소자로, 회로에서 전류와 전압을 크게 하는 증폭 작용과 전류를 흐르게 하거나 흐르지 않게 조절하는 스위치 작용을 한다. 이 소자를 이용하면 미세한 전류를 감지하거나 전자 회로에서 스위치 역할을 할 수 있다.
(3) 발광 다이오드는 전류가 흐를 때 빛을 방출하는 소자로 첨가하는 원소에 따라 방출하는 빛의 색이 달라져 빛의 3원색을 구현할 수 있다. 따라서 3원색의 빛을 조절하여 조합하면 모든 색을 만들어 낼 수 있어 각종 영상 표시 장치나 조명 장치에 이용된다.
(4) 마이크로컨트롤러는 마이크로프로세서, 메모리, 입출력 장치 등을 하나의 칩으로 만들어 컴퓨터의 작동을 제어할 수 있게 만든 집적 회로이다. 집적 회로는 다양한 반도체 회로 소자를 하나의 기판으로 만든 것으로, 데이터를 처리하거나 저장하는 디지털 기기에 이용된다.

5 전선의 내부는 전류를 흐르게 하는 역할을 하므로 전기 전도도가 큰 도체인 구리로 만들며, 전선의 외피는 외부로 전류가 흐르는 것을 막기 위해 부도체로 만든다. 반도체는 조건에 따라 전기 전도도가 달라져 각종 센서에 활용된다. 온도에 따라 전기 전도도가 달라지는 반도체 소자는 온도 센서에, 압력이 가해졌을 때 전기 전도도가 달라지는 반도체 소자는 압력 센서에, 가스가 접촉했을 때 전기 전도도가 변하는 반도체 소자는 가스 감지기

에, 빛을 받았을 때 전기 전도도가 변하는 반도체 소자는 적외선(빛) 센서에 이용된다.

여기서 잠깐

진도교재 → 78쪽

Q1 n, 전자 **Q2** 반도체

[Q1] n형 반도체는 순수 반도체에 원자가 전자가 5개인 원소를 첨가하여 만든다. 따라서 공유 결합에 참여할 수 있는 전자의 개수는 4개이므로 n형 반도체에는 공유 결합을 하지 못하는 전자가 생긴다. 이 전자를 자유 전자라고 한다. 이 자유 전자가 원자들 사이를 이동하면서 전류가 흐르게 된다.
p형 반도체는 순수 반도체에 원자가 전자가 3개인 원소를 첨가하여 만든다. 따라서 공유 결합에 참여하는 전자가 1개 부족하여 p형 반도체에는 전자의 빈 자리가 생긴다. 이때 전자의 빈 자리 주위의 전자가 전자의 빈 자리를 이동하면서 전류가 흐르게 된다.

[Q2] 전류가 흐르면 빛을 방출하는 OLED나 터치스크린, 집적 회로는 반도체 소재를 활용한 것이다.

내신 탄탄

진도교재 → 79쪽~80쪽

01 ④ **02** ④ **03** ① **04** ② **05** ⑤ **06** 해설 참조
07 ③ **08** ④ **09** ⑤ **10** ③ **11** 해설 참조

01 ㄱ. A는 음(−)전하를 띠는 전자이고, B는 양(+)전하를 띠는 원자핵이다. 전자와 원자핵은 전하의 종류가 다르므로 서로 인력이 작용한다. 이때 원자핵은 전자보다 매우 무거우므로 전자는 전기력에 의해 원자에 속박된다.
ㄷ. 금속 원자에서는 원자 사이 상호작용에 의해 전자가 원자에서 떨어져 나와 자유롭게 이동할 수 있는 전자가 존재하는데, 이를 자유 전자라고 한다.
바로알기 ㄴ. A, B는 서로 당기는 힘이 작용하므로 전기력의 방향은 반대이다.

02 물질은 물질 내 자유 전자의 이동에 따른 전기적 성질에 따라 도체, 부도체, 반도체로 구분할 수 있다. 이때 물질 내에 자유 전자가 많아 전류가 잘 흘러 전기 전도성이 높은 물질을 도체라고 하고, 물질 내에 자유 전자가 거의 없어 전류가 잘 흐르지 않아 전기 전도성이 낮은 물질을 부도체라고 한다. 반도체는 특정 조건에 따라 물질 내에 자유 전자가 생기는데, 도체보다는 전기 전도성이 낮다.
① 도체는 물질 내에 자유 전자가 많아 전기 전도성이 높아 전류가 잘 흐른다.
② 반도체는 조건에 따라 물질 내에 자유 전자가 존재할 수 있지만, 도체보다는 그 수가 적다.
③ 부도체는 물질 내에 자유 전자가 거의 없어 전류가 잘 흐르지 않는 물질이다.
⑤ 물질 내 자유 전자의 이동에 따른 전기적 성질에 따라 도체, 부도체, 반도체로 구분할 수 있다.
바로알기 ④ 반도체는 도체와 부도체의 중간 정도의 성질을 가지므로 도체보다 물질 내 자유 전자가 적기 때문에 전기 전도성이 도체보다 낮다.

03 구리, 알루미늄, 철, 금은 도체이므로 전류가 잘 흐르고, 종이, 고무, 플라스틱, 유리는 부도체이므로 전류가 잘 흐르지 않는다. 규소(Si)는 순수 반도체로 특정 조건에서 전류가 흐른다. 따라서 도체로만 이루어진 구리와 알루미늄이 연결된 회로(①)에서 전구의 불이 켜진다.

04 ㄴ. 전류의 세기는 Q를 연결했을 때가 P를 연결했을 때보다 크므로 전기 전도성은 Q가 P보다 높다.
바로알기 ㄱ. P를 연결하였을 때 전류가 흐르므로 P는 부도체가 아니다.
ㄷ. 전기 전도성이 높은 Q가 P보다 물질 내 자유 전자가 많다.

05 ㄱ. 원자가 전자가 모두 공유 결합에 참여하고 있으므로 물질 내 자유 전자가 매우 적어 부도체와 같이 전류가 잘 흐르지 않는다.
ㄴ, ㄷ. 순수 반도체는 원자가 전자가 4개인 규소(Si) 또는 저마늄(Ge)으로만 이루어져 있다.

06 **모범 답안** 모든 원자가 전자가 공유 결합에 참여하고 있어 물질 내 자유 전자가 매우 적어 전기 전도성이 낮다.

채점 기준	배점
모든 원자가 전자가 공유 결합에 참여함을 옳게 쓰고, 이로 인해 자유 전자가 매우 적어 전기 전도성이 낮다는 것을 옳게 서술한 경우	100 %
모든 원자가 전자가 공유 결합에 참여하고 있다는 것만 옳게 서술한 경우	30 %

07 ㄱ. 불순물이 첨가되지 않은 A는 순수 반도체이다.
ㄴ. 불순물 반도체는(B) 순수 반도체(A)보다 전기 전도성이 높다.
바로알기 ㄷ. B는 원자가 전자가 3개인 불순물 원소를 순수 반도체에 첨가한 p형 반도체이고, C는 원자가 전자가 5개인 불순물 원소를 순수 반도체에 첨가한 n형 반도체이다. 따라서 첨가하는 불순물 원소의 원자가 전자는 C가 B보다 2개 더 많다.

08 ㄴ. 트랜지스터는 회로에서 전압과 전류를 증폭 시킬 수 있는 증폭 작용을 한다.
ㄷ. 다이오드는 정류 작용을 통해 전류의 방향을 제어할 수 있고, 트랜지스터는 전류의 흐름을 제어하는 스위치 작용을 한다. 따라서 (가)와 (나)는 모두 전류를 제어할 수 있다.
바로알기 ㄱ. 다이오드는 전류를 한 방향으로만 흐르게 하는 성질이 있으므로 회로에서 교류를 직류로 바꾸는 정류 작용을 한다.

09 ㄱ. 전선의 내부에는 전류가 흘러야 하므로 도체를 사용한다.
ㄴ. (나)에 사용된 반도체는 빛을 받으면 전압을 발생시킨다.
ㄷ. 전선의 외피는 전류가 외부로 흐르는 것을 방지하기 위해 부도체를 사용하고, 태양 전지판에는 반도체를 보호하기 위해 부도체를 사용한다. 즉 (가), (나)에는 모두 부도체가 사용된다.

10 ㄱ. 알루미늄은 도체이다.
ㄷ. OLED는 얇고 가벼운 특성이 있고, 빛을 방출하므로 디스플레이에 이용된다.
바로알기 ㄴ. 니켈은 전기 전도도가 높은 도체이다.

11 (모범 답안) 디스플레이(장치), 도체로 전류를 흐르게 하여 제품에 전원을 공급하고, 부도체로 외부 충격으로부터 제품을 보호하며, 반도체로 화면의 빛을 방출한다.

채점 기준	배점
도체, 부도체, 반도체의 역할을 모두 옳게 서술한 경우	100 %
도체, 부도체, 반도체의 역할 중 2개만 옳게 서술한 경우	70 %
도체, 부도체, 반도체의 역할 중 1개만 옳게 서술한 경우	30 %

1등급 도전

진도교재 → 81쪽

01 ① **02** ⑤ **03** ⑤ **04** ③

01 ㄱ. A는 다이오드로, 전류를 한 방향으로만 흐르게 하는 정류 작용을 한다.
바로알기 ㄴ. 스위치를 a에 연결하였을 때 P에서 불이 켜졌으므로 X는 도체이다. 스위치를 b에 연결하여 전류의 방향을 반대로 바꾸면 A에 의해 회로에는 전류가 흐르지 않게 된다. 따라서 ㉠은 '×'이다.
ㄷ. X가 도체이므로 Y는 부도체이다.

02 ㄱ. (가)는 자유 전자가 존재하는 불순물 반도체이므로 n형 반도체이다.
ㄴ. (나)는 전자의 빈 자리가 존재하는 불순물 반도체이므로 p형 반도체이다. p형 반도체는 순수 반도체에 원자가 전자가 3개인 불순물 원소를 첨가하여 만든다.
ㄷ. n형 반도체인 (가)와 p형 반도체인 (나)를 복합적으로 결합하면 증폭 작용을 하는 트랜지스터를 만들 수 있다.

03 전류가 흐를 때 빛을 방출하는 소자는 발광 다이오드와 유기 발광 다이오드이다. 이중에서 유기 물질을 이용한 소자는 유기 발광 다이오드이다. 스위치 작용은 트랜지스터만 한다. 따라서 전류가 흐를 때 빛을 방출하고, 유기 물질을 이용한 A는 유기 발광 다이오드이고, B는 발광 다이오드이며, 스위치 작용을 하는 C는 트랜지스터이다.
ㄱ. ㉠은 '스위치 작용을 한다.'이므로 유기 발광 다이오드는 해당하지 않는다. 따라서 ⓐ는 '×'이다.
ㄷ. ㉡은 A(유기 발광 다이오드)와 B(발광 다이오드)가 모두 해당하므로 '전류가 흐를 때 빛이 방출된다.'이다.
바로알기 ㄴ. B는 발광 다이오드이다. 트랜지스터는 C이다.

04 A는 도체, B는 반도체, C는 부도체이다.
ㄱ. 바이메탈은 전기 회로에서 전류가 흘러야 하므로 도체이다.
ㄴ. 반도체는 외부 변화에 의해 전기 전도도가 변하여 다양한 센서에 이용된다.
바로알기 ㄷ. 투명성은 반도체도 가지는 특성으로 터치스크린의 투명 전극에 이용된다.

중단원 정복

진도교재 → 82쪽~85쪽

01 ⑤ **02** W: Li, X: Al, Y: S, Z: O **03** ④ **04** ④ **05** ③ **06** ④ **07** ① **08** ④ **09** ① **10** ③ **11** ⑤ **12** ③ **13** ④ **14** ④ **15** ⑤ **16** 해설 참조 **17** 해설 참조 **18** 해설 참조 **19** 해설 참조

01 A는 리튬(Li), B는 나트륨(Na), C는 플루오린(F), D는 네온(Ne)이다.
ㄱ. A(Li)와 B(Na)는 같은 족 원소이므로 화학적 성질이 비슷하다.
ㄴ. C(F)와 D(Ne)는 같은 2주기 원소이므로 전자가 들어 있는 전자 껍질 수가 2로 같다.
ㄷ. B(Na)는 원자가 전자 수가 1이므로 전자 1개를 잃으면 18족 원소인 D(Ne)와 같은 전자 배치를 이룬다.

02 2, 3주기 원소 중 $\frac{\text{원자가 전자 수}}{\text{전자 껍질 수}}$가 $\frac{1}{2}$인 원소는 리튬(Li)이고, $\frac{\text{원자가 전자 수}}{\text{전자 껍질 수}}$가 1인 원소 중 3주기 원소는 알루미늄(Al)이다. Y와 Z는 같은 족 원소이므로 Y는 황(S), Z는 산소(O)이다.

원소	W	X	Y	Z
	Li	Al	S	O
원자가 전자 수	1	3	6	6
전자가 들어 있는 전자 껍질 수	2	3	3	2
$\frac{\text{원자가 전자 수}}{\text{전자 껍질 수}}$	$\frac{1}{2}$	1	2	3

03 ㄱ. A는 리튬(Li)으로, 알칼리 금속이다.
ㄷ. A(Li)는 금속 원소이고, C(Cl)는 비금속 원소이므로 이온 결합을 한다. AC(LiCl)는 이온 결합 물질이다.
바로알기 ㄴ. B(Ne)는 18족 원소이므로 화학 결합을 하지 않는다.

04 A는 나트륨(Na)이고, B는 염소(Cl)이다.
① A와 B는 전자가 들어 있는 전자 껍질 수가 3이므로 모두 3주기 원소이다.
② A와 B가 화학 결합할 때 금속 원소인 A(Na)는 전자를 잃고 양이온이 되고 비금속 원소인 B(Cl)는 전자를 얻어 음이온이 되어 결합한다.
③ 화합물 AB는 염화 나트륨(NaCl)이다. 염화 나트륨은 소금의 주성분으로, 인류의 생존에 필수적인 물질이다.
⑤ 화합물 AB(NaCl)는 이온 결합 물질이므로 고체 상태에서는 전기 전도성이 없지만, 수용액 상태에서는 전기 전도성이 있다.
바로알기 ④ 화합물 AB(NaCl)는 이온 결합 물질이므로 고체 상태에서 전기 전도성이 없다.

05 생성된 고체 물질은 염화 나트륨(NaCl)이다.
ㄷ. 염화 나트륨(NaCl)이 생성될 때 금속 원소인 나트륨(Na)은 전자를 잃고 양이온이 되고, 비금속 원소인 염소(Cl)는 전자를 얻어 음이온이 되어 결합한다.

바로알기 ㄱ. 알칼리 금속은 반응성이 커서 공기 중의 산소, 물과 잘 반응하므로 산소, 물과의 접촉을 막기 위해 석유나 액체 파라핀에 넣어 보관한다.
ㄴ. 염화 나트륨(NaCl)에서 나트륨 이온(Na^+)은 네온(Ne)과 같은 전자 배치를 이루고, 염화 이온(Cl^-)은 아르곤(Ar)과 같은 전자 배치를 이룬다.

06 AB_2에서 공유 전자쌍 수가 2이므로 A는 원자가 전자 수가 6이고, B는 원자가 전자 수가 7이다. C는 전자 2개를 잃고 양이온이 되어 네온(Ne)과 같은 전자 배치를 이루므로 3주기 2족 원소이다. 따라서 A는 산소(O), B는 플루오린(F), C는 마그네슘(Mg)이다.
ㄴ. A~C는 각각 산소(O), 플루오린(F), 마그네슘(Mg)이며, 원자 번호는 C>B>A이다.
ㄷ. C와 B가 결합할 때 C^{2+}(Mg^{2+})과 B^-(F^-)이 1 : 2로 결합하여 이온 결합 물질인 CB_2(MgF_2)를 만든다.
바로알기 ㄱ. AB_2(OF_2)의 화학 결합은 비금속 원소의 원자들이 전자쌍을 공유하여 형성되는 공유 결합이고, CA(MgO)의 화학 결합은 양이온과 음이온 사이의 정전기적 인력으로 결합하는 이온 결합이다.

07 A는 수소(H), B는 산소(O), A_2B는 물(H_2O)이다.
ㄱ. 빅뱅 이후 우주 초기에 수소 원자와 헬륨 원자가 만들어졌다.
바로알기 ㄴ. 공유 전자쌍 수는 A_2(H_2)는 1이고, B_2(O_2)는 2이다.

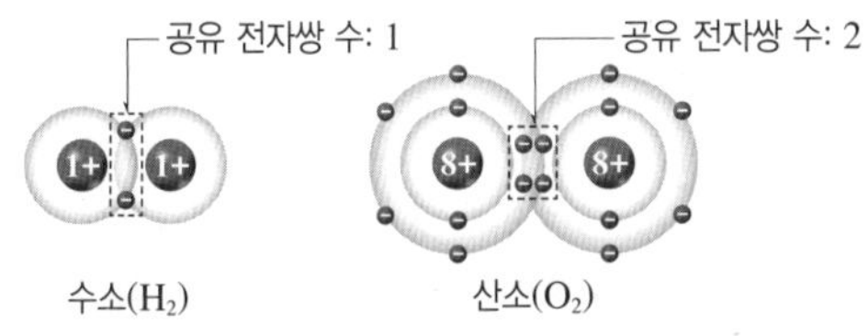

ㄷ. A_2B는 물(H_2O)이다. 설탕은 공유 결합 물질이므로 설탕 수용액은 전기 전도성이 없다.

08 지각에서 원소들의 질량비는 산소, 규소, 알루미늄, 철 순으로 크다. 그림에서 원소들의 질량비는 B, A, C, D 순으로 크므로 A는 규소, B는 산소, C는 알루미늄, D는 철이다.
ㄴ. 산소(B)는 별 중심부에서 핵융합 반응으로 생성되었다.
ㄷ. 철(D)은 규소(A)보다 무거운 원소이다. 따라서 별 중심부에서 핵융합 반응으로 원소가 생성될 때 철이 규소보다 무거운 원소이기 때문에 나중에 생성된다.
바로알기 ㄱ. A는 지각에서 두 번째로 많은 원소인 규소이다.

09 규산염 광물의 결합 구조를 보면 A는 판상 구조, B는 독립형 구조, C는 망상 구조의 모습이다. 따라서 A는 흑운모, B는 감람석, C는 장석이다.
ㄱ. 흑운모(A), 감람석(B)은 유색 광물로 상대적으로 어두운 색을 띠고, 장석(C)은 무색 광물로 상대적으로 밝은 색을 띤다.
바로알기 ㄴ. 감람석(B)은 깨짐이 발달하고, 흑운모(A)와 장석(C)은 쪼개짐이 발달한다.
ㄷ. 규산염 사면체가 공유하는 산소의 수는 망상 구조인 C가 가장 많고, 독립형 구조인 B가 가장 적다.

10 DNA와 단백질 중 구성 원소로 인(P)을 포함하는 것은 인산을 갖는 DNA이다. 따라서 A는 단백질이고, B는 DNA이다.
ㄱ. (가)는 단백질에는 있고 DNA에는 없는 특징이므로 '효소의 성분이다.', '펩타이드결합이 있다.' 등이 해당한다.
ㄴ. 단백질(A)은 기본 단위체인 아미노산이 연결되어 형성된다.
바로알기 ㄷ. 기본 단위체의 배열 순서에 따라 입체 구조와 기능이 달라지는 것은 단백질(A)이다.

11 (가)는 단일 가닥 구조인 RNA이고, (나)는 DNA이다.
ㄱ. RNA(가)에만 있는 ㉠은 유라실(U)이고, DNA에만 있는 ㉣은 타이민(T)이다. 타이민과 상보적으로 결합하는 ㉢은 아데닌(A)이고, 구아닌(G)과 상보적으로 결합하는 ㉡은 사이토신(C)이다.
ㄴ. RNA의 당은 라이보스, DNA의 당은 디옥시라이보스이다.
ㄷ. DNA 이중나선에서 상보결합하는 A과 T, G과 C의 수는 같으므로 DNA(나)에서 T의 비율이 23 %라면 A의 비율도 23 %이다. 따라서 C(㉡)의 비율은 (100 %−46 %)÷2=27 %이다.

12 ㄷ. 물질 내 자유 전자의 이동에 따라 전기 전도성이 달라지므로 부도체인 A와 도체인 B를 분류할 수 있다.
바로알기 ㄱ. A는 반도체인 규소(Si)보다 전기 전도성이 낮으므로 부도체이다. 니켈은 도체이다.
ㄴ. B는 반도체인 규소(Si)보다 전기 전도성이 높은 도체이므로 반도체보다 전류가 잘 흐른다.

13 ㄴ. A는 p형 반도체이고, B는 n형 반도체이다. 다이오드는 p형 반도체와 n형 반도체를 결합하여 만든다. 따라서 '다이오드를 구성한다.'는 ㉡으로 적절하다.
ㄷ. B는 n형 반도체로 원자가 전자가 5개인 15족 원소를 순수 반도체에 첨가하여 만든다. 따라서 규소(Si)는 원자가 전자가 4개이므로 '규소(Si)에 비해 원자가 전자가 많은 불순물 원소를 첨가하여 만든다.'는 ㉢으로 적절하다.
바로알기 ㄱ. A는 순수 반도체에 원자가 전자가 3개인 13족 원소를 첨가한 것이므로 p형 반도체이다.

14 ㄴ. 유기 발광 다이오드는 전류가 흐를 때 물질 자체에서 빛을 방출하는 성질을 이용한 것이다.
ㄷ. (가)와 (나)는 모두 반도체 소자로 반도체를 이용한 것이다.
바로알기 ㄱ. 발광 다이오드는 첨가하는 원소의 종류에 따라 방출하는 빛의 색이 달라진다.

15 ㄱ. (가)는 물질 내 자유 전자가 매우 많으므로 도체이다.
ㄴ. (나)는 물질 내 자유 전자가 거의 없으므로 부도체이다. 유리는 부도체이다.
ㄷ. (다)는 반도체로 터치스크린에서 손가락의 미세한 전류를 감지하는 소재이다.

16 **모범 답안** 18족 원소는 가장 바깥 전자 껍질에 전자가 2개 또는 8개 채워진 안정한 전자 배치를 이루기 때문이다.

채점 기준	배점
전자 배치와 관련지어 옳게 서술한 경우	100 %
안정한 전자 배치를 이루기 때문이라고만 서술한 경우	20 %

17 A는 산소(O), B는 마그네슘(Mg), C는 염소(Cl)이다. A와 B는 각각 $A^{2-}(O^{2-})$과 $B^{2+}(Mg^{2+})$ 상태로 결합하고, 이온 결합 물질에서 양이온과 음이온의 전하량 합은 0이 되어야 하므로 화학식은 BA(MgO)이다. 또, B와 C는 각각 $B^{2+}(Mg^{2+})$과 $C^{-}(Cl^{-})$ 상태로 결합하므로 화학식은 $BC_2(MgCl_2)$이다.

(모범 답안) BA, BC_2, 금속 원소와 비금속 원소가 화학 결합한 것이므로 화학 결합의 종류는 모두 이온 결합이다.

채점 기준	배점
화학식을 쓰고, 화학 결합의 종류를 옳게 서술한 경우	100 %
화학식만 옳게 쓴 경우	50 %
화학 결합의 종류만 옳게 서술한 경우	

18 유전정보는 DNA의 염기서열에 저장되어 있는데, DNA의 염기서열이 다르면 저장되는 유전정보도 다르다.

(모범 답안) 염기가 다른 4종류의 뉴클레오타이드가 결합하는 순서에 따라 염기서열이 다양한 DNA가 형성되며, DNA 염기서열에 따라 서로 다른 유전정보가 저장될 수 있다.

채점 기준	배점
염기가 다른 뉴클레오타이드가 결합하는 순서에 따라 염기서열이 다양한 DNA가 형성되고, DNA의 염기서열에 따라 서로 다른 유전정보를 저장한다고 서술한 경우	100 %
DNA의 염기서열에 따라 서로 다른 유전정보를 저장한다고만 서술한 경우	60 %

19 (모범 답안) 반도체, 반도체는 온도, 습도, 압력 등 다양한 외부 변화에 의해 전기 전도도가 변하기 때문에 다양한 센서에 이용된다.

채점 기준	배점
반도체를 쓰고, 외부 변화에 따라 전기 전도도가 변하는 것을 옳게 서술한 경우	100 %
반도체만 옳게 쓴 경우	30 %

진도교재 → 86쪽~87쪽

01 ① **02** ③ **03** ③ **04** ⑤

01 A는 마그네슘(Mg), B는 산소(O), C는 나트륨(Na), D는 플루오린(F)이다.

ㄱ. B(O)와 D(F)는 2주기 원소이고, A(Mg)와 C(Na)는 3주기 원소이다.

(바로알기) ㄴ. 금속 원소는 A(Mg)와 C(Na)이고, 비금속 원소는 B(O)와 D(F)이다.

ㄷ. 이온 결합 물질은 금속 원소와 비금속 원소로 이루어지고, 공유 결합 물질은 비금속 원소로 이루어진다. $BD_2(OF_2)$는 비금속 원소인 B(O)와 D(F)로 이루어지므로 공유 결합 물질이다.

02 W는 산소(O), X는 나트륨(Na), Y는 알루미늄(Al), Z는 염소(Cl)이다.

ㄱ. X(Na)는 금속 원소이고, Z(Cl)는 비금속 원소이므로 XZ(NaCl)는 이온 결합 물질이다. 이온 결합 물질은 수용액 상태에서 양이온과 음이온으로 나누어져 이온들이 자유롭게 이동할 수 있으므로 전기 전도성이 있다. 즉, XZ의 수용액은 전기 전도성이 있다.

ㄷ. W(O)는 비금속 원소이고, Y(Al)는 금속 원소이므로 W와 Y로 이루어진 화합물은 이온 결합 물질이다. 이온 결합 물질을 이룰 때 W와 Y는 각각 $W^{2-}(O^{2-})$과 $Y^{3+}(Al^{3+})$ 상태로 결합하고, 이온 결합 물질에서 양이온과 음이온의 전하량 합은 0이 되어야 하므로 W와 Y로 이루어진 화합물의 화학식은 $Y_2W_3(Al_2O_3)$이다. 따라서 W와 Y는 3 : 2로 결합하여 안정한 화합물을 형성한다.

(바로알기) ㄴ. W(O)와 Z(Cl)는 모두 비금속 원소이므로 $Z_2W(Cl_2O)$는 공유 결합 물질이다.

03 C과 상보적으로 결합하는 염기는 G이고, C과 G은 3개의 수소결합으로 연결된다. ㉮의 염기 4개는 모두 다른 종류이므로 A과 T은 2개의 수소결합으로 연결된다. Ⅰ에서 $\frac{A}{G}=2$이므로 A은 2개, G은 1개이다. C과 상보적으로 결합한 G은 2개 고리가 있는 모양이므로 Ⅰ의 ㉮ 이외 부분에 있는 2개 고리로 된 염기 중 하나는 G이고, A이 2개이므로 A도 2개 고리로 되어 있다.

ㄱ. Ⅱ에서 $\frac{A}{G}=1$이므로 A과 G은 각각 1개씩 있다. 2개 고리 구조의 염기 중 ㉮에 C과 상보적으로 결합한 것이 G이므로 ㉠은 아데닌(A)이다.

ㄴ. Ⅰ에서 A이 2개, G이 1개, T이 1개, C이 1개이므로 Ⅱ에는 T이 2개, C이 1개, A이 1개, G이 1개이다. 따라서 Ⅱ에서 $\frac{T}{A}=2$이다.

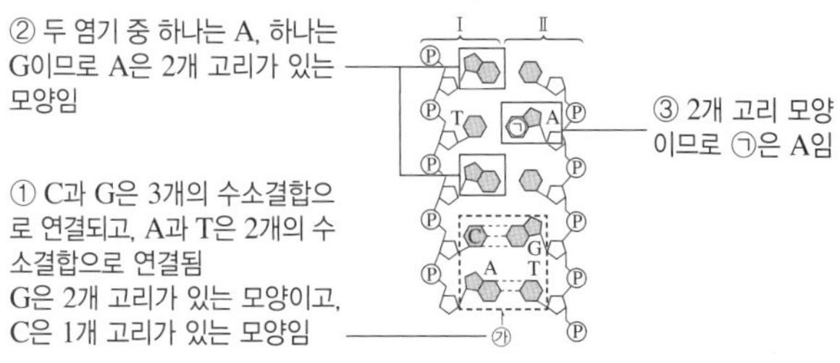

(바로알기) ㄷ. X에서 A−T 염기쌍이 3개이고, G−C 염기쌍이 2개이다. A과 T은 2개의 수소결합을 하고, G과 C은 3개의 수소결합을 하므로 X에서 염기 간 수소결합의 총 개수는 $(3\times2)+(2\times3)=12$개이다.

04 ㄱ. A를 연결하고 스위치를 닫았을 때 검류계에 전류가 흘렀으므로 A는 도체이다.

ㄴ. B를 연결하고 스위치를 닫았을 때 검류계에 전류가 흐르지 않았으므로 B는 부도체이다. 전기 전도성은 도체인 A가 부도체인 B보다 높다.

ㄷ. 태양 전지의 강화 유리는 부도체이므로 B에 해당한다.

III 시스템과 상호작용

1 지구시스템

01 지구시스템의 구성과 상호작용

개념 쏙쏙 진도교재 → 93쪽, 95쪽

1 (1) 맨틀 (2) 대류권 (3) 혼합층 **2** (1) × (2) × (3) ○
3 (1) ○ (2) × (3) × **4** (1) ㉢ (2) ㉣ (3) ㉠ (4) ㉡

1 (1) 맨틀은 지권 전체 부피의 약 80 %를 차지한다.
(2) 대류권에는 수증기가 있고 대류가 잘 일어나기 때문에 기상 현상이 나타난다.
(3) 혼합층은 바람에 의해 혼합되어 수온이 거의 일정한 층으로, 바람이 세게 불수록 혼합층의 두께가 두꺼워진다.

2 (1) 지구시스템의 어느 한 권역에서 발생한 현상은 다른 권역에 연쇄적으로 영향을 준다.
(2) 열대 해상(수권)에서 증발한 수증기가 강한 상승 기류에 의해 응결하여 구름(기권)을 형성하면서 태풍으로 성장한다. 태풍의 발생은 수권과 기권 사이의 상호작용에 해당한다.
(3) 수권은 대기 중 이산화 탄소가 바다에 녹으면서 지구의 급격한 온도 변화를 억제하여 생명체 존속에 기여한다.

3 (1) 지구시스템의 에너지원 중 가장 많은 양을 차지하는 것은 태양 에너지이다.
(2) 물의 순환을 일으키는 주요 에너지원은 태양 에너지이다.
(3) 태양 에너지, 지구 내부 에너지, 조력 에너지는 하위 권역 사이의 상호작용을 통해 다양한 형태의 다른 에너지로 전환될 수 있지만, 다른 에너지원으로 전환되지는 않는다. 즉, 태양 에너지가 지구 내부 에너지 또는 조력 에너지로 전환될 수 없다.

4 (1) 광합성을 통해 기권의 이산화 탄소가 생물권에 유기물로 저장된다.
(2) 생물체의 유해가 지권에 쌓인 후 오랜 시간이 지나면 화석 연료나 석회암이 생성될 수 있다.
(3) 화산 폭발로 화산 가스에 포함된 이산화 탄소가 기권으로 방출된다.
(4) 해수의 탄산 이온이 지권에 탄산염으로 저장되어 석회암이 된다.

여기서 잠깐 진도교재 → 96쪽

Q1 태양 에너지 **Q2** 기권, 수권, 생물권

[Q1] 물의 순환을 일으키는 주요 에너지원은 태양 에너지이다.

[Q2] 화석 연료의 사용량이 증가하면 대기 중으로 방출되는 이산화 탄소의 증가로 기권의 탄소량이 증가하고, 그 중 일부가 수권과 생물권으로 이동한다.

내신 탄탄 진도교재 → 97쪽~100쪽

01 ⑤ **02** ⑤ **03** ④ **04** ③ **05** ③ **06** ①
07 ③ **08** ① **09** ③ **10** ⑤ **11** ⑤ **12** ③
13 해설 참조 **14** ④ **15** ② **16** ① **17** ③ **18** ①
19 ① **20** ① **21** 해설 참조

01 ① 지구시스템은 태양계라는 더 큰 시스템에 하위 구성 요소로 속해 있다.
② 지구시스템은 지권, 기권, 수권, 생물권, 외권으로 이루어져 있다.
③ 지구시스템의 구성 요소들은 서로 끊임없이 상호작용을 하면서 영향을 주고받는다.
④ 구성 요소들 사이에 상호작용을 통해 물질과 에너지의 흐름이 나타난다.
바로알기 ⑤ 지구시스템은 지권, 기권, 수권, 생물권, 외권의 구성 요소가 서로 영향을 주고받으며 이루어진 시스템이다.

02 ⑤ 외권은 지구 대기의 바깥쪽에 존재하는 우주 영역을 말한다.
바로알기 ① 지권은 지구의 겉 부분과 지구 내부를 모두 포함하므로 액체 상태인 외핵을 포함한다.
② 기권은 기상 현상이 나타나는 대류권뿐만 아니라 지표에서 높이 약 1000 km까지의 대기 영역을 말한다.
③ 수권은 고체 상태인 빙하도 포함하고 있다.
④ 생물권은 지권, 기권, 수권에 존재하는 모든 생명체를 포함한다.

03

구분	주요 구성 원소	상태	평균 밀도(g/cm^3)
내핵 A	철, 니켈	고체	약 16.0
외핵 B	철, 니켈	(액체)	약 11.8
맨틀 C	산소, 규소	(고체)	약 4.5
지각 D	(산소, 규소)	고체	약 2.7~3.0

깊이가 깊어질수록 평균 밀도가 증가한다.

ㄴ. D는 지권 중 평균 밀도가 가장 작은 지각이므로 주요 구성 원소는 산소와 규소이다.
ㄷ. 지권 중 온도와 압력이 가장 높은 층은 내핵(A)이다.
바로알기 ㄱ. A는 철과 니켈로 이루어져 있으며 평균 밀도가 가장 큰 내핵이고, B는 철과 니켈로 이루어진 외핵이다. 따라서 B는 액체 상태이다. C(맨틀)는 고체 상태이지만 유동성이 있어 대류가 일어난다.

04 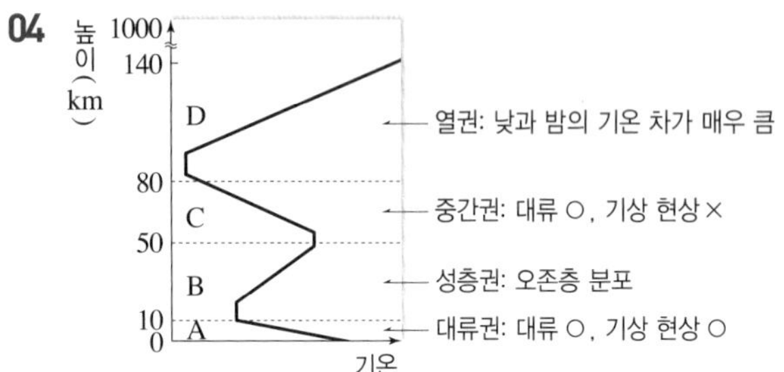

ㄱ. 기상 현상은 수증기가 풍부한 대류권(A)에서 나타난다.
ㄴ. 성층권(B)에는 오존층이 있어서 생명체에 유해한 자외선을 흡수하여 지상의 생명체를 보호한다.
바로알기 ㄷ. 대류는 대류권(A)과 중간권(C)에서 잘 일어난다.

05 ㄱ. A는 산소이다. 산소는 해수에 녹아 해양 생태계를 유지시켜 주는 역할을 한다.
ㄷ. C는 빙하이다. 육수는 대부분 고체 상태인 빙하가 차지한다.
바로알기 ㄴ. B는 질소이다. 식물의 광합성에 의해 생성된 기체는 산소이다.

06 ㄱ. 해수에 입사된 태양 에너지의 대부분은 혼합층(A)에서 흡수된다.
바로알기 ㄴ. 심해층(C)은 계절에 관계없이 수온이 거의 일정하다.
ㄷ. 수온 약층(B)은 혼합층과 심해층 사이의 물질 교환을 억제하는 역할을 한다.

07 ㄱ. 지구시스템은 지권, 기권, 수권, 생물권, 외권으로 이루어져 있으므로 A는 생물권이다.
ㄷ. 수권인 바다에서 최초의 생명체가 탄생한 후 지권, 기권으로 생물권의 공간 범위가 확대되었다. 따라서 생명체는 수권, 지권, 기권에 걸쳐 분포한다.
바로알기 ㄴ. 식물은 외권에서 유입되는 태양 에너지를 이용하여 광합성을 하므로 생물권과 외권은 직접적인 상호작용을 한다.

08 ㄱ. 지구시스템의 상호작용이 일어날 때 항상 물질과 에너지의 흐름이 함께 나타난다.
바로알기 ㄴ. 외권은 다른 권역에 비해 물질 교환이 상대적으로 적게 일어난다.
ㄷ. 지구시스템의 각 구성 요소는 서로 유기적으로 연결되어 있기 때문에 어느 한 권역에서 일어나는 변화는 다른 권역에 영향을 미친다.

09 ㄴ. 오로라는 태양에서 방출된 대전 입자가 지구 대기로 들어오면서 공기를 이루는 분자와 충돌하면서 빛을 내는 현상이므로 외권과 기권의 상호작용에 해당한다.
ㄷ. 운석 구덩이 형성은 외권의 물질이 지구 표면에 충돌하여 형성되므로 외권과 지권의 상호작용에 해당한다.
바로알기 ㄱ. 태풍은 열대 해상에서 증발한 수증기가 강한 상승 기류에 의해 응결하여 구름을 형성하면서 태풍으로 성장한 것이므로 수권과 기권의 상호작용에 해당한다.
ㄹ. 황사는 미세한 모래 먼지가 상공으로 올라가 편서풍을 타고 이동하면서 서서히 내려오는 현상이므로 지권과 기권의 상호작용에 해당한다.

10 ⑤ 화산 활동으로 화산 가스와 화산재가 지권에서 기권으로 방출된다. 광합성을 통해 기권과 생물권 사이에 기체가 교환되므로 광합성은 기권과 생물권의 상호작용에 해당한다. 쓰나미는 해저에서 급격히 발생한 지각 변동에 의해 바다에서 발생한 해일이므로 지권과 수권의 상호작용으로 발생한다.

11 B. 액체 상태의 물은 생명체가 존재하기 위한 가장 중요한 조건에 해당한다.
C. 지구 자기장은 태양풍이 지표까지 직접 유입되는 것을 막아 주는 역할을 한다.
바로알기 A. 대기 중의 산소는 생명체가 탄생한 이후에 광합성 작용으로 생성되었다.

12 ㄱ. 대기의 순환은 지구의 위도별 에너지 불균형을 해소시켜 주는 역할을 하므로 지구의 에너지 평형에 기여한다.
ㄴ. 기권의 성분은 호흡이나 광합성 등에 필요한 성분을 생물권에 제공해 주는 역할을 한다.
바로알기 ㄷ. 물은 비열이 매우 커서 온도 변화가 쉽게 일어나지 않는다. 따라서 수권은 지구가 일정한 온도를 유지하는 데 중요한 역할을 한다.

13 성층권에는 오존층이 있어서 생명체에 유해한 자외선을 흡수하여 지상의 생명체를 보호한다.
모범 답안 성층권, 생물권의 광합성을 통해 기권으로 방출된 산소가 쌓였으며, 기권에 현재와 비슷한 수준의 산소가 쌓인 후에 대기 중에 오존층이 형성되었다.

채점 기준	배점
오존층이 존재하는 층을 옳게 쓰고, 오존층이 형성된 과정을 지구시스템의 상호작용과 관련지어 옳게 서술한 경우	100 %
오존층이 존재하는 층만 옳게 쓴 경우	30 %

14 ㄴ. 지구시스템의 상호작용 과정에는 물질과 에너지의 흐름이 함께 나타난다.
ㄷ. 지구시스템의 에너지원은 상호작용을 거치면서 열에너지, 운동 에너지, 화학 에너지 등 다양한 형태의 에너지로 전환된다.
바로알기 ㄱ. 지구시스템의 에너지량의 비율은 태양 에너지≫지구 내부 에너지>조력 에너지이다.

15 지구시스템의 에너지량의 비율은 태양 에너지(A)≫지구 내부 에너지(C)>조력 에너지(B)이다.
ㄷ. 화산 폭발 시 지구 내부 에너지가 방출된다.
바로알기 ㄱ. 지구시스템의 에너지원은 다른 에너지원으로 전환되지 않는다.
ㄴ. 태양에 의한 조력 에너지보다 달에 의한 조력 에너지의 크기가 크다.

16 ① 기상 현상은 태양 에너지에 의해 일어나고, 밀물과 썰물은 조력 에너지에 의해 일어나며, 지구 내부의 운동은 지구 내부 에너지에 의해 일어난다.

17 ㄱ. 지구시스템에서 물질 순환은 항상 에너지의 흐름과 함께 나타난다.
ㄴ. 물의 순환은 증발, 강수 과정을 거쳐 일어나므로 주요 에너지원은 태양 에너지이다.

바로알기 ㄷ. 지구시스템의 총 탄소량은 일정하게 유지되지만, 탄소 순환 과정을 거치면서 각 권역에서의 탄소량은 증가하거나 감소할 수 있다.

18 ② 육지와 바다는 물의 유입량과 유출량이 같은 물수지 평형 상태이다.
③ 육지에서는 강수량이 증발량보다 많기 때문에 하천수와 지하수를 통해 육지의 물이 바다로 이동한다.
④ 물은 태양에 의해 가열되거나 바람에 의한 영향으로 증발된다. 따라서 증발을 일으키는 에너지원은 태양 에너지이다.
⑤ 지구의 물이 외권으로 유출되거나 외권에서 유입되지 않기 때문에 지구 전체의 물의 양은 일정하다.
바로알기 ① 바다에서는 증발량이 강수량보다 많으며, 증발량과 강수량의 차이만큼 육지에서 유입된다.

19 ㄱ, ㄴ. 곡류는 하천수에 의해 형성되고, 석회 동굴은 지하수에 의해 형성되므로 물의 순환 과정을 거쳐 형성된 지형이다.
바로알기 ㄷ, ㄹ. 습곡 산맥은 지각 변동을 받아 형성되고, 버섯바위는 사막 지역에서 바람에 의해 모래가 지속적으로 날려 바위의 아랫부분이 깎여 형성된다.

20 ㄱ. 화석 연료의 사용량이 생성량보다 많기 때문에 화석 연료가 고갈될 것으로 추정하고 있다.
바로알기 ㄴ. 수온이 높을수록 기체의 용해도가 감소하므로 D보다 C가 활발해진다.
ㄷ. 화산 폭발은 대기 중 이산화 탄소를 증가시키고, 광합성은 대기 중 이산화 탄소를 감소시키는 역할을 한다.

21 석회 동굴은 석회암이 지하수에 용해되어 형성되므로 탄소는 지권에서 수권으로 이동한다. 화석 연료는 생물의 유해가 지권에 묻혀 생성되므로 탄소는 생물권에서 지권으로 이동한다.
모범 답안 (1) (가) 지권, (나) 수권, (다) 생물권
(2) 수권에 녹아 있던 탄산 이온을 수중 생물이 흡수한다. (수중 생물의 광합성, 수중 생물의 석회질 껍데기 형성 등)

채점 기준	배점
(1)을 옳게 쓰고, (2)를 옳게 서술한 경우	100 %
(1)만 옳게 쓴 경우	30 %

1등급 도전

진도교재 → 101쪽

01 ④ **02** ② **03** ③ **04** ③

01 A는 대류권, B는 성층권, C는 중간권, D는 열권이다. ㉠은 혼합층, ㉡은 수온 약층, ㉢은 심해층이다.
ㄴ. 혼합층(㉠)의 두께는 해수면 부근에서 부는 바람의 영향을 받는다.
ㄷ. 성층권(B)은 높이 올라갈수록 기온이 높아지므로 안정한 층이고, 수온 약층(㉡)은 깊이가 깊어질수록 수온이 급격하게 낮아지므로 매우 안정한 층이다.
바로알기 ㄱ. 기권에서는 높이가 높아질수록 공기의 양이 적어져 대기의 밀도가 감소한다.

02 ㄴ. 최초의 생명체는 바다에서 탄생하였다.
바로알기 ㄱ. (가)일 때 기권의 주요 성분은 질소와 이산화 탄소였다. 대기 중의 산소는 생물권이 형성된 이후에 생성되었다.
ㄷ. 지구시스템의 각 권역 사이에 일어나는 상호작용은 서로 영향을 주고받는다.

03 ㄱ. A는 지구 내부 에너지이고, B는 A보다 에너지량이 적으므로 조력 에너지이다. C는 지구시스템의 에너지원의 거의 대부분을 차지하는 태양 에너지이다.
ㄴ. 물의 순환은 증발과 강수에 의해 일어나므로 주요 에너지원은 태양 에너지이다.
바로알기 ㄷ. 화석 연료는 태양 에너지에 의해 성장한 생물체의 유해가 땅속에 묻혀 생성되므로 에너지원은 태양 에너지이다.

04 (가)는 기권, (나)는 생물권, (다)는 수권, (라)는 지권이다.
ㄷ. C 과정은 석회질 생명체의 유해가 석회암을 생성하는 과정에 해당한다.
바로알기 ㄱ. A 과정의 예로 호흡이 있다.
ㄴ. 수온이 낮을수록 기체의 용해도가 커지므로 B 과정이 활발해진다.

02 지권의 변화와 영향

개념 쏙쏙

진도교재 → 103쪽, 105쪽

1 (1) 지구 내부 (2) 변동대 (3) 화산대 (4) 띠 **2** (1) ○ (2) × (3) ○ **3** (1) ○ (2) × (3) × (4) ○ **4** (1) ㉠－b (2) ㉢－c (3) ㉡－a **5** (1) 열곡 (2) 해양판 (3) 변환 단층 **6** ㉠ 하강, ㉡ 기권

1 (1) 지진, 화산 활동과 같은 지각 변동을 일으키는 주요 에너지원은 지구 내부 에너지이다.
(2) 변동대는 지진, 화산 활동, 조산 운동 등의 지각 변동이 활발하게 일어나는 지역이다.
(3) 화산대는 화산 활동이 활발한 지점을 연결한 지역이다.
(4) 화산 활동과 지진은 주로 판 경계를 따라 발생하므로 화산대와 지진대는 좁고 긴 띠 모양으로 분포하며, 대체로 일치한다.

2 (1) A는 지각과 상부 맨틀의 일부를 포함하고 있으므로 암석권이다.
(2) 암석권 아래에 맨틀 대류가 일어나는 연약권이 존재하며, 맨틀 대류로 연약권 위에 있는 판(암석권)이 이동한다.
(3) 대륙 지각은 해양 지각보다 두께가 두껍고 평균 밀도가 작다. 대륙판은 대륙 지각을 포함하고 해양판은 해양 지각을 포함하므로, 대륙판은 해양판보다 두께가 두껍고 평균 밀도가 작다.

3 (1) 판 구조론에 의하면 지구 표면은 크고 작은 여러 개의 판으로 이루어져 있다.
(2) 판의 이동 속도는 약 1 cm/년~10 cm/년이다.
(3), (4) 판들이 맨틀 대류로 인해 서로 다른 방향과 속도로 움직이며 상호작용을 하므로 판 경계 부분에서 화산 활동이나 지진과 같은 지각 변동이 활발하게 일어난다.

4 (1) 발산형 경계는 맨틀 대류의 상승부로 새로운 판이 생성되면서 양쪽으로 두 판이 멀어진다. 해령과 열곡대는 발산형 경계에 해당한다.
(2) 수렴형 경계는 맨틀 대류의 하강부로 두 판이 서로 가까워진다. 해구는 수렴형 경계에 해당한다.
(3) 보존형 경계는 두 판이 서로 어긋나는 경계로, 변환 단층은 보존형 경계에 해당한다.

5 (1) 해령의 중심부에 열곡이 형성되고, 두 판이 멀어짐에 따라 열곡에서 마그마가 분출하여 새로운 해양 지각이 생성된다.
(2) 해양판과 대륙판이 수렴하면 밀도가 큰 해양판이 상대적으로 밀도가 작은 대륙판 아래로 섭입한다.
(3) 해령을 수직으로 가로지르는 변환 단층에서는 천발 지진이 자주 발생하지만 화산 활동은 거의 일어나지 않는다.

6 화산 활동은 지권에서 일어나는 현상이므로 화산 활동으로 분출된 화산재에 의해 기후가 변하는 현상은 지권이 기권에 미치는 영향이다.

여기서 잠깐

진도교재 → 106쪽

Q1 A, D **Q2** 해령, 열곡, 변환 단층, 해구, 호상열도

[Q1] 맨틀 대류의 상승부에 위치한 곳은 발산형 경계이다. 발산형 경계에 발달한 지형은 동아프리카 열곡대(A), 대서양 중앙 해령(D)이다.

[Q2] 해양판과 해양판이 서로 멀어지는 발산형 경계에서는 해령과 열곡이 발달하고, 해령과 해령 사이에서 두 해양판이 어긋나면서 변환 단층이 발달한다. 밀도가 다른 두 해양판이 만나면 밀도가 더 큰 해양판이 상대적으로 밀도가 작은 해양판 아래로 섭입하면서 해구를 형성하고, 섭입하는 과정에서 만들어진 마그마가 분출하면 해구와 나란하게 호상열도를 형성한다.

내신 탄탄

진도교재 → 107쪽~110쪽

01 ② **02** ④ **03** ① **04** ③ **05** ⑤ **06** 해설 참조 **07** ④ **08** ③ **09** ④ **10** ② **11** ① **12** ⑤ **13** ⑤ **14** ③ **15** ④ **16** ③ **17** ② **18** 해설 참조 **19** ④ **20** ③ **21** 해설 참조

01 ② 화산 활동은 주로 판의 경계를 따라 집중적으로 발생한다.
바로알기 ① 화산 분출물에는 기체, 액체, 고체 상태의 물질이 모두 존재한다.
③ 화산 활동이 시작되기 전에 나타나는 전조 현상을 이용하면 화산 분출 시기를 예측할 수 있으나 항상 예측이 가능한 것은 아니다.
④ 화산 활동은 마그마가 지각의 약한 틈을 뚫고 지표로 나오면서 분출하는 현상으로, 지구 내부 에너지가 방출되면서 나타나는 현상이다.
⑤ 화산 활동은 지권에서 발생하지만 지권을 비롯해 기권, 수권, 생물권에 큰 영향을 미친다.

02 ㄴ. 변동대는 지진이나 화산 활동 등의 지각 변동이 활발한 지역이다.
ㄷ. 변동대에서 활발한 화산 활동과 지진은 지구 내부 에너지가 방출되는 현상이다.
바로알기 ㄱ. 지진과 화산 활동은 주로 판의 경계를 따라 발생하므로 변동대는 좁고 긴 띠 모양으로 분포한다.

03 ㄱ. 지진이 활발한 지역을 지진대라 하고, 화산 활동이 활발한 지역을 화산대라고 한다. 지진대와 화산대는 좁고 긴 띠 모양으로 분포한다.
바로알기 ㄴ. 지진대와 화산대는 대체로 일치하지만, 지진이 발생하는 곳에서 항상 화산 활동이 일어나는 것은 아니다.
ㄷ. 태평양의 가장자리는 전 세계에서 지진과 화산 활동이 가장 활발하게 일어나는 지역이다.

04 ③ 판 구조론은 화산 활동, 지진과 같은 지각 변동을 판의 운동으로 설명하는 이론이다.
바로알기 ① 판은 지각과 상부 맨틀의 일부를 포함한다.
② 암석권 아래에 있는 연약권은 부분 용융 상태여서 유동성이 있으며, 연약권의 대류로 그 위에 있는 판이 이동한다.
④ 지구 표면은 10여 개의 크고 작은 판으로 이루어져 있다.
⑤ 판의 두께는 대륙 지각을 포함한 대륙판이 해양 지각을 포함한 해양판보다 두껍다.

05 ㄱ. ㉠은 해양 지각, ㉡은 대륙 지각이다.
ㄴ. A는 두께 약 70 km~100 km인 암석권(판)이다. 지각의 밀도는 해양 지각이 대륙 지각보다 크므로 판의 평균 밀도는 해양판보다 대륙판이 작다.
ㄷ. B는 암석권 아래 약 100 km~400 km 구간에 분포하는 연약권으로 맨틀 대류가 일어난다.

06 판 구조론에 의하면 지구 표면은 크고 작은 여러 개의 판으로 이루어져 있고, 이 판들이 맨틀 대류로 인해 서로 다른 방향과 속도로 움직이며 상호작용을 하므로 판의 경계 부분에서 지진과 화산 활동과 같은 지각 변동이 활발하게 일어난다.
모범 답안 지진과 화산 활동은 대부분 판의 경계에서 판의 상대적인 운동에 의해 발생하기 때문이다.

채점 기준	배점
지진대와 화산대가 띠 모양으로 분포하며 판의 경계와 대체로 일치하는 까닭을 판의 경계에서 판의 상대적인 운동에 의해 발생한다는 내용을 포함하여 옳게 서술한 경우	100 %
지진과 화산 활동이 판의 경계에서 일어나기 때문이라고만 서술한 경우	70 %

07 ㄱ. ㉠에서는 해양판이 섭입하므로 수렴형 경계가 발달한다.
ㄴ. ㉡은 맨틀 대류의 상승부에 위치하여 발산형 경계가 발달한다. 이곳에서는 새로운 해양 지각이 생성된다.
바로알기 ㄷ. 해양판 A는 맨틀 대류의 영향으로 해령으로부터 멀어지는 동쪽 방향으로 이동한다.

08 ③ (가)는 두 판이 서로 멀어지는 발산형 경계이고, (나)는 두 판이 가까워지는 수렴형 경계이다. (다)는 두 판이 서로 어긋나는 보존형 경계이다. 따라서 (가)에서는 해령 또는 열곡대가 발달하고, (나)에서는 해구, 호상열도, 습곡 산맥 등이 발달하며, (다)에서는 변환 단층이 발달한다.

09 ④ 해령의 중심부인 B에는 V자 모양의 열곡이 나타난다.
바로알기 ① 두 해양판이 서로 멀어지고 있으므로 발산형 경계인 해령이 발달한다.
② A와 C는 서로 멀어지는 두 판에 존재하므로 A와 C의 해양 지각은 서로 멀어진다.
③ B는 발산형 경계의 중심부에 위치하므로 B의 하부에서는 맨틀 대류가 상승한다.
⑤ 해령의 중심부에서 새로운 해양 지각이 만들어지므로 해양 지각의 나이는 해령에서 멀어질수록 많아진다. 따라서 A가 B보다 해양 지각의 나이가 많다.

10

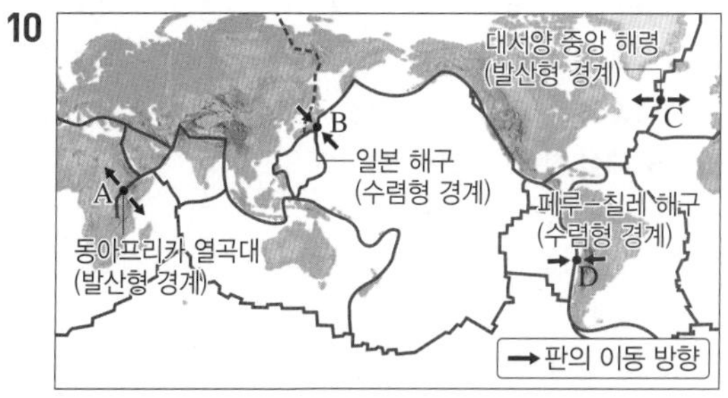

ㄱ. A와 C는 발산형 경계로 이 지역의 하부에서는 맨틀 대류가 상승한다.
ㄹ. A~D 지역에서는 모두 지진과 화산 활동이 활발하게 일어난다.
바로알기 ㄴ. B는 해양판과 대륙판의 수렴형 경계로 밀도가 큰 해양판이 밀도가 작은 대륙판 아래로 섭입하므로 B 지역에서는 해양 지각이 소멸한다.
ㄷ. C 지역에서는 두 해양판이 서로 멀어지고, D 지역에서는 해양판이 대륙판 아래로 섭입한다. 따라서 두 판의 밀도 차는 C 지역보다 D 지역에서 크다.

11 ㄱ. 히말라야산맥은 밀도가 비슷한 두 대륙판이 서로 충돌하여 형성되었다.
바로알기 ㄴ. 맨틀 대류의 하강부에서는 수렴형 경계가 나타난다.
ㄷ. 대륙판과 대륙판이 충돌하는 곳에서는 지진이 매우 활발하지만 화산 활동은 거의 일어나지 않는다.

12 하나의 판에서 판의 이동 방향은 같다. 따라서 판의 경계는 A-C 구간, C-D 구간, D-F 구간이다.
ㄷ. C-D 구간은 보존형 경계이므로 화산 활동이 거의 일어나지 않는다.
ㄹ. D-F 구간은 발산형 경계이므로 지진과 화산 활동이 모두 활발하다.
바로알기 ㄱ. A-C 구간은 발산형 경계이므로 새로 생긴 해양 지각이 존재한다.
ㄴ. B-C 구간을 경계로 위쪽과 아래쪽에서 판의 이동 방향이 같으므로 B-C 구간은 판의 경계가 아니다.

13 ⑤ 해령과 호상열도에서는 화산 활동이 활발하지만, 변환 단층에서는 화산 활동이 거의 일어나지 않는다. 해령은 맨틀 대류의 상승부에 위치하고, 호상열도는 맨틀 대류의 하강부에 위치한다.

14 ㄱ. 판 경계의 북쪽에 호상열도가 존재하므로 판의 경계에서는 해구가 발달한다.
ㄴ. 북아메리카판에 화산 활동이 일어나는 호상열도가 존재하므로 태평양판이 북아메리카판 아래로 섭입하고 있다. 따라서 판의 밀도는 태평양판이 북아메리카판보다 크다.
바로알기 ㄷ. 태평양판이 북아메리카판 아래로 섭입하면서 섭입대를 따라 지진이 발생하므로 진앙은 대부분 섭입대 위쪽에 있는 북아메리카판에 위치한다.

15 (가)는 두 대륙판이 서로 충돌하는 경계이고, (나)는 해양판이 대륙판 아래로 섭입하는 경계이다.
ㄴ. (나)에서는 심발 지진이 일어나므로 (가)에 비해 지진의 평균 발생 깊이가 깊다.
ㄷ. (가)에서는 화산 활동이 거의 일어나지 않는다.
바로알기 ㄱ. (가)의 지형의 예로 히말라야산맥이 있고, (나)의 지형의 예로 안데스산맥이 있다.

16

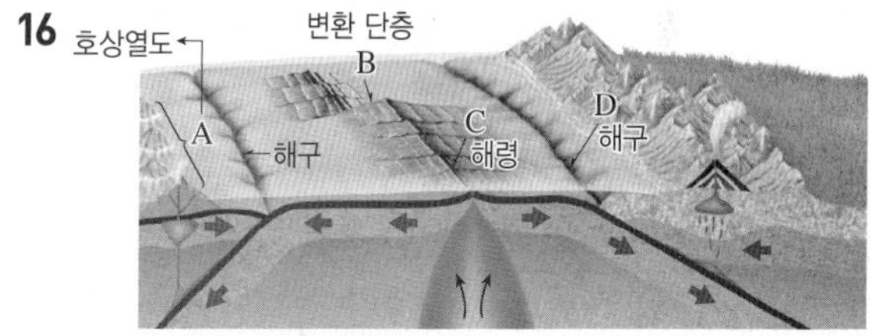

ㄱ. A는 해양판이 대륙판 아래로 섭입하면서 만들어진 마그마가 분출하여 만들어진 호상열도이다. 따라서 호상열도는 해구와 나란하게 분포한다.
ㄷ. 해령은 주변보다 수심이 얕고, 해구는 수심이 매우 깊은 골짜기이다. 해령에서 해구로 갈수록 수심은 대체로 깊어진다.
바로알기 ㄴ. 밀도가 큰 판이 밀도가 작은 판 아래로 섭입하는 곳은 D이다.

17 ㄴ. 일본 열도 부근에서는 판의 수렴형 경계가 존재하므로 지진과 화산 활동 등의 지각 변동이 활발하다.
바로알기 ㄱ. 밀도가 큰 판이 밀도가 작은 판 아래로 섭입하므로 태평양판이 유라시아판보다 밀도가 크다.
ㄷ. 판이 섭입할 때 섭입대를 따라 지진이 발생하므로 판 경계인 해구에서 대륙 쪽으로 갈수록 지진이 발생하는 깊이가 점점 깊어진다.

18 A 판과 B 판은 서로 같은 방향으로 이동하지만 B 판의 이동 속도가 더 빠르기 때문에 시간이 지남에 따라 A 판과 B 판 사이의 거리는 점점 멀어진다. 따라서 A 판과 B 판 사이에는 발산형 경계인 해령이 존재한다.

(모범 답안) 발산형 경계, 판의 경계에서 해령이 발달하므로 새로운 해양 지각이 생성되면서 지진과 화산 활동이 활발하게 일어난다.

채점 기준	배점
판 경계의 종류를 옳게 쓰고, 판의 경계에서 일어나는 지각 변동에 대해 옳게 서술한 경우	100 %
판 경계의 종류만 옳게 쓴 경우	30 %

19 ㄴ. 다량으로 분출된 화산재는 대기 상층에서 햇빛을 차단시켜 지구의 평균 기온을 낮추는 역할을 한다.
ㄷ. 대규모 화산 폭발은 환경, 경제, 사회 분야에 큰 피해를 일으킬 수 있다.
(바로알기) ㄱ. 쓰나미는 지권과 수권의 상호작용에 해당한다.

20 ㄱ. 지각 변동을 일으키는 에너지원은 지구 내부 에너지로, 지각 변동을 통해 지구 내부의 물질과 에너지가 방출된다.
ㄷ. 지각 변동으로 방출된 지구 내부 에너지는 상호작용을 통해 열에너지, 운동 에너지 등 다양한 형태의 에너지로 전환된다.
(바로알기) ㄴ. 해저 화산 활동은 수권과 수중 생태계에 다양한 물질을 공급해 주는 역할을 한다.

21 (모범 답안) B, 지진이 발생하면 댐 시설에 균열이 발생하여 더 큰 피해를 일으킬 수 있다. 따라서 지진이 자주 발생하는 지역에는 대규모 댐을 건설하지 않아야 한다.

채점 기준	배점
부적절한 내용을 찾아 그 근거와 함께 옳게 서술한 경우	100 %
근거를 제시하시 못하고 부적절한 내용만 옳게 찾은 경우	30 %

1등급 도전

진도교재 → 111쪽

01 ② **02** ④ **03** ② **04** ④

01 A에서는 두 판의 상대적 이동으로 인해 두 판이 서로 가까워지고, B에서는 두 판의 상대적 이동으로 인해 두 판이 서로 어긋난다.
ㄴ. B에서 두 판의 상대적 이동은 서로 어긋나는 방향으로 나타난다. 따라서 B는 보존형 경계에 위치한다.
(바로알기) ㄱ. 판의 이동 속력은 오른쪽에 있는 판이 왼쪽에 있는 판보다 더 빠르므로 A는 수렴형 경계에 해당한다. 따라서 A의 하부에서는 맨틀 대류가 하강한다.
ㄷ. A에는 해구가 발달하므로 C에 비해 수심이 깊다.

02 ㄱ. A에서는 천발~심발 지진이 발생하지만, B에서는 천발 지진만 발생한다.
ㄴ. B는 발산형 경계에 위치하여 새로운 해양 지각이 생성된다.
(바로알기) ㄷ. C는 판의 경계가 아니므로 지진과 화산 활동이 거의 일어나지 않는다.

03 ㄷ. 두 대륙판이 충돌하는 A 지역과 두 판이 서로 어긋나는 C 지역에서는 화산 활동이 거의 일어나지 않는다.
(바로알기) ㄱ. A 지역에서는 두 대륙판이 충돌하여 습곡 산맥이 형성된다. 좁고 긴 계곡(열곡, 열곡대)은 발산형 경계에서 발달한다.
ㄴ. B는 수렴형 경계, C는 보존형 경계이다. 따라서 섭입대는 B 지역에서만 발달한다.

04 ㄴ. B가 속한 판은 C가 속한 판에 비해 해양 지각의 나이가 적다. 따라서 B가 속한 판은 C가 속한 판보다 해령에서 생성되어 빠르게 이동했다는 것을 알 수 있다.
ㄷ. 아주 오래전에 생성된 해양 지각은 해구에서 지구 내부로 섭입했기 때문에 현재 2억 년보다 나이가 많은 해양 지각은 거의 존재하지 않는다.
(바로알기) ㄱ. A와 B 사이에 발산형 경계인 해령이 존재하므로 A와 B는 서로 다른 판에 속한다.

중단원 정복

진도교재 → 112쪽~115쪽

01 ⑤ **02** ① **03** B, ㉢ **04** ① **05** ④ **06** ②
07 ④ **08** ③ **09** ① **10** ④ **11** ③ **12** ⑤
13 ① **14** ⑤ **15** ② **16** ① **17** B **18** 해설 참조 **19** 해설 참조 **20** 해설 참조

01 ㄱ. 지구시스템을 구성하는 구성 요소는 지권, 기권, 수권, 생물권, 외권이다.
ㄴ. 지구시스템의 각 구성 요소들은 물질과 에너지 교환을 하는 상호작용을 통해 균형을 유지하고 있다.
ㄷ. 수권에 있는 액체 상태의 물은 생명체가 존재하기 위한 조건 중 하나이다.

02 A는 내핵, B는 외핵, C는 맨틀, D는 지각이다.
ㄱ. B는 액체 상태이고, A, C, D는 고체 상태이다.
(바로알기) ㄴ. 맨틀 대류는 판을 이동시키는 원동력이 된다.
ㄷ. 각 층의 경계에서 밀도 변화가 가장 큰 곳은 금속 성분(철, 니켈)으로 구성된 B와 암석 성분(산소, 규소)으로 구성된 C의 경계이다.

03 기권에서는 높이 올라갈수록 기온이 높아지는 성층권이 안정하고, 수권에서는 깊이가 깊어질수록 수온이 낮아지는 수온약층이 안정하다.

04 ㄱ. A는 성층권으로 위로 올라갈수록 기온이 높으므로 안정한 층이다.
(바로알기) ㄴ. B는 높이에 따라 기온이 높아지는 열권으로 기온의 일교차가 가장 크다.
ㄷ. C는 중간권, D는 대류권이다. 수증기는 대부분 대류권에 존재하기 때문에 수증기에 의한 기상 현상도 주로 대류권에서 나타난다.

05 ④ 수권은 수중 생물에게 서식처와 여러 가지 물질을 제공해 주며, 해수의 순환을 통해 지구의 에너지 평형에 기여한다. 기권의 오존층은 태양의 자외선을 차단하여 지상의 생명체를 보호해 주는 역할을 한다.

06 ① 화산 가스는 지권에서 기권으로 방출되므로 A에 해당한다.
③ 무역풍이 약해지면서 적도 부근 동태평양 해수의 온도가 상승하는 엘니뇨 발생은 기권과 수권의 상호작용(C)에 해당한다.
④ 바다에서 석회질 생명체의 유해가 퇴적되어 석회암이 형성되는 것은 생물권과 지권의 상호작용(D)에 해당한다.
⑤ 해저 지진으로 쓰나미가 발생하는 것은 지권과 수권의 상호작용(E)에 해당한다.
바로알기 ② 생물의 사체가 지권에 매장되어 화석 연료가 생성되는 과정은 생물권과 지권의 상호작용(D)에 해당한다.

07 ④ 갯벌 형성은 밀물과 썰물을 일으키는 조력 에너지와 관계가 있다. 지표로 분출된 용암을 생성한 에너지원은 지구 내부 에너지이다. 홍수와 같은 기상 현상을 일으키는 에너지원은 태양 에너지이다.

08

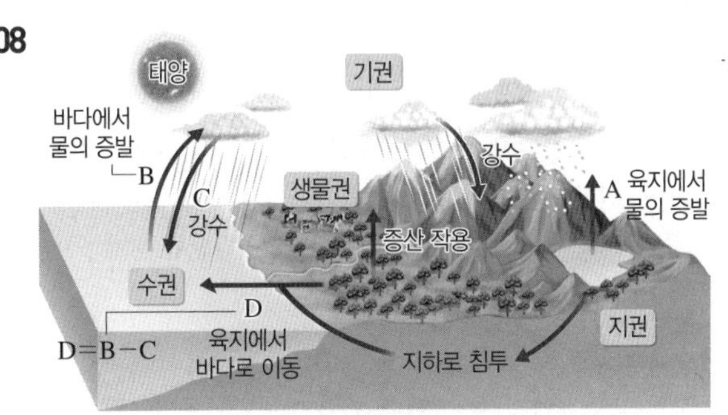

ㄱ. 물은 증발할 때 에너지를 흡수하고, 응결할 때 에너지를 방출한다.
ㄷ. 물의 순환 과정에서 지표의 변화가 나타난다. 따라서 육지에서 바다로 이동하는 하천수와 지하수의 양이 증가하면 지표의 변화는 더 활발해진다.
바로알기 ㄴ. 바다에서는 '증발량(B)=강수량(C)+육지에서 유입된 물의 양(D)'이 되어야 물수지 평형을 이룬다. 따라서 물의 이동량은 B가 C보다 많다.

09 ㄱ. 화산 활동으로 배출된 이산화 탄소는 기권의 탄소량을 증가시킨다.
바로알기 ㄴ. 석탄을 생성한 식물체는 태양 에너지에 의해 성장하므로 근원 에너지는 태양 에너지이다.
ㄷ. 지구시스템에서 탄소의 이동이 일어나더라도 지구 전체의 탄소량은 변하지 않는다.

10 ㄴ. (나)의 석회 동굴 형성은 지권의 석회암이 지하수에 녹아 수권으로 이동하는 과정이다.
ㄷ. (가)에서 광합성의 에너지원은 태양 에너지이며, (나)에서 석회 동굴 형성은 물의 순환 과정에서 일어나므로 에너지원은 태양 에너지이다.
바로알기 ㄱ. (가)의 광합성은 기권의 이산화 탄소가 생물권에 유기물로 전환되는 과정이다.

11 ㄱ. 화산 활동이나 지진은 대표적인 지각 변동에 속하므로 화산대와 지진대는 변동대와 대체로 일치한다.
ㄴ. 화산대와 지진대는 판의 경계와 거의 일치하므로 좁고 긴 띠 모양으로 분포한다.
바로알기 ㄷ. 대서양의 가장자리에는 판의 경계가 거의 분포하지 않으므로 화산과 지진도 거의 일어나지 않는다.

12 ⑤ 두 판이 수렴하여 밀도가 큰 판이 상대적으로 밀도가 작은 판 아래로 섭입함에 따라 해구에서 멀어질수록 지진이 발생하는 깊이(진원)가 점점 깊어진다. 따라서 판의 섭입이 시작되는 위치 C에는 해구가 존재한다.

13 ① A는 발산형 경계의 중심부에 위치하며, 이곳에서는 V자 모양의 계곡인 열곡이 발달한다.
바로알기 ② B는 보존형 경계에 위치하며, 이곳에서는 판이 생성되거나 소멸되지 않는다.
③ C는 판의 경계에 위치하지 않는다.
④ D는 암석권과 연약권의 경계에 해당하므로 지각과 맨틀의 경계(모호면)는 암석권 내부에 존재한다.
⑤ 이 지역에는 발산형 경계와 보존형 경계만 존재하므로 A, B, C 지역에서는 천발 지진만 발생한다.

14 ㄴ. ㉡에는 두 판이 서로 어긋나는 변환 단층이 발달한다. 변환 단층에서는 화산 활동이 거의 일어나지 않는다. ㉢에서는 판이 섭입하면서 만들어진 마그마가 분출하여 화산 활동이 일어난다.
ㄷ. A는 해양판이고, B는 대륙판이므로 판의 평균 밀도는 A가 B보다 크다.
바로알기 ㄱ. ㉠은 발산형 경계에 위치하며, 하부에서는 맨틀 대류의 상승이 일어난다.

15 (가) 지역에는 판의 수렴형 경계가 존재하지만, (나) 지역에는 판의 경계가 존재하지 않는다.
ㄴ. (가)에서는 해양판이 섭입하는 해구가 존재한다. 따라서 대륙이 위치한 곳에서 해구와 나란하게 화산 활동이 활발한 화산대가 나타난다.
바로알기 ㄱ. 지진은 판의 경계가 존재하는 (가)에서만 활발하다.
ㄷ. (나)에는 판의 경계가 없으므로 맨틀 대류의 하강이 나타나지 않는다.

16 A에는 해구와 호상열도, B에는 변환 단층, C에는 해령, D에는 해구와 습곡 산맥이 발달한다.
ㄱ. A와 D 지역에서는 해양판이 섭입하는 해구가 발달한다.
바로알기 ㄴ. B는 보존형 경계이므로 화산 활동이 거의 일어나지 않는다.
ㄷ. C에서는 새로운 해양 지각이 생성되고 D에서는 해양 지각이 소멸되므로 해양 지각의 평균 연령은 C가 A보다 적다.

17 B. 대규모 화산 폭발이 장시간 지속되면 기권으로 분출된 화산 가스 성분에 의해 기권의 성분이 영향을 받을 수 있다.
바로알기 A. 다량의 화산재는 햇빛을 차단시킬 수 있으므로 광합성이 어려워진다.

ㄷ. 해수는 비열이 크고, 해수의 양이 많으므로 해저 화산 활동으로 해수의 수온을 증가시키기 어렵다.

18 지권의 층상 구조에서 외핵만 액체 상태이며, 내핵이나 지각과 달리 맨틀에서는 대류 운동이 일어난다.

(모범 답안) (가) 액체 상태인가?

(나) 대류가 일어나는가?

채점 기준	배점
(가)와 (나)에 들어갈 질문을 모두 옳게 서술한 경우	100 %
(가)와 (나) 중 한 가지만 옳게 서술한 경우	50 %

19 (나)에서 (다)로 물이 이동하므로 (나)는 육지, (다)는 바다이다. (가)는 증발과 강수 과정을 통해 물이 이동하는 대기이다.

(모범 답안) (1) (가) 대기, (나) 육지, (다) 바다

(2) A: 96, B: 320, 육지와 바다는 각각 물수지 평형 상태이며, 육지에서 바다로 물이 36만큼 이동하므로 육지에서는 강수량 A가 60+36=96이다. 바다에서 증발량 B는 284+36=320이다.

	채점 기준	배점
(1)	(가)~(다)를 모두 옳게 쓴 경우	50 %
	(가)~(다) 중 두 가지만 옳게 쓴 경우	30 %
(2)	A와 B에 들어갈 값을 옳게 쓰고, 그렇게 생각한 까닭을 옳게 서술한 경우	50 %
	A와 B에 들어갈 값을 옳게 썼지만, 그렇게 생각한 까닭을 옳게 서술하지 못한 경우	30 %

20 해양 지각의 연령이 0인 지점은 새로운 해양 지각이 생성되는 곳이다.

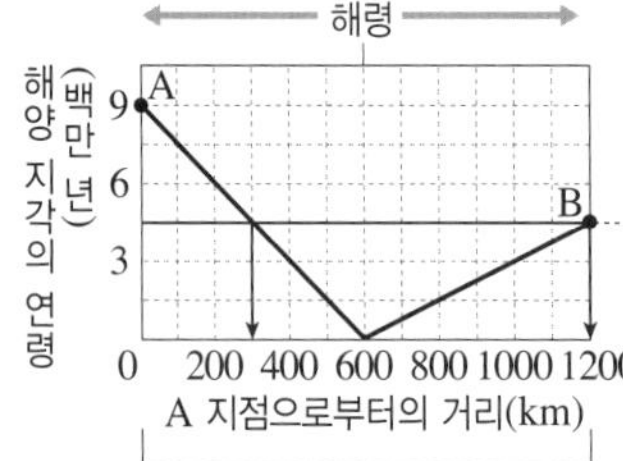

(모범 답안) (1) 발산형 경계

(2) 해령의 중심부에서 생성된 해양 지각이 양옆으로 이동하며, 판의 이동 속도가 빠를수록 해령에서 먼 곳에 위치한 해양 지각의 나이가 적다. 따라서 B가 속한 판은 A가 속한 판보다 이동 속도가 빠르다.

	채점 기준	배점
(1)	판 경계의 종류를 옳게 쓴 경우	30 %
(2)	이동 속도가 더 빠른 판을 그 까닭과 함께 옳게 서술한 경우	70 %
	이동 속도가 더 빠른 판만 옳게 쓴 경우	40 %

 수능 맛보기

진도교재 → 116쪽~117쪽

01 ① **02** ④ **03** ⑤ **04** ②

01 ㄱ. 바람이 강할수록 혼합층이 두껍게 형성된다. 9월에는 깊이 약 30 m까지 수온이 일정한 혼합층이 존재하고, 11월에는 깊이 약 60 m까지 혼합층이 존재한다. 따라서 평균 풍속은 9월보다 11월에 강하다.

(바로알기) ㄴ. 수온 약층은 깊이에 따라 수온이 급격하게 감소하는 층이므로 등수온선이 밀집해 있는 곳에 해당한다. 따라서 수온 약층은 3월보다 9월에 뚜렷하게 나타난다.

ㄷ. 깊이 0 m~90 m 사이에 있는 해수는 계절에 따라 수온이 달라지므로 심해층에 해당하지 않는다.

02 ㄱ. 탄산염 침전은 수권에서 지권으로 탄소가 이동하는 예이므로 (가)는 수권이다.

ㄴ. (다)는 기권이며, 기권의 탄소는 대부분 이산화 탄소로 존재한다.

(바로알기) ㄷ. d는 기권에서 수권으로 탄소가 이동하는 예가 해당하는 과정이다. 지구의 평균 기온이 상승하면 해수의 기체 용해도가 감소하므로 d는 감소한다.

03 ㄱ, ㄴ. 이 해역에 존재하는 판의 경계는 발산형 경계이다. 따라서 판의 경계에서 멀어질수록 나이가 많은 해양 지각이 존재하며, 연령이 많을수록 해저 퇴적물의 두께가 두껍다.

ㄷ. P_1과 P_7은 서로 다른 판에 위치하며, 발산형 경계로부터 서로 반대 방향으로 멀어지고 있다.

04 ㄷ. ㉠에서는 해양판이 섭입하면서 상승하는 마그마에 의해 화산 활동이 일어나고, ㉡에서는 두 대륙판이 멀어지는 열곡대에서 화산 활동이 일어난다.

(바로알기) ㄱ. ㉠의 하부에서는 해양판이 섭입하고 있다. 따라서 이 지역 부근에는 수렴형 경계가 존재하며, 맨틀 대류가 하강한다.

ㄴ. ㉡은 동아프리카 열곡대에 위치하며, 두 대륙판이 서로 멀어지고 있다.

2 역학 시스템

01 중력을 받는 물체의 운동

개념 쏙쏙

진도교재 → 121쪽

1 ㉠ 상호, ㉡ (등)가속도 **2** (1) 등속 (2) ㉠ 중력, ㉡ 자유 낙하(등가속도) **3** (1) (가), (나), (다) (2) (가) (3) (다)

1 중력은 질량을 가진 물체 사이에 상호작용 하는 힘으로 지구에서 일정한 운동 체계를 유지하는 역학적 시스템에서 중요한 역할을 한다. 공기 저항을 무시할 때 물체를 가만히 놓으면 물체가 자유 낙하 하여 중력의 작용으로 속도가 일정하게 빨라지는 등가속도 운동을 한다.

2 물체를 수평 방향으로 던지면 수평 방향으로는 힘이 작용하지 않으므로 등속 운동을 하고, 연직 방향으로는 중력만을 받아서 자유 낙하 운동을 하므로 속도가 일정하게 증가하는 등가속도 운동을 한다.

3 (가) 자유 낙하 하는 물체에는 중력이 운동 방향과 나란한 방향으로 작용한다.
(나) 수평 방향으로 던진 물체에는 지구 중심 방향으로 중력이 작용하므로 운동 방향이 계속 변한다.
(다) 달은 지구 중심 방향으로 끌어당기는 중력에 의해 지구 주위를 원운동한다.

탐구 A

진도교재 → 123쪽

확인 문제 **1** (1) ○ (2) ○ (3) × (4) × **2** ② **3** ③

1 (1) A, B는 동일한 쇠구슬을 사용했으므로 질량이 같고, 중력의 크기도 같다.
(2) A, B에는 중력 가속도가 동일하게 작용한다.
(3) A, B의 연직 방향의 가속도는 같으므로 같은 높이에서 출발할 때 A, B는 동시에 바닥에 도달한다.
(4) B는 포물선 궤도를 그리므로 매 순간 운동 방향이 바뀐다.

2 ㄷ. A, B는 연직 방향으로 일정한 크기의 중력을 받아 가속도가 같으므로 바닥에 동시에 도달한다.
바로알기 ㄱ. A는 자유 낙하 운동을 하므로 운동 방향은 일정하지만 속력이 일정하게 변하는 운동을 한다.
ㄴ. B는 포물선 궤도를 그리므로 방향이 변하는 운동을 한다.

3 ㄱ. 자유 낙하 하는 물체는 속도가 일정하게 증가하므로 등가속도 운동을 한다.
ㄴ. 속도-시간 그래프의 기울기는 $\frac{\text{속도 변화량}}{\text{시간}}$이므로 가속도에 해당한다. 자유 낙하 하는 운동의 속도-시간 그래프에서 기울기는 중력 가속도이다.
바로알기 ㄷ. 물체가 자유 낙하 하는 동안 일정한 크기의 중력만을 받으므로 물체에 작용하는 힘의 크기는 일정하다.

여기서 잠깐

진도교재 → 124쪽

Q1 0 **Q2** 가속도(중력 가속도) **Q3** ㉠ 등가속도, ㉡ 등속, ㉢ 등가속도

[Q1] 등속 직선 운동을 하는 물체에 작용하는 힘은 0이므로 속력이 일정한 운동을 한다.

[Q2] 속도-시간 그래프의 기울기는 $\frac{\text{속도 변화량}}{\text{시간}}$이므로 가속도를 나타낸다. 자유 낙하 운동 하는 물체의 가속도는 중력 가속도이다.

[Q3] 속도-시간 그래프의 기울기는 가속도를 나타낸다. 0~3초 동안 그래프의 기울기가 일정하므로 등가속도 운동을 하고, 3초~8초 동안 기울기는 0이므로 등속 운동을 한다. 또 8초~10초 동안 그래프의 기울기가 일정하므로 등가속도 운동을 한다.

내신 탄탄

진도교재 → 125쪽~126쪽

01 ③ **02** ① **03** ② **04** ⑤ **05** ⑤ **06** ① **07** ③ **08** 해설 참조 **09** ① **10** ④ **11** 해설 참조

01 ㄱ. 중력은 질량이 있는 물체가 상호작용 하여 서로 끌어당기는 힘이다.
ㄴ. 물체가 지구 중심 방향으로 가속하는 까닭은 지구 중심 방향으로 작용하는 중력 때문이다.
바로알기 ㄷ. 중력은 지구 표면의 물체뿐만 아니라 지구 주위의 물체에도 작용한다.

02 ㄱ. 물체는 자유 낙하 운동을 하므로 중력만 작용한다.
바로알기 ㄴ. 자유 낙하 운동은 방향은 변하지 않고 속력만 변하는 운동이다.
ㄷ. 단위 시간당 속도 변화량은 가속도를 나타내므로 질량에 관계없이 중력 가속도는 일정하다.

03 ㄷ. 물체에 작용하는 중력의 크기는 일정하다.
바로알기 ㄱ. 자유 낙하 하는 물체의 속력은 일정하게 증가하지만 이동 거리는 일정하게 증가하지 않는다.
ㄴ. 그래프의 기울기는 가속도를 나타내므로 중력 가속도를 의미한다. 중력 가속도는 질량에 관계없이 일정하다.

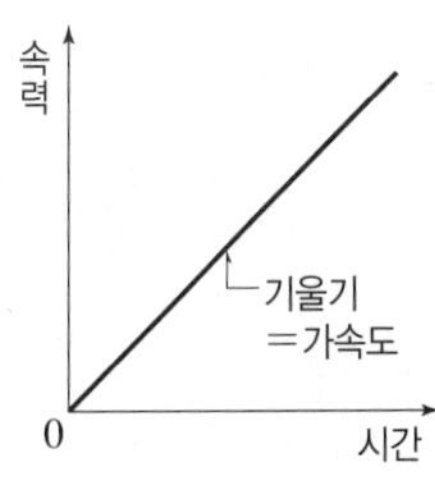

04 지구 표면의 물체뿐만 아니라 지구 주위의 물체의 운동은 모두 중력의 영향을 받는다. 또한 중력은 다양한 자연 현상을 일으킨다.

05 B. 자유 낙하 하는 물체의 가속도는 질량에 관계없이 중력 가속도로 같으므로 같은 높이에서 낙하한다면 동시에 바닥에 도달한다.
C. 달 표면에서 운동하는 물체는 달의 중력을 받아 가속도 운동을 하는데, 달 표면에서 중력은 지구의 약 $\frac{1}{6}$이므로 지구에서보다 물체가 느리게 떨어진다. 따라서 중력 가속도는 지구에서보다 작은 값을 가진다.
바로알기 A. 지구에서의 중력 가속도는 물체의 질량에 관계없이 $9.8\,m/s^2$으로 일정하다.

06 ㄱ. A, B는 연직 방향으로 가속도가 같으므로 같은 높이에서 출발한 A, B는 동시에 바닥에 도달한다.
바로알기 ㄴ. B가 수평 방향으로 이동하더라도 중력은 계속 연직 방향으로 작용한다.
ㄷ. A, B 모두 연직 방향으로는 중력 가속도로 가속도 운동을 하므로 수평 방향의 속도와 관계없이 A, B는 동시에 바닥에 떨어진다.

07 ㄱ. A의 질량이 2 kg이므로 중력의 크기는 $9.8\times2=19.6$ (N)이다.
ㄴ. 자유 낙하 하는 물체는 속도가 1초마다 9.8 m/s씩 증가하므로 2초 후의 속력은 $9.8\times2=19.6$(m/s)가 된다. 따라서 $t=2$초이다.
바로알기 ㄷ. 자유 낙하 하는 물체의 가속도는 질량에 관계없이 중력 가속도로 같다.

08 수평 방향으로 던진 물체는 수평 방향으로는 등속 운동을 한다.
모범 답안 수평 방향으로는 4 m/s의 속력으로 등속 운동을 하므로 1초 동안 이동한 거리는 $4\,m/s\times1\,s=4\,m$이다.

채점 기준	배점
수평 방향으로 등속 운동을 한다는 것과 계산 과정을 옳게 서술한 경우	100 %
계산 과정만 옳게 서술한 경우	60 %
수평 방향으로 등속 운동을 한다는 것만 서술한 경우	40 %

09 ㄴ. 질량에 관계없이 연직 방향의 가속도는 중력 가속도로 같다.
바로알기 ㄱ. 같은 높이에서는 수평 방향으로 빠르게 던질수록 멀리 날아가므로 수평 방향의 속력은 C>B>A이다.
ㄷ. 같은 높이에서 동시에 던진 물체는 동시에 바닥에 도달하므로 바닥에 도달하는 시간은 A=B=C이다.

10 ㄱ. 달은 지구가 끌어당기는 중력에 의해 지구 주위를 원운동한다.
ㄷ. 투수가 수평 방향으로 던진 공은 중력에 의해 포물선 운동을 한다.
바로알기 ㄴ. 발사체가 지구를 벗어나는 것은 지구와 발사체 사이의 작용 반작용의 원리로 설명할 수 있다.

11 공기 저항을 무시할 때 같은 높이에서 물체를 수평 방향으로 속력을 달리하여 던지면 속력이 빠를수록 물체는 수평 방향으로 더 멀리 나아간다.
모범 답안 C>B>A, 수평 방향으로 발사한 속력이 빠를수록 더 멀리 날아가기 때문이다.

채점 기준	배점
속력을 옳게 비교하고, 그 까닭을 수평 방향의 속력 차이로 옳게 서술한 경우	100 %
속력만 옳게 비교한 경우	40 %

01 ㄴ. 각 행성마다 중력 가속도는 다르다. 그러나 물체의 질량이 달라져도 행성에서의 중력 가속도는 일정하므로 그래프의 기울기는 변하지 않는다. 중력 가속도는 행성의 질량과 크기에 의해서 결정된다.
바로알기 ㄱ. 그래프에서 기울기는 중력 가속도를 의미한다. 중력의 크기는 질량과 중력 가속도의 곱인데, 질량은 같고 기울기는 A가 가장 크므로 중력은 A에서 가장 크다.
ㄷ. A, B, C가 낙하하는 동안 그래프의 기울기가 일정하므로 가속도는 일정하다.

02 ㄴ. 중력 가속도가 $10\,m/s^2$이므로 2초 후 속력은 20 m/s 증가한다. 따라서 $v=25\,m/s$이다.
바로알기 ㄱ. 중력 가속도가 $10\,m/s^2$이므로 1초에 속력이 10 m/s씩 증가한다. 따라서 속력이 5 m/s가 될 때까지 걸린 시간은 0.5초이다.
ㄷ. 물체의 질량이 일정하고 중력 가속도도 일정하므로 물체가 운동하는 동안 중력의 크기는 일정하다.

03 ㄱ. 수평 방향으로 날아간 동전은 수평 방향으로는 힘이 작용하지 않으므로 등속 운동을 하며, 수평 이동 거리 d는 처음 속도에 비례한다. B가 수평 방향으로 날아간 거리는 A가 날아간 거리의 2배이므로 처음에 동전이 튀어 나가는 속도는 B가 A의 2배이다.
ㄴ. 날아가는 동안 작용한 힘은 두 동전 모두 지구에 의한 중력이다. A의 질량이 B의 질량의 2배이므로 중력의 크기도 2배이다.
바로알기 ㄷ. 날아가는 동안 두 동전 모두 연직 방향으로는 중력 가속도로 등가속도 운동을 하므로 가속도의 크기는 같다.

04 수평 방향으로 던진 물체는 수평 방향으로 등속 직선 운동을 한다. A가 P, Q에 각각 도착했을 때 수평 방향 이동 거리는 같다. 따라서 A를 각각 $2v$, v의 속력으로 던졌을 때 같은 거리를 이동하는 데 걸린 시간 $t_1 : t_2$는 속력에 반비례하므로 1 : 2이다.

02 운동과 충돌

개념 쏙쏙

진도교재 → 129쪽, 131쪽

1 (1) × (2) ○ **2** (1) ㉠ 질량, ㉡ kg·m/s (2) ㉠ 힘, ㉡ 시간, ㉢ N·s (3) 운동량 (4) 충격량 **3** (1) 300 N·s (2) 300 kg·m/s **4** 40 N **5** ㉠ 운동량, ㉡ 충격량, ㉢ 시간 **6** ㄷ

1 (1) 질량이 클수록 관성이 크다.
(2) 빠르게 달리던 자동차의 속력이 갑자기 느려지면 탑승자는 관성 때문에 앞으로 튀어나가 다칠 수 있다. 그러나 안전띠가 탑승자의 몸이 앞으로 쏠리는 것을 막아 주어 큰 피해를 입지 않게 한다.

2 (1) 운동하는 물체의 질량과 속도를 곱한 물리량을 운동량이라고 한다. 운동량의 방향은 속도의 방향과 같고, 단위는 kg·m/s를 사용한다.
(2) 충격량은 물체에 작용한 힘과 힘이 작용한 시간의 곱으로 나타내고, 단위는 N·s를 사용한다.
(3) 물체가 일정한 시간 동안 힘을 받으면 힘을 받는 동안 물체의 속도가 변하여 운동량이 변한다. 따라서 물체가 받는 충격량만큼 운동량이 변한다.
(4) 물체에 힘이 작용할 때 힘과 시간의 관계를 그래프로 나타내면 그래프 아랫부분의 넓이는 충격량을 나타낸다.

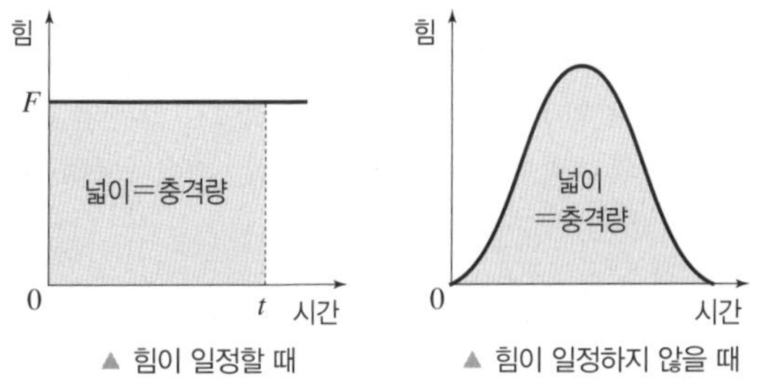

▲ 힘이 일정할 때 ▲ 힘이 일정하지 않을 때

3 (1) 충격량의 크기=5 N×60 s=300 N·s이다.
(2) 물체의 운동량의 변화량은 물체가 받은 충격량과 같으므로 운동량의 변화량 크기는 300 kg·m/s이다.

4 자동차의 운동량의 변화량은 2 kg×10 m/s=20 N·s이다. 운동량의 변화량은 충격량과 같고 충격량은 힘과 시간의 곱으로 구할 수 있으므로 20 N·s=F×0.5 s에서 평균 힘의 크기 F는 40 N이다.

5 두 달걀이 바닥에 충돌 전과 후의 운동량의 변화량이 같으므로 두 달걀이 받은 충격량의 크기도 같다. A는 깨지고 B가 깨지지 않은 까닭은 B가 푹신한 방석에 떨어질 때 힘을 받는 시간이 A보다 길기 때문에 B가 받는 힘의 크기가 작아지기 때문이다.

6 ㄱ, ㄴ, ㄹ은 충격량이 같을 때 충돌 시간을 길게 하여 사람이 받는 힘의 크기를 작게 한 것이다. 그러나 ㄷ은 충격량에 관계없이 자동차의 속도가 변할 때 관성에 의해 사람이 튀어 나가지 않도록 막아 주는 원리이다.

내신 탄탄

진도교재 → 132쪽~134쪽

01 ① **02** ③ **03** ② **04** ④ **05** 해설 참조 **06** ② **07** (나), (가), (다) **08** ⑤ **09** ② **10** ③ **11** 해설 참조 **12** ③ **13** ③

01 ㄱ. 수평면에서는 물체에 작용하는 알짜힘이 0이므로 물체는 등속 직선 운동을 할 것이다.
바로알기 ㄴ. 물체가 현재의 운동 상태를 유지하는 관성이 나타나기 위해서는 물체에 힘이 작용하지 않아야 한다.
ㄷ. 마찰이 있을 경우 힘이 작용하므로 물체가 현재의 운동 상태를 유지할 수 없다.

02 ㄱ. 관성 법칙은 물체가 힘을 받지 않을 때 물체가 현재의 운동 상태를 유지한다는 것이다.
ㄷ. 급정거하는 버스 안에서 몸이 앞으로 쏠리는 것은 운동하던 물체가 계속 운동하려는 관성과 관련이 있다.
바로알기 ㄴ. 관성은 물체의 질량이 클수록 크다.

03 달리던 사람이 돌부리에 걸려 앞으로 넘어지려는 현상은 운동하던 물체가 계속 운동하려는 관성과 관련이 있다.
ㄷ. 삽으로 흙을 퍼서 던질 때 삽은 멈추지만 운동하던 흙은 관성에 의해 계속 운동하려고 하므로 삽과 함께 멈추지 않고 날아간다.
바로알기 ㄱ. 로켓이 연료를 내뿜으며 날아가는 것은 작용 반작용에 의한 현상이다.
ㄴ. 노를 저으면 배가 앞으로 나아가는 것은 작용 반작용에 의한 현상이다.

04 ㄱ. 운동량은 질량과 속도의 곱이므로 2초일 때 운동량의 크기=2 kg×4 m/s=8 kg·m/s이다.
ㄷ. (가), (다) 구간에서는 물체의 속력이 변하므로 물체에 힘이 작용하였다. (나) 구간에서는 물체의 속력이 일정하므로 힘이 작용하지 않았다.
바로알기 ㄴ. (나) 구간의 속력이 0이 아니므로 운동량은 0이 아니다.

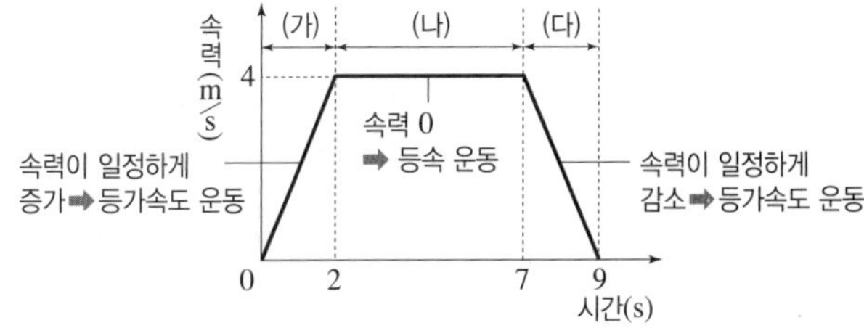

05 운동량은 물체의 '질량×속도'로 나타낸다.

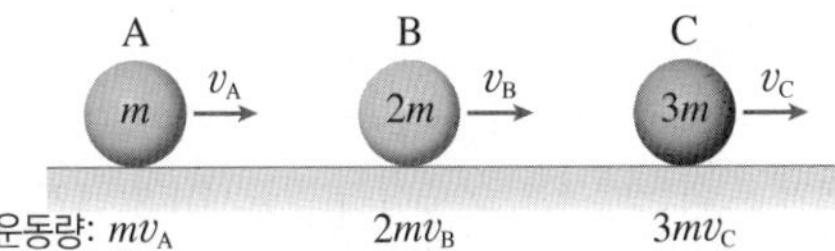

모범 답안 6 : 3 : 2, 운동량은 질량과 속도의 곱으로 나타내므로 운동량이 일정할 때 속도는 질량에 반비례하기 때문이다.

채점 기준	배점
속도의 비를 구하고, 그 까닭을 옳게 서술한 경우	100 %
속도의 비만 옳게 구한 경우	40 %

06 ㄴ. 충격량의 크기는 운동량의 변화량의 크기와 같으므로 벽이 받은 충격량의 크기는 $3mv$이다.

바로알기 ㄱ. 운동량의 변화량은 '나중 운동량−처음 운동량'으로 구할 수 있으며 운동량은 방향이 있으므로 오른쪽을 (+)라고 할 때 $-mv-(+2mv)=-3mv$이다. 따라서 운동량의 변화량의 크기는 $3mv$이다.

ㄷ. 물체와 벽이 충돌할 때 서로 주고 받은 힘의 크기는 작용 반작용의 관계로 같다.

07 충격량(=평균 힘×힘을 가한 시간)이 클수록 물체의 운동량의 변화량이 크므로 속력도 크다. 충격량의 크기는 (가) 8 N·s, (나) 10 N·s, (다) 2 N·s이므로 속력은 (나)>(가)>(다)이다.

구분	(가)	(나)	(다)
평균 힘(N)	4	2	10
힘을 가한 시간(s)	2	5	0.2
운동량의 변화량(N·s)	8	10	2

08 ㄱ. 축구공이 발에 가한 충격력의 방향은 오른쪽이므로 축구공이 발에 가한 충격량의 방향도 오른쪽이다.

ㄴ. 충격량의 크기는 운동량의 변화량의 크기와 같으므로 발이 축구공에 가한 충격량의 크기는 $|0.5\,\mathrm{kg}\times(-15\,\mathrm{m/s})-0.5\,\mathrm{kg}\times10\,\mathrm{m/s}|=12.5\,\mathrm{N\cdot s}$이다. 발과 공이 주고 받은 충격량은 크기가 같고 방향은 반대이므로, 발이 축구공에 가한 충격량의 방향은 축구공이 발에 가한 충격량의 방향과 반대 방향인 왼쪽이다.

ㄷ. 충격력(평균 힘)은 충격량을 시간(0.1 s)으로 나눈 값이므로 충격력$=\dfrac{12.5\,\mathrm{N\cdot s}}{0.1\,\mathrm{s}}=125\,\mathrm{N}$이다.

09 ㄷ. 힘-시간 그래프 아랫부분의 넓이는 충격량의 크기와 같다.

바로알기 ㄱ. 충돌 직전 속력이 7 m/s이므로 운동량=1 kg×7 m/s=7 kg·m/s이다.

ㄴ. 운동량의 변화량은 충격량과 같고 충격량의 크기는 그래프 아랫부분의 넓이와 같으므로 11 kg·m/s이다. 충돌 직후 속력을 v라고 하고 오른쪽 방향을 (+), 왼쪽 방향을 (−)라고 하면 $|1\,\mathrm{kg}\times(-v)-1\,\mathrm{kg}\times7\,\mathrm{m/s}|=11\,\mathrm{kg\cdot m/s}$에서 v는 4 m/s이다. 따라서 공의 속력은 충돌하기 직전보다 감소하였다.

10 ㄱ. A의 운동량의 변화량 크기는 $4mv$, B의 운동량의 변화량 크기는 $2mv$이므로 운동량의 변화량의 크기는 A가 B의 2배이다.

ㄴ. A가 정지할 때까지 운동량의 변화량이 B보다 크므로 충격량도 크다. 따라서 X는 A의 그래프이다.

바로알기 ㄷ. 충격량의 크기는 A가 B의 2배이고, 충격을 받은 시간은 B가 A의 2배이므로 충격력(평균 힘)의 크기는 A가 B의 4배이다.

11 **모범 답안** 두 유리 구슬이 받은 충격량은 같지만 유리 구슬이 단단한 콘크리트 바닥보다 푹신한 방석에 충돌할 때 힘이 작용하는 시간이 길어지므로 유리 구슬이 받는 힘의 크기가 작아져 깨지지 않았다.

채점 기준	배점
힘이 작용하는 시간과 힘의 크기를 비교하여 옳게 서술한 경우	100 %
힘이 작용하는 시간과 힘의 크기 중 한 가지만 언급하여 서술한 경우	40 %

12 ③ 구명 조끼는 부력을 이용해 물에 가라앉지 않도록 한다.

바로알기 ① 멀리뛰기 선수가 착지할 때 무릎을 구부려 충격을 받는 시간을 길게 한다.

② 용수철은 자동차의 차체가 바닥으로부터 충격을 받는 시간을 길게 한다.

④ 푹신한 매트는 바닥으로부터 충격을 받는 시간을 길게 한다.

⑤ 신발 속 공기 주머니는 사람의 발이 바닥으로부터 충격을 받는 시간을 길게 한다.

13 ㄱ. 힘의 크기가 같을 때 충격을 받는 시간을 짧게 하면 충격량이 감소한다.

ㄷ. 줄의 탄성이 충격을 받는 시간을 길게 하여 충격력의 크기를 줄여 준다.

바로알기 ㄴ. (나)에서는 충돌 시간을 길게 하여 포수가 받는 충격력의 크기를 줄여 준다.

1등급 도전

진도교재 → 135쪽

01 ② **02** ③ **03** ① **04** ④

01 A 구간에서는 정지해 있던 버스의 속력이 빨라지므로 손잡이는 정지해 있으려는 성질에 의해 뒤(㉠)로 움직이고, B 구간에서는 속력이 일정하므로 손잡이는 움직이지 않는다. C 구간에서는 버스의 속력이 느려지므로 손잡이는 계속 운동하려는 성질에 의해 앞(㉡)으로 움직인다.

02 ㄱ. 충돌 전 운동량의 크기=질량×속도=2 kg×10 m/s=20 kg·m/s이다.

ㄷ. 30 N·s=300 N×시간에서 공이 벽에 접촉해 있던 시간은 0.1초이다.

바로알기 ㄴ. 충격량은 운동량의 변화량이다. 오른쪽 방향을 (+), 왼쪽 방향을 (−)라고 하면 운동량의 변화량=−10 kg·m/s−20 kg·m/s=−30 kg·m/s이므로 충격량의 크기는 30 N·s이다.

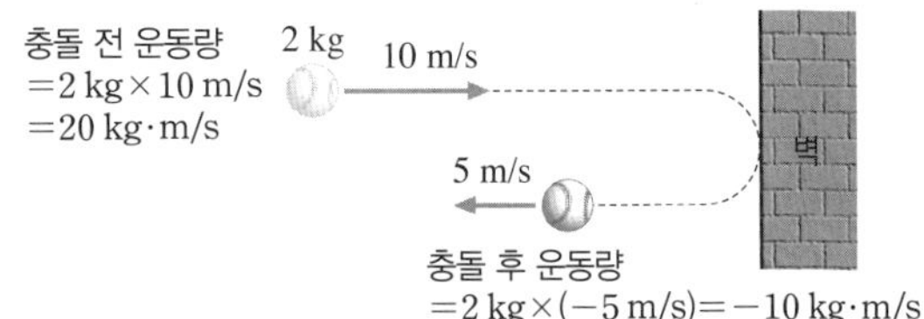

03 ㄱ. 0~4초 동안 A가 받은 충격량의 크기는 운동량의 변화량 크기와 같으므로 충격량의 크기=2 kg·m/s−0=2 N·s이다.

바로알기 ㄴ. 4초일 때 A의 운동량의 크기는 2 kg·m/s이다. A의 속력을 v라고 하면 2 kg·m/s=2 kg×v에서 v=1 m/s이다.

ㄷ. B는 운동량이 일정하므로 속도가 일정하다. 따라서 B에 작용하는 힘은 0이다.

04 ㄱ. 질량이 같은 두 공이 같은 높이에서 떨어졌으므로 바닥에 충돌 직전 공 A와 B의 속도가 같다. 따라서 운동량이 같다.
ㄷ. 공 B의 충돌 직후 속도의 방향은 위(+)이고 운동량의 방향과 같다. 이때의 속도를 $+v$라고 하고 충돌 직전 속도를 $-v_0$, 공 B의 질량을 m이라고 하면 충격량은 $mv-(-mv_0)$으로 (+) 방향이다. 그러므로 충돌 시 받는 힘의 방향도 (+)방향이 되므로 공 B가 바닥과 충돌 직후 운동량의 방향은 충돌할 때 받는 힘의 방향과 같다.
바로알기 ㄴ. 공 A는 정지하고 공 B는 반대 방향으로 튀어 올랐으므로 공 A의 속도 변화량보다 공 B의 속도 변화량의 크기가 더 크다. 따라서 공 B의 운동량의 변화량이 공 A의 운동량의 변화량보다 크기가 크므로 충격량의 크기는 공 B가 공 A보다 크다.

중단원 정복

진도교재 → 136쪽~139쪽

01 ⑤ 02 ① 03 ④ 04 ④ 05 ③ 06 ② 07 ② 08 ⑤ 09 ③ 10 ② 11 ③ 12 ① 13 ③ 14 ④ 15 ① 16 해설 참조 17 해설 참조 18 해설 참조

01 역학 시스템에서 중요한 역할을 하는 중력에 대한 설명이다.
ㄱ. 중력은 지구 표면의 물체뿐만 아니라 지구 주위의 모든 물체에 끊임없이 작용하며 물체의 다양한 운동에 영향을 준다.
ㄴ. 물은 중력에 의해 높은 곳에서 낮은 곳으로 흐른다.
ㄷ. 물체가 지구 중심 방향으로 가속하는 원인은 중력이다.

02 ㄱ. A, B에는 연직 방향으로 중력이 작용하고 있고, 운동 방향도 연직 방향으로 같다.
바로알기 ㄴ. A, B의 질량이 다르므로 중력의 크기도 다르다.
ㄷ. 자유 낙하 운동은 등가속도 운동으로 시간에 따른 속도 변화량이 같다.

03 ㄴ. 중력이 작용하지 않아 대류 현상이 없는 (나)는 둥근 모양의 불꽃을 띤다.
ㄷ. (나)에서는 완전 연소가 일어나며 대류가 일어나지 않으므로 공기가 순환하지 않아 산소를 (가)보다 빨리 소모하게 된다.
바로알기 ㄱ. 중력이 작용하지 않으면 대류 현상이 일어나지 않으므로 불꽃의 모양은 (나)처럼 원형을 띠게 된다.

04 구간 거리와 구간 평균 속도는 다음과 같이 구할 수 있다.

시간(s)	0~0.1	0.1~0.2	0.2~0.3
구간 거리(m)	0.05	0.15	0.25
구간 평균 속도(m/s)	0.5	1.5	2.5

구간 평균 속도는 $\frac{\text{구간 거리}}{\text{구간 시간}}$에서 $\left(\frac{0.05\text{ m/s}}{0.1\text{ s}}\right)=0.5\text{ m/s}$, 1.5 m/s, 2.5 m/s이므로 0.1초마다 평균 속도가 1 m/s씩 일정하게 증가한다. 따라서 가속도는 $\frac{\text{속도 변화량}}{\text{시간}}=\frac{1\text{ m/s}}{0.1\text{ s}}=10\text{ m/s}^2$이다.

05 ① 힘은 물체의 모양과 운동 상태를 변화시킬 수 있다.
② 힘의 방향과 운동 방향이 같으면 물체의 속력이 증가한다.
④ 자유 낙하 운동은 중력을 일정하게 받는 운동이다.
⑤ 힘은 속도 변화의 원인이므로 힘이 일정하다면 단위 시간당 속도 변화량(가속도) 역시 일정하다.
바로알기 ③ 수평 방향으로 던진 물체는 연직 방향으로 중력이 일정하게 작용하므로 운동 방향이 매 순간 변한다.

06 ㄱ. 수평 방향으로 빠르게 던질수록 더 멀리 날아가므로 발사할 때의 속력은 C>B>A이다.
ㄴ. A, B, C는 지구 중력에 의해 운동을 하므로 가속도의 방향은 모두 지구 중심 방향이다.
바로알기 ㄷ. 포탄은 모두 중력 가속도로 가속도 운동을 하므로 가속도의 크기는 모두 같다.

07 ㄴ. A, B의 연직 방향 가속도는 중력 가속도로 동일하므로 동시에 바닥에 도달한다.
바로알기 ㄱ. A, B는 질량이 다르므로 물체에 작용하는 중력의 크기는 다르다.
ㄷ. B는 수평 방향으로 힘이 작용하지 않으므로 등속 운동을 한다.

08 ㄱ. 자를 빠르게 치면 A는 관성에 의해 정지해 있으려 하지만 자를 천천히 치면 A는 자와 함께 운동하려고 한다.
ㄴ. A, B가 운동하는 동안 질량은 일정하므로 중력의 크기는 일정하다.
ㄷ. 질량에 관계없이 A, B에 작용하는 연직 방향의 가속도는 같으므로 동시에 바닥에 도달한다.

09 ㄷ. 질량이 클수록 관성도 크므로 질량이 매우 작은 추를 매달아 놓는다면 현재보다 관성의 효과가 적게 나타난다.
바로알기 ㄱ. 질량이 있는 추에는 아래 방향으로는 중력, 위 방향으로는 실에 의한 장력이 작용하여 알짜힘이 0이므로 관성을 가진다.
ㄴ. 추는 정지 상태이므로 갑자기 실을 잡아당기면 정지해 있으려는 관성에 의해 B가 끊어진다.

10 운동량의 크기는 '질량(kg)×속도(m/s)의 크기'로 비교할 수 있다. A, B, C의 운동량의 크기는 각각 다음과 같다.
A: $0.1\text{ kg}\times20\text{ m/s}=2\text{ kg}\cdot\text{m/s}$
B: $0.04\text{ kg}\times5\text{ m/s}=0.2\text{ kg}\cdot\text{m/s}$
C: $0.5\text{ kg}\times2\text{ m/s}=1\text{ kg}\cdot\text{m/s}$
따라서 운동량의 크기를 비교하면 A>C>B이다.

11 ㄷ. 속도 변화량은 0~2초 사이가 4초~6초 사이보다 크므로 운동량의 변화량도 0~2초 사이가 4초~6초 사이보다 크다. 충격량은 운동량의 변화량이므로 물체가 받은 충격량의 크기도 0~2초 사이가 4초~6초 사이보다 크다.
바로알기 ㄱ. 운동량은 질량과 속도의 곱으로 나타낼 수 있다. 처음 운동량이 0이므로 운동량의 변화량은 2초일 때 운동량과 같다. 따라서 $2\text{ kg}\times4\text{ m/s}=8\text{ kg}\cdot\text{m/s}$이다.
ㄴ. 2초~4초 사이에는 등속 운동을 했으므로 물체에 작용하는 힘은 0이다.

12 공이 받은 충격량은 $30\,N \times 0.35\,s = 10.5\,N \cdot s$이고 공의 운동량의 변화량과 같다. 운동량의 변화량은 나중 운동량에서 처음 운동량을 뺀 값이므로 오른쪽을 (+), 왼쪽을 (−)라고 할 때 운동량의 변화량은 $0.15\,kg \times v - 0.15\,kg \times (-30\,m/s) = 10.5\,kg \cdot m/s$이다. 따라서 v는 $40\,m/s$이다.

13 ㄱ. 힘-시간 그래프에서 아랫부분의 넓이는 충격량의 크기이므로 4초 동안 물체가 받은 충격량의 크기는 $\frac{1}{2} \times 4 \times 30 = 60(N \cdot s)$이다.
ㄴ. 충격량의 크기가 $60\,N \cdot s$이므로 운동량의 변화량의 크기도 $60\,kg \cdot m/s$이다. 4초일 때 물체의 속력을 v라고 하면 $60\,kg \cdot m/s = 2\,kg \times v$에서 속력 $v = 30\,m/s$이다.
바로알기 ㄷ. 힘의 방향이 바뀌지 않았으므로 가속도의 방향도 바뀌지 않았다.

14 ㄱ. A는 단단한 바닥에 떨어졌으므로 충격을 받은 시간이 짧다. 따라서 P의 그래프에 해당한다.
ㄴ. 동일한 달걀을 같은 높이에서 떨어뜨렸으므로 충돌 전 속도가 같다. 따라서 충돌 전후 운동량의 변화량, 즉 충격량의 크기는 같으므로 P와 Q의 그래프 아랫부분의 넓이는 같다.
바로알기 ㄷ. A, B는 같은 높이에서 떨어져 충돌 후 정지하였으므로 충돌 전후 운동량의 변화량은 같다.

15 ㄱ. 포수용 글러브는 공을 받을 때 충격을 받는 시간을 길게 하기 위해 두께가 두껍다.
ㄴ. 공기가 충전된 포장재는 물체가 배송 과정 등에서 충격을 받는 시간을 길게 한다.
바로알기 ㄷ. 자동차의 안전띠는 자동차의 속력이 갑자기 줄어들 때 관성에 의해 사람이 앞으로 튀어 나가는 것을 막아 준다.
ㄹ. 미끄럼 방지 패드는 마찰력을 이용해서 잘 미끄러지지 않도록 한다.

16 중력의 크기는 물체의 질량에 비례한다.
모범 답안 (1) A>B>C
(2) 모두 동시에 도달한다. 질량과 관계없이 연직 방향의 중력 가속도는 일정하기 때문이다.

	채점 기준	배점
(1)	중력의 크기를 옳게 비교한 경우	30 %
(2)	바닥에 도달하는 시간을 옳게 비교하고, 그 까닭을 옳게 서술한 경우	70 %
	바닥에 도달하는 시간만 옳게 비교한 경우	30 %

17 사람과 물체가 충돌할 때 사람이 받은 충격량의 크기와 물체가 받은 충격량의 크기가 같다.
모범 답안 $1.6\,m/s$, 충격량은 운동량의 변화량과 같으므로 물체가 받은 충격량은 $4\,kg \times 20\,m/s = 80\,kg \cdot m/s$이고 사람이 받은 충격량의 크기와 같다. 따라서 사람의 운동량의 변화량은 $50\,kg \times v = 80\,kg \cdot m/s$에서 $v = 1.6\,m/s$이다.

채점 기준	배점
v를 옳게 구하고, 그 까닭을 옳게 서술한 경우	100 %
v만 옳게 구한 경우	40 %

18 멀리뛰기 선수가 무릎을 구부려 착지하는 시간을 길게 하여 충격을 줄인다.
모범 답안 바닥과의 충돌 시간을 길게 하여 선수가 받는 힘의 크기를 줄이기 위해서이다.

채점 기준	배점
두 단어를 모두 사용하여 옳게 서술한 경우	100 %
한 단어만 사용하여 서술한 경우	50 %

진도교재 → 140쪽~141쪽

01 ③ 02 ⑤ 03 ② 04 ③

01 ㄱ. 자유 낙하 운동은 등가속도 운동이므로 A는 속력이 변하는 운동을 한다.
ㄴ. B는 포물선 운동을 하므로 운동 방향은 매 순간 곡선상의 접선 방향으로 변한다.
바로알기 ㄷ. B가 운동하는 동안 가속도의 방향은 힘의 방향인 중력의 방향과 같고, 운동 방향은 매 순간 포물선 모양으로 바뀐다.

02 A의 운동량의 변화량 크기는 $2mv_0 - mv_0 = mv_0$, B의 운동량의 변화량 크기는 $4mv_0 - (-2mv_0) = 6mv_0$이므로 A, B가 받은 충격량의 비는 1 : 6이다. 충격력$=\frac{\text{충격량}}{\text{충돌 시간}}$이고 풀 더미와 벽으로부터 힘을 받은 시간의 비가 2 : 1이므로 충격력(평균 힘)의 비는 $\frac{1}{2} : \frac{6}{1} = 1 : 12$가 된다.

03 ㄷ. A와 B의 속력이 각각 $0.1\,m/s$, $0.05\,m/s$이고 질량은 각각 1 kg, 2 kg이므로 A의 운동량의 크기는 $1\,kg \times 0.1\,m/s = 0.1\,kg \cdot m/s$이고, B의 운동량의 크기는 $2\,kg \times 0.05\,m/s = 0.1\,kg \cdot m/s$이다. 따라서 4초일 때 A, B의 운동량의 크기는 같다.
바로알기 ㄱ. 이동 거리-시간 그래프에서 기울기가 속력이므로 2초일 때 A의 속력은 $\frac{0.2\,m}{2\,s} = 0.1\,m/s$이다.
ㄴ. 그래프에서 B의 속력은 $\frac{0.2\,m}{4\,s} = 0.05\,m/s$이므로 B의 운동량의 크기는 $2\,kg \times 0.05\,m/s = 0.1\,kg \cdot m/s$이다.

04 ㄱ. A에서 줄은 사람이 힘을 받는 시간을 길게 해서 충격력(힘)을 줄여 준다.
ㄷ. 운동량은 '질량×속도'이므로 질량이 일정할 때 속도의 크기(속력)에 비례한다. 따라서 구슬의 속력이 증가하면 운동량의 크기는 증가한다.
바로알기 ㄴ. 타이어는 충돌할 때 배가 충격을 받는 시간을 길게 하므로 평균 힘의 크기를 줄여 준다.

3 생명 시스템

01 생명 시스템과 화학 반응

개념 쏙쏙

진도교재 → 145쪽, 147쪽

1 세포 **2** (1) ㉢ (2) ㉠ (3) ㉡ (4) ㉣ **3** (1) 인지질 (2) 선택적 투과성 (3) 막단백질 (4) 인지질 2중층 (5) 삼투 **4** (1) ○ (2) × (3) × **5** (1) A (2) C **6** (1) × (2) ○ (3) ×

1 생명 시스템의 구성 단계는 세포 → 조직 → 기관 → 개체이며, 기본 단위는 세포이다.

2 (2) 핵은 유전물질인 DNA가 있어 세포의 생명활동을 조절한다.
(3) 엽록체에서는 이산화 탄소와 물을 원료로 하여 포도당을 합성하는 광합성이 일어난다.
(4) 마이토콘드리아는 세포호흡으로 생명활동에 필요한 에너지(ATP)를 생산한다.

3 (3) 포도당, 아미노산과 같은 수용성 물질은 세포막의 막단백질을 통해 이동한다.
(4) 산소, 이산화 탄소와 같은 기체 분자는 인지질 2중층을 직접 통과하여 이동한다.
(5) 적혈구를 세포액보다 농도가 높은 용액에 넣으면 삼투에 의해 물이 세포 밖으로 많이 빠져나가 세포의 부피가 줄어든다.

4 (1) 동화작용이 일어날 때는 에너지가 흡수되고, 이화작용이 일어날 때는 에너지가 방출되는 에너지 출입이 일어난다. 물질대사에는 생체촉매인 효소가 관여한다.
(2) 작고 간단한 분자인 아미노산이 크고 복잡한 분자인 단백질로 합성되는 과정은 동화작용에 해당한다.
(3) 생명체 내에서 일어나는 화학 반응을 물질대사라고 한다.

5 (1) 반응열(A)은 반응물의 에너지와 생성물의 에너지 차이로, 효소의 유무에 관계없이 일정하다.
(2) 효소는 활성화에너지를 낮추는 역할을 하므로 효소가 있을 때의 활성화에너지는 C이고, 효소가 없을 때의 활성화에너지는 B이다.

6 (1) 효소는 기질특이성이 있어 그 구조가 맞는 특정 반응물에만 작용한다.
(2) 효소는 반응이 끝나면 반응 전과 동일한 상태가 되므로 재사용된다.
(3) 효소는 생명체 밖에서도 작용할 수 있으므로 식품, 의약품, 생활용품 등 다양한 분야에 활용된다.

탐구 A

진도교재 → 149쪽

확인 문제 **1** (1) ○ (2) × (3) × (4) × **2** 해설 참조 **3** ③

1 (1) 이 실험에서 세포막을 통한 물의 이동은 삼투에 의해 일어난다.
(2) 삼투에 의한 물의 이동은 세포막을 경계로 용질의 농도가 낮은 쪽에서 높은 쪽으로 일어난다.
(3) 0.9 % 소금물을 떨어뜨린 양파 표피세포의 부피가 변하지 않는 까닭은 세포 안팎으로 이동하는 물의 양이 같기 때문이다.
(4) 삼투에 의한 물의 이동은 세포에서 에너지를 사용하지 않고 일어난다.

2 양파 표피세포를 세포액보다 농도가 높은 용액에 넣으면 세포에서 물이 많이 빠져나가 세포막이 세포벽에서 분리되고, 농도가 낮은 용액에 넣으면 세포로 물이 많이 들어와 세포가 팽팽해진다.
모범 답안 (가)에서와 달리 (나)에서는 세포에서 물이 많이 빠져나가 세포막이 세포벽에서 분리되는 현상이 나타났으므로 (나)는 (가)보다 농도가 더 높은 용액에 넣은 것이다. 따라서 (가)는 B에 넣은 것이고, (나)는 A에 넣은 것이다.

채점 기준	배점
넣은 용액을 옳게 구분하고, 그 까닭을 옳게 서술한 경우	100 %
넣은 용액만 옳게 구분한 경우	30 %

3 ㄱ. A에서 적혈구 안으로 물이 많이 들어와 부피가 커진 것이므로, 적혈구의 세포액 농도는 0.5 % 소금물보다 높다.
ㄴ. 적혈구 안으로 물이 많이 들어올수록 세포의 부피는 커지고 세포액의 농도는 낮아진다. 따라서 (다)에서 적혈구의 부피는 A>B>C이므로 세포액 농도를 비교하면 A<B<C이다.
바로알기 ㄷ. B의 0.9 % 소금물에 넣은 적혈구에서는 세포 안팎으로 이동한 물의 양이 같아 적혈구의 부피에 변화가 없다.

탐구 B

진도교재 → 151쪽

확인 문제 **1** (1) ○ (2) × (3) ○ (4) × (5) × **2** ⑤ **3** ③

1 (2) 과산화 수소는 효소가 없어도 자연적으로 분해되지만, 반응 속도가 매우 느리다.
(4) 효소는 반응 전후에 변하지 않으므로 화학 반응이 일어나더라도 시험관 C의 생간에는 효소가 그대로 남아 있다. 기포 발생이 끝난 것은 효소가 모두 사라졌기 때문이 아니라 과산화 수소가 모두 물과 산소로 분해되었기 때문이다.
(5) 간을 삶으면 효소의 주성분인 단백질이 변성되어 효소가 기능을 잃는다. 따라서 시험관 C에 삶은 간을 넣으면 기포가 발생하지 않는다.

2 ㄱ. 생간에는 과산화 수소가 물과 산소로 분해되는 반응을 촉진하는 효소인 카탈레이스가 들어 있다.
ㄴ. 시험관 B에서 과산화 수소가 분해되어 발생한 기포의 주성분은 산소이므로 꺼져가는 향불을 넣었을 때 불씨의 변화로 확인할 수 있다.
ㄷ. 3 % 과산화 수소수 대신 5 % 과산화 수소수를 사용하면 반응물의 양이 증가한 것이므로 발생하는 기포의 양도 증가한다.

3 ㄱ. 삶은 감자를 넣어 준 시험관 B에서 기포가 발생하지 않은 것은 효소가 높은 온도에서 기능을 잃었기 때문이다.
ㄴ. 시험관 C에서 발생한 기포(㉠)의 성분은 산소이며, 산소에 꺼져 가는 불씨를 다시 넣으면 다시 잘 탄다.
바로알기 ㄷ. 화학 반응에 의해 발생하는 기포의 총량은 반응물인 과산화 수소의 양에 비례한다. 시험관 C에 넣는 생감자 조각의 양을 2배로 늘리면 효소의 양이 많아져 기포가 발생하는 속도는 빨라지지만 발생하는 기포의 총량은 변하지 않는다.

내신 탄탄

진도교재 → 152쪽~154쪽

1 ③ **2** ② **3** ② **4** (가) C, 라이보솜 (나) D, 소포체 (다) B, 골지체 **5** ③ **6** ② **7** ⑤ **8** 해설 참조 **9** ③ **10** ② **11** ③ **12** ④ **13** 해설 참조 **14** ⑤ **15** ④ **16** ⑤

01 ㄱ. 생명 시스템의 기본 단위는 세포이다.
ㄴ. 세포는 그 자체로도 하나의 생명 시스템이다.
바로알기 ㄷ. 생명 시스템은 세포 → 조직 → 기관 → 개체의 단계로 구성된다.

02 (가)는 기관, (나)는 조직, (다)는 개체, (라)는 세포이다.
바로알기 ㄱ. (가)는 기관이다.
ㄷ. 식물의 잎, 줄기, 뿌리 등은 기관(가)의 예에 해당한다.

03 A는 핵, B는 골지체, C는 라이보솜, D는 소포체이다.
ㄴ. 골지체(B), 소포체(D), 핵(A)은 막으로 둘러싸여 있고, 라이보솜(C)은 막으로 둘러싸여 있지 않다.
바로알기 ㄱ. 핵(A)은 유전물질인 DNA가 있어 세포의 생명활동을 조절한다. 생명활동에 필요한 에너지를 생산하는 곳은 마이토콘드리아이다.
ㄷ. 라이보솜(C)은 동물 세포와 식물 세포에 공통으로 있는 세포소기관이다.

04 세포에서 단백질의 합성과 이동에는 일부 세포소기관이 관여한다. 핵 속 DNA의 유전정보에 따라 라이보솜(가)에서 단백질이 합성되고, 이 단백질은 소포체(나)를 통해 골지체(다)로 운반된 후 막으로 싸여 세포 밖으로 분비된다.

05 (가)는 엽록체이고, (나)는 마이토콘드리아이다.
ㄱ. 엽록체(가)는 빛에너지를 이용하여 이산화 탄소와 물로부터 포도당을 합성한다.
ㄴ. 마이토콘드리아(나)는 세포호흡으로 생명활동에 필요한 에너지를 생산한다.
바로알기 ㄷ. 엽록체(가)는 식물 세포에만 있고, 마이토콘드리아(나)는 동물 세포와 식물 세포에 모두 있다.

06 ③, ④ 세포막은 물질의 종류와 크기에 따라 투과시키는 정도가 다른 선택적 투과성이 있어 세포 안팎으로의 물질 출입을 조절한다.
⑤ 세포는 세포막을 통해 끊임없이 물질이 출입하며 외부와 상호작용 하여 세포 내부를 생명활동이 일어나기에 적합한 환경으로 유지한다.
바로알기 ② 세포막을 이루는 인지질층은 유동성이 있어서 단백질의 위치는 고정되어 있지 않다.

07 A는 단백질이고, B는 인지질이다.
ㄱ. 단백질(A)은 많은 수의 아미노산이 펩타이드결합으로 연결되어 형성된다.
ㄷ. 인지질 2중층에서 바깥쪽을 향한 ㉠이 친수성 부분이고, 서로 마주 보는 ㉡이 소수성 부분이다.

08 (모범 답안) 산소나 이산화 탄소와 같은 기체 분자는 세포막을 경계로 각 기체의 농도가 높은 쪽에서 농도가 낮은 쪽으로 인지질 2중층을 통해 확산한다.

채점 기준	배점
이동 방식을 모두 옳게 서술한 경우	100 %
확산을 통해서 이동한다고만 서술한 경우	50 %

09 ㄱ. A는 고농도에서 저농도로 인지질 2중층을 직접 통과하여 확산한다.
ㄴ. 산소, 이산화 탄소와 같은 기체 분자는 A와 같이 인지질 2중층을 통해 이동하고, 전하를 띠는 Na^+, K^+이나 비교적 크고 물에 잘 녹는 포도당, 아미노산은 막단백질을 통해 이동한다.
바로알기 ㄷ. A와 B가 확산에 의해 세포막을 통과할 때는 분자 운동에 의해 이동하므로 세포에서 에너지를 사용하지 않는다.

10 ㄴ. 용액의 농도가 높을수록 세포 밖으로 물이 많이 빠져나가 세포의 부피가 감소하므로 설탕 용액의 농도는 B>A>C이다.
바로알기 ㄱ. A에 넣은 세포에서는 세포 안팎으로 이동하는 물의 양이 같아 세포의 부피 변화가 일어나지 않았다.
ㄷ. C에 넣은 세포는 부피가 증가하여 팽팽해진 상태이다. 세포벽과 세포막의 분리가 일어난 것은 B에 넣은 세포이다.

11 ④ 이산화 탄소와 물로부터 포도당을 합성하는 광합성은 동화작용의 예이다.
바로알기 ③ 물질대사가 일어날 때는 반드시 에너지가 방출되거나 흡수되는 에너지의 출입이 일어난다.

12 (가)는 크고 복잡한 분자가 작고 간단한 분자로 분해되는 이화작용이고, (나)는 작고 간단한 분자가 크고 복잡한 분자가 합성되는 동화작용이다.
ㄴ. 동화작용(나)이 일어날 때에는 에너지를 흡수하므로 생성물의 에너지는 반응물의 에너지보다 크다.
ㄷ. 효소(㉠)는 생명체에서 화학 반응이 빠르게 일어나도록 촉진한다.
바로알기 ㄱ. (가)는 이화작용이다.

13 (모범 답안) 효소가 활성화에너지를 낮추어 화학 반응이 빠르게 일어나도록 하기 때문이다.

채점 기준	배점
활성화에너지를 언급하여 옳게 서술한 경우	100 %
활성화에너지를 언급하지 않고 옳게 서술한 경우	30 %

14 ㄱ. 반응물의 에너지가 생성물의 에너지보다 크므로 이화작용의 에너지 변화를 나타낸 것이다.
ㄴ. ㉢은 반응물과 생성물의 에너지 차이인 반응열로, 효소의 유무에 관계없이 일정하다.
ㄷ. ㉠은 효소가 없을 때의 활성화에너지이고, ㉡은 효소가 있을 때의 활성화에너지이므로 효소의 작용으로 감소한 활성화에너지의 크기는 ㉠－㉡이다.

15 ㄱ. 효소 ㉠은 반응물 A가 생성물 B와 C로 되는 반응을 촉진한다.
ㄷ. 효소 ㉠은 반응물과 결합한 (가)의 상태에서 활성화에너지를 낮추어 반응을 촉진한다.
바로알기 ㄴ. 효소는 반응 전후에 변화가 없으므로 반응이 끝난 후 다시 새로운 반응물과 결합하여 재사용된다.

16 ① 키위와 파인애플 등은 단백질분해효소가 있어 고기 연육제로 사용한다.
② 포도당 산화효소를 소변 검사지나 혈당 측정기에 활용한다.
③ 미생물의 효소를 이용하여 된장, 김치, 치즈 등과 같은 발효식품을 만든다.
바로알기 ⑤ 때의 주성분은 단백질과 지방이므로 찌든 때를 제거하는 효소 세제에는 단백질과 지방을 분해하는 효소가 들어 있다.

1등급 도전

진도교재 → 155쪽

01 ④ **02** ③ **03** ⑤ **04** ③

01 'DNA가 있다.'는 핵에 해당하는 특징이고, '식물 세포에 있다.'는 핵, 골지체, 라이보솜에 해당하는 특징이며, '막으로 둘러싸여 있다.'는 핵, 골지체에 해당하는 특징이다. 따라서 A는 골지체, B는 핵, C는 라이보솜이고, ㉠은 '식물 세포에 있다.', ㉡은 'DNA가 있다.', ㉢은 '막으로 둘러싸여 있다.'이다.
ㄴ. 라이보솜(C)은 단백질을 합성하는 세포소기관이다.
바로알기 ㄱ. ⓐ는 '○', ⓑ는 '×'이다.

02 ㄱ. A는 세포 안팎의 농도 차가 클수록 이동 속도가 증가하므로 인지질 2중층을 통해 확산하는 물질이다.
ㄴ. 막단백질을 통해 확산하는 물질의 경우 모든 막단백질이 물질을 이동시키고 있을 때에는 농도 차가 증가하여도 물질의 이동 속도가 더 이상 증가하지 않는다. 따라서 B는 막단백질을 통해 이동하는 물질이고, 이동 속도가 일정한 것은 B의 이동에 관여하는 막단백질이 모두 B를 이동시키고 있기 때문이다.
바로알기 ㄷ. 포도당은 세포막의 막단백질을 통해 확산하므로 혈액 속의 포도당이 조직세포로 이동할 때는 B와 같은 방식으로 이동한다.

03 ㄱ. (나)에서는 적혈구 안으로 물이 많이 들어와서 부풀었으므로, 적혈구 안의 농도는 (가)에서가 (나)에서보다 높다.
ㄴ. (다)는 적혈구 밖으로 물이 많이 빠져나가 쭈그러든 상태이므로, 적혈구를 농도가 가장 높은 2 % 소금물에 넣었을 때의 변화이다.
ㄷ. 적혈구의 상태 변화는 삼투에 의한 것으로, 식물의 뿌리털에서 물을 흡수하는 원리와 같다.

04 ㉠은 효소(B)와 기질(A)이 결합한 상태이다. 이 반응은 큰 분자가 작은 분자로 분해되는 이화작용이다.
ㄱ. 효소는 기질과 결합하여 활성화에너지를 낮추므로 초기 반응 속도가 빠른 S_2일 때가 S_1일 때보다 ㉠의 양이 많다.
ㄷ. S_2 이후에 초기 반응 속도가 증가하지 않는 이유는 모든 효소가 기질과 결합한 상태이기 때문이다. 따라서 기질의 농도가 충분할 때 효소 B를 다시 첨가하면 효소와 반응물이 더 많이 결합할 수 있으므로 초기 반응 속도는 다시 증가한다.
바로알기 ㄴ. 동일한 효소가 관여하는 반응에서 활성화에너지는 기질의 농도에 관계없이 같다.

02 생명 시스템에서 정보의 흐름

개념 쏙쏙

진도교재 → 157쪽

1 (1) ○ (2) ○ (3) ○ **2** A: 전사, B: 번역 **3** (1) × (2) ×

1 (2), (3) 각 유전자의 유전정보에 따라 단백질이 합성되고, 이 단백질의 작용으로 유전형질이 나타나므로 유전자에 이상이 생기면 단백질이 정상적으로 만들어지지 않아 낫모양적혈구빈혈증과 같은 유전병이 나타날 수 있다.

2 DNA의 유전정보가 RNA로 전달되는 과정 A는 전사이고, 핵 속에서 일어난다. RNA의 유전정보에 따라 단백질이 합성되는 과정 B는 번역이고, 세포질의 라이보솜에서 일어난다.

3 (1) RNA에서 하나의 아미노산을 지정하는 3개의 염기조합을 코돈이라고 하고, DNA에서 하나의 아미노산을 지정하는 3개의 염기조합을 3염기조합이라고 한다. 염기는 4종류가 있고, 코돈은 3개의 염기조합이므로 총 64종류가 있다.
(2) 지구상의 모든 생물은 유전부호 체계가 같다.

여기서 잠깐

진도교재 → 158쪽

Q1 UUUCGAGCCCUU, 페닐알라닌 – 아르지닌 – 알라닌 – 류신 **Q2** 해설 참조

[Q1] RNA의 염기서열은 DNA의 염기서열에 상보적이므로 UUUCGAGCCCUU이고, 왼쪽 첫 번째 염기부터 연속된 3개의 염기가 하나의 아미노산을 지정하므로 코돈 표를 참고하여 아미노산서열을 구하면 페닐알라닌(UUU) – 아르지닌(CGA) – 알라닌(GCC) – 류신(CUU)이다.

[Q2] 모범 답안 단백질의 아미노산서열이 달라져 정상 단백질이 만들어지지 않기 때문이다.

내신 탄탄

진도교재 → 159쪽~160쪽

01 ② **02** ㉠ 염색체, ㉡ DNA, ㉢ 유전자 **03** ① **04** ④ **05** ① **06** ② **07** ③ **08** 해설 참조 **09** 해설 참조 **10** ③ **11** ④

01 ⑤ 유전자에 저장된 유전정보에 따라 단백질이 합성되므로 효소의 유전자에 이상이 생기면 효소 단백질이 정상적으로 합성되지 못하여 그 효소가 관여하는 물질대사에 이상이 생길 수 있다.
바로알기 ② 하나의 DNA에는 수많은 유전자가 있으므로 생물의 유전자 수는 DNA 수보다 훨씬 많다.

02 ㉠은 염색체이고, ㉡은 염색체를 구성하는 DNA이며, ㉢은 DNA에서 유전정보가 저장되어 있는 부위인 유전자이다.

03 ㄱ. 염색체(㉠)는 분열하는 세포에서 관찰된다.
바로알기 ㄴ. DNA(㉡)를 구성하는 염기는 아데닌(A), 구아닌(G), 사이토신(C), 타이민(T)의 4종류이며, 유라실(U)은 DNA에는 없고 RNA에만 있는 염기이다.
ㄷ. 단백질(㉣)의 기본 단위체는 아미노산이다.

04 ㄴ. 유전자에 저장된 유전정보에 따라 단백질이 합성되고, 단백질이 특정 기능을 수행함으로써 형질이 나타난다.
ㄷ. 유전자에 있는 유전정보로부터 단백질이 합성되므로, 유전자에 이상이 생기면 이 유전자로부터 만들어지는 단백질의 합성도 정상적으로 일어나지 않을 수 있다.
바로알기 ㄱ. A에는 멜라닌 합성 효소에 대한 유전정보가 있으며, 멜라닌은 멜라닌 합성 효소의 작용으로 만들어진다.

05 바로알기 ㄴ. 전사(가)는 핵 속에서, 번역(나)은 세포질의 라이보솜에서 일어난다.
ㄷ. RNA의 기본 단위체는 뉴클레오타이드이고, 전사 과정을 통해 RNA 가닥이 합성되므로 (가) 과정에서 폴리뉴클레오타이드가 형성된다.

06 바로알기 ㄱ. DNA에서 하나의 아미노산을 지정하는 연속된 3개의 염기조합을 3염기조합이라고 하고, RNA에서는 코돈이라고 한다.
ㄷ. 코돈은 64종류이고, 아미노산은 20종류이므로 한 종류의 아미노산을 지정하는 코돈은 한 종류 이상이다.

07 ㄱ. 지구상의 모든 생명체는 유전부호 체계가 같다.
ㄴ. 사람과 대장균은 유전부호 체계가 같으므로 사람의 인슐린 유전자의 유전정보가 대장균 내에서 전사된 후 번역 과정을 통해 인슐린 단백질이 만들어진다.
바로알기 ㄷ. 대장균과 사람에서 모두 같은 유전자로부터 합성된 단백질(인슐린)이므로 아미노산서열은 같다.

08 모범 답안 RNA의 연속된 3개 염기가 코돈이 되어 하나의 아미노산을 지정한다. 따라서 125개의 아미노산으로 구성된 폴리펩타이드 X에 대한 정보를 저장하고 있는 RNA는 최소 125×3=375개의 염기로 이루어져 있다.

채점 기준	배점
최소 염기 개수를 쓰고, 구하는 과정을 옳게 서술한 경우	100 %
최소 염기 개수만 옳게 쓴 경우	70 %

09 모범 답안 가닥 Ⅱ, 전사 과정에서 DNA 염기에 상보적인 염기를 가진 RNA 뉴클레오타이드가 결합하므로 제시된 RNA 염기서열에 상보적인 염기서열을 가진 가닥 Ⅱ가 전사에 이용된 가닥이다.

채점 기준	배점
전사에 이용된 가닥을 쓰고, 그 근거를 옳게 서술한 경우	100 %
전사에 이용된 가닥만 옳게 쓴 경우	50 %

10 ㄱ. DNA 이중나선에서 두 가닥의 염기는 상보적으로 결합하므로 ㉠은 GGC와 상보적인 CCG이다.
ㄴ. 아미노산 1을 지정하는 코돈은 UAU이고, 아미노산 2를 지정하는 코돈은 GCA이다.
바로알기 ㄷ. 전사(가)는 핵 속에서 일어나며, 번역(나)은 세포질의 라이보솜에서 일어난다.

11 ㄴ. 정상 헤모글로빈과 비정상 헤모글로빈은 아미노산 1개의 종류만 다를 뿐 아미노산 개수는 같다.
ㄷ. DNA의 염기 1개가 바뀌어 코돈이 달라지면 그에 따라 지정하는 아미노산이 바뀌어 비정상 단백질이 만들어질 수 있다.
바로알기 ㄱ. 글루탐산을 지정하는 코돈은 GAA이다.

1등급 도전

진도교재 → 161쪽

01 ⑤ **02** ② **03** ② **04** ④

01 ㄱ. 핵(A)에는 DNA가 있다. 전사(㉠)는 DNA가 있는 핵 속에서 일어난다.
ㄴ. 라이보솜(B)에서는 코돈이 지정하는 아미노산 사이에 펩타이드결합이 형성되어 폴리펩타이드가 만들어지는 번역(㉡)이 일어난다.
ㄷ. 번역(㉡) 과정을 거쳐 합성된 단백질은 소포체를 거쳐 골지체(C)에서 막으로 싸여 세포 밖으로 분비된다.

02 ㄷ. ㉡ 부분에 염기 G이 삽입되면 세 번째 코돈은 CUA, 네 번째 코돈은 UUG로 바뀐다.
바로알기 ㄱ. 아미노산 3을 지정하는 코돈은 UAU이다.
ㄴ. ㉠ 부분의 염기 C이 T으로 바뀌면 두 번째 코돈만 GGU에서 AGU로 바뀌고, 나머지 코돈은 바뀌지 않으므로 아미노산 3이 다른 아미노산으로 바뀌지 않는다.

03 (다)에는 T이 없으므로 RNA Y이고, (가)와 (나)는 DNA이다.
ㄴ. (가)와 (나)는 DNA이므로 기본 단위체에 디옥시라이보스를 갖는다.
바로알기 ㄱ. Y에 G이 31개이므로 전사에 이용된 DNA 가닥의 C도 31개이다. 따라서 전사에 이용된 가닥은 (나)이다.
ㄷ. 전사에 이용된 가닥 (나)와 RNA (다)의 염기는 상보적이고, DNA 이중나선 (가)와 (나)의 염기도 서로 상보적이므로 각 염기의 수를 구하면 ㉠=19, ㉡=27, ㉢=23, ㉣=27이다. 따라서 $\frac{㉠+㉣}{㉡+㉢}=\frac{19+27}{27+23}=\frac{46}{50}$으로 1보다 작다.

04 ㄴ. RNA의 염기서열은 GUA-CUA-GUU-CAC이므로 ㉠은 발린-류신-발린-히스티딘으로 3종류의 아미노산으로 이루어져 있다.
ㄷ. 이 DNA의 9번째 염기가 A에서 T으로 바뀌면 RNA의 세 번째 코돈이 GUU에서 GUA로 바뀐다. GUU와 GUA 모두 발린을 지정하는 코돈이므로 단백질의 아미노산서열은 바뀌지 않아 정상 형질이 나타난다.
바로알기 ㄱ. ㉠은 4개의 아미노산이 연결되어 있으므로 펩타이드결합은 3개이다.

중단원 정복

진도교재 → 162쪽~165쪽

01 ③	**02** ⑤	**03** ②	**04** ④	**05** ③	**06** ①
07 ①	**08** ②, ⑤	**09** ④	**10** ③	**11** ②	**12** ④
13 ①, ⑤	**14** ④	**15** ③	**16** ④	**17** 해설 참조	
18 해설 참조	**19** 해설 참조				

01 ㄱ. 세포(㉠)와 개체는 모두 하나의 생명 시스템이다.
ㄴ. 세포(㉠)에서는 여러 세포소기관이 있어 밀접한 상호작용을 통해 생명활동을 수행한다.
바로알기 ㄷ. 기관(㉡)은 여러 조직이 모여 일정한 형태와 기능을 나타내는 것이다.

02 A는 핵, B는 마이토콘드리아, C는 엽록체, D는 액포, E는 세포벽이다.
③ 마이토콘드리아(B)에서는 세포호흡과 같은 이화작용이 일어나고, 엽록체(C)에서는 광합성과 같은 동화작용이 일어난다.
④ 액포(D)는 물, 색소, 노폐물 등을 저장하고 있으며, 성숙한 세포에서 크게 발달한다.
바로알기 ⑤ 세포벽(E)은 세포를 보호하고 세포의 모양을 유지한다. 세포 안팎으로의 물질 출입을 조절하는 것은 세포막이다.

03 엽록체와 세포벽은 식물 세포에만 있고, 골지체, 라이보솜, 마이토콘드리아는 동물 세포와 식물 세포에 모두 있다.

04 A는 라이보솜, B는 소포체, C는 골지체이다.
바로알기 ㄱ. 라이보솜(A)에서는 아미노산 사이에 펩타이드결합이 형성되어 단백질이 합성된다.

05 ㄱ. A는 막단백질을 통해 농도가 높은 쪽에서 낮은 쪽으로 이동한다.
ㄴ. B는 인지질 2중층을 통해 확산하는데, 세포 안팎의 농도 차가 클수록 단위 시간당 이동하는 양이 많아진다.
바로알기 ㄷ. C는 막단백질을 통해 농도 차에 의해 확산하므로 세포에서 에너지를 사용하지 않는다.

06 ㄱ. 적혈구를 A에 넣었을 때는 물이 많이 들어와 적혈구의 부피가 증가하였고, B에 넣었을 때는 물이 많이 빠져나가 부피가 감소하였다. 따라서 소금물의 농도는 A<B이다.
바로알기 ㄴ. A에 넣었을 때는 적혈구의 부피가 증가하였으므로, 적혈구 안으로 이동한 물의 양이 적혈구 밖으로 이동한 물의 양보다 많다.
ㄷ. 생리식염수에 적혈구를 넣으면 세포막 안팎으로 이동하는 물의 양이 같기 때문에 부피 변화가 없다.

07 (나)의 세포는 세포막이 세포벽에서 분리되는 원형질분리가 일어났으므로 (나)는 20 % 설탕물에 넣은 것이고, (가)는 증류수에 넣은 것이다.
ㄱ. (가)에서는 세포 안으로 물이 많이 들어와 세포질의 부피가 증가하므로 세포 안에서 세포벽으로 미는 힘이 작용한다.
바로알기 ㄴ. (나)에서는 세포 밖으로 물이 많이 빠져나가 세포막이 세포벽에서 분리되었으므로 양파 표피세포의 세포질 부피는 처음보다 감소하였다.
ㄷ. (가)와 (나)의 세포 변화는 삼투에 의한 물 분자의 이동으로 나타난다.

08 ② 포도당, 아미노산과 같은 수용성 물질은 세포막의 단백질을 통해 이동한다.
⑤ 녹말이 포도당으로 되는 과정인 소화(㉠)와 세포호흡(㉣)은 모두 물질대사이며, 물질대사에는 효소가 관여한다.
바로알기 ① ㉠은 크고 복잡한 분자인 녹말이 작고 간단한 분자인 포도당으로 분해되는 이화작용이다.
③ 산소와 같은 기체는 세포막의 인지질 2중층을 통해 고농도에서 저농도로 확산한다.
④ 세포호흡은 마이토콘드리아에서 일어난다.

09 ①, ②, ③ (가) 반응은 반응물(㉠)의 에너지보다 생성물의 에너지가 크므로 물질이 합성되는 동화작용이며, 동화작용이 일어날 때는 에너지가 흡수된다.
⑤ 반응물의 에너지와 생성물의 에너지 차이인 B는 반응열이며, 반응열은 효소의 유무에 관계없이 일정하다.
바로알기 ④ 활성화에너지는 반응이 일어나는 데 필요한 최소한의 에너지이므로 A+B이다.

10 ③ 카탈레이스는 과산화 수소를 분해하는 생체촉매로, 활성화에너지를 낮추어 반응이 빠르게 일어나도록 한다.

11 ㉠은 시간이 지날수록 농도가 감소하므로 반응물(B)이고, ㉡은 농도가 감소하다가 시간이 지나면서 다시 처음의 농도로 되므로 효소(A)이며, ㉢은 반응 초기에 농도가 높아졌다가 점차 감소하므로 효소와 반응물이 결합한 상태(C)이다.
ㄷ. 효소는 반응물과 결합하여 반응을 촉진하므로 단위 시간당 생성되는 생성물의 양은 효소와 반응물이 결합한 상태인 C의 농도가 높은 t_1일 때가 농도가 낮은 t_2일 때보다 많다.
바로알기 ㄱ. ㉡은 A이다.
ㄴ. 같은 효소가 관여하는 화학 반응에서 활성화에너지는 일정하므로 t_1일 때와 t_2일 때 반응의 활성화에너지는 같다.

12 ㄴ. 고기에 배즙을 넣으면 배즙 속의 단백질분해효소에 의해 고기의 단백질이 분해되어 고기가 연해진다.
ㄷ. 밥에 엿기름물을 부으면 엿기름 속의 아밀레이스에 의해 밥알의 녹말이 엿당으로 분해되어 단맛이 나는 식혜가 된다.
바로알기 ㄱ. 감자를 반으로 잘라 작은 덩어리로 만드는 것은 전체 표면적이 넓어지는 것이므로, 효소를 활용한 예가 아니다.

13 ④ 코돈은 하나의 아미노산을 지정하는 유전부호이다.
바로알기 ① 지구상의 모든 생명체는 유전부호 체계가 같다.

⑤ DNA 가닥으로부터 RNA 가닥이 전사될 때는 상보적인 염기가 결합하므로 두 가닥의 염기서열은 같지 않다.

14 ㄷ. RNA의 연속된 3개의 염기가 하나의 아미노산을 지정하는 유전부호(코돈)가 되므로 총 12개의 염기로 구성된 RNA 가닥이 번역 과정을 거치면 최대 4개의 아미노산이 결합한 폴리펩타이드가 만들어진다.

바로알기 ㄱ. 뉴클레오타이드를 이루는 당은 DNA(가)는 디옥시라이보스이고, RNA(나)는 라이보스이므로 서로 다르다.

15 ① (가)는 전사가 일어나는 장소이므로 핵의 내부이다.

② (나) 과정은 번역으로, 라이보솜에서 일어난다.

⑤ 코돈은 RNA에서 하나의 아미노산을 지정하는 연속된 3개의 염기조합이므로 아미노산 2를 지정하는 코돈은 ACA이다.

바로알기 ③ 전사 과정에서 DNA의 염기에 상보적인 염기를 가진 RNA 뉴클레오타이드가 결합하는데, 이때 DNA의 염기 아데닌(A)에는 유라실(U)이, 사이토신(C)에는 구아닌(G)이 대응된다. 따라서 ㉠은 AAC에 상보적인 염기서열인 UUG이다.

16 ㄱ. GAA와 GAG 모두 글루탐산을 지정한다.

ㄴ. 정상 유전자로부터 전사된 RNA 염기서열과 (가)로부터 전사된 RNA 염기서열을 비교하면, 다섯 번째 염기가 서로 다르고 염기의 총 개수는 같으므로 두 RNA로부터 만들어지는 단백질의 아미노산 개수는 같다.

바로알기 ㄷ. 유전자에 저장된 유전정보는 단백질을 통해 형질로 나타난다. (나)는 유전자의 염기서열이 바뀌었으나 이전과 동일한 아미노산을 지정하므로 (나)로부터 정상 단백질이 만들어진다. 따라서 유전병 증상이 나타나지 않는다.

17 **모범 답안** (1) 설탕의 농도가 낮은 B에서 설탕의 농도가 높은 A 쪽으로 삼투에 의해 물이 이동하여 유리관 속 설탕 용액 A의 높이가 상승하였다.

(2) 시간이 지나면서 유리관 속으로 물이 들어오므로 설탕 용액 A의 농도는 처음보다 낮아진다.

	채점 기준	배점
(1)	설탕 용액의 높이가 상승한 까닭을 삼투와 관련지어 옳게 서술한 경우	70 %
(2)	설탕 용액의 농도 변화를 물의 이동 방향과 관련지어 옳게 서술한 경우	30 %

18 **모범 답안** 카탈레이스, 효소는 반응 전후에 변하지 않아 재사용될 수 있다.

채점 기준	배점
효소의 이름을 옳게 쓰고, 효소의 특성을 재사용과 관련지어 옳게 서술한 경우	100 %
효소의 이름만 옳게 쓴 경우	30 %

19 **모범 답안** DNA 염기서열로 저장된 유전정보가 RNA로 전사되고, 이 RNA의 유전정보에 따라 아미노산이 순서대로 결합하여 단백질이 합성되면, 이 단백질이 특정한 기능을 하여 형질이 나타난다.

채점 기준	배점
DNA 유전정보가 RNA를 거쳐 단백질로 합성되어 형질로 나타나는 과정을 옳게 서술한 경우	100 %
DNA의 유전정보에 따라 단백질이 합성되어 형질이 나타난다고만 서술한 경우	50 %
DNA의 유전정보가 RNA로 전달되어 형질이 나타난다고만 서술한 경우	

수능 맛보기

진도교재 → 166쪽~167쪽

01 ④ **02** ③ **03** ① **04** ①

01 ㄱ. A는 안쪽의 막이 주름져 있는 마이토콘드리아이다.

ㄷ. 핵(B) 속에는 유전물질인 DNA가 있다.

바로알기 ㄴ. 라이보솜(C)은 다른 세포소기관과 달리 막으로 둘러싸여 있지 않다.

02 ㄷ. 확산과 삼투는 세포막을 통해 물질이 이동할 때 분자 운동에 의해 일어나므로 '세포에서 에너지를 사용하지 않음'은 특징 ㉠에 해당한다.

바로알기 ㄱ. 고농도에서 저농도로 용질이 이동하는 Ⅱ는 인지질 2중층을 통한 확산이고, Ⅰ은 저농도에서 고농도로 물이 이동하는 삼투이다.

ㄴ. 인지질 2중층을 통한 확산과 막단백질을 통한 확산은 고농도에서 저농도로 용질이 이동한다는 공통점이 있다. 따라서 ⓐ는 '○'이다.

03 ㄱ. 기질 A의 농도가 같을 때 효소 E의 농도가 높으면 효소와 결합하는 기질이 많아져서 단위 시간당 생성되는 B의 양도 많으므로, ㉠은 Ⅱ, ㉡은 Ⅰ에서의 측정 결과이다.

바로알기 ㄴ. E에 의한 반응 속도는 그래프의 기울기에 해당하므로 t_1일 때는 Ⅱ에서가 Ⅰ에서보다 빠르다.

ㄷ. E에 의한 반응의 활성화에너지는 시간에 관계없이 같다.

04 ㄱ. x에서 전사된 RNA의 염기서열은 CUG <u>AUG</u> GUG ACC UGG UUG AUU <u>UAA</u> UGU이고, AUG에서 번역이 시작되어 UAA에서 번역이 멈추므로 메싸이오닌-발린-트레오닌-트립토판-류신-아이소류신, 총 6개의 아미노산이 연결된 폴리펩타이드 X가 만들어진다.

바로알기 ㄴ. Y는 1개의 프롤린이 있으므로 C으로 시작하는 코돈이 있어야 한다. x에서 전사된 RNA의 코돈에서 C은 세 번째 코돈에 있으므로 y에서 전사된 RNA 염기서열 중 없어진 염기 1개는 첫 번째 코돈 AUG와 세 번째 코돈 ACC의 C 사이에 있는 GUGA 중 하나이다. Y는 3종류의 아미노산으로 구성되는데, 메싸이오닌-ⓐ-프롤린-글라이신이므로 ⓐ는 글라이신이고, U이 없어져 두 번째 코돈이 GGA가 된 것이다. 따라서 x의 전사에 이용된 가닥에서 없어진 1개의 염기 ㉠은 A이다.

x가 전사된 가닥: <u>AUG</u> GUG ACC UGG UUG AUU <u>UAA</u>
(없어짐)

y가 전사된 가닥: <u>AUG</u> GGA CCU GGU <u>UGA</u>

ㄷ. X가 합성이 멈출 때 사용된 코돈은 UAA이고, Y가 합성이 멈출 때 사용된 코돈은 UGA로 다르다.

잠깐 테스트

시험대비교재 → 4쪽

Ⅰ-❶-01 과학의 기본량

1 ① 미시, ② 거시 2 규모 3 (1) ○ (2) ○ (3) ○ 4 기본량 5 (1) ○ (2) × (3) ○ 6 시간, 길이, 전류, 온도 7 ㉠ 시간, ㉡ 질량 8 ① m(미터), ② A(암페어), ③ K(켈빈) 9 유도량 10 길이

시험대비교재 → 5쪽

Ⅰ-❶-02 측정 표준과 정보

1 (1) ㉡ (2) ㉠ 2 (1) 측정 (2) 어림 (3) 어림 3 측정 표준 4 (1) ○ (2) × (3) ○ 5 ① 신호, ② 정보 6 아날로그 7 ① 아날로그, ② 디지털 8 센서 9 디지털 10 디지털

시험대비교재 → 6쪽

Ⅱ-❶-01 우주의 시작과 원소의 생성

1 빅뱅(대폭발) 우주론 2 ① 증가, ② 낮아졌으며, ③ 감소 3 ① 원자핵, ② 헬륨 4 (1) × (2) ○ (3) × (4) × 5 ① 수소, ② 헬륨 6 A: 연속 스펙트럼, B: 흡수 스펙트럼, C: 방출 스펙트럼 7 B 8 ① 다르게, ② 동일하다 9 ㉠, ㉡ 10 ① 스펙트럼, ② 수소, ③ 헬륨

시험대비교재 → 7쪽

Ⅱ-❶-02 지구와 생명체를 구성하는 원소의 생성

1 ① 철, ② 산소, ③ 수소, ④ 핵융합 반응 2 ㄱ → ㄷ → ㄴ 3 ① 수소, ② 질량 4 ① 높아져, ② 무거운 5 (1) ㉢ (2) ㉣ (3) ㉡ (4) ㉠ 6 (1) (가) (2) (가) 규소 핵융합 반응, (나) 헬륨 핵융합 반응 7 ① 초신성 폭발, ② 핵융합 반응, ③ 행성상 성운 8 ① 성운, ② 원시 태양, ③ 원시 행성 9 ① 암석, ② 기체, ③ 지구형 10 ㅁ → ㄹ → ㄴ → ㄷ → ㄱ

시험대비교재 → 8쪽

Ⅱ-❷-01 원소의 주기성

1 ① 주기, ② 족 2 (1) 금속 (2) 비금속 (3) 금속 3 (1) × (2) ○ (3) × (4) ○ 4 족 5 (1) × (2) × (3) × (4) ○ 6 알칼리 금속: Li, Na, 할로젠: F, Cl 7 Li: 2, Cl: 3 8 O: 6, Al: 3 9 원자가 전자 수가 같기 때문이다. 10 원자가 전자

시험대비교재 → 9쪽

Ⅱ-❷-02 화학 결합과 물질의 성질

1 ① 8, ② 비활성 2 18족 3 산소(O), 나트륨(Na) 4 (1) × (2) ○ (3) × 5 (1) ○ (2) × (3) × 6 ① 양이온, ② 음이온 7 공유 결합 8 DE_2 9 (1) 공유 결합 (2) 이온 결합 (3) 공유 결합 10 ① 있고, ② 없다

시험대비교재 → 10쪽

Ⅱ-❷-03 지각과 생명체 구성 물질의 규칙성

1 ① 수소, ② 철, ③ 규소, ④ 산소 2 ① 핵융합 반응, ② 기본 단위체 3 (1) × (2) ○ (3) × (4) ○ 4 ① 독립형, ② 복사슬, ③ 망상, ④ 휘석, ⑤ 흑운모 5 석영 6 ① 아미노산, ② 펩타이드, ③ 폴리펩타이드 7 뉴클레오타이드, A: 인산, B: 당, C: 염기 8 (1) ① 디옥시라이보스, ② 라이보스 (2) 이중나선 (3) ① 타이민(T), ② 유라실(U) (4) ① 저장, ② 전달 9 염기 10 20 %

시험대비교재 → 11쪽

Ⅱ-❷-04 물질의 전기적 성질

1 자유 전자 2 (1) ㉠ (2) ㉢ (3) ㉡ 3 도체: 철, 알루미늄, 부도체: 유리, 플라스틱 4 공유 결합 5 전기 전도성 6 ① 3, ② 5 7 다이오드 8 (1) ㉡ (2) ㉢ (3) ㉠ 9 ① 도체, ② 부도체, ③ 반도체 10 (1) × (2) ○ (3) ×

시험대비교재 → 12쪽

Ⅲ-❶-01 지구시스템의 구성과 상호작용

1 (1) ㉢ (2) ㉣ (3) ㉡ (4) ㉤ (5) ㉠ 2 ① 맨틀, ② 외핵, ③ 내핵 3 (1) × (2) ○ (3) ○ (4) ○ 4 ① 심해층, ② 수온약층, ③ 혼합층 5 생물권 6 외권 7 (1) 지권 (2) 기권 (3) 기권 8 조력 에너지 9 태양 에너지 10 (1) D (2) C (3) B

시험대비교재 → 13쪽

Ⅲ-❶-02 지권의 변화와 영향

1 ① 지구 내부, ② 변동대 2 ① 지진대, ② 경계 3 판 구조론 4 A: 암석권(판), B: 대륙 지각, C: 맨틀 5 (1) 해구 (2) 습곡 산맥 (3) 해령 (4) 변환 단층 (5) 호상열도 6 ① 발산형, ② 상승, ③ 수렴형, ④ 하강 7 ⑤ 8 (나) 9 화산재 10 지구 내부

시험대비교재 → 14쪽

Ⅲ-❷-01 중력을 받는 물체의 운동

1 질량 2 중력 3 (1) × (2) ○ (3) ○ 4 가속도 5 3 m/s^2 6 ① 중력, ② 일정 7 19.6 m/s 8 ① 0, ② 19.6 N 9 ㄹ 10 중력

시험대비교재 → 15쪽

Ⅲ-❷-02 운동과 충돌

1 ① 힘, ② 질량 2 ㄱ, ㄴ 3 2 kg·m/s 4 (1) 왼쪽 (2) Ft 5 ① 힘, ② 시간, ③ 변화량 6 충격량 7 25 N·s 8 10 m/s 9 시간 10 ㄱ, ㄴ

시험대비교재 → 16쪽

Ⅲ-❸-01 생명 시스템과 화학 반응

1 ① 세포, ② 기관 2 A: 핵, B: 소포체, C: 골지체, D: 마이토콘드리아, E: 세포막, F: 세포벽, G: 엽록체, H: 라이보솜 3 (1) H (2) D (3) G 4 ① 인지질, ② 2중층 5 (1) 확산 (2) ① 높은, ② 낮은 (3) ① B, ② A 6 ① 삼투, ② 낮은, ③ 높은 7 (1) ○ (2) × (3) ○ 8 ① 활성화에너지, ② 낮추어 9 (1) 단백질 (2) 기질특이성 (3) 재사용 10 ① 아밀레이스, ② 단백질

시험대비교재 → 17쪽

Ⅲ-❸-02 생명 시스템에서 정보의 흐름

1 ① DNA, ② 유전자, ③ 염기서열, ④ 단백질 2 ① 유전자, ② 단백질 3 ① DNA, ② RNA, ③ 단백질 4 ① 전사, ② 번역 5 (가) 핵, (나) 라이보솜 6 3염기조합 7 CGUGGUUAUUGG 8 4 9 ① 코돈, ② 64 10 같다

중단원 핵심 요약 & 문제

Ⅰ-❶ 과학의 기초

시험대비교재 → 18쪽

01 과학의 기본량

1 ④ 2 ② 3 ② 4 ②

1 ㄱ. 자연 세계는 아주 작은 물체나 현상을 다루는 미시 세계와 큰 물체나 현상을 다루는 거시 세계로 구분할 수 있다.
ㄷ. 자연에서 일어나는 현상들은 시간 규모와 공간 규모가 매우 다양하므로 측정 대상의 규모를 고려하여 알맞은 연구 방법을 정해야 한다.
바로알기 ㄴ. 자연에서 일어나는 현상들은 시간 규모와 공간 규모가 매우 다양하다.

2 ㄴ. 위성 위치 확인 시스템(GPS)에서는 인공위성을 통하여 위치, 시각 등의 정보를 알 수 있다.
바로알기 ㄱ. 세슘 원자시계를 이용하여 정밀하게 시간을 측정한다.
ㄷ. 나노 단위로 물체를 관찰하고 분석할 때 전자 현미경을 사용한다.

3 ⑤ 부피는 가로, 세로, 높이의 길이를 곱하여 m^3 단위로 나타내고, 속력은 단위 시간당 이동 거리이므로 m/s 단위로 나타낸다.
바로알기 ② 기본량은 다른 물리량을 활용하여 표현할 수 없다.

4 각 물리량을 기본량과 유도량으로 구분하고 그 단위를 나타내면 다음과 같다.

	물리량	구분	단위
①	시간	기본량	s
②	질량	기본량	kg
③	전류	기본량	A
④	부피	유도량	m^3
⑤	속력	유도량	m/s

시험대비교재 → 19쪽

02 측정 표준과 정보

1 ⑤ 2 ⑤ 3 ⑤ 4 ③

1 ㄱ, ㄷ. 측정은 물체의 질량, 길이, 부피 등의 양을 재는 활동이며, 적절한 측정 단위와 측정 도구를 사용한다.
ㄴ. 어림은 측정 경험, 과학적인 사고 과정, 자료 등을 바탕으로 수행한다.

2 ㄴ. 우리나라에서 기온을 측정할 때는 ℃ 단위를 사용한다.
ㄷ. 측정 표준은 모두에게 같은 기준이므로 이를 이용하여 제공되는 정보는 신뢰할 수 있으며, 원활한 의사소통을 가능하게 한다.

3 ㄴ. 광센서, 온도 센서, 습도 센서, 압력 센서, 화학 센서 등 신호의 종류에 따라 다양한 센서가 사용된다.
ㄷ. 자연에서 변화가 생길 때 신호가 발생하며, 센서를 이용하여 신호를 측정하고 분석하여 유용한 정보를 얻을 수 있다.
바로알기 ㄱ. 센서는 아날로그 신호를 전기 신호로 바꾸는 장치이다. ㉠에는 '아날로그'가 해당한다.

4 **바로알기** ③ 물건을 구매할 때 디지털 정보가 미친 영향에는 인터넷으로 물건을 구매하는 것, 종이 화폐 대신 디지털을 활용한 다양한 지불 수단을 이용하는 것 등이 있다.

Ⅱ-❶ 자연의 구성 원소

시험대비교재 → 20쪽

01 우주의 시작과 원소의 생성

1 ⑤ **2** ② **3** ⑤

1 ① 빅뱅 우주론에서는 약 138억 년 전 초고온, 초고밀도의 한 점에서 대폭발이 일어나 우주가 탄생한 후 계속 팽창하고 있다고 한다.
②, ③ 우주는 지금까지 계속 팽창함에 따라 온도가 낮아졌고, 밀도가 감소하였다.
④ 빅뱅 후 약 38만 년 뒤에는 원자핵과 전자가 결합하여 수소 원자와 헬륨 원자를 생성하였다.
바로알기 ⑤ 우주 탄생 직후 초기 우주에서는 수소, 헬륨이 만들어졌고, 그 후 별의 진화 과정에서 중심부에서 핵융합 반응으로 철보다 가벼운 원소와 철이 만들어졌으며, 철보다 무거운 원소는 초신성 폭발 과정에서 만들어졌다. 빅뱅 우주론에서는 물질이 생성되더라도 우주의 질량은 일정하다고 설명한다.

2 ㄴ. 양성자는 그 자체로 수소 원자핵이 되었다. 따라서 양성자, 중성자가 생성된 시기는 헬륨 원자핵이 생성되기 전이므로, 수소 원자핵이 생성된 시기는 헬륨 원자핵이 생성된 빅뱅 후 약 3분 이전에 해당한다.
바로알기 ㄱ. 빅뱅 직후 최초로 생성된 입자는 기본 입자(쿼크와 전자)이다.
ㄷ. 양성자는 수소 원자핵이 되었고, 양성자 2개와 중성자 2개가 결합하여 헬륨 원자핵 1개가 생성되었으므로 수소 원자핵이 헬륨 원자핵보다 먼저 생성되었다.

3 ㄱ. (가)는 검은색의 흡수선이 나타나므로 흡수 스펙트럼이고, (나)는 밝은색의 방출선이 나타나므로 방출 스펙트럼이다.
ㄴ. 저온의 기체를 통과한 별빛은 특정한 파장의 빛이 흡수되어 검은색의 흡수선이 나타난다.
ㄷ. 동일한 원소를 관측하면 흡수선과 방출선이 나타나는 위치(파장)가 같다.

시험대비교재 → 21쪽~22쪽

02 지구와 생명체를 구성하는 원소의 생성

1 ⑤ **2** ③ **3** ① **4** ① **5** ② **6** ②

1 ㄱ, ㄴ. 지구를 구성하는 주요 원소는 철>산소>규소이고, 우주를 구성하는 주요 원소는 수소>헬륨이다. 따라서 (가)는 지구, (나)는 우주의 구성 원소 질량비에 해당한다.
ㄷ. 빅뱅 직후 우주 초기에 최초로 생성된 원소들은 수소, 헬륨이고, 별 중심부에서의 핵융합 반응을 거쳐 생성된 원소들은 산소, 탄소, 규소, 마그네슘, 철이므로 주요 원소들의 생성 시기는 (나)가 (가)보다 더 빠르다.

2 ㄱ. 4개의 수소 원자핵이 결합하여 1개의 헬륨 원자핵이 만들어지는 핵융합 반응을 수소 핵융합 반응이라고 한다. 수소 핵융합 반응은 주계열성에서 일어난다.
ㄷ. 핵융합 반응에서 4개의 수소 원자핵의 질량은 1개의 헬륨 원자핵의 질량보다 크므로 $\frac{\text{(가) 원자핵의 질량}}{4\times\text{수소 원자핵의 질량}}$은 1보다 작다.
바로알기 ㄴ. (가)는 2개의 양성자와 2개의 중성자가 결합되어 있는 헬륨 원자핵이다.

3 ㄱ. A는 질량이 태양과 비슷한 별, B는 질량이 태양의 10배 이상인 별의 진화 경로를 나타낸 것이다.
바로알기 ㄴ. 중성자별은 태양 질량의 약 10배~20배일 때, 블랙홀은 태양 질량의 약 20배~30배 이상일 때 형성된다.
ㄷ. (가)의 중심부는 철을 생성할 만큼 온도가 상승하지 못하며, (나)의 중심부에서는 최종적으로 철이 생성된다. 별의 중심부에서는 핵융합 반응으로 철보다 무거운 원소를 생성하지 못하며, 철보다 무거운 원소는 초신성 폭발 과정에서 생성된다.

4 ㄱ. (가)는 중심부에 원시 태양이 있고, 원시 태양의 바깥쪽에 납작한 원반 모양의 원시 원반이 있으므로 원시 원반의 형성에 해당한다. (나)는 태양계 성운이 중력에 의해 수축하는 모습이므로 성운의 수축에 해당한다.
ㄴ. 성운이 수축할수록 중심부의 온도와 밀도는 증가한다. (가)는 (나)보다 더 수축한 단계이므로 중심부의 밀도는 (가)가 (나)보다 더 크다.
바로알기 ㄷ. 성운이 중력에 의해 수축하여 원시 태양과 원시 원반이 형성되었으므로 반지름의 크기는 태양계 성운이 원시 원반의 크기보다 크다.
ㄹ. 아직 원시 태양이 주계열성으로 진화하지는 않았다. 따라서 (나)의 주요 에너지원은 수소 핵융합 반응이 아니다.

5 ㄱ. 수성, 금성, 지구, 화성의 표면 온도는 철, 니켈, 규산염 등의 응집 온도와 비슷하다. 따라서 지구형 행성은 철, 니켈 등 무거운 물질이 응집하여 만들어졌다는 것을 알 수 있다.
ㄷ. 얼음의 응집 온도는 목성, 토성, 천왕성, 해왕성의 표면 온도 부근이므로 얼음 등의 가벼운 물질이 응집하여 형성된 미행성체가 성장하여 목성형 행성이 형성되었다는 것을 알 수 있다.
바로알기 ㄴ, ㄹ. 지구형 행성은 태양과 가까운 거리의 온도가 높은 환경에서 형성되었다. 지구형 행성은 무거운 성분으로, 목성형 행성은 가벼운 성분으로 이루어져 있기 때문에 지구형 행성이 목성형 행성보다 밀도가 크다.

6 (가) 마그마 바다 시기에는 지구가 전체적으로 균일하였으나 (나) 시기에는 핵과 맨틀이 분리되었다. (나) 시기 이후 지구의 표면이 식어 원시 지각이 형성되었다.
ㄴ. 산소, 규소 등의 가벼운 물질은 위로 떠올라 맨틀을 형성하였다.
바로알기 ㄱ. 마그마 바다 상태에서 무거운 물질이 지구 중심부로 가라앉아 중심부의 밀도가 커졌다.
ㄷ. 철, 니켈 등의 무거운 물질은 지구 중심부로 가라앉아 핵을 형성하였다.

Ⅱ-❷ 물질의 규칙성과 성질

시험대비교재 → 23쪽~24쪽

01 원소의 주기성

1 ④ **2** ② **3** ② **4** ⑤ **5** ③ **6** ③ **7** ⑤ **8** ① **9** ⑤

1 A는 수소(H), B는 산소(O), C는 나트륨(Na), D는 염소(Cl)이다.
주기율표에서 금속 원소는 주로 왼쪽과 가운데에 위치하고, 비금속 원소는 주로 오른쪽에 위치한다. A는 수소(H)이므로 비금속 원소이다.

2 ㄴ. C는 나트륨(Na)이며, 알칼리 금속은 물과 반응하여 수소 기체를 발생시킨다.
바로알기 ㄱ. 할로젠은 17족 원소이다. B는 산소(O)이며 16족 원소이다.
ㄷ. 주기율표의 가로줄을 주기, 세로줄을 족이라고 한다. C(Na)와 D(Cl)는 같은 주기 원소이다.

3 ② 수소(H), 리튬(Li), 나트륨(Na), 칼륨(K)은 모두 1족 원소이다.
바로알기 ① 수소(H)는 비금속 원소이고, 리튬(Li), 나트륨(Na), 칼륨(K)은 금속 원소이다.
③ 네 원소의 주기는 모두 다르다.
④, ⑤ 특유의 광택이 있고, 열과 전기가 잘 통하는 것은 금속의 성질이다.

4 ㄱ. 알칼리 금속의 반응성 순서는 리튬<나트륨<칼륨이므로 물과의 반응 정도로 보아 A는 리튬, B는 칼륨, C는 나트륨이다.
ㄴ, ㄷ. 알칼리 금속은 물과 반응하여 수소 기체를 발생시키고, 이때 생성된 수용액은 염기성을 띠므로 페놀프탈레인 용액을 떨어뜨린 물이 붉은색으로 변한다.

5 ㄱ. 실온에서 플루오린, 염소, 브로민은 이원자 분자로 존재하며, 화학식은 각각 F_2, Cl_2, Br_2이다.
ㄷ. 할로젠은 수소와 반응하여 수소 화합물(HF, HCl, HBr 등)을 생성하며, 이 화합물은 물에 녹아 산성을 띤다.
바로알기 ㄴ. 할로젠은 반응성이 커서 알칼리 금속, 수소와 잘 반응한다.

6 A는 나트륨(Na)이고, B는 염소(Cl)이다.
ㄱ. A는 3주기 1족 원소인 나트륨(Na)이므로 금속 원소이다.
ㄴ. B(Cl)는 가장 바깥 전자 껍질에 전자 7개가 들어 있으므로 원자가 전자 수는 7이다.
바로알기 ㄷ. 원자가 전자 수는 A(Na)와 B(Cl)가 각각 1, 7이므로 A와 B는 화학적 성질이 다르다.

7 원소의 주기성이 나타나는 까닭은 원소의 화학적 성질을 결정하는 원자가 전자 수가 주기적으로 변하기 때문이다.

8 A는 탄소(C), B는 질소(N), C는 네온(Ne)이다.
ㄱ. A~C는 모두 전자가 들어 있는 전자 껍질 수가 2이므로 2주기 원소이다.
바로알기 ㄴ. 원자가 전자 수는 A(C)와 B(N)가 각각 4, 5이므로 B>A이다.
ㄷ. C(Ne)는 가장 바깥 전자 껍질에 들어 있는 전자 수가 8이므로 18족 원소이다.

9 A는 헬륨(He), B는 플루오린(F), C는 나트륨(Na)이다.
⑤ C는 나트륨(Na)이며, 알칼리 금속이므로 산소, 물과 잘 반응한다.
바로알기 ① A는 헬륨(He)이다. 18족 원소인 헬륨은 다른 원소와 거의 반응하지 않기 때문에 원자가 전자 수가 0이다.
② B(F)는 가장 바깥 전자 껍질에 들어 있는 전자 수가 7이므로 17족 원소이다.
③ C(Na)는 알칼리 금속이다.
④ A(He)와 B(F)는 비금속 원소이다.

시험대비교재 → 25쪽~26쪽

02 화학 결합과 물질의 성질

1 ① **2** ② **3** ④ **4** ④ **5** ⑤ **6** ④ **7** ⑤

1 A는 원자핵의 전하가 3+이므로 원자 번호가 3인 리튬(Li), B는 원자핵의 전하가 8+이므로 원자 번호가 8인 산소(O), C는 원자핵의 전하가 9+이므로 원자 번호가 9인 플루오린(F)이다.
ㄱ. A(Li)와 B(O)는 2주기 원소이다.
바로알기 ㄴ. 원자가 전자 수는 B(O)와 C(F)가 각각 6, 7이므로 C>B이다.
ㄷ. A~C 중 금속 원소는 A(Li) 한 가지이다.

2 A는 리튬(Li)이고, B는 플루오린(F)이다.
ㄴ. AB(LiF)는 양이온과 음이온이 이온 결합하여 생성된 이온 결합 물질이다.
바로알기 ㄱ. A(Li)는 금속 원소이다.
ㄷ. AB(LiF)에서 A^+(Li^+)의 전자 배치는 헬륨(He)과 같고, B^-(F^-)의 전자 배치는 네온(Ne)과 같다.

3 A는 산소(O)이고, B는 나트륨(Na)이다.
④ A(O)는 전자 2개를 얻어 A^{2-}(O^{2-})이 되고, B(Na)는 전자 1개를 잃어 B^+(Na^+)이 된다. 따라서 A와 B는 1 : 2로 결합하여 B_2A(Na_2O)를 만든다.

바로알기 ① A(O)는 비금속 원소이다.
② B(Na)는 금속 원소이다.
③ A(O)는 전자 2개를 얻어 음이온이 되기 쉽다.
⑤ A(O)는 전자 2개를 얻어 A^{2-}(O^{2-})이 되고, B(Na)는 전자 1개를 잃어 B^{+}(Na^{+})이 되므로 모두 네온(Ne)과 같은 전자 배치를 이룬다. 따라서 안정한 이온이 되었을 때 전자 수는 A와 B가 모두 10으로 같다.

4 A는 수소(H), B는 산소(O), C는 플루오린(F)이다.
ㄱ. A(H)와 B(O)는 원자가 전자 수가 각각 1, 6이므로 18족 원소와 같은 전자 배치를 하기 위해 필요한 전자 수는 각각 1, 2이다. 따라서 A(H) 원자 2개와 B(O) 원자 1개가 공유 결합을 형성하여 안정한 화합물(H_2O)을 만들 수 있다.
ㄷ. B(O)는 전자 2개를 얻어 B^{2-}(O^{2-})이 되고, C(F)는 전자 1개를 얻어 C^{-}(F^{-})이 되므로 모두 네온(Ne)과 같은 전자 배치를 이룬다.
바로알기 ㄴ. A~C는 모두 비금속 원소이며, 화합물 AC(HF)는 공유 결합 물질이다.

5 A는 수소(H), B는 산소(O)이고 A_2B는 물(H_2O)이다.
ㄱ. B(O)는 원자가 전자 수가 6이므로 16족 원소이다.
ㄴ. A_2B(H_2O)는 비금속 원소의 원자들이 전자쌍을 공유하여 생성된 공유 결합 물질이다.
ㄷ. B(O)는 원자가 전자 수가 6이므로 각 원자가 전자를 2개씩 내놓아 전자쌍 2개를 만들고, 이 전자쌍을 공유하여 결합한다. 공유 전자쌍 수는 A_2(H_2)는 1이고, B_2(O_2)는 2이다.

6 ④ 설탕을 물에 녹이면 이온으로 나누어지지 않고 분자 상태로 존재한다.
바로알기 ①, ② 설탕($C_{12}H_{22}O_{11}$)은 비금속 원소인 탄소(C), 수소(H), 산소(O)가 공유 결합하여 생성된 물질이다.
③, ⑤ 설탕은 전기적으로 중성인 분자로 이루어져 있으므로 (가)와 (다)에서 모두 전기 전도성이 없다.

7 B는 수용액 상태에서 전기 전도성이 있으므로 이온 결합 물질인 염화 나트륨(NaCl)이다. 따라서 A는 포도당($C_6H_{12}O_6$)이다.
ㄱ. 공유 결합 물질인 포도당은 고체 상태와 수용액 상태에서 모두 전기 전도성이 없고, 이온 결합 물질인 염화 나트륨은 고체 상태에서는 전기 전도성이 없고 수용액 상태에서는 전기 전도성이 있다.
ㄷ. A는 포도당이므로 모든 구성 원소가 비금속 원소이다.

시험대비교재 → 27쪽~28쪽

03 지각과 생명체 구성 물질의 규칙성

1 ② 2 ① 3 ③ 4 ③ 5 ⑤

1 ㄷ. 철보다 무거운 원소는 초신성 폭발 과정에서 방출된 엄청난 양의 에너지에 의해 생성되어 우주로 방출되었다.
바로알기 ㄱ. 지각에는 산소>규소가 많고, 생명체에는 산소>탄소가 많다.
ㄴ. 산소는 별 중심부에서 핵융합 반응으로 생성되어 행성상 성운, 초신성 폭발 과정에서 우주로 방출되었다.

2 ㄴ. (나)는 규산염 사면체 하나가 독립적으로 마그네슘이나 철 등의 양이온과 결합하는 독립형 구조이다.
바로알기 ㄱ. (가)는 단사슬 구조 2개가 서로 엇갈려 이중 사슬 모양으로 결합된 복사슬 구조로, 이에 해당하는 광물에는 각섬석이 있다.
ㄷ. 규산염 사면체가 공유하는 산소의 수는 규산염 사면체가 서로 복잡하게 결합되어 있는 (가)가 (나)보다 많다.

3 ㄴ. B는 아미노산과 아미노산 사이의 결합인 펩타이드결합이다. 펩타이드결합이 이루어질 때, 2개의 아미노산이 결합하면서 한 분자의 물이 빠져나온다.
바로알기 ㄷ. 펩타이드결합(B)은 아미노산이 연결되어 폴리펩타이드가 형성될 때 일어난다. (가)는 아미노산 배열 순서에 따라 폴리펩타이드가 구부러지고 접혀 입체 구조가 형성되는 과정이다.

4 ㄱ. 단백질(가)의 기본 단위체는 아미노산이고, 핵산(나)의 기본 단위체는 뉴클레오타이드이다.
ㄴ. 생명체를 구성하는 주요 물질인 단백질, 핵산, 지질, 탄수화물은 탄소가 중심이 되는 탄소 화합물이다.
바로알기 ㄷ. 핵산(나)을 구성하는 뉴클레오타이드는 인산, 당, 염기가 1 : 1 : 1로 이루어져 있다.

5 이중나선구조인 (가)는 DNA이고, (나)는 RNA이다.
① DNA의 당(㉠)은 디옥시라이보스이고, RNA의 당은 라이보스이다.
② 유라실(U)은 RNA에만 있는 염기이다.
③ DNA는 유전정보를 저장하고, RNA는 유전정보 전달 및 단백질합성에 관여한다.
④ RNA를 구성하는 뉴클레오타이드는 인산, 당, 염기가 1 : 1 : 1로 이루어지므로 당과 인산의 개수는 같다.
바로알기 ⑤ RNA는 한 가닥의 폴리뉴클레오타이드로 구성되어 있으며, 구아닌(G)과 사이토신(C)의 개수는 RNA에 따라 다르다. DNA는 이중나선구조이고, 두 가닥의 염기가 상보적으로 결합하므로 구아닌(G)과 사이토신(C)의 개수는 같다.

시험대비교재 → 29쪽

04 물질의 전기적 성질

1 ② 2 ② 3 ③ 4 ⑤ 5 ②

1 ㄱ. (가)는 원자핵, (나)는 자유 전자이다.
ㄴ. 물질 내 자유 전자가 많을수록 전기 전도성이 높아 전류가 잘 흐른다.
바로알기 ㄷ. (가)는 양(+)전하를 띠고, (나)는 음(−)전하를 띠므로 (가)와 (나) 사이에는 전기력이 작용한다.

2 ㄱ. A는 규소(Si)에 원자가 전자가 3개인 13족 원소를 첨가한 것이므로 p형 반도체이다.

ㄴ. 다이오드는 전류를 한 방향으로만 흐르게 하는 정류 작용을 한다.

바로알기 ㄷ. A는 원자가 전자가 3개인 원소를, B는 원자가 전자가 5개인 원소를 첨가하여 만든다. 따라서 두 불순물 원소의 원자가 전자 수의 차는 2이다.

3 ㄷ. 유기 발광 다이오드는 매우 얇게 만들 수 있어 휘어지는 디스플레이에 이용된다.

바로알기 ㄱ. 정류 작용을 하는 반도체 소자는 다이오드이다. 트랜지스터는 증폭 작용과 스위치 작용을 하는 반도체 소자이다.
ㄴ. 발광 다이오드는 전류가 흐를 때 빛이 발생하므로 전기 에너지를 빛에너지로 전환한다.

4 ㄱ. 순수 반도체는 원자가 전자가 4개인 규소(Si)로만 이루어져 있다.
ㄴ. 순수 반도체에 불순물을 첨가하면 전기 전도성이 높아진다.
ㄷ. 태양 전지는 빛을 받으면 전압을 발생시키므로 빛을 받으면 전기 에너지가 생성된다.

5 투명 수지(②)는 부도체이고, 구리(①), 알루미늄(③), 니켈(④), 은(⑤)은 도체이다.

Ⅲ-❶ 지구시스템

시험대비교재 → 30쪽~31쪽

01 지구시스템의 구성과 상호작용

1 ④ 2 ② 3 ⑤ 4 ③ 5 ③ 6 ② 7 ④

1 ④ 수권의 물은 비열이 매우 커서 지구의 온도가 일정하게 유지하는 데 중요한 역할을 한다.

바로알기 ① 외권은 다른 구성 요소와의 상호작용이 상대적으로 적고, 물질 교환도 거의 일어나지 않는다.
② 지구시스템에서 탄소가 가장 많이 존재하는 권역은 지권이다.
③ 기권의 성층권과 열권은 안정하여 대류가 거의 일어나지 않지만, 대류권과 중간권은 대류 현상이 활발하다.
⑤ 지권은 지구 표면과 지구 내부를 포함하는 영역에 해당한다. 지권에서 외핵은 액체 상태이고, 지각, 맨틀, 내핵은 고체 상태이다.

2 (가)는 지각, (나)는 맨틀, (다)는 외핵, (라)는 내핵이다.
ㄴ. 맨틀은 감람암질 암석으로 이루어져 있어 주요 구성 원소가 규소와 산소로 지각과 유사하다.

바로알기 ㄱ. 대륙 지각의 두께는 약 35 km이고, 해양 지각의 두께는 약 5 km이다. 따라서 지각의 깊이는 대륙보다 해양에서 얕다.
ㄷ. 외핵과 내핵을 구분하는 기준은 물질의 상태이다. 온도는 연속적으로 증가하기 때문에 지권의 층을 구분하기 어렵다.

3 ⑤ 수온 약층은 깊어질수록 수온이 급격하게 낮아지는 안정한 층이므로 해수의 연직 운동이 잘 일어나지 않기 때문에 혼합층과 심해층 사이의 물질과 에너지 교환을 차단한다.

바로알기 ① 수권의 약 97.2 %를 차지하는 것은 해수이고, 나머지 2.8 %를 육수가 차지한다. 육수는 빙하 > 지하수 > 강과 호수 순으로 많다.
② 해수는 깊이에 따른 수온 변화를 기준으로 혼합층, 수온 약층, 심해층으로 구분한다.
③ 혼합층은 풍속이 클수록 두께가 두꺼워진다.
④ 해수 중 가장 많은 부피를 차지하는 해수층은 심해층이다.

4 A는 대류권, B는 성층권, C는 중간권, D는 열권이다.
ㄱ. 대류 현상은 높이 올라갈수록 기온이 낮아지는 대류권과 중간권에서 활발하게 일어난다.
ㄴ. 오존 밀도는 오존층(높이 약 20 km~30 km)이 존재하는 성층권에서 가장 높게 나타난다.

바로알기 ㄷ. 기온의 일교차는 지표 복사가 일어나는 지표 부근과 공기의 밀도가 희박한 열권에서 크게 나타나며, 기온의 일교차가 가장 크게 나타나는 곳은 열권이다.

5 ㄱ. 바람에 의한 암석의 풍화는 기권과 지권의 상호작용(A)에 해당한다.
ㄴ. 해양 산성화로 해수의 성질이 변하면 수권과의 상호작용에 해당하는 B와 C에 영향을 미친다.

바로알기 ㄷ. 지구시스템을 구성하는 각 권역은 서로 영향을 주고받기 때문에 기권과 수권의 상호작용은 지권과 생물권의 상호작용에 영향을 줄 수 있다.

6 A는 태양 에너지, B는 조력 에너지, C는 지구 내부 에너지이다.
ㄱ. 태양 에너지는 지구시스템 에너지원의 거의 대부분을 차지한다.
ㄷ. 판을 움직이는 에너지원은 지구 내부 에너지이다.

바로알기 ㄴ. 물의 순환을 일으키는 주된 에너지는 태양 에너지이다.
ㄹ. 지구시스템의 에너지원은 다른 에너지원으로 전환되지 않는다.

7 ㄱ. 호흡과 화석 연료 생성은 각각 생물권에서 기권, 생물권에서 지권으로 탄소가 이동하는 예이다. 따라서 (가)는 생물권, (나)는 기권, (라)는 지권이다.
ㄷ. '화산 가스 방출'은 지권에서 기권으로 탄소가 이동하는 예에 해당한다.

바로알기 ㄴ. (다)는 수권이며, 수권의 탄소는 대부분 탄산 이온 또는 탄산 수소 이온의 형태로 존재한다.

시험대비교재 → 32쪽~33쪽

02 지권의 변화와 영향

1 ① 2 ② 3 ④ 4 ② 5 ④ 6 ① 7 ②

1 ㄱ. 화산 활동이나 지진 등의 지각 변동은 대부분 판의 경계 부근에서 일어난다.

바로알기 ㄴ. 지진대와 화산대는 거의 일치하지만, 지진이 활발한 모든 곳에서 화산 활동이 일어나는 것은 아니다.

ㄷ. 판의 경계가 대륙 지각과 해양 지각을 경계로 나타나지 않는다. 판의 경계는 대륙과 대륙 사이, 해양과 해양 사이, 해양과 대륙 사이에 다양하게 나타난다.

2 ㄴ. ㉠은 대륙 지각, ㉡은 해양 지각이다. 따라서 지각의 밀도는 ㉠이 ㉡보다 작다.

바로알기 ㄱ. A는 판에 속한 부분이므로 단단한 강체의 성질을 갖고 있다. 대류하면서 판을 이동시키는 것은 연약권인 B이다.

ㄷ. B는 연약권으로, 부분 용융되어 있어 맨틀 대류가 일어난다. 10여 개의 크고 작은 조각이 판을 이루고 있는 영역은 암석권이다.

3 발산형 경계인 (가)에서는 열곡대가, 발산형 경계인 (나)에서는 해령이 발달한다.

ㄱ. (가)와 (나)는 모두 발산형 경계에 해당하므로 화산 활동이 활발하다.

ㄷ. (가)와 (나)는 발산형 경계이므로 맨틀 대류의 상승부에 위치한다.

ㄹ. (가)에서는 좁은 골짜기가 길게 이어져 열곡대가 발달하고, (나)에서는 해령의 중심부에 V자 모양의 열곡이 발달한다.

바로알기 ㄴ. 발산형 경계에서는 천발 지진이 활발하지만, 심발 지진은 일어나지 않는다.

4 ㄱ. A는 해양판이 섭입하면서 만들어진 호상열도로, 해구와 나란하게 분포한다.

ㄹ. D에서는 해양판이 대륙판 아래로 섭입하므로 오래된 해양 지각이 소멸한다.

바로알기 ㄴ. B는 보존형 경계로, 해양 지각(판)이 생성되거나 소멸하지 않는다.

ㄷ. C는 해령(해저 산맥)이다. 습곡 산맥은 수렴형 경계에서 발달한다.

5 ㄴ. 해양판이 다른 판 아래로 섭입할 때 섭입하지 않는 판에서 화산 활동이 일어난다. 따라서 필리핀판은 유라시아판 아래로 섭입하고 있다.

ㄷ. 필리핀판과 태평양판의 경계 부근을 보면 필리핀판에서 화산 활동이 일어난다. 따라서 태평양판이 필리핀판 아래로 섭입하고 있으며, 판의 밀도는 섭입한 태평양판이 섭입 당한 필리핀판보다 크다.

바로알기 ㄱ. 발산형 경계에서는 화산 활동이 해령이나 열곡대 주변에서 일어난다. 따라서 이 지역에는 화산 활동이 판의 경계에서 한쪽에서만 나타나므로, 발산형 경계가 존재하지 않는다.

6 ② 지각이 충돌하는 곳에서는 지진이 활발하게 일어난다.

③ 대륙 지각을 포함하는 대륙판과 대륙판이 서로 가까워지고 있다.

④ 판이 서로 가까워지고 있으므로 판 경계의 양쪽에서 미는 힘(횡압력)이 작용하여 지층이 융기하여 습곡 산맥이 형성된다.

⑤ 히말라야산맥은 해양 퇴적물이 횡압력을 받아 높이 솟아오르면서 형성되었으므로 산맥의 정상부에서 해양 생물의 화석이 발견된다.

바로알기 ① 히말라야산맥은 과거에 두 대륙 지각 사이에 있던 해양 지각이 소멸한 후, 대륙 지각과 대륙 지각이 충돌하여 형성된 습곡 산맥이다.

7 ㄷ. 지구 내부를 통과하는 지진파의 속도 분포를 연구하여 지구 내부에 대한 정보를 얻을 수 있다.

바로알기 ㄱ. 화산재에는 식물이 자라는 데 필요한 성분이 포함되어 있다.

ㄴ. 화산 지대에서는 지하의 열을 발전에 이용할 수 있지만, 지진으로 방출되는 파동 에너지(지진파)는 현재의 과학기술로는 저장이 불가능하다.

Ⅲ-❷ 역학 시스템

시험대비교재 → 34쪽~35쪽

01 중력을 받는 물체의 운동

1 ⑤ 2 ④ 3 ② 4 ② 5 ③ 6 ③ 7 ②

1 ⑤ 나침반은 지구 자기장을 이용해 방향을 찾을 수 있도록 한다.

바로알기 ① 중력에 의해 물이 높은 곳에서 낮은 곳으로 떨어진다.

② 구름 속에서 성장한 물방울에 중력이 작용하여 비나 눈이 내린다.

③ 지구 중심 방향으로 작용하는 중력에 의해 인공위성이 지구로 떨어지지 않고 지구 주위를 돈다.

④ 지구의 중력에 의해 야구공이 앞으로 나아가면서 떨어진다.

2 ㄱ. 그래프에서 물체의 속도가 시간에 따라 일정하게 증가하므로 물체는 등가속도 운동을 한다.

ㄴ. 자유 낙하 하는 물체는 등가속도 운동을 하므로 속도는 일정하게 증가한다.

바로알기 ㄷ. 공기 저항을 무시할 때 수평 방향으로 던진 물체에 수평 방향으로는 힘이 작용하지 않으므로 등속 운동을 한다.

3 ㄴ. 단위 시간당 속도 변화량은 가속도를 의미하는데, 중력 가속도는 질량과 관계없이 일정하므로 A, B의 가속도는 같다.

바로알기 ㄱ. 두 물체에 작용하는 중력의 방향은 같지만 중력의 크기는 질량이 큰 B에 더 크게 작용한다.

ㄷ. 달에서 중력의 크기는 지구에서보다 작지만 중력 가속도는 질량과 관계없이 일정하다. 따라서 동시에 바닥에 도달한다.

4 ㄴ. 물체의 속도가 1초에 9.8 m/s씩 일정하게 커지는 등가속도 운동을 하므로 (나)는 연직 방향의 속력 변화를 나타낸 것이다.

바로알기 ㄱ. 물체의 운동 방향은 매 시간 바뀌지만 물체에 작용하는 중력의 방향은 연직 방향으로 일정하다.

ㄷ. 연직 방향으로의 중력 가속도는 일정하므로 수평 방향으로 던진 속력과 관계없이 출발한 높이가 같다면 바닥에 도달하는 시간은 같다.

5 ㄱ. A는 중력만을 받아 자유 낙하 운동을 하므로 속도가 일정하게 증가한다.
ㄴ. B는 수평 방향으로는 등속 운동을 하고, 연직 방향으로는 등가속도 운동을 한다. 따라서 연직 방향으로는 A와 같은 등가속도 운동을 한다.
바로알기 ㄷ. 자유 낙하 하는 물체와 수평 방향으로 던진 물체에는 일정한 크기의 중력이 작용하여 연직 방향의 가속도가 같으므로 처음 높이가 같다면 동시에 바닥에 도달한다.

6 ㄱ. 같은 시간 동안 수평 방향으로 이동한 모눈의 눈금은 B가 A의 2배이므로 수평 방향의 속력은 B가 A의 2배이다.
ㄴ. A, B는 각각 일정한 시간 동안 이동한 거리와 운동 방향이 다르므로 속력과 운동 방향이 모두 변하는 운동을 한다.
바로알기 ㄷ. 연직 방향으로는 A, B 모두 자유 낙하 운동과 같은 운동을 하므로 A, B의 연직 방향의 가속도의 크기는 같다.

7 ㄱ. 수평 방향으로 빠르게 던질수록 더 멀리 날아가므로 속력을 비교하면 C>B>A이다.
ㄴ. 지표 근처에서 발사하였으므로 가속도의 방향은 모두 지구 중심 방향이다.
바로알기 ㄷ. 포탄의 질량이 모두 같으므로 중력의 크기는 A, B, C 모두 같다.

시험대비교재 → 36쪽~37쪽

02 운동과 충돌

1 ③ 2 ④ 3 ⑤ 4 ② 5 ④ 6 ④ 7 ①

1 ㄱ. 지진으로 지면이 진동해도 추는 관성에 의해 정지해 있으려고 한다. 따라서 추에 펜을 달아 놓으면 지면 위에 놓은 종이에 진동을 기록한다.
ㄴ. 질량이 클수록 관성이 크므로 추의 질량이 클수록 지진의 진동을 더 잘 기록할 수 있다.
바로알기 ㄷ. 노를 저으면 배가 앞으로 가는 현상은 작용 반작용으로 설명할 수 있다.

2 ㄴ. (가)에서의 충격량이 더 크므로 운동량의 변화량도 (가)가 크다. 따라서 (가)에서 화살이 더 멀리 날아간다.
ㄷ. 힘을 받는 시간이 (가)에서가 (나)에서의 2배이므로 충격량도 (가)에서가 (나)에서의 2배이다. 따라서 운동량의 변화량도 (가)에서가 (나)에서의 2배이다. 화살의 처음 운동량이 0이므로 대롱을 빠져 나올 때 화살의 운동량은 (가)에서가 (나)에서의 2배이다.
바로알기 ㄱ. 같은 크기의 힘을 (가)에서가 (나)에서보다 오랜 시간 동안 받으므로 화살이 받는 충격량의 크기는 (가)에서가 (나)에서보다 크다.

3 물체의 처음 운동량은 1 kg×2 m/s=2 kg·m/s이다. 2초 동안 증가한 운동량은 (나)에서 2초 동안 그래프 아랫부분의 넓이와 같으므로 4 kg·m/s이다. 따라서 2초일 때 운동량은 6 kg·m/s이므로 속력은 6 m/s이다. 6초 동안 증가한 운동량은 20 kg·m/s이므로 6초일 때 운동량은 22 kg·m/s이다. 따라서 6초일 때 속력은 22 m/s이다.

4 ㄴ. 충격량의 크기는 0부터 2초까지는 2 N×2 s=4 N·s이고, 2초부터 6초까지는 4 N×4 s=16 N·s이다.
바로알기 ㄱ. 물체가 일정한 힘을 받으므로 2초 동안 등가속도 운동을 한다.
ㄷ. 6초 동안 받은 충격량의 크기는 20 N·s이고 6초일 때 운동량의 크기는 처음 운동량과 충격량을 더한 22 kg·m/s이다.

5 자동차의 에어백은 충격을 받는 시간을 길게 해서 충격력을 줄여 주는 장치이다. 놀이기구의 안전바, 유아용 카시트, 자동차의 안전띠, 지진계의 무거운 추는 관성을 이용한 장치이다.

6 ㄱ. 같은 높이에서 유리컵이 떨어졌으므로 시멘트 바닥과 푹신한 방석에서 충돌 직전의 속도는 같다. 또한 두 유리컵이 충돌 직후 정지하였으므로 충돌 직후 속도도 같아 두 경우 운동량의 변화량이 같다. 따라서 그래프 아랫부분의 넓이 S_1과 S_2는 같다.
ㄷ. 두 경우 운동량의 변화량, 즉 충격량은 같은데 시멘트 바닥에 떨어질 때가 힘이 작용한 시간이 짧으므로 평균 힘은 푹신한 방석에 떨어질 때보다 크다.
바로알기 ㄴ. 유리컵이 충돌할 때 힘이 작용하는 시간은 시멘트 바닥일 때가 푹신한 방석일 때보다 짧다.

7 ①은 충돌 시간을 짧게 하여 힘의 크기를 크게 하는 경우이고, ②, ③, ④, ⑤는 충돌 시간을 길게 하여 받는 힘의 크기를 줄이는 경우이다.

Ⅲ-❸ 생명 시스템

시험대비교재 → 38쪽~40쪽

01 생명 시스템과 화학 반응

1 ① 2 ③ 3 ② 4 ⑤ 5 ④ 6 ③ 7 ①
8 ① 9 ④

1 생명 시스템의 구성 단계는 세포 → 조직 → 기관 → 개체이며, 기본 단위는 세포이다.

2 **바로알기** ③ 소포체는 물질(단백질) 이동 통로이며, 단백질을 막으로 싸서 세포 밖으로 분비하는 세포소기관은 골지체이다.

3 ㄷ. 인지질 2중층은 유동성이 있어 인지질의 움직임에 따라 단백질의 위치가 바뀐다.
바로알기 ㄱ. A는 인지질이고, 인지질 2중층에서 바깥쪽을 향한 부분은 친수성이고, 안쪽을 향한 부분은 소수성이다.
ㄴ. 라이보솜에서는 단백질(B)이 합성된다.

4 ㄱ. 적혈구를 (가)에 넣었을 때 적혈구가 터졌으므로 (가)는 농도가 가장 낮은 증류수이다.
ㄴ. 적혈구의 세포액과 설탕 용액의 농도가 같아 부피 변화가 없는 경우에도 세포막 안팎으로 물의 이동이 일어난다.
ㄷ. 적혈구를 (다)에 넣었을 때 적혈구가 쪼그라들었으므로 (다)는 농도가 가장 높은 설탕 용액이다.

5 ㄱ. 세포질의 부피가 클수록 세포 내부에서 세포벽으로 미는 힘이 크므로 세포벽으로 미는 힘은 (나)에서 가장 크다.

바로알기 ㄷ. (다)는 세포막이 세포벽에서 분리되었으므로 세포액보다 농도가 높은 용액에 넣었을 때의 모습이다. (다)를 (가)와 같은 모습으로 되게 하려면 처음보다 농도가 낮은 용액에 넣어야 한다.

6 ㄱ. 단백질합성(가)은 동화작용에 해당한다.
ㄷ. 세포호흡은 단계적으로 일어나 에너지가 소량씩 방출된다.

바로알기 ㄴ. (나)는 포도당이 이산화 탄소와 물로 분해되는 세포호흡으로, 이화작용에 해당한다. 반응물의 에너지가 생성물의 에너지보다 크므로 반응이 일어날 때 에너지가 방출된다.

7 ① A는 반응물과 생성물의 에너지 차이인 반응열이다.

바로알기 ②, ③ D는 효소가 없을 때의 활성화에너지이고, E는 효소가 있을 때의 활성화에너지이다.
④ 효소의 작용으로 감소한 에너지 크기는 D−E이다.
⑤ 효소의 유무와 관계없이 일정한 것은 A(반응열)이다.

8 ㄱ. 효소(A)의 주성분은 단백질이다.

바로알기 ㄴ. B는 반응물이며, 반응물과 생성물의 에너지 차이는 반응열(ⓒ)이다. ⓐ은 효소가 있을 때의 활성화에너지이다.
ㄷ. C는 효소와 반응물(기질)이 결합한 상태이며, ⓒ(반응열)은 효소의 유무에 관계없이 일정하다.

9 ③ B에서는 간세포 속 카탈레이스에 의해 과산화 수소가 물과 산소로 분해된다. 따라서 꺼져 가는 불씨를 대면 산소로 인해 불씨가 다시 살아난다.
⑤ 과산화 수소가 분해되어 산소가 생성되므로 과산화 수소수의 농도를 높이면 반응물이 많아져 생성물인 기포(산소)의 양이 증가한다.

바로알기 ④ C에서 기포가 관찰되지 않는 까닭은 간세포 속의 카탈레이스가 고온에서 변성되어 촉매의 기능을 잃었기 때문이다.

시험대비교재 → 41쪽

02 생명 시스템에서 정보의 흐름

1 ⑤ 2 ③ 3 ②

1 ② 생명체에서 일어나는 물질대사에는 효소가 관여한다.
③ 전사(ⓐ)는 핵(가) 속에서 일어나고, 번역(ⓒ)은 세포질(나)의 라이보솜에서 일어난다.

바로알기 ⑤ 단백질(Y)을 구성하는 기본 단위체는 아미노산이다.

2 ㄱ. 유전자에 저장된 유전정보로부터 단백질이 합성되므로 멜라닌 합성 효소는 단백질로 이루어져 있다.

바로알기 ㄷ. 유전자 이상으로 멜라닌 합성 효소가 합성되지 않으면 멜라닌이 만들어지지 않아 당나귀의 털색은 갈색으로 나타나지 않는다.

3 ㄷ. (라)의 아미노산 배열 순서는 코돈 AGU, CAG, CAA, ACC가 각각 지정하는 아미노산이므로 ⓒ−ⓐ−ⓐ−ⓒ이다.

바로알기 ㄱ. (가)는 TGG, (나)는 AGT이다.
ㄴ. (다)는 GCC이다.

대단원 고난도 문제

Ⅱ 물질과 규칙성

시험대비교재 → 42쪽~43쪽

1 ② 2 ③ 3 ④ 4 ② 5 ③ 6 ⑤ 7 ③ 8 ⑤

1 C는 A와 초기에 질량비가 비슷했으나 시간이 지나면서 감소하고, 반대로 B는 증가한다. 헬륨 원자핵은 양성자 2개와 중성자 2개가 결합하여 생성된 것이므로 B는 헬륨 원자핵이다.
ㄴ. T_1일 때 헬륨 원자핵의 생성이 거의 완료되었으므로 원자가 생성되기 이전이다. 따라서 T_1일 때 우주의 온도는 원자가 생성되어 우주 공간으로 처음으로 빛이 퍼져 나간 시기일 때의 온도인 약 3000 K보다 높았다.

바로알기 ㄱ. A와 B의 질량비는 그래프 오른쪽에서 일정하므로 A는 양성자이고, C는 중성자이다.
ㄷ. $\frac{\text{A의 질량비}}{\text{B의 질량비}}$는 T_2 전후로 일정하다. 양성자는 그 자체로 수소 원자핵이고, 우주에서 수소와 헬륨의 질량비는 약 3 : 1이므로 $\frac{\text{A의 질량비}}{\text{B의 질량비}}$는 2.5보다 크다.

2 전자 껍질이 2개인 원소는 산소, 탄소이다. 별 중심부에서 핵융합 반응에 의해 생성될 수 있는 원소는 산소, 탄소이다. 규산염 광물의 주요 구성 원소는 산소, 규소이다.
ㄱ. 특징 ⓐ~ⓒ 모두에 해당하지 않는 원소는 수소이므로 C는 수소이다. 특징 ⓐ~ⓒ을 모두 만족하는 원소 B는 산소이므로, A는 탄소이다. 따라서 ⓒ은 산소만 가지는 특징이므로 '규산염 광물의 주요 구성 원소인가?'가 해당한다.
ㄴ. 수소인 C는 원자가 전자가 1개이다.

바로알기 ㄷ. 생명체인 사람을 구성하는 원소 중 가장 큰 질량비를 차지하는 것은 산소(B)이다.

3 ㄴ. 방출선인 A, B는 각각 434.0 nm, 486.1 nm이고 ⓐ의 스펙트럼에서 나타나는 흡수선 파장에 있으므로 원소 ⓐ에 의한 스펙트럼이다. 방출선인 C와 D는 각각 495.9 nm, 500.7 nm인데 ⓐ에서 나타나는 흡수선 파장에 해당하지 않으므로 ⓐ이 아닌 다른 원소에 의한 스펙트럼이라는 것을 알 수 있다.
ㄷ. 원소 ⓐ에 의한 흡수선과 같은 파장의 방출선이 이 성운의 스펙트럼에서 나타나므로 ⓐ은 이 성운을 구성하는 원소이다.

바로알기 ㄱ. 성운에는 암흑 성운, 방출 성운, 반사 성운이 있다. 방출 성운은 성간 물질이 주변의 별빛을 흡수하여 가열되면서 스스로 빛을 내는 성운이다. 따라서 스펙트럼에서 방출선이 나타나는 이 성운은 방출 성운이다.

4 전자가 들어 있는 전자 껍질 수로 주기를 알 수 있고, 원자가 전자 수로 족을 알 수 있다. 따라서 A~E는 다음과 같다.

원소	전자 껍질 수	원자가 전자 수	—
A	1	1	1주기 1족 ➡ 수소(H)
B	2	1	2주기 1족 ➡ 리튬(Li)
C	2	7	2주기 17족 ➡ 플루오린(F)

D	3	2	3주기 2족 ➡ 마그네슘(Mg)
E	3	0	3주기 18족 ➡ 아르곤(Ar)

ㄴ. C(F)는 할로젠이므로 $C_2(F_2)$는 $A_2(H_2)$와 반응하여 수소 화합물(HF)을 생성하며, 이 화합물은 물에 녹아 산성을 띤다.

바로알기 ㄱ. A는 수소이므로 알칼리 금속이 아니다. B(Li)는 알칼리 금속이므로 물과 반응하여 수소 기체를 발생시킨다.

ㄷ. D(Mg)가 전자 2개를 잃어 $D^{2+}(Mg^{2+})$이 되면 2주기 18족 원소인 네온(Ne)과 같은 전자 배치를 이룬다.

5 AB는 산화 마그네슘(MgO), BC_2는 플루오린화 산소(OF_2)이고, A는 마그네슘(Mg), B는 산소(O), C는 플루오린(F)이다.

ㄱ. B(O)와 C(F)는 모두 2주기 원소이다.

ㄷ. A(Mg)와 C(F)가 결합할 때 $A^{2+}(Mg^{2+})$과 $C^-(F^-)$이 1 : 2로 결합하여 이온 결합 물질인 $AC_2(MgF_2)$를 만든다.

바로알기 ㄴ. A(Mg)는 금속 원소이고, B(O)와 C(F)는 비금속 원소이다.

6 ㄱ. 감람석, 석영, 흑운모 중 쪼개짐을 갖는 광물은 흑운모이다. 따라서 B는 흑운모이고, ㉠은 '없음'에 해당한다.

ㄴ. B는 흑운모이므로 규산염 사면체의 결합 구조 중 판상 구조를 갖는다.

ㄷ. $\frac{\text{O 원자의 수}}{\text{Si 원자의 수}}$는 규산염 사면체가 공유하는 산소의 수가 많을수록 작다. A는 $\frac{\text{O 원자의 수}}{\text{Si 원자의 수}}$가 4이므로 독립형 구조인 감람석이다. 규산염 사면체가 공유하는 산소의 수는 감람석보다 석영이 많다. 따라서 $\frac{\text{O 원자의 수}}{\text{Si 원자의 수}}$는 석영이 감람석보다 작으므로 ㉡은 4보다 작다.

7 ㄱ. (가)(당-인산 골격)는 한 뉴클레오타이드의 인산이 다른 뉴클레오타이드의 당과 공유 결합으로 연결되어 형성된다.

ㄷ. 아데닌(A)과 결합하는 ㉠은 타이민(T)이고, 상보적으로 결합하는 염기의 비율은 같다. 따라서 ㉠의 비율을 x라고 하면, 구아닌(G)의 비율이 31 %이므로 $x+x+31+31=100$에서 $x=19(\%)$이다.

바로알기 ㄴ. (나)는 염기 사이의 수소결합이다.

8 ㄱ. X는 규소(Si)에 원자가 전자가 5개인 15족 원소를 첨가한 것이므로 n형 반도체이다.

ㄴ. (나)는 다이오드로 전류를 한 방향으로만 흐르게 하는 정류 작용을 한다.

ㄷ. 규소(Si)는 원자가 전자가 4개로, 규소(Si)로만 이루어진 반도체는 원자가 전자가 모두 공유 결합에 참여하여 물질 내 자유 전자가 거의 없으므로 부도체와 같은 성질을 갖는다. 이러한 반도체를 순수 반도체라고 한다.

Ⅲ 시스템과 상호작용

시험대비교재 → 44쪽~45쪽

1 ⑤ 2 ⑤ 3 ⑤ 4 ③ 5 ③ 6 ④ 7 ① 8 ⑤

1 ㄱ. (가)는 용해와 방출을 통해 기권으로 탄소가 이동하므로 수권이고, (나)는 호흡, 분해, 광합성이 일어나므로 생물권이며, (다)는 지표에서 탄소가 배출되고 화석 연료의 연소가 일어나므로 지권이다.

ㄴ. 지권에서 배출된 $60+5.5=65.5$ 단위의 탄소 중 생물권에 저장되는 탄소는 $121-60=61$ 단위이다.

ㄷ. (가), (나), (다)에서 기권으로 유입되는 탄소량은 $90+60+60+5.5=215.5$ 단위이고, 기권에서 (가), (나), (다)로 유출되는 탄소량은 $92+121=213$ 단위이다. 따라서 연간 $215.5-213=2.5$ 단위의 탄소가 기권에 축적된다.

2 A와 B가 포함된 판의 경계는 각각 발산형 경계와 보존형 경계 중 하나이다. 만약 B가 포함된 판의 경계가 발산형 경계라면 ㉠과 ㉡의 해양 지각 나이가 거의 비슷해야 한다. 하지만 ㉠의 나이가 ㉡보다 많으므로 B가 포함된 판의 경계는 보존형 경계이고, A가 포함된 판의 경계는 발산형 경계이다.

ㄴ. ㉢은 발산형 경계에서 멀어지므로 남쪽으로 이동하고, ㉠은 북쪽으로 이동한다. 따라서 ㉠과 ㉢의 거리는 점점 멀어지고 있다.

ㄷ. ㉣은 ㉢보다 발산형 경계에서 가까우므로 해양 지각의 나이가 적다.

바로알기 ㄱ. 화산 활동은 발산형 경계에 위치한 A에서 활발하다.

3 ㄱ. 물체 B는 5 m/s의 속도로 수평 방향으로 등속 직선 운동을 한다. B가 출발한지 5초 후에 두 물체가 충돌하므로 두 물체가 떨어진 거리 $x=5\text{ m/s}\times5\text{ s}=25\text{ m}$이다.

ㄴ. 물체 A는 처음 속도가 0이고 중력 가속도가 10 m/s²이므로 1초에 10 m/s씩 속도가 빨라지는 운동을 한다. 자유 낙하를 시작한지 5초 후에 충돌하므로 5초 후 물체 A의 속도는 $10\text{ m/s}\times5=50\text{ m/s}$이다.

ㄷ. 공기 저항을 무시할 때 물체 B는 낙하하는 동안 중력만 받으므로 물체 B에 작용하는 힘의 크기는 일정하다.

4 ㄱ. 충격량은 운동량의 변화량이므로 0~3초 동안 충격량의 크기는 $10-(-4)=14(\text{kg}\cdot\text{m/s})=14(\text{N}\cdot\text{s})$이다.

ㄷ. 2초일 때 운동량의 부호가 바뀌었으므로 물체의 운동 방향이 바뀌었다.

바로알기 ㄴ. 1초일 때 운동량은 5 kg·m/s이므로 $2\text{ kg}\times v=5\text{ kg}\cdot\text{m/s}$에서 속력 $v=2.5\text{ m/s}$이다.

5 ㄱ. A의 운동량의 변화량 크기는 mv이고, B의 운동량의 변화량 크기는 $2mv$이므로 그래프 아랫부분의 넓이가 더 큰 X가 B의 그래프이다.

ㄷ. 충격량은 B가 A의 2배이고, 힘을 받은 시간은 B가 A의 $\frac{1}{2}$배이므로 충격력(평균 힘)의 크기는 B가 A의 4배이다.

바로알기 ㄴ. 충격량(=운동량의 변화량)의 크기는 B가 A의 2배이므로 S_X는 S_Y의 2배이다.

6 A는 마이토콘드리아, B는 골지체, C는 엽록체이다.

ㄴ. 골지체(B)는 막으로 둘러싸인 세포소기관이다.

ㄷ. 엽록체(C)에서는 빛에너지를 흡수하여 이산화 탄소와 물로부터 포도당을 합성하는 (가) 반응이 일어난다.

바로알기 ㄱ. 두 아미노산 사이에 펩타이드결합이 일어나는 (나) 반응은 라이보솜에서 단백질이 합성될 때 일어난다.

7 ㄱ. 효소는 반응물과 결합하여 활성화에너지를 낮추므로 초기 반응 속도는 ㉠의 양에 비례하며, 모든 효소가 반응물과 결합한 상태이면 반응물의 농도를 높이더라도 초기 반응 속도가 더 이상 증가하지 않는다. 따라서 ㉠의 양은 초기 반응 속도가 높은 S_2일 때가 S_1일 때보다 많다.
바로알기 ㄴ. 같은 효소가 관여하는 작용에서는 반응물의 농도에 관계없이 활성화에너지는 일정하다.
ㄷ. 반응물의 농도가 S_2일 때 더이상 초기 반응 속도가 증가하지 않는 것은 모든 효소가 반응물과 결합한 상태이기 때문이다. 이때 효소의 농도를 높이면 초기 반응 속도가 증가한다.

8 ㄱ. RNA의 염기서열은 전사에 이용된 DNA 가닥의 염기서열과 상보적이므로 아미노산 ㉠을 지정하는 코돈 (가)는 AUG이다.
ㄴ. 코돈 CGG가 지정하는 아미노산은 ㉡이고, CAG가 지정하는 아미노산은 ㉣로 서로 다르다.
ㄷ. ⓐ에서 염기 T이 C으로 바뀌면 이로부터 전사된 RNA의 코돈이 CGG로 바뀌고, CGG가 지정하는 아미노산은 ㉡이므로 아미노산 ㉣이 ㉡으로 바뀐 단백질이 만들어진다.

단원별 실전 모의고사

Ⅰ 단원 실전 모의고사

시험대비교재 → 46쪽~47쪽

1 ⑤ **2** ⑤ **3** ④ **4** ④ **5** ④ **6** ⑤ **7** ④ **8** 해설 참조 **9** 해설 참조 **10** 해설 참조

1 ㄱ. 시간 규모는 (가)>(나)>(다)>(라)이다.
ㄴ. 미시 세계는 원자, 분자, 이온 등 아주 작은 물체나 현상을 다루는 세계이다. (라)는 미시 세계에 해당한다.
ㄷ. 공간 규모는 (가)>(나)>(다)>(라)이다.

2 ㄷ. 제임스 웹 우주 망원경을 이용하면 멀리 있는 천체까지의 거리를 더 정확하게 측정할 수 있다.

3 바로알기 ④ 국제단위계에서 온도의 단위는 K(켈빈)이다.

4 ㄷ. 속력은 단위 시간당 이동 거리이므로 길이와 시간으로 유도할 수 있는 유도량이다.
바로알기 ㄱ. 국제단위계에서 질량의 단위는 kg(킬로그램)이므로 ㉠에는 'kg'이 해당한다.

5 ㄱ. 학생 A의 활동은 어림으로, 측정 경험 등을 바탕으로 이루어진다.
ㄴ. 학생 A의 어림에 근거하여 학생 B가 적절한 용량의 측정 도구를 선택하였다.
바로알기 ㄷ. 학생 C의 활동은 도구를 사용하여 부피를 측정하는 활동이다.

6 ㄴ. 측정 표준은 모두에게 같은 기준이므로 이를 이용하여 제공되는 정보는 신뢰할 수 있다.

7 바로알기 ㄱ. 컴퓨터 등을 활용하여 정보를 디지털로 변환하는 기술이 발달함에 따라 디지털 기술이 사회의 여러 분야에 영향을 미친다. ㉠에는 '디지털'이 해당한다.

8 모범 답안 (1) 유도량은 기본량으로부터 유도된 양이다.
(2) 힘, 압력

채점 기준		배점
(1)	유도량과 기본량의 관계를 옳게 서술한 경우	50 %
(2)	힘과 압력을 옳게 쓴 경우	50 %

9 모범 답안 학생 A, 자연에서 발생하는 대부분의 신호는 연속적으로 변하는 아날로그 신호야.

채점 기준	배점
학생 A를 고르고 옳게 고쳐 쓴 경우	100 %
학생 A만 고른 경우	50 %

10 모범 답안 디지털 금융이나 상품 구매 서비스를 이용한다. 전자책, 교육 앱 등으로 시간과 장소에 상관없이 교육을 받는다. 무인 드론, 자율 주행 기술 등으로 운전자 없이 상품을 운송한다. 원격 진료로 환자에게 실시간으로 맞춤형 처방을 한다. 등

채점 기준	배점
디지털 정보가 활용되는 사례를 두 가지 옳게 서술한 경우	100 %
디지털 정보가 활용되는 사례를 한 가지만 옳게 서술한 경우	50 %

Ⅱ 단원 실전 모의고사

시험대비교재 → 48쪽~51쪽

1 ③ **2** ② **3** ① **4** ⑤ **5** ② **6** ⑤ **7** ④ **8** ③ **9** ⑤ **10** ③ **11** ③ **12** ③ **13** ② **14** ⑤ **15** ③ **16** ③ **17** 해설 참조 **18** 해설 참조 **19** 해설 참조 **20** 해설 참조

1 ㄱ, ㄴ. 우주는 빅뱅 이후로 시간이 지남에 따라 점점 팽창하여 온도가 낮아졌다. 따라서 (가)보다 시간이 더 흐른 (나) 시기에 우주의 온도는 더 낮았을 것이다. (다)일 때는 원자가 생성되었으므로, 빅뱅 후 약 38만 년이 지난 시기이다.
바로알기 ㄷ. 양성자는 그 자체로 수소 원자핵이다. 따라서 A에 적절한 것은 헬륨 원자핵이다.

2 ㄷ. 별빛의 스펙트럼을 분석하면 별의 구성 원소, 별의 표면 온도 등을 알 수 있다.
바로알기 ㄱ, ㄴ. 별의 크기와 별까지의 거리는 별빛의 스펙트럼 분석을 통해 알 수 없다.

3 ㄱ. 규산염 광물은 주로 규소(B)와 산소(C)로 이루어져 있다.
바로알기 ㄴ. 태양 질량의 10배 이상인 별 중심부에서 핵융합 반응으로 가장 마지막에 생성되는 원소는 철(A)이다.

ㄷ. 규소(B)는 원자가 전자의 수가 4개이고, 산소(C)는 원자가 전자의 수가 6개이다.

4 ㄱ. 별 (가)는 수소와 헬륨이 중심부에 존재하므로 수소 핵융합 반응이 일어나고 있는 상태이고, 별 (나)는 중심부에 탄소와 산소가 있으므로 핵융합 반응이 종료된 상태이다. 태양 질량의 별은 중심부에서 탄소와 산소까지만 만들어 내므로 (나)는 태양 질량의 별이고, (가)는 태양 질량의 10배인 별이다.
ㄷ. (나)는 수소 핵융합 반응이 일어나고 있는 상태이므로 (나) 별을 구성하고 있는 헬륨의 일부는 우주 초기에 형성된 것이다.
바로알기 ㄴ. (가)는 수소 핵융합 반응이 일어나지만, (나)는 헬륨 핵융합 반응까지만 일어난 상태이다. 헬륨 핵융합 반응은 수소 핵융합 반응보다 훨씬 높은 온도에서 일어나므로 별의 온도는 (가)보다 (나)가 더 높다.

5 ㄴ. 마그마 바다는 물질의 밀도 차이에 의해 핵과 맨틀로 분리되었다.
바로알기 ㄱ, ㄷ. ㉠을 이루는 대부분은 수소와 헬륨으로, 빅뱅 직후 우주 초기에 생성되었다. ㉡과 ㉣을 구성하는 원소 중 질량비가 가장 큰 것은 각각 철과 산소이다.

6 A는 리튬(Li), B는 플루오린(F), C는 네온(Ne), D는 나트륨(Na), E는 염소(Cl)이다.
ㄱ. A(Li)와 D(Na)는 알칼리 금속으로, 화학적 성질이 비슷하다.
ㄴ. 비금속 원소는 B(F), C(Ne), E(Cl) 세 가지이다.
ㄷ. B(F)는 원자가 전자 수가 7이므로 전자 1개를 얻어 $B^-(F^-)$이 되면 C(Ne)와 같은 전자 배치를 이룬다. D(Na)는 원자가 전자 수가 1이므로 전자 1개를 잃어 $D^+(Na^+)$이 되면 C(Ne)와 같은 전자 배치를 이룬다.

7 알칼리 금속은 칼로 쉽게 잘릴 정도로 무르고, 반응성이 커서 산소, 물과 잘 반응한다.
바로알기 ④ 알칼리 금속이 물과 반응하면 수소 기체가 발생하고, 이때 생성된 수용액은 염기성을 띤다.

8 A는 질소(N), B는 산소(O)이다.
① 질소와 산소는 모두 비금속 원소이다.
②, ④ 전자가 들어 있는 전자 껍질 수가 2로 같으므로 모두 2주기 원소이다.
⑤ A_2는 N_2이고 B_2는 O_2이므로 A와 B는 각각 2개의 원자가 결합하여 분자를 이룬다.
바로알기 ③ 원자가 전자 수는 A(N)는 5, B(O)는 6이다.

9 A는 질소(N), B는 수소(H), C는 마그네슘(Mg), D는 산소(O)이다.
ㄴ. 원자가 전자 수는 C(Mg)와 D(O)가 각각 2, 6이다.
ㄷ. B(H)와 D(O)의 원자가 전자 수는 각각 1, 6이므로 D 원자 1개가 B 원자 2개와 전자쌍 1개씩을 공유하여 화합물을 생성한다. 따라서 $B_2D(H_2O)$의 공유 전자쌍 수는 2이다.
바로알기 ㄱ. 원자 번호는 A(N)와 D(O)가 각각 7, 8이므로 D>A이다.

10 A는 산소(O), B는 플루오린(F), C는 나트륨(Na)이다.
ㄷ. 원자가 전자 수는 A(O)와 C(Na)가 각각 6, 1이다. C와 A가 결합할 때 $C^+(Na^+)$과 $A^{2-}(O^{2-})$이 2 : 1로 결합하여 이온 결합 물질인 $C_2A(Na_2O)$를 만든다.
바로알기 ㄱ. B(F)는 원자가 전자 수가 7이므로 B의 안정한 이온은 $B^-(F^-)$이고, $m=1$이다.
ㄴ. AB_2는 공유 결합 물질이고, CB는 이온 결합 물질이다.

11 ㄱ. A는 수용액 상태에서 전기 전도성이 있으므로 이온 결합 물질이고, 수용액에 양이온과 음이온이 존재한다.
ㄷ. 염화 나트륨은 이온 결합 물질이고 포도당은 공유 결합 물질이므로 A는 염화 나트륨, B는 포도당이다.
바로알기 ㄴ. B는 고체 상태와 수용액 상태에서 전기 전도성이 없으므로 공유 결합 물질이다.

12 ㄱ. (가)는 복사슬 구조인 각섬석, (나)는 판상 구조인 흑운모, (다)는 망상 구조인 석영이다. (가), (나)는 쪼개짐이 나타난다.
ㄴ. (다) 석영은 규소와 산소만으로 이루어져 있다.
바로알기 ㄷ. (가) → (나) → (다)로 갈수록 결합 구조가 복잡하므로 규산염 사면체 사이에 공유하는 산소의 수가 증가한다.

13 ㄴ. 인산이 없는 B는 단백질이며, 펩타이드결합이 있다.
바로알기 ㄱ. RNA(A)는 타이민(T) 대신 유라실(U)을 갖는다.
ㄷ. (가)는 DNA에는 해당되지만 RNA에는 해당되지 않는 특징이다. '폴리뉴클레오타이드로 이루어져 있다.'는 DNA와 RNA의 공통적인 특징이므로 구분 기준 (가)가 될 수 없다.

14 ㄱ. DNA(가)에서 두 가닥의 폴리뉴클레오타이드는 염기의 상보결합으로 연결되므로 A과 T, G과 C의 비율은 각각 같다. 따라서 (가)에서 $\frac{A+G}{T+C}=1$이다.
ㄷ. DNA와 RNA를 구성하는 뉴클레오타이드는 당의 종류가 서로 다르므로 기본 단위체는 각각 4종류이다.

15 ㄱ. A로 실험을 하였을 때 검류계 바늘이 움직였으므로 A에는 전류가 흐른다. 따라서 A는 도체이다.
ㄴ. 검류계 바늘이 더 많이 움직인 A가 B보다 전기 전도성이 높다. 자유 전자가 많을수록 전기 전도성이 높으므로 물질 내 자유 전자는 A가 B보다 많다.
바로알기 ㄷ. 태양 전지판에서 전압을 발생시키는 역할을 하는 소재는 반도체이다.

16 ㄷ. 반도체는 조건에 따라 전기 전도도가 변하여 각종 센서에 이용된다.
바로알기 ㄱ. 순수한 규소에 불순물을 첨가하면 전기 전도성이 높아진다. 즉 전류가 흐르는 성질이 증가한다.
ㄴ. 유기 발광 다이오드는 전류가 흐르면 유기 물질 자체에서 빛을 방출한다.

17 **모범 답안** 우주가 팽창하기 때문이다.

채점 기준	배점
우주가 팽창하기 때문이라고 옳게 서술한 경우	100 %

18 모범 답안 ㉠ 알칼리 금속은 물과 격렬하게 반응하므로 작은 크기로 반응시켜야 한다.
㉡ 알칼리 금속이 물과 반응하여 생성된 수용액은 염기성을 띠기 때문이다.

채점 기준	배점
㉠과 ㉡ 모두 옳게 서술한 경우	100 %
㉠과 ㉡ 중 한 가지만 옳게 서술한 경우	50 %

19 모범 답안 규산염 사면체는 전기적으로 음전하를 나타내므로 철이나 마그네슘 등과 같은 양이온과 결합하여 전기적으로 중성을 이루기 위해서이다.

채점 기준	배점
규산염 사면체가 음전하를 띠어 양이온과 결합하여 중성을 이루기 위해서라고 옳게 서술한 경우	100 %
전기적으로 중성을 이루기 위해서라고 옳게 서술한 경우	30 %

20 모범 답안 다이오드는 한 방향으로만 전류를 흐르게 하는 정류 작용을 하고, 트랜지스터는 회로에서 전류와 전압을 증폭시킬 수 있는 증폭 작용과 전류의 흐름을 제어할 수 있는 스위치 작용을 한다.

채점 기준	배점
소자 두 가지와 특징을 모두 옳게 서술한 경우	100 %
소자 한 가지만 특징과 함께 옳게 서술한 경우	50 %

Ⅲ 단원 실전 모의고사

시험대비교재 → 52쪽~55쪽

1 ① **2** ① **3** ② **4** ③ **5** ④ **6** ③ **7** ③ **8** ② **9** ⑤ **10** ③ **11** ⑤ **12** ② **13** ② **14** ① **15** ⑤ **16** ③ **17** 해설 참조 **18** 해설 참조 **19** 해설 참조 **20** 해설 참조

1 ㄱ. 바람이 강할수록 혼합층이 두껍게 발달하므로 A 해역은 B 해역보다 바람의 세기가 약하다.
바로알기 ㄴ. 혼합층의 두께는 B 해역이 A 해역보다 두꺼우므로 수온 약층이 시작되는 깊이는 B 해역이 A 해역보다 깊다.
ㄷ. 표층 수온은 A 해역이 B 해역보다 높으므로 A 해역이 B 해역보다 저위도에 위치할 것이다.

2 ② 파도는 바람에 의한 해수의 운동으로 발생하므로 기권과 수권의 상호작용으로 일어난다.
③ 오로라는 우주 공간에서 태양풍 입자가 지구의 상층 대기로 유입되면서 생긴 현상이므로 외권과 기권의 상호작용으로 일어난다.
④ (가)와 (나)에서 대기의 운동을 일으킨 에너지원은 태양 에너지이다.
⑤ (다)에서는 외권에서 고속으로 이동하던 태양풍 입자가 지구의 상층 대기로 유입되므로 물질과 에너지 흐름이 모두 일어난다.
바로알기 ① 황사는 바람에 의해 모래 먼지가 발생하여 나타나는 현상이므로 기권과 지권의 상호작용으로 일어난다.

3 아이슬란드 중앙부에는 판의 발산형 경계가 위치하여 화산 활동과 지진이 매우 활발하다.
ㄴ. A와 C는 서로 다른 판에 위치하여 멀어지고 있다.
바로알기 ㄱ. B에는 판의 발산형 경계가 위치하여 좁고 긴 열곡이 발달한다.
ㄷ. 아이슬란드는 발산형 경계에 위치하여 천발 지진이 활발하다. 심발 지진은 섭입형 수렴형 경계에서 일어난다.

4 육지와 바다는 각각 물수지 평형을 이루고 있다.
ㄱ. 육지에서 강수로 유입되는 물의 양이 25 단위이고, 증발로 16 단위가 유출되므로 A는 $25-16=9$ 단위이다.
ㄴ. 육지는 강수량이 증발량보다 많고 바다는 증발량이 강수량보다 많지만, 지구 전체에서는 증발량과 강수량이 같은 상태로 평형을 이루고 있다.
바로알기 ㄷ. 육지와 바다는 각각 물수지 평형 상태이므로 물의 순환이 계속 되더라도 지구의 평균 해수면 높이가 변하지 않는다.

5 A에서는 해양판이 대륙판 밑으로 섭입하고, C에서는 새로운 해양 지각(해양판)이 생성된다.
ㄱ. A에서는 해구가, C에서는 해령이 발달한다. 따라서 해양 지각의 나이는 C보다 A에서 많다.
ㄷ. 대륙 ㉠의 서쪽 연안에서 판의 섭입이 일어나므로 화산 활동이 활발할 것이다. 대륙 ㉠의 동쪽 연안에는 판의 경계가 없으므로 화산 활동이 일어나지 않는다.
바로알기 ㄴ. B는 판의 경계가 아니다. 따라서 B 부근에는 습곡 산맥이 형성되지 않는다.

6 (가)는 등속 직선 운동을, (나)는 등가속도 운동을 하는 물체의 그래프이다.
ㄱ. 물체에 작용하는 힘이 0이면 등속 직선 운동을 한다.
ㄷ. 자유 낙하 하는 물체는 속도가 일정하게 증가하므로 (나)와 같은 운동을 한다.
바로알기 ㄴ. 시간에 따라 이동 거리가 일정하게 증가하는 운동은 (가)와 같은 등속 직선 운동이다.

7 ㄱ. 물체는 수평 방향으로 던진 물체와 같은 운동을 하므로 수평 방향으로는 비행기와 동일한 운동을 한다. 따라서 비행기와 동일한 수평 거리를 이동한다.
ㄴ. 물체는 연직 방향으로는 자유 낙하 운동을 하므로 등가속도 운동을 한다.
바로알기 ㄷ. 수평 방향으로 던진 물체의 운동이므로 수평 방향의 속력과 관계없이 출발 높이가 같다면 지면에 도달하는 시간도 동일하다.

8 충격량은 운동량의 변화량과 같다. 따라서 오른쪽을 (+) 방향으로 하면, 공의 운동량의 변화량은 $0.5\ \mathrm{kg}\times(-2-4)\mathrm{m/s}$ $=-3\ \mathrm{kg\cdot m/s}$이므로, 공이 받은 충격량의 크기는 $3\ \mathrm{N\cdot s}$이다.

9 ㄱ. 미는 동안 B가 A에게 가한 충격량과 A가 B에게 가한 충격량은 크기가 같고 방향이 반대이다.
ㄴ. 미는 시간 동안 A는 운동 방향으로 충격량을 받아 그만큼 운동량이 증가한다.
ㄷ. B는 운동 반대 방향으로 충격량을 받아 충격량의 크기만큼 운동량이 감소한다.

10 ㄱ. 처음에 운동량은 0이므로 속도는 0이다. 따라서 물체는 정지해 있었다.
ㄴ. 충격량은 운동량의 변화량이므로 0~2초 동안 충격량의 크기는 4 kg·m/s−0=4 N·s이다.
바로알기 ㄷ. 4초일 때 운동량의 크기가 4 kg·m/s이므로 4 kg·m/s=$m\times v$에서 속력 $v=\frac{4}{m}$이다.

11 ㄱ. 라이보솜(A)에서는 아미노산 사이에 펩타이드결합이 일어나 단백질이 합성된다.
ㄴ. 전사는 핵(B) 속에서 일어나는데, DNA로부터 RNA가 만들어지는 과정에서 폴리뉴클레오타이드가 형성된다.
ㄷ. 마이토콘드리아(C)에서는 세포호흡과 같은 물질대사가 일어난다.

12 ㄴ. ㉠과 ㉡은 모두 농도가 높은 쪽에서 낮은 쪽으로 이동하므로 확산에 의해 세포막을 통과한다.
바로알기 ㄱ. 인지질 2중층을 직접 통과하는 ㉠은 산소이고, 막단백질을 통해 이동하는 ㉡은 나트륨 이온이다.
ㄷ. 세포막 안팎의 농도 차가 클수록 ㉠의 이동 속도는 계속 증가하지만, ㉡의 이동 속도는 일정 수준 이상으로는 증가하지 않는다. 이것은 ㉡의 이동에 관여하는 막단백질의 수가 정해져 있기 때문이다.

13 ㄴ. 식물 세포를 B에 넣었을 때는 세포 밖으로 물이 많이 빠져나가 세포막이 세포벽에서 분리되었고, C에 넣었을 때는 세포의 부피가 증가하였다. 따라서 설탕 용액의 농도는 B>C이다.
바로알기 ㄱ. A에 넣었을 때는 세포 안팎으로 이동하는 물의 양이 같다.
ㄷ. C에 두는 시간을 더 길게 하더라도 식물 세포는 세포벽이 있어서 터지지 않는다.

14 ㄱ. X와 결합하여 C로 분해되는 반응물은 A이며, B는 X와 구조가 맞지 않아 결합하지 못한다. 따라서 시간이 지나면서 농도가 낮아지는 ㉢은 A이고, 농도가 높아지는 ㉡은 C이며, 농도에 변화가 없는 ㉠은 B이다.
바로알기 ㄴ. X는 A가 C와 또 다른 생성물로 분해되는 촉진하며, B는 이 반응에 참여하지 않는다.
ㄷ. ⓐ(X가 A와 결합한 상태)의 생성 속도가 빠를수록 반응 속도가 빠르다. ⓐ의 생성 속도는 ㉡ 그래프의 기울기에 해당하므로 t_2일 때가 t_1일 때보다 느리다.

15 ㄱ, ㄷ. DNA 가닥 Ⅰ과 Ⅱ는 염기가 상보적으로 결합하므로 상보적인 염기의 개수는 같다. 따라서 Ⅱ의 아데닌(A)과 Ⅰ의 타이민(T)의 수는 같으므로 ㉠은 15이다. 마찬가지로, Ⅱ의 사이토신(C)과 Ⅰ의 구아닌(G)의 수는 같으므로 ㉡은 35이다. 또 전사에 이용되는 DNA 가닥과 이로부터 전사된 RNA의 상보적인 염기의 조성 비율도 같다. 따라서 RNA는 Ⅱ로부터 전사된 것이며, ㉢은 30, ㉣은 15이다.
ㄴ. ㉠+㉡+㉢=15+35+30=80이다.

16 ㄱ. 전사에 이용된 DNA 가닥은 RNA 염기서열과 상보적인 염기서열을 갖는 Ⅰ이다.
ㄷ. 번역(가)은 라이보솜에서 일어난다.
바로알기 ㄴ. RNA의 염기서열은 AUGAAGUUU로 U의 개수는 4이고, A의 개수는 3이다.

17 **모범 답안** (가)는 생물의 호흡, (나)는 화석 연료의 연소, (다)는 이산화 탄소의 용해이다.

채점 기준	배점
탄소 이동의 사례를 모두 옳게 서술한 경우	100 %
탄소 이동의 사례를 두 가지만 옳게 서술한 경우	60 %
탄소 이동의 사례를 한 가지만 옳게 서술한 경우	30 %

18 태평양판에서 필리핀판으로 갈수록 진원의 깊이가 대체로 깊어지므로 이 지역에서는 태평양판이 필리핀판 밑으로 섭입하고 있다는 것을 알 수 있다. 판이 섭입하는 해구 부근에서는 천발 지진이 발생하고, 판이 깊게 섭입함에 따라 중발 지진과 심발 지진이 차례로 나타난다.
모범 답안 수렴형 경계, 판의 경계는 심발 지진이 일어나는 A보다 천발 지진이 일어나는 B에 더 가깝기 때문이다.

채점 기준	배점
판 경계의 종류와 판 경계의 위치가 어디에 더 가까운지에 대한 까닭을 모두 옳게 서술한 경우	100 %
판 경계의 종류만 옳게 쓴 경우	50 %
판 경계의 위치가 어디에 더 가까운지에 대한 까닭만 옳게 서술한 경우	50 %

19 **모범 답안** B, 두 달걀의 운동량의 변화량이 같아 두 달걀이 받은 충격량의 크기도 같다. 방석에 떨어진 달걀은 충격을 받는 시간이 길기 때문에 충격량이 일정할 때 충격력의 크기는 줄어들게 되어 힘을 받은 시간이 더 긴 B의 그래프가 된다.

채점 기준	배점
B를 고르고, 그 까닭을 충격력과 시간의 관계로 옳게 서술한 경우	100 %
B를 고르고, 그 까닭을 시간만 관련지어 서술한 경우	60 %
B만 고른 경우	30 %

20 **모범 답안** 유전자를 이루는 DNA의 염기서열이 바뀌면 이로부터 전사되는 RNA의 코돈이 바뀐다. 그에 따라 아미노산의 종류가 바뀌어 정상 단백질이 합성되지 않으면 그 단백질의 작용으로 나타나는 형질에도 이상이 생겨 유전병이 나타날 수 있다.

채점 기준	배점
유전병이 나타나는 까닭을 DNA → RNA → 단백질합성의 유전정보 흐름과 관련지어 옳게 서술한 경우	100 %
유전병이 나타나는 까닭을 유전자 이상에 따른 단백질 이상으로만 서술한 경우	40 %

생생한 과학의 즐거움!

과학은 역시!

2022 개정 교육과정

잠깐 테스트

중단원 핵심 요약 & 문제

대단원 고난도 문제

대단원 실전 모의고사

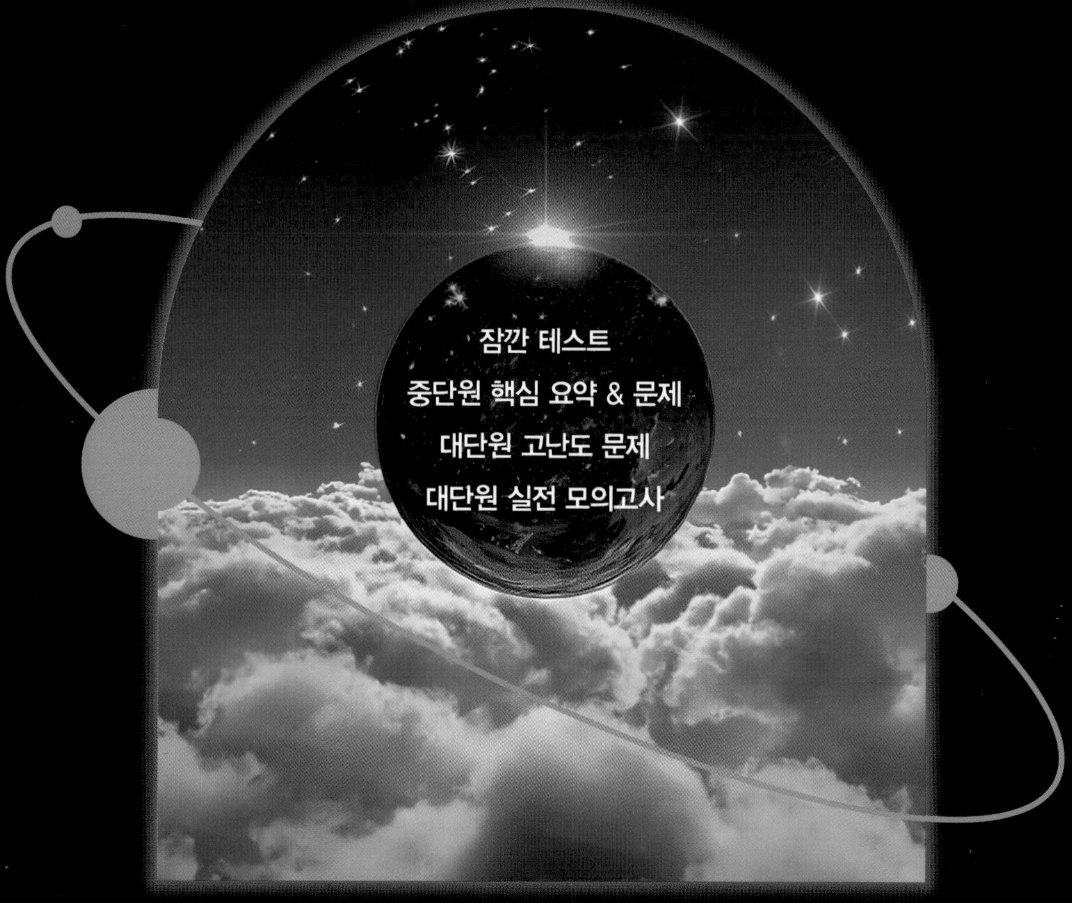

시험대비교재

ABOVE IMAGINATION

우리는 남다른 상상과 혁신으로
교육 문화의 새로운 전형을 만들어
모든 이의 행복한 경험과 성장에 기여한다

오투 통합과학 1

시험대비교재

시험 대비 교재 활용법

배운 내용을 이해했는지 확인해요!

간단하게 직접 써 보면서 실력을 확인할 수 있는 테스트지에요.

학습한 내용을 이해했는지 확인하거나 기본 개념을 다시 한번 다지고자할 때 활용하세요.

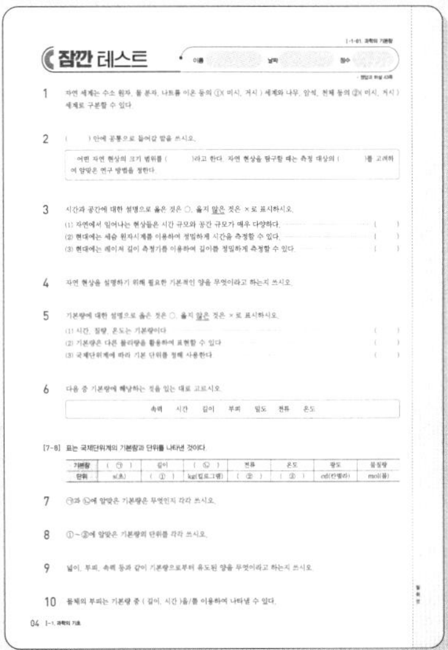

중단원별
핵심 요약
& 문제

시험 준비는 확실하게!

중간·기말 고사 대비 시 간단하게 교과 개념을 정리하고, 문제로 개념을 확인할 때 활용하세요.

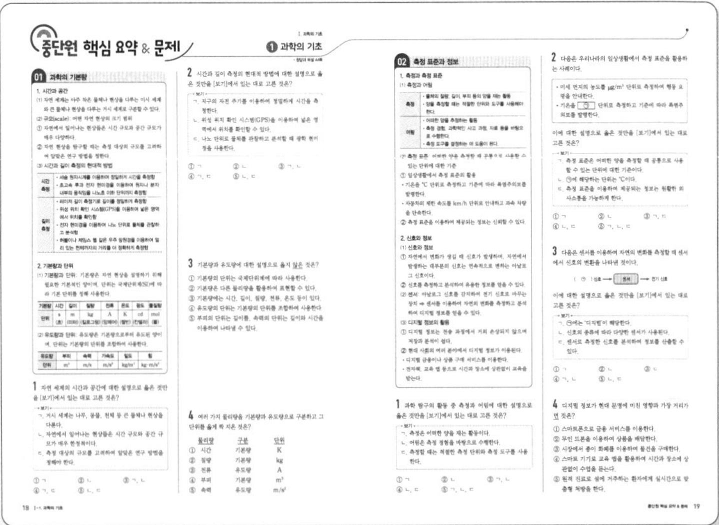

대단원
고난도
문제

1등급이 되고 싶나요?

대단원별로 까다로운 난이도 上의 문제들로 구성했어요.
내신 1등급 대비 시 풀어보세요.

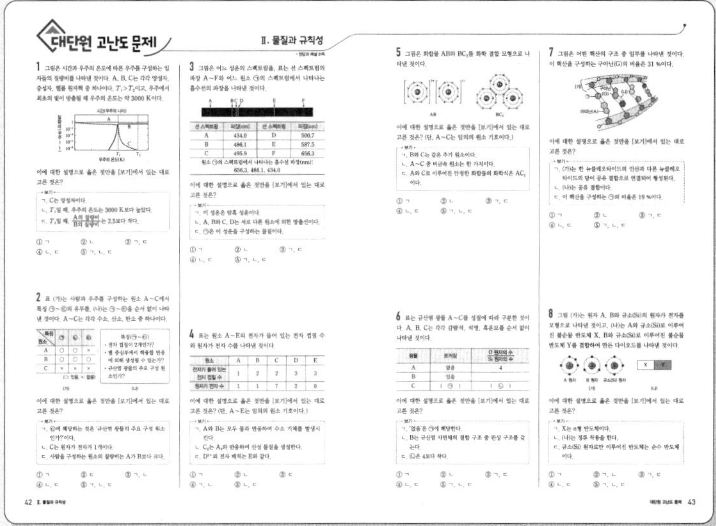

대단원
실전
모의고사

시험 보기 직전! 실전 100% 연습

학교 시험 유형과 유사한 형태로 구성된 모의고사로
중간·기말 고사 대비 연습할 때 활용하세요.

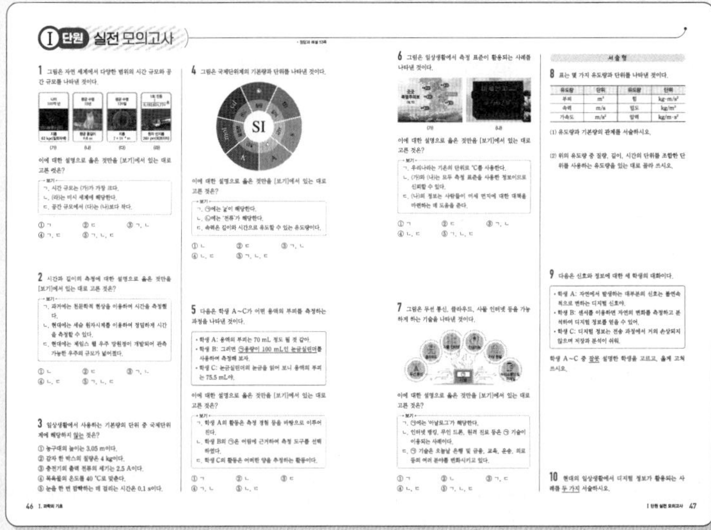

잠깐 테스트

이름　　날짜　　점수

• 정답과 해설 43쪽

1 자연 세계는 수소 원자, 물 분자, 나트륨 이온 등의 ①(미시, 거시) 세계와 나무, 암석, 천체 등의 ②(미시, 거시) 세계로 구분할 수 있다.

2 (　　　) 안에 공통으로 들어갈 말을 쓰시오.

> 어떤 자연 현상의 크기 범위를 (　　　)라고 한다. 자연 현상을 탐구할 때는 측정 대상의 (　　　)를 고려하여 알맞은 연구 방법을 정한다.

3 시간과 공간에 대한 설명으로 옳은 것은 ○, 옳지 않은 것은 ×로 표시하시오.

(1) 자연에서 일어나는 현상들은 시간 규모와 공간 규모가 매우 다양하다. ············ (　　)
(2) 현대에는 세슘 원자시계를 이용하여 정밀하게 시간을 측정할 수 있다. ············ (　　)
(3) 현대에는 레이저 길이 측정기를 이용하여 길이를 정밀하게 측정할 수 있다. ············ (　　)

4 자연 현상을 설명하기 위해 필요한 기본적인 양을 무엇이라고 하는지 쓰시오.

5 기본량에 대한 설명으로 옳은 것은 ○, 옳지 않은 것은 ×로 표시하시오.

(1) 시간, 질량, 온도는 기본량이다. ············ (　　)
(2) 기본량은 다른 물리량을 활용하여 표현할 수 있다. ············ (　　)
(3) 국제단위계에 따라 기본 단위를 정해 사용한다. ············ (　　)

6 다음 중 기본량에 해당하는 것을 있는 대로 고르시오.

> 속력　　시간　　길이　　부피　　밀도　　전류　　온도

[7~8] 표는 국제단위계의 기본량과 단위를 나타낸 것이다.

기본량	(㉠)	길이	(㉡)	전류	온도	광도	물질량
단위	s(초)	(①)	kg(킬로그램)	(②)	(③)	cd(칸델라)	mol(몰)

7 ㉠과 ㉡에 알맞은 기본량은 무엇인지 각각 쓰시오.

8 ①～③에 알맞은 기본량의 단위를 각각 쓰시오.

9 넓이, 부피, 속력 등과 같이 기본량으로부터 유도된 양을 무엇이라고 하는지 쓰시오.

10 물체의 부피는 기본량 중 (길이, 시간)을/를 이용하여 나타낼 수 있다.

절취선

잠깐 테스트

이름 날짜 점수

• 정답과 해설 43쪽

1 과학 탐구를 수행할 때의 활동과 그 의미를 옳게 연결하시오.

(1) 측정 • • ㉠ 어떠한 양을 추정하는 활동

(2) 어림 • • ㉡ 물체의 질량, 길이, 부피 등의 양을 재는 활동

2 측정과 관계있는 설명에는 '측정', 어림과 관계있는 설명에는 '어림'을 쓰시오.

(1) 적절한 단위와 도구를 사용해야 한다. ( )

(2) 측정할 때 필요한 측정 도구를 결정하는 데 도움이 된다. ( )

(3) 측정 경험, 과학적 사고 과정, 자료 등을 바탕으로 양을 추정한다. ( )

3 어떠한 양을 측정할 때 공통으로 사용할 수 있는 단위에 대한 기준을 ( )이라고 한다.

4 측정 표준에 대한 설명으로 옳은 것은 ○, 옳지 않은 것은 ×로 표시하시오.

(1) 측정 표준을 활용하면 신뢰할 수 있는 정보를 얻을 수 있다. ( )

(2) 과학 기술에서만 사용되고 일상생활에서는 사용되지 않는다. ( )

(3) 식품 포장지에 영양 성분의 양, 식품 첨가물의 양을 표시하는 것은 측정 표준을 활용하는 예이다. ( )

5 자연에서 변화가 생길 때 ①(신호, 정보)가 발생하며, 이를 측정하여 분석하면 유용한 ②(신호, 정보)를 얻을 수 있다.

6 자연에서 발생하는 대부분의 신호는 (아날로그, 디지털) 신호이다.

7 시간에 따라 연속적으로 변하는 신호는 ①(아날로그, 디지털) 신호이고, 시간에 따라 불연속적으로 변하는 신호는 ②(아날로그, 디지털) 신호이다.

8 자연에서 발생하는 다양한 아날로그 신호를 감지하여 전기 신호로 바꾸는 장치의 이름을 쓰시오.

9 ( ) 정보는 전송 과정에서 거의 손상되지 않으며 저장과 분석이 쉽다.

10 ( ) 안에 공통으로 들어갈 말을 쓰시오.

> 자연에서 일어나는 변화 및 사회 여러 분야에 대한 정보를 ( )로 변환하는 기술이 발달함에 따라 현대 사회의 여러 분야에서 ( ) 정보가 유용하게 이용된다.

절취선

잠깐 테스트

이름 날짜 점수

• 정답과 해설 43쪽

1 약 138억 년 전 초고온, 초밀도의 한 점에서 대폭발이 일어나 우주가 탄생하고 계속 팽창하여 현재의 우주가 되었다는 이론을 무엇이라고 하는지 쓰시오.

2 빅뱅 이후 우주의 크기는 ①(증가, 감소)하였고, 온도는 ②(낮아졌으며, 높아졌으며), 밀도는 ③(증가, 감소)하였다.

3 다음은 우주 초기에 원소가 생성되는 과정을 나타낸 것이다. (　　　) 안에 알맞은 이름을 쓰시오.

> 빅뱅 → 최초의 입자 생성 → 양성자, 중성자 생성 → ①(　　　) 생성 → 수소 원자, ②(　　　) 원자 생성

4 우주에서 원소의 생성 과정에 대한 설명으로 옳은 것은 ○, 옳지 <u>않은</u> 것은 ×로 표시하시오.

(1) 빅뱅 직후 우주는 급격히 팽창하면서 점차 가벼운 입자가 생성되었다. ……………… (　　)
(2) 기본 입자에는 쿼크와 전자가 있다. ……………… (　　)
(3) 전자와 쿼크가 합쳐져 양성자와 중성자를 생성하였다. ……………… (　　)
(4) 빅뱅 후 약 3분에는 원자핵과 전자가 결합하여 원자가 생성되었다. ……………… (　　)

5 빅뱅 이후 우주 초기에 생성된 원소는 ①(　　　)와 ②(　　　)이다.

[6~7] 그림은 여러 종류의 스펙트럼을 나타낸 것이다.

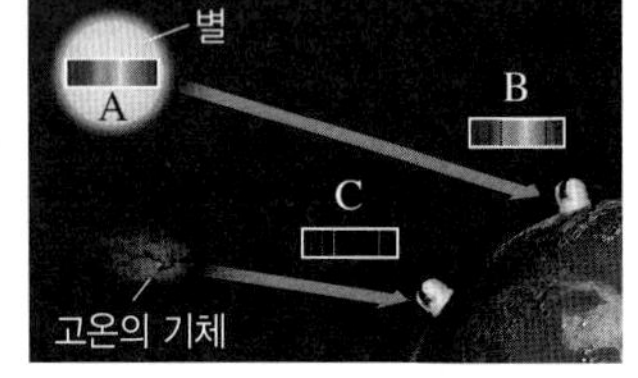

6 A~C에 해당하는 스펙트럼 종류의 이름을 각각 쓰시오.

7 A~C 중 태양에서 관찰할 수 있는 스펙트럼의 종류에 해당하는 기호를 쓰시오.

8 원소의 종류에 따라 흡수선이나 방출선의 위치가 ①(같게, 다르게) 나타나고, 한 종류의 원소에서 관측되는 흡수선과 방출선의 위치는 ②(동일하다, 다르다).

9 그림은 별 A에서 관찰된 스펙트럼과 원소 ㉠~㉢의 스펙트럼을 나타낸 것이다. 이 스펙트럼으로 알 수 있는 별 A를 구성하는 원소의 기호를 모두 쓰시오.

10 우주에 존재하는 원소의 분포는 별빛의 ①(　　　)을 분석하여 알 수 있다. 분석 결과, 현재 우주에 존재하는 원소의 비율은 ②(　　　)가 약 74 %, ③(　　　)이 약 24 %이다.

절취선

잠깐 테스트

이름 날짜 점수

• 정답과 해설 43쪽

1 지구에서 가장 많은 질량비를 차지하는 원소는 ①(　　　)이고, 두 번째로 많은 원소는 ②(　　　)이다. 이들 원소는 우주를 구성하는 주요 원소인 ③(　　　), 헬륨과는 달리 대부분 별의 중심부에서 ④(　　　)으로 생성되었다.

2 별의 탄생 과정에서 일어난 [보기]의 현상들을 시간 순서대로 나열하시오.

보기

ㄱ. 성운 형성　　ㄴ. 별의 탄생　　ㄷ. 성운의 수축

3 주계열성의 중심부에서는 ①(　　　) 핵융합 반응이 일어나는데, 이 과정에서 감소한 ②(　　　)이 에너지로 전환된다.

4 별은 질량에 따라 다르게 진화하며, 질량이 클수록 중심부의 온도가 ①(낮아져, 높아져) 더 ②(가벼운, 무거운) 원소를 만드는 핵융합 반응이 일어난다.

5 별의 중심부에서 일어나는 핵융합 반응과 반응 이후 생성되는 원자핵을 옳게 연결하시오.

(1) 수소 핵융합 반응 •　　• ㉠ 철 원자핵
(2) 탄소 핵융합 반응 •　　• ㉡ 탄소 원자핵
(3) 헬륨 핵융합 반응 •　　• ㉢ 헬륨 원자핵
(4) 규소 핵융합 반응 •　　• ㉣ 산소, 마그네슘 등의 원자핵

6 그림 (가), (나)는 핵융합 반응이 끝난 질량이 서로 다른 두 별의 중심부 구조를 나타낸 것이다.

(1) (가), (나) 중 질량이 더 큰 별을 고르시오.
(2) (가), (나) 두 별에서 가장 무거운 원자핵을 만드는 핵융합 반응의 이름을 각각 쓰시오.

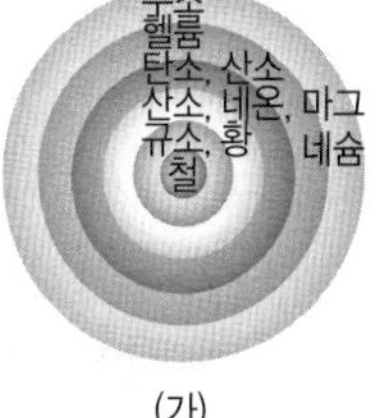

(가)

(나)

7 금, 우라늄 등과 같이 철보다 무거운 원소는 ①(　　　) 과정에서 만들어지고, 철과 철보다 가벼운 원소는 별의 중심부에서 일어나는 ②(　　　)으로 만들어진다. 별의 진화 과정에서 만들어진 원소는 ③(　　　)과 초신성 폭발로 우주 공간으로 방출되어 새로운 별의 재료가 된다.

8 태양계는 우리은하 내의 거대한 ①(　　　)에서 약 50억 년 전에 형성되었다. 태양계 성운이 회전하면서 수축하여 중심부에서는 ②(　　　)이 형성되었고, 원시 원반에서는 미행성체들이 서로 충돌하여 ③(　　　)이 만들어졌다.

9 원시 행성들이 형성될 때 태양에서 가까운 거리에는 무거운 물질이 모여 ①(　　　)으로 이루어진 지구형 행성이 형성되었고, 태양에서 먼 거리에는 가벼운 ②(　　　) 성분으로 이루어진 목성형 행성이 형성되었다. 지구형 행성과 목성형 행성 중 밀도가 더 큰 것은 ③(　　　) 행성이다.

10 지구와 생명체의 탄생 과정에서 일어난 [보기]의 현상들을 시간 순서대로 나열하시오.

보기

ㄱ. 생명체의 탄생　　ㄴ. 원시 지각의 형성　　ㄷ. 원시 바다의 형성
ㄹ. 핵과 맨틀의 분리　　ㅁ. 마그마 바다 형성

절취선

잠깐 테스트

이름 날짜 점수

• 정답과 해설 43쪽

1 주기율표의 가로줄을 ①(　　　)라 하고, 세로줄을 ②(　　　)이라고 한다.

2 금속 원소에 해당하는 설명에는 '금속', 비금속 원소에 해당하는 설명에는 '비금속'을 쓰시오.

(1) 열과 전기가 잘 통한다. ( )
(2) 실온에서 대부분 기체 또는 고체 상태이다. ( )
(3) 주기율표에서 주로 왼쪽과 가운데에 위치한다. ( )

3 리튬, 나트륨, 칼륨의 공통점으로 옳은 것은 ○, 옳지 않은 것은 ×로 표시하시오.

(1) 비금속 원소이다. ( )
(2) 실온에서 고체 상태이다. ( )
(3) 원자가 전자 수는 7이다. ( )
(4) 반응성이 커서 산소, 물과 잘 반응한다. ( )

4 플루오린, 염소, 브로민, 아이오딘은 성질이 비슷한 원소들로, 같은 (주기, 족)에 속한다.

5 그림은 주기율표의 일부를 나타낸 것이다. 이에 대한 설명으로 옳은 것은 ○, 옳지 않은 것은 ×로 표시하시오.(단, A~E는 임의의 원소 기호이다.)

주기 \ 족	1	2	~	16	17	18
1	A					B
2				C	D	
3		E				

(1) A는 알칼리 금속이다. ( )
(2) B는 원자가 전자 수가 2이다. ( )
(3) C와 D는 화학적 성질이 비슷하다. ( )
(4) E는 전자가 들어 있는 전자 껍질 수가 3이다. ( )

[6~9] 그림은 2주기~3주기 원자의 전자 배치를 나타낸 것이다.

주기 \ 족	1	2	13	14	15	16	17	18
2	Li	Be	B	C	N	O	F	Ne
3	Na	Mg	Al	Si	P	S	Cl	Ar

6 알칼리 금속과 할로젠을 각각 쓰시오.

7 Li과 Cl에서 전자가 들어 있는 전자 껍질 수를 각각 쓰시오.

8 O와 Al의 원자가 전자 수를 각각 쓰시오.

9 Li과 Na의 화학적 성질이 비슷한 까닭을 쓰시오.

10 원소의 주기성은 원소의 화학적 성질을 결정하는 (　　　) 수가 주기적으로 변하기 때문에 나타난다.

절취선

잠깐 테스트

이름　　　　날짜　　　　점수

• 정답과 해설 43쪽

1 18족 원소는 가장 바깥 전자 껍질에 전자가 2개 또는 ①(　　　)개 채워진 안정한 전자 배치를 이루며, 반응성이 매우 작아 ②(　　　) 기체라고 한다.

2 원소들은 화학 결합을 형성할 때 (　　　) 원소와 같은 전자 배치를 이루려는 경향이 있다.

3 화학 결합을 형성할 때 네온(Ne)과 같은 전자 배치를 이루는 원소를 있는 대로 고르시오.

수소(H)	산소(O)	나트륨(Na)	염소(Cl)

4 그림은 원자 A와 B의 전자 배치를 나타낸 것이다. 이에 대한 설명으로 옳은 것은 ○, 옳지 않은 것은 ×로 표시하시오.(단, A와 B는 임의의 원소 기호이다.)

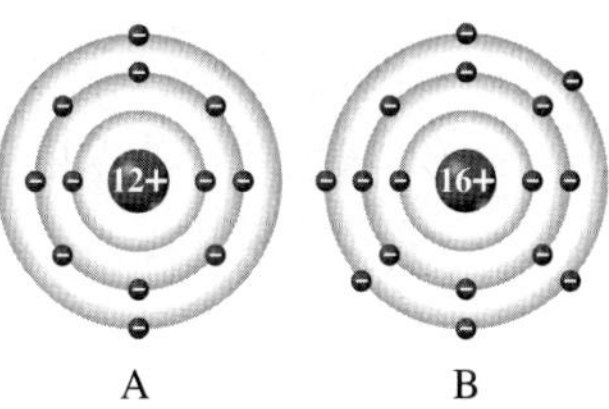

(1) A와 B는 전자쌍을 공유하여 결합한다. ············ (　　)

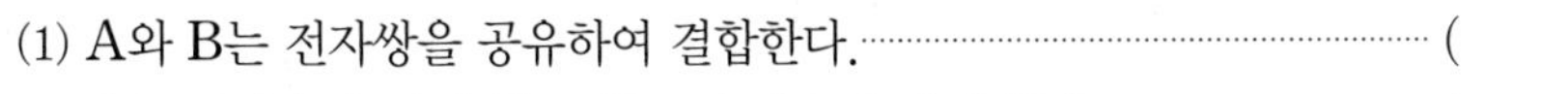

(2) A는 양이온이 되기 쉽고, B는 음이온이 되기 쉽다. ············ (　　)

(3) A와 B가 가장 안정한 이온이 되었을 때 전자가 들어 있는 전자 껍질 수는 서로 같다. ············ (　　)

5 그림은 물 분자의 화학 결합 모형을 나타낸 것이다. 이에 대한 설명으로 옳은 것은 ○, 옳지 않은 것은 ×로 표시하시오.

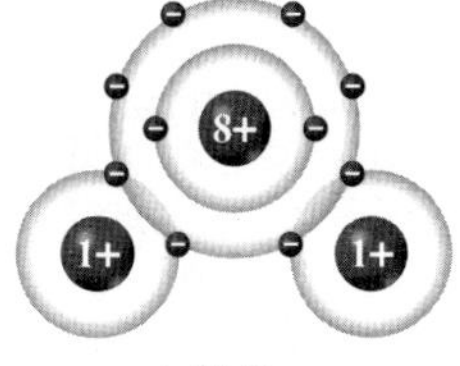

H_2O

(1) 공유 전자쌍은 2개이다. ············ (　　)

(2) 수소와 산소는 네온과 같은 전자 배치를 이룬다. ············ (　　)

(3) 수소 원자와 산소 원자 사이에는 이중 결합이 존재한다. ············ (　　)

[6~8] 그림은 주기율표의 일부를 나타낸 것이다. (단, A~E는 임의의 원소 기호이다.)

주기＼족	1	2	13	14	15	16	17	18
1	A							
2						B		
3	C	D					E	

6 C와 E가 결합할 때 C는 전자를 잃어 ①(　　　)이 되고, E는 전자를 얻어 ②(　　　)이 되어 정전기적 인력으로 결합한 화합물을 만든다.

7 화합물 A_2B를 이루는 화학 결합의 종류를 쓰시오.

8 D와 E가 결합하여 생성된 안정한 화합물의 화학식을 쓰시오.

9 다음 물질을 이루는 화학 결합의 종류를 각각 쓰시오.

(1) 물(H_2O) ············ (　　)　(2) 염화 나트륨(NaCl) ······ (　　)　(3) 산소(O_2) ············ (　　)

10 수용액 상태에서 염화 칼슘은 전기 전도성이 ①(없고, 있고), 포도당은 전기 전도성이 ②(없다, 있다).

절취선

잠깐 테스트

이름　　　　날짜　　　　점수

• 정답과 해설 43쪽

1 표는 우주, 지구, 지각, 생명체를 구성하는 원소의 질량비를 나열한 것이다. (　　　) 안에 알맞은 원소를 쓰시오.

우주	지구	지각	생명체(사람)
①(　　　)>헬륨>…	②(　　　)>산소>…	산소>③(　　　)>…	④(　　　)>탄소>…

2 지구와 생명체를 구성하는 원소는 빅뱅 이후 우주 초기, 별의 중심부에서의 ①(　　　), 초신성 폭발 등으로 만들어졌다. 지구와 생명체를 구성하는 물질은 구성 원소의 종류나 비율이 다르지만, 일정한 구조의 ②(　　　)가 결합하여 형성된 것이다.

3 그림은 규산염 사면체를 나타낸 것이다. 이에 대한 설명으로 옳은 것은 ○, 옳지 않은 것은 ×로 표시하시오.

A　B

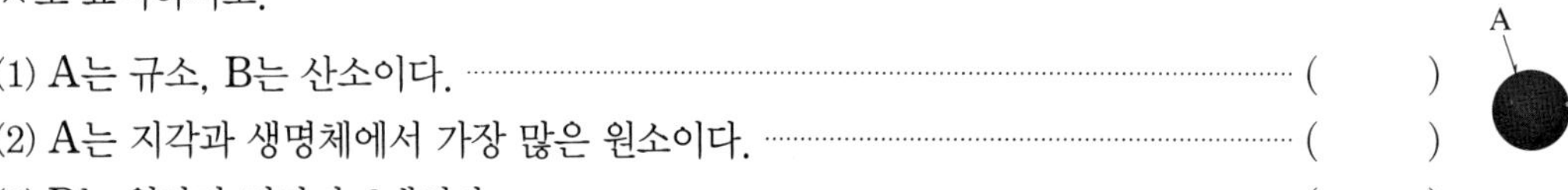

(1) A는 규소, B는 산소이다. ………… (　　)

(2) A는 지각과 생명체에서 가장 많은 원소이다. ………… (　　)

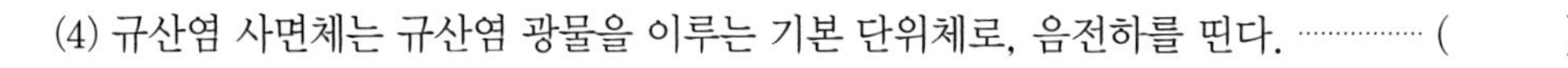

(3) B는 원자가 전자가 6개이다. ………… (　　)

(4) 규산염 사면체는 규산염 광물을 이루는 기본 단위체로, 음전하를 띤다. ………… (　　)

4 표는 규산염 광물의 결합 구조를 나타낸 것이다. (　　　) 안에 알맞은 말을 쓰시오.

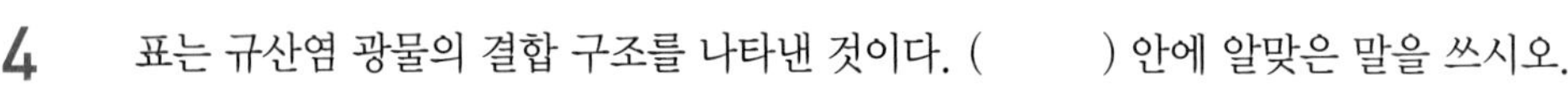

구분	①(　　　) 구조	단사슬 구조	②(　　　) 구조	판상 구조	③(　　　) 구조
결합 모습					
예	감람석	④(　　　)	각섬석	⑤(　　　)	장석, 석영

5 규산염 사면체의 산소 4개를 다른 규산염 사면체와 공유하여 결합하고, 규소와 산소로만 이루어져 있으며, 외부에서 충격을 가했을 때 깨짐이 나타나는 규산염 광물의 이름을 쓰시오.

6 단백질을 구성하는 기본 단위체인 ①(　　　) 2개가 ②(　　　)결합으로 연결되고, 펩타이드결합이 반복되어 형성된 ③(　　　)가 구부러지고 접혀 고유한 입체 구조를 가진 단백질이 형성된다.

7 그림은 핵산의 기본 단위체를 나타낸 것이다. 이 기본 단위체의 이름과 단위체를 구성하는 물질 A~C의 이름을 각각 쓰시오.

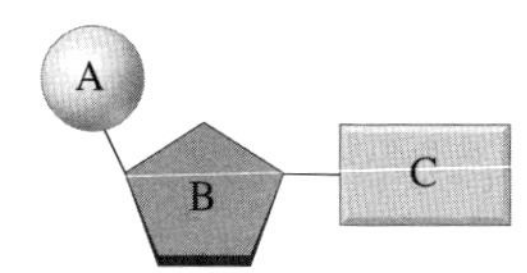

8 다음은 DNA와 RNA를 비교한 것이다. (　　　) 안에 알맞은 말을 쓰시오.

(1) DNA를 구성하는 당은 ①(　　　)이고, RNA를 구성하는 당은 ②(　　　)이다.

(2) DNA는 (　　　)구조이고, RNA는 단일 가닥 구조이다.

(3) DNA에만 있는 염기는 ①(　　　)이고, RNA에만 있는 염기는 ②(　　　)이다.

(4) DNA는 유전정보를 ①(　　　)하고, RNA는 유전정보를 ②(　　　)하며 단백질합성에 관여한다.

9 DNA를 이루는 두 가닥의 폴리뉴클레오타이드는 안쪽으로 향한 (　　　)의 상보결합으로 붙어 있다.

10 DNA 이중나선에서 아데닌(A)의 비율이 전체 염기의 30 %였다면, 구아닌(G)의 비율은 몇 %인지 쓰시오.

절취선

잠깐 테스트

이름 날짜 점수

• 정답과 해설 43쪽

1 물질의 전기적 성질은 물질 내 ( )의 이동에 따라 다르다.

2 물질의 특징과 전기적 성질을 옳게 연결하시오.

(1) 물질 내 자유 전자가 많이 존재한다. • • ㉠ 도체
(2) 특정 조건에서 자유 전자가 생겨 전류가 흐른다. • • ㉡ 부도체
(3) 전기 전도성이 매우 작아 전류가 잘 흐르지 않는다. • • ㉢ 반도체

3 다음은 전기적 성질이 다른 물질을 나열한 것이다. 도체, 부도체로 구분하시오.

유리, 철, 알루미늄, 플라스틱

4 순수 반도체인 규소는 원자가 전자가 4개로, 원자가 전자가 모두 ( )을 하고 있어 전류가 잘 흐르지 않는다.

5 순수 반도체에 불순물을 첨가하면 ( )이/가 높아진다.

6 p형 반도체는 순수 반도체에 원자가 전자가 ①( )개인 원소를 첨가한 것이고, n형 반도체는 순수 반도체에 원자가 전자가 ②( )개인 원소를 첨가한 것이다.

7 ( )는 n형 반도체와 p형 반도체를 결합하여 만든 것으로, 전류를 한 방향으로만 흐르게 하는 성질이 있다.

8 다음 설명에 해당하는 반도체 소자를 옳게 연결하시오.

(1) 전류가 흐르면 빛을 방출한다. • • ㉠ 트랜지스터
(2) 컴퓨터의 중앙 처리 장치로 제어, 연산 등을 처리한다. • • ㉡ 발광 다이오드
(3) 회로에서 전압을 증폭시키거나 전류의 흐름을 조절하는 역할을 한다. • • ㉢ 마이크로프로세서

9 전기 전도도가 큰 ①( )는 전기 부품이나 전기 장치를 연결하는 소재 또는 전자 기기에 활용되고, 전기 전도도가 매우 작은 ②( )는 전기 절연 소재로 활용된다. ③( )는 온도, 습도, 압력 등 다양한 외부 변화에 의해 전기 전도도가 달라져 다양한 소자로 제작된다.

10 물질의 전기적 성질 활용의 예에 대한 설명으로 옳은 것은 ○, 옳지 않은 것은 ×로 표시하시오.

(1) 전선에 쓰이는 합성수지는 반도체이다. ( )
(2) 터치스크린의 강화 유리는 부도체이다. ( )
(3) 태양 전지는 빛을 받으면 전압을 발생시키는 도체를 이용한다. ( )

절취선

잠깐 테스트

이름 날짜 점수

• 정답과 해설 43쪽

1 지구시스템의 구성 요소와 각 구성 요소에 대한 설명을 옳게 연결하시오.

(1) 지권 • • ㉠ 지구상의 모든 생명체
(2) 기권 • • ㉡ 지구상에 분포하는 물
(3) 수권 • • ㉢ 지구 표면과 지구 내부
(4) 외권 • • ㉣ 높이 약 1000 km까지의 대기층
(5) 생물권 • • ㉤ 기권 바깥의 우주 공간

2 다음은 지권의 성층 구조에 대한 설명이다. (   ) 안에 알맞은 말을 쓰시오.

- 가장 많은 부피를 차지하는 층은 ①(   )이다.
- 액체 상태인 층은 ②(   )이다.
- 온도와 압력이 가장 높은 층은 ③(   )이다.

3 기권의 성층 구조에 대한 설명으로 옳은 것은 ○, 옳지 않은 것은 ×로 표시하시오.

(1) 기권은 높이에 따른 밀도 분포를 기준으로 대류권, 성층권, 중간권, 열권으로 구분한다. ··· (   )
(2) 대류권에서는 기상 현상과 대류 현상이 모두 활발하다. ··· (   )
(3) 성층권에서는 오존층이 존재하여 태양의 자외선을 흡수한다. ··· (   )
(4) 열권에서 기온의 일교차가 큰 까닭은 공기가 매우 희박하기 때문이다. ··· (   )

4 다음은 수권인 해수의 성층 구조에 대한 설명이다. (   ) 안에 알맞은 말을 쓰시오.

- 수온이 낮고, 깊이에 따른 수온 변화가 거의 없는 해수층은 ①(   )이다.
- 가장 안정하여 대류가 일어나지 않는 해수층은 ②(   )이다.
- ③(   )은 바람이 강하게 불수록 두께가 두꺼워진다.

[5~6] (   ) 안에 알맞은 지구시스템의 구성 요소를 쓰시오.

5 지구는 태양계의 다른 천체와 달리 (   )과 수권이 존재하는 유일한 행성이다.

6 (   )의 지구 자기장은 고에너지 입자를 차단하여 지구상의 생명체를 보호해 준다.

7 다음은 지구시스템 구성 요소의 상호작용의 예이다. (   ) 안에 알맞은 구성 요소를 쓰시오.

(1) 생물체가 땅에 묻혀 화석 연료를 형성한다. ➡ 생물권과 (   )의 상호작용
(2) 화산 활동으로 화산재가 대기로 방출되었다. ➡ 지권과 (   )의 상호작용
(3) 열대 해상에서 만들어진 적란운이 태풍으로 발달한다. ➡ 수권과 (   )의 상호작용

8 밀물과 썰물을 일으키는 지구시스템의 에너지원을 쓰시오.

9 물의 순환을 일으키는 주된 에너지원을 쓰시오.

10 다음은 지구시스템에서 일어나는 탄소 순환의 예이고, 그림은 구성 요소 간의 상호작용을 나타낸 것이다. 그림에서 탄소 순환의 예에 해당하는 구성 요소 간 상호작용의 기호를 쓰시오.

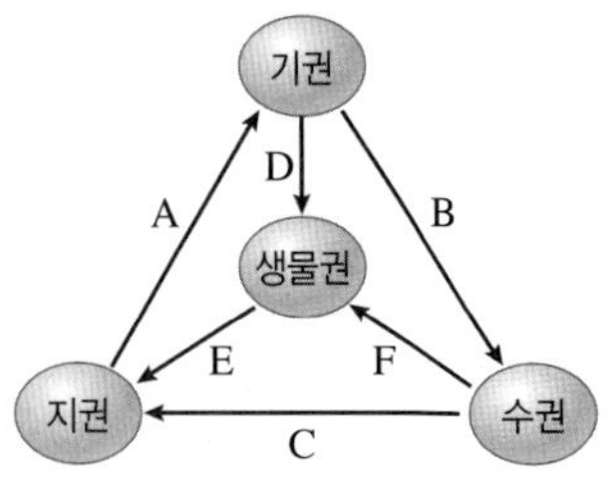

(1) 광합성에 의해 유기물 생성
(2) 탄산칼슘이 침전하여 석회암 형성
(3) 대기 중의 이산화 탄소가 해수에 용해

절취선

잠깐 테스트

이름 날짜 점수

• 정답과 해설 43쪽

1 화산 활동이나 지진 등의 지각 변동을 일으키는 에너지원은 ①( ) 에너지이며, 지각 변동이 활발하게 일어나는 지역을 ②( )라고 한다.

2 화산대와 ①( )는 대체로 일치하며, 주로 판의 ②( )를 따라 좁고 긴 띠 모양으로 나타난다.

3 지구의 표면은 여러 개의 판으로 이루어져 있으며, 판들의 상대적인 운동에 의해 판의 경계에서 화산 활동, 지진 등의 지각 변동이 일어난다는 이론을 ( )이라고 한다.

4 그림은 판의 구조를 나타낸 것이다. A～C에 해당하는 이름을 각각 쓰시오.

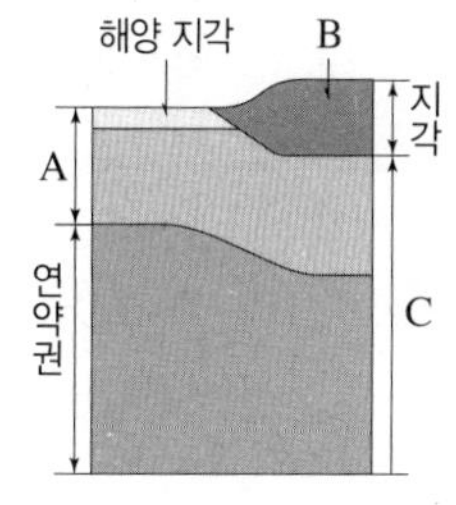

5 판 경계에서 발달하는 지형의 이름을 각각 쓰시오.

(1) 깊은 해저 골짜기 ( )
(2) 두 판이 충돌하여 형성된 대규모 산맥 ( )
(3) 맨틀 대류의 상승부에 형성된 해저 산맥 ( )
(4) 해령과 해령 사이에서 판과 판이 서로 어긋나면서 지층이 끊어진 지형 ( )
(5) 화산 활동으로 만들어진 섬들이 해구와 나란하게 활 모양으로 길게 배열되어 있는 지형 ( )

[6~8] 그림 (가)~(라)는 판 경계의 모식도를 나타낸 것이다.

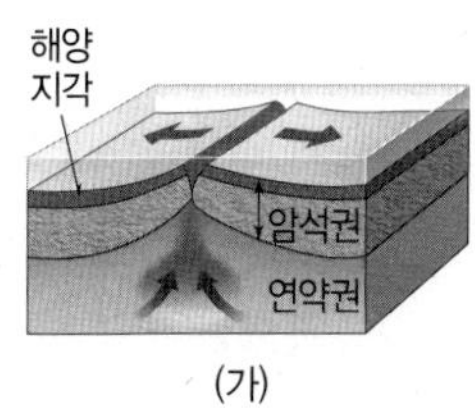

(가)

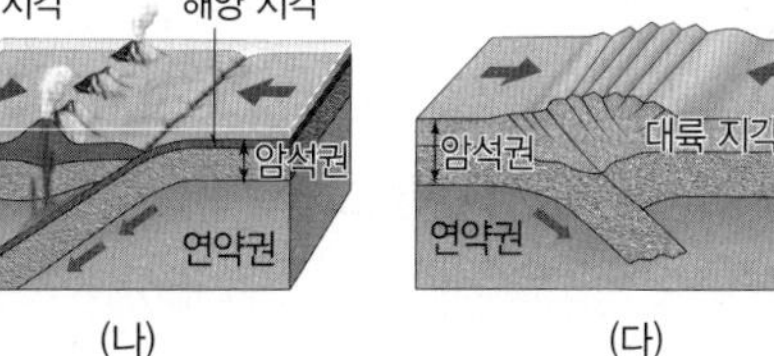

(나)

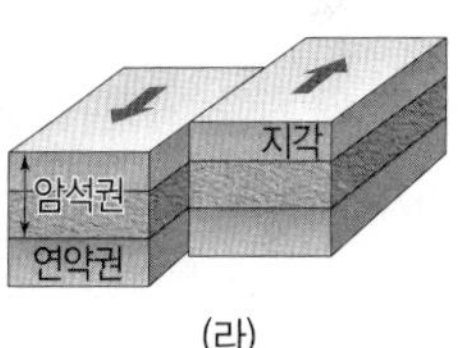

(다)

(라)

6 (가)는 ①( ) 경계로, 맨틀 물질이 ②( )하면서 판이 생성된다. (나)와 (다)는 ③( ) 경계로, 맨틀 물질이 ④( )하면서 판이 소멸된다.

7 (라)와 같은 경계에서 발달하는 지형은?

① 해령 ② 열곡대 ③ 습곡 산맥 ④ 호상열도 ⑤ 변환 단층

8 (가)~(라) 중 판의 경계에 발달하는 지형에서 지진의 진원 깊이가 가장 깊은 곳이 있는 것을 골라 쓰시오.

9 화산 활동에 의해 대기로 분출된 ( )는 햇빛을 차단하여 지구의 평균 기온을 낮추는 역할을 한다.

10 화산 활동과 지진을 통해 방출되는 ( ) 에너지는 지구시스템의 상호작용을 거치면서 다양한 에너지로 전환된다.

절취선

잠깐 테스트

이름　　　　날짜　　　　점수

• 정답과 해설 44쪽

1 중력은 일반적으로 (　　　)이 있는 모든 물체가 상호작용 하여 서로 끌어당기는 힘을 의미한다.

2 사과가 지면으로 떨어지는 것처럼 물체가 지구 중심 방향으로 가속하는 원인은 (　　　)이다.

3 자유 낙하 운동을 하는 물체에 대한 설명으로 옳은 것은 ○, 옳지 않은 것은 ×로 표시하시오.

(1) 힘이 작용하지 않는다. ············ (　　　)

(2) 운동 방향이 변하지 않는다. ············ (　　　)

(3) 속도가 1초마다 일정하게 증가한다. ············ (　　　)

4 (　　　)는 단위 시간 동안의 속도 변화량이다.

5 직선 도로에서 50 m/s의 속도로 달리던 자동차가 가속 페달을 밟아서 10초 후에 속도가 80 m/s가 되었다. 이 자동차의 가속도의 크기는 몇 m/s^2인지 쓰시오.

6 표는 수평 방향으로 던진 물체의 운동을 나타낸 것이다. (　　　) 안에 알맞은 말을 쓰시오.

구분	수평 방향	연직 방향
힘	0	①(　　　)
속도	②(　　　)	일정하게 증가
운동	등속 운동	자유 낙하 운동

7 어떤 물체를 연직 방향으로 떨어뜨렸더니 바닥에 닿을 때까지 2초 걸렸다. 바닥에 닿는 순간 물체의 속력은 몇 m/s인지 쓰시오. (단, 중력 가속도는 9.8 m/s^2이고, 공기 저항은 무시한다.)

[8~9] 그림과 같이 질량이 2 kg인 쇠구슬을 수평 방향으로 던졌다. (단, 중력 가속도는 9.8 m/s^2이고, 공기 저항은 무시한다.)

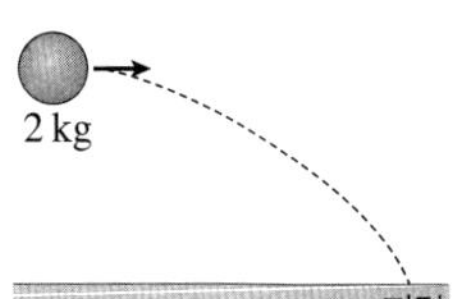

8 물체에 작용하는 ①수평 방향의 힘의 크기와 ②연직 방향의 힘의 크기를 각각 쓰시오.

9 쇠구슬을 수평 방향으로 2배의 속력으로 던질 때 증가하는 물리량만을 [보기]에서 있는 대로 고르시오.

보기

ㄱ. 중력 가속도　　ㄴ. 물체가 받는 힘의 크기

ㄷ. 바닥에 도달할 때 연직 방향 속력　　ㄹ. 수평 방향 이동 거리

10 달과 인공위성이 지구 주위를 원운동하는 까닭은 (　　　)이 달과 인공위성을 지구 중심 방향으로 끌어당기기 때문이다.

절취선

이름 날짜 점수

• 정답과 해설 44쪽

1 운동하는 물체가 외부에서 ①(　　　)을 받지 않을 때 원래의 운동 상태를 유지하려는 성질을 관성이라고 하며, 관성은 물체의 ②(　　　)이 클수록 크다.

2 관성에 의한 현상만을 [보기]에서 있는 대로 고르시오.

보기

ㄱ. 망치자루를 잡고 바닥에 치자 망치머리가 들어갔다.

ㄴ. 버스가 갑자기 출발하자 승객들의 몸이 뒤로 쏠렸다.

ㄷ. 손으로 벽을 밀면 벽이 손을 미는 느낌이 든다.

3 질량이 500 g인 물체가 직선상에서 4 m/s의 속력으로 운동할 때 물체의 운동량의 크기는 몇 kg·m/s인지 쓰시오.

4 오른쪽으로 운동하는 물체에 왼쪽으로 크기가 F인 힘을 시간 t 동안 가했더니 물체의 속력이 감소하였다.

(1) 물체가 받은 충격량의 방향을 쓰시오.

(2) 물체가 t 동안 받은 운동량의 변화량을 쓰시오.

5 충격량은 물체가 받은 충격의 정도를 나타내는 양으로 충격량의 방향은 물체가 받은 ①(　　　)의 방향과 같고 충격량의 크기는 물체가 받은 ①(　　　)과 ①(　　　)을 받은 ②(　　　)의 곱으로 구할 수 있다. 물체가 받은 충격량만큼 운동량이 변하므로 충격량은 운동량의 ③(　　　)과 같다.

6 물체에 힘이 작용할 때 힘과 시간의 관계를 그래프로 나타내면 그래프 아랫부분의 넓이는 (　　　)을 나타낸다.

[7~8] 그림은 직선상에서 정지해 있는 질량이 2 kg인 물체가 받은 힘의 크기를 시간에 따라 나타낸 것이다. (단, 마찰은 무시한다.)

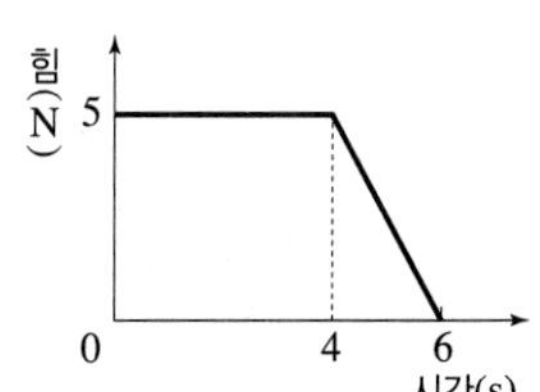

7 물체가 6초 동안 받은 충격량의 크기는 몇 N·s인지 쓰시오.

8 4초일 때 속력은 몇 m/s인지 쓰시오.

9 물체가 충돌할 때 충격으로부터 피해를 줄이려면 힘을 받는 (　　　)을 길게 하여 물체가 받는 힘의 크기를 줄여야 한다.

10 [보기]는 자동차의 안전장치를 나타낸 것이다. 충격력을 줄이기 위한 안전장치를 모두 고르시오.

보기

ㄱ. 자동차 범퍼　　ㄴ. 에어백　　ㄷ. 안전띠　　ㄹ. 사이드 미러

절취선

잠깐 테스트

이름 날짜 점수

• 정답과 해설 44쪽

1 생명 시스템의 구성 단계는 ①(　　　　) → 조직 → ②(　　　　) → 개체이다.

[2~3] 그림은 식물 세포의 구조를 나타낸 것이다.

2 세포소기관 A~H의 이름을 쓰시오.

3 다음 기능을 수행하는 세포소기관의 기호를 쓰시오.

(1) 단백질을 합성한다. ············ (　　　)

(2) 세포의 생명활동에 필요한 에너지를 생산한다. ············ (　　　)

(3) 이산화 탄소와 물로부터 포도당을 합성한다. ············ (　　　)

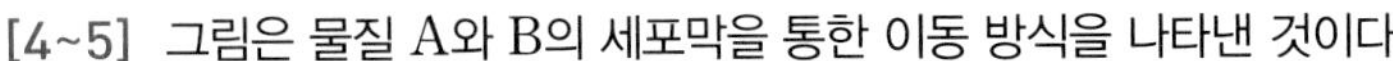

[4~5] 그림은 물질 A와 B의 세포막을 통한 이동 방식을 나타낸 것이다.

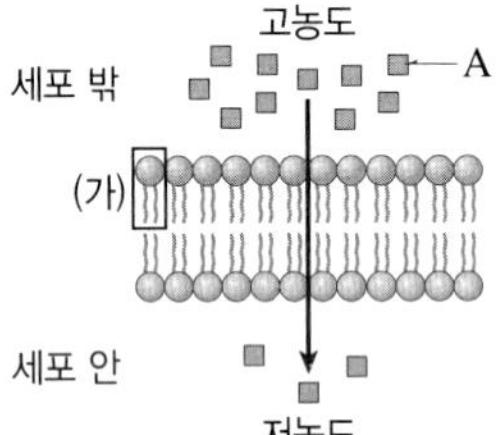

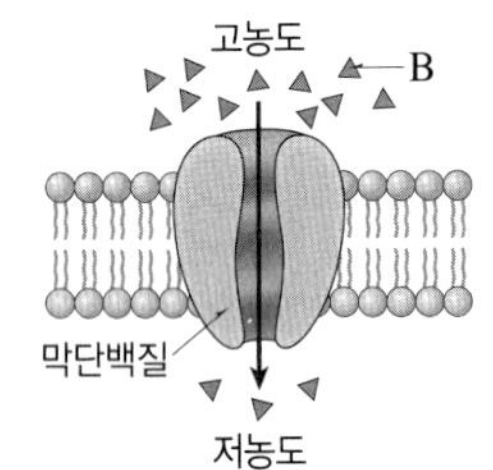

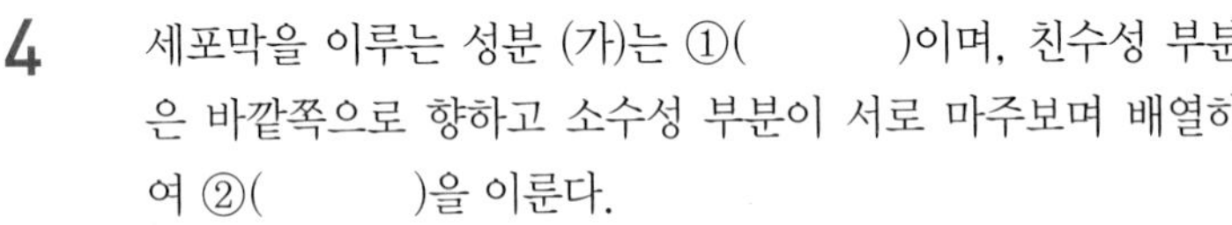

4 세포막을 이루는 성분 (가)는 ①(　　　　)이며, 친수성 부분은 바깥쪽으로 향하고 소수성 부분이 서로 마주보며 배열하여 ②(　　　　)을 이룬다.

5 (　　　) 안에 알맞은 말을 쓰시오.

(1) A와 B의 이동 원리는 (　　　　)이다.

(2) A와 B의 이동은 농도가 ①(　　　　) 쪽에서 ②(　　　　) 쪽으로 일어난다.

(3) 포도당은 A, B 중 ①(　　　　)와 같은 방식으로 이동하고, 산소는 ②(　　　　)와 같은 방식으로 이동한다.

6 세포막을 통해 물은 ①(확산, 삼투)에 의해 용액의 농도가 ②(낮은, 높은) 쪽에서 ③(낮은, 높은) 쪽으로 이동한다.

7 물질대사에 대한 설명으로 옳은 것은 ○, 옳지 <u>않은</u> 것은 ×로 표시하시오.

(1) 생명체 내에서 일어나는 모든 화학 반응이다. ············ (　　　)

(2) 동화작용이 일어날 때는 에너지가 방출된다. ············ (　　　)

(3) 세포호흡은 이화작용에 해당한다. ············ (　　　)

8 효소는 ①(반응열, 활성화에너지)를 ②(낮추어, 높여) 물질대사를 촉진한다.

9 효소에 대한 설명에서 (　　　) 안에 알맞은 말을 쓰시오.

(1) 효소의 주성분은 (　　　　)이다.

(2) 효소는 그 구조에 맞는 특정 반응물에만 작용하는 (　　　　)이 있다.

(3) 효소는 반응 전후에 변하지 않으므로 (　　　　)된다.

10 식혜는 엿기름에 있는 효소 ①(　　　　)를 이용하여 밥 속의 녹말을 분해하여 만들고, 키위와 같은 과일의 ②(　　　　)분해효소를 이용하여 고기의 육질을 연하게 만든다.

절취선

이름 날짜 점수

• 정답과 해설 44쪽

1 다음은 유전자와 단백질에 대한 설명이다. ( ) 안에 알맞은 말을 쓰시오.

• ①( )는 핵 속에 들어 있는 유전물질로, 단백질과 결합되어 있다.
• DNA에서 유전정보가 저장되어 있는 특정 부위를 ②( )라고 한다.
• 유전정보는 DNA에 ③( ) 형태로 저장되어 있다.
• 각 유전자에는 특정 ④( )에 대한 정보가 저장되어 있다.

2 ①( )에 이상이 생기면 효소가 결핍되거나 세포를 구성하는 ②( )이 정상적으로 만들어지지 않아 유전병이 나타날 수 있다.

[3~5] 그림은 세포 내에서 일어나는 유전정보의 흐름을 나타낸 것이다.

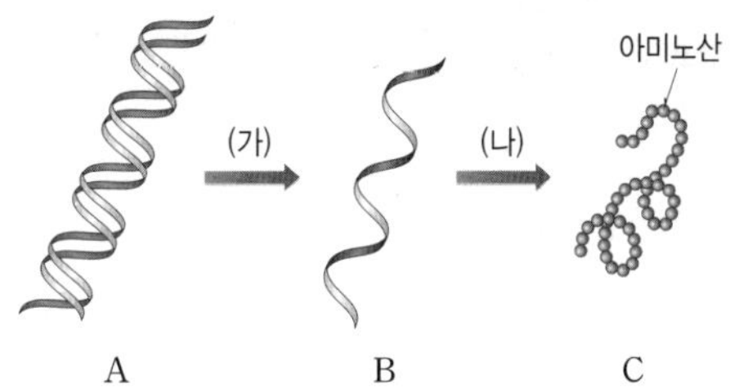

3 A는 ①( ), B는 ②( ), C는 ③( )이다.

4 과정 (가)는 ①( )이고, (나)는 ②( )이다.

5 동물 세포에서 (가)와 (나)가 일어나는 세포소기관을 각각 쓰시오.

6 DNA에서 연속된 3개의 염기로 이루어진 유전부호를 ( )이라고 한다.

[7~8] 그림은 어떤 DNA 이중나선 중 한쪽 가닥을 나타낸 것이다.

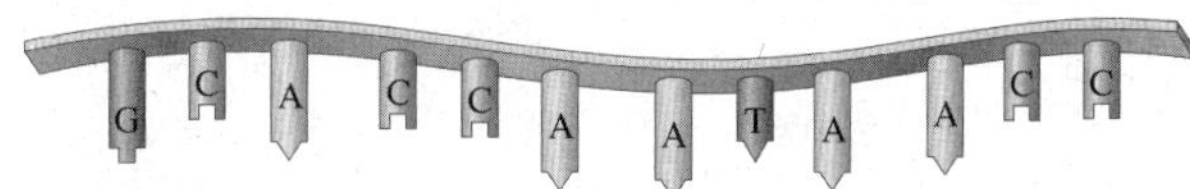

7 이 DNA 가닥으로부터 전사된 RNA의 염기서열을 쓰시오.

8 이 DNA 가닥으로부터 전사된 RNA가 번역 과정을 거치면, 최대 ( )개의 아미노산이 만들어진다.

9 ①( )은 RNA에서 하나의 아미노산을 지정하는 연속된 3개의 염기이며, 총 ②( )종류가 있다.

10 지구상의 모든 생명체는 유전부호 체계가 (같다, 다르다).

절취선

• 정답과 해설 44쪽

01 과학의 기본량

1. 시간과 공간

(1) 자연 세계는 아주 작은 물체나 현상을 다루는 미시 세계와 큰 물체나 현상을 다루는 거시 세계로 구분할 수 있다.

(2) **규모(scale)**: 어떤 자연 현상의 크기 범위

① 자연에서 일어나는 현상들은 시간 규모과 공간 규모가 매우 다양하다.

② 자연 현상을 탐구할 때는 측정 대상의 규모를 고려하여 알맞은 연구 방법을 정한다.

(3) 시간과 길이 측정의 현대적 방법

시간 측정	• 세슘 원자시계를 이용하여 정밀하게 시간을 측정함 • 초고속 투과 전자 현미경을 이용하여 원자나 분자 내부의 움직임을 나노초 이하 단위까지 측정함
길이 측정	• 레이저 길이 측정기로 길이를 정밀하게 측정함 • 위성 위치 확인 시스템(GPS)을 이용하여 넓은 영역에서 위치를 확인함 • 전자 현미경을 이용하여 나노 단위로 물체를 관찰하고 분석함 • 허블이나 제임스 웹 같은 우주 망원경을 이용하여 멀리 있는 천체까지의 거리를 더 정확하게 측정함

2. 기본량과 단위

(1) **기본량과 단위**: 기본량은 자연 현상을 설명하기 위해 필요한 기본적인 양이며, 단위는 국제단위계(SI)에 따라 기본 단위를 정해 사용한다.

기본량	시간	길이	질량	전류	온도	광도	물질량
단위	s (초)	m (미터)	kg (킬로그램)	A (암페어)	K (켈빈)	cd (칸델라)	mol (몰)

(2) **유도량과 단위**: 유도량은 기본량으로부터 유도된 양이며, 단위는 기본량의 단위를 조합하여 사용한다.

유도량	부피	속력	가속도	밀도	힘
단위	m^3	m/s	m/s^2	kg/m^3	$kg·m/s^2$

1 자연 세계의 시간과 공간에 대한 설명으로 옳은 것만을 [보기]에서 있는 대로 고른 것은?

보기
ㄱ. 거시 세계는 나무, 동물, 천체 등 큰 물체나 현상을 다룬다.
ㄴ. 자연에서 일어나는 현상들은 시간 규모와 공간 규모가 매우 한정적이다.
ㄷ. 측정 대상의 규모를 고려하여 알맞은 연구 방법을 정해야 한다.

① ㄱ ② ㄴ ③ ㄱ, ㄴ
④ ㄱ, ㄷ ⑤ ㄴ, ㄷ

2 시간과 길이 측정의 현대적 방법에 대한 설명으로 옳은 것만을 [보기]에서 있는 대로 고른 것은?

보기
ㄱ. 지구의 자전 주기를 이용하여 정밀하게 시간을 측정한다.
ㄴ. 위성 위치 확인 시스템(GPS)을 이용하여 넓은 영역에서 위치를 확인할 수 있다.
ㄷ. 나노 단위로 물체를 관찰하고 분석할 때 광학 현미경을 사용한다.

① ㄱ ② ㄴ ③ ㄱ, ㄴ
④ ㄱ, ㄷ ⑤ ㄴ, ㄷ

3 기본량과 유도량에 대한 설명으로 옳지 않은 것은?

① 기본량의 단위는 국제단위계에 따라 사용한다.
② 기본량은 다른 물리량을 활용하여 표현할 수 있다.
③ 기본량에는 시간, 길이, 질량, 전류, 온도 등이 있다.
④ 유도량의 단위는 기본량의 단위를 조합하여 사용한다.
⑤ 부피의 단위는 길이를, 속력의 단위는 길이와 시간을 이용하여 나타낼 수 있다.

4 여러 가지 물리량을 기본량과 유도량으로 구분하고 그 단위를 옳게 짝 지은 것은?

	물리량	구분	단위
①	시간	기본량	K
②	질량	기본량	kg
③	전류	유도량	A
④	부피	기본량	m^3
⑤	속력	유도량	m/s^2

02 측정 표준과 정보

1. 측정과 측정 표준

(1) 측정과 어림

측정	• 물체의 질량, 길이, 부피 등의 양을 재는 활동 • 양을 측정할 때는 적절한 단위와 도구를 사용해야 한다.
어림	• 어떠한 양을 추정하는 활동 • 측정 경험, 과학적인 사고 과정, 자료 등을 바탕으로 수행한다. • 측정 도구를 결정하는 데 도움이 된다.

(2) **측정 표준**: 어떠한 양을 측정할 때 공통으로 사용할 수 있는 단위에 대한 기준

① 일상생활에서 측정 표준의 활용

• 기온을 ℃ 단위로 측정하고 기준에 따라 폭염주의보를 발령한다.

• 자동차의 제한 속도를 km/h 단위로 안내하고 과속 차량을 단속한다.

② 측정 표준을 이용하여 제공되는 정보는 신뢰할 수 있다.

2. 신호와 정보

(1) 신호와 정보

① 자연에서 변화가 생길 때 신호가 발생하며, 자연에서 발생하는 대부분의 신호는 연속적으로 변하는 아날로그 신호이다.

② 신호를 측정하고 분석하여 유용한 정보를 얻을 수 있다.

(2) **센서**: 아날로그 신호를 감지하여 전기 신호로 바꾸는 장치 ➡ 센서를 이용하여 자연의 변화를 측정하고 분석하여 디지털 정보를 얻을 수 있다.

(3) **디지털 정보의 활용**

① 디지털 정보는 전송 과정에서 거의 손상되지 않으며 저장과 분석이 쉽다.

② 현대 사회의 여러 분야에서 디지털 정보가 이용된다.

• 디지털 금융이나 상품 구매 서비스를 이용한다.

• 전자책, 교육 앱 등으로 시간과 장소에 상관없이 교육을 받는다.

1 과학 탐구의 활동 중 측정과 어림에 대한 설명으로 옳은 것만을 [보기]에서 있는 대로 고른 것은?

보기

ㄱ. 측정은 어떠한 양을 재는 활동이다.

ㄴ. 어림은 측정 경험을 바탕으로 수행한다.

ㄷ. 측정할 때는 적절한 측정 단위와 측정 도구를 사용한다.

① ㄱ ② ㄴ ③ ㄱ, ㄴ
④ ㄴ, ㄷ ⑤ ㄱ, ㄴ, ㄷ

2 다음은 우리나라의 일상생활에서 측정 표준을 활용하는 사례이다.

• 미세 먼지의 농도를 μg/m^3 단위로 측정하여 행동 요령을 안내한다.

• 기온을 [㉠] 단위로 측정하고 기준에 따라 폭염주의보를 발령한다.

이에 대한 설명으로 옳은 것만을 [보기]에서 있는 대로 고른 것은?

보기

ㄱ. 측정 표준은 어떠한 양을 측정할 때 공통으로 사용할 수 있는 단위에 대한 기준이다.

ㄴ. ㉠에 해당하는 단위는 ℃이다.

ㄷ. 측정 표준을 이용하여 제공되는 정보는 원활한 의사소통을 가능하게 한다.

① ㄱ ② ㄴ ③ ㄱ, ㄷ
④ ㄴ, ㄷ ⑤ ㄱ, ㄴ, ㄷ

3 다음은 센서를 이용하여 자연의 변화를 측정할 때 센서에서 신호의 변환을 나타낸 것이다.

(㉠) 신호 ⟶ 센서 ⟶ 전기 신호

이에 대한 설명으로 옳은 것만을 [보기]에서 있는 대로 고른 것은?

보기

ㄱ. ㉠에는 '디지털'이 해당한다.

ㄴ. 신호의 종류에 따라 다양한 센서가 사용된다.

ㄷ. 센서로 측정한 신호를 분석하여 정보를 산출할 수 있다.

① ㄱ ② ㄴ ③ ㄷ
④ ㄱ, ㄴ ⑤ ㄴ, ㄷ

4 디지털 정보가 현대 문명에 미친 영향과 가장 거리가 먼 것은?

① 스마트폰으로 금융 서비스를 이용한다.

② 무인 드론을 이용하여 상품을 배달한다.

③ 시장에서 종이 화폐를 이용하여 물건을 구매한다.

④ 스마트 기기로 교육 앱을 활용하여 시간과 장소에 상관없이 수업을 듣는다.

⑤ 원격 진료로 섬에 거주하는 환자에게 실시간으로 맞춤형 처방을 한다.

중단원 핵심 요약 & 문제

• 정답과 해설 45쪽

01 우주의 시작과 원소의 생성

1. **빅뱅(대폭발) 우주론**: 약 138억 년 전 초고온, 초밀도 상태의 한 점에서 대폭발이 일어나 우주가 탄생한 후 계속 팽창하고 있다는 이론
2. **우주에서 원소의 생성 과정**: 빅뱅 직후 우주의 온도가 점점 낮아졌고, 점차 무거운 입자가 생성되었다.

기본 입자 생성	빅뱅 직후 우주는 급격히 팽창하였고, 쿼크, 전자와 같은 기본 입자가 생성되었다.
양성자와 중성자 생성	우주의 팽창으로 온도가 더 낮아져 쿼크가 결합하여 양성자와 중성자가 생성되었다.
원자핵 생성 (빅뱅 후 약 3분)	• 양성자는 그 자체로 수소 원자핵이 되었다. • 양성자 2개와 중성자 2개가 결합하여 헬륨 원자핵이 생성되었다.
원자 생성 (빅뱅 후 약 38만 년)	원자핵과 전자가 결합하여 수소 원자와 헬륨 원자를 생성하였다. ➡ 우주 초기에 만들어진 원소: 수소, 헬륨

3. **스펙트럼과 우주의 원소 분포**

스펙트럼의 종류	연속 스펙트럼, 방출 스펙트럼, 흡수 스펙트럼
스펙트럼 분석	• 원소마다 고유의 스펙트럼이 나타나므로 구성 원소의 종류를 알 수 있다. • 한 종류의 원소에서 관측되는 흡수선과 방출선의 위치(파장)가 같다. ➡ 우주의 구성 원소를 알아낼 수 있다.
우주의 구성 원소	수소가 약 74 %, 헬륨이 약 24 %이다. ➡ 수소 : 헬륨 = 약 3 : 1

1 그림은 빅뱅 우주론을 모식적으로 나타낸 것이다.

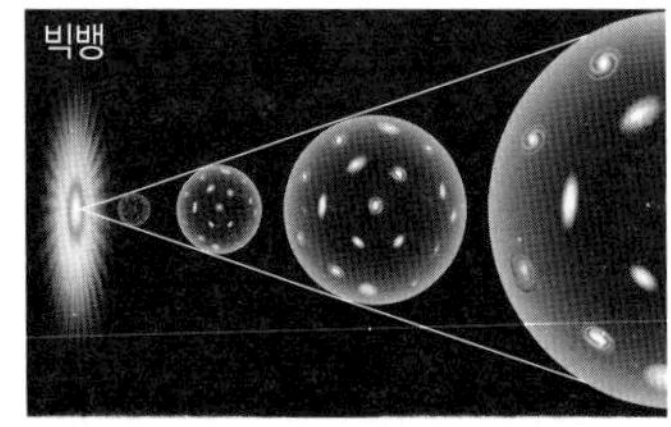

이 우주론에 대한 설명으로 옳지 않은 것은?

① 우주는 초고온, 초밀도 상태의 한 점에서 탄생하였다.
② 우주가 팽창함에 따라 온도가 낮아진다.
③ 우주의 밀도는 현재로 올수록 감소한다.
④ 빅뱅 후 약 38만 년 뒤에 중성 상태의 수소 원자가 생성되었다.
⑤ 우주 탄생 직후 초기 우주에서 지구상의 모든 원소가 만들어져 우주의 질량이 증가하였다.

2 그림은 빅뱅 직후 우주에서 원소가 생성되는 과정을 나타낸 것이다.

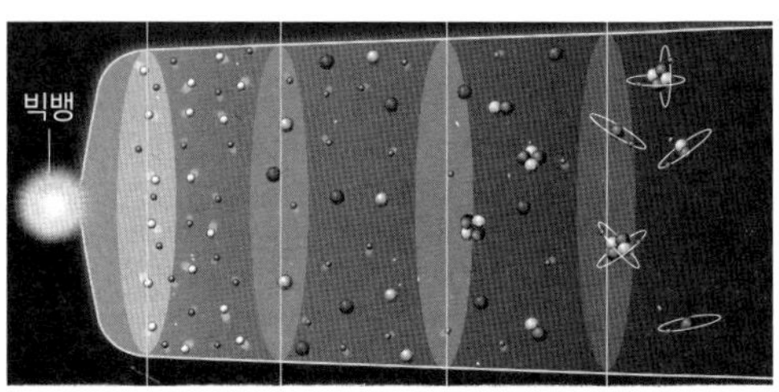

이에 대한 설명으로 옳은 것만을 [보기]에서 있는 대로 고른 것은?

보기
ㄱ. 빅뱅 직후 우주 초기에 최초로 생성된 입자는 양성자이다.
ㄴ. 우주에 존재하는 거의 모든 수소 원자핵은 우주 탄생 후 약 3분 이전에 생성되었다.
ㄷ. 헬륨 원자핵은 수소 원자핵보다 먼저 생성되었다.

① ㄱ ② ㄴ ③ ㄷ
④ ㄱ, ㄴ ⑤ ㄴ, ㄷ

3 그림 (가)와 (나)는 서로 다른 스펙트럼을 나타낸 것이다.

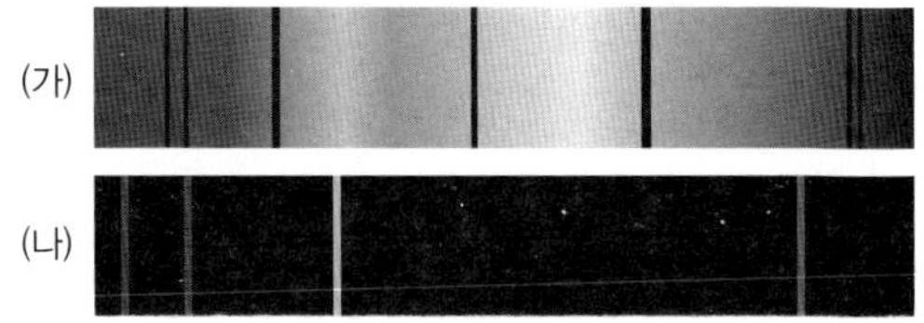

이에 대한 설명으로 옳은 것만을 [보기]에서 있는 대로 고른 것은?

보기
ㄱ. (가)는 흡수 스펙트럼, (나)는 방출 스펙트럼이다.
ㄴ. 저온의 기체를 통과한 별빛에서는 (가)와 같은 스펙트럼이 나타난다.
ㄷ. (가), (나)의 스펙트럼은 다른 원소를 관측한 것이다.

① ㄱ ② ㄴ ③ ㄱ, ㄷ
④ ㄴ, ㄷ ⑤ ㄱ, ㄴ, ㄷ

02 지구와 생명체를 구성하는 원소의 생성

1. 지구와 생명체를 구성하는 원소: 우주와는 달리 지구, 생명체는 무거운 원소가 큰 비율을 차지한다.

구분	구성 원소
우주	수소, 헬륨 등
지구	철, 산소, 규소 등
생명체(사람)	산소, 탄소, 수소 등

2. 별의 진화와 원소의 생성

별의 질량	진화 단계	생성 원소
태양 정도의 별	주계열성 → 적색 거성 → 행성상 성운, 백색 왜성	헬륨, 탄소, 산소 ➡ 주계열성 ~ 적색 거성의 중심부에서 핵융합 반응으로 생성
태양 질량의 10배 이상인 별	주계열성 → 초거성 → 초신성 → 중성자별 또는 블랙홀	• 헬륨, 탄소, 산소 ~ 철 ➡ 주계열성 ~ 초거성의 중심부에서 핵융합 반응으로 생성 • 철보다 무거운 원소 ➡ 초신성 폭발 과정에서 엄청난 양의 에너지가 발생하여 생성

3. 태양계와 지구의 형성

(1) 태양계의 형성

태양계 성운 형성	우리은하 내에서 초신성 폭발로 거대한 성운이 형성되었다.
성운의 수축	온도가 낮고, 밀도가 큰 부분을 중심으로 성운이 수축하며 회전하기 시작하였다.
원시 태양과 원시 원반 형성	태양계 성운이 수축하면서 밀도가 커져 중심부에 원시 태양이 형성되었고, 원시 태양의 바깥쪽에는 납작한 원반 모양의 원시 원반이 형성되었다.
원시 행성과 태양계 형성	원시 태양의 중심부에서 수소 핵융합 반응이 일어나 태양이 되었고, 원시 원반에서는 미행성체가 서로 충돌하여 성장하여 원시 행성이 형성되었다. ➡ 태양과 가까운 곳에서는 지구형 행성이, 태양으로부터 먼 곳에서는 목성형 행성이 형성되었다.

(2) 지구의 형성

미행성체 충돌	주변의 수많은 미행성체들이 원시 지구와 충돌하면서 지구의 크기와 질량이 증가하였다.
마그마 바다 형성	수많은 미행성체들과의 충돌열에 의해 지구의 온도가 상승하였고, 마그마 바다를 형성하였다.
핵과 맨틀의 분리	철, 니켈 등의 무거운 물질은 중심부로 가라앉아 핵을 형성하였고, 산소, 규소 등의 가벼운 물질은 위로 떠올라 맨틀을 형성하였다.
원시 지각과 원시 바다의 형성	미행성체의 충돌이 감소하면서 지구의 표면이 식어 원시 지각이 형성되었고, 대기 중 수증기가 응결하여 비로 내리면서 원시 바다를 형성하였다.
생명체 출현	바다에서 최초의 생명체가 탄생하였다.

1 그림 (가)와 (나)는 우주와 지구를 구성하는 주요 원소의 질량비를 순서 없이 나타낸 것이다.

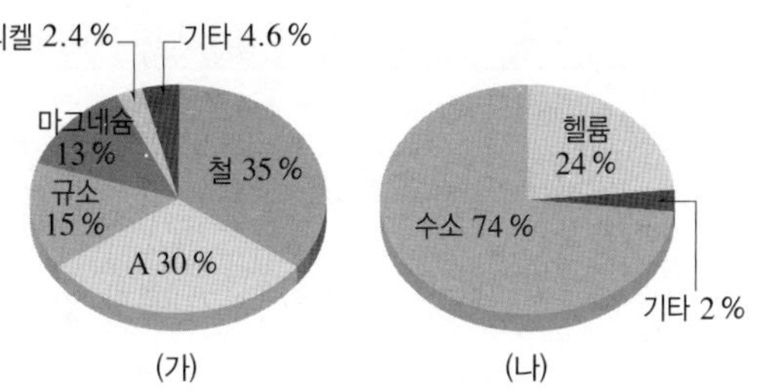

이에 대한 설명으로 옳은 것만을 [보기]에서 있는 대로 고른 것은?

보기
ㄱ. 지구의 주요 구성 원소의 질량비는 (가)이다.
ㄴ. A는 산소이다.
ㄷ. 주요 원소들의 평균 생성 시기는 (가)보다 (나)의 원소들이 더 빠르다.

① ㄱ ② ㄴ ③ ㄱ, ㄷ
④ ㄴ, ㄷ ⑤ ㄱ, ㄴ, ㄷ

2 그림은 에너지를 생성하는 어느 핵융합 반응을 나타낸 것이다.

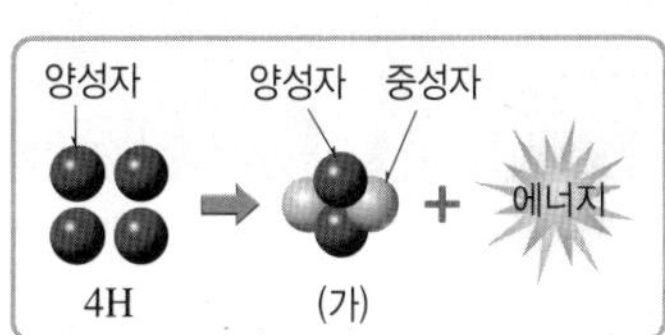

이에 대한 설명으로 옳은 것만을 [보기]에서 있는 대로 고른 것은?

보기
ㄱ. 주계열성에서 에너지를 생산하는 핵융합 반응이다.
ㄴ. (가)는 탄소 원자핵이다.
ㄷ. $\frac{\text{(가) 원자핵의 질량}}{4\times\text{수소 원자핵의 질량}}$은 1보다 작다.

① ㄱ ② ㄴ ③ ㄱ, ㄷ
④ ㄴ, ㄷ ⑤ ㄱ, ㄴ, ㄷ

3 그림은 질량이 작은 별과 큰 별의 진화 경로를 나타낸 것이다.

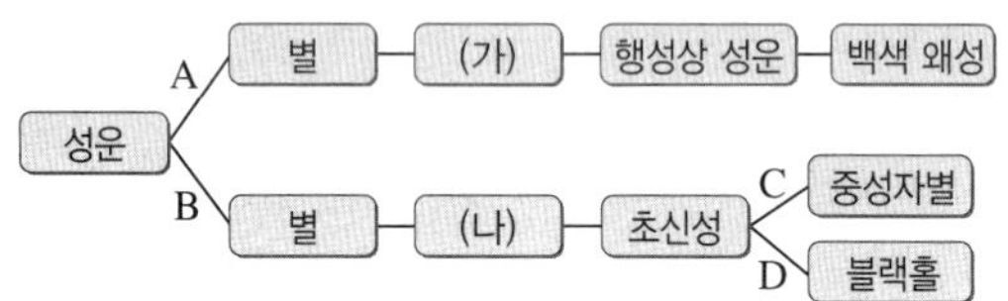

이에 대한 설명으로 옳은 것만을 [보기]에서 있는 대로 고른 것은?

보기
ㄱ. A는 B보다 질량이 작은 별의 진화 경로이다.
ㄴ. C는 D보다 질량이 큰 별이 진화할 때 형성된다.
ㄷ. (가)의 중심부에서는 철이 생성되고, (나)의 중심부에서는 철보다 무거운 원소가 생성된다.

① ㄱ ② ㄷ ③ ㄱ, ㄴ
④ ㄴ, ㄷ ⑤ ㄱ, ㄴ, ㄷ

4 그림 (가), (나)는 태양계의 형성 과정 중 일부를 나타낸 것이다. (가), (나)는 각각 성운의 수축과 원시 원반의 형성 중 하나이다.

(가)

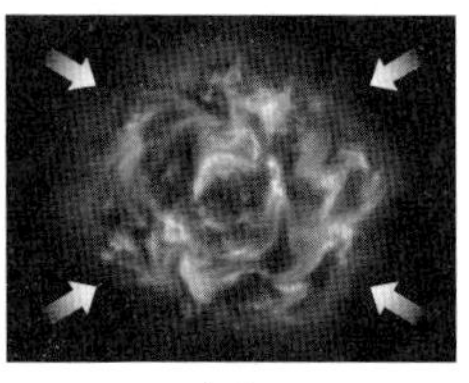
(나)

이에 대한 설명으로 옳은 것만을 [보기]에서 있는 대로 고른 것은?

보기
ㄱ. (가)는 원시 원반의 형성 모습에 해당한다.
ㄴ. 중심부의 밀도는 (가)가 (나)보다 크다.
ㄷ. 반지름은 (가)가 (나)보다 크다.
ㄹ. (가)일 때 원시 태양의 주요 에너지원은 수소 핵융합 반응이다.

① ㄱ, ㄴ ② ㄱ, ㄹ ③ ㄷ, ㄹ
④ ㄱ, ㄴ, ㄷ ⑤ ㄴ, ㄷ, ㄹ

5 그림은 행성이 형성된 시기의 태양으로부터의 거리에 따른 태양계의 온도 분포와 물질의 응집 온도를 나타낸 것이다.

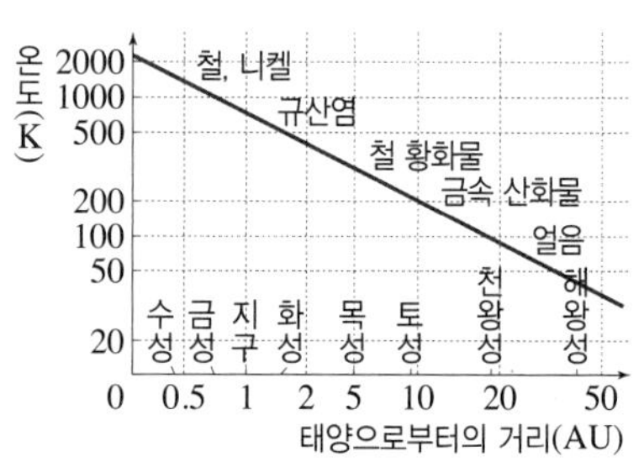

이에 대한 설명으로 옳은 것만을 [보기]에서 있는 대로 고른 것은?

보기
ㄱ. 지구형 행성에는 철, 니켈 등의 성분이 많다.
ㄴ. 지구형 행성은 목성형 행성보다 온도가 낮은 환경에서 형성되었다.
ㄷ. 목성형 행성은 가벼운 성분으로 이루어진 미행성체가 충돌하여 형성되었다.
ㄹ. 지구형 행성은 목성형 행성보다 밀도가 작을 것이다.

① ㄱ, ㄴ ② ㄱ, ㄷ ③ ㄴ, ㄹ
④ ㄱ, ㄷ, ㄹ ⑤ ㄴ, ㄷ, ㄹ

6 그림 (가)와 (나)는 지구 형성 과정의 서로 다른 시기를 나타낸 것이다.

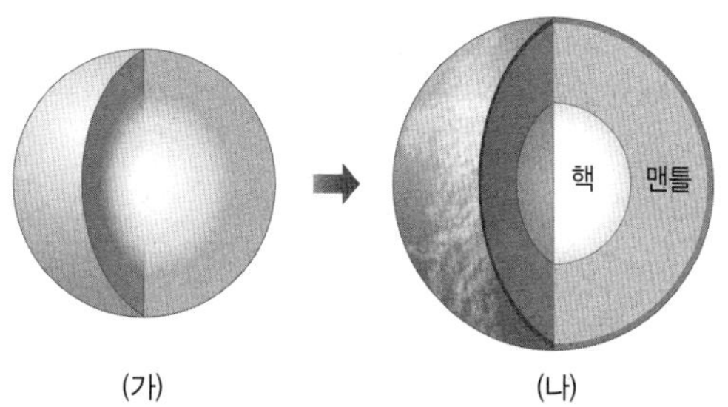

(가) (나)

(가)와 (나) 사이에 지구에서 일어난 변화에 대한 설명으로 옳은 것만을 [보기]에서 있는 대로 고른 것은?

보기
ㄱ. 지구 중심부의 밀도는 변화가 없다.
ㄴ. 주로 산소, 규소 등의 물질이 맨틀을 형성하였다.
ㄷ. 상대적으로 가벼운 물질은 지구 중심부로 가라앉았다.

① ㄱ ② ㄴ ③ ㄱ, ㄷ
④ ㄴ, ㄷ ⑤ ㄱ, ㄴ, ㄷ

❷ 물질의 규칙성과 성질

• 정답과 해설 46쪽

01 원소의 주기성

1. 원소와 주기율표

(1) 원소: 물질을 이루고 있는 기본 성분

(2) 원소의 분류

금속 원소	• 특유의 광택이 있고, 열과 전기가 잘 통함 • 실온에서 대부분 고체 (단, 수은은 액체) • 주로 주기율표의 왼쪽과 가운데에 위치
비금속 원소	• 열과 전기가 잘 통하지 않음 (단, 흑연은 예외) • 실온에서 대부분 기체 또는 고체 (단, 브로민은 액체) • 주로 주기율표의 오른쪽에 위치

(3) 주기율표: 원소들이 원자 번호 순으로 나열되어 있으며, 7개의 주기와 18개의 족으로 이루어져 있다.

주기 \ 족	1	2	3~12	13	14	15	16	17	18
1	H		금속 / 준금속 / 비금속						He
2	Li	Be		B	C	N	O	F	Ne
3	Na	Mg		Al	Si	P	S	Cl	Ar
4	K	Ca		Ga	Ge	As	Se	Br	Kr
5	Rb	Sr		In	Sn	Sb	Te	I	Xe
6	Cs	Ba		Tl	Pb	Bi	Po	At	Rn
7	Fr	Ra		Nh	Fl	Mc	Lv	Ts	Og

2. 알칼리 금속과 할로젠

알칼리 금속	• 주기율표의 1족 원소 중 수소(H)를 제외한 리튬(Li), 나트륨(Na), 칼륨(K) 등 • 실온에서 고체 상태이고, 은백색 광택을 띰 • 다른 금속에 비해 밀도가 작고, 칼로 쉽게 잘릴 정도로 무름 • 반응성이 커서 산소, 물과 잘 반응함
할로젠	• 주기율표의 17족 원소인 플루오린(F), 염소(Cl), 브로민(Br), 아이오딘(I) 등 • 실온에서 2개의 원자가 결합한 분자로 존재함 • 특유의 색을 띰 • 반응성이 커서 알칼리 금속, 수소와 잘 반응함

3. 원자의 전자 배치

(1) 원자가 전자: 원자의 전자 배치에서 가장 바깥 전자 껍질에 들어 있어 화학 반응에 참여하는 전자

(2) 1주기~3주기 원자의 전자 배치

주기 \ 족	1	2	13	14	15	16	17	18
1	H							He
2	Li	Be	B	C	N	O	F	Ne
3	Na	Mg	Al	Si	P	S	Cl	Ar

(3) 원소의 주기성이 나타나는 까닭: 원소의 화학적 성질을 결정하는 원자가 전자 수가 주기적으로 변하기 때문이다.

[1~2] 그림은 주기율표의 일부를 나타낸 것이다. (단, A~D는 임의의 원소 기호이다.)

주기 \ 족	1	2	15	16	17	18
1	A					
2				B		
3	C				D	

1 원소 A~D를 금속 원소와 비금속 원소로 옳게 분류한 것은?

	금속 원소	비금속 원소
①	A	B, C, D
②	A, C	B, D
③	B, D	A, C
④	C	A, B, D
⑤	C, D	A, B

2 원소 A~D에 대한 설명으로 옳은 것만을 [보기]에서 있는 대로 고른 것은?

보기
ㄱ. B는 할로젠이다.
ㄴ. C는 물과 반응하여 수소 기체를 발생시킨다.
ㄷ. C와 D는 같은 족 원소이다.

① ㄱ ② ㄴ ③ ㄱ, ㄷ
④ ㄴ, ㄷ ⑤ ㄱ, ㄴ, ㄷ

3 다음은 몇 가지 원소를 나열한 것이다.

H Li Na K

이 원소들의 공통점으로 옳은 것은?

① 금속 원소이다.
② 같은 족 원소이다.
③ 같은 주기 원소이다.
④ 특유의 광택이 있다.
⑤ 열과 전기가 잘 통한다.

4 표는 알칼리 금속의 성질을 나타낸 것이다. A~C는 각각 리튬, 나트륨, 칼륨 중 하나이다.

구분	A	B	C
칼로 잘랐을 때	잘림	잘림	잘림
물과의 반응	잘 반응함	매우 격렬하게 반응함	격렬하게 반응함
물+페놀프탈레인 용액에 넣었을 때 색 변화	붉은색	붉은색	붉은색

이에 대한 설명으로 옳은 것만을 [보기]에서 있는 대로 고른 것은?

보기
ㄱ. A는 리튬이다.
ㄴ. A~C와 물의 반응에서 모두 수소 기체가 발생한다.
ㄷ. A~C는 모두 물과 반응 후 수용액이 염기성이 된다.

① ㄱ ② ㄴ ③ ㄱ, ㄷ
④ ㄴ, ㄷ ⑤ ㄱ, ㄴ, ㄷ

5 플루오린, 염소, 브로민의 공통점에 대한 설명으로 옳은 것만을 [보기]에서 있는 대로 고른 것은?

보기
ㄱ. 2개의 원자가 한 분자를 이룬다.
ㄴ. 다른 물질과 잘 반응하지 않는다.
ㄷ. 수소와 반응하여 생성된 물질은 물에 녹아 산성을 띤다.

① ㄱ ② ㄴ ③ ㄱ, ㄷ
④ ㄴ, ㄷ ⑤ ㄱ, ㄴ, ㄷ

6 그림은 원자 A와 B의 전자 배치를 모형으로 나타낸 것이다.

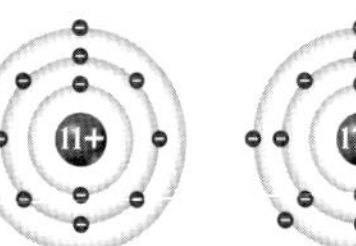

이에 대한 설명으로 옳은 것만을 [보기]에서 있는 대로 고른 것은? (단, A와 B는 임의의 원소 기호이다.)

보기
ㄱ. A는 금속 원소이다.
ㄴ. B의 원자가 전자 수는 7이다.
ㄷ. A와 B는 화학적 성질이 비슷하다.

① ㄱ ② ㄷ ③ ㄱ, ㄴ
④ ㄴ, ㄷ ⑤ ㄱ, ㄴ, ㄷ

7 원소의 주기성이 나타나는 데 가장 큰 영향을 미치는 요인은?

① 원자량 ② 원자 번호 ③ 전자 껍질 수
④ 양성자수 ⑤ 원자가 전자 수

8 그림은 원자 A~C의 전자 배치를 모형으로 나타낸 것이다.

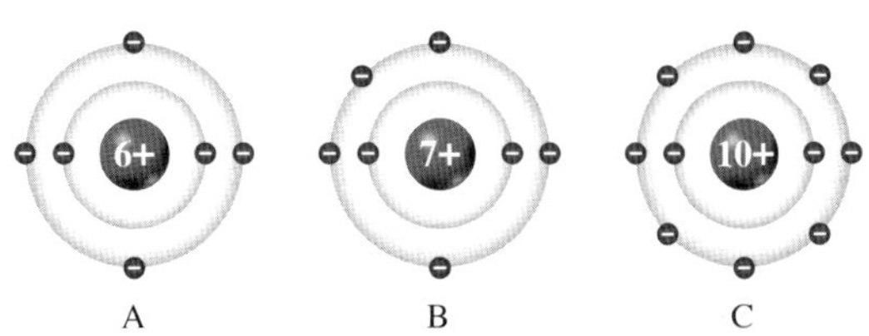

이에 대한 설명으로 옳은 것만을 [보기]에서 있는 대로 고른 것은? (단, A~C는 임의의 원소 기호이다.)

보기
ㄱ. A~C는 모두 2주기 원소이다.
ㄴ. 원자가 전자 수는 A>B이다.
ㄷ. C는 17족 원소이다.

① ㄱ ② ㄴ ③ ㄷ
④ ㄱ, ㄴ ⑤ ㄴ, ㄷ

9 그림은 원자 A~C의 전자 배치를 모형으로 나타낸 것이다.

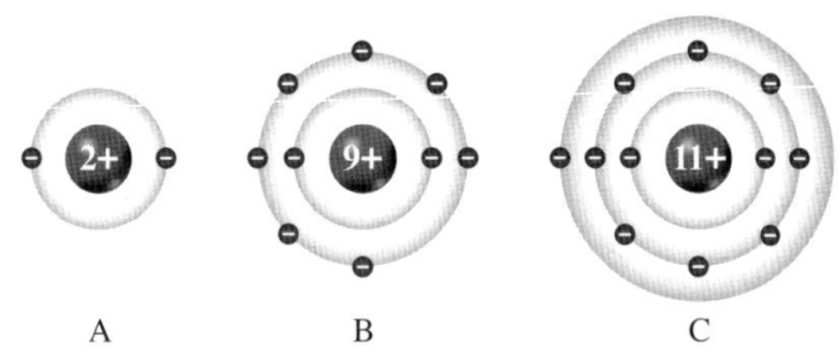

이에 대한 설명으로 옳은 것은?

① A의 원자가 전자 수는 2이다.
② B는 16족 원소이다.
③ C는 할로젠이다.
④ A와 B는 금속 원소이다.
⑤ C는 산소, 물과 잘 반응한다.

02 화학 결합과 물질의 성질

1. 화학 결합의 원리

(1) 18족 원소: 헬륨(He), 네온(Ne), 아르곤(Ar) 등 주기율표에서 18족에 속하는 원소 ➡ 가장 바깥 전자 껍질에 전자가 2개 또는 8개 채워진 안정한 전자 배치를 이룬다.

(2) 화학 결합이 형성되는 까닭: 원소들은 화학 결합을 통해 18족 원소와 같은 전자 배치를 이루어 안정해진다.

(3) 옥텟 규칙: 원소들이 전자를 잃거나 얻어서 18족 원소와 같이 가장 바깥 전자 껍질에 전자 8개를 채워 안정해지려는 경향

2. 화학 결합의 종류

(1) 이온의 생성

양이온	음이온
금속 원소는 가장 바깥 전자 껍질의 전자(원자가 전자)를 잃고 양이온이 되기 쉬움	비금속 원소는 가장 바깥 전자 껍질에 전자를 얻어 음이온이 되기 쉬움
전자 2개를 잃는다. 마그네슘 원자 → 마그네슘 이온	전자 2개를 얻는다. 산소 원자 → 산화 이온

(2) 이온 결합: 양이온과 음이온 사이의 정전기적 인력으로 형성되는 화학 결합 ➡ 금속 원소와 비금속 원소 사이에 형성된다.

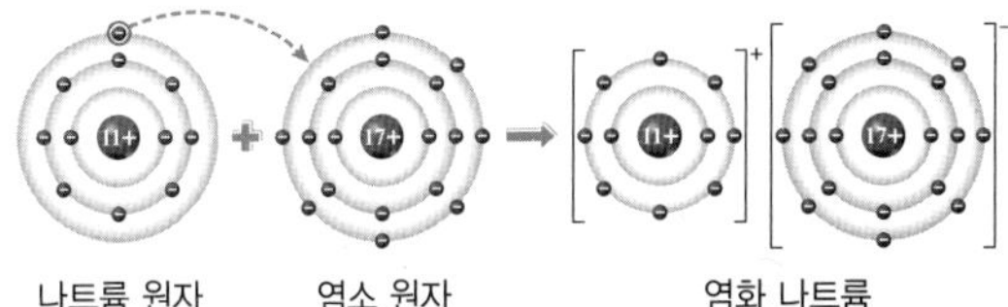

(3) 공유 결합: 비금속 원소의 원자들이 전자쌍을 공유하여 형성되는 화학 결합

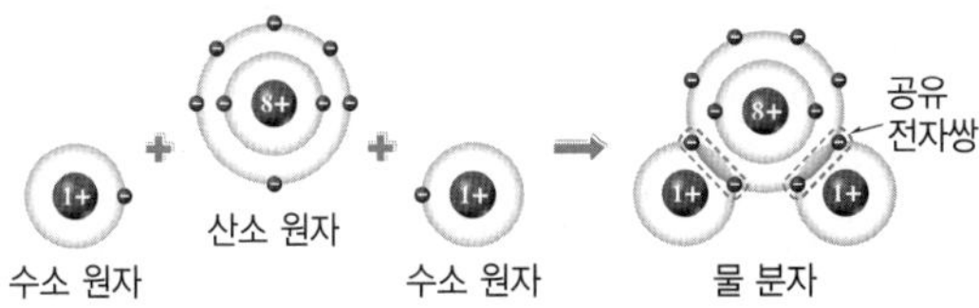

3. 이온 결합 물질과 공유 결합 물질의 성질

이온 결합 물질	• 고체 상태: 이온들이 강하게 결합하여 이동할 수 없으므로 전기 전도성이 없음 • 수용액 상태: 양이온과 음이온으로 나누어져 이온들이 자유롭게 이동할 수 있으므로 전기 전도성이 있음
공유 결합 물질	전기적으로 중성인 분자로 이루어져 있으므로 고체 상태와 수용액 상태에서 대부분 전기 전도성이 없음

1 그림은 이온 A^{+}, B^{2-}, C^{-}의 전자 배치를 모형으로 나타낸 것이다.

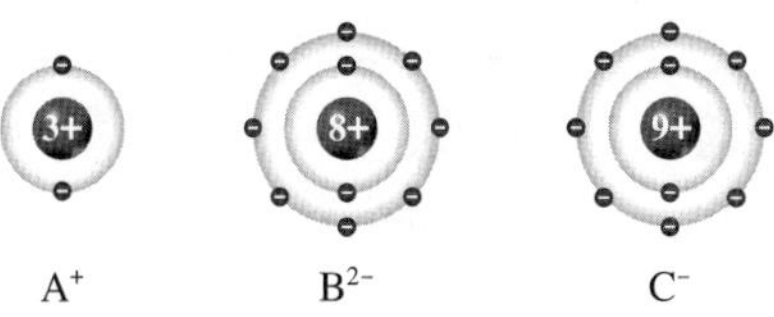

이에 대한 설명으로 옳은 것만을 [보기]에서 있는 대로 고른 것은? (단, A~C는 임의의 원소 기호이다.)

보기
ㄱ. A와 B는 같은 주기 원소이다.
ㄴ. 원자가 전자 수는 B>C이다.
ㄷ. A~C 중 금속 원소는 두 가지이다.

① ㄱ ② ㄴ ③ ㄱ, ㄷ
④ ㄴ, ㄷ ⑤ ㄱ, ㄴ, ㄷ

2 그림은 원자 A와 B가 화합물 AB를 생성하는 화학 결합 모형을 나타낸 것이다.

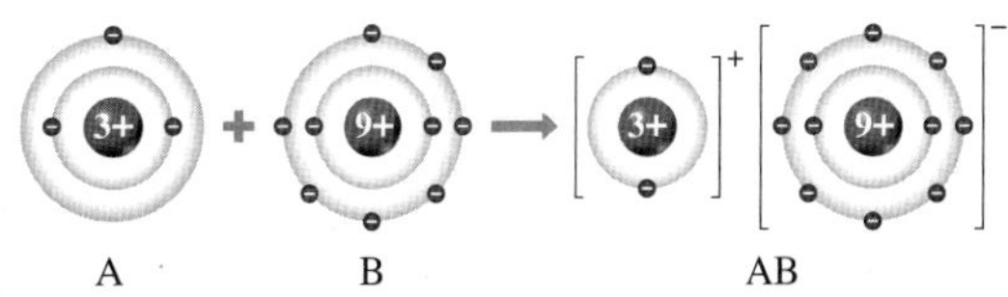

이에 대한 설명으로 옳은 것만을 [보기]에서 있는 대로 고른 것은? (단, A와 B는 임의의 원소 기호이다.)

보기
ㄱ. A는 비금속 원소이다.
ㄴ. AB는 이온 결합 물질이다.
ㄷ. AB를 이루는 구성 입자의 전자 배치는 모두 Ne과 같다.

① ㄱ ② ㄴ ③ ㄷ
④ ㄱ, ㄴ ⑤ ㄴ, ㄷ

3 그림은 원자 A와 B의 전자 배치를 모형으로 나타낸 것이다. 이에 대한 설명으로 옳은 것은? (단, A와 B는 임의의 원소 기호이다.)

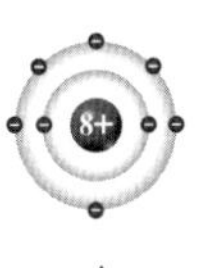

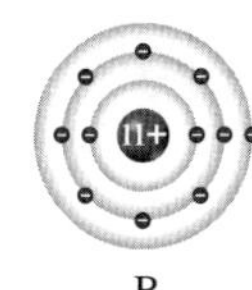

① A는 금속 원소이다.
② B는 비금속 원소이다.
③ A는 전자 6개를 잃어 양이온이 되기 쉽다.
④ A와 B는 1 : 2로 결합하여 안정한 화합물을 만든다.
⑤ A와 B가 가장 안정한 이온이 되었을 때 전자 수는 B>A이다.

4 그림은 원자 A~C의 전자 배치를 모형으로 나타낸 것이다.

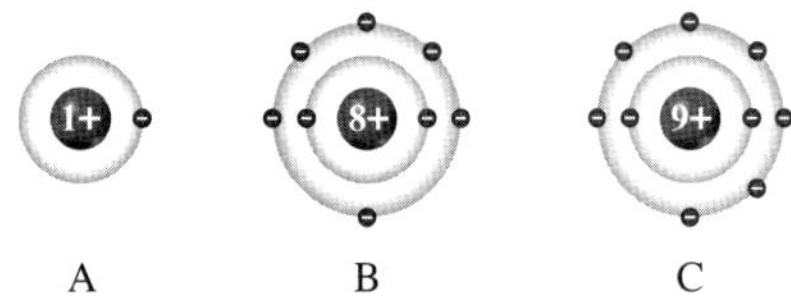

이에 대한 설명으로 옳은 것만을 [보기]에서 있는 대로 고른 것은? (단, A~C는 임의의 원소 기호이다.)

보기
ㄱ. A 원자 2개와 B 원자 1개가 결합하여 화합물을 형성할 수 있다.
ㄴ. 화합물 AC는 이온 결합 물질이다.
ㄷ. B와 C가 가장 안정한 이온이 되었을 때 두 이온의 전자 배치는 같다.

① ㄱ ② ㄴ ③ ㄷ
④ ㄱ, ㄷ ⑤ ㄴ, ㄷ

5 그림은 원자 A와 B가 화합물 A_2B를 생성하는 화학 결합 모형을 나타낸 것이다.

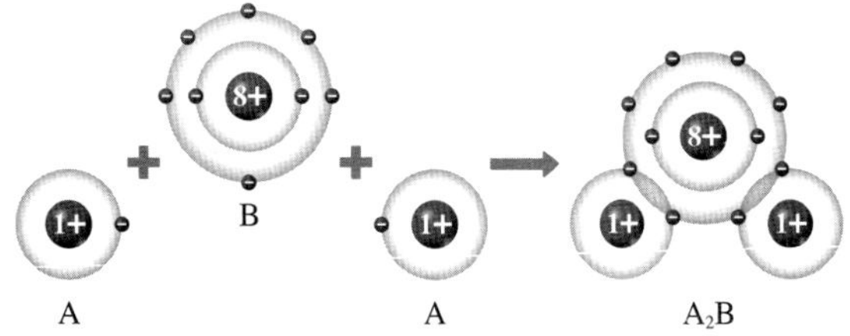

이에 대한 설명으로 옳은 것만을 [보기]에서 있는 대로 고른 것은? (단, A와 B는 임의의 원소 기호이다.)

보기
ㄱ. B는 16족 원소이다.
ㄴ. A_2B는 공유 결합 물질이다.
ㄷ. 공유 전자쌍 수는 $B_2 > A_2$이다.

① ㄱ ② ㄴ ③ ㄱ, ㄷ
④ ㄴ, ㄷ ⑤ ㄱ, ㄴ, ㄷ

6 그림은 설탕($C_{12}H_{22}O_{11}$)의 전기 전도성을 알아보기 위한 과정을 모형으로 나타낸 것이다.

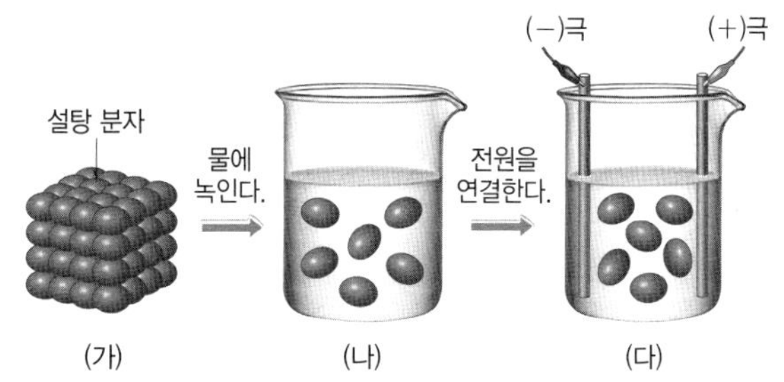

이에 대한 설명으로 옳은 것은?

① 설탕 분자를 구성하는 원자들은 이온 결합을 하고 있다.
② 설탕은 금속 원소와 비금속 원소로 이루어진 물질이다.
③ (가)는 전기 전도성이 있다.
④ (나)에서 설탕은 분자 상태로 존재한다.
⑤ (다)에서 설탕 분자는 (+)극과 (−)극으로 이동한다.

7 표는 물질 A와 B의 전기 전도성과 관련된 실험 결과이다. A와 B는 각각 염화 나트륨(NaCl)과 포도당($C_6H_{12}O_6$) 중 하나이다.

구분	전기 전도성	
	A	B
고체 상태	×	㉠
수용액 상태	㉡	○

(○: 있음, ×: 없음)

이에 대한 설명으로 옳은 것만을 [보기]에서 있는 대로 고른 것은?

보기
ㄱ. ㉠과 ㉡은 모두 '×'이다.
ㄴ. B는 염화 나트륨이다.
ㄷ. A를 이루는 원소는 모두 비금속 원소이다.

① ㄱ ② ㄴ ③ ㄱ, ㄷ
④ ㄴ, ㄷ ⑤ ㄱ, ㄴ, ㄷ

03 지각과 생명체 구성 물질의 규칙성

1. 지각과 생명체를 구성하는 물질

(1) 지각과 생명체의 구성 원소: 산소가 가장 많다.

지각의 구성 원소	• 산소>규소>알루미늄>철 등 • 지각을 구성하는 광물은 대부분 규산염 광물이다.
생명체의 구성 원소	• 산소>탄소>수소>질소>칼슘 등 • 생명체는 단백질, 핵산, 지질, 탄수화물 등으로 이루어져 있다.

(2) 지각과 생명체를 구성하는 물질: 구성 원소의 종류나 비율은 다르지만, 일정한 구조의 기본 단위체가 결합하여 형성된 것이다.

2. 지각을 구성하는 물질의 규칙성

(1) 규산염 광물: 암석을 이루는 대부분의 광물로, 산소와 규소로 이루어져 있다.

규소의 전자 배치	주기율표의 14족 원소로, 원자가 전자가 4개이다. ➡ 최대 4개의 원자와 결합 가능
규산염 사면체	• 규산염 광물의 기본 단위체이다. • 규소 1개를 중심으로 산소 4개가 공유 결합한 정사면체 구조 ➡ 음전하를 띤다.
규산염 광물	규산염 사면체가 양이온과 결합하거나 다른 규산염 사면체와 산소를 공유하면서 다양한 결합 구조를 이루는 규산염 광물이 만들어진다.

(2) 규산염 광물의 결합 구조: 독립형 구조에서 망상 구조로 갈수록 규산염 사면체 간의 공유하는 산소 수가 증가하고, 풍화에 강하다.

독립형 구조	단사슬 구조	복사슬 구조	판상 구조	망상 구조
감람석	휘석	각섬석	흑운모	장석, 석영

3. 단백질

아미노산	단백질을 구성하는 기본 단위체 ➡ 약 20종류
단백질의 형성	• 아미노산이 펩타이드결합으로 연결되어 폴리펩타이드 형성 → 폴리펩타이드가 구부러지고 접혀 입체 구조를 가짐 → 기능을 가진 단백질 형성 • 아미노산의 종류와 수, 배열 순서에 의해 단백질의 종류가 달라짐

아미노산 1 / 물 / 아미노산 2 / 펩타이드 결합 / 폴리펩타이드 / 단백질 (헤모글로빈) / 적혈구

▲ 단백질의 형성 과정

4. 핵산

(1) 핵산의 형성

뉴클레오타이드	• 핵산의 기본 단위체 • 인산, 당, 염기가 1 : 1 : 1로 결합 (인산 – 당 – 염기)
핵산의 형성	한 뉴클레오타이드의 인산이 다른 뉴클레오타이드의 당과 결합하여 폴리뉴클레오타이드를 형성

(2) 핵산의 종류

DNA	구분	RNA
디옥시라이보스	당	라이보스
A, G, C, T	염기	A, G, C, U
이중나선구조	분자 구조	단일 가닥 구조
유전정보 저장	기능	유전정보 전달 및 단백질합성에 관여

1 지각과 생명체를 구성하는 원소와 그 기원에 대한 설명으로 옳은 것만을 [보기]에서 있는 대로 고른 것은?

보기
ㄱ. 지각과 생명체에 공통적으로 가장 많은 원소는 탄소이다.
ㄴ. 지각과 생명체를 구성하는 산소는 우주의 나이가 약 38만 년이었을 때 생성된 것이다.
ㄷ. 지각 내의 철보다 무거운 원소는 초신성 폭발 과정에서 생성되었다.

① ㄱ ② ㄷ ③ ㄱ, ㄴ
④ ㄴ, ㄷ ⑤ ㄱ, ㄴ, ㄷ

2 그림 (가)와 (나)는 어느 규산염 광물의 결합 구조를 나타낸 것이다.

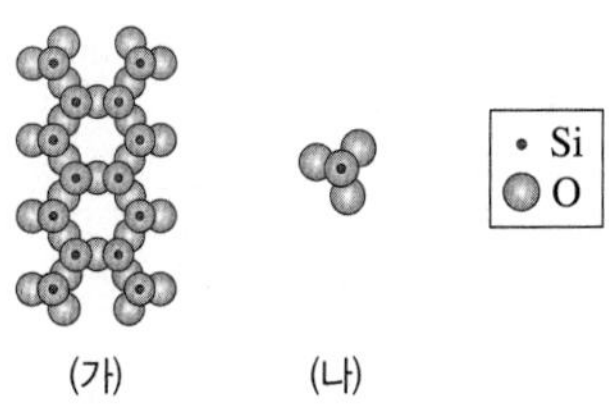

이에 대한 설명으로 옳은 것만을 [보기]에서 있는 대로 고른 것은?

보기
ㄱ. (가)에 해당하는 광물로는 휘석이 있다.
ㄴ. (나)는 독립형 구조이다.
ㄷ. 공유하는 산소의 수는 (가)보다 (나)가 많다.

① ㄴ ② ㄷ ③ ㄱ, ㄴ
④ ㄱ, ㄷ ⑤ ㄱ, ㄴ, ㄷ

3 그림은 단백질의 형성 과정을 나타낸 것이다.

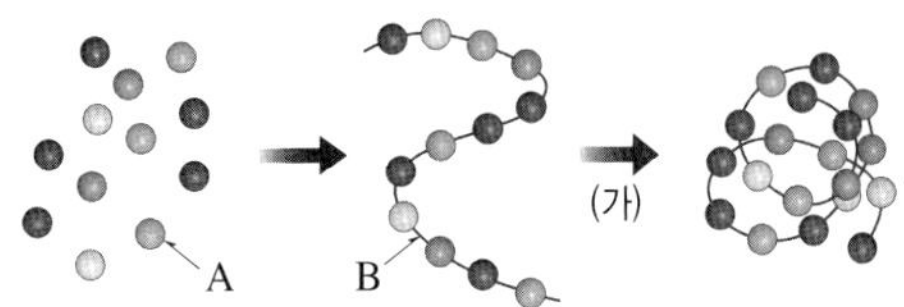

이에 대한 설명으로 옳은 것만을 [보기]에서 있는 대로 고른 것은?

보기
ㄱ. A는 아미노산이다.
ㄴ. B가 형성될 때 한 분자의 물이 빠져나온다.
ㄷ. (가) 과정에서 펩타이드결합으로 단백질 고유의 입체 구조를 갖는다.

① ㄱ ② ㄴ ③ ㄱ, ㄴ
④ ㄱ, ㄷ ⑤ ㄱ, ㄴ, ㄷ

4 단백질(가)과 핵산(나)에 대한 설명으로 옳은 것만을 [보기]에서 있는 대로 고른 것은?

보기
ㄱ. (가)와 (나)는 모두 기본 단위체가 결합하여 형성된다.
ㄴ. (가)와 (나)를 구성하는 원소에 탄소(C)가 있다.
ㄷ. (나)를 구성하는 기본 단위체는 인산, 당, 염기가 1 : 1 : 4로 이루어져 있다.

① ㄱ ② ㄴ ③ ㄱ, ㄴ
④ ㄱ, ㄷ ⑤ ㄱ, ㄴ, ㄷ

5 그림은 두 종류의 핵산 (가)와 (나)의 구조를 나타낸 것이다.

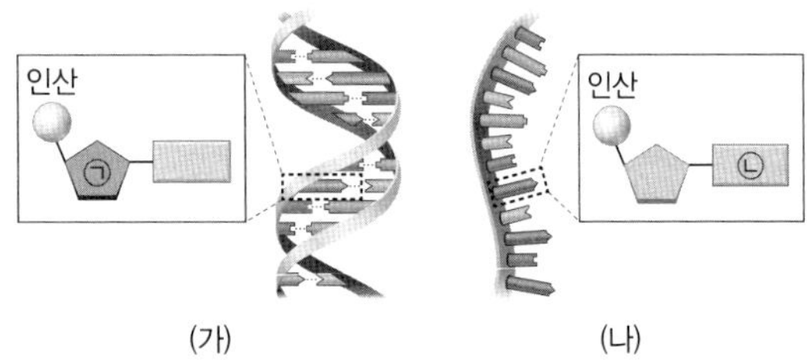

(가) (나)

이에 대한 설명으로 옳지 않은 것은?

① ㉠은 디옥시라이보스이다.
② ㉡의 종류에는 유라실(U)이 있다.
③ (가)는 유전정보를 저장한다.
④ (나)를 구성하는 기본 단위체에서 당과 인산의 개수는 같다.
⑤ (나)를 구성하는 염기 중 구아닌(G)과 사이토신(C)의 개수는 항상 같다.

04 물질의 전기적 성질

1. 원자의 전기적 성질

원자에 속박된 전자	물질 내 자유 전자
속박된 전자 / 전자가 받는 전기력 / 원자핵 / 원자핵이 받는 전기력	자유 전자
원자핵의 전기력에 의해 전자는 원자에 속박되어 있고, 전기적으로 중성이다.	원자 사이의 상호작용에 의한 물질 내 자유 전자의 이동에 따라 전기적 성질이 달라진다.

2. 전기적 성질에 따른 물질의 구분

구분	도체	부도체	반도체
물질 내 자유 전자	많다.	거의 없다.	조건에 따라 생긴다.
전기 전도성	높다.	낮다.	도체와 부도체의 중간
예	구리, 금, 은 등의 금속	유리, 고무, 플라스틱 등	규소(Si), 저마늄(Ge) 등

3. 순수 반도체와 불순물 반도체

(1) **순수 반도체:** 원자가 전자가 4개인 원소로만 이루어진 반도체로, 원자가 전자가 모두 공유 결합에 참여하고 있어 물질 내 자유 전자가 매우 적어 전기 전도성이 낮다. ➡ 부도체에 가깝다.

(2) **불순물 반도체:** 순수 반도체에 불순물을 첨가하여 전기 전도성을 높인 것

- n형 반도체: 순수 반도체에 원자가 전자가 5개인 15족 원소 인(P), 비소(As) 등을 첨가한 반도체
- p형 반도체: 순수 반도체에 원자가 전자가 3개인 13족 원소 붕소(B), 알루미늄(Al) 등을 첨가한 반도체

4. 반도체 소자

다이오드	n형 반도체와 p형 반도체를 결합한 것으로 정류 작용을 한다.
발광 다이오드	전류가 흐를 때 빛을 방출한다.
유기 발광 다이오드	전류가 흐를 때 유기 물질 자체에서 빛을 방출하고, 휘어지는 디스플레이에 이용된다.
트랜지스터	n형 반도체와 p형 반도체를 복합적으로 결합한 것으로 증폭 작용과 스위치 작용을 한다.
집적 회로	다양한 반도체 소자를 하나의 기판으로 만든 것

5. 물질의 전기적 성질 활용의 예

구분	소재	전기적 성질	특징
터치 스크린	투명 전극	반도체	미세한 전류를 감지
	강화 유리	부도체	충격으로부터 제품을 보호
태양 전지판	태양 전지	반도체	빛을 받으면 전압 발생
	투명 수지	부도체	충격으로부터 전지를 보호

1 그림은 어떤 물질의 원자 구조를 나타낸 것이고, (가), (나)는 자유 전자와 원자핵을 순서 없이 나타낸 것이다.

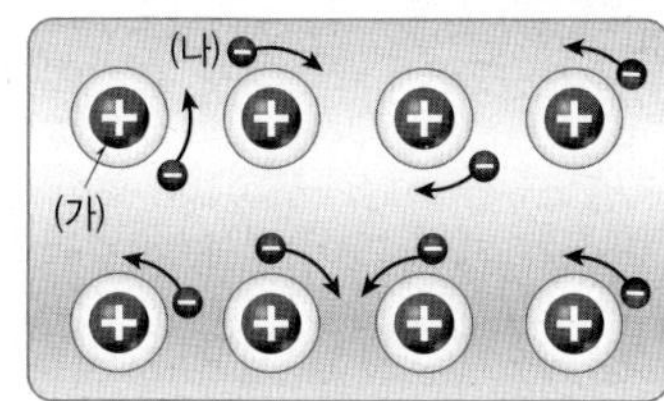

이에 대한 설명으로 옳은 것만을 [보기]에서 있는 대로 고른 것은?

보기

ㄱ. (가)는 원자핵이다.
ㄴ. (나)의 개수가 많을수록 전기 전도성이 높다.
ㄷ. (가)와 (나) 사이에는 전기력이 작용하지 않는다.

① ㄱ ② ㄱ, ㄴ ③ ㄱ, ㄷ
④ ㄴ, ㄷ ⑤ ㄱ, ㄴ, ㄷ

2 그림은 p형 반도체와 n형 반도체를 결합한 다이오드를 나타낸 것이다. A는 규소(Si)에 13족 원소를 첨가한 것이고, B는 규소(Si)에 15족 원소를 첨가한 것이다.

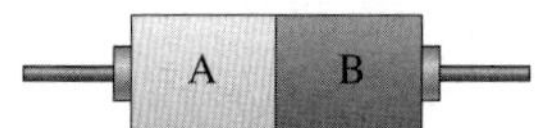

이에 대한 설명으로 옳은 것만을 [보기]에서 있는 대로 고른 것은?

보기

ㄱ. A는 p형 반도체이다.
ㄴ. 다이오드에 흐르는 전류는 한 방향으로만 흐른다.
ㄷ. A, B에 첨가한 불순물 원소의 원자가 전자 수의 차는 1이다.

① ㄱ ② ㄱ, ㄴ ③ ㄱ, ㄷ
④ ㄴ, ㄷ ⑤ ㄱ, ㄴ, ㄷ

3 반도체 소자에 대한 설명으로 옳은 것만을 [보기]에서 있는 대로 고른 것은?

보기

ㄱ. 트랜지스터는 정류 작용을 한다.
ㄴ. 발광 다이오드는 빛에너지를 전기 에너지로 전환한다.
ㄷ. 유기 발광 다이오드는 휘어지는 디스플레이에 이용된다.

① ㄱ ② ㄴ ③ ㄷ
④ ㄱ, ㄴ ⑤ ㄴ, ㄷ

4 다음은 반도체에 관한 설명이다.

> 불순물 반도체는 ㉠순수 반도체에 ㉡소량의 다른 불순물 원소를 첨가하여 만든 소재로 ㉢태양 전지, 스마트폰의 전기 소자 등을 만드는 데 활용된다.

이에 대한 설명으로 옳은 것만을 [보기]에서 있는 대로 고른 것은?

보기

ㄱ. 규소(Si)로만 이루어진 물질은 ㉠에 해당한다.
ㄴ. ㉡을 통해 ㉠의 전기적 성질을 변화시킨다.
ㄷ. ㉢은 빛을 받으면 전기 에너지가 생성된다.

① ㄱ ② ㄱ, ㄴ ③ ㄱ, ㄷ
④ ㄴ, ㄷ ⑤ ㄱ, ㄴ, ㄷ

5 제품 속에 사용된 소재의 전기적 성질이 나머지와 다른 하나는?

① 전선 내부의 구리
② 태양 전지판의 투명 수지
③ 스마트폰의 알루미늄 케이스
④ 노트북 방수 처리에 이용되는 니켈
⑤ 스마트폰 터치 장갑에 복합 재료로 쓰인 은

❶ 지구시스템

• 정답과 해설 48쪽

01 지구시스템의 구성과 상호작용

1. 지구시스템의 구성 요소

구분	요소	특징
지권	지각	• 지각의 겉 부분 • 대륙 지각, 해양 지각
	맨틀	• 지구 전체 부피의 약 80 % • 대류가 일어난다.
	핵	• 철과 니켈로 구성 • 외핵은 액체, 내핵은 고체
기권	열권	공기가 희박하여 기온의 일교차가 크다.
	중간권	대류 현상 ○, 기상 현상 ×
	성층권	오존층이 자외선을 흡수하여 높이 올라갈수록 기온 상승
	대류권	대류 현상 ○, 기상 현상 ○
수권	혼합층	수온이 높고 일정하며, 풍속이 클수록 두께가 두껍다.
	수온 약층	수온이 급격하게 낮아지는 층 ➡ 안정한 층
	심해층	수온이 가장 낮고, 깊이에 따른 수온 변화가 거의 없다.
생물권		지구상의 모든 생명체
외권		기권의 바깥쪽 우주 공간

2. 지구시스템의 상호작용

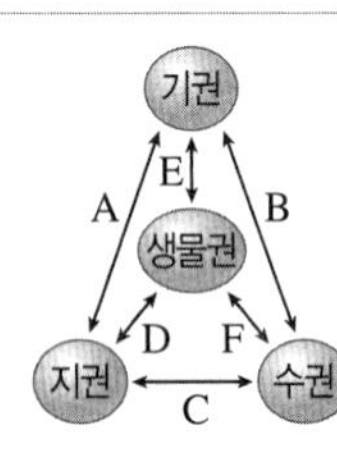

• A: 화산 가스 방출
• B: 태풍의 발생
• C: 쓰나미(지진 해일)
• D: 화석 연료 생성
• E: 광합성, 호흡
• F: 수중 생물의 서식처 제공

3. 지구시스템의 에너지원

에너지원	내용
태양 에너지	• 발생 원인: 태양의 수소 핵융합 반응 등 • 지구시스템의 모든 권역에 영향을 미친다.
지구 내부 에너지	• 발생 원인: 지구 내부의 방사성 원소의 붕괴열 등 • 맨틀 대류를 일으켜 판을 움직인다. ➡ 지각 변동
조력 에너지	• 발생 원인: 달과 태양의 인력 • 밀물과 썰물을 일으킨다.

4. 지구시스템의 물질 순환

구분	내용
물의 순환	• 주된 에너지원: 태양 에너지 • 물의 평형: 물이 육지, 해양, 대기 사이를 이동하지만, 각 권에서 물의 유입량과 방출량이 같다.
탄소의 순환	• 탄소의 분포: 지권(석회암(탄산염), 화석 연료), 기권(이산화 탄소, 메테인), 수권(탄산수소 이온, 탄산 이온), 생물권(유기물) ➡ 지권에 대부분 존재 • 탄소의 순환: 탄소는 형태를 달리하면서 지권, 기권, 수권, 생물권을 이동하면서 순환한다.

1 지구시스템의 구성 요소에 대한 설명으로 옳은 것은?

① 외권은 지구시스템의 다른 구성 요소와 물질 교환이 매우 활발하다.
② 생물권은 탄소가 가장 많이 존재하는 권역이다.
③ 기권은 매우 안정하여 대류 현상이 일어나지 않는다.
④ 수권은 구성 물질의 비열이 매우 커서 온도 변화가 쉽게 일어나지 않는다.
⑤ 지권은 지구시스템에서 고체 상태로 존재하는 영역이다.

2 표는 지권의 성층 구조와 주요 구성 원소를 나타낸 것이다.

성층 구조	깊이(km)	주요 구성 원소
(가)	0~5 또는 0~35	산소, 규소
(나)	35(5)~2900	(　　)
(다)	2900~5100	철, 니켈
(라)	5100~6400	철, 니켈

이에 대한 설명으로 옳은 것만을 [보기]에서 있는 대로 고른 것은?

보기
ㄱ. (가)의 깊이는 대륙보다 해양에서 깊다.
ㄴ. (나)의 주요 구성 원소는 외핵보다 지각에 가깝다.
ㄷ. (다)와 (라)를 구분하는 기준은 온도 변화이다.

① ㄱ　② ㄴ　③ ㄱ, ㄷ　④ ㄴ, ㄷ　⑤ ㄱ, ㄴ, ㄷ

3 수권과 해수의 성층 구조에 대한 설명으로 옳은 것은?

① 수권의 대부분은 해수이고, 육수의 대부분은 지하수이다.
② 해수는 염분 분포에 따라 혼합층, 수온 약층, 심해층으로 구분한다.
③ 혼합층의 두께는 풍속과 관계가 없다.
④ 심해층은 해수 중 가장 적은 부피를 차지하는 해수층이다.
⑤ 수온 약층에서는 해수의 연직 운동이 잘 일어나지 않는다.

4 그림은 기권의 성층 구조를 나타낸 것이다.

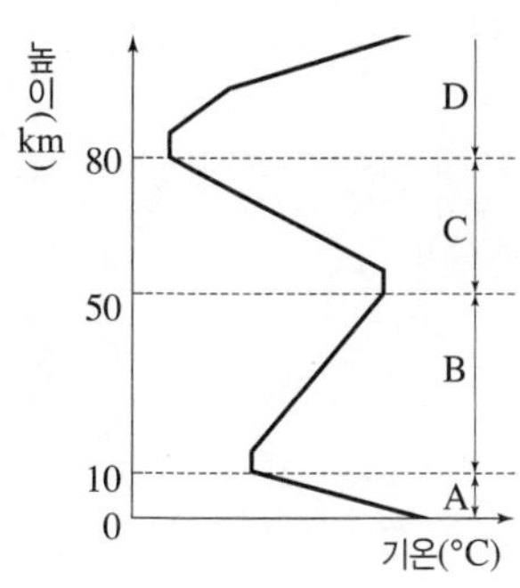

A~D 층에 대한 설명으로 옳은 것만을 [보기]에서 있는 대로 고른 것은?

보기
ㄱ. 대류 현상은 A와 C에서 활발하다.
ㄴ. 오존 밀도의 최댓값은 B에서 나타난다.
ㄷ. 기온의 일교차는 고도가 높아질수록 점점 크게 나타난다.

① ㄱ ② ㄷ ③ ㄱ, ㄴ
④ ㄴ, ㄷ ⑤ ㄱ, ㄴ, ㄷ

5 그림은 지구시스템의 상호작용을 나타낸 것이다.

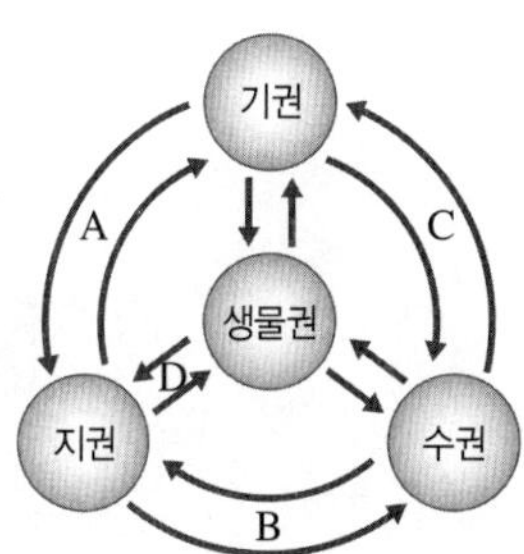

이에 대한 설명으로 옳은 것만을 [보기]에서 있는 대로 고른 것은?

보기
ㄱ. 바람에 의한 암석의 풍화 작용은 A에 해당한다.
ㄴ. 해양 산성화 현상은 B와 C에 모두 영향을 준다.
ㄷ. C는 D의 영향을 받지 않는다.

① ㄱ ② ㄷ ③ ㄱ, ㄴ
④ ㄴ, ㄷ ⑤ ㄱ, ㄴ, ㄷ

6 그림은 지구시스템의 에너지원 A~C의 에너지량을 나타낸 것이다.

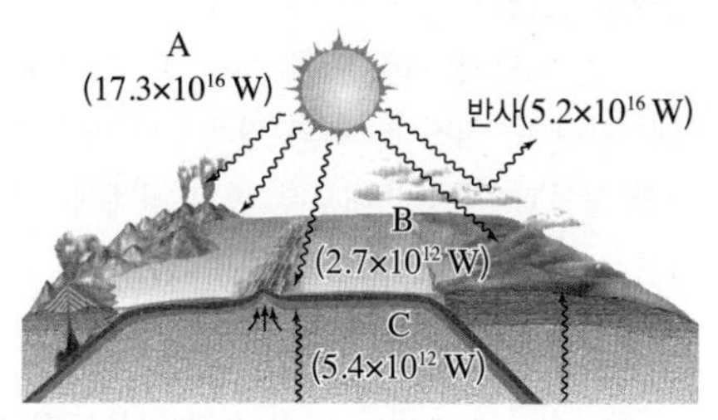

이에 대한 설명으로 옳은 것만을 [보기]에서 있는 대로 고른 것은?

보기
ㄱ. A는 지구시스템 에너지원의 99 % 이상을 차지한다.
ㄴ. B는 물의 순환을 일으키는 주된 에너지이다.
ㄷ. C는 판을 움직이는 에너지원이다.
ㄹ. C는 지구시스템의 상호작용을 거쳐 A 또는 B로 전환된다.

① ㄱ, ㄴ ② ㄱ, ㄷ ③ ㄴ, ㄷ
④ ㄴ, ㄹ ⑤ ㄷ, ㄹ

7 그림은 지구시스템에서 탄소가 이동하는 과정을 나타낸 것이다.

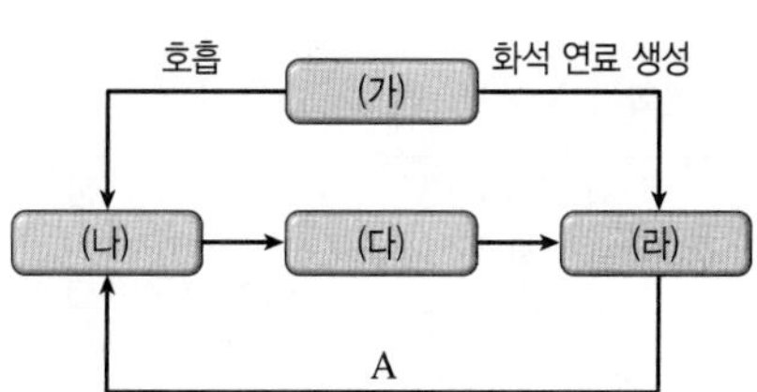

이에 대한 설명으로 옳은 것만을 [보기]에서 있는 대로 고른 것은?

보기
ㄱ. (가)는 생물권이다.
ㄴ. (다)의 탄소는 대부분 기체 상태로 존재한다.
ㄷ. '화산 가스 방출'은 A에 해당한다.

① ㄴ ② ㄷ ③ ㄱ, ㄴ
④ ㄱ, ㄷ ⑤ ㄱ, ㄴ, ㄷ

02 지권의 변화와 영향

1. 지각 변동과 변동대

(1) 지각 변동을 일으키는 에너지원: 지구 내부 에너지

(2) 변동대: 화산대, 지진대, 판의 경계와 거의 일치한다.
➡ 화산 활동과 지진이 대부분 판의 경계에서 발생하기 때문

2. 판 구조론과 판의 경계

(1) 판 구조론: 지구의 표면은 여러 개의 판으로 이루어져 있으며, 판의 운동에 의해 지각 변동이 일어난다는 이론

(2) 판의 구조

암석권(판)	• 지각과 상부 맨틀의 일부를 포함하는 깊이 약 100 km 구간 • 해양판은 대륙판보다 밀도가 크고, 두께가 얇다.
연약권	• 암석권 아래의 깊이 약 100 km~400 km 구간 • 맨틀 대류가 일어난다. ➡ 판 이동의 원동력

3. 판 경계에서의 지각 변동

구분	발산형 경계	수렴형 경계		보존형 경계
		섭입형	충돌형	
정의	판과 판이 서로 멀어지는 경계	판과 판이 서로 가까워지는 경계		판과 판이 서로 어긋나는 경계
맨틀 대류	상승부	하강부		–
판의 생성	생성	소멸		–
생성 지형	해령, 열곡대	해구, 호상열도, 습곡 산맥	습곡 산맥	변환 단층
지각 변동	천발 지진, 화산 활동	천발 ~ 심발 지진, 화산 활동	천발 ~ 중발 지진	천발 지진
예	대서양 중앙 해령, 동아프리카 열곡대	마리아나 해구, 일본 열도, 안데스산맥	히말라야 산맥	산안드레아스 단층

4. 지권의 변화가 지구시스템에 미치는 영향

구분	화산 활동	지진
피해	• 화산재로 인한 지구의 평균 기온 하강, 용암에 의한 지형 변화와 산불, 화산 가스로 인한 산성비 및 토양의 산성화, 생태계 파괴 • 화산재가 항공기 운항 방해	• 산사태로 주변 생태 환경 변화, 쓰나미 발생, 숲 파괴, 물 오염 • 도로 및 건물 붕괴, 가스관 파괴로 인한 가스 누출, 전선 끊겨 화재 발생
대책	화산 주변 제방 쌓기, 화산 분출구 주변에 댐과 수로 건설, 용암에 물을 뿌려 식히기, 안전 교육 시행	인공위성을 이용한 지형 변화 관측, 지진계 설치, 내진 설계 적용, 안전 교육 시행 등
이용	토양 비옥화, 관광 자원, 광물 자원, 지열 발전	지구 내부 연구, 지하자원 탐색 등

1 그림은 전 세계 화산과 지진의 분포, 주요 판의 경계를 나타낸 것이다.

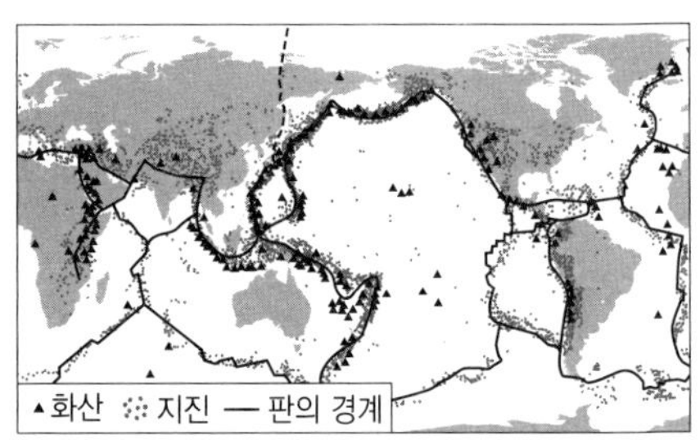

이에 대한 설명으로 옳은 것만을 [보기]에서 있는 대로 고른 것은?

보기
ㄱ. 화산 활동과 지진은 주로 판의 경계에서 일어난다.
ㄴ. 지진이 활발한 곳에서는 모두 화산 활동도 활발하다.
ㄷ. 대륙 지각과 해양 지각을 경계로 판의 경계가 존재한다.

① ㄱ ② ㄷ ③ ㄱ, ㄴ
④ ㄴ, ㄷ ⑤ ㄱ, ㄴ, ㄷ

2 그림은 판의 구조를 나타낸 것이다.

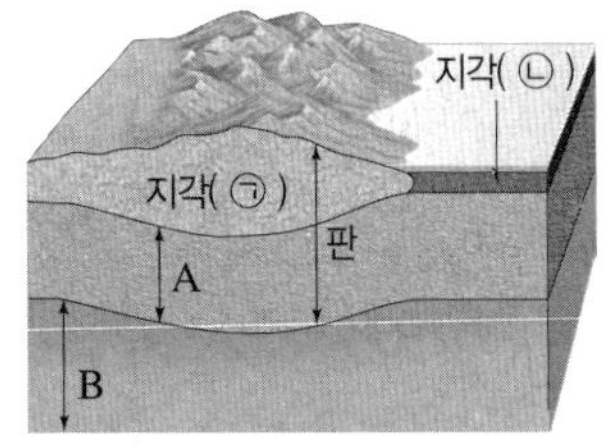

이에 대한 설명으로 옳은 것만을 [보기]에서 있는 대로 고른 것은?

보기
ㄱ. A는 대류하면서 판을 이동시킨다.
ㄴ. 지각의 밀도는 ㉠이 ㉡보다 작다.
ㄷ. B는 10여 개의 크고 작은 조각으로 이루어져 있다.

① ㄱ ② ㄴ ③ ㄱ, ㄷ
④ ㄴ, ㄷ ⑤ ㄱ, ㄴ, ㄷ

3 그림은 두 지역 (가)와 (나)의 판 분포를 나타낸 것이다.

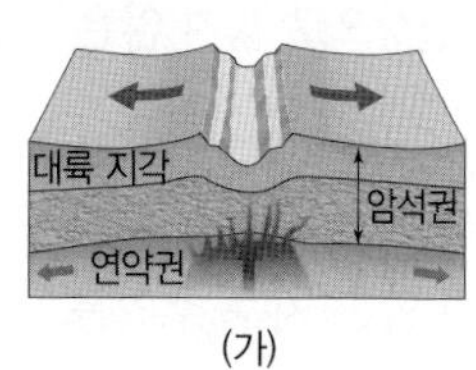

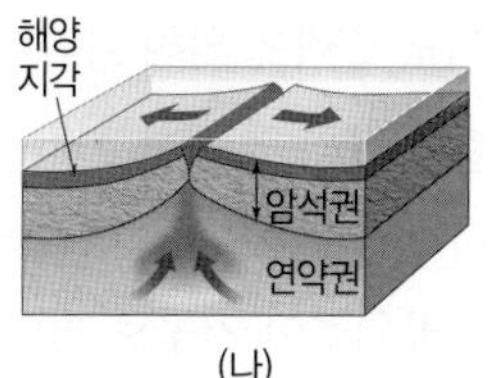

(가)와 (나)의 공통점에 대한 설명으로 옳은 것만을 [보기]에서 있는 대로 고른 것은?

보기

ㄱ. 화산 활동이 활발하다.
ㄴ. 심발 지진이 일어난다.
ㄷ. 맨틀 대류의 상승부에 위치한다.
ㄹ. 판 경계의 중심부에 골짜기 지형이 발달한다.

① ㄱ, ㄴ ② ㄱ, ㄹ ③ ㄴ, ㄷ
④ ㄱ, ㄷ, ㄹ ⑤ ㄴ, ㄷ, ㄹ

4 그림은 판의 경계 부근을 나타낸 모식도이다.

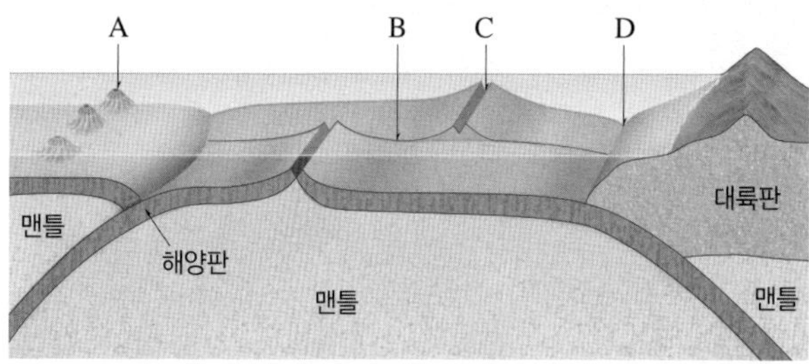

이에 대한 설명으로 옳은 것만을 [보기]에서 있는 대로 고른 것은?

보기

ㄱ. A의 화산섬들은 해구와 나란하게 분포한다.
ㄴ. B에서는 새로운 해양 지각이 생성된다.
ㄷ. C에는 습곡 산맥이 발달한다.
ㄹ. D에서는 오래된 해양 지각이 소멸한다.

① ㄱ, ㄴ ② ㄱ, ㄹ ③ ㄴ, ㄷ
④ ㄴ, ㄹ ⑤ ㄷ, ㄹ

5 그림은 우리나라 주변의 판 경계와 화산 분포를 나타낸 것이다.
이에 대한 설명으로 옳은 것만을 [보기]에서 있는 대로 고른 것은?

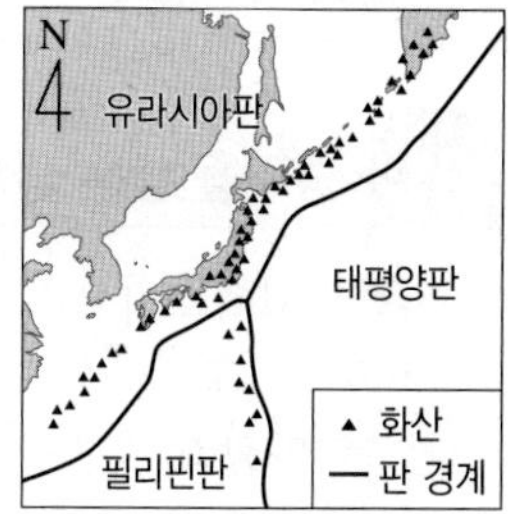

보기

ㄱ. 이 지역에는 발산형 경계와 수렴형 경계가 모두 존재한다.
ㄴ. 필리핀판은 유라시아판 아래로 섭입한다.
ㄷ. 필리핀판은 태평양판보다 밀도가 작다.

① ㄱ ② ㄴ ③ ㄱ, ㄷ
④ ㄴ, ㄷ ⑤ ㄱ, ㄴ, ㄷ

6 그림은 히말라야산맥의 형성 과정을 나타낸 것이다.

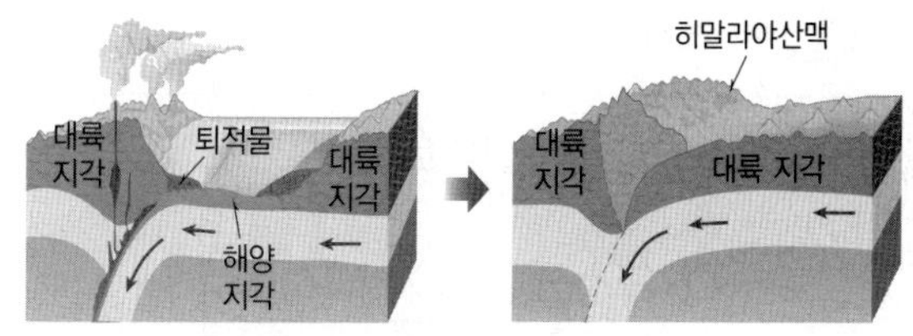

이 지역에 대한 설명으로 옳지 <u>않은</u> 것은?

① 새로운 해양 지각이 생성되고 있다.
② 산맥 부근에서는 지진이 자주 발생한다.
③ 대륙판과 대륙판이 가까워지고 있는 경계이다.
④ 판 경계의 양쪽에서 미는 힘이 작용하여 지형이 변한다.
⑤ 산맥의 정상부에서는 해양 생물의 화석이 발견된다.

7 화산 활동이나 지진을 이용하는 사례에 대한 설명으로 옳은 것만을 [보기]에서 있는 대로 고른 것은?

보기

ㄱ. 화산재가 두껍게 쌓인 지역은 토양이 황폐해진다.
ㄴ. 지진을 일으킨 에너지를 지열 발전에서 활용한다.
ㄷ. 지진파 연구를 통해 지구 내부의 성층 구조를 알아낸다.

① ㄱ ② ㄷ ③ ㄱ, ㄴ
④ ㄴ, ㄷ ⑤ ㄱ, ㄴ, ㄷ

중단원 핵심 요약 & 문제

• 정답과 해설 49쪽

01 중력을 받는 물체의 운동

1. 중력: 질량을 가진 모든 물체가 상호작용 하여 서로 끌어당기는 힘

(1) **중력의 방향:** 지구 중심 방향(연직 방향)

(2) **중력의 크기:** 물체의 질량이 클수록, 두 물체 사이의 거리가 가까울수록 크다.

2. 중력에 의한 운동

(1) **가속도 운동:** 물체의 속력이나 운동 방향이 변하는 운동

$$가속도 = \frac{속도\ 변화량}{걸린\ 시간} (단위: m/s^2)$$

(2) **자유 낙하 운동:** 공기 저항을 무시할 때 중력만을 받아서 낙하하는 운동

속력 변화	1초마다 약 9.8 m/s씩 증가하는 등가속도 운동을 한다.	0초 0 / 1초 9.8 m/s / 2초 19.6 m/s / 3초 29.4 m/s
힘과 운동 방향	힘(중력)의 방향과 운동 방향이 같아 방향은 변하지 않고 속력만 변하는 운동을 한다.	
질량과 중력 가속도	질량에 관계없이 중력 가속도는 일정하다.	

(3) **수평 방향으로 던진 물체의 운동**

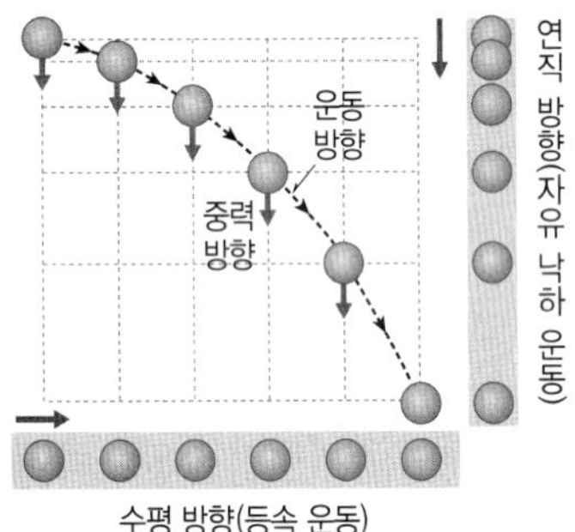

구분	수평 방향 운동	연직 방향 운동 (자유 낙하 운동)
힘	0	중력
속도	일정	일정하게 증가
가속도	0	중력 가속도로 일정
운동	등속 운동	등가속도 운동

(4) **지구 주위를 도는 운동**

• 뉴턴의 사고 실험: 일정한 높이에서 물체를 수평 방향으로 던질 때 수평 방향의 속력을 증가시키면 어느 순간 지구를 도는 원운동을 할 수 있다.

• 지구 주위를 원운동하는 물체는 중력의 작용으로 운동 방향이 계속 바뀌어 원운동을 한다.
➡ 지구 중력에 의한 지구 중심 방향의 가속도 운동이다.

1 지구 중력에 의해 나타나는 현상으로 옳지 <u>않은</u> 것은?

① 폭포에서 물이 떨어진다.
② 비나 눈이 내리고 바람이 분다.
③ 인공위성이 지구로 떨어지지 않고 지구 주위를 돈다.
④ 야구공이 앞으로 나아가면서 떨어진다.
⑤ 나침반 자침의 N극이 지구의 북쪽을 가리킨다.

2 그림은 직선 운동을 하는 어떤 물체의 속도를 시간에 따라 나타낸 것이다.
이에 대한 설명으로 옳은 것만을 [보기]에서 있는 대로 고른 것은?

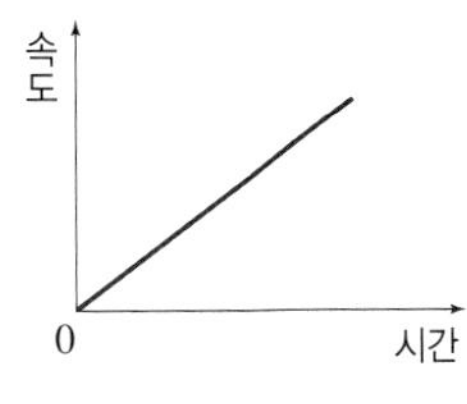

보기
ㄱ. 물체는 등가속도 운동을 한다.
ㄴ. 공기 저항을 무시할 때 자유 낙하 하는 물체의 속도-시간 그래프와 같은 모습이다.
ㄷ. 공기 저항을 무시할 때 수평 방향으로 던진 물체의 수평 방향 운동의 속도-시간 그래프와 같은 모습이다.

① ㄱ ② ㄴ ③ ㄷ
④ ㄱ, ㄴ ⑤ ㄱ, ㄴ, ㄷ

3 그림은 질량이 1 kg인 물체 A, 질량이 2 kg인 물체 B를 같은 높이에서 가만히 놓아 떨어뜨리는 것을 나타낸 것이다.
이에 대한 설명으로 옳은 것만을 [보기]에서 있는 대로 고른 것은? (단, 공기 저항 및 물체의 크기는 무시한다.)

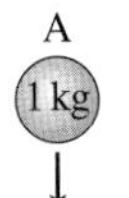

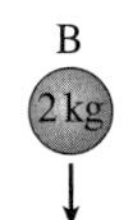

보기
ㄱ. A, B에 작용하는 힘의 방향과 크기는 모두 같다.
ㄴ. A, B는 단위 시간당 속도 변화량이 같다.
ㄷ. 달에서 낙하시킨다면 A가 B보다 늦게 떨어진다.

① ㄱ ② ㄴ ③ ㄱ, ㄷ
④ ㄴ, ㄷ ⑤ ㄱ, ㄴ, ㄷ

4 그림 (가)는 수평 방향으로 던진 물체의 운동을 나타낸 것이고, (나)는 이 물체의 수평 방향 또는 연직 방향에서의 시간에 따른 속력 변화를 나타낸 것이다.

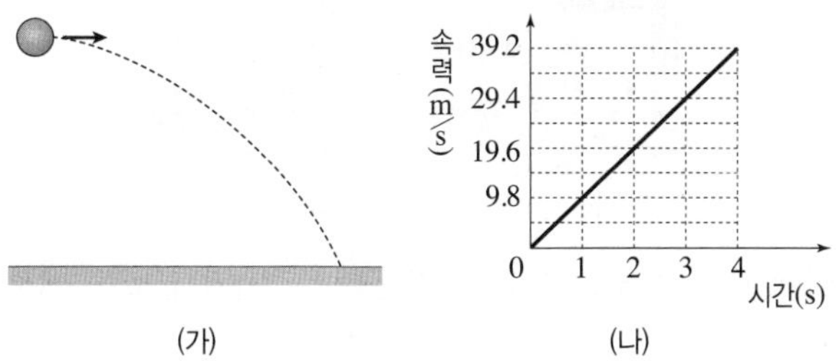

이에 대한 설명으로 옳은 것만을 [보기]에서 있는 대로 고른 것은? (단, 공기 저항은 무시한다.)

보기
ㄱ. 물체의 운동 방향과 힘의 방향은 매 순간 바뀐다.
ㄴ. (나)는 연직 방향의 시간에 따른 속력 변화를 나타낸 것이다.
ㄷ. 물체를 수평 방향으로 빠르게 던질수록 바닥에 도달하는 시간은 짧아진다.

① ㄱ ② ㄴ ③ ㄱ, ㄷ
④ ㄴ, ㄷ ⑤ ㄱ, ㄴ, ㄷ

5 그림은 같은 높이에서 공 A는 가만히 놓고, 동시에 공 B는 수평 방향으로 발사하였을 때 두 공의 운동을 일정한 시간 간격으로 나타낸 것이다.

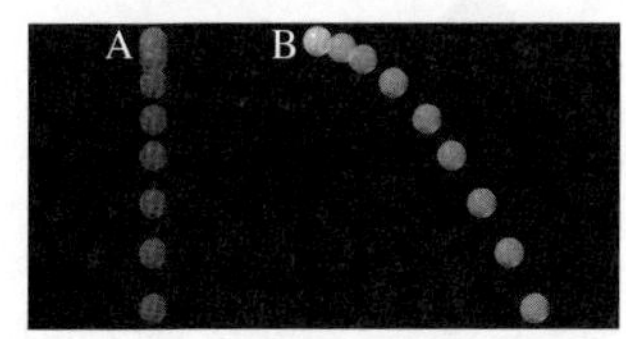

A, B의 운동에 대한 설명으로 옳은 것만을 [보기]에서 있는 대로 고른 것은? (단, 공기 저항은 무시한다.)

보기
ㄱ. A의 속도는 일정하게 증가한다.
ㄴ. B는 연직 방향으로는 A와 같은 운동을 한다.
ㄷ. A가 B보다 먼저 바닥에 도달한다.

① ㄱ ② ㄷ ③ ㄱ, ㄴ
④ ㄴ, ㄷ ⑤ ㄱ, ㄴ, ㄷ

6 그림은 같은 높이에서 수평 방향으로 동시에 던진 물체 A, B의 어느 순간의 위치를 나타낸 것이다.

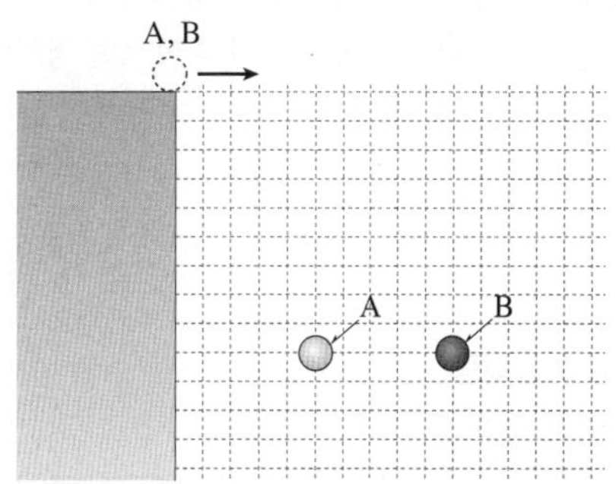

A, B의 운동에 대한 설명으로 옳은 것만을 [보기]에서 있는 대로 고른 것은? (단, 물체의 크기와 공기 저항은 무시하고, 모눈의 눈금은 일정하다.)

보기
ㄱ. 수평 방향의 속력은 B가 A의 2배이다.
ㄴ. A, B는 속력과 운동 방향이 모두 변하는 운동을 한다.
ㄷ. 연직 방향의 가속도의 크기는 A가 B보다 크다.

① ㄱ ② ㄷ ③ ㄱ, ㄴ
④ ㄴ, ㄷ ⑤ ㄱ, ㄴ, ㄷ

7 그림은 높은 산꼭대기에서 수평 방향으로 질량이 같은 포탄 A, B, C를 발사할 때 운동 경로를 나타낸 것이다.

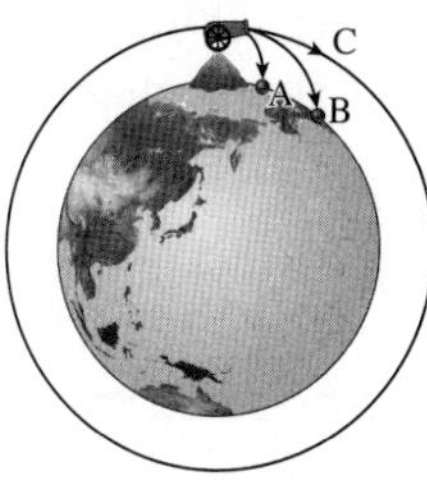

이에 대한 설명으로 옳은 것만을 [보기]에서 있는 대로 고른 것은? (단, 공기 저항은 무시한다.)

보기
ㄱ. 발사할 때의 속력은 B가 A보다 크다.
ㄴ. C의 가속도 방향은 지구 중심 방향이다.
ㄷ. 운동하는 동안 C에 작용한 중력은 A보다 작다.

① ㄱ ② ㄱ, ㄴ ③ ㄱ, ㄷ
④ ㄴ, ㄷ ⑤ ㄱ, ㄴ, ㄷ

02 운동과 충돌

1. 관성: 물체가 현재의 운동 상태를 유지하려는 성질

(1) **관성 법칙:** 물체에 힘이 작용하지 않으면 정지해 있던 물체는 계속 정지해 있고, 운동하던 물체는 등속 직선 운동을 한다.

(2) **관성의 크기:** 질량이 클수록 관성도 크게 작용한다.

2. 운동량과 충력량

(1) 운동량과 충격량

구분	운동량(p)	충격량(I)
정의	운동하는 물체의 운동 효과를 나타내는 물리량	물체가 받은 충격의 정도를 나타내는 물리량
식	질량과 속도의 곱과 같다. $p=mv$	힘과 시간의 곱과 같다. $I=F\Delta t$
단위	kg · m/s, N · s	N · s, kg · m/s
방향	물체의 운동 방향	물체에 작용한 힘의 방향

(2) **운동량과 충격량의 관계:** 물체가 받은 충격량은 물체의 운동량의 변화량과 같다.

충격량=운동량의 변화량=나중 운동량−처음 운동량

(3) **힘−시간 그래프와 충격량:** 그래프 아랫부분의 넓이는 충격량, 즉 운동량의 변화량을 의미한다.

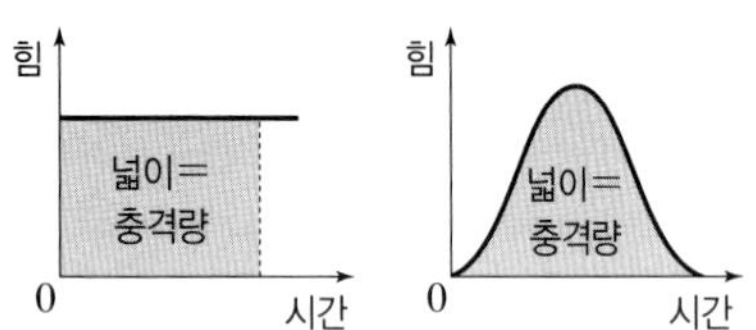

3. 충돌과 안전

(1) 힘과 충격량의 관계

① **같은 크기의 힘이 작용할 때:** 충격량은 힘이 작용하는 시간이 길수록 커진다.

② **충격량이 같을 때:** 충돌 시간이 길수록 물체가 받는 평균 힘이 작아진다.

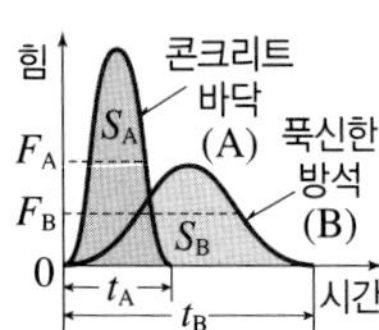

그래프 아랫부분의 넓이(충격량)	$S_A=S_B$
힘을 받는 시간	$t_A<t_B$
평균 힘의 크기	$F_A>F_B$

(2) 충돌과 안전장치

구분	관성으로 인한 피해를 줄이는 경우	물체에 작용하는 충격력(평균 힘)을 줄이는 경우
원리	현재의 운동 상태를 유지하려는 관성에 의해 튀어 나가는 것을 막는다.	충돌 시간을 길게 하여 물체에 작용하는 충격력(평균 힘)을 줄인다.
예	자동차 안전띠, 놀이기구 안전바 등	권투 글러브, 자동차 범퍼, 유아용 매트 등

1 그림은 지진계의 구조를 나타낸 것으로 지면이 움직이면 추에 달아 놓은 펜이 진동을 기록한다.

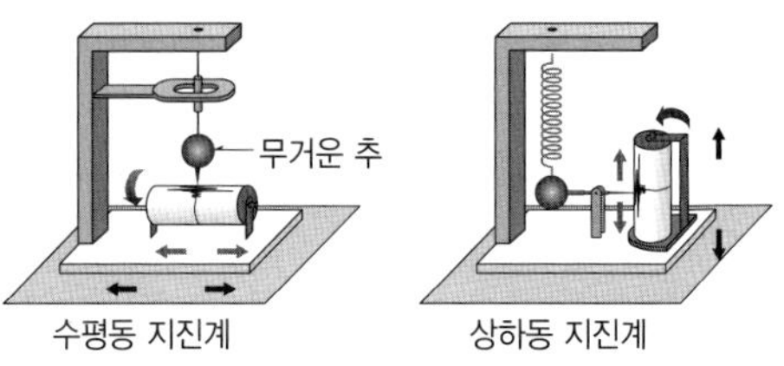

이에 대한 설명으로 옳은 것만을 [보기]에서 있는 대로 고른 것은?

보기
ㄱ. 지진계는 관성을 이용한 장치이다.
ㄴ. 추의 질량이 클수록 지진의 진동을 더 잘 기록할 수 있다.
ㄷ. 노를 저으면 배가 앞으로 가는 현상과 관련이 있다.

① ㄱ ② ㄴ ③ ㄱ, ㄴ
④ ㄱ, ㄷ ⑤ ㄴ, ㄷ

2 그림 (가), (나)는 긴 대롱과 짧은 대롱을 이용해 같은 크기의 힘으로 바람을 불어 대롱 속 화살을 날려 보내는 모습을 나타낸 것이다. 대롱 속 화살의 위치는 (가)와 (나)가 같고 화살이 힘을 받는 시간은 (가)에서는 $2t$, (나)에서는 t이다.

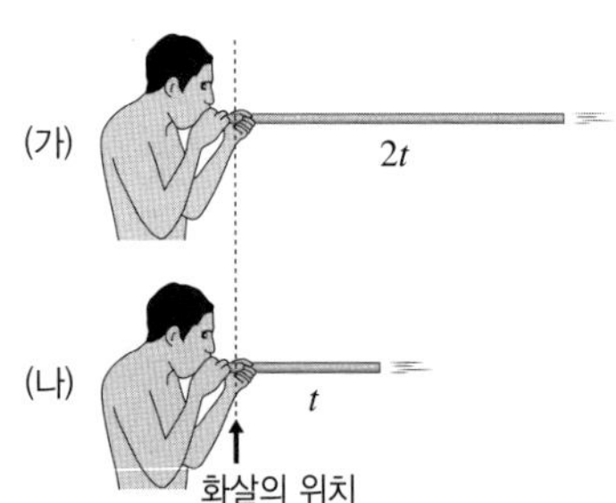

이에 대한 설명으로 옳은 것만을 [보기]에서 있는 대로 고른 것은?

보기
ㄱ. 화살이 받는 충격량의 크기는 (가), (나)가 같다.
ㄴ. (가)의 화살이 (나)의 화살보다 멀리 날아간다.
ㄷ. 대롱을 빠져 나올 때 화살의 운동량은 (가)에서가 (나)에서의 2배이다.

① ㄱ ② ㄴ ③ ㄱ, ㄷ
④ ㄴ, ㄷ ⑤ ㄱ, ㄴ, ㄷ

[3~4] 그림 (가)는 직선상에서 질량이 1 kg인 물체가 2 m/s의 속력으로 운동하는 것을, (나)는 이 물체에 운동 방향으로 힘을 가할 때 시간에 따른 힘의 크기를 나타낸 것이다. (단, 마찰은 무시한다.)

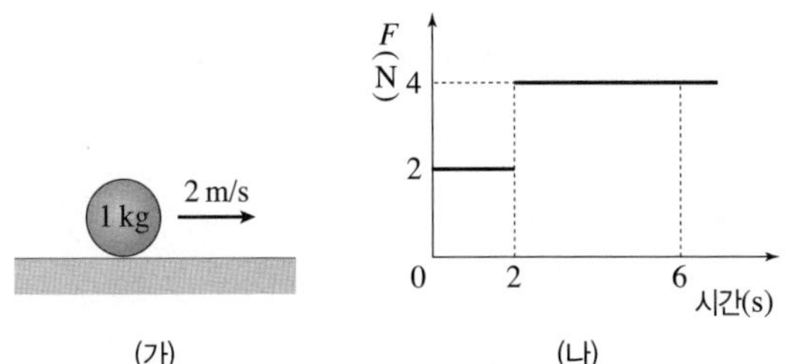

(가) (나)

3 2초일 때와 6초일 때 물체의 속력을 순서대로 옳게 짝 지은 것은?

① 4 m/s, 6 m/s
② 4 m/s, 8 m/s
③ 6 m/s, 10 m/s
④ 6 m/s, 16 m/s
⑤ 6 m/s, 22 m/s

4 이에 대한 설명으로 옳은 것만을 [보기]에서 있는 대로 고른 것은?

보기
ㄱ. 물체는 2초 동안 등속 운동을 한다.
ㄴ. 충격량의 크기는 2초~6초까지가 0~2초까지의 4배이다.
ㄷ. 6초 동안 받은 충격량의 크기와 6초일 때 운동량의 크기는 같다.

① ㄱ ② ㄴ ③ ㄱ, ㄷ
④ ㄴ, ㄷ ⑤ ㄱ, ㄴ, ㄷ

5 다음 밑줄 친 장치에 이용된 원리가 나머지와 다른 것은?

① 바이킹 놀이기구를 탔더니 안전바가 내려와 몸을 눌렀다.
② 아이들이 차에 탈 때 유아용 카시트에 태운다.
③ 자동차의 모든 승객은 안전띠를 착용한다.
④ 자동차 내부에는 에어백이 설치되어 있다.
⑤ 지진계는 무거운 추를 이용하여 지진의 진동을 감지한다.

[6~7] 그림 (가)는 똑같은 유리컵 2개를 같은 높이에서 시멘트 바닥과 푹신한 방석에 떨어뜨릴 때 시멘트 바닥에 떨어진 유리컵만 깨지는 모습을 나타낸 것이다. (나)는 이때 유리컵에 작용하는 힘의 크기를 시간에 따라 나타낸 것이다.

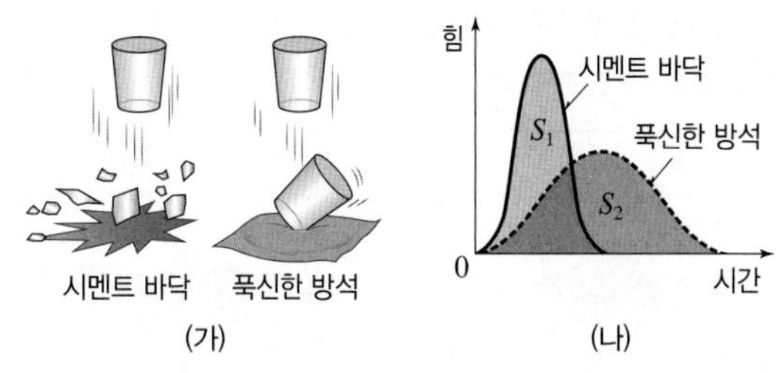

(가) (나)

6 이에 대한 설명으로 옳은 것만을 [보기]에서 있는 대로 고른 것은?

보기
ㄱ. (나)에서 그래프 아랫부분의 넓이 S_1, S_2는 같다.
ㄴ. 유리컵에 힘이 작용한 시간은 시멘트 바닥에 떨어질 때와 푹신한 방석에 떨어질 때가 같다.
ㄷ. 유리컵에 작용하는 평균 힘의 크기는 시멘트 바닥에 떨어질 때가 푹신한 방석에 떨어질 때보다 크다.

① ㄱ ② ㄴ ③ ㄱ, ㄴ
④ ㄱ, ㄷ ⑤ ㄴ, ㄷ

7 유리컵을 푹신한 방석에 떨어뜨릴 때 깨지지 않는 것과 같은 원리로 설명할 수 없는 것은?

① 달걀을 깰 때 딱딱한 모서리에 두드린다.
② 자동차 충돌 시 에어백이 있는 차가 더 안전하다.
③ 공기가 충전된 포장재를 이용하여 물건을 보호한다.
④ 공을 받을 때 글러브 낀 손을 뒤로 빼면서 받는다.
⑤ 자전거를 탈 때 내부 패딩이 있는 안전모를 착용한다.

• 정답과 해설 50쪽

01 생명 시스템과 화학 반응(1)

1. 생명 시스템과 세포

(1) 생명 시스템의 구성 단계: 세포 → 조직 → 기관 → 개체

(2) 세포의 구조와 기능

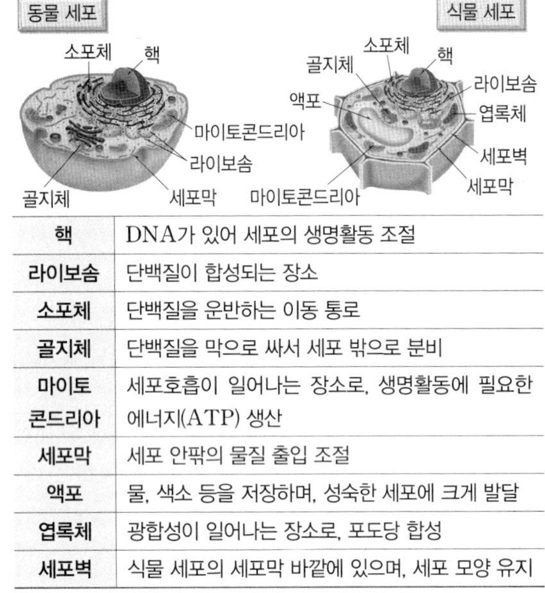

구분	기능
핵	DNA가 있어 세포의 생명활동 조절
라이보솜	단백질이 합성되는 장소
소포체	단백질을 운반하는 이동 통로
골지체	단백질을 막으로 싸서 세포 밖으로 분비
마이토 콘드리아	세포호흡이 일어나는 장소로, 생명활동에 필요한 에너지(ATP) 생산
세포막	세포 안팎의 물질 출입 조절
액포	물, 색소 등을 저장하며, 성숙한 세포에 크게 발달
엽록체	광합성이 일어나는 장소로, 포도당 합성
세포벽	식물 세포의 세포막 바깥에 있으며, 세포 모양 유지

2. 세포막을 통한 물질 이동

(1) 세포막의 구조와 특성

구분	내용
주성분	인지질(친수성 부분과 소수성 부분이 있음)과 단백질
구조	인지질 2중층에 단백질이 박혀 있으며, 유동성이 있음
기능	선택적 투과성이 있어 세포 안팎으로의 물질 출입을 조절

(2) 세포막을 통한 물질 이동

① 확산: 분자가 무작위로 움직여 농도가 높은 쪽에서 낮은 쪽으로 이동하는 현상

구분	인지질 2중층을 통한 확산	막단백질을 통한 확산
이동 방식	산소(O_2), 세포 밖, 세포 안	포도당, 세포 밖, 단백질, 세포 안
이동 물질	기체 분자(O_2, CO_2), 지방산	이온(Na^+, K^+), 포도당, 아미노산 등

② 삼투: 세포막을 경계로 물 분자가 용질의 농도가 낮은 쪽에서 높은 쪽으로 이동하는 현상

구분	결과
세포 안보다 농도가 낮은 용액에 넣었을 때	세포 안으로 들어오는 물의 양이 많아 세포 부피 증가
세포 안과 농도가 같은 용액에 넣었을 때	세포 안팎으로 이동하는 물의 양이 같아 세포 부피 변화 없음
세포 안보다 농도가 높은 용액에 넣었을 때	세포 밖으로 빠져나가는 물의 양이 많아 세포 부피 감소

1 다음은 생명 시스템의 구성 단계를 나타낸 것이다.

(가) → (나) → (다) → 개체

(가)~(다)에 들어갈 구성 단계를 옳게 짝 지은 것은?

	(가)	(나)	(다)
①	세포	조직	기관
②	세포	기관	조직
③	조직	세포	기관
④	조직	기관	세포
⑤	기관	조직	세포

2 세포소기관과 그 기능을 연결한 것으로 옳지 않은 것은?

① 핵 – 세포의 생명활동 조절
② 라이보솜 – 단백질합성
③ 소포체 – 단백질을 세포 밖으로 분비
④ 엽록체 – 빛에너지를 화학 에너지로 전환
⑤ 마이토콘드리아 – 세포호흡이 일어나는 장소

3 그림은 세포막의 구조를 나타낸 것이다.

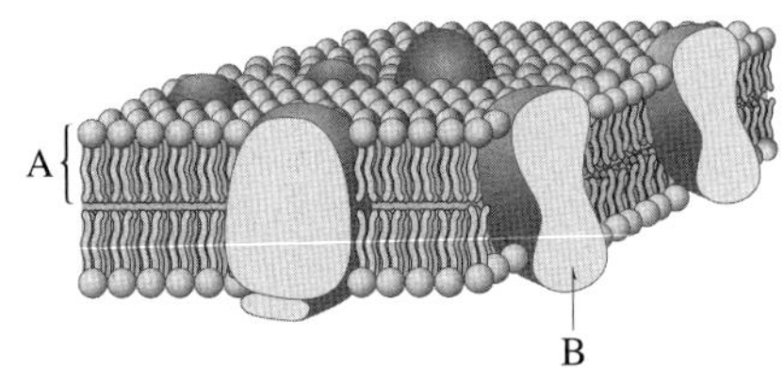

이에 대한 설명으로 옳은 것만을 [보기]에서 있는 대로 고른 것은?

보기
ㄱ. A에서 소수성 부분은 바깥쪽을 향하고 있다.
ㄴ. A는 라이보솜에서 합성된다.
ㄷ. B의 위치는 세포막 내에서 바뀔 수 있다.

① ㄴ ② ㄷ ③ ㄱ, ㄴ
④ ㄱ, ㄷ ⑤ ㄴ, ㄷ

4 그림은 어떤 동물의 적혈구를 용액 (가)~(라)에 일정 시간 동안 넣어 두었을 때의 결과를 나타낸 것이다.

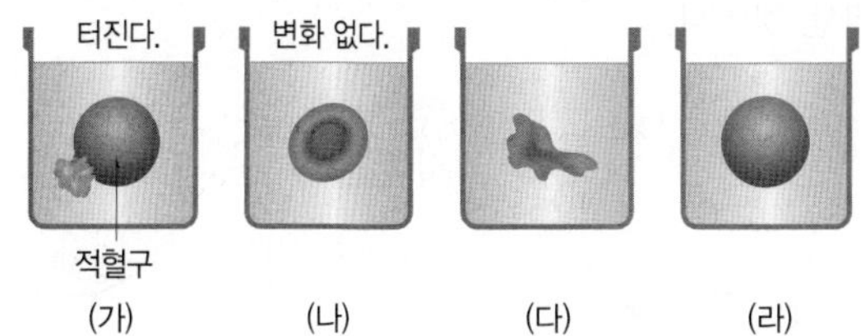

이에 대한 설명으로 옳은 것만을 [보기]에서 있는 대로 고른 것은? (단, (가)~(라) 중 하나는 증류수이고, 나머지는 농도가 서로 다른 설탕 용액이다.)

보기
ㄱ. (가)는 증류수이다.
ㄴ. (나)에서 적혈구의 세포막을 통한 물의 이동이 일어난다.
ㄷ. 용액의 설탕 농도는 (다)가 (라)보다 높다.

① ㄱ ② ㄴ ③ ㄱ, ㄷ
④ ㄴ, ㄷ ⑤ ㄱ, ㄴ, ㄷ

5 그림은 식물 세포를 농도가 다른 용액에 넣은 후 일정한 시간이 지났을 때의 모습을 나타낸 것이다.

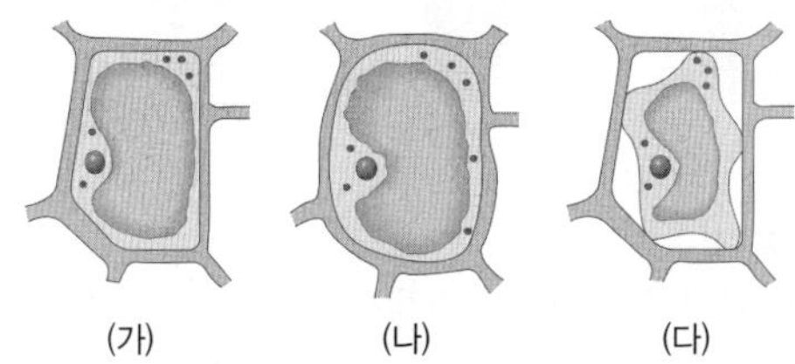

이에 대한 설명으로 옳은 것만을 [보기]에서 있는 대로 고른 것은?

보기
ㄱ. 세포 내부에서 세포벽으로 미는 힘은 (나)에서 가장 크다.
ㄴ. 농도가 가장 높은 용액에 넣은 세포는 (다)이다.
ㄷ. (다)를 처음보다 농도가 높은 용액에 넣으면 (가)와 같은 모습이 된다.

① ㄱ ② ㄴ ③ ㄷ
④ ㄱ, ㄴ ⑤ ㄱ, ㄴ, ㄷ

02 생명 시스템과 화학 반응(2)

1. 물질대사와 효소

(1) **물질대사**: 생명체 내에서 일어나는 모든 화학 반응으로, 반드시 에너지 출입이 일어나며, 효소가 관여한다. 물질대사는 체온 정도의 온도에서 여러 단계를 거쳐 에너지가 소량씩 출입하며 반응이 진행된다.

(2) 물질대사의 구분

동화작용	이화작용
• 작고 간단한 분자를 크고 복잡한 분자로 합성 • 에너지를 흡수하여 일어남 예 광합성, 단백질합성	• 크고 복잡한 분자를 작고 간단한 분자로 분해 • 에너지를 방출하며 일어남 예 세포호흡, 소화

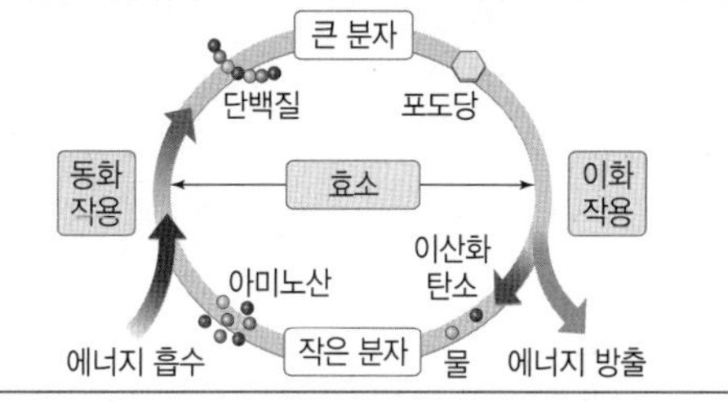

(3) **효소**: 생명체에서 화학 반응을 촉진하는 물질로, 생체 촉매라고도 한다. 주성분은 단백질이다.

2. 효소의 작용과 활용

(1) **효소의 작용**: 반응물과 결합하여 활성화에너지를 감소시켜 화학 반응이 빠르게 일어나게 한다.

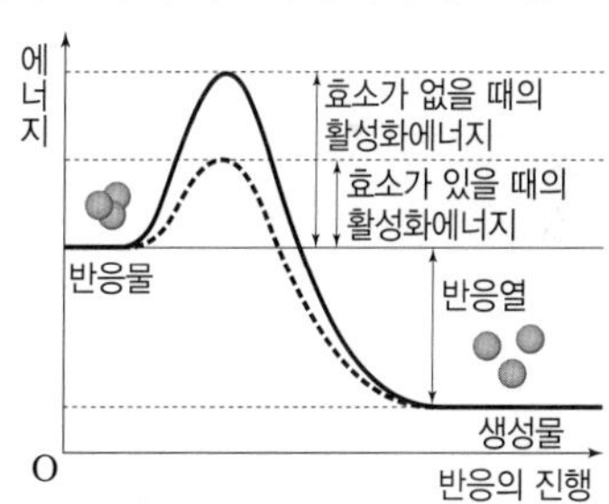

(2) **효소의 특성**

① **기질특이성**: 한 종류의 효소는 그 구조가 맞는 특정 반응물하고만 결합한다.

② **재사용**: 효소는 반응 전후에 변하지 않으므로 재사용된다.

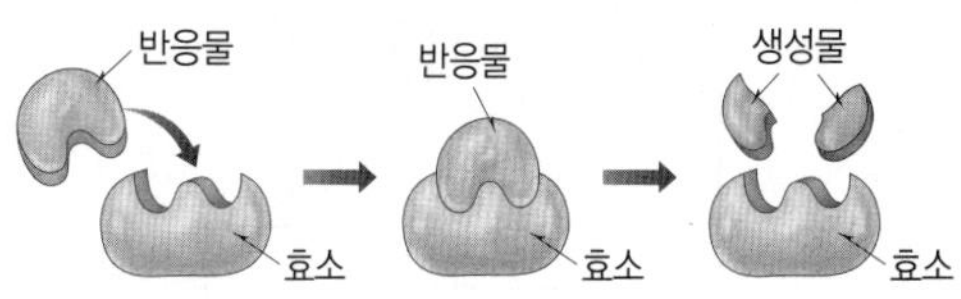

(3) **효소의 활용**: 효소는 생명체 밖에서도 작용할 수 있으므로 식품, 의약품, 생활용품 등 여러 분야에 활용된다.

식품	발효 식품, 고기 연육제, 식혜
의약품	소화제, 혈당 측정기
생활용품	효소 세제, 효소 화장품, 효소 치약, 화장지 및 종이 제조
기타	청바지 탈색, 생활 하수 및 공장 폐수 정화

6 표는 세포에서 일어나는 물질대사를 나타낸 것이다.

구분	물질의 변화
(가)	아미노산 → 단백질
(나)	포도당 → 이산화 탄소, 물

이에 대한 설명으로 옳은 것만을 [보기]에서 있는 대로 고른 것은?

보기
ㄱ. (가)는 동화작용에 해당한다.
ㄴ. (나) 반응이 일어날 때 에너지가 흡수된다.
ㄷ. (나) 반응은 단계적으로 일어난다.

① ㄱ ② ㄴ ③ ㄱ, ㄷ
④ ㄴ, ㄷ ⑤ ㄱ, ㄴ, ㄷ

7 그림은 효소가 있을 때와 없을 때 화학 반응의 에너지 변화를 나타낸 것이다.

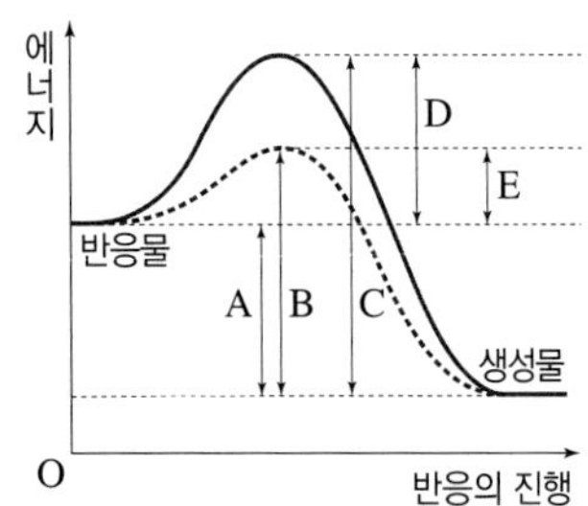

이에 대한 설명으로 옳은 것은?

① A는 반응열이다.
② B는 효소가 있을 때의 활성화에너지이다.
③ C는 효소가 없을 때의 활성화에너지이다.
④ D는 효소의 작용으로 감소한 에너지 크기이다.
⑤ E는 효소의 유무와 관계없이 일정하다.

8 그림 (가)는 어떤 효소가 작용하여 일어나는 반응을, (나)는 이 반응이 진행되는 동안 일어나는 에너지 변화를 나타낸 것이다.

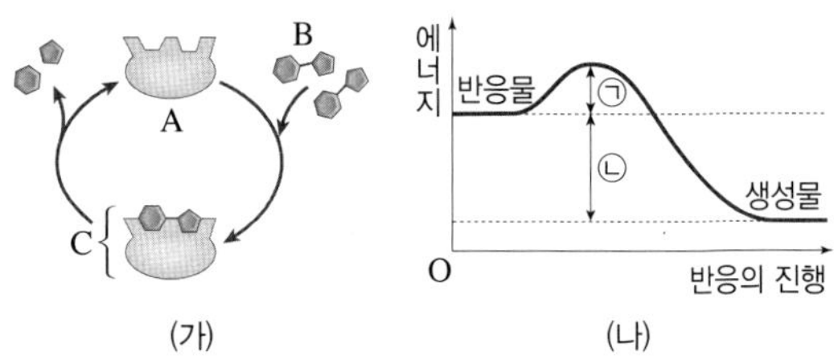

이에 대한 설명으로 옳은 것만을 [보기]에서 있는 대로 고른 것은?

보기
ㄱ. A의 주성분은 단백질이다.
ㄴ. ㉠은 B의 에너지와 생성물의 에너지 차이이다.
ㄷ. C가 형성되면 (나)에서 ㉡의 크기가 감소한다.

① ㄱ ② ㄴ ③ ㄱ, ㄷ
④ ㄴ, ㄷ ⑤ ㄱ, ㄴ, ㄷ

9 다음은 효소의 작용을 알아보기 위한 실험이다.

[실험 방법]
(가) 시험관 A～C에 3 % 과산화 수소수를 같은 양씩 넣는다.
(나) 시험관 A는 그대로 두고, B에는 생간 조각을, C에는 삶은 간 조각을 넣고 A～C에서 기포가 발생하는지 관찰한다.

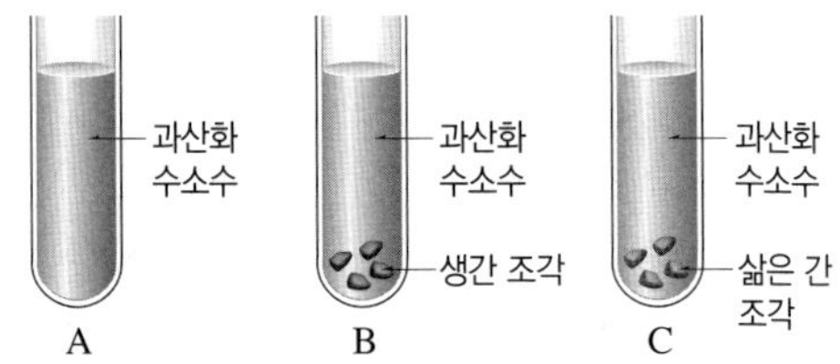

[실험 결과]
시험관 B에서만 기포가 발생하였다.

이에 대한 설명으로 옳지 않은 것은?

① 간세포에는 카탈레이스가 있다.
② A에서 기포가 발생하지 않는 까닭은 과산화 수소의 분해 반응 속도가 매우 느리기 때문이다.
③ B에서 발생한 기포에 꺼져 가는 불씨를 대면 불씨가 다시 살아난다.
④ C에서 기포가 발생하지 않는 까닭은 반응의 활성화에너지가 높아졌기 때문이다.
⑤ 5 % 과산화 수소수를 사용하면 B에서 발생하는 기포의 양이 증가한다.

03 생명 시스템에서 정보의 흐름

1. 유전자와 단백질

(1) 유전자는 유전정보가 저장된 DNA 특정 부위이다.

(2) 유전자의 유전정보 → 단백질합성 → 형질 나타남

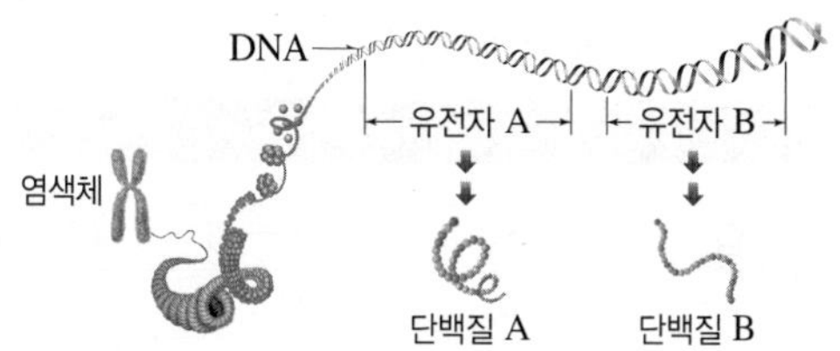

(3) 유전자에 이상이 생기면 단백질이 정상적으로 만들어지지 않아 유전병이 나타날 수 있다.

2. 세포에서 유전정보의 흐름

(1) 생명중심원리

(2) 유전정보의 저장과 유전부호

① 유전정보는 DNA의 염기서열에 저장되어 있다.

② 유전부호: 하나의 아미노산을 지정하는 연속된 3개의 염기이다. DNA ➡ 3염기조합, RNA ➡ 코돈

③ 지구상의 모든 생명체는 유전부호 체계가 같다.
➡ 공통조상으로부터 진화하였음을 의미한다.

3. 유전정보의 전달과 단백질합성

(1) 전사: DNA 이중나선 중 한쪽 가닥을 틀로 하여 이 가닥에 상보적인 염기서열을 가진 RNA가 합성된다.

(2) 번역: RNA의 유전정보에 따라 단백질이 합성된다.

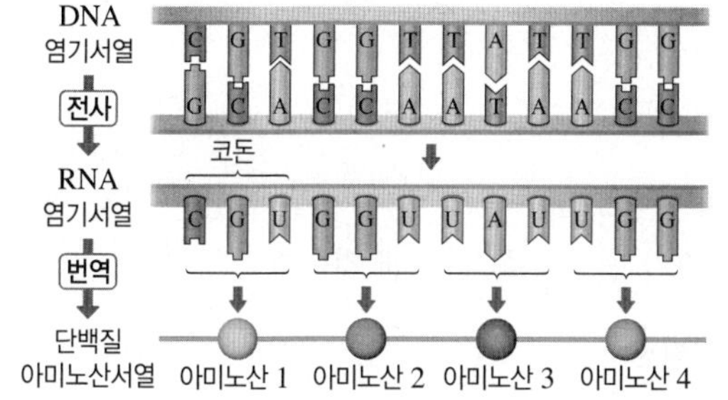

1 그림은 세포 내 유전정보의 흐름을 나타낸 것이다.

이에 대한 설명으로 옳지 <u>않은</u> 것은?

㉠ DNA
물질 X
(가)
(나)
㉡
물질 Y

① ㉠은 전사, ㉡은 번역이다.
② ㉠ 과정에 효소가 필요하다.
③ (가)는 핵이고, (나)는 세포질이다.
④ 물질 X는 RNA이다.
⑤ 물질 Y를 구성하는 기본 단위체는 뉴클레오타이드이다.

2 그림은 유전자의 유전정보에 따라 생물의 형질이 나타나기까지의 과정을 나타낸 것이다.

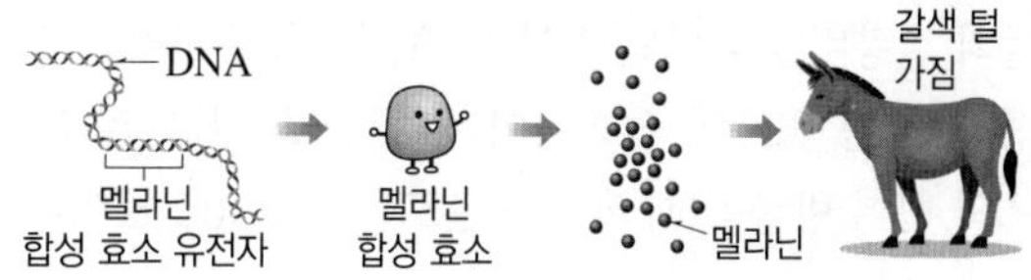

이에 대한 설명으로 옳은 것만을 [보기]에서 있는 대로 고른 것은?

보기
ㄱ. 멜라닌 합성 효소는 단백질로 이루어져 있다.
ㄴ. 멜라닌 합성 효소 유전자로부터 멜라닌 합성 효소가 합성되기까지 전사와 번역 과정을 거친다.
ㄷ. 유전자 이상으로 멜라닌 합성 효소가 합성되지 않아도 당나귀의 털색은 갈색으로 나타난다.

① ㄱ ② ㄴ ③ ㄱ, ㄴ
④ ㄱ, ㄷ ⑤ ㄱ, ㄴ, ㄷ

3 그림은 어떤 세포에서 일어나는 유전정보의 흐름을, 표는 일부 코돈이 지정하는 아미노산의 종류를 나타낸 것이다.

DNA CGGTCAGTCGTT(가)
GCC(나)CAGCAAACC
↓
RNA (다)AGUCAGCAAACC
↓
단백질 ㉣−(라)

코돈	아미노산
CAG, CAA	㉠
AGU, AGC	㉡
ACC, ACA	㉢
GCC, GCG	㉣
CCA, CCC	㉤

이에 대한 설명으로 옳은 것만을 [보기]에서 있는 대로 고른 것은? (단, RNA의 왼쪽 첫 번째 염기부터 번역된다.)

보기
ㄱ. (가)는 UGG, (나)는 AGU이다.
ㄴ. (다)는 GCG이다.
ㄷ. (라)의 아미노산 배열 순서는 ㉡−㉠−㉠−㉢이다.

① ㄴ ② ㄷ ③ ㄱ, ㄴ
④ ㄱ, ㄷ ⑤ ㄴ, ㄷ

대단원 고난도 문제

• 정답과 해설 51쪽

1 그림은 시간과 우주의 온도에 따른 우주를 구성하는 입자들의 질량비를 나타낸 것이다. A, B, C는 각각 양성자, 중성자, 헬륨 원자핵 중 하나이다. $T_1 > T_2$이고, 우주에서 최초의 빛이 방출될 때 우주의 온도는 약 3000 K이다.

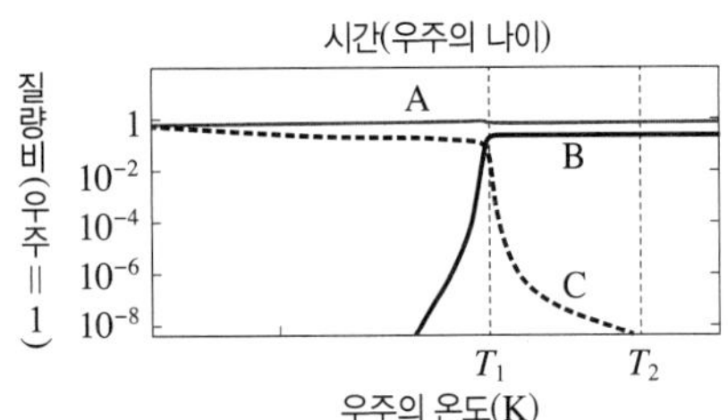

이에 대한 설명으로 옳은 것만을 [보기]에서 있는 대로 고른 것은?

보기
- ㄱ. C는 양성자이다.
- ㄴ. T_1일 때, 우주의 온도는 3000 K보다 높았다.
- ㄷ. T_2일 때, $\frac{\text{A의 질량비}}{\text{B의 질량비}}$는 2.5보다 작다.

① ㄱ ② ㄴ ③ ㄱ, ㄷ
④ ㄴ, ㄷ ⑤ ㄱ, ㄴ, ㄷ

2 표 (가)는 사람과 우주를 구성하는 원소 A~C에서 특징 ㉠~㉢의 유무를, (나)는 ㉠~㉢을 순서 없이 나타낸 것이다. A~C는 각각 수소, 산소, 탄소 중 하나이다.

원소＼특징	㉠	㉡	㉢
A	○	○	×
B	○	○	○
C	×	×	×

(○: 있음, ×: 없음)

(가)

특징(㉠~㉢)
- 전자 껍질이 2개인가?
- 별 중심부에서 핵융합 반응에 의해 생성될 수 있는가?
- 규산염 광물의 주요 구성 원소인가?

(나)

이에 대한 설명으로 옳은 것만을 [보기]에서 있는 대로 고른 것은?

보기
- ㄱ. ㉢에 해당하는 것은 '규산염 광물의 주요 구성 원소인가?'이다.
- ㄴ. C는 원자가 전자가 1개이다.
- ㄷ. 사람을 구성하는 원소의 질량비는 A가 B보다 크다.

① ㄱ ② ㄷ ③ ㄱ, ㄴ
④ ㄴ, ㄷ ⑤ ㄱ, ㄴ, ㄷ

3 그림은 어느 성운의 스펙트럼을, 표는 선 스펙트럼의 파장 A~F와 어느 원소 ㉠의 스펙트럼에서 나타나는 흡수선의 파장을 나타낸 것이다.

선 스펙트럼	파장(nm)	선 스펙트럼	파장(nm)
A	434.0	D	500.7
B	486.1	E	587.5
C	495.9	F	656.3

원소 ㉠의 스펙트럼에서 나타나는 흡수선 파장(nm): 656.3, 486.1, 434.0

이에 대한 설명으로 옳은 것만을 [보기]에서 있는 대로 고른 것은?

보기
- ㄱ. 이 성운은 암흑 성운이다.
- ㄴ. A, B와 C, D는 서로 다른 원소에 의한 방출선이다.
- ㄷ. ㉠은 이 성운을 구성하는 물질이다.

① ㄱ ② ㄴ ③ ㄱ, ㄷ
④ ㄴ, ㄷ ⑤ ㄱ, ㄴ, ㄷ

4 표는 원소 A~E의 전자가 들어 있는 전자 껍질 수와 원자가 전자 수를 나타낸 것이다.

원소	A	B	C	D	E
전자가 들어 있는 전자 껍질 수	1	2	2	3	3
원자가 전자 수	1	1	7	2	0

이에 대한 설명으로 옳은 것만을 [보기]에서 있는 대로 고른 것은? (단, A~E는 임의의 원소 기호이다.)

보기
- ㄱ. A와 B는 모두 물과 반응하여 수소 기체를 발생시킨다.
- ㄴ. C_2는 A_2와 반응하여 산성 물질을 생성한다.
- ㄷ. D^{2+}의 전자 배치는 E와 같다.

① ㄱ ② ㄴ ③ ㄷ
④ ㄱ, ㄴ ⑤ ㄴ, ㄷ

5 그림은 화합물 AB와 BC_2를 화학 결합 모형으로 나타낸 것이다.

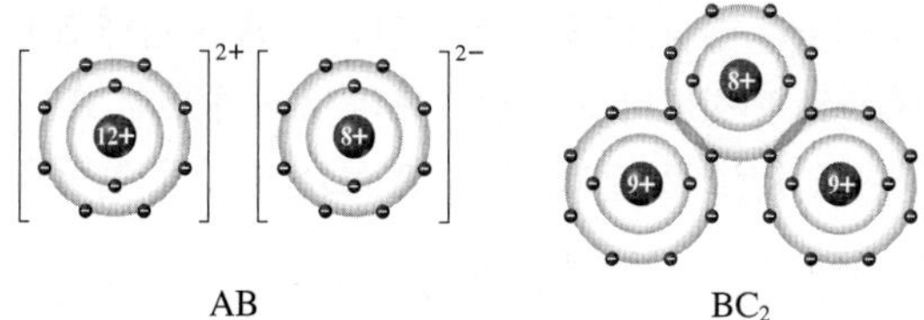

이에 대한 설명으로 옳은 것만을 [보기]에서 있는 대로 고른 것은? (단, A~C는 임의의 원소 기호이다.)

보기
ㄱ. B와 C는 같은 주기 원소이다.
ㄴ. A~C 중 비금속 원소는 한 가지이다.
ㄷ. A와 C로 이루어진 안정한 화합물의 화학식은 AC_2이다.

① ㄱ ② ㄴ ③ ㄱ, ㄷ
④ ㄴ, ㄷ ⑤ ㄱ, ㄴ, ㄷ

6 표는 규산염 광물 A~C를 성질에 따라 구분한 것이다. A, B, C는 각각 감람석, 석영, 흑운모를 순서 없이 나타낸 것이다.

광물	쪼개짐	$\frac{\text{O 원자의 수}}{\text{Si 원자의 수}}$
A	없음	4
B	있음	
C	(㉠)	(㉡)

이에 대한 설명으로 옳은 것만을 [보기]에서 있는 대로 고른 것은?

보기
ㄱ. '없음'은 ㉠에 해당한다.
ㄴ. B는 규산염 사면체의 결합 구조 중 판상 구조를 갖는다.
ㄷ. ㉡은 4보다 작다.

① ㄱ ② ㄴ ③ ㄱ, ㄷ
④ ㄴ, ㄷ ⑤ ㄱ, ㄴ, ㄷ

7 그림은 어떤 핵산의 구조 중 일부를 나타낸 것이다. 이 핵산을 구성하는 구아닌(G)의 비율은 31 %이다.

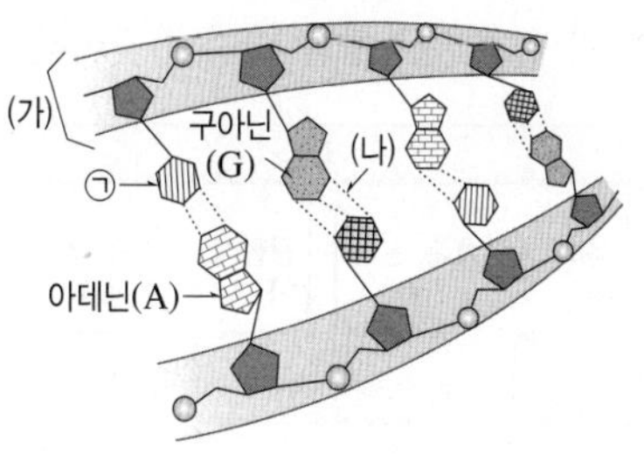

이에 대한 설명으로 옳은 것만을 [보기]에서 있는 대로 고른 것은?

보기
ㄱ. (가)는 한 뉴클레오타이드의 인산과 다른 뉴클레오타이드의 당이 공유 결합으로 연결되어 형성된다.
ㄴ. (나)는 공유 결합이다.
ㄷ. 이 핵산을 구성하는 ㉠의 비율은 19 %이다.

① ㄱ ② ㄴ ③ ㄱ, ㄷ
④ ㄴ, ㄷ ⑤ ㄱ, ㄴ, ㄷ

8 그림 (가)는 원자 A, B와 규소(Si)의 원자가 전자를 모형으로 나타낸 것이고, (나)는 A와 규소(Si)로 이루어진 불순물 반도체 X, B와 규소(Si)로 이루어진 불순물 반도체 Y를 결합하여 만든 다이오드를 나타낸 것이다.

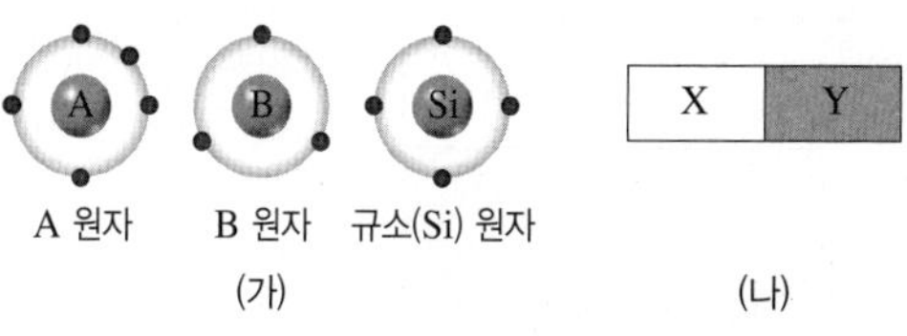

이에 대한 설명으로 옳은 것만을 [보기]에서 있는 대로 고른 것은?

보기
ㄱ. X는 n형 반도체이다.
ㄴ. (나)는 정류 작용을 한다.
ㄷ. 규소(Si) 원자로만 이루어진 반도체는 순수 반도체이다.

① ㄱ ② ㄱ, ㄴ ③ ㄱ, ㄷ
④ ㄴ, ㄷ ⑤ ㄱ, ㄴ, ㄷ

대단원 고난도 문제

• 정답과 해설 52쪽

1 그림은 지구시스템에서 기권과 다른 권역 사이에서 일어나는 연간 탄소 이동량을 나타낸 것이다.

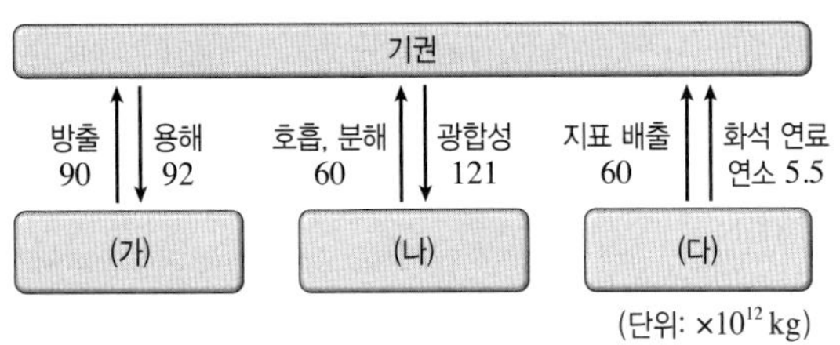

이에 대한 설명으로 옳은 것만을 [보기]에서 있는 대로 고른 것은?

보기

ㄱ. (가)~(다) 중 수권은 (가)이다.
ㄴ. 지권에서 감소한 탄소는 대부분 생물권에 저장된다.
ㄷ. 연간 기권에 축적되는 탄소량은 2.5 단위이다.

① ㄱ ② ㄴ ③ ㄱ, ㄷ
④ ㄴ, ㄷ ⑤ ㄱ, ㄴ, ㄷ

2 그림은 어느 해역에서 판의 분포를, 표는 지점 ㉠~㉣에서 측정한 해양 지각의 나이를 나타낸 것이다. 이 해역에는 발산형 경계와 보존형 경계가 존재한다.

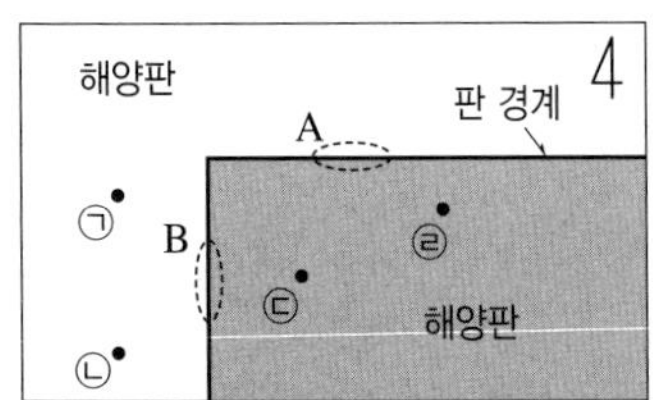

지점	나이(상댓값)
㉠	6
㉡	3
㉢	2
㉣	( )

이에 대한 설명으로 옳은 것만을 [보기]에서 있는 대로 고른 것은?

보기

ㄱ. 화산 활동은 A보다 B에서 활발하다.
ㄴ. ㉠과 ㉢ 사이의 거리는 점점 멀어진다.
ㄷ. 해양 지각의 나이는 ㉣이 ㉢보다 적다.

① ㄱ ② ㄷ ③ ㄱ, ㄴ
④ ㄱ, ㄷ ⑤ ㄴ, ㄷ

3 그림과 같이 물체 A가 자유 낙하를 시작할 때 같은 높이에 있는 물체 B를 수평 방향으로 A를 향해 5 m/s의 속도로 던졌더니 5초 후에 A와 충돌하였다. A, B의 질량은 1 kg으로 같고, 처음 A, B는 x만큼 떨어져 있었다.

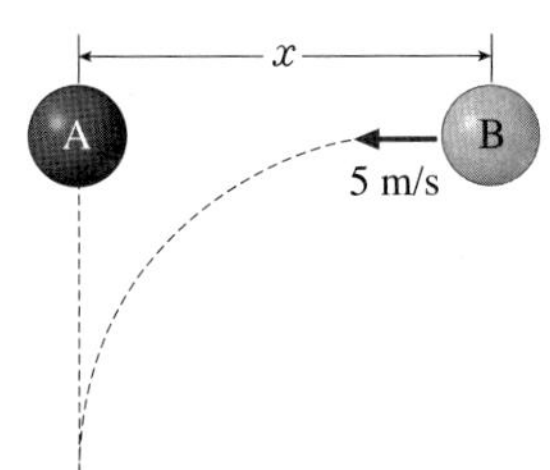

A, B의 운동에 대한 설명으로 옳은 것만을 [보기]에서 있는 대로 고른 것은? (단, 중력 가속도는 10 m/s^{2}이고, 물체의 크기와 공기 저항은 무시한다.)

보기

ㄱ. 처음에 두 물체가 떨어진 거리 x는 25 m이다.
ㄴ. 두 물체가 충돌할 때 물체 A의 속도는 50 m/s이다.
ㄷ. 충돌할 때까지 물체 B에 작용하는 힘의 크기는 일정하다.

① ㄱ ② ㄴ ③ ㄱ, ㄷ
④ ㄴ, ㄷ ⑤ ㄱ, ㄴ, ㄷ

4 그림은 직선상에서 운동하는 질량이 2 kg인 물체의 운동량을 시간에 따라 나타낸 것이다.

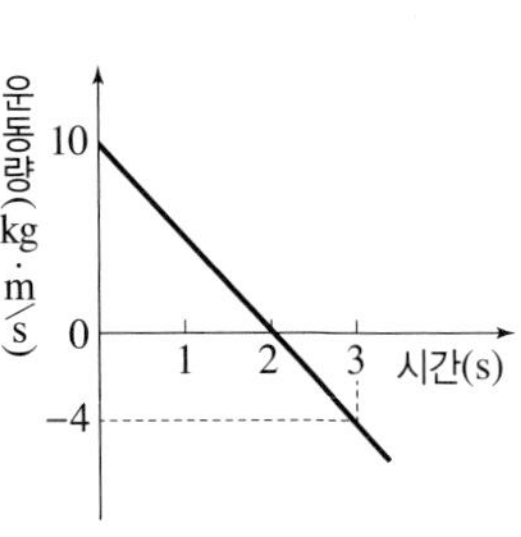

이에 대한 설명으로 옳은 것만을 [보기]에서 있는 대로 고른 것은? (단, 마찰은 무시한다.)

보기

ㄱ. 0~3초 동안 물체가 받은 충격량의 크기는 14 N·s이다.
ㄴ. 1초일 때 물체의 속력은 5 m/s이다.
ㄷ. 2초일 때 물체의 운동 방향이 바뀌었다.

① ㄱ ② ㄴ ③ ㄱ, ㄷ
④ ㄴ, ㄷ ⑤ ㄱ, ㄴ, ㄷ

5 그림 (가)는 수평면에서 질량이 각각 m, $2m$인 물체 A, B가 벽을 향해 v의 속도로 운동을 하는 모습을, (나)의 X, Y는 A, B가 벽에 충돌하여 정지할 때까지 벽으로부터 받은 힘을 시간에 따라 순서 없이 나타낸 것이다. S_X, S_Y는 그래프 아랫부분의 넓이를 나타낸 것이다.

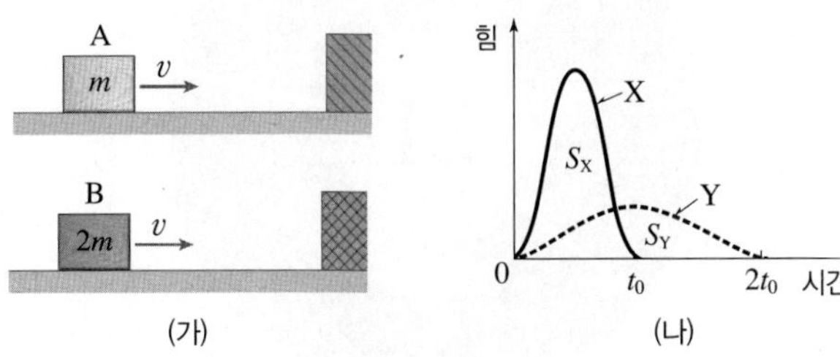

이에 대한 설명으로 옳은 것만을 [보기]에서 있는 대로 고른 것은? (단, 그래프 아랫부분의 넓이는 X가 Y보다 크다.)

보기
ㄱ. X는 B를 나타낸 것이다.
ㄴ. S_X는 S_Y의 4배이다.
ㄷ. 벽으로부터 받은 평균 힘의 크기는 B가 A의 4배이다.

① ㄱ ② ㄴ ③ ㄱ, ㄷ
④ ㄴ, ㄷ ⑤ ㄱ, ㄴ, ㄷ

6 그림은 식물 세포의 구조를, 표는 세포에서 일어나는 두 가지 반응을 나타낸 것이다. A~C는 골지체, 마이토콘드리아, 엽록체를 순서 없이 나타낸 것이다.

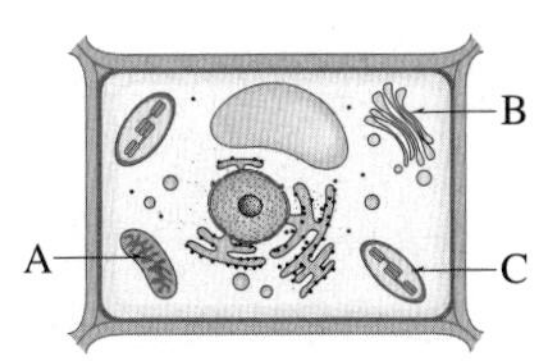

구분	반응
(가)	이산화 탄소+물 → 포도당+산소
(나)	아미노산 + 아미노산 → 펩타이드 결합

이에 대한 설명으로 옳은 것만을 [보기]에서 있는 대로 고른 것은?

보기
ㄱ. A에서 (나) 반응이 일어난다.
ㄴ. B는 막으로 둘러싸여 있다.
ㄷ. C에서 (가) 반응이 일어난다.

① ㄱ ② ㄴ ③ ㄱ, ㄷ
④ ㄴ, ㄷ ⑤ ㄱ, ㄴ, ㄷ

7 그림 (가)는 어떤 효소의 작용을, (나)는 이 효소의 양이 일정할 때 반응물의 농도에 따른 초기 반응 속도를 나타낸 것이다.

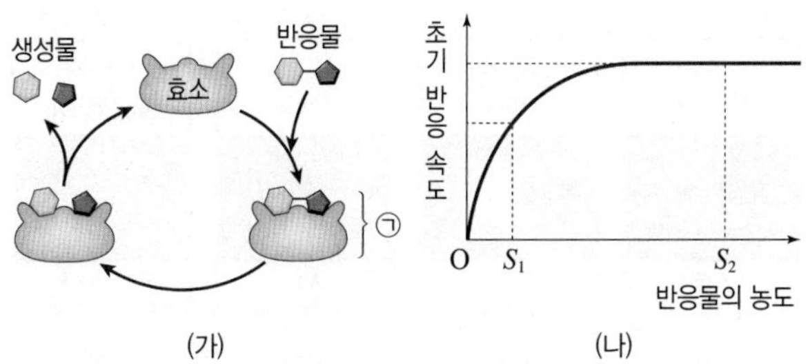

이에 대한 설명으로 옳은 것만을 [보기]에서 있는 대로 고른 것은?

보기
ㄱ. ㉠의 양은 반응물의 농도가 S_1일 때보다 S_2일 때가 많다.
ㄴ. 반응의 활성화에너지는 반응물의 농도가 S_1일 때보다 S_2일 때가 작다.
ㄷ. 반응물의 농도가 S_2일 때에는 효소의 농도를 높여도 초기 반응 속도는 변하지 않는다.

① ㄱ ② ㄷ ③ ㄱ, ㄴ
④ ㄴ, ㄷ ⑤ ㄱ, ㄴ, ㄷ

8 그림은 유전정보의 전달과 단백질합성 과정을 나타낸 것이다. ㉠~㉣은 각각 다른 종류의 아미노산이다.

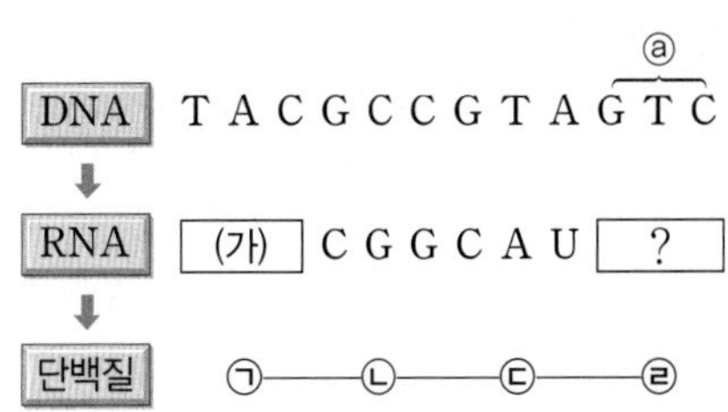

이에 대한 설명으로 옳은 것만을 [보기]에서 있는 대로 고른 것은? (단, 왼쪽 첫 번째 염기부터 번역된다.)

보기
ㄱ. (가)는 AUG이다.
ㄴ. 코돈 CGG와 CAG가 지정하는 아미노산은 서로 다르다.
ㄷ. ⓐ에서 T이 C으로 바뀌면 아미노산 ㉣이 ㉡으로 바뀐 단백질이 만들어진다.

① ㄱ ② ㄴ ③ ㄱ, ㄷ
④ ㄴ, ㄷ ⑤ ㄱ, ㄴ, ㄷ

I 단원 실전 모의고사

• 정답과 해설 53쪽

1 그림은 자연 세계에서 다양한 범위의 시간 규모와 공간 규모를 나타낸 것이다.

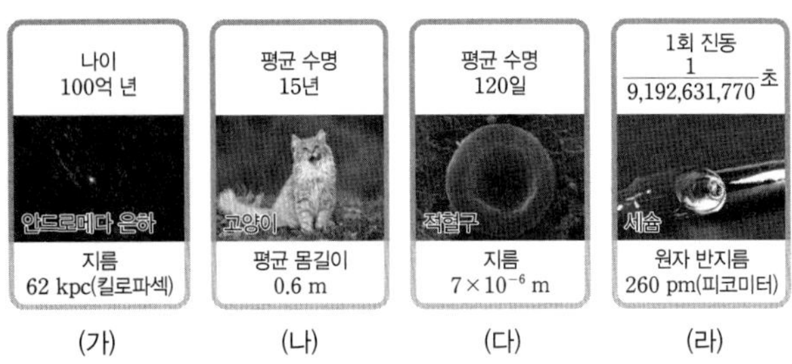

이에 대한 설명으로 옳은 것만을 [보기]에서 있는 대로 고른 것은?

보기
ㄱ. 시간 규모는 (가)가 가장 크다.
ㄴ. (라)는 미시 세계에 해당한다.
ㄷ. 공간 규모에서 (다)는 (나)보다 작다.

① ㄱ ② ㄷ ③ ㄱ, ㄴ
④ ㄱ, ㄷ ⑤ ㄱ, ㄴ, ㄷ

2 시간과 길이의 측정에 대한 설명으로 옳은 것만을 [보기]에서 있는 대로 고른 것은?

보기
ㄱ. 과거에는 천문학적 현상을 이용하여 시간을 측정했다.
ㄴ. 현대에는 세슘 원자시계를 이용하여 정밀하게 시간을 측정할 수 있다.
ㄷ. 현대에는 제임스 웹 우주 망원경이 개발되어 관측 가능한 우주의 규모가 넓어졌다.

① ㄴ ② ㄷ ③ ㄱ, ㄴ
④ ㄴ, ㄷ ⑤ ㄱ, ㄴ, ㄷ

3 일상생활에서 사용하는 기본량의 단위 중 국제단위계에 해당하지 않는 것은?

① 농구대의 높이는 3.05 m이다.
② 감자 한 박스의 질량은 4 kg이다.
③ 충전기의 출력 전류의 세기는 2.5 A이다.
④ 목욕물의 온도를 40 °C로 맞춘다.
⑤ 눈을 한 번 깜빡하는 데 걸리는 시간은 0.1 s이다.

4 그림은 국제단위계의 기본량과 단위를 나타낸 것이다.

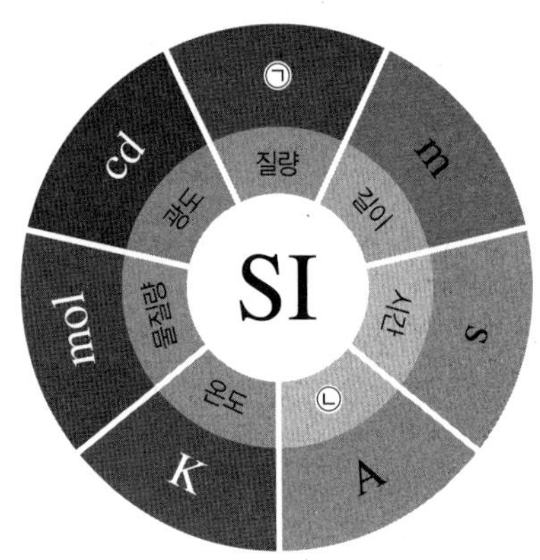

이에 대한 설명으로 옳은 것만을 [보기]에서 있는 대로 고른 것은?

보기
ㄱ. ㉠에는 'g'이 해당한다.
ㄴ. ㉡에는 '전류'가 해당한다.
ㄷ. 속력은 길이와 시간으로 유도할 수 있는 유도량이다.

① ㄴ ② ㄷ ③ ㄱ, ㄴ
④ ㄴ, ㄷ ⑤ ㄱ, ㄴ, ㄷ

5 다음은 학생 A~C가 어떤 용액의 부피를 측정하는 과정을 나타낸 것이다.

• 학생 A: 용액의 부피는 70 mL 정도 될 것 같아.
• 학생 B: 그러면 ㉠용량이 100 mL인 눈금실린더를 사용하여 측정해 보자.
• 학생 C: 눈금실린더의 눈금을 읽어 보니 용액의 부피는 75.5 mL야.

이에 대한 설명으로 옳은 것만을 [보기]에서 있는 대로 고른 것은?

보기
ㄱ. 학생 A의 활동은 측정 경험 등을 바탕으로 이루어진다.
ㄴ. 학생 B의 ㉠은 어림에 근거하여 측정 도구를 선택하였다.
ㄷ. 학생 C의 활동은 어떠한 양을 추정하는 활동이다.

① ㄱ ② ㄴ ③ ㄷ
④ ㄱ, ㄴ ⑤ ㄴ, ㄷ

6 그림은 일상생활에서 측정 표준이 활용되는 사례를 나타낸 것이다.

(가)

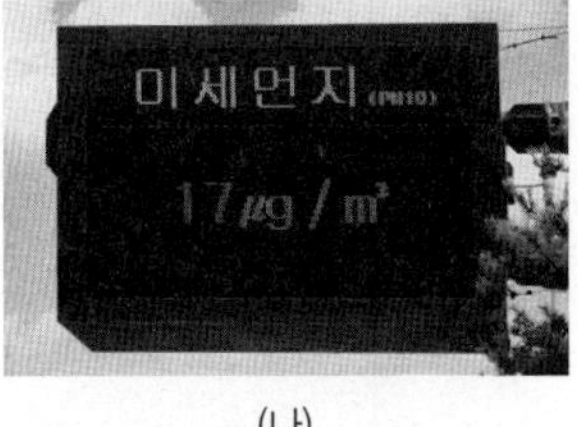

(나)

이에 대한 설명으로 옳은 것만을 [보기]에서 있는 대로 고른 것은?

보기
ㄱ. 우리나라는 기온의 단위로 ℃를 사용한다.
ㄴ. (가)와 (나)는 모두 측정 표준을 사용한 정보이므로 신뢰할 수 있다.
ㄷ. (나)의 정보는 사람들이 미세 먼지에 대한 대책을 마련하는 데 도움을 준다.

① ㄱ ② ㄷ ③ ㄱ, ㄴ
④ ㄴ, ㄷ ⑤ ㄱ, ㄴ, ㄷ

7 그림은 무선 통신, 클라우드, 사물 인터넷 등을 가능하게 하는 기술을 나타낸 것이다.

이에 대한 설명으로 옳은 것만을 [보기]에서 있는 대로 고른 것은?

보기
ㄱ. ㉠에는 '아날로그'가 해당한다.
ㄴ. 인터넷 뱅킹, 무인 드론, 원격 진료 등은 ㉠ 기술이 이용되는 사례이다.
ㄷ. ㉠ 기술은 오늘날 은행 및 금융, 교육, 운송, 의료 등의 여러 분야를 변화시키고 있다.

① ㄱ ② ㄴ ③ ㄱ, ㄷ
④ ㄴ, ㄷ ⑤ ㄱ, ㄴ, ㄷ

서술형

8 표는 몇 가지 유도량과 단위를 나타낸 것이다.

유도량	단위	유도량	단위
부피	m^3	힘	$kg \cdot m/s^2$
속력	m/s	밀도	kg/m^3
가속도	m/s^2	압력	$kg/m \cdot s^2$

(1) 유도량과 기본량의 관계를 서술하시오.

(2) 위의 유도량 중 질량, 길이, 시간의 단위를 조합한 단위를 사용하는 유도량을 있는 대로 골라 쓰시오.

9 다음은 신호와 정보에 대한 세 학생의 대화이다.

- 학생 A: 자연에서 발생하는 대부분의 신호는 불연속적으로 변하는 디지털 신호야.
- 학생 B: 센서를 이용하면 자연의 변화를 측정하고 분석하여 디지털 정보를 얻을 수 있어.
- 학생 C: 디지털 정보는 전송 과정에서 거의 손상되지 않으며 저장과 분석이 쉬워.

학생 A~C 중 잘못 설명한 학생을 고르고, 옳게 고쳐 쓰시오.

10 현대의 일상생활에서 디지털 정보가 활용되는 사례를 두 가지 서술하시오.

Ⅱ 단원 실전 모의고사

• 정답과 해설 53쪽

1 그림은 빅뱅 직후 우주 초기에 입자가 생성되는 과정을 나타낸 것이다.

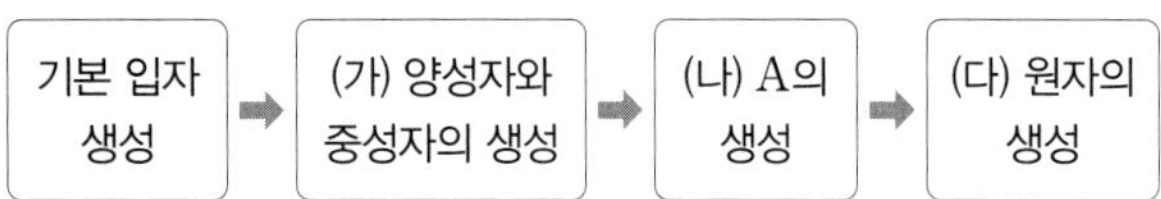

이에 대한 설명으로 옳은 것만을 [보기]에서 있는 대로 고른 것은?

보기
ㄱ. 우주의 온도는 (가)보다 (나)일 때 더 낮았다.
ㄴ. (다)는 빅뱅 후 약 38만 년이 지난 시기이다.
ㄷ. '수소 원자핵과 헬륨 원자핵'은 A로 적절하다.

① ㄱ ② ㄷ ③ ㄱ, ㄴ
④ ㄴ, ㄷ ⑤ ㄱ, ㄴ, ㄷ

2 별빛의 스펙트럼 관측으로 알 수 있는 것만을 [보기]에서 있는 대로 고른 것은?

보기
ㄱ. 별의 크기
ㄴ. 별까지의 거리
ㄷ. 별을 구성하는 원소의 종류

① ㄱ ② ㄷ ③ ㄱ, ㄴ
④ ㄴ, ㄷ ⑤ ㄱ, ㄴ, ㄷ

3 표 (가)와 (나)는 지구와 사람의 몸을 구성하는 원소의 질량비를 순서 없이 나타낸 것이다.

(가)

원소	질량비(%)
A	35
산소	30
B	15
마그네슘	13
기타	7

(나)

원소	질량비(%)
C	65.0
D	18.5
수소	9.5
질소	3.3
기타	3.7

이에 대한 설명으로 옳은 것만을 [보기]에서 있는 대로 고른 것은?

보기
ㄱ. B는 규산염 광물에 많은 원소이다.
ㄴ. 태양 질량의 10배 이상인 별 중심부의 핵융합 반응에서 A는 D보다 먼저 생성된다.
ㄷ. 원자가 전자의 수는 B가 C보다 많다.

① ㄱ ② ㄷ ③ ㄱ, ㄴ
④ ㄴ, ㄷ ⑤ ㄱ, ㄴ, ㄷ

4 그림 (가), (나)는 질량이 서로 다른 별의 중심부 구조를 나타낸 것이다. (가), (나) 별의 질량은 각각 태양 질량과 태양 질량의 10배 중 하나이고, 두 별 중 하나는 핵융합 반응이 종료된 직후이다.

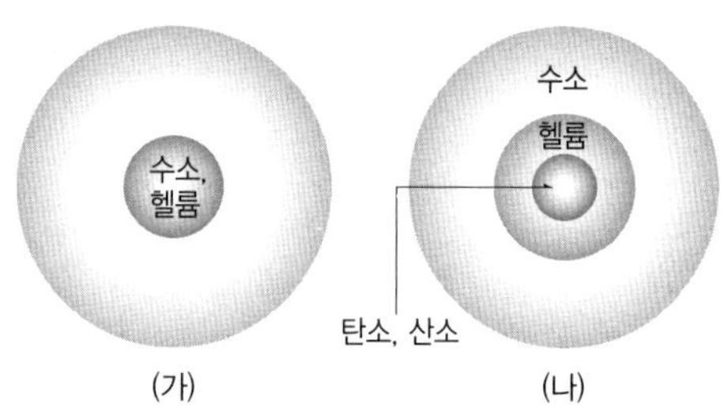

이에 대한 설명으로 옳은 것만을 [보기]에서 있는 대로 고른 것은?

보기
ㄱ. 질량은 별 (가)가 (나)보다 크다.
ㄴ. 중심부 온도는 (가)가 (나)보다 높다.
ㄷ. 별 (나)를 구성하는 헬륨의 일부는 우주 초기에 형성된 것이다.

① ㄱ ② ㄴ ③ ㄷ
④ ㄱ, ㄴ ⑤ ㄱ, ㄷ

5 다음은 태양계와 지구의 형성 과정을 나타낸 것이다.

이에 대한 설명으로 옳은 것만을 [보기]에서 있는 대로 고른 것은?

보기
ㄱ. ㉠을 이루는 대부분은 철이다.
ㄴ. 물질의 밀도 차이는 ㉢의 원인에 해당한다.
ㄷ. ㉡과 ㉣을 구성하는 원소 중 질량비가 가장 큰 것은 산소이다.

① ㄱ ② ㄴ ③ ㄱ, ㄷ
④ ㄴ, ㄷ ⑤ ㄱ, ㄴ, ㄷ

6 그림은 주기율표의 일부를 나타낸 것이다.

	1족	…	17족	18족
2주기	A		B	C
3주기	D		E	

이에 대한 설명으로 옳은 것만을 [보기]에서 있는 대로 고른 것은? (단, A~E는 임의의 원소 기호이다.)

보기
ㄱ. A와 D는 화학적 성질이 비슷하다.
ㄴ. A~E 중 비금속 원소는 세 가지이다.
ㄷ. B^-과 D^+의 전자 배치는 모두 C와 같다.

① ㄱ ② ㄴ ③ ㄱ, ㄷ
④ ㄴ, ㄷ ⑤ ㄱ, ㄴ, ㄷ

7 다음은 알칼리 금속 M의 성질을 알아보는 실험이다.

(가) M을 칼로 잘랐을 때 쉽게 잘라졌으며, 자른 단면의 광택이 금방 사라졌다.
(나) 물이 담긴 시험관에 M을 넣었더니 물 표면에서 격렬하게 반응하며 기체가 발생했다.
(다) (나)의 반응 후 시험관에 페놀프탈레인 용액을 떨어뜨렸더니 수용액이 붉게 변했다.

이에 대한 설명으로 옳지 않은 것은?

① M은 무르고, 반응성이 크다.
② M을 보관할 때에는 물이 닿지 않도록 한다.
③ (가)에서 광택이 사라진 까닭은 M이 공기 중의 산소와 반응했기 때문이다.
④ (나)에서 발생한 기체는 산소이다.
⑤ (나)에서 생성된 수용액은 염기성을 띤다.

8 그림은 원자 A와 B의 전자 배치를 모형으로 나타낸 것이다.

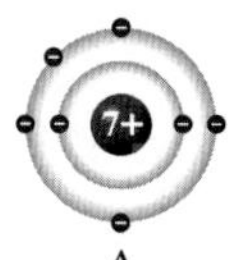

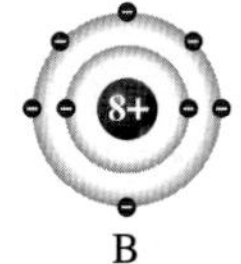

A와 B의 공통점으로 옳지 않은 것은? (단, A와 B는 임의의 원소 기호이다.)

① 비금속 원소이다.
② 같은 주기 원소이다.
③ 원자가 전자 수가 같다.
④ 전자가 들어 있는 전자 껍질 수가 같다.
⑤ 2개의 원자가 결합하여 분자를 이룬다.

9 그림은 화합물 AB_3와 CD를 화학 결합 모형으로 나타낸 것이다.

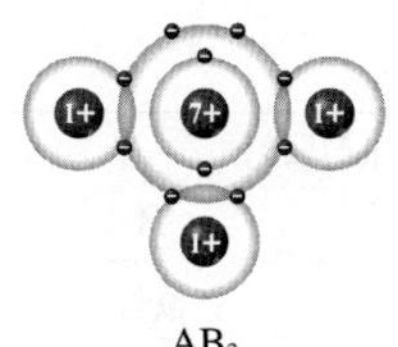

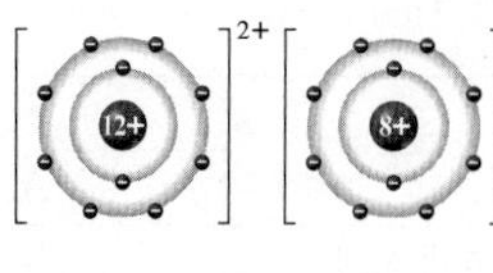

이에 대한 설명으로 옳은 것만을 [보기]에서 있는 대로 고른 것은? (단, A~D는 임의의 원소 기호이다.)

보기
ㄱ. 원자 번호는 A>D이다.
ㄴ. 원자가 전자 수는 D가 C의 3배이다.
ㄷ. B_2D의 공유 전자쌍 수는 2이다.

① ㄱ ② ㄴ ③ ㄷ
④ ㄱ, ㄴ ⑤ ㄴ, ㄷ

10 그림은 화합물 AB_2와 CB를 화학 결합 모형으로 나타낸 것이다.

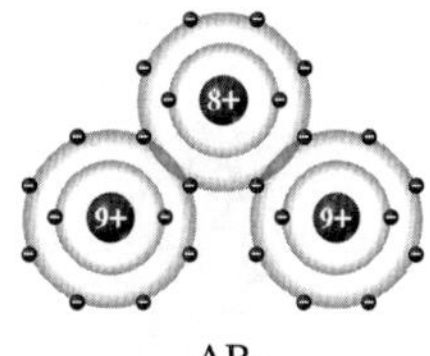

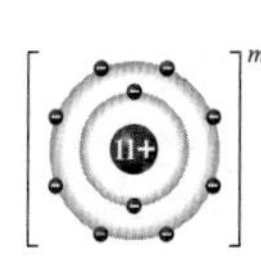

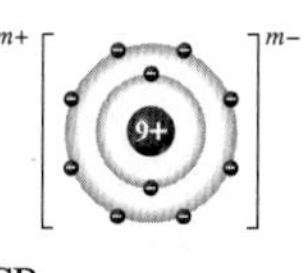

이에 대한 설명으로 옳은 것만을 [보기]에서 있는 대로 고른 것은? (단, A~C는 임의의 원소 기호이다.)

보기
ㄱ. $m=2$이다.
ㄴ. AB_2는 이온 결합 물질이고, CB는 공유 결합 물질이다.
ㄷ. C와 A는 2 : 1로 결합하여 안정한 화합물을 만들 수 있다.

① ㄱ ② ㄴ ③ ㄷ
④ ㄱ, ㄴ ⑤ ㄴ, ㄷ

11 표는 물질 A와 B의 전기 전도성을 실험한 결과를 나타낸 것이다. A와 B는 각각 포도당과 염화 나트륨 중 하나이다.

구분	전기 전도성	
	A	B
고체 상태	없음	없음
수용액 상태	있음	없음

이에 대한 설명으로 옳은 것만을 [보기]에서 있는 대로 고른 것은?

보기
ㄱ. A 수용액에는 양이온과 음이온이 존재한다.
ㄴ. B는 이온 결합 물질이다.
ㄷ. A는 염화 나트륨이고, B는 포도당이다.

① ㄱ ② ㄴ ③ ㄱ, ㄷ
④ ㄴ, ㄷ ⑤ ㄱ, ㄴ, ㄷ

12 그림 (가)~(다)는 규산염 광물의 결합 구조를 나타낸 것이다. (가)~(다)는 각각 석영, 흑운모, 각섬석 중 하나이다.

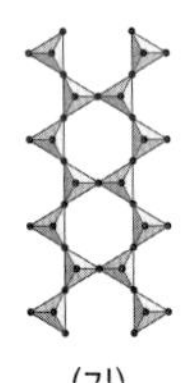
(가)

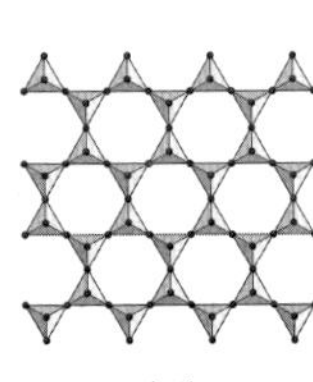
(나)

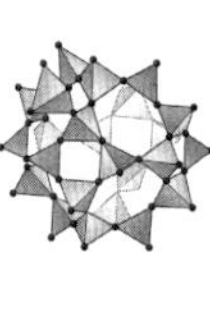
(다)

이에 대한 설명으로 옳은 것만을 [보기]에서 있는 대로 고른 것은?

보기
ㄱ. (가)와 (나)는 쪼개짐이 발달한다.
ㄴ. (다)는 산소와 규소로만 이루어진 석영이다.
ㄷ. (가) → (나) → (다)로 갈수록 규산염 사면체 사이에 공유되는 산소의 수가 감소한다.

① ㄱ ② ㄷ ③ ㄱ, ㄴ
④ ㄴ, ㄷ ⑤ ㄱ, ㄴ, ㄷ

13 그림은 생명체를 구성하는 몇 가지 물질들을 구분하는 과정을 나타낸 것이다.

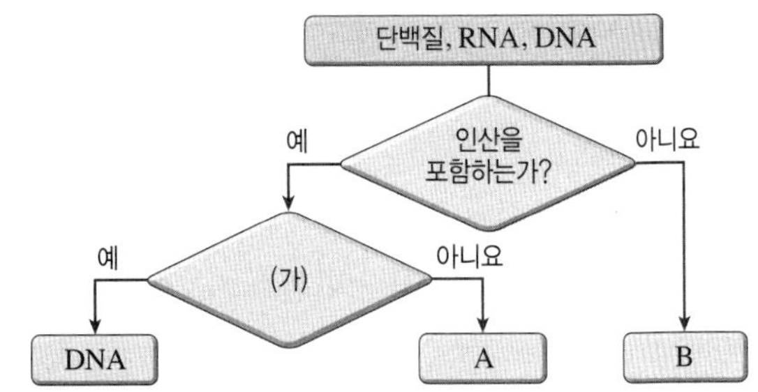

이에 대한 설명으로 옳은 것만을 [보기]에서 있는 대로 고른 것은?

보기
ㄱ. A는 타이민(T)을 갖는다.
ㄴ. B에는 펩타이드결합이 있다.
ㄷ. '폴리뉴클레오타이드로 이루어져 있다.'는 (가)에 해당한다.

① ㄱ ② ㄴ ③ ㄱ, ㄷ
④ ㄴ, ㄷ ⑤ ㄱ, ㄴ, ㄷ

14 그림은 두 종류의 핵산을 나타낸 것이다.

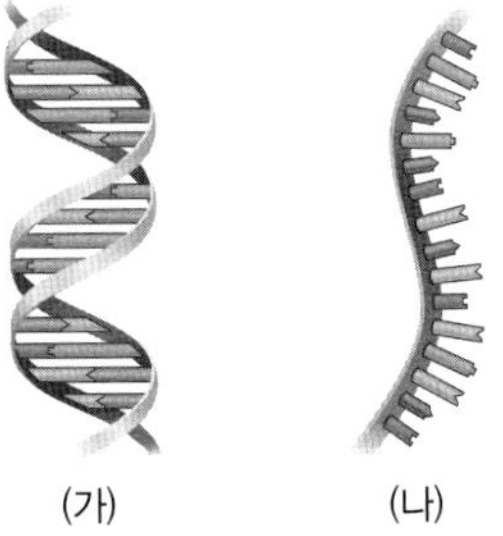
(가) (나)

이에 대한 설명으로 옳은 것만을 [보기]에서 있는 대로 고른 것은?

보기
ㄱ. (가)에서 $\frac{A+G}{T+C}=1$이다.
ㄴ. (나)를 구성하는 기본 단위체에서 인산, 당, 염기의 비율은 1 : 1 : 1이다.
ㄷ. (가)와 (나)를 구성하는 기본 단위체의 종류는 각각 4가지이다.

① ㄱ ② ㄴ ③ ㄱ, ㄷ
④ ㄴ, ㄷ ⑤ ㄱ, ㄴ, ㄷ

15 다음은 물질의 전기 전도성에 대한 실험이다.

[과정]
(가) 크기가 동일한 도체 또는 부도체 막대 A, B, C를 준비한다.
(나) 그림과 같이 A를 이용하여 실험 장치를 구성한다.

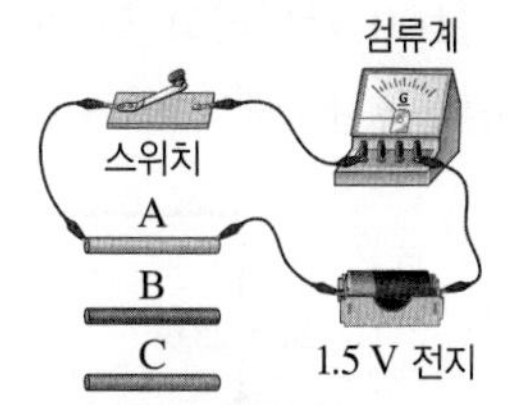

(다) 스위치를 닫아 검류계에 흐르는 전류를 측정한다.
(라) A를 B로 바꾸어 과정 (다)를 반복한다.
(마) A를 C로 바꾸어 과정 (다)를 반복한다.

[결과]

막대	검류계 바늘이 움직인 각도
A	45°
B	30°
C	움직이지 않는다.

이에 대한 설명으로 옳은 것만을 [보기]에서 있는 대로 고른 것은?

보기
ㄱ. A는 도체이다.
ㄴ. 물질 내 자유 전자는 A가 B보다 많다.
ㄷ. C와 같은 전기적 성질을 가진 소재는 태양 전지판에서 전압을 발생시키는 역할을 한다.

① ㄱ ② ㄷ ③ ㄱ, ㄴ
④ ㄴ, ㄷ ⑤ ㄱ, ㄴ, ㄷ

16 반도체에 대한 설명으로 옳은 것만을 [보기]에서 있는 대로 고른 것은?

보기
ㄱ. 순수한 규소에 불순물을 소량 첨가하면 전류가 흐르는 성질이 감소한다.
ㄴ. 유기 발광 다이오드는 전류가 흐르지 않아도 자체 발광하여 빛을 낸다.
ㄷ. 조건에 따라 전기 전도도가 변하는 반도체 소자를 이용한 예로는 적외선 센서가 있다.

① ㄱ ② ㄴ ③ ㄷ
④ ㄱ, ㄴ ⑤ ㄴ, ㄷ

서술형

17 우주는 나이가 증가함에 따라 온도가 계속 낮아졌다. 우주의 온도가 낮아지는 주된 원인을 서술하시오.

18 다음은 알칼리 금속의 성질을 알아보기 위한 실험이다.

[과정]
페놀프탈레인 용액을 떨어뜨린 물에 ㉠쌀알 크기의 리튬과 나트륨 조각을 각각 넣는다.

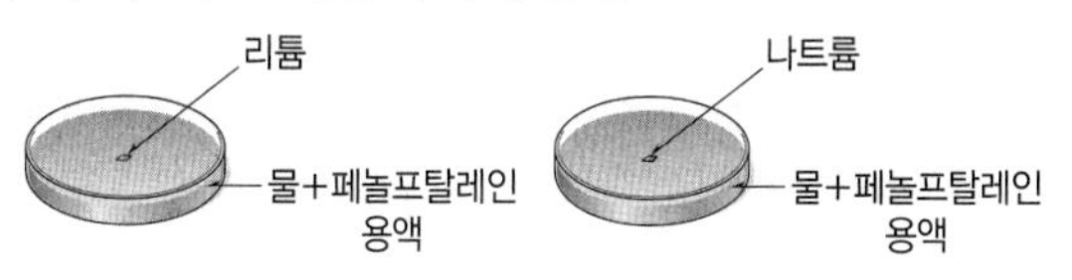

[결과]
기체가 발생하면서 용액이 ㉡붉은색으로 변하였다.

㉠과 같이 알칼리 금속을 작은 크기로 반응시켜야 하는 까닭과 ㉡과 같은 변화가 나타난 까닭을 각각 서술하시오.

19 규산염 사면체의 결합 구조 중 독립형 구조를 갖는 감람석은 철이나 마그네슘과 결합하여 안정된 광물을 이룬다. 이때 감람석이 철이나 마그네슘 등과 결합하는 까닭을 서술하시오.

20 p형 반도체와 n형 반도체를 결합하여 만들 수 있는 반도체 소자 두 가지를 쓰고, 그 특징을 서술하시오.

Ⅲ 단원 실전 모의고사

• 정답과 해설 55쪽

1 그림은 위도가 다른 A, B 해역 해수의 성층 구조를 나타낸 것이다.

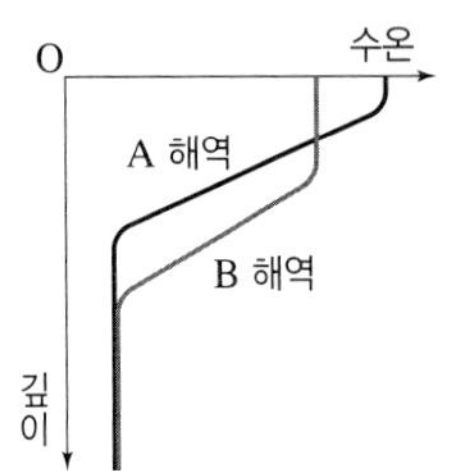

이에 대한 설명으로 옳은 것만을 [보기]에서 있는 대로 고른 것은?

보기
ㄱ. 바람의 세기는 A 해역이 B 해역보다 약하다.
ㄴ. 수온 약층이 시작되는 깊이는 A 해역이 B 해역보다 깊다.
ㄷ. A 해역은 B 해역보다 고위도에 위치할 것이다.

① ㄱ ② ㄴ ③ ㄷ
④ ㄱ, ㄴ ⑤ ㄱ, ㄷ

2 그림 (가)~(다)는 지구시스템에서 일어나는 상호작용의 예를 나타낸 것이다.

(가) 황사	(나) 파도	(다) 오로라

이에 대한 설명으로 옳지 <u>않은</u> 것은?

① (가)는 지권과 수권의 상호작용으로 일어난다.
② (나)는 기권과 수권의 상호작용으로 일어난다.
③ (다)는 기권과 외권의 상호작용으로 일어난다.
④ (가)와 (나)를 일으킨 에너지원은 태양 에너지이다.
⑤ (다)에서 물질과 에너지의 흐름이 모두 일어난다.

3 그림은 대서양 중앙 해령에 위치한 아이슬란드 부근의 판 경계와 화산(▲)의 분포를 나타낸 것이다.

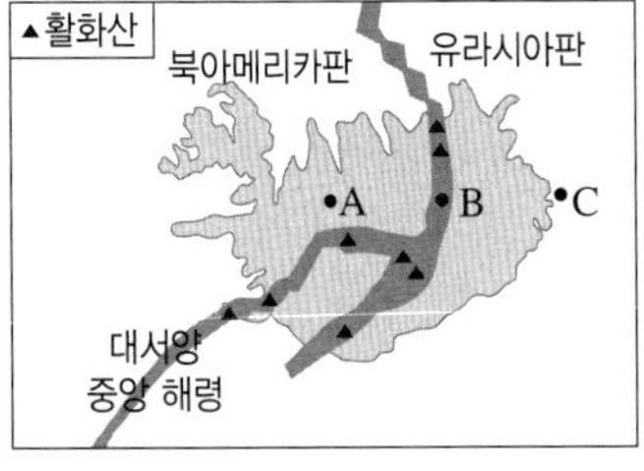

이에 대한 설명으로 옳은 것만을 [보기]에서 있는 대로 고른 것은?

보기
ㄱ. B에서는 습곡 산맥이 발달한다.
ㄴ. A와 C 사이의 거리는 멀어지고 있다.
ㄷ. 아이슬란드에서는 천발 지진과 심발 지진이 모두 빈번하게 발생한다.

① ㄱ ② ㄴ ③ ㄱ, ㄷ
④ ㄴ, ㄷ ⑤ ㄱ, ㄴ, ㄷ

4 그림은 1년 동안 육지와 바다에서 물이 증발하는 양을 100 단위라고 할 때, 지구 전체에서 일어나는 물의 순환을 나타낸 것이다.

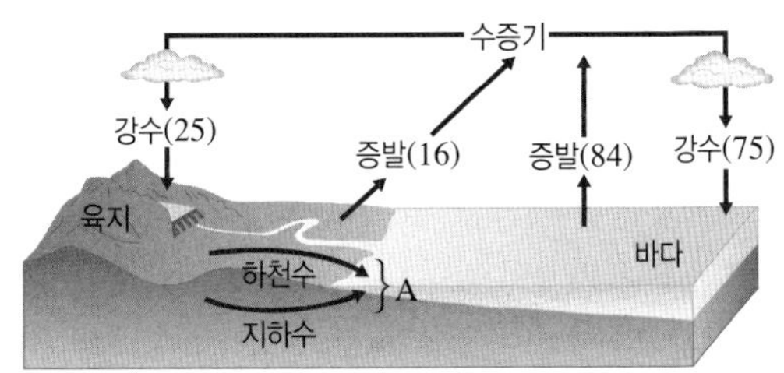

이에 대한 설명으로 옳은 것만을 [보기]에서 있는 대로 고른 것은?

보기
ㄱ. A는 9 단위이다.
ㄴ. 지구 전체에서는 증발량과 강수량이 같다.
ㄷ. 물의 순환이 계속되면 A에 의해 지구의 평균 해수면 높이가 점점 상승할 것이다.

① ㄱ ② ㄷ ③ ㄱ, ㄴ
④ ㄴ, ㄷ ⑤ ㄱ, ㄴ, ㄷ

5 그림은 판의 단면을 모식적으로 나타낸 것이다.

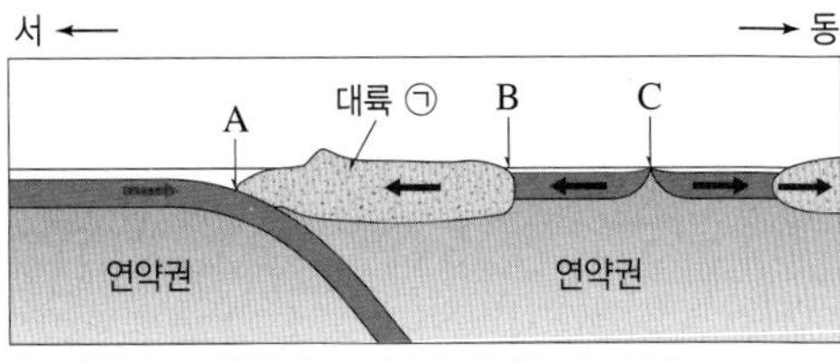

이에 대한 설명으로 옳은 것만을 [보기]에서 있는 대로 고른 것은?

보기
ㄱ. 해양 지각의 나이는 A보다 C에서 적다.
ㄴ. B 부근에는 습곡 산맥이 발달한다.
ㄷ. 대륙 ㉠에서 화산 활동은 동쪽 연안보다 서쪽 연안에서 활발하다.

① ㄱ ② ㄴ ③ ㄷ
④ ㄱ, ㄷ ⑤ ㄴ, ㄷ

6 그림은 직선상에서 운동하는 서로 다른 두 물체의 운동을 나타낸 그래프이다.

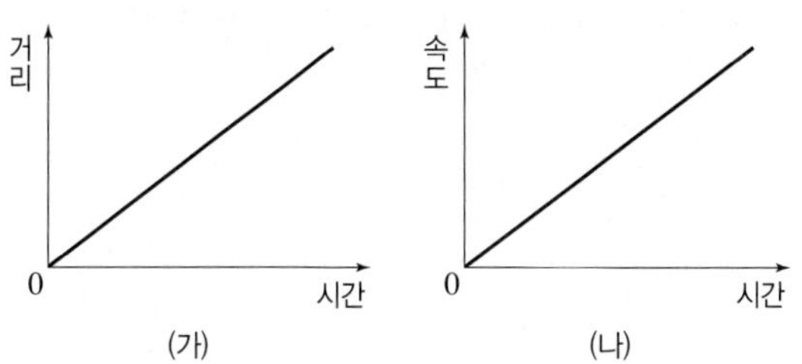

이에 대한 설명으로 옳은 것만을 [보기]에서 있는 대로 고른 것은?

보기
ㄱ. (가)는 물체에 힘이 작용하지 않는 운동이다.
ㄴ. (나)는 시간에 따라 이동 거리가 일정하게 증가한다.
ㄷ. 자유 낙하 운동은 (나)와 같은 운동이다.

① ㄱ ② ㄴ ③ ㄱ, ㄷ
④ ㄴ, ㄷ ⑤ ㄱ, ㄴ, ㄷ

7 그림은 수평 방향으로 등속 직선 운동을 하는 비행기에서 물체를 가만히 떨어뜨린 것을 나타낸 것이다. A가 본 이 물체의 운동에 대한 설명으로 옳은 것만을 [보기]에서 있는 대로 고른 것은? (단, 공기 저항은 무시한다.)

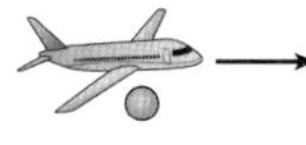

보기
ㄱ. 물체가 지면에 떨어지는 동안 비행기와 동일한 수평 거리를 이동한다.
ㄴ. 물체는 연직 방향으로 등가속도 운동을 한다.
ㄷ. 비행기의 수평 방향의 속도가 빠를수록 물체가 지면에 빨리 도달한다.

① ㄱ ② ㄷ ③ ㄱ, ㄴ
④ ㄴ, ㄷ ⑤ ㄱ, ㄴ, ㄷ

8 그림과 같이 질량이 0.5 kg인 공이 4 m/s의 속도로 벽에 충돌 후 반대 방향으로 2 m/s의 속도로 튀어 나왔다.

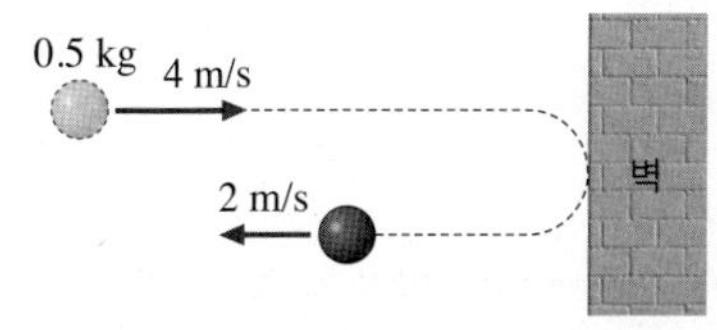

공이 벽과 충돌할 때 공이 받은 충격량의 크기는?

① 2 N·s ② 3 N·s ③ 4 N·s
④ 6 N·s ⑤ 8 N·s

9 그림은 얼음판에서 스케이트 선수 B가 같은 방향으로 달리는 A를 미는 모습을 나타낸 것이다.

이에 대한 설명으로 옳은 것만을 [보기]에서 있는 대로 고른 것은?

보기
ㄱ. 두 사람이 받은 충격량의 크기는 같다.
ㄴ. A는 운동 방향으로 충격량을 받는다.
ㄷ. B는 충격량의 크기만큼 운동량이 감소한다.

① ㄱ ② ㄴ ③ ㄱ, ㄷ
④ ㄴ, ㄷ ⑤ ㄱ, ㄴ, ㄷ

10 그림은 질량이 m인 물체가 직선상에서 힘을 받아 운동할 때 시간에 따른 운동량의 변화를 나타낸 것이다.

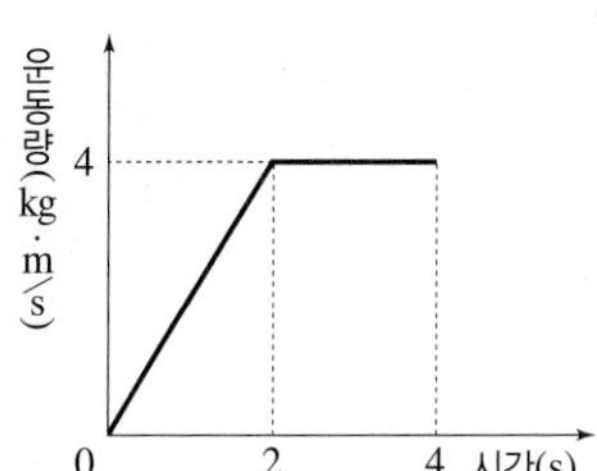

이에 대한 설명으로 옳은 것만을 [보기]에서 있는 대로 고른 것은?

보기
ㄱ. 물체는 처음에 정지해 있었다.
ㄴ. 0~2초 동안 받은 충격량의 크기는 4 N·s이다.
ㄷ. 4초일 때 물체의 속력은 $\frac{m}{4}$(m/s)이다.

① ㄱ ② ㄷ ③ ㄱ, ㄴ
④ ㄴ, ㄷ ⑤ ㄱ, ㄴ, ㄷ

11 그림은 동물 세포의 구조를 나타낸 것이다. A~C는 각각 라이보솜, 마이토콘드리아, 핵 중 하나이다.

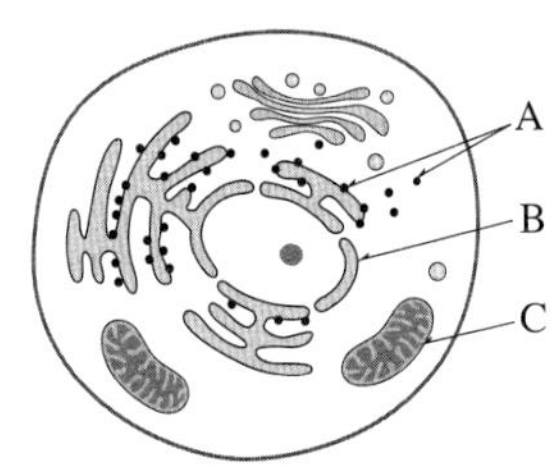

이에 대한 설명으로 옳은 것만을 [보기]에서 있는 대로 고른 것은?

보기
ㄱ. A에서 펩타이드결합이 일어난다.
ㄴ. B에서 폴리뉴클레오타이드가 형성된다.
ㄷ. C에서는 물질대사가 일어난다.

① ㄱ ② ㄷ ③ ㄱ, ㄴ
④ ㄴ, ㄷ ⑤ ㄱ, ㄴ, ㄷ

12 그림은 물질 ㉠과 ㉡이 세포막을 통해 이동하는 방식을 나타낸 것이다. ㉠과 ㉡은 산소(O_2)와 나트륨 이온(Na^+)을 순서 없이 나타낸 것이다.

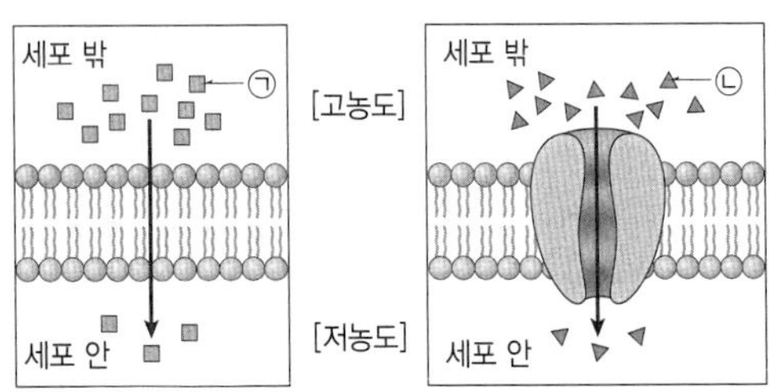

이에 대한 설명으로 옳은 것만을 [보기]에서 있는 대로 고른 것은?

보기
ㄱ. ㉠은 나트륨 이온이다.
ㄴ. ㉠과 ㉡은 모두 확산에 의해 세포막을 통과한다.
ㄷ. 세포막 안팎의 농도 차이가 클수록 ㉡의 이동 속도는 계속 증가한다.

① ㄱ ② ㄴ ③ ㄱ, ㄷ
④ ㄴ, ㄷ ⑤ ㄱ, ㄴ, ㄷ

13 그림은 세포 안과 농도가 같은 용액 A에 있는 식물 세포를 농도가 서로 다른 설탕 용액 B와 C에 각각 넣고 일정 시간이 지난 후의 모습을 나타낸 것이다.

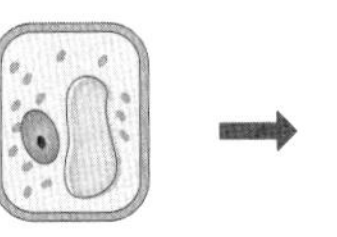
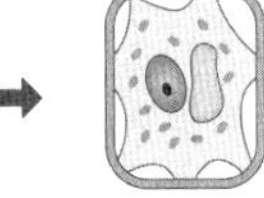
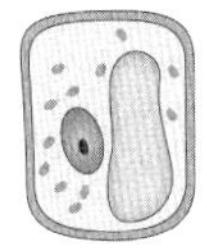
A에 넣었을 때 B에 넣었을 때 C에 넣었을 때

이에 대한 설명으로 옳은 것만을 [보기]에서 있는 대로 고른 것은?

보기
ㄱ. A에서는 세포 안팎으로 물이 이동하지 않아 세포의 부피가 변하지 않는다.
ㄴ. 설탕 용액의 농도는 B>C이다.
ㄷ. C에 넣어 두는 시간을 더 길게 하면 세포는 부피가 증가하다가 터질 수 있다.

① ㄱ ② ㄴ ③ ㄱ, ㄷ
④ ㄴ, ㄷ ⑤ ㄱ, ㄴ, ㄷ

14 그림 (가)는 효소 X의 작용을, (나)는 X가 작용할 때 시간에 따른 물질 ㉠~㉢의 농도를 나타낸 것이다. ㉠~㉢은 각각 A~C 중 하나이다.

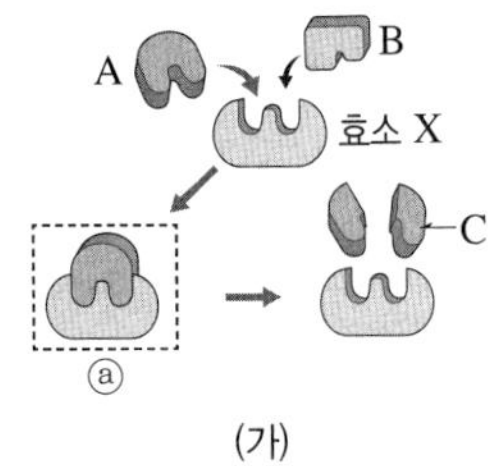

(가)

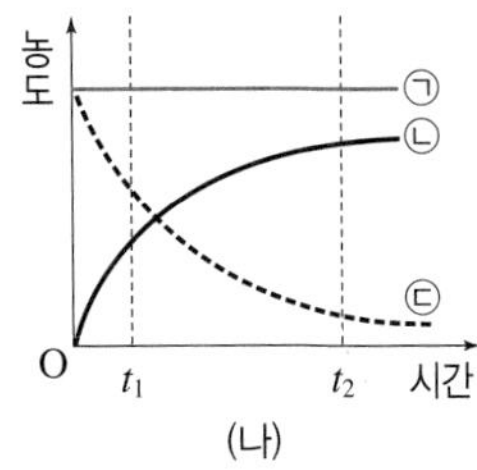

(나)

이에 대한 설명으로 옳은 것만을 [보기]에서 있는 대로 고른 것은?

보기
ㄱ. ㉢은 A이다.
ㄴ. X는 A+B → C의 반응을 촉진한다.
ㄷ. ⓐ의 생성 속도는 t_2일 때가 t_1일 때보다 빠르다.

① ㄱ ② ㄴ ③ ㄷ
④ ㄱ, ㄷ ⑤ ㄴ, ㄷ

15 표는 DNA의 이중나선을 분리하여 얻은 가닥 Ⅰ, Ⅱ와 이 DNA로부터 전사된 RNA의 염기 조성을 나타낸 것이다.

구분	염기 조성(개)					
	아데닌(A)	구아닌(G)	사이토신(C)	타이민(T)	유라실(U)	계
가닥 Ⅰ	30	35	20	15	0	100
가닥 Ⅱ	㉠	20	㉡	30	0	100
RNA	㉢	35	20	0	㉣	100

이에 대한 설명으로 옳은 것만을 [보기]에서 있는 대로 고른 것은?

보기
ㄱ. ㉠과 ㉣의 값이 같다.
ㄴ. ㉠+㉡+㉢=80이다.
ㄷ. RNA는 Ⅱ로부터 전사된 것이다.

① ㄱ ② ㄴ ③ ㄱ, ㄷ
④ ㄴ, ㄷ ⑤ ㄱ, ㄴ, ㄷ

16 그림은 DNA로부터 단백질이 합성되기까지의 과정을 나타낸 것이다.

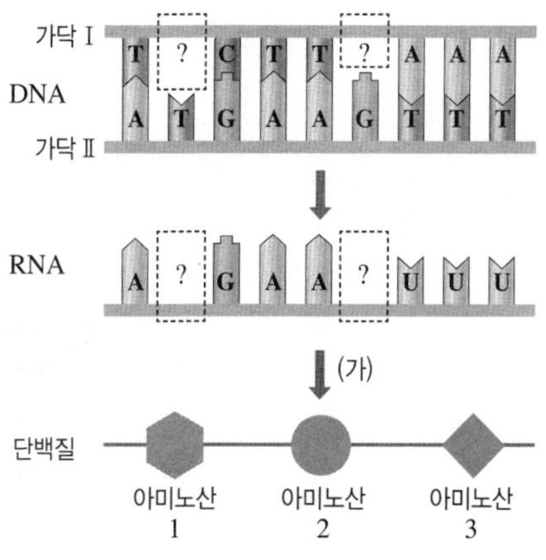

이에 대한 설명으로 옳은 것만을 [보기]에서 있는 대로 고른 것은? (단, 제시된 염기서열만 고려한다.)

보기
ㄱ. 전사에 이용된 DNA 가닥은 Ⅰ이다.
ㄴ. RNA에서 $\frac{\text{U의 개수}}{\text{A의 개수}}=1$이다.
ㄷ. (가) 과정은 라이보솜에서 일어난다.

① ㄱ ② ㄴ ③ ㄱ, ㄷ
④ ㄴ, ㄷ ⑤ ㄱ, ㄴ, ㄷ

서술형

17 그림은 지구시스템의 하위 권역에서 탄소의 분포 형태가 바뀌면서 탄소가 이동하는 과정을 나타낸 것이다.

(가) 유기물 → 이산화 탄소
(나) 화석 연료 → 이산화 탄소
(다) 이산화 탄소 → 탄산 이온, 탄산수소 이온

(가)~(다)에 해당하는 탄소 이동의 사례를 각각 한 가지씩 서술하시오.

18 그림은 필리핀판과 태평양판의 경계 부근에서 발생한 지진의 진앙 분포를 나타낸 것이다.

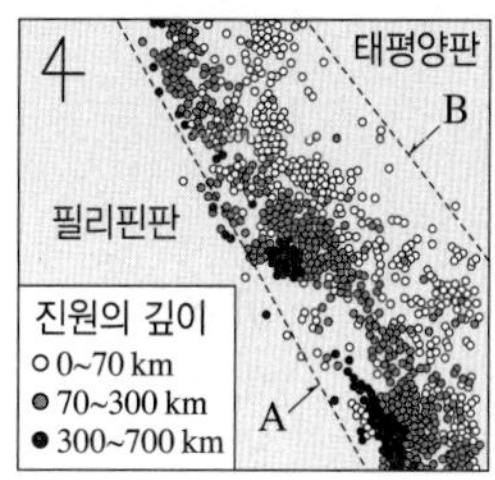

이 지역에 존재하는 판 경계의 종류를 쓰고, 판 경계의 위치는 A와 B 중 어디에 더 가까운지 그 까닭을 서술하시오.

19 그림 (가)는 동일한 달걀을 같은 높이에서 대리석 바닥과 푹신한 방석에 동시에 떨어뜨렸을 때 모습을, (나)는 두 달걀이 받은 힘의 크기를 시간에 따라 나타낸 것이다.

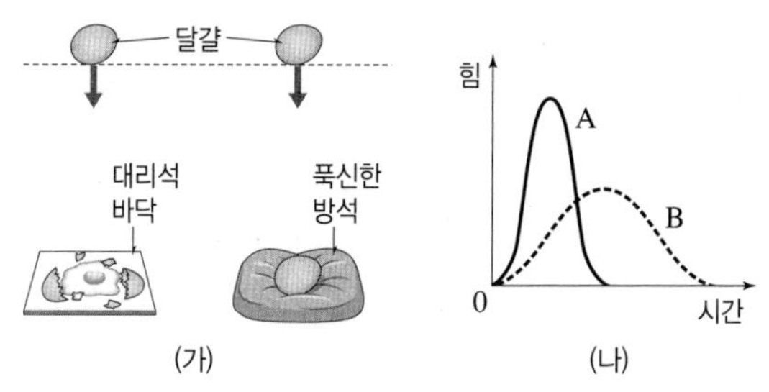

A와 B 중에서 방석 위로 떨어진 달걀의 그래프를 고르고, 그 까닭을 서술하시오.

20 낫모양적혈구빈혈증은 정상 헤모글로빈 유전자에서 염기 1개가 달라져서 발생한다. 이처럼 DNA의 염기가 1개만 달라져도 유전병이 나타날 수 있는 까닭을 생명중심원리에 따른 유전정보의 흐름과 관련지어 서술하시오.

memo

오·투·시·리·즈 생생한 시각자료와 탁월한 콘텐츠로 과학 공부의 즐거움을 선물합니다.

대표전화 1544-0554
주소 경기도 과천시 과천대로2길 54(갈현동, 그라운드브이)